CHAIYOU FADIANJIZU SHIYONG JISHU JINENG

柴油发电机组实用技术技能

杨贵恒　张海呈　张寿珍　钟　进　编著

化学工业出版社
·北京·

图书在版编目(CIP)数据

柴油发电机组实用技术技能/杨贵恒等编著．—北京：化学工业出版社，2012.11（2023.6重印）

ISBN 978-7-122-15374-6

Ⅰ.①柴… Ⅱ.①杨… Ⅲ.①内燃发电机-机组-技术手册 Ⅳ.①TM314-62

中国版本图书馆 CIP 数据核字（2012）第 221957 号

责任编辑：高墨荣　　文字编辑：徐卿华

责任校对：徐贞珍　　装帧设计：王晓宇

出版发行：化学工业出版社（北京市东城区青年湖南街 13 号　邮政编码 100011）

印　　装：天津盛通数码科技有限公司

787mm×1092mm　1/16　印张 25　字数 657 千字　2023 年 6 月北京第 1 版第 19 次印刷

购书咨询：010-64518888　　售后服务：010-64518899

网　　址：http://www.cip.com.cn

凡购买本书，如有缺损质量问题，本社销售中心负责调换。

定　　价：78.00 元

前言 FOREWORD

柴油发电机组是一种机动性很强的发电设备，因其使用基本不受场所条件的限制，能够连续、稳定、安全地提供电能，所以被通信、金融、建筑、医疗、商业和军事等诸多领域作为备用和应急电源。特别是近年来，由于经济快速发展和资源分布不均衡而造成的中国部分地区电力紧缺现象，使柴油发电机组在国民经济发展中的作用更为显现。

由于各行业对供电保障和柴油发电机组的使用与维护的要求越来越高，因此，迫切需要一支有经验、懂技术的专业使用与维修队伍。笔者根据多年的教学和修理柴油发电机组的实际经验和心得体会，结合必备的理论知识，在参考相关文献的基础上，编写成本书出版，以满足广大读者的需求。读者通过本书的学习，能了解柴油发电机组的组成、主要电气性能指标与性能以及柴油发电机组的选择，掌握柴油发电机组三大组成部分（柴油机、交流同步发电机、控制屏）的结构、工作原理以及常见故障检修技能，学会柴油发电机组的安装使用与调试、拆卸与装配、维护保养以及常见故障检修技能。

全书共分为 9 章，第 1 章主要讲述柴油发电机组的组成与分类、技术条件与性能以及柴油发电机组的选择；第 2 章主要讲述柴油机、交流同步发电机、励磁系统及其调节器的构造与工作原理以及柴油发电机组维修基础；第 3 章～第 7 章主要讲述柴油机各机构与系统（机体组件与曲柄连杆机构、配气机构与进排气系统、燃油供给与调速系统、润滑系统、冷却系统、启动系统）的构造、工作原理与检修技能；第 8 章主要讲述控制屏（箱）的结构及其工作原理、控制屏（箱）内主要设备与仪表以及控制屏（箱）的使用与维修技能；第 9 章主要讲述柴油发电机组的安装使用与调试、拆卸与装配、维护保养以及常见故障检修技能。另外，在本书的附录部分还详细讲述了柴油机喷油泵试验台和喷油器测试仪的使用与维护方法以及 KC120GFBZ 型自动化柴油发电机组使用与维护。

本书由 75706 部队网管办钟进和重庆通信学院杨贵恒、张海呈、张寿珍、龙江涛、强生泽、向成宣、任开春、刘扬、袁春、王建红、叶奇睿、张传富、潘小兵、蒲红梅、金丽萍、李世刚、朱真兵、杨波、赵英和詹景君等共同编写，最后由杨贵恒统稿。另外，余江、温中珍、蒋王莉、李光兰、刘嫣婷、杨贵文、杨芳、杨胜、杨蕾、付保良、汪涛和吴伟丽等在本书编写过程中搜集了大量资料。在本书出版过程中得到了重庆通信学院教保科和电力工程系全体同仁的大力支持与帮助，并提出了许多修改意见，在此一并致谢。

本书图文并茂、通俗易懂、重点突出、针对性强、理论联系实际、具有较强的实用性和可操作性，是一本专门介绍柴油发电机组实用技术技能的图书。可作为柴油发电机组使用与维修人员的培训教材，也可作为通信电源、发电与供电、电力工程及自动化等专业师生的教学参考书，同时还可供柴油发动机、电机维修技师以及相关专业工程技术人员参考。

由于编著者水平有限，书中难免存在疏漏和不妥之处，恳请读者批评指正。如有修改建议，请直接与编辑（gmr9825@163.com）或作者（ygh700912@163.com）联系。

杨贵恒

目录 CONTENTS

第1章 绪论

CHAPTER 1

柴油发电机组是以柴油机作动力，驱动交流同步发电机而发电的电源设备。柴油发电机组是目前世界上应用非常广泛的发电设备，主要用作电信、金融、国防、医院、学校、商业、工矿企业及住宅的应急备用电源；移动通信、战地及野外作业、车辆及船舶等特殊用途的独立电源；大电网不能输送到的地区或不适合建立火电厂的地区的生产与生活所需的独立供电主电源等。随着科学技术的不断发展，一些新技术和新成果的应用，柴油发电机组逐渐从手启动和有人值守的普通机组向自动化（自启动、无人值守、遥控、遥信、遥测）、低排放和低噪声方向发展，以满足现代社会对柴油发电机组的更高要求。

1.1 柴油发电机组的组成与分类

1.1.1 柴油发电机组的组成

柴油发电机组是内燃发电机组的一种，由柴油机、交流同步发电机、控制箱（屏）、联轴器和公共底座等部件组成，如图 1-1 所示。

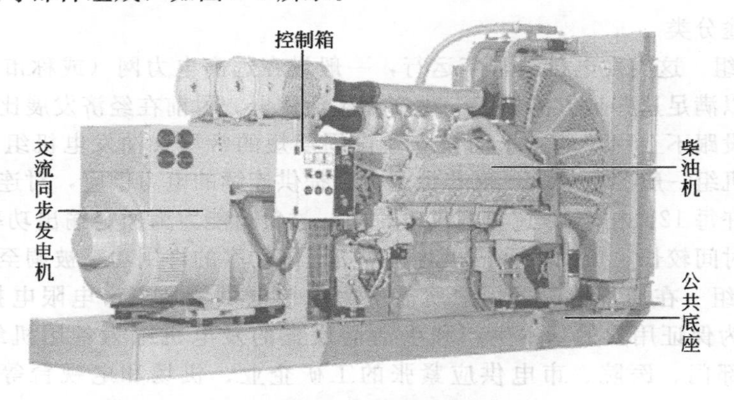

图 1-1 柴油发电机组组成示意图

一般生产的成套机组，都是用一公共底座将柴油机、交流同步发电机和控制箱（屏）等主要部件安装在一起，成为一个整体，即一体化柴油发电机组。而大功率机组除柴油机和发电机装置在型钢焊接而成的公共底座上外，控制屏、燃油箱和水箱等设备均需单独设计，便于移动和安装。

柴油机的飞轮壳与发电机前端盖轴向采用凸肩定位直接连接构成一体，并采用圆柱形的弹性联轴器由飞轮直接驱动发电机旋转。这种连接方式由螺钉固定在一起，使两者连接成一体，保证了柴油机的曲轴与发电机转子的同心度在规定范围内。

为了减小噪声，机组一般需安装专用消声器，特殊情况下需要对机组进行全屏蔽。为了减小机组的振动，在柴油机、发电机、控制箱和水箱等主要组件与公共底座的连接处，通常装有减振器或橡皮减振垫。有的控制箱还采用二级减振措施。

1.1.2 柴油发电机组的分类

柴油发电机组的分类方法很多，按照发动机转速的高低可分为高、中、低速机组；按照功率的大小可分为大、中、小型机组。按照发电机的输出电压频率可分为交流发电机组（中频：400Hz、工频：50Hz）和直流发电机组，当电压频率为50Hz时，中小型发电机的标定电压一般为400V（三相）或230V（单相），大型发电机的标定电压一般为6.3～10.5kV。但更常用的分类方法是根据柴油发电机组的控制方式、用途和外观构造进行分类。

（1）按控制方式分类

① 手动机组　这类机组最为常见，机组具有电压和转速自动调节功能，操作人员在机房现场对机组进行启动、合闸、分闸和停机等操作。此类机组通常作为主电源或备用电源。

② 自启动机组　自启动机组是在手动机组的基础上，增加了自动控制系统。当市电突然停电时，机组具有自动启动、自动调压、自动调频、自动进行开关切换和自动停机等功能；当机组机油压力过低、机油温度和冷却水温过高时，能自动发出声光报警信号；当机组超速时，能自动紧急停机保护机组。自启动机组的优点是大大减少了对操作人员的依赖性，缩短了市电中断至由机组供电之间的间隔时间。此类机组通常作为备用电源。

③ 微机控制自动化机组　机组由性能完善的柴油机、同步发电机、燃油（机油、冷却水）自动补偿装置和自动控制屏等组成。自动控制屏采用可编程自动控制器（PLC）控制，除了具备自启动机组的各项功能外，还可按负荷大小自动增减机组、故障自动处理、自动记录打印机组运行报表和故障情况，对机组实行全面自动控制。由串行通信接口（RS232、RS422或RS485）实现中心站对分散于各处的机组进行实时的遥控、遥信和遥测（俗称“三遥”），从而达到无人值守。机组的自动化程度可按实际需要配置。此类机组特别适合用作应急电源。

（2）按用途分类

① 常用机组　这类发电机组常年运行，一般设在远离电力网（或称市电）的地区或工矿企业附近，以满足这些地方的施工、生产和生活用电。目前在经济发展比较快的地区，由于电力网的建设跟不上用户的需求而设立建设周期短的常用柴油发电机组来满足用户的需要。这类发电机组一般容量较大，对非恒定负载提供连续的电力供应，对连续运行的时间没有限制，并允许每12h内有1h过负载供电时间，过负荷能力为额定输出功率的10%。这类机组因其运行时间较长、负载较重，相对于本机极限功率的许用功率被调至较低点。

② 备用机组　在通常情况下用户所需电力由市电供给，当市电限电拉闸或其他原因中断供电时，为保证用户的基本生产和生活而设置的发电机组为备用机组。这类发电机组常设在电信部门、医院、市电供应紧张的工矿企业、机场和电视台等重要用电单位。这类机组随时保持备用状态，能对非恒定负载提供连续的电力供应，对连续运行的时间没有限制。

③ 应急机组　对市电突然中断将造成较大损失或人身事故的用电设备，常设置应急发电机组对这些设备紧急供电，如高层建筑的消防系统、疏散照明、电梯、自动化生产线的控制系统、重要的通信系统以及正在给病人做重要手术的医疗设备等。这类机组应能在市电突然中断时，能迅速启动运行，并在最短时间内向负载提供稳定的交流电源，以保证及时地向负载供电，这种机组自动化程度要求较高。

（3）按外观构造分类

① 基本型机组　基本型机组的外观如图1-2所示。基本型机组是平时见得最多的柴油发电机组，它可能是手动机组，也可能是自启动机组或微机控制自动化机组。

② 静音型机组　静音型机组的外观如图1-3所示。静音型机组与基本型机组的本质区别是机组外部安装了隔声罩，消声器内置，降低了机组的噪声。这种机组适用于要求噪声低的特殊场合，如学校、医院和高级电梯公寓等。

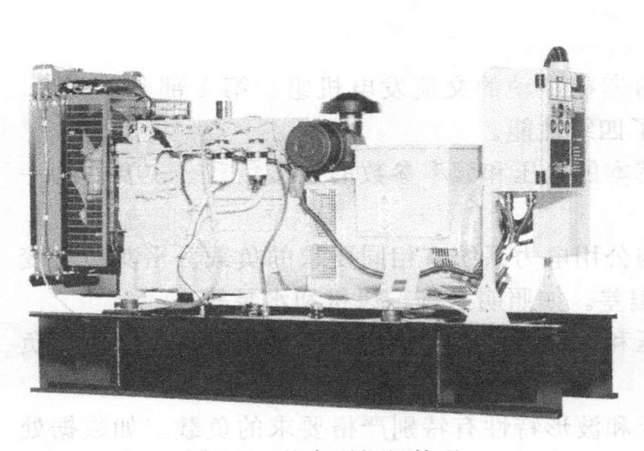

图 1-2 基本型机组外观

图 1-3 静音型机组外观

③ 车载机组　车载机组的外观如图 1-4 所示。车载机组是将整台柴油发电机组安装在汽车车厢内，通常其厢体要作静音降噪处理，是专门为应急供电而设计制造的机组。

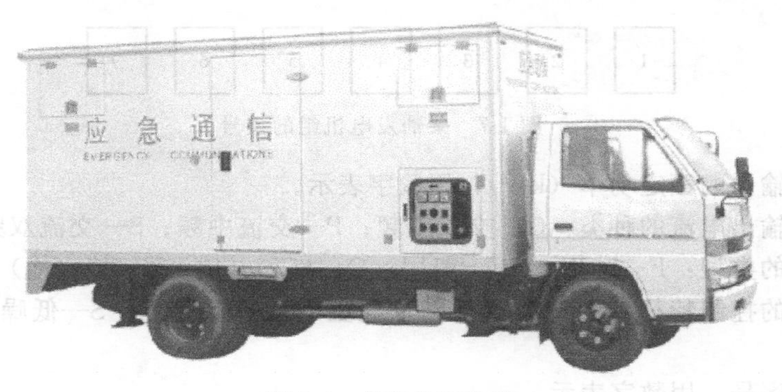

图 1-4 车载机组外观

④ 拖车机组（电站）　拖车机组（电站）的外观如图 1-5 所示。通常拖车机组是在静音型机组的基础上加装了拖卡，实现了机组的便捷式移动，适用于城市范围内的短距离应急供电。

图 1-5 拖车机组外观

图 1-6 方舱（集装箱）式机组外观

⑤ 方舱（集装箱）式机组　方舱式机组的外观如图 1-6 所示。方舱式机组是将整台柴油发电机组安装在方舱内，是专门为野外工程建设供电而设计制造的机组，机组功率一般在 500kW 以上。

1.1.3　柴油发电机组的性能等级

国家标准 GB/T2820.1—2009《往复式内燃机驱动的交流发电机组》第 1 部分：用途、定额和性能中的第 7 条对柴油发电机组规定了四级性能。

① G1 级性能：要求适用于只需规定其基本的电压和频率参数的连接负载。主要作为一般用途，如照明和其他简单的电气负载。

② G2 级性能：要求适用于对电压特性与公用电力系统有相同要求的负载。当其负载变化时，可有暂时的然而是允许的电压和频率偏差。如照明系统、风机和水泵等。

③ G3 级性能：要求适用于对频率、电压和波形特性有严格要求的连接设备。如电信负载和晶闸管控制的负载。

④ G4 级性能：要求适用于对频率、电压和波形特性有特别严格要求的负载。如数据处理设备或计算机系统。

1.1.4　柴油发电机组的型号含义

大部分国产柴油发电机组的型号如图 1-7 所示。其中符号及数字代表的型号含义如下。

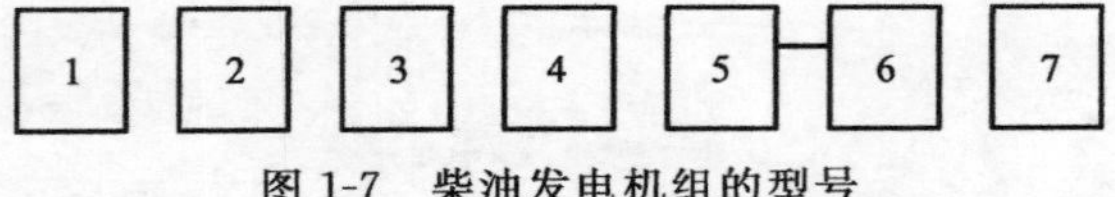

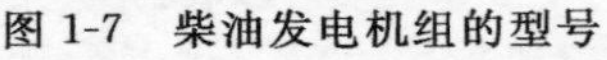
图 1-7　柴油发电机组的型号

1——机组输出的额定功率（kW），用数字表示。

2——机组输出电流的种类：G—交流工频；P—交流中频；S—交流双频；Z—直流。

3——机组的类型：F—陆用；FC—船用；Q—汽车电站；T—挂（拖）车。

4——机组的控制特征：缺位为手动（普通型）；Z—自动化；S—低噪声；SZ—低噪声自动化。

5——设计序号，用数字表示。

6——变型代号，用数字表示。

7——环境特征：缺位为普通型；TH—湿热带型。

举例：

① 150GF8-2——额定功率为 150kW、交流工频、陆用、设计序号为 8、第 2 次变型的普通型柴油发电机组。

② 500GFZ——额定功率为 500kW、交流工频、陆用、自动化柴油发电机组。

③ 120GFS5——额定功率为 120kW、交流工频、陆用、低噪声、设计序号为 5 的柴油发电机组。

④ 200GFSZ1——额定功率为 200kW、交流工频、陆用、低噪声、设计序号为 1 的自动化柴油发电机组。

⑤ 300GFC1——表示额定功率为 300kW、交流工频、船用、设计序号为 1 的柴油发电机组。

⑥ 75PT1——表示额定功率为 75kW、中频 400Hz、挂（拖）车式、设计序号为 1 的柴油发电机组（电站）。

⑦ 200GT1——额定功率为 200kW、交流工频、挂（拖）车式、设计序号为 1 的柴油发电机组（电站）。

⑧ 150GQ1——额定功率为 150kW、交流工频、汽车式（车载）、设计序号为 1 的柴油发电机组（电站）。

⑨ 24ZQ1——额定功率为24kW、直流输出、汽车式（车载）、设计序号为1的柴油发电机组（电站）。

注意：有的柴油发电机组型号含义与上述型号含义有所不同，尤其是进口或合资企业生产的机组是由机组生产企业自行确定的。例如威尔信柴油发电机组：机组型号前面都带有字母“P”，是Perkins（伯琼斯）的缩写；机组型号后面有带“E”和不带“E”之分，带“E”的机组为备用功率，不带“E”的机组为常用功率；机组型号中的数字代表机组的容量（kV·A）。如P900E型威尔信柴油发电机组的基本含义为：发动机采用伯琼斯柴油机，机组备用功率为900kV·A（720kW）。若机组装配手动控制屏，则机组只能在手动状态下工作。若机组装配任意一种自动控制屏，则机组可选择在手动或自动状态下工作。

1.2 柴油发电机组的技术条件与性能

1.2.1 柴油发电机组的主要电气性能指标

柴油发电机组的电气性能指标不仅是衡量机组供电质量的标准，也是正确使用和维修机组的主要依据。柴油发电机组的主要电气性能指标包括稳态指标和动态指标两类。

1.2.1.1 稳态指标

发电机组在一定负载下稳定运行时的电气性能指标称作稳态指标。

（1）额定值　对发电机组而言，额定值就是指机组铭牌上所标示的数据。

① 相数（Phase）：发电机组的输出电压有单相和三相两种。

② 额定频率（Rated Frequency）：柴油发电机组以额定转速运行时的电压频率，叫额定频率。在我国，一般用电设备要求的额定频率为50Hz，特殊用电设备要求的额定频率为400Hz或800Hz（中频），普通发电机组只能发出一种频率的交流电；特殊发电机组可同时产生两种不同频率的交流电。

③ 额定转速（Rated Speed）：目前，中小型柴油发电机组的额定转速一般为1500r/min。随着柴油机结构的改进和制造工艺水平的提高，机组的额定转速会逐步提高。

④ 额定电压（Rated Voltage）：柴油发电机组以额定转速运行时的空载电压称为其额定电压。通常，单相柴油发电机组的额定电压为230V（220V），三相柴油发电机组的额定电压为400V（380V）。

⑤ 额定电流（Rated Current）：发电机组输出额定电压和额定功率（或额定容量）时的输出电流称为额定电流。单位为安培（A）。

⑥ 额定容量/额定功率（Rated Capacity/ Rated Output）：柴油发电机组的额定电压和额定电流之积称为机组的额定容量。单位为伏安（V·A）或千伏安（kV·A）。发电机组铭牌上通常标出的是额定功率，额定功率等于额定容量与额定功率因数之积，或者等于额定电压、额定电流和额定功率因数三者之积，单位是瓦（W）或千瓦（kW）。

⑦ 最大输出容量/最大输出功率（Max Capacity/Max Output）：允许发电机组短时间超载运行时的输出容量（输出功率），一般为额定输出容量（输出功率）的110%。

⑧ 额定功率因数（Rated Factor）：机组的额定输出功率（有功功率）与额定容量（视在功率）之比称为机组的额定功率因数。当机组容量一定时，其功率因数越高，则其输出的有功功率就越多，机组的利用率也越高。一般情况下，机组的功率因数不允许低于0.8。

（2）空载电压调整范围 u_z　机组稳定运行时，其空载电压应能在一定范围内调整，这是由于机组与用电设备之间有一定的电缆电压降，机组应保证在一定的负载下，输出电缆末端仍具有正常的工作电压。一般情况下，空载电压调整范围为额定电压的 95%～105%。例如：一台机组的额定电压为 400V 时，其空载电压调整范围为 380～420V。空载电压调整范围的计算公式为：

$$u_z=\frac{u_{\max}(u_{\min})}{u}\times 100\%$$

式中 u——额定电压，V；

$u_{\max}(u_{\min})$——电压整定装置确定的最高（最低）电压，V。

（3）电压热偏移　当环境温度和发电机组本身的温度升高时，发电机铁芯的磁导率下降，绕组的直流电阻增加，电路元件参数会发生变化，从而引起发电机组输出电压的变化，这种现象叫作电压热偏移。通常，用温度升高所引起的机组电压变化量占额定电压的百分数来表示机组的电压热偏移，一般不允许超过 2%。

（4）电压波形畸变率　发电机组输出电压的理想波形应为正弦波，但其实际波形不是真正的正弦波，它既含有基波，又含有三次及三次以上的高次谐波，三次谐波励磁的发电机组尤为严重。各次谐波有效值的均方根值与基波有效值的百分比叫作电压波形畸变率。一般情况下，发电机组空载额定电压波形畸变率应小于 10%。电压波形畸变率过大，会使发电机发热严重，温度升高而损坏发电机的绝缘，影响发电机组的正常工作性能。

（5）稳态电压调整率 δ_u　稳态电压调整率是指机组在负载变化后的稳定电压相对机组在空载时额定电压的偏差程度，用百分比来表示。即：机组输出电压与额定电压之差与额定电压之比的百分数。其数学表达式如下：

$$\delta_u=\frac{u_1-u}{u}\times 100\%$$

式中 u_1——发电机组在负载渐变后，稳定电压的最大值（最小值），V；

u——发电机组的（空载）额定电压，V。

稳态电压调整率是衡量发电机组端电压稳定性的重要指标，稳态电压调整率越小，说明负载的变化对机组端电压的影响越小，机组端电压的稳定性越高。

稳态电压调整率在不同负载情况下各不相同。在感性负载时，负载变化后的稳定电压低于空载额定电压；在容性负载时，负载变化后的稳定电压高于空载额定电压。而这种相对于空载额定电压的偏差大小取决于励磁调节器的调节能力，调节能力愈强则其偏差值愈小，稳态电压调整率也越小，机组的端电压越稳定。

（6）稳态频率调整率 δ_f　稳态频率调整率是指负载变化前后，机组稳定频率的差值与额定频率之比的百分数，其数学表达式如下：

$$\delta_f=\frac{f_1-f_2}{f}\times 100\%$$

式中 f_1——负载渐变后稳定频率的最大值（最小值），Hz；

f_2——负载为额定值时的稳态频率，Hz；

f——额定频率，Hz。

稳态频率调整率越小，说明负载变化时频率越稳定。稳态频率调整率与发动机的调速性能有关，调速器的调节能力越强，则负载变化时频率越稳定。

（7）电压波动率 $\delta_{u\mathrm{B}}$　在负载不变时，由于发电机励磁系统不稳定和发动机转速的波动，使机组的输出电压也要产生波动。因此，相应地提高发电机励磁调节器和发动机调速器的调节性能，可以减小机组电压的波动。电压波动率计算公式：

$$\delta_{u_\mathrm{B}}=\frac{u_{\mathrm{Bmax}}-u_{\mathrm{Bmin}}}{u_{\mathrm{Bmax}}+u_{\mathrm{Bmin}}}\times 100\%$$

式中，u_{Bmax}和u_{Bmin}为同一次观测时间内，电压的最大值和最小值，V。

（8）频率波动率δ_{f_B}　在负载不变时，由于机组内部原因，机组的频率也要产生波动。机组频率的波动主要是由发动机调速器的不稳定和发动机曲轴的不均匀旋转造成。因此，相应提高发动机的性能及其调速器的调节性能，可以减小机组频率的波动。频率波动率计算公式：

$$\delta_{f_B}=\frac{f_{Bmax}-f_{Bmin}}{f_{Bmax}+f_{Bmin}}\times 100\%$$

式中，f_{Bmax}和f_{Bmin}为同一次观测时间内，频率的最大值和最小值，Hz。

（9）三相负载不平衡度δ_{u_L}　三相不对称负载在机组运行中有可能会出现，特别是负载中有较多的单相负载时，由于接线不合理，也会造成三相负载不对称。不对称负载将导致发电机三相绕组所供给的电流不平衡，使发电机线电压间产生偏差，同时使发电机发热和振动，对用电设备也是不利的，例如对三相异步电动机，将产生对转子起制动作用的反向旋转磁场。因此规定机组在一定的三相对称负载下，在其中任一相上再加25%标定相功率的电阻性负载，但该相的总负载电流不超过额定值时，应能正常工作；线电压的最大（或最小）值与三相线电压平均值之差应不超过三相线电压平均值的5%。线电压不平衡度计算公式：

$$\delta_{u_L}=\frac{u_L-u_{Lave}}{u_{Lave}}\times 100\%$$

$$u_{Lave}=\frac{u_{AB}+u_{BC}+u_{CA}}{3}$$

式中　u_L——在不对称负载下，线电压中的最大值或最小值，V；

u_{Lave}——在不对称负载下，三个线电压的平均值，V。

1.2.1.2　动态指标

（1）电压和频率稳定时间　机组负载突变时，其电压和频率会产生突然下降或升高的现象，从负载突变时起至电压或频率开始稳定所需要的时间为电压或频率稳定时间，以秒（s）为单位计算。电压和频率稳定时间通常用示波器测量。

电压的稳定时间与自动调压系统的性能有关。频率的稳定时间与发动机的调速器的调速性能有关。一般情况下，电压稳定时间应小于3s，频率稳定时间应小于7s。

（2）瞬态电压调整率δ_{u_s}和瞬态频率调整率δ_{f_s}

机组在负载突变时，发动机端电压和频率都会出现瞬间变化。当突加或突减负载时，由于受柴油机输入功率的突增（减）及发电机电枢反应等因素的影响，发动机端电压和频率会产生突然下降或升高的现象。电压（频率）的瞬态变化值与负载突变前的数值之差与额定值的百分比，称为机组的瞬态电压（频率）调整率。瞬态电压调整率计算公式：

$$\delta_{u_s}=\frac{u_s-u_3}{u}\times 100\%$$

式中　u_s——负载突变时瞬时电压的最大值或最小值，V；

u_3——负载突变前的稳定电压，V；

u——额定电压，V。

瞬态频率调整率计算公式：

$$\delta_{f_s}=\frac{f_s-f_3}{f}\times 100\%$$

式中　f_s——负载突变时的瞬时频率的最大值或最小值，Hz；

f_3——负载突变前的稳定频率，Hz；

f——额定频率，Hz。

（3）直接启动空载异步电动机的能力　机组直接启动异步电动机时，由于启动电流很大以及异步电动机低功率因数的影响，使机组输出电压显著下降，这时发电机的励磁系统必须进行强励磁，才能补偿机组输出电压的下降。异步电动机容量愈大，强励程度就愈高。同时，因为启动电流很大，有可能损伤绕组的绝缘。柴油发电机组因其特性上的差别，启动空载异步电动机的容量不得超过其额定容量的70%；而启动有载异步电动机时，异步电动机的容量不得超过其额定容量的35%，当异步电动机启动后，由机组输出的剩余功率还可供其他电气设备使用。

（4）机组的并车性能　型号规格相同和容量比不大于3∶1的机组在20%～100%额定功率范围内应能稳定地并联运行，且可平稳转移负载的有功功率和无功功率，其有功功率和无功功率的分配差度应不大于表1-1的规定；容量比大于3∶1的机组并联，各机组承担的有功功率和无功功率分配差度按产品技术条件的规定。

表1-1　有功功率和无功功率的分配差度

参数		单位	性能等级			
			G1	G2	G3	G4
有功功率分配 ΔP	80%～100%标定定额之间	%	—	≤±5		按制造厂和用户之间的协议
	20%～80%标定定额之间			≤±10		
无功功率分配 ΔQ	20%～100%标定定额之间					

说明：当使用该容差时，并联运行发电机组的有功标定负载或无功标定负载的总额按容差值减小。

（5）无线电干扰允许值　根据YD/T 502—2007《通信用柴油发电机组》，用于通信电源的柴油发电机组对无线电干扰有要求时，机组应具有抑制无线电干扰的措施，其干扰允许值应不大于表1-2和表1-3中规定的限值。按照GB 3907—1983《工业无线电干扰基本测量方法》进行测量考核，特殊情况可提出更严格的要求。

表1-2　传导干扰限值

频率/MHz		0.15	0.25	0.35	0.6	0.8	1.0	1.5	2.5	3.5	5～30
端子电平允许值	μV	3000	1800	1400	920	830	770	680	550	420	400
	dB	69.5	65.1	62.9	59	58	58	56.7	54.8	54	52

表1-3　辐射干扰限值

频段 f_d/MHz		$0.15 \leqslant f_d < 0.50$	$0.50 \leqslant f_d < 2.50$	$2.50 \leqslant f_d < 20.00$	$20.00 \leqslant f_d < 300.00$
干扰场强	μV/m	100	50	20	50
	dB	40	34	26	34

1.2.2　柴油发电机组的工作条件

机组的工作条件是指在规定的使用环境条件下能输出额定功率，并能可靠连续地进行工作。国家标准规定的电站（机组）工作条件，主要是按海拔高度、环境温度、相对湿度、有无霉菌、盐雾以及放置的倾斜度等情况来确定的。

确定机组的额定功率应采用标准的工作环境条件。由于组成发电机组的柴油机、交流同步发电机和控制装置在国家标准中都有各自的规定和标准，所以在选择确定发电机组的工作环境条件时，应综合考虑这些因素，重点应以发动机的标准环境条件为基础。

根据GB/T 2819—1995《移动电站通用技术条件》的规定，电站输出额定功率的环境条件应为下述两种规定中的一种，并在产品技术条件中明确。

① 海拔高度 0m，环境温度 20℃，空气相对湿度 60%；

② 海拔高度 1000m，环境温度 40℃，空气相对湿度 60%。

机组在下列条件下应能输出规定的功率（允许修正）并可靠地工作。

① 海拔高度：不超过 4000m。

② 环境温度：上限值为 40℃、45℃、50℃；下限值为－40℃、－25℃、5℃。

③ 相对湿度、凝露和霉菌：

a. 综合因素：应按表 1-4 的规定。

表 1-4　发电机组工作条件的综合因素

环境温度上限值/℃		40	40	45	50
相对湿度/%	最湿月平均最高相对湿度	90(25℃时)①	95(25℃时)①		
	最干月平均最低相对湿度			10(40℃时)②	
凝露			有		
霉菌			有		

① 指该月的平均最低温度为 25℃，月平均最低温度是指该月每天最低温度的月平均值。

② 指该月的平均最高温度为 40℃，月平均最高温度是指该月每天最高温度的月平均值。

b. 长霉：机组电气零部件经长霉试验后，表面长霉等级应不超过 GB/T 2423.16—2008《电工电子产品环境试验》中规定的 2 级。

④ 倾斜度：对柴油电站而言，电站纵向前、后水平倾斜度不大于 10°或 15°。

机组运行的现场条件应由用户明确确定，且应对任何特殊的危险条件，如爆炸大气环境和易燃气体加以说明。

1.2.3　柴油发电机组的功率标定与修正

（1）柴油发电机组的标定功率　发电机组的标定功率是指在标准环境（大气压力、相对湿度、环境温度）状况下连续运转 12h 的输出功率（其中允许超负荷 10%运转 1h）。机组超过 12h 以上连续使用时，其输出功率应修正为柴油发动机标定功率 90%的电功率。

柴油发电机组的功率类别是综合考虑配套件的功率类别，并结合实际使用情况规定出来的。国家标准 GB/T 2820.1—2009《往复式内燃机驱动的交流发电机组》第一部分：用途、定额和性能中的第 13 条对柴油发电机组的功率定额作了如下规定。

① 持续功率（COP）　持续功率是指在商定的运行条件下并按制造商规定的维修间隔和方法实施维护保养，发电机组每年运行时间不受限制地为恒定负载持续供电的最大功率。

② 基本功率（PRP）　基本功率是指在商定的运行条件下并按制造商规定的维修间隔和方法实施维护保养，发电机组能每年运行时间不受限制地为可变负载持续供电的最大功率。

③ 限时运行功率（LTP）　限时运行功率是指在商定的运行条件下并按制造商规定的维修间隔和方法实施维护保养，发电机组每年供电达 500h 的最大功率［注：按 100%限时运行功率（LTP）每年运行时间最多不超过 500h］。

④ 应急备用功率（ESP）　应急备用功率是指在商定的运行条件下并按制造商规定的维修间隔和方法实施维护保养，当公共电网出现故障或在试验条件下，发电机组每年运行达 200h 的某一可变功率系列中的最大功率。在 24h 的运行周期内允许的平均输出功率（P_{pp}）应不大于 ESP 的 70%，除非往复式内燃机（RIC）制造商另有规定。

对于同一台柴油发电机组，额定功率的类别不同，其数值大小是不一样的。所以国家标准（GB/T 2820.5—2009《往复式内燃机驱动的交流发电机组》第 5 部分：发电机组）规定制造商在产品铭牌上额定功率前必须标明功率类别，即加词头：COP、PRP、LTP或ESP。这样表示，既能反映发电机组的实际情况，又便于用户使用。同样，用户在选购机组时，也务必注意发电机组铭牌上标注的功率类别。

（2）柴油发电机组的功率修正　当机组在非标准环境状况的环境条件下使用时，用户应按柴油机功率的换算方法进行修正。换算公式为：

$$P_H = \eta(K_1 K_2 P_e - N_P)\text{(kW)}$$

式中　P_H——机组的输出功率，kW；

P_e——柴油机在标准环境状况下的标定功率，kW；

K_1——柴油机功率修正系数（当柴油机长期运行时，$K_1=0.9$，当柴油机连续工作时间<12h时，$K_1=1$）；

K_2——环境条件修正系数，见表1-5和表1-6；

N_P——柴油机风扇及其他辅助件消耗的功率，kW；

η——发电机的效率。

表1-5　环境条件修正系数 K_2（相对湿度 $\varphi=50\%$）

海拔高度/m	大气压力/kPa	环境空气温度/℃									
		0	5	10	15	20	25	30	35	40	45
0	101.35	—	—	—	—	1.00	0.98	0.96	0.94	0.92	0.89
200	98.66	—	—	—	0.99	0.97	0.95	0.93	0.92	0.89	0.86
400	96.66	—	1.00	0.98	0.96	0.94	0.92	0.90	0.89	0.87	0.84
600	94.39	1.00	0.87	0.95	0.94	0.92	0.90	0.88	0.86	0.84	0.82
800	92.13	0.97	0.94	0.93	0.91	0.89	0.87	0.85	0.84	0.82	0.79
1000	89.86	0.94	0.92	0.90	0.89	0.87	0.85	0.83	0.81	0.79	0.77
1500	84.53	0.87	0.85	0.83	0.82	0.80	0.79	0.77	0.75	0.73	0.71
2000	79.46	0.81	0.79	0.77	0.76	0.74	0.73	0.71	0.70	0.68	0.65
2500	74.66	0.75	0.74	0.72	0.71	0.69	0.67	0.65	0.64	0.62	0.60
3000	70.13	0.69	0.68	0.66	0.65	0.63	0.62	0.61	0.59	0.57	0.55
3500	65.73	0.64	0.63	0.61	0.60	0.58	0.57	0.55	0.54	0.52	0.50
4000	61.59	0.59	0.58	0.56	0.55	0.53	0.52	0.50	0.49	0.47	0.46

表1-6　环境条件修正系数 K_2（相对湿度 $\varphi=100\%$）

海拔高度/m	大气压力/kPa	环境空气温度/℃									
		0	5	10	15	20	25	30	35	40	45
0	101.35	—	—	—	—	0.99	0.96	0.94	0.91	0.88	0.84
200	98.66	—	—	1.00	0.98	0.96	0.93	0.91	0.88	0.85	0.82
400	96.66	—	0.99	0.97	0.95	0.93	0.90	0.88	0.86	0.82	0.79
600	94.39	0.99	0.97	0.95	0.93	0.91	0.88	0.86	0.83	0.80	0.77
800	92.13	0.96	0.94	0.92	0.90	0.88	0.85	0.83	0.80	0.77	0.74
1000	89.86	0.93	0.91	0.89	0.87	0.85	0.83	0.81	0.78	0.75	0.72
1500	84.53	0.87	0.85	0.83	0.81	0.79	0.77	0.75	0.72	0.69	0.66
2000	79.46	0.80	0.79	0.77	0.75	0.73	0.71	0.69	0.66	0.63	0.60
2500	74.66	0.74	0.73	0.71	0.70	0.68	0.65	0.63	0.61	0.58	0.55
3000	70.13	0.69	0.67	0.65	0.64	0.62	0.60	0.58	0.56	0.53	0.50
3500	65.73	0.63	0.62	0.61	0.59	0.57	0.55	0.53	0.51	0.48	0.45
4000	61.59	0.58	0.57	0.56	0.54	0.52	0.50	0.48	0.46	0.44	0.41

通常把柴油机的标定功率 P_e（kW）与机组（同步交流发电机）的输出功率 P_H（kW）之比，称为匹配比。用 K 表示，即

$$K=P_e/P_H$$

K 的大小受当地大气压力、相对湿度和环境温度等多种因素的影响。对于在平原上使用的一般机组，K 通常取 1.35～1.6；对使用要求较高的机组，K 应取 2。

1.2.4 柴油机与发电机的功率匹配

一般情况下，与发电机配套的柴油机选用 12h 功率或持续功率作为标定功率。当选用 12h 功率表示标定功率时，说明柴油机在标定功率下（标准环境状况时）连续运行时间为 12h，其中包括超过 10%标定功率情况下连续运行 1h；当选用持续功率作为标定功率时，表示柴油机允许长期连续运行，其中包括可超过 10%标定功率运行 1h。通常持续功率为 12h 功率的 90%。

柴油机铭牌标示的标定功率是按规定的标准环境状况下确定的，当环境条件与标准规定不同时，其功率应按前述方法进行修正。在配套时，柴油机应有足够的功率以保证发电机在标定运行的条件下输出标定功率。当发电机输出标定功率时，实际所需的柴油机最小输出功率可按下式计算：

$$N_f=\frac{\left(\frac{P_H}{\eta}+P_e\right)}{K_1}(\mathrm{kW})$$

式中 N_f——柴油机最小输出功率，kW；

P_H——机组的输出功率，kW；

P_e——柴油机在标准环境状况下的标定功率，kW；

K_1——柴油机功率修正系数（当柴油机长期运行时，$K_1=0.9$，当柴油机连续工作时间<12h 时，$K_1=1$）；

η——发电机的效率。

上式计算所得的柴油机输出功率应调整到标准规定的值或工厂技术说明书规定的功率等级。按经验，柴油机功率与发电机功率之比，对于平原固定发电机组取 1.35：1，对于移动发电机组取 1.6：1。表 1-7 为各类柴油发电机组的配套特点。

表 1-7 各类柴油发电机组的配套特点

类别		移动机组		固定机组	船用机组
配套容量/kW		≤200	200～1500	120～3×10⁴	60～1000
转速/(r/min)		1500、1000	1500、1000	1500、1000、750、500、430	750、500
成套型式		发电机组(含柴油机、电机控制箱等)，拖车式，汽车式(列车式)		固定式安装	固定式安装
应用场合		移动通信及流动备用电源		边远地区及市电紧张的地区的基础电源，重要部门的备用电源	船用辅机控制及照明用电源
连续工作时间/h		12～72		24～100	≥72
调速率要求	瞬时调速率/%	<7	<10	<10	<10
	稳态调速率/%	<3	<5	<5	<5
	转速波动率/%	<0.5	<0.5	<0.5	<0.5

续表

类别		移动机组		固定机组	船用机组
工作环境	温度/℃	−40～40		5～40	5～45
	湿度/%	95		60	95
	海拔/m	0～2000		0～1000	0
	安装地点	车厢内、露天、坑道		室内	船舱
匹配功率		12h	12h	12h或持续功率	持续功率
匹配比		1.32～1.50	1.18～1.32	1.03～1.10	1.10～1.18
负荷特点		①恒定转速、变负荷连续运行，有短期超负荷 ②迅速启动并投入负载运行(10～18s) ③有冲击负荷，如突加突减100%、短期过电流50%～100%、短路、启动异步电机			

1.3 柴油发电机组的选择

1.3.1 选购柴油发电机组的依据

市面上发电机组的品牌繁多，在选购时应注意所选机组的性能和质量必须符合有关标准的要求。目前，国内外对各个应用领域的发电机组都有较详细的标准法规，生产商应能示出国内或国际认证机构的鉴定或认证证书。

我国对各种内燃发电机组的标准是：GB/T 2820—2009《往复式内燃机驱动的交流发电机组》（相当于国际标准ISO8528系列，共有12部分）、JB/T 10303—2001《工频柴油发电机组技术条件》、GB/T 2819—1995《移动电站通用技术条件》和GB/T 12786—2006《自动化柴油发电机组通用技术条件》等。

对于各个具体行业的标准是：军事部门的GJB 4491—2002《固定通信电源站柴油发电机组通用规范》、邮电部门的YD/T 502—2007《通信用柴油发电机组》以及船用部门的GB/T 13032—2010《船用柴油发电机组》等。

另外，在日益重视环境保护的今天，机组本身应具有或者经过其他特殊处理后，其尾气排放物和噪声应符合GB 16297—1996《大气污染物综合排放标准》和GB 12348—2008《工厂企业厂界噪声排放标准》的规定。

对于符合有关标准的产品，可以获得国家相关部门颁发的检验证书。如国家内燃机发电机组质量监督检验中心颁发的《鉴定证书》、机械工业部颁发的《机械产品全国质量统一监督检验合格证书》和信息产业部指定的第三方论证——泰尔论证等。

1.3.2 选购柴油发电机组的标准

国家信息产业部通信电源产品质量监督检验中心颁布了《通信用柴油发电机组进网质量认证检测实施细则》，对柴油发电机组规定了24项性能指标要求。

（1）外观要求

① 机组的界限尺寸、安装尺寸及连接尺寸均应符合规定程序批准的产品图样。

② 机组的焊接应牢固，焊缝应均匀，无焊穿、咬边、夹渣及气孔等缺陷，焊渣、焊药应清除干净；漆膜应均匀，无明显裂纹和脱落；镀层应光滑、无漏镀斑点、锈蚀等现象；机组紧固件应不松动。

③ 机组的电气安装应符合电路图。机组各导线连接处应有不易脱落的明显标志。

④ 机组应有良好的接地端子。

⑤ 机组标牌内容齐全。

(2) 绝缘电阻和绝缘强度

① 绝缘电阻：测量各独立电气回路对地及回路间的绝缘电阻应大于2MΩ。

② 绝缘强度：柴油发电机组各独立电气回路对地及回路间应能承受交流试验电压1min，要求无击穿或闪络现象。回路电压＜100V的，其试验电压为750V；回路电压≥100V的，其试验电压为1440V。

(3) 相序要求　机组控制屏接线端子的相序从屏正面看应自左到右或自上到下排列。

(4) 自动维持准备运行状态的要求　机组应具有加热装置，保证其应急启动和快速加载时的全损耗系统用油温度、冷却介质温度不低于15℃。

(5) 自动启动供电和自动停机的可靠性检查

① 接自控或遥控的启动指令后，机组应能自动启动。

② 机组自动启动第3次失败后，应能发出启动失败信号，设有备用机组时，程序启动系统应能自动地将启动指令传递给另一台备用机组。

③ 从自动启动指令发出至向负载供电的时间应不超过3min。

④ 机组自动启动成功后，首次加载量应不低于50%标定负载。

⑤ 接到自控或遥控的停机指令后，机组应能自动停机；对于与市电电网并用的备用机组，当电网恢复正常后，机组应能自动切换和自动停机，其停机方式和停机延迟时间应符合产品技术条件规定。

(6) 自动启动成功率　不小于99%。

(7) 空载电压整定范围　不小于95%～105%额定电压。

(8) 自动补给功能　机组应能自动向启动电池充电。

(9) 自动保护功能　机组应有缺相、短路（不大于250kW的机组）、过电流（大于250kW的机组）、转速和水温（缸温）过高、油压过低的保护装置。

(10) 电压波形畸变率　在空载额定电压和频率下，线电压波形畸变率＜5%。

(11) 稳态电压调整率　±3%（≤250kW）；±2%（＞250kW）。

(12) 瞬态电压调整率　±20%（≤250kW）；±15%（＞250kW）。

(13) 电压稳定时间　≤2s（≤250kW）；≤1.5s（＞250kW）。

(14) 电压波动率　≤0.8%（≤250kW）；≤0.5%（＞250kW）。

(15) 稳态频率调整率　≤3%。

(16) 瞬态频率调整率　≤9%。

(17) 频率稳定时间　≤5s。

(18) 频率波动率　≤0.8%（≤250kW）；≤0.5%（＞250kW）。

(19) 三相不对称负载下的线电压偏差　机组在25%的三相对称负载下，在任一相再加25%额定相功率的电阻性负载，机组应能正常工作，此线电压的最大或最小值与三相线电压的平均值之差应不超过三相线电压平均值的5%。

(20) 噪声　距机组柴油机和发电机机体1m处的噪声声压平均值：

≤250kW，≤102dB（A）；

＞250kW，≤108dB（A）。

(21) 燃油消耗率　机组额定功率在120kW＜P≤600kW范围内，燃油消耗率≤260g/kW·h。

(22) 机油消耗率　机组额定功率P＞40kW，全损耗系统用油（机油）消耗率≤3.0g/kW·h。

(23) 在额定工况下的运行试验　柴油发电机组在所规定的工作条件下（详见国家标准

GB/T 2820.7—2009《往复式内燃机驱动的交流发电机组》第 7 部分：用于技术条件和设计的技术说明中的 4.1～4.19），机组能以额定工况正常连续运行 12h（其中包括过载 10%运行 1h），且机组应无漏油、漏水和漏气现象。

（24）遥控、遥信和遥测性能

1）智能型机组　200kW 以上的柴油发电机组应为智能型，其监控内容和接口的具体要求如下。

① 遥控：开/关机、紧急停车、切换主备用机组。

② 遥信：工作状态（运行/停机）、工作方式（自动/手动）、主备用机组、过压、欠压、过流、频率/转速高、水温高（水冷式）、缸体温度高（风冷式）、皮带断裂（风冷式）、润滑油油温高（风冷式）、启动失败、过载、充电器故障。

③ 遥测：三相输出电压、三相输出电流、输出频率/转速、冷却介质温度或缸体温度（风冷式）、润滑油油压、润滑油油温（风冷式）、启动电池电压、输出功率。

④ 接口：应具有通信接口（RS-232 和 RS-485/422），并能提供出完整的通信协议。

2）非智能型机组　200kW 及以下的非智能型机组无此项要求。

1.3.3　常用柴油发电机组的选择

某些柴油发电机组在某段时间或经常需要长时间连续地运行，以作为用电负荷的常用供电电源，这类发电机组称为常用发电机组。常用发电机组可作为常用机组与应急（备用）机组。远离大电网的乡镇、海岛、林场、矿山、油田等地区，为了供给当地居民生产及生活用电，需安装柴油发电机组，这类机组平时可不间断连续运行。

国防工程、通信枢纽、广播电台、微波接力站等重要工程，设有备用柴油发电机组。这类工程平时用电可由市电电力网供给。但是，由于地震、台风、战争等其他自然灾害或人为因素，使市电网遭受破坏而停电以后，已设置的备用柴油发电机组应迅速启动，并坚持长期不间断地运行，以保证对这些重要工程用电负荷的连续供电，这种备用发电机组也属于常用发电机组类型。其特点是持续工作时间长、负荷曲线变化较大。

1.3.3.1　常用柴油发电机组及其容量的确定

同一电站的常用柴油发电机组应尽量选用同型号、同容量的机组，以便备用相同的零部件，方便维修与管理。负荷变化大的工程，也可以选用同系列不同容量的机组。机组输出标定电压一般为 400V，个别用电量大，输电距离远的工程可选用高压发电机组。

一般而言，常用柴油发电机组容量的估算按机组长期持续运行输出功率能满足全工程最大计算负荷进行选择，并应根据负荷的重要性确定备用机组的容量。柴油机持续运行的输出功率，一般为标定功率的 0.9 倍。若机组容量选择得过小，则无法带动全部负载或者在启动大功率负载时导致突然停机的现象；若机组容量选择得过大，则投资及维修成本高，造成资源浪费。而且根据柴油机的特性，当其长期在小负荷工作时，将造成发动机活塞环、喷油嘴等处积炭严重，气缸磨损加剧等损坏机组的不良后果。另外，在容量估算时需考虑多方面的因素，包括使用环境、负载类型和预留裕量等方面。

（1）使用环境　不同的使用环境会影响机组的输出功率。使用环境主要包括：环境温度、海拔高度和空气相对湿度。当环境温度、海拔高度过高时，空气密度则降低，机组运行时燃烧所需氧气的供应量减少，机组的输出功率应作相应下调。换言之，选用的机组功率要比负载的功率值高，即当机组在非标准状况下工作时，应对柴油机进行功率校正。

值得注意的是：电子喷油柴油机采用了电子喷油控制技术，通过安装在柴油机上的电子控制单元对进气歧管的进气压力、燃油温度等参数的精确测量，以控制每个喷油器的喷油正时和喷油量，使得机组在非标准环境下功率下降比较少。

(2) 负载类型　不同类型的负载对发电机组容量的要求相差很大。负载类型一般分为电阻性负载、电感性等线性负载与内含整流电路的非线性负载（又称整流性负载）。阻性负载如灯泡、电炉和烤箱等；感性负载如空调、机床和水泵等；非线性负载如 UPS、电子计算机、程控交换机和 PLC 设备等。其中阻性负载的特性是电阻基本保持不变，电流随电压按比例下降，带这种负载时，发电机组的容量只要略大于负载功率即可。但是在带感性负载和非线性负载时，发电机组的容量就需要重新计算。

① 电感性负载对容量的影响　电感性负载（如笼型三相异步电动机）的特性是，当启动时有很大的电流，而且功率因数大大低于正常运转值。如果直接启动，其启动电流为正常运转时的5～7倍，这就要求机组容量足够大以满足其启动要求。但是随之而来的问题就是机组的功率选大了，而正常运行时功率又远小于机组的额定功率，这显然是不经济的。

例如：机组带一台额定功率 $P=60\text{kW}$，满载稳定运行时的电压 $U=380\text{V}$、功率因数 $\cos\varphi=0.88$、效率 $\eta=93\%$、启动电流值为额定时 6 倍的三相异步电动机时：

额定电流值为

$$I=P/(\sqrt{3}U\eta\cos\varphi)=112\text{A}$$

若根据额定电流值选择机组，只要机组的最大输出电流值大于 112A 即可。

由于其启动电流为额定电流值的 6 倍（112×6=672A），为了满足启动要求，不得不选择最大输出电流大于 672A 的机组。显然，机组的功率变大了，而正常运行时其功率又远小于标定功率，非常不经济。为了减小电动机启动时的影响，往往采用减压启动的方法，就是在启动时降低加在电动机定子绕组上的电压，待电动机转速接近稳定时，再把电压恢复到正常值。常用的减压方法有以下几种：

a. 星形-三角形（Y-△）换接启动；

b. 自耦减压启动；

c. 电抗减压启动；

d. 延边三角形启动。

其中星形-三角形（Y-△）换接启动法的启动电流为直接启动时的 1/3；自耦减压启动法备有抽头，可根据启动转矩的要求得到不同电压；电抗减压启动的启动电流按其端电压的比例降低；延边三角形启动的启动电流一般为直接启动时的 1/2。具体的操作方法可由有关的电工手册查得。

② 非线性负载对容量的影响　非线性负载设备都有启动冲击电流、谐波反馈、电流突变等干扰，而且往往对机组电压降值有很高的要求。由于柴油发电机组所送出的电源本身不但电压畸变率大，而且随着机组额定输出功率容量的减小，其内阻增大的矛盾会显得更加突出。当带电阻性负载时，这种影响不易觉察。然而带像计算机和通信设备这种整流滤波型负载或 UPS 等非线性负载时，会影响负载的正常运行乃至使用寿命，出于安全方面的考虑应把机组容量选大一些。

在计算发电机组容量时，应明确各个负载的性能，以作出正确的选择，常用负载的参考特性参数如表 1-8 所示。

(3) 其他考虑因素　根据现有负载进行机组容量计算后，还要考虑其他因素，如今后是否有扩充负载的可能，有些负载是否可能发生过载现象等。建议根据实际情况适当加大机组的容量。另外，在经济条件许可的情况下，建议采用两台或多台发电机组，其中一些发电机组用于敏感负载（如电子计算机系统和其他电子设备），另一些发电机组用于不敏感的负载（如电阻性负载和电动机），以防止由于电动机启动时造成机组电压波形畸变对敏感性负载的影响。

表 1-8　不同负载的启动电流和运行电流

负载＼电流	启　动　时	正常运行时
电阻性负载(灯泡/电热器等)	1 倍	1 倍
卤素负载(荧光灯/水银灯等)	2.1～2.8 倍	1.2～1.8 倍
整流型负载(钻孔机/喷沙机等)	2.0～3.0 倍	1.3～1.6 倍
电感性负载(笼型三相异步电动机等)	5.0～6.0 倍	1.3～2.0 倍

1.3.3.2　常用柴油发电机组台数的确定

常用柴油发电机组台数的设置通常为 2 台以上，以保证供电的连续性及适应用电负荷曲线的变化。机组台数多，才可以根据用电负荷的变化确定投入发电机组的运行台数，使机组在经济负荷下运行，以减少燃油消耗率，降低发电成本。柴油发电机组的最佳经济运行状况是在标定功率的 75%～90%之间。为保证供电的连续性，常用柴油发电机组本身应考虑设置备用机组，当运行机组故障检修或停机检查时，使备用发电机组仍能满足对重要用电负荷不间断持续供电的要求。

1.3.3.3　常用柴油发电机组的控制

常用发电机组一般应考虑能够并联运行，以简化配电主接线，使机组启动、停机轮换运行时，通过并车、转移负荷、切换机组而不致中断供电。发电机组应安装有柴油发电机组的测量及控制装置，机组的调速及励磁调节装置应适用于并联运行的要求。对重要负荷供电的备用发电机组，宜选用自动化柴油发电机组，当外电源故障断电后，能够迅速自动启动，恢复对重要负荷的供电。柴油机运行时机房噪声很大，自动化机组便于改造为隔室操作、自动监控的发电机组。当发电机组正常运行时，操作人员不必进入柴油机房，在控制室便可对柴油发电机组进行集中监控。

1.3.4　应急柴油发电机组的选择

应急发电机组主要用于重要场所，在事故停电或紧急情况发生时，通过应急发电机组迅速恢复并延长一段供电时间。这类用电负荷称为一级负荷。对断电时间有严格要求的通信设备、仪表及计算机系统等，除配备发电机组外还应有蓄电池或 UPS 供电。

应急发电机组的工作有两个特点：第一个特点是作应急用，连续工作的时间不长，一般只需要持续运行几小时（≤12h）；第二个特点是作备用，应急发电机组平时处于停机等待状态，只有当主用电源发生故障断电后，应急发电机组才启动运行供给紧急用电负荷。当主用电源恢复正常后，随即切换停机。

（1）应急柴油发电机组容量的确定　应急柴油发电机组的标定容量为经环境（海拔高度、环境温度和空气湿度等）修正后的 12h 标定容量，其容量应能满足紧急用电总计算负荷，并按发电机容量能满足一级负荷中单台最大容量电动机启动的要求进行校验。应急发电机一般选用三相交流同步发电机，其标定输出电压为 400V。

（2）应急柴油发电机组台数的确定　有多台发电机组备用时，一般只设置 1 台应急柴油发电机组，从可靠性考虑也可选用 2 台机组并联运行供电。供应急用的发电机组台数一般不宜超过 3 台。当选用多台柴油发电机时，机组应尽量选用型号、容量相同，调压、调速特性相近的成套设备，所用燃油性质应一致，以便运行维修保养及共用备件。当供应急用的发电机组有 2 台时，自启动装置应使 2 台机组能互为备用，即市电电源故障停电经过延时确认以后，发出自启动指令，如果第一台机组连续 3 次自启动失败，应发出报警信号并自动启动第二台机组。

(3) 应急柴油发电机组特性的选择　应急机组宜选用高速、增压、低油耗、高可靠性、同容量的柴油发电机组。高速增压柴油机单机容量较大，占据空间小；柴油机选配带有电子或液压调速装置的较好，其调速性能佳；发电机宜选配无刷励磁的交流同步发电机或永磁交流发电机，运行可靠，故障率低，维护检修较方便；机组装在附有减振器的公用底盘上；排烟管出口宜装设消声器，以减小噪声对周围环境的影响。

(4) 应急柴油发电机组的控制　应急柴油发电机组的控制应具有快速自启动及自动投入装置。当发生主用电源故障断电后，应急机组应能快速自启动并恢复供电，一级负荷的允许断电时间从十几秒至几十秒，应根据具体情况确定。当重要工程的主用电源断电后，首先要有 3～5s 的确认时间，以避开瞬时电压降低及市电网合闸或备用电源自动投入的时间，然后再发出启动应急机组的指令。从指令发出、机组开始启动、升速到能带负荷需要一段时间。一般大中型柴油发电机组还需要预润滑及暖机过程，使紧急加载时的全损耗系统用油（机油）压力、全损耗系统用油（机油）温度、冷却水温度符合产品技术条件的规定；机组的预润滑及暖机过程可以根据不同情况预先进行。例如邮电及军事通信、大型宾馆的重要外事活动、公共建筑夜间进行大型群众活动、医院进行重要外科手术等的应急机组平时就应处于预润滑及暖机状态，以便随时快速启动，尽量缩短故障断电时间。

应急机组投入运行后，为了减少突加负荷时的机械及电流冲击，在满足供电要求的情况下，紧急负荷最好按时间间隔分级增加。根据国家标准和国家军用标准规定，自动化柴油发电机组自启动成功后的首次允许加载量：对于标定功率不大于 250kW 者，不小于 50%标定负载；对于标定功率大于 250kW 者，按产品技术条件规定。如果对瞬时电压降及过渡过程要求不严格时，一般机组突加或突卸的负荷量不宜超过机组标定容量的 70%。

1.3.5　柴油发电机组的订货要求

柴油发电机组的订货一般应注明以下内容。

① 机组的型号、额定功率、额定频率、额定电压、额定电流、相数、功率因数和接线方式等。

② 对机组自动化功能和性能的要求。

③ 对柴油机、发电机和控制屏的结构、性能、安装尺寸的要求。

④ 对机组的并行要求：同时购买多台发电机组，是否要求并联运行，如果需要并联运行，还应提出是否需要提供并行所需的测量仪器和装置。

⑤ 对机组的附属设备要求：国内许多厂商把冷却水箱（散热器）、燃油箱、排气消声器、蓄电池等也算作附属设备，订货时允许提出安装的有关要求。

第2章 柴油发电机组总体构造与维修基础

CHAPTER 2

柴油发电机组主要包括柴油机、交流同步发电机和控制箱（屏）三大组成部分，而励磁调节器是控制箱（屏）的核心。本章首先讲述柴油机和交流同步发电机的基本结构与工作原理，然后讲述励磁系统的组成与分类，最后讲述柴油发电机组维修应掌握的基本知识，所有这些都是掌握柴油发电机组技术技能的基础。

2.1 柴油机总体构造与工作原理

把燃料燃烧时所放出的热能转换成机械能的机器称为热机。热机可分为外燃机和内燃机两类。燃料燃烧的热能通过其他介质转变为机械能的称为外燃机，如蒸汽机和汽轮机等；燃料在发动机气缸内部燃烧，工质被加热并膨胀做功，直接将所含的热能转变为机械能的称为内燃机，如柴油机、汽油机和燃汽轮机等。其中以柴油机和汽油机应用最为广泛，通常所说的内燃机多指这两种发动机。

柴油机是将柴油直接喷射入气缸与空气混合燃烧得到热能，并将热能转变为机械能的热力发动机。其主要优点是：①热效率较高，其有效热效率可达46%，是所有热机中热效率最高的一种；②功率范围广，单机功率可从零点几千瓦到上万千瓦；③结构紧凑，比质量较小，便于移动；④启动迅速，操作方便，并能在启动后很快达到全负荷运行。

2.1.1 柴油机工作原理

单缸往复活塞式柴油机结构示意图如图2-1所示，其主要由排气门1、进气门2、气缸盖3、气缸4、活塞5、活塞销6、连杆7和曲轴8等组成。气缸4内装有活塞5，活塞通过活塞销6、连杆7与曲轴8相连接。活塞在气缸内作上下往复运动，通过连杆推动曲轴转动。为了吸入新鲜空气和排出废气，在气缸盖上设有进气门2和排气门1。

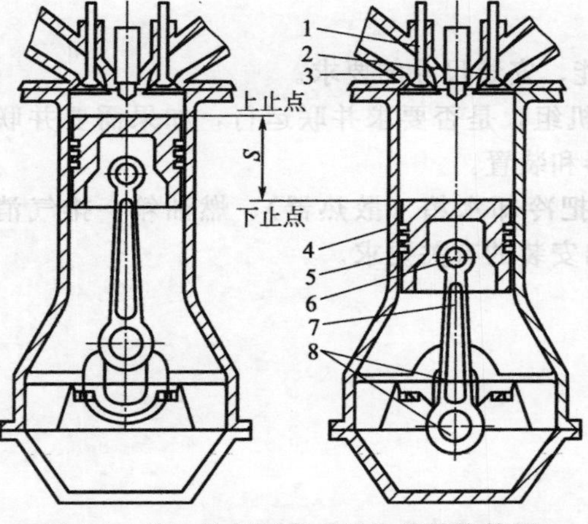

图2-1 单缸往复活塞式柴油机结构简图

1—排气门；2—进气门；3—气缸盖；4—气缸；5—活塞；6—活塞销；7—连杆；8—曲轴

（1）基本名词术语（参见图2-1）

① 上止点：活塞离曲轴中心最大距离的位置。

② 下止点：活塞离曲轴中心最小距离的位置。

③ 活塞行程（冲程）：上止点与下止点间的距离，用符号S表示，单位为mm。

④ 曲柄半径：曲轴旋转中心到曲柄销中心的距离，用符号r表示，单位为mm。由图2-1可见，活塞行程S等于曲柄半径r的两倍，即

$$S=2r$$

⑤ 气缸工作容积：在一个气缸中，活塞从上止点到下止点所扫过的气缸容积。用符号

V_h表示，单位为L，则

$$V_h=\frac{\pi}{4}D^2S\times10^{-6}\ (L)$$

式中 D——气缸直径，mm；

S——活塞行程，mm。

⑥ 柴油机排量：柴油机所有气缸工作容积的总和称为柴油机排量，用V_H表示，如果柴油机有i个气缸，则柴油机排量

$$V_H=V_hi=\frac{\pi}{4}iD^2S\times10^{-6}\ (L)$$

柴油机排量表示柴油机的做功能力，在其他参数相同的前提下，柴油机排量越大，则其所发出的功率就越大。

⑦ 燃烧室容积：当活塞在上止点时，活塞上方的气缸容积。用符号V_c表示。

⑧ 气缸总容积：当活塞在下止点时，活塞上方的气缸容积。用符号V_a表示。它等于燃烧室容积V_c与气缸工作容积V_h之和。即

$$V_a=V_c+V_h$$

⑨ 压缩比：气缸总容积与燃烧室容积之比。用符号ε表示。则

$$\varepsilon=V_a/V_c=(V_c+V_h)/V_c=1+V_h/V_c$$

压缩比ε表示气缸中的气体被压缩后体积缩小的倍数，也表明气体被压缩的程度，通常柴油机的压缩比$\varepsilon=12\sim22$。压缩比越大，活塞运动时，气体被压缩得越厉害，气体的温度和压力就越高，柴油机的效率也越高。

⑩ 工作循环：柴油机中热能与机械能的转化，是通过活塞在气缸内工作，连续进行进气、压缩、做功、排气四个过程来完成的。每进行这样一个过程称为一个工作循环。如柴油机活塞走完四个冲程（曲轴旋转两周）完成一个工作循环，称该机为四冲程柴油机；如活塞走完两个冲程（曲轴旋转一周）完成一个工作循环，称该机为二冲程柴油机。

(2) 四冲程柴油机工作原理

① 进气过程［如图2-2(a)所示］ 活塞从上止点向下止点移动，这时在配气机构的作用下进气门打开，排气门关闭。由于活塞下移，气缸内容积增大，压力降低，新鲜空气经空气滤清器、进气管不断吸入气缸。由于进气系统存在阻力，使进气终了气缸内的气体压力低于大气压力p_0（约78～91kPa），温度为320～340K。

② 压缩过程［如图2-2(b)所示］ 活塞由下止点向上止点运动，这时进、排气门关闭。气缸内容积不断减少，气体被压缩，其温度和压力不断提高。压缩终了时气体压力可达3～5MPa，温度高达750～1000K，为喷入气缸内的柴油蒸发、混合和燃烧创造条件。

③ 做功过程［如图2-2(c)所示］ 在压缩过程即将终了时，喷油器将柴油以细小的油雾喷入气缸，在高温、高压和高速气流作用下很快蒸发，与空气混合，形成混合气。并在高温下自动着火燃烧，放出大量的热量，使气缸中气体温度和压力急剧上升。燃烧气体的最大压力可达6～9MPa，最高温度可达1800～2000K。高压气体膨胀推动活塞由上止点向下止点移动，从而使曲轴旋转对外做功。由于喷油和燃烧要持续一段时间，所以虽然活塞开始下移，但此时还有喷入的燃料继续燃烧放热，气缸内的压力并没有明显下降，随着活塞下移，气缸内的温度和压力才逐渐下降。做功行程结束时，压力约为0.2～0.5MPa。

④ 排气过程［如图2-2(d)所示］ 做功过程结束后，排气门打开，进气门关闭。活塞在曲轴的带动下由下止点向上止点运动，燃烧过的废气便依靠压力差和活塞上行的排挤，迅速从排气门排出。由于排气系统有阻力，因此，排气终了时，气缸内废气压力略高于大气压

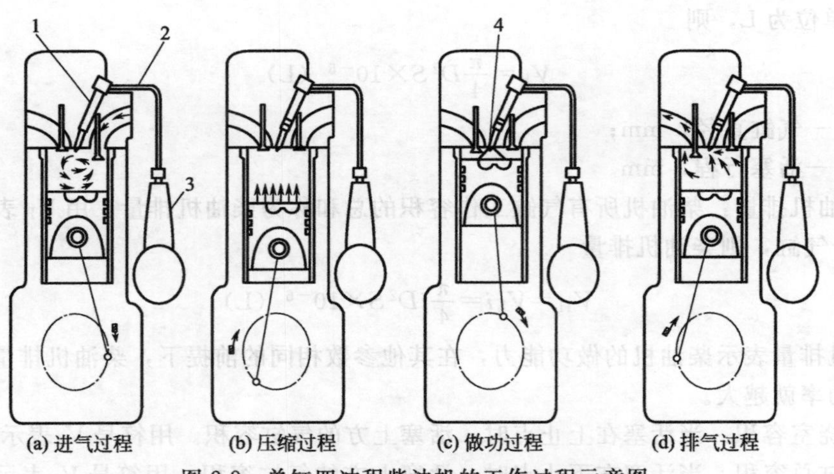

图 2-2 单缸四冲程柴油机的工作过程示意图

1—喷油器；2—高压油管；3—喷油泵；4—燃烧室

力。气缸内残余废气的压力约为 0.105～0.12MPa，温度约为 700～900K。

活塞经过上述四个连续过程后，便完成了一个工作循环。当排气过程结束后，柴油机曲轴依靠飞轮转动的惯性作用仍继续旋转，上述四个过程又重复进行。如此周而复始地进行一个又一个的工作循环，使柴油机连续不断地运转起来，并带动工作机械做功。

(3) 二冲程柴油机工作原理

如图 2-3 所示为带有扫气泵的气门气孔式二冲程柴油机工作过程示意图。这种类型的二冲程柴油机无进气门。气缸（气缸套）壁上有一组进气孔 3，由活塞的上下运动控制进气孔的开、闭，气缸盖上设有排气门 5。空气由扫气泵 1 提高压力以后，经气缸外部的空气室 2 和气缸壁上的进气孔 3 进入气缸，完成进气和扫气过程。燃烧后的废气由气缸盖上的排气门排出。其工作过程如下。

① 第一行程　第一行程也称换气-压缩过程。曲轴带动活塞由下止点向上运动，这时进气孔和排气门均打开［如图 2-3(a) 所示］，新鲜空气由扫气泵以高于大气压力送入气缸中，并把气缸中的残余废气从排气门扫除。这种进、排气同时进行的过程称为“扫气过程”。活塞继续向上运动，当活塞越过进气孔后，进气孔被活塞关闭的同时配气机构也使排气门关闭。于是气缸内的新鲜空气被压缩［如图 2-3(b) 所示］，一直进行到上止点。

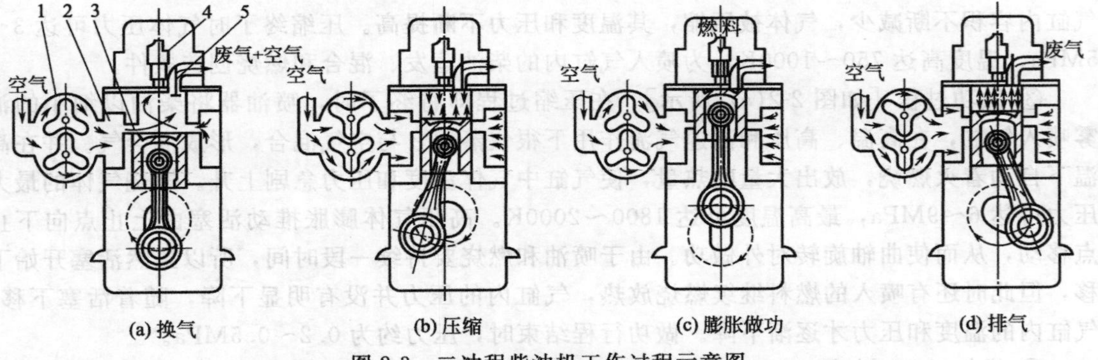

图 2-3 二冲程柴油机工作过程示意图

1—扫气泵；2—空气室；3—进气孔；4—喷油器；5—排气门

② 第二行程　第二行程也称膨胀-换气过程。活塞接近上止点时，喷油器开始喷油［如

图 2-3(c) 所示]，被喷油器喷成的雾状柴油与高温压缩空气相遇，便迅速燃烧。由于燃气压力的作用，推动活塞向下止点运动，经连杆带动曲轴旋转而输出动力。当活塞下行至某一时刻时排气门打开［如图 2-3(d) 所示］，做功后的废气由排气门排出。活塞继续向下运动，随后进气孔打开，新鲜空气被扫气泵再次压入气缸，开始“扫气过程”。活塞一直运动到下止点，完成第二个工作行程。

（4）二冲程与四冲程柴油机的比较

与四冲程柴油机比较，二冲程柴油机有以下主要特点。

① 曲轴每转一周就有一个做功过程，因此，当二冲程柴油机工作容积和转速与四冲程柴油机相同时，在理论上其功率应为四冲程柴油机功率的两倍。但由于结构上的关系，二冲程柴油机废气排除不彻底，并且换气过程减小了有效工作行程。因而在同样的工作容积和曲轴转速下，二冲程柴油机的功率约为四冲程柴油机的 1.5～1.7 倍。

② 二冲程柴油机因其曲轴每转一周就有一个做功行程，在相同转速下工作循环次数多，故输出转矩均匀，运转平稳。

③ 大多数二冲程柴油机部分或全部采用气孔换气，配气机构简单。所以，二冲程柴油机结构简单，重量轻，使用维修方便。

④ 换气时间短，并需要借助新鲜空气来清扫废气，换气效果相对较差。

2.1.2 柴油机总体构造

柴油机在工作过程中能输出动力，除了直接将燃料的热能转变为机械能的燃烧室和曲柄连杆机构外，还必须具有相应的机构和系统予以保证，并且这些机构和系统是互相联系和协调工作的。不同类型和用途的柴油机，其机构和系统的形式不同，但其功用基本一致。柴油机主要由机体组件与曲柄连杆机构、配气机构与进排气系统、燃油供给与调速系统、润滑系统、冷却系统、启动装置等机构和系统组成（如图 2-4 所示）。

（1）机体组件与曲柄连杆机构　机体组件主要包括气缸体、气缸盖和曲轴箱等。它是柴油机各机构系统的装配基体，而且其本身的许多部位又分别是柴油机曲柄连杆机构、配气机构与进排气系统、燃油供给与调速系统、润滑系统和冷却系统的组成部分。例如，气缸盖与活塞顶共同形成燃烧室空间，不少零件、进排气道和油道也布置在它上面。

热能转变为机械能，需要通过曲柄连杆机构来完成。此机构是柴油机的主要运动件，由活塞、连杆、曲轴、飞轮和曲轴箱等组成。在柴油燃烧时，活塞承受气体膨胀的压力，并通过连杆使曲轴旋转，将活塞的往复直线运动转变为曲轴的旋转运动，并对外输出动力。

（2）配气机构与进排气系统　配气机构由气门组（进气门、排气门、气门导管、气门座和气门弹簧等）及传动组（挺柱、挺杆、摇臂、摇臂轴、凸轮轴和正时齿轮等）组成，进排气系统是由空气滤清器、进气管、排气管与消声器等组成，配气机构与进排气系统的作用是按一定要求，适时地开启和关闭进、排气门，排出气缸内的废气和吸入新鲜空气，保证柴油机换气过程顺利进行。

（3）燃油供给与调速系统　柴油机燃油供给与调速系统的作用是将一定量的柴油，在一定的时间内，以一定的压力喷入燃烧室与空气混合，以便燃烧做功。它主要由柴油箱、输油泵、柴油滤清器、喷油泵（高压油泵）、喷油器、调速器等组成。

（4）润滑系统　润滑系统的功用是将润滑油送到柴油机各运动件的摩擦表面，起减摩、冷却、净化、密封和防锈等作用，以减小摩擦阻力和磨损，并带走摩擦产生的热量，从而保证柴油机正常工作。它主要由机油泵、机油滤清器、机油散热器、各种阀门及润滑油道等组成。

（5）冷却系统　冷却系统的功用是将柴油机受热零件的热量传出，以保持柴油机在最适宜的温度状态下工作，以获得良好的经济性、动力性和耐久性。冷却系统分为水冷和风冷两种。

图2-3(c)所示]，经喷油器喷成的雾状柴油与高温压缩空气相遇，便迅速燃烧。由于燃气压力的作用，推动活塞向下止点运动，经连杆带动曲轴旋转而输出动力。当活塞下行至某一时刻时排气门打开[如图2-3(d)所示]，做功后的废气由排气门排出。活塞继续向下运动，随后进气[illegible]打开，新鲜空气被扫气泵[illegible]"扫气过程"。活塞一直运动到下止点，完成第二个工作行程。

[illegible]二冲程与四冲程柴油机的比较

[illegible]冲程柴油机比[illegible]

[illegible]曲轴每转一周[illegible]四冲程柴油机相同时，在[illegible]二冲程[illegible]废气排除不彻底[illegible]容积和曲轴转速下，二冲程柴油机的功[illegible]

③二冲程柴油机因其曲轴每转[illegible]在相同[illegible]循环次数多，故运[illegible]均匀，运转平稳。

[illegible]多数二冲程柴油机[illegible]全部采用[illegible]机构简单，所以，二冲程柴油机结构简单，重量轻，使用维修方便。

⑤换气时间短，并需借助[illegible]，换气效果相对较差。

2.2 柴油机总体构造

[illegible]

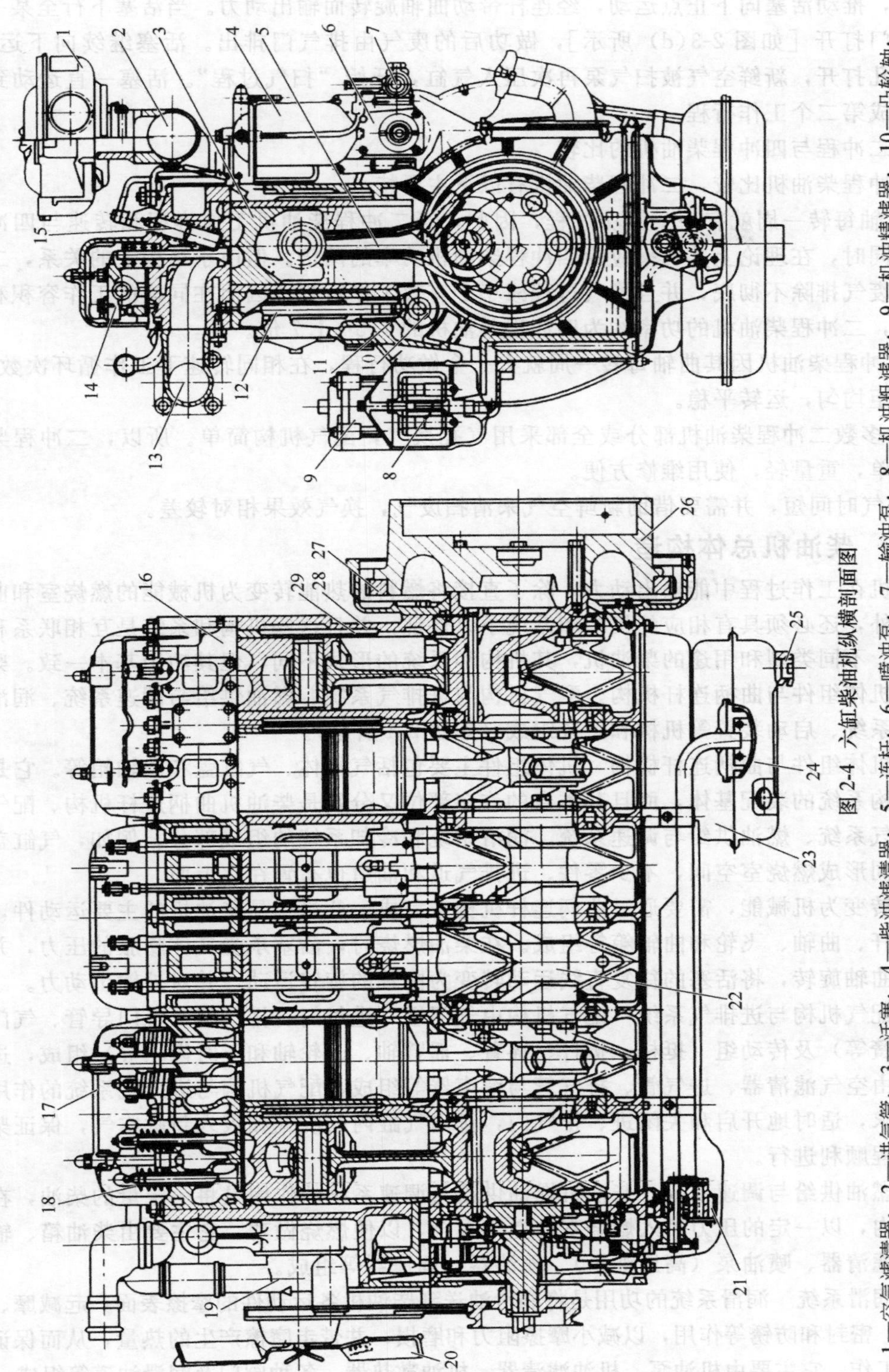

图2-4 六缸柴油机纵横剖面图

1—空气滤清器；2—进气管；3—活塞；4—柴油滤清器；5—连杆；6—喷油泵；7—输油泵；8—机油粗滤器；9—机油精滤器；10—凸轮轴；11—挺柱；12—推杆；13—排气管；14—摇臂；15—喷油器；16—气缸盖；17—气缸盖罩；18—气门；19—水泵；20—风扇；21—机油泵；22—曲轴；23—油底壳；24—集滤器；25—放油塞；26—飞轮；27—启动齿圈；28—机体；29—气缸套

[illegible]曲轴[illegible]，保证柴油机[illegible]顺利进行。

(3)[illegible]

[illegible]

(4)润滑系统　润滑系统的功用是[illegible]冷却、净化、密封和防锈等作用，以减小摩擦阻力和磨损，[illegible]的热量，从而保证柴油机正常工作。它主要由机油泵、机油滤清器、机油散热器、各种阀门及润滑油道等组成。

(5)冷却系统　冷却系统的功用是将柴油机受热零件的热量传出，以保持柴油机在最适宜的温度状态下工作，以获得良好的经济性、动力性和耐久性。冷却系统分为水冷和风冷两种。

多数柴油机采用水冷系统，它是以水作为冷却介质。也有少数柴油机采用风冷系统。风冷却方式又称空气冷却方式，它是以空气作冷却介质，将柴油机受热零部件的热量传送出去。这种冷却方式由风扇和导风罩等组成，为了增加散热面积，通常在气缸盖和气缸体上铸有散热片。

（6）启动装置 柴油机不能自行启动，必须借助外力才能使之运转着火燃烧，以达到自行运转状态。因此，柴油机设有专用的启动装置。手摇启动的柴油机设有启动爪；马达启动的装有启动电机等。用压缩空气启动的装有压缩空气启动装置等。

2.1.3 柴油机的分类

柴油机根据活塞的运动方式可分为往复活塞式和旋转活塞式两种。由于旋转活塞式柴油机还存在不少问题，所以目前尚未得到普遍应用。柴油发电机组、汽车和工程机械多以往复活塞式柴油机为动力。往复活塞式柴油机分类方法如下。

① 按一个工作循环的行程数分类：有四冲程和二冲程两种。发电用柴油机多为四冲程。

② 按冷却方式分类：有水冷式和风冷式两种。发电用柴油机多为水冷式。

③ 按进气方式分类：有非增压（自然吸气）式和增压式两种。

④ 按气缸数目分类：有单缸、双缸和多缸柴油机。

⑤ 按气缸排列分类：有直列式、V形、卧式和对置式等。如图2-5所示。

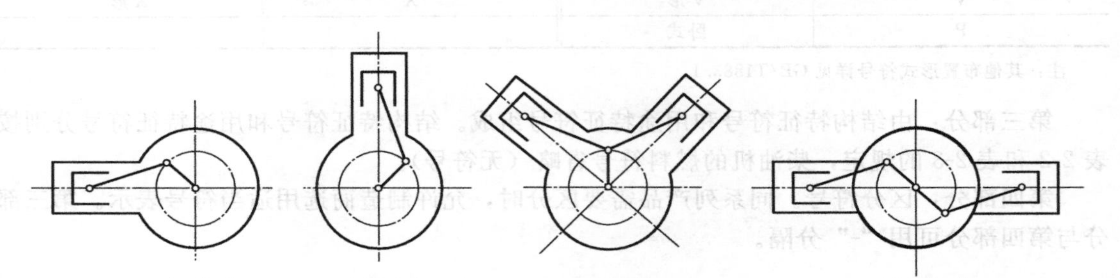

图 2-5 气缸的布置形式

⑥ 按柴油机转速或活塞平均速度分类：有高速（标定转速高于1000r/min或活塞平均速度高于9m/s）、中速（标定转速为600～1000r/mm或活塞平均速度为6～9m/s）和低速（标定转速低于600r/min或活塞平均速度低于6m/s）柴油机。

⑦ 按用途分类：有发电用、汽车用、工程机械用、拖拉机用、铁路机车用、船舶用、农用、坦克用和摩托车用等柴油机。

2.1.4 柴油机型号编制规则

（1）柴油机的型号含义

内燃机的型号由阿拉伯数字、汉语拼音字母或国际通用的英文缩写字母（以下简称字母）组成。为了便于内燃机的生产管理与使用，GB/T 725—2008《内燃机产品名称和型号编制规则》对内燃机的产品名称和型号作了统一规定。其型号包括四部分，如图2-6所示。

第一部分：由制造商代号或系列符号组成。本部分代号由制造商根据需要选择相应1～3位字母表示。

第二部分：由气缸数、气缸布置形式符号、冲程形式符号和缸径符号组成。气缸数用1～2位数字表示；气缸布置形式符号按表2-1的规定；冲程形式为四冲程时符号省略，二冲程用E表示；缸径符号一般用缸径或缸径/行程数字表示，亦可用发动机排量或功率表示，其单位由制造商自定。

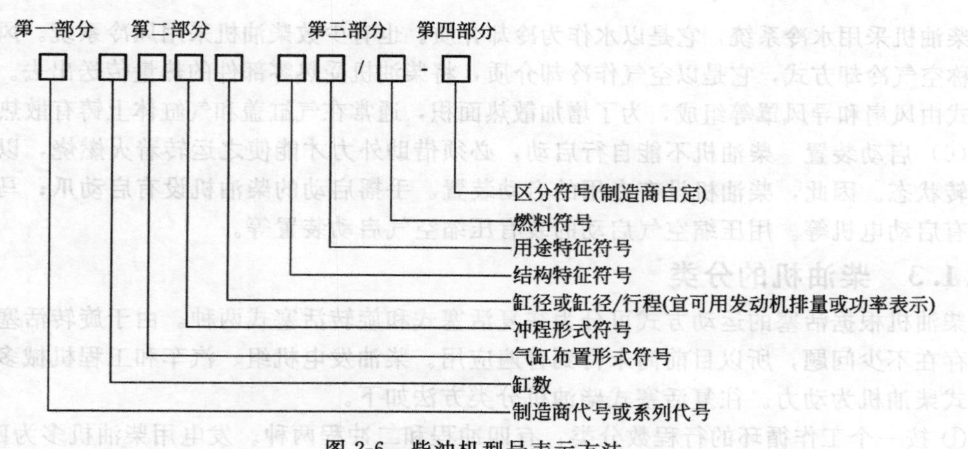

图 2-6 柴油机型号表示方法

表 2-1 柴油机气缸布置形式符号

符　号	含　义	符　号	含　义
无符号	多缸直列或单缸	H	H形
V	V形	X	X形
P	卧式		

注：其他布置形式符号详见 GB/T1883.1。

第三部分：由结构特征符号和用途特征符号组成。结构特征符号和用途特征符号分别按表 2-2 和表 2-3 的规定，柴油机的燃料符号省略（无符号）。

第四部分：区分符号。同系列产品需要区分时，允许制造商选用适当符号表示。第三部分与第四部分可用“-”分隔。

表 2-2 柴油机结构特征符号

符　号	结构特征	符　号	结构特征
无符号	冷却液冷却	Z	增压
F	风冷	ZL	增压中冷
N	凝气冷却	DZ	可倒转
S	十字头式		

表 2-3 柴油机用途特征符号

符　号	用　途	符　号	用　途
无符号	通用型和固定动力(或制造商自定)	D	发电机组
T	拖拉机	C	船用主机、右机基本型
M	摩托车	CZ	船用主机、左机基本型
G	工程机械	Y	农用三轮车(或其他农用车)
Q	汽车	L	林业机械
J	铁路机车		

注：柴油机左机和右机的定义按 GB/T 726 的规定。

在编制内燃机的型号时应注意以下几点。

① 优先选用表 2-1、表 2-2 和表 2-3 规定的字母，允许制造商根据需要选用其他字母，但不得与表 2-1、表 2-2 和表 2-3 中已规定的的字母重复。符号可重叠使用，但应按图 2-6 中的顺序表示。

② 内燃机的型号应力求简明，第二部分规定的符号必须表示，但第一部分、第三部分

和第四部分允许制造商根据具体情况增减，同一产品的型号一旦确定，不得随意更改。

③ 由国外引进的柴油机产品，若保持原结构性能不变，允许保留原产品型号或在原型号基础上进行扩展。经国产化的产品尽量采用图 2-6 的方法编制。

(2) 柴油机型号举例

① G12V190ZLD——12 缸、V 形、四冲程、缸径为 190mm、冷却液冷却、增压中冷、发电用柴油机（G 为系列代号）。

② R175A——单缸、四冲程、缸径 75mm、冷却液冷却、通用型（R 为 175 产品系列代号、A 为区分符号）柴油机。

③ YZ6102Q——六缸、直列、四冲程、缸径 102mm、冷却液冷却、车用柴油机（YZ 为扬州柴油机厂代号）。

④ 8E150C-1——8 缸、直列、二冲程、缸径 150mm、冷却液冷却、船用主机、右机基本型柴油机（1 为区分符号）。

⑤ 12VE230/300ZCZ——12 缸、V 形、二冲程、缸径 230mm、行程 300mm、冷却液冷却、增压、船用主机、左机基本型柴油机。

⑥ G8300/380ZDZC——8 缸、直列、四冲程、缸径 300mm、行程 380mm、冷却液冷却、增压、可倒转、船用主机右机基本型柴油机（G 为产品系列代号）。

⑦ JC12V26/32ZLC——12 缸、V 形、四冲程、缸径 260mm、行程 320mm、冷却液冷却、增压中冷、船用主机、右机基本型柴油机（JC 为济南柴油机股份有限公司代号）。

(3) 柴油机气缸序号

国产柴油机气缸序号根据国家标准 GB/T 726—1994《往复式内燃机旋转方向、气缸和气缸盖上气门的标志及直列式内燃机左机、右机和发动机方位的定义》进行编制。

① 柴油机的气缸序号，采用连续顺序号表示。

② 直立式柴油机气缸序号是从曲轴自由端开始为第一缸，依次向功率输出端编序号。

③ V 形内燃机分左右两列，左右列是由功率输出端位置来区分的，气缸序号是从右列自由端处为第一缸，依次向功率输出端编序号，右列排完后，再从左列自由端连续向功率输出端编气缸的序号。

2.1.5 柴油机功率和燃油消耗率的标定及其修正

(1) 柴油机功率的标定　在柴油机产品铭牌上和使用说明书中，都明确规定了柴油机的有效功率和相应转速。在铭牌上标注的有效功率和相应的转速，称之为标定功率（额定功率）和标定转速（额定转速），统称为标定工况。柴油机功率的标定是根据柴油机的特性、使用特点、寿命和可靠性要求而综合确定的。目前按国家标准 GB1105.1—1987《内燃机台架性能试验方法 标准环境工况及功率、燃油消耗和机油消耗的标定》的规定，柴油机的标定功率分为四种。

① 15min 功率：在标准环境（大气压 $p_0=100\text{kPa}$，相对湿度 $\varphi_0=30\%$，环境温度 $T_0=298\text{K}$ 或 25℃，中冷器冷却介质进口温度 $T_{c0}=298\text{K}$ 或 25℃。）条件下，柴油机允许连续运行 15min 的标定功率。

② 1h 功率：在标准环境条件下，柴油机允许连续运行 1h 的标定功率。

③ 12h 功率：在标准环境条件下，柴油机允许连续运行 12h 的标定功率。

④ 持续功率：在标准环境条件下，柴油机允许长期连续运行的标定功率。

15min 功率是对车用柴油机而言，如汽车、摩托车和摩托艇等在超车或追击时以最高速度行驶，在 15min 内允许以满负荷运行。在正常行驶过程中，按柴油机标定功率运转。对车用柴油机，通常以 1h 功率为标定功率，15min 功率作为最大功率，相应的转速为标定转速和最大转速。汽车经常处在低于标定功率下行驶，因此，在一般情况下车用柴油机的标定功率标得比较高，以充分发挥柴油机的工作性能。发电机组用柴油机、船用主机和柴油机车通常以持续功率为标定功率，1h功率为最大功率。发电机组和船舶航行对柴油机的耐久性和可靠性要求很高，使用功率不能标定得太高。使用功率的标定是一项复杂的工作，柴油机的使用功率标定得越高，则其使用寿命越短。目前，产品使用功率的标定是根据用户的要求和产品的性能，由生产厂家自行标定。

(2) 环境状况对柴油机性能的影响　柴油机所标定的功率都是针对某一特定的环境状况而言的。环境状况是指柴油机运行地点的环境大气压力、温度和相对湿度，它们对柴油机的性能有很大影响。当环境大气压力降低、温度升高和相对湿度增大时，吸入柴油机气缸内的干空气就会减少，柴油机的功率就会降低。反之，柴油机的功率会增加。由于环境状况对柴油机的性能影响很大，因此，在功率标定时，要规定标准环境状况。如果柴油机在非标准状况下工作，其有效功率及燃油消耗率应修正到标准环境状况。

(3) 柴油机功率和燃油消耗率的修正

① 柴油机功率的修正　在 GB 1105.1—1987《内燃机台架性能试验方法标准环境工况及功率、燃油消耗和机油消耗的标定》中规定了柴油机功率修正的两种方法：可调油量法和等油量法。下面详细介绍可调油量法。

可调油量法认为：柴油机功率极限只受过量空气系数 α 的限制。因此，柴油发动机功率的修正要依据等 α 的原则。在环境状况改变时，要相应改变供油量，使 α 保持不变。在此条件下，认为燃烧情况和指示功率不变，指示功率与进入气缸的干空气量和燃油量成正比。然后，考虑环境状况对机械损失的影响，修正有效功率和燃油消耗率。公式中下标带“0”的表示标准环境状况下的数值，不带“0”的为现场环境状况下的实测数值。

有效功率的换算公式为：

$$N_e = \alpha N_{e0}$$

$$\alpha = k + 0.7(k-1)\left(\frac{1}{\eta_m} - 1\right)$$

$$k = \left(\frac{p - \alpha\varphi \cdot p_{sw}}{p_0 - \alpha\varphi_0 \cdot p_{sw0}}\right)^m \left(\frac{T_0}{T}\right)^n \left(\frac{T_{c0}}{T_c}\right)^q$$

式中　N_e，N_{e0}——现场环境状况下和标准环境状况下的有效功率，kW；

α——可调油量法功率校正系数；

k——指示功率比；

η_m——机械效率；

p，p_0——现场环境状况下和标准环境状况下的大气压，kPa；

φ，φ_0——现场环境状况下和标准环境状况下的相对湿度；

p_{sw}，p_{sw0}——现场环境状况下和标准环境状况下的饱和蒸气压，kPa；

T，T_0——现场环境状况下和标准环境状况下的环境温度，K；

T_c，T_{c0}——现场环境状况下和标准环境状况下中冷器冷却介质进口温度，K；

m，n，q——功率校正用指数。

② 柴油机燃油消耗率的修正　燃油消耗率 g_e 的换算公式为：

$$g_e = \beta g_{e0}$$

$$\beta = k/\alpha$$

式中　g_e，g_{e0}——现场环境状况下和标准环境状况下的燃油消耗率，g/(kW·h)；

β——可调油量法燃油消耗率校正系数。

上述各式中的α、m、n、q、β均可在GB1105.1—1987中查到。

2.2 同步发电机基本结构与工作原理

同步电机是根据电磁感应原理工作的一种交流电机。从原理上讲其工作是可逆的，它不仅可以作为发电机运行，也可以作为电动机运行。同步电机的另一种特殊运行方式为同步调相机，或称同步补偿机，专门用来向电网发送滞后无功功率，以改善电网的功率因数。

同步电机主要用作发电机，作为各种设备的交流电源，现在全世界的发电量主要由同步发电机发出。同步发电机是柴油发电机组的三大组成部分（柴油机、同步发电机和控制系统）之一，因此，学习并掌握同步发电机的结构及其工作原理至关重要。本节主要介绍同步发电机的工作原理、特点及其基本类型、基本结构、额定值及其型号。

2.2.1 同步发电机工作原理

2.2.1.1 电磁感应与右手定则

由《电工学》知识可知，当导体与磁场间有相对运动，而使两者相互切割时，就会在该导体内产生感应电动势，这种现象称为电磁感应。如果该导体是闭合的，在感应电动势的作用下，导体内就会产生电流，这个电流称为感应电流。如图2-7所示，将一根导线放在两个磁极的均匀磁场内，并在导线的两端接上一只电压表，当导线在垂直于磁力线方向以一定速度移动时，电压表的指针就会发生偏转。以上现象说明导线与磁场发生相对运动和相互切割后，在其内部已产生出感应电动势和感应电流。

导线在磁场中产生感应电动势的方向可以用右手定则来确定。如图2-8所示。将右手平伸，掌心迎着磁极N，并使磁力线垂直穿过手掌，拇指和其余四指伸直。这时拇指所指的方向为导线的运动方向，其余四指的指向就是感应电动势方向。从上述实验可知，导线在均匀磁场内沿着与磁力线垂直的方向运动时，它所产生感应电动势的大小与导线在磁场中的有效长度l、磁场的磁通密度B以及导线在磁场中的运动速度v成正比，即

$$e=Blv$$

式中 e——感应电动势，V；

B——磁通密度，T；

l——导线在磁场中的有效长度，m；

v——导线垂直于磁力线方向上的运动速度，m/s.

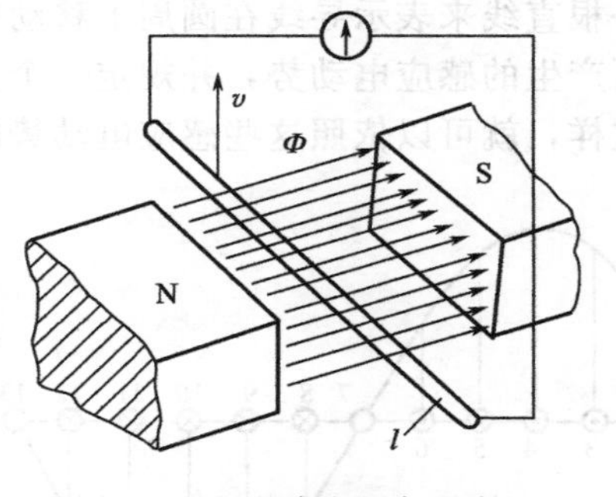

图2-7 电磁感应现象示意图

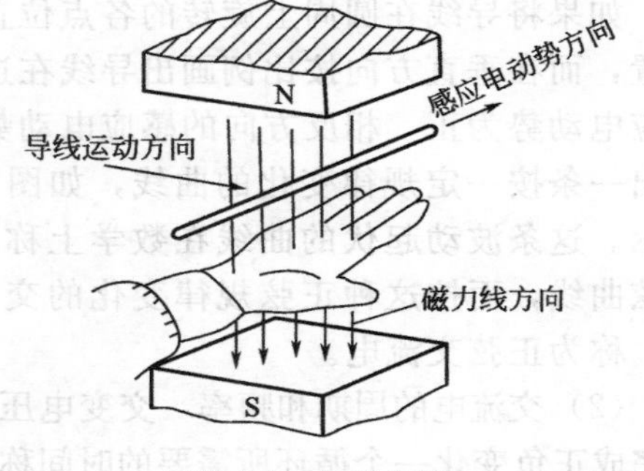

图2-8 右手定则

如果导线运动方向与磁力线方向的夹角为任意角度α时，则

$$e=Blv\sin\alpha$$

若将导线与外负载接成闭合回路，导线中就会产生电流并输出电功率，而同步发电机就是根据这一原理来制造的。

2.2.1.2 正弦交流电

在现代社会，交流电被广泛应用于工业、农业、交通运输和信息通信等各个方面。人们的日常生活，如电风扇、空调、电冰箱、电视机和计算机等家用电器同样离不开交流电。因此，交流电在生产、生活中占有极其重要的地位。平时所用的交流电都是按正弦规律变化。正弦交流电是一种大小和方向随时间作周期性变化的电流。

（1）正弦交流电的产生　如图 2-9 所示为一根直导线在两极均匀磁场内作等速旋转时所产生的交变电动势。由以上分析可知，旋转导线中感应电动势的大小取决于磁场的磁通密度、导线在磁场中的有效长度、导线切割磁力线的速度以及导线运动方向与磁力线方向的夹角 α。而感应电动势的方向则决定于导线切割磁力线的方向。因此，当长度不变的导线在均匀磁场内按一定方向作等速旋转时，它所产生的感应电动势数值将只与导线切割磁力线时的角度有关。

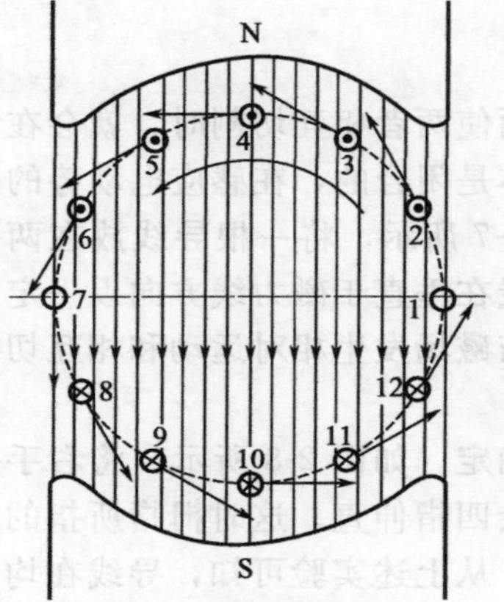

图 2-9　旋转导线所产生的交变电动势

由图 2-9 可见，当导线处于位置 1 时，由于导线的转动方向与磁力线平行，所以并未切割磁力线，也就不会产生感应电动势；当导线转动至位置 2 时，导线与磁力线间的夹角比较小，所以产生的感应电动势也较小；当导线转动至位置 3 时，与磁力线的夹角有所增大，所以它产生的感应电动势也相应增大；当导线转动到位置 4 时，导线与磁力线相垂直，这时导线切割磁力线的角度为最大，正好处于磁极的中央位置，因而它所产生的感应电动势也为最大。经过位置 4 以后，导线与磁力线的夹角又逐渐减小，它所产生的感应电动势也就渐次减小。当转动到位置 7 时，导线的感应电动势减到零。

导线经过位置 7 以后就进入磁场的另一个磁极下面。这时，由于导线切割磁力线的方向与前半转时的方向相反，所以它产生的感应电动势方向也随之相反。当导线相继转动至位置 8 和 9 时，随着导线切割反方向磁力线角度的变化又逐渐使感应电动势增大；在导线处于位置 10 时，将达到反方向感应电动势的最大值；随着导线切割磁力线角度的相继减小，它所产生的感应电动势也随之逐渐减小；当导线转动至起点位置 1 时，感应电动势又回落到零。若导线继续旋转，则该导线内的感应电动势数值将重复以上变化。

如果将导线在圆周上旋转的各点位置展开，用一根直线来表示导线在圆周上移动的角度位置，而在垂直方向按比例画出导线在这些位置上所产生的感应电动势，并规定一个方向的感应电动势为正，相反方向的感应电动势则为负。这样，就可以依照这些感应电动势的大小绘出一条按一定规律变化的曲线，如图 2-10 所示。这条波动起伏的曲线在数学上称之为正弦曲线，而按这种正弦规律变化的交流电源，称为正弦交流电。

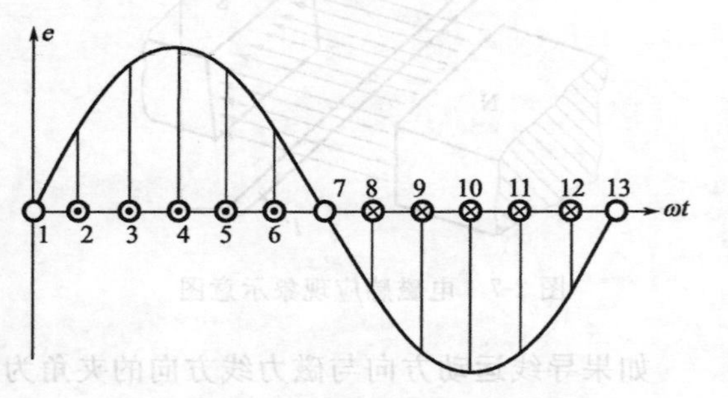

图 2-10　交流电的正弦曲线

（2）交流电的周期和频率　交变电压或电流完成正负变化一个循环所需要的时间称为周期，并用符号 T 表示。在单位时间每秒钟内变化的周期数即为频率，以符号 f 表示。不难看出，频率 f 与周期 T 是互为倒数的关系，即

$$T=\frac{1}{f}(\mathrm{s})\text{或}f=\frac{1}{T}(\mathrm{Hz})$$

周期的单位为秒（s），频率的单位为赫兹（Hz）。我国交流电的供电频率为每秒钟50Hz，通常简写为 $f=50\mathrm{Hz}$。

（3）交流电的瞬时值和最大值　由于交流电压或电流的大小和方向总是随时间而不断变化，因而它在每一瞬间均具有不同的数值，这个不同的值称之为瞬时值，并规定用小写字母表示。一般用 i 表示电流的瞬时值；u 表示电压的瞬时值；而用 e 表示电动势的瞬时值等。

电流、电压或电动势在一周期内的最大瞬时值称为最大值，并规定用大写字母表示，同时还应在字母的右下角标以 m 字样。例如，通常用 I_m 表示电流最大值；U_m 表示电压最大值；而用 E_m 表示电动势最大值等。

（4）交流电的相位和相位差　由以上所述可知，交变电动势或交变电流均可用一根水平方向的直线来表示时间，再从这根直线上引出垂直线的高度，以表示其电压或电流的瞬时值。如图 2-11 所示。这种方法能将正弦交流电在一周内的变化完整地反映出来。但实际上正弦交流电是一种连续的波形，它并没有确定的起点和终点。不过，为了说明正弦波全面而真实的情形，还是有必要为正弦波选定一个起点。正弦波的起点及与它由零值开始上升时形成的角度称为初相角，或称为起始相位，并用符号 ψ 表示。

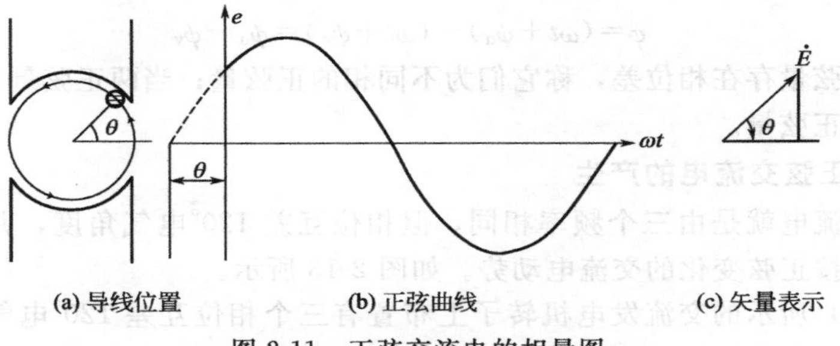

图 2-11　正弦交流电的相量图

与此同时，也可以用旋转相量来表示正弦波。这时，相量的长度用来表示正弦电压或正弦电流的最大值，而旋转相量与水平线之间的夹角表示为相角，并且规定以反时针方向旋转为相角的正方向，顺时针方向旋转为相角的负方向；而大于 180°的相角，可以改用较小的负值相角来取代原来大于 180°的相角。如图 2-11(a) 所示表示导线已转过中性线 θ 角时的位置，也即为计算交变电动势时的起点；如图 2-11(b) 所示为用正弦曲线表示的交变电动势；如图 2-11(c) 所示为旋转矢量所表示的正弦波。

旋转矢量常用来表示几个频率相同但相位不同的电压或电流及其相互间的关系。如图 2-12(a) 所示，在发电机电枢上嵌绕有相同的两个线圈 U 和 V，两者几何位置相差 90°。根据电枢的旋转方向可以看出，线圈 U 的位置超前于线圈 V 的角度为 90°；图 2-12(b) 所示为 U 和 V 两个线圈所产生感应电动势的正弦曲线。从图中可以看出，若以图 2-12(a) 所示的位置作为正弦波的起始相位，则线圈 U 的相角应为 0°，线圈 V 的相角则为 90°；如图 2-12(c)所示为这两个线圈所产生交变电动势的矢量图，由于这两个线圈用同样的角速度旋转，因此两个旋转矢量间将始终保持相差 90°相角。

由此可知，当电枢在磁场中以不变的角速度 ω 逆时针旋转时，两个线圈都将会产生感应电动势，并且其频率相同、最大值相等。但因两个线圈所处的空间位置不同，从而导致它们的初相角不相等，以致不能同时达到最大值或零值。它们的电动势分别为

$$e_u=E_{mu}\sin\psi_u$$

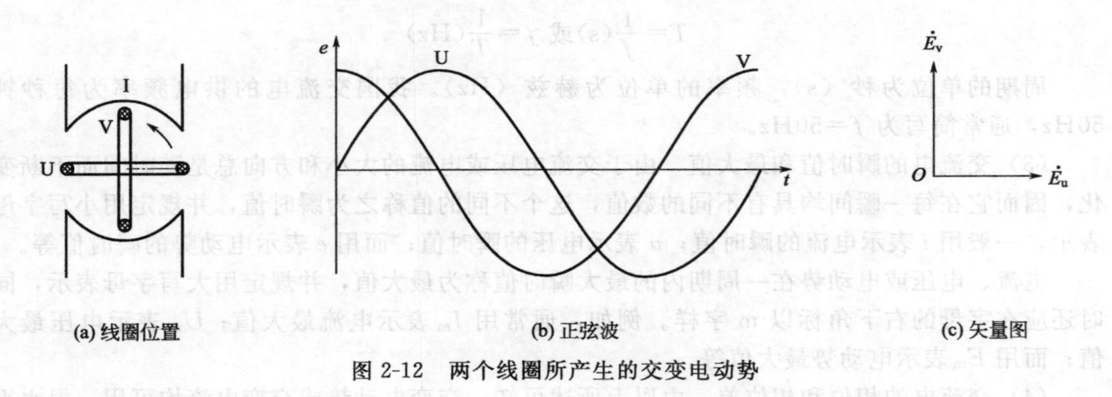

(a) 线圈位置　(b) 正弦波　(c) 矢量图

图 2-12　两个线圈所产生的交变电动势

$$e_v = E_{mv}\sin\psi_v$$

式中，ψ_u、ψ_v为电动势 e_u、e_v的初相角。

若已知电动势的最大值 E_m和初相角 ψ，则任意时刻 t 的电动势瞬时值 e 为

$$e = E_m\sin(\omega t + \psi)(V)$$

两个同频率的正弦量初相角之差（或相位角之差）称为相位差，用 φ 表示。e_u和 e_v在任意时刻 t 的相位差为

$$\varphi = (\omega t + \psi_u) - (\omega t + \psi_v) = \psi_u - \psi_v$$

如果两个正弦量存在相位差，称它们为不同相的正弦量；当两正弦量的相位差 φ 等于零时，称为同相的正弦量。

2.2.1.3　三相正弦交流电的产生

三相正弦交流电就是由三个频率相同，但相位互差 120°电气角度，并且其每相绕组均能在运转时产生按正弦变化的交流电动势。如图 2-13 所示。

如图 2-13(a) 所示的交流发电机转子上布置有三个相位互差 120°电气角度的线圈。当发电机旋转时，就会在电枢线圈内产生三相交流电动势，而三相间的相位差互差 120°。如图 2-13(b) 所示为该三相正弦交变电动势的变化曲线，图中以 U 相绕组的电动势从零值开始上升时作为起始相位；V 相绕组的电动势比 U 相滞后 120°，W 相绕组的电动势又比 V 相滞后 120°（也即 W 相绕组电动势比 U 相滞后 240°或比 U 相超前 120°）。这样，U、V、W 三相绕组依次产生按正弦变化的电动势。由于发电机本身结构是对称的，使它所产生的电动势在通常情况下是对称的三相正弦电动势，若以图 2-13(b) 中 U 相电动势经零位向正值增加的瞬间作为起点，这时 U 相电动势的瞬时值为

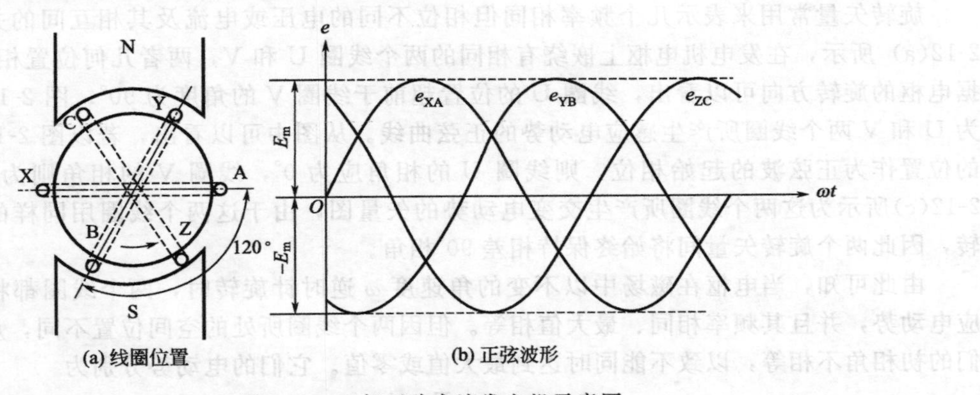

(a) 线圈位置　(b) 正弦波形

图 2-13　三相正弦交流发电机示意图

$$e_u = E_m \sin\omega t \ (V)$$

V 相电动势的瞬时值比 U 相滞后 120°电气角度，即为

$$e_v = E_m \sin(\omega t - 120°)(V)$$

W 相电动势的瞬时值比 V 相滞后 120°电气角度，即比 U 相滞后 240°电气角度（或者说是比 U 相超前 120°电气角度）。即为

$$e_w = E_m \sin(\omega t - 240°)(V)$$

图 2-13 所示为三相正弦交流发电机示意图。而在实际应用中，三相交流发电机的三套绕组是按设计规定的接法进行内部连接，并将三相绕组的 6 根首、尾线端引出，然后按星形或三角形接法连接的。下面将分别简述这两种接法。

(1) 星形（Y）接法　将三相绕组的 3 根首端直接作为相线（或称端线）输出，而把三相绕组另外的 3 根尾端并接在一起作为各相绕组的公共回路，称为中性线（或称零线）。如图 2-14 所示，这种接法称为星形（Y）接法。

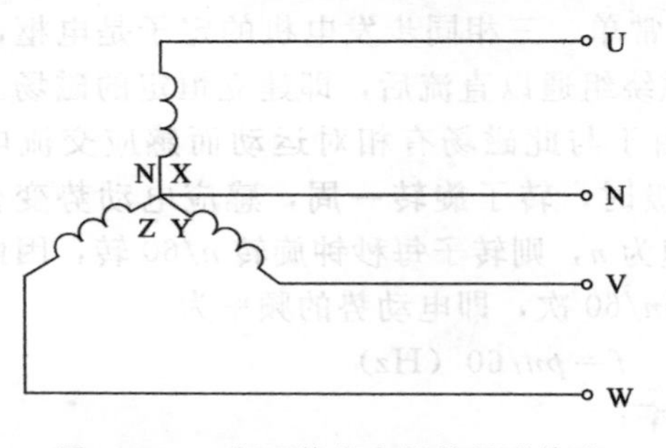

图 2-14　三相四线发电机的星形接法

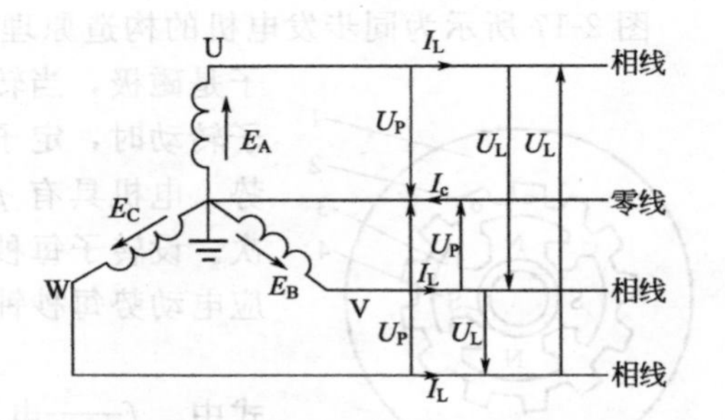

图 2-15　星形接法时的相电压和线电压

如图 2-15 所示，当绕组采用星形接法时，用电压表测出的每相绕组首端与尾端之间的电压称为相电压。从测量中可以看出，在正常情况下，三个相电压的数值应大小相等。而用电压表所测出的各相绕组首端与首端之间的电压（即相线之间电压）称为线电压。从测量中可知，绕组三个线电压的数值大小也相等。经实践和分析证明，三相绕组在对称条件下，其相电压与线电压之间的相互关系为

$$U_{uv} = \sqrt{3}U_u$$

$$U_{vw} = \sqrt{3}U_v$$

$$U_{wu} = \sqrt{3}U_w$$

即三相对称绕组若按星形接法连接时，其线电压为相电压的$\sqrt{3}$倍。如果它们所连接的三相负载也是平衡对称的，其线电流等于相电流。

(2) 三角形（△）接法　如将三相绕组的首、尾线端依次相连接，以形成一个自行闭合的三角形回路，并以三相的首端 U、V、W 与负载相接，这种接法称为三角形接法。如图 2-16所示。从图中可以明显看出，三角形接法时其线电压等于相电压。由于三相交流发电机的合成电动势在许多情况下不可能绝对为零值，所以三相绕组中存在的电动势差值将会在这个闭合三角形回路内产生环流，致使绕组发热，这种发热对发电机显然是极为不利的。因此，在中小型三相交流发电机绕组中极少采用

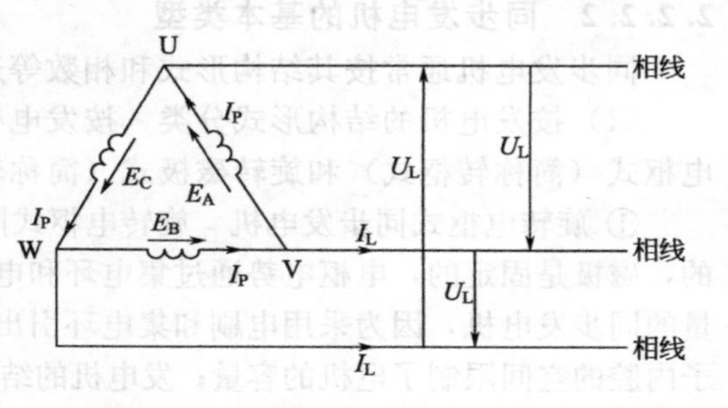

图 2-16　三相交流发电机的三角形接法

三角形接法。

按三角形连接的三相发电机绕组，其线电流与流过每相绕组的相电流，在三相负载对称的条件下有着以下关系：

$$I_u=\sqrt{3}I_{uu'}$$

$$I_v=\sqrt{3}I_{vv'}$$

$$I_w=\sqrt{3}I_{ww'}$$

式中 I_u，I_v，I_w——为U、V、W相的线电流；

$I_{uu'}$，$I_{vv'}$，$I_{ww'}$——为U、V、W相的相电流。

即三相交流发电机绕组三角形接法时，其线电流等于相电流的$\sqrt{3}$倍。

2.2.2 同步发电机的特点及其基本类型

2.2.2.1 同步发电机的特点

图2-17所示为同步发电机的构造原理图。通常单、三相同步发电机的定子是电枢，转子是磁极，当转子励磁绕组通以直流后，即建立恒定的磁场。转子转动时，定子导体由于与此磁场有相对运动而感应交流电动势。电机具有 p 对磁极时，转子旋转一周，感应电动势变化 p 次。设转子每秒钟转速为 n，则转子每秒钟旋转 $n/60$ 转，因此感应电动势每秒钟变化 $pn/60$ 次，即电动势的频率为

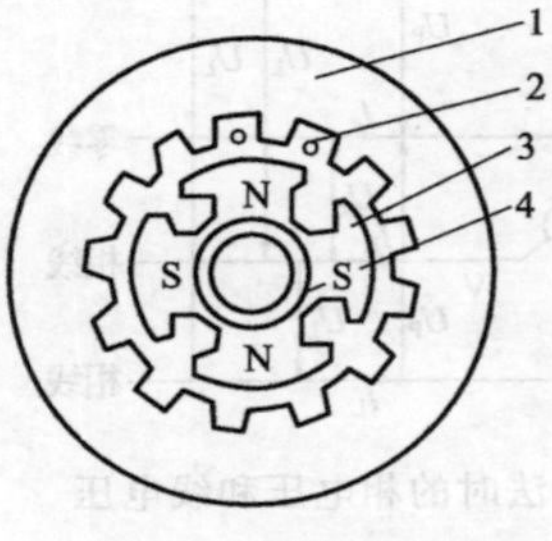

$$f=pn/60\ (\mathrm{Hz})$$

式中 f——电动势频率；

p——磁极对数；

n——发电机转速。

图2-17 同步发电机构造原理图

1—定子铁芯；2—定子槽内绕组导体；3—磁极；4—集电环

由此可见，当同步发电机的磁极对数 p、转速 n 一定时，发电机的交流电动势的频率是一定的。也就是说，同步发电机的特点是：同步发电机具有转子转速和交流电频率之间保持严格不变的关系。在恒定频率下，转子转速恒定而与负载大小无关，发电机转子的转速恒等于发电机空气隙中（定子）旋转磁场的转速。同步电机由此得名。

在我国的电力系统中，规定工频交流电的额定频率为50Hz。因此，对某一台指定的同步发电机而言，其转速总为一固定值。例如：磁极对数为1对（二极）的同步发电机的转速为3000r/min；磁极对数为2对（四极）的同步发电机的转速为1500r/min；依此类推，同步发电机的转速还有1000r/min、750r/min、600r/min、500r/min和375r/min等。为了保持交流电动势的频率不变，拖动发电机转子旋转的原动机必须具有调速机构，使发电机在输出不同的有功功率时都能维持转速不变。

2.2.2.2 同步发电机的基本类型

同步发电机通常按其结构形式和相数等进行分类。

（1）按发电机的结构形式分类　按发电机的结构特点进行区分，同步发电机可分为旋转电枢式（简称转枢式）和旋转磁极式（简称转磁式）两种。

① 旋转电枢式同步发电机　旋转电枢式同步发电机的结构如图2-18所示。其电枢是转动的，磁极是固定的，电枢电势通过集电环和电刷引出与外电路连接。旋转电枢式只适用于小容量的同步发电机，因为采用电刷和集电环引出大电流比较困难，容易产生火花和磨损；电机定子内腔的空间限制了电机的容量；发电机的结构复杂，成本较高；电机运行速度受到离心力及机械振动的限制。所以目前只有交流同步无刷发电机的励磁机使用旋转电枢结构的同步发电机。

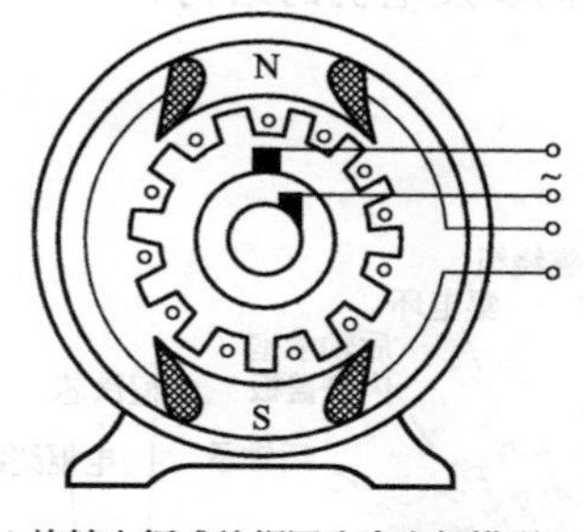

(a) 旋转电枢式单相同步发电机模型

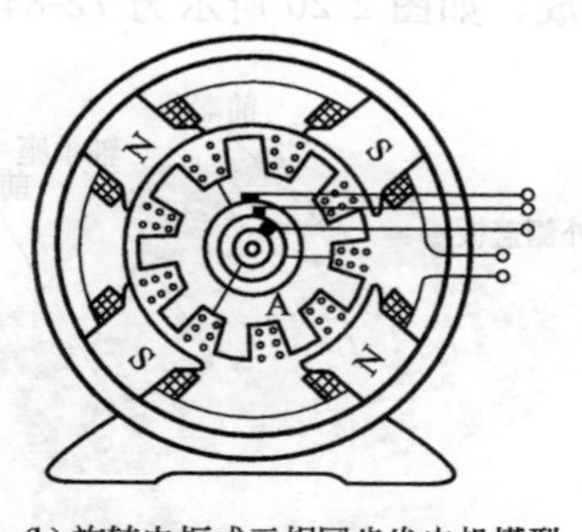

(b) 旋转电枢式三相同步发电机模型

图 2-18　旋转电枢式同步发电机模型

② 旋转磁极式同步发电机　旋转磁极式同步发电机的结构如图 2-19 所示。其磁极是旋转的，电枢是固定的，电枢绕组的感应电势不通过集电环和电刷而直接送往外电路，所以其绝缘能力和机械强度好，且安全可靠。由于励磁电压和容量比电枢电压和容量小得多，所以电刷和集电环的负荷及工作条件就大为减轻和改善。这种结构形式广泛用于同步发电机，并成为同步发电机的基本结构形式。现代交流发电机常采用无刷结构的同步发电机，发电机省略了集电环和电刷，无滑动接触部分，维护简单，工作可靠性高。

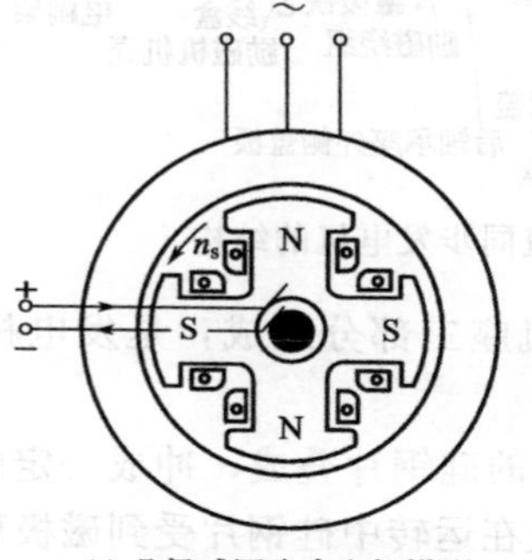

(a) 凸极式同步发电机模型

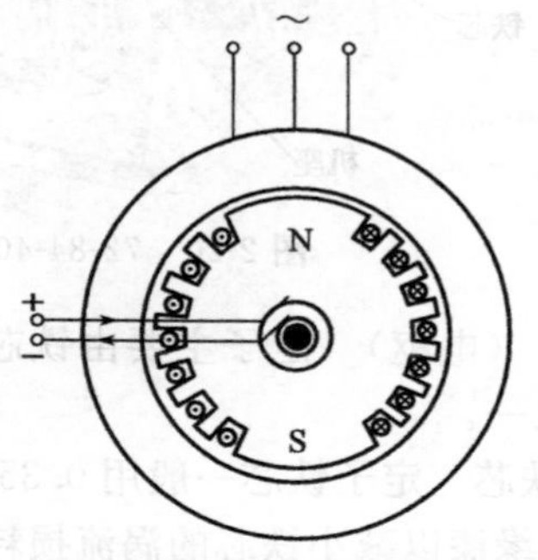

(b) 隐极式同步发电机模型

图 2-19　旋转磁极式同步发电机模型

在旋转磁极式同步发电机中，按磁极的形状又可分为凸极式同步发电机［如图 2-19(a) 所示］和隐极式同步发电机［如图 2-19(b) 所示］两种形式。由图 2-19 可以看出，凸极式转子的磁极是突出的，气隙不均匀，极弧顶部气隙较小，两极尖部分气隙较大。励磁绕组采用集中绕组套在磁极上。这种转子构造简单、制造方便，故内燃发电机组和水轮发电机组一般都采用凸极式。隐极式转子的气隙是均匀的，转子成圆柱形。励磁绕组分布在转子表面的铁芯槽中，现代汽轮发电机组大多采用这种形式。

(2) 按发电机的相数分类

按相数来区分，同步发电机又可分为单相同步发电机和三相同步发电机。单相同步发电机的功率不大，通常不大于 6kW。而三相同步发电机的功率可达几万千瓦。

2.2.3　同步发电机的基本结构

同步发电机根据容量和转速不同，其结构形式有较大的差别，下面以常见旋转磁极式（凸极）同步发电机为例说明同步发电机的基本结构。

2.2.3.1　有刷旋转磁极式同步发电机的结构

有刷旋转磁极式（凸极）同步发电机的结构主要由定子、转子、集电环以及端盖与轴承等部分组成。如图 2-20 所示为 72-84-40D2/T2 型交流同步发电机的结构。

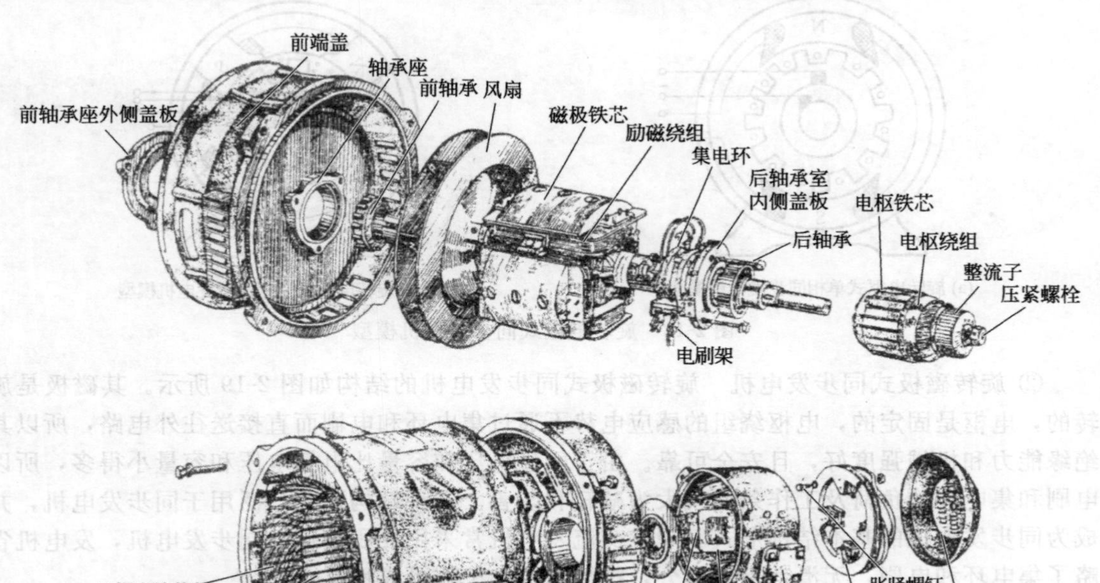

图 2-20　72-84-40D2/T2 型交流同步发电机的结构

(1) 定子（电枢）　定子主要由铁芯、绕组和机座三部分组成，是发电机电磁能量转换的关键部件之一。

① 定子铁芯　定子铁芯一般用 0.35～0.5mm 厚的硅钢片叠成，冲成一定的形状，每张硅钢片都涂有绝缘漆以减小铁芯的涡流损耗。为了防止在运转中硅钢片受到磁极磁场的交变吸引力发生交变移动，同时避免因硅钢片松动在运行中产生振动而将片间绝缘破坏引起铁芯发热和影响电枢绕组绝缘，所以，在制造电机时电枢铁芯通过端部压板在底座上进行轴向固定。

电枢铁芯为一空圆柱体，在其内圆周上冲有放置定子绕组的槽。为了将绕组嵌入槽中并减小气隙磁阻，中小型容量发电机的定子槽一般采用半开口槽。

② 电枢绕组　发电机的电枢绕组由线圈组成。线圈的导线都采用高强度漆包线，线圈按一定的规律连接而成，嵌入定子铁芯槽中。绕组的连接方式一般都采用三相双层短距叠绕组。

③ 机座　机座用来固定定子铁芯，并和发电机两端盖形成通风道，但不作为磁路，因此要求它有足够的强度和刚度，以承受加工、运输及运行中各种力的作用，两端的端盖可支撑转子，保护电枢绕组的端部。发电机的机座和端盖大都采用铸铁制成。

(2) 转子　转子主要由电机轴（转轴）、转子磁轭、磁极和集电环等组成。

① 电机轴　电机轴（转轴）主要用来传递转矩之用，并承受转动部分的重量。中小容量同步发电机的电机轴通常用中碳钢制成。

② 转子磁轭　主要用来组成磁路并用以固定磁极。

③ 磁极　发电机的磁极铁芯一般采用 1～1.5mm 厚的钢板冲片叠压而成，然后用螺杆固定在转子磁轭上。励磁绕组套在磁极铁芯上，各个磁极的励磁绕组一般串联起来，两个出线头通过螺钉与转轴上的两个互相绝缘的集电环相接。

④ 集电环　集电环是用黄铜环与塑料（如环氧玻璃）加热压制而成的一个坚固整体，然后压紧在电机轴上。整个转子由装在前后端盖上的轴承支撑。励磁电流通过电刷和集电环引入励磁绕组。电刷装置一般装在端盖上。

对于中小容量的同步发电机，在前端盖装有风扇，使电机内部通风以利散热，降低电机的温度。中小型同步发电机的励磁机有的直接装在同一轴上；也有的装在机座上，而励磁机的轴与同步发电机的轴用皮带连接。前一种结构叫“同轴式”同步发电机，后一种结构叫“背包式”同步发电机。

2.2.3.2 无刷旋转磁极式同步发电机的基本结构

无刷同步发电机的基本结构如图 2-21 所示。其结构分静止和转动两大部分。静止部分包括机座、定子铁芯、定子绕组、交流励磁机定子和端盖等；转动部分包括转子铁芯、磁极绕组、电机轴（转轴）、轴承、交流励磁机的电枢、旋转整流器和风扇等。

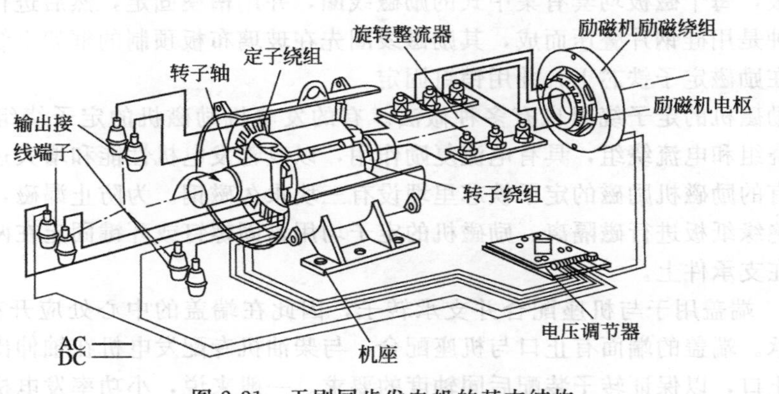

图 2-21　无刷同步发电机的基本结构

（1）静止部分

① 定子　定子由机座、定子铁芯和定子绕组所组成。定子铁芯及定子绕组是产生感应电势和感应电流的部分，故亦称其为电枢。

机座是交流同步发电机的整体支架，用来固定电枢并和前后两端盖一道支承转子。机座通常有铸铁铸造和钢板焊接两种。铸铁铸造的机座内壁一般分布有筋条用以固定电枢，两端面加工有止口及螺孔与端盖配合固定，机座下部铸有底脚，以便将发电机固定。机座上一般有电源出线盒，其位置通常在机座的右侧面（从轴伸端看）或者位于机座上部，出线盒内装有接线板，以便于引出交流电源。位于机座上部的出线盒一般均装有励磁调节器，用于调节励磁电压。钢板焊接结构的机座是由几块罩式钢板、端环和底脚焊接而成，具有省工省料、重量轻和造型新颖等特点。

定子铁芯是交流同步发电机磁路的一部分。为了减小旋转磁场在定子铁芯中所引起的涡流损耗和磁滞损耗，定子铁芯采用导磁性能较好的 0.5mm 厚，两面涂有绝缘漆的硅钢片叠压而成。铁芯开有均匀分布的槽，以嵌放电枢绕组。为了提高铁芯材料的利用率，定子铁芯常采用扇形硅钢片拼叠成一个整圆形铁芯，拼接时把每层硅钢片的接缝互相错开。较大容量发电机的铁芯，为了增加散热面积，通常沿轴向长度上留有数道通风沟。有些发电机的定子和转子均采用硅钢片冲制，其定子铁芯是用整圆硅钢片叠压，再与压圈一道用 CO_2 气体保护焊接成一体。这种结构具有材料利用率高，容易加工等特点。

定子绕组是交流同步发电机定子部分的电路。定子绕组由线圈组成，线圈采用高强度聚酯漆包圆铜线绕制，并按一定方式连接，嵌入铁芯槽中。线圈采用导线的规格、线圈匝数和并联路数等由设计确定。线绕形式有双层叠绕、单层链式及单双层式等。三相绕组应对称嵌放，彼此相互差120°电气角度。定子绕组嵌放在铁芯槽中，必须要有对地绝缘、层间绝缘和相间绝缘，以免发电机在运行过程中对铁芯出现击穿或短路故障。主绝缘材料主要采用聚酯薄膜无纺布复合箔，槽绝缘通常采用云母带。由于定子线圈在铁芯槽内受到交变电磁力及平行导线之间的电动力作用，造成线圈移动或振动，因此，线圈必须坚固。一般用玻璃布板做槽楔在槽内压紧线圈，并且在两端部用玻璃纤维带扎紧，然后把整个电枢进行绝缘处理，使电枢成为一个坚固的整体。

② 交流励磁机定子　交流励磁机产生的交流电，经旋转整流器整流后，供同步发电机励磁使用。为了避免励磁机与旋转磁极式发电机用电刷、集电环（滑环）提供励磁电流，因此，交流励磁机的定子大多为磁极，而转子为电枢。

发电机励磁机的定子铁芯通常有两种做法。一种是用1mm厚的低碳钢板叠压制成，它有若干对磁极，每个磁极均套有集中式的励磁线圈，并用槽楔固定，然后进行浸漆烘干绝缘处理。另一种是用硅钢片叠压而成，其励磁线圈先在玻璃布板预制的框架上绕制，经浸漆绝缘处理后套在励磁定子铁芯上，并用销钉固定。

发电机励磁机的定子绕组也有多种做法。有的发电机励磁机的定子绕组有两套励磁绕组，即电压绕组和电流绕组，具有电流复励作用，以改善发电机性能和增大过载能力。为了便于起励，有的励磁机励磁的定子铁芯里埋设有三块永久磁钢。为防止漏磁，磁钢与定子铁芯之间用厚绝缘纸板进行磁隔离。励磁机的定子均用紧固螺钉或环键固定在两端间的铸造筋条上或焊接在支承件上。

③ 端盖　端盖用于与机座配合并支承转子，因此在端盖的中心处应开有轴承室圆孔，以供安装轴承。端盖的端面有止口与机座配合，与柴油机专配发电机在轴伸出端的端盖两端面均有端面止口，以保证转子装配后同轴度的要求。一般来说，小功率发电机的端盖用铸铁铸造，而大功率发电机的端盖则采用钢板焊接而成。

（2）转动部分

① 转子铁芯　旋转磁极式发电机的转子铁芯可分为两种形式：凸极式和隐极式。其中凸极式转子铁芯又可分为分离凸极式和整体凸极式两种。

分离凸极式转子铁芯的磁极冲片叠压紧后用铆钉和压板铆合在一起制成磁极铁芯。磁极铁芯套在磁极线圈上后，用磁极螺钉固定在磁轭上或者用特定的钢制螺钉固定。

整体凸极式转子铁芯采用整体凸极式冲片，这种磁极结构，是磁极和磁轭为一体，用0.5mm厚硅钢片整片冲出极身，然后直接与端板、铆钉、阻尼条及阻尼环焊接成一个整体形成转子铁芯。这种结构有以下三个特点：

第一，励磁绕组直接绕在磁极上，散热效果好，机械强度高；

第二，没有第二气隙，可减小励磁的安匝数；

第三，制造时安放阻尼绕组方便。

隐极式转子是将整圆的转子冲片直接装在转轴上，其两端有端板和支架来支撑转子线圈，并用环键固定。为了削弱发电机输出电压波形中出现的谐波分量，隐极式转子铁芯通常做成斜槽，并且在铁芯齿部冲有阻尼孔，供埋设阻尼绕组，以提高并联运行性能和承受不平衡负载运行及消除振荡的能力。

② 磁极绕组　同步发电机转子的磁极绕组用绝缘的铜线绕成，与极身之间有绝缘。各磁极上励磁绕组间的连接通过励磁电流后，相邻磁极的极性必然呈N与S交替排列。根据转子铁芯的结构形式可分为隐极式磁极绕组和凸极式磁极绕组两种。

隐极式磁极一般采用单层同心式绕组，用漆包圆铜线绕制。制造时先在转子铁芯槽中放好绝缘材料，然后将磁极绕组嵌入槽内，并在后端部用玻璃纤维管与支架扎牢，再用无纺玻璃纤维带沿圆周捆扎，最后整体浸漆烘干成为一个坚固的整体。

凸极式磁极绕组一般采用矩形截面的高强度聚酯漆包扁铜线绕制或者用聚酯漆包圆铜线绕制，但空间填充系数较差。由于凸极式磁极绕组是集中式绕组，因此可在预先制好的铁板框架四周包好云母片、玻璃漆布等绝缘材料，上下放上玻璃布板衬垫，然后绕制线圈，再浸烘绝缘漆，最后将成形磁极绕组套在磁极铁芯上，再用螺钉固定在磁轭上。对于整体凸极式是在预先铆焊好的整体转子上，将极靴四周包好绝缘，而后整体用机械方法绕制线圈，最后经F级绝缘浸烘处理，形成坚固的磁极整体，用热套方法套入转轴。这种线圈结构具有散热条件好，绝缘性能、机械强度和可靠性高等特点。

③ 转轴　同步发电机的转轴一般用特定规格的钢制作加工而成。在发电机的轴伸端，通过轴上的联轴器与发动机对接。由此可知，它是将机械能变为电能的关键零件，因而，它必须具有很高的机械强度和刚度。有些发电机往往在轴上还热套有磁轭，用以装配磁极铁芯和绕组；有些发电机转轴焊有驱动盘和风扇安装板以便安装柔性连接盘和冷却风扇。

④ 轴承　发电机一般采用两支承式，即在转轴两端装有轴承。根据受力情况，其传动端采用滚柱轴承，非传动端采用滚珠轴承。轴承与转轴之间的配合为过盈配合，转轴用热套法套入轴承。轴承外圈与端盖（或轴承套）采用过渡配合，并固定在两端盖的轴承室或轴承套内。轴承通常采用3号锂基脂进行润滑，并在轴承两边用轴承盖密封，平时维护检修时应注意清洁，以减小其振动和噪声。

⑤ 交流励磁机的电枢　无刷同步发电机是利用交流励磁机产生的交流电，经旋转整流器整流变为直流电，供交流发电机励磁用。交流励磁机电枢铁芯用硅钢片叠压而成，然后嵌以三相交流绕组，并经绝缘处理形成电枢。有些发电机的交流励磁机装在后端盖外部，靠电枢支架固定在转轴上，这种结构使发电机轴向长度加长；有些发电机的交流励磁机电枢则装在后端盖内部，直接套在转轴上，可使整机轴向长度缩短。

⑥ 旋转整流器　旋转整流器是与交流励磁机同轴旋转的装置。其主要作用是将交流励磁机电枢输出的三相交流励磁电流，通过整流器上的二极管转换成直流电流，供给转子绕组作为提供励磁电流的电源。正是由于旋转整流器的应用，才使得交流同步发电机摆脱了电刷的束缚，不再有频繁维修更换零件的麻烦，也使得交流同步发电机的应用更加广泛。有些交流同步发电机的旋转整流器安装在交流励磁机的外侧，用螺钉固定在转轴上，以便安装与维修。有些发电机的旋转整流器则安装在后端盖的内侧，直接固定于励磁机电枢铁芯伸出的螺栓上，使结构更为紧凑。旋转整流器电路有三相半波和三相桥式整流电路两种。若采用三相桥式整流电路，为便于安装，减小整流元件之间的连接线，提高发电机运行的可靠性，其整流二极管用正、反向两种管型，两者正负极正好相反，便于接线。

⑦ 风扇　发电机运行时将产生各种损耗并以热量形式散发出去。如果没有足够的冷却通风量，将引起线圈和内部器件过度发热，轻则将损坏内部元器件，重则将破坏绕组绝缘，对机组甚至人身造成危险。因此发电机转轴上通常装有风扇进行通风冷却。为了提高通风效率，通常采用装在前端盖内的后倾式离心风扇。对专配的柴油发电机组也有装在前端盖外的，风扇装在轴伸的半联轴器上。在发电机运行过程中，冷空气由后端盖和机座两侧进入发电机内部，吸收电枢绕组、磁极绕组、定子与转子铁芯等部件的热量，然后通过前端盖盖板上的窗孔将热风排出机外，以保证其温升控制在允许范围内。

2.2.4 同步发电机的额定值及其型号

2.2.4.1 同步发电机的额定值

同步发电机在出厂前经严格的技术检查鉴定后，在发电机定子外壳明显位置上有一块铭牌，上面规定了发电机的主要技术数据和运行方式。这些数据就是同步发电机的额定值，为了保证发电机可靠运行，在使用过程中必须严格遵守。

（1）额定容量 S_N与额定功率 P_N　发电机的额定容量是指在额定运行条件（长期安全运行情况）下，发电机出线端输出的最大允许视在功率。单位为千伏安（kV·A）。发电机的额定功率是指在额定运行条件下，发电机出线端输出的最大允许有功功率。单位为千瓦（kW）。

对于单相发电机而言，额定容量 $S_N=U_N I_N$（其中，U_N与 I_N分别为发电机的额定电压和额定电流），额定功率 $P_N=S_N\cos\varphi_N=U_N I_N\cos\varphi_N$（其中，$\cos\varphi_N$为发电机的额定功率因数）；对于三相发电机而言，$P_N=S_N\cos\varphi_N=\sqrt{3}U_N I_N\cos\varphi_N$。

（2）额定电压 U_N　三相同步发电机的额定电压是指在额定运行条件下，定子绕组三相线间的电压值；单相同步发电机的额定电压是指绕组的相电压值。单位为伏（V）或千伏（kV）。

（3）额定电流 I_N　三相同步发电机的额定电流是指在额定运行条件下，流过定子的线电流；单相同步发电机的额定电流指流过定子的相电流。单位为安（A）或千安（kA）。在此值运行，发电机线圈的温升不会超过允许范围。

（4）功率因数 $\cos\varphi_N$　在额定运行条件下，发电机的有功功率和视在功率的比值，即额定运行时发电机每相定子电压和电流之间的相角的余弦值：

$$\cos\varphi_N=P_N/S_N$$

一般而言，在发电机的铭牌上标有其额定功率（有功功率）P_N和功率因数 $\cos\varphi_N$，或者其额定容量（视在功率）S_N和功率因数 $\cos\varphi_N$。一般电机的 $\cos\varphi_N=0.8$。

（5）额定频率 f_N　在额定运行条件下，发电机输出的交流电频率。单位为赫兹（Hz）。我国交流供电系统的频率规定为 50Hz。

（6）额定转速 n_N　在额定运行条件下发电机每分钟的转数，单位为转/分（r/min）。

（7）相数 m　即发电机的相绕组数。6kW 以上的柴油发电机组通常采用三相交流发电机。6kW 以下的柴油发电机组通常采用单相交流发电机。

在发电机的铭牌上，除了上述额定值外还有其他运行数据，例如发电机额定负载时的温升（θ_N）、额定励磁电压（U_{fN}）和额定励磁电流（I_{fN}）等。

2.2.4.2　同步发电机的型号

与柴油机配套的交流工频同步发电机的型号含义目前没有统一的规定，不同电机厂生产的产品型号有不同的形式，常见的有以下几种。

① 自带同轴直流励磁机的同步发电机型号如下：

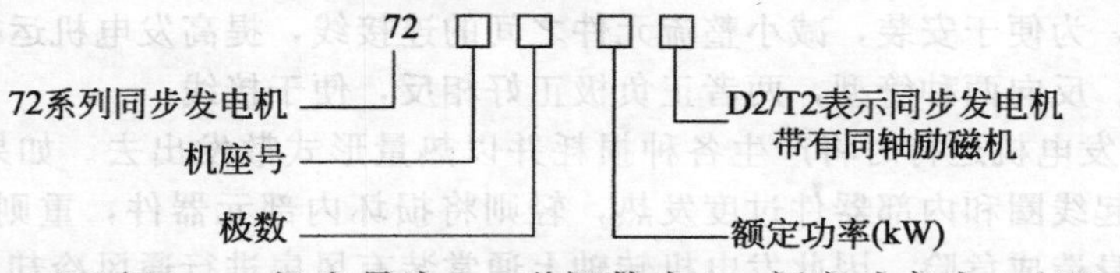

例如：72-84-40 D2/T2——机座号为 8、磁极数为 4、额定功率为 40kW、发电机带有同轴励磁机的 72 系列同步发电机。

② 三次谐波励磁同步发电机型号如下：

72　2 S □□□ □

72系列

第2次设计

三次谐波励磁

额定功率(kW)

极数

机座号

本系列同步发电机也有采用 T2S 和 TFS 等形式表示的。

例如：72-2S-84-50——机座号为8、磁极数为4、额定功率为50kW的72系列第2次设计的三次谐波励磁同步发电机。

③ 相复励励磁同步发电机型号如下：

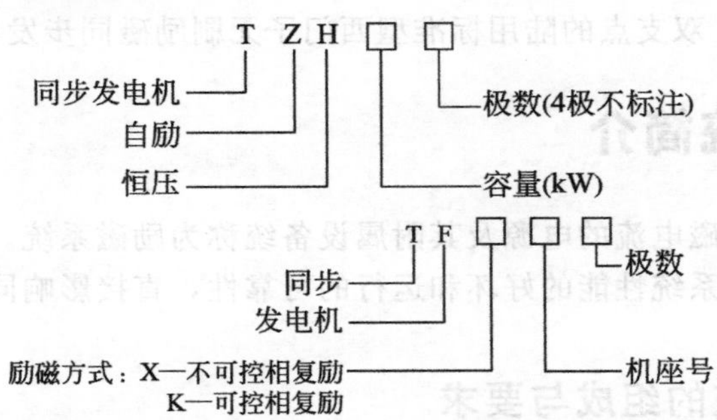

本系列同步发电机也有采用TFH、T2H和TFZH等形式表示的。

例如：TZH-800-12——表示磁极数为12、额定功率为800kW的自励恒压交流同步发电机；TFX-500-10——机座号为500、磁极数为10的不可控相复励同步发电机。

④ 无刷励磁同步发电机型号如下：

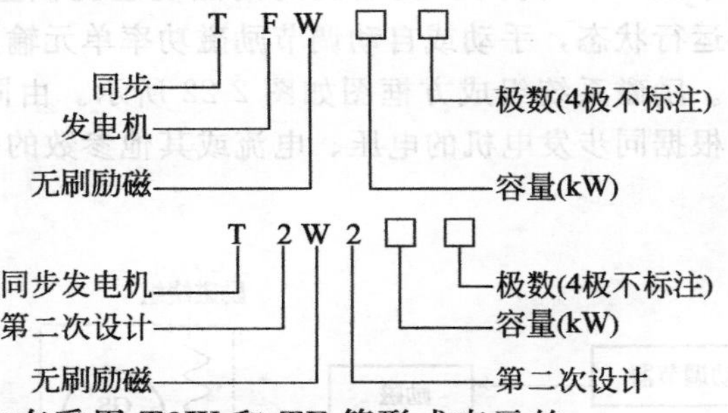

本系列同步发电机也有采用T2W和TF等形式表示的。

例如：TFW-64——磁极数为4、额定功率为64kW的无刷励磁同步发电机；TFW-90-6——磁极数为6、额定功率为90kW的无刷励磁同步发电机。

⑤ 引进德国西门子公司技术生产的无刷励磁同步发电机的型号如下：

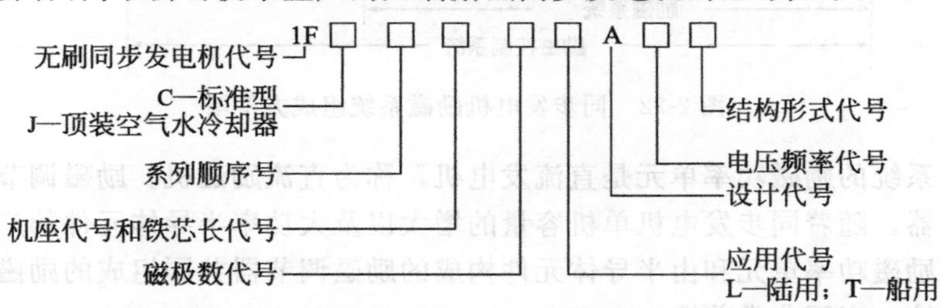

例如：1FC5-454-8TA42——设计顺序号为5、机座代号为45（同一机座直径代号的定子外径相同，1FC5系列交流同步发电机共有六种机座号：35、40、45、50、56和63）、铁芯长代号为4（同一机座号可以设计成几种不同规格的铁芯长度，即发电机可制造成几种不同的功率，1FC5系列交流同步发电机通常有三种不同的铁芯长度）、磁极数为8（1FC5系列交流同步发电机共有4、6、8、10和12五种磁极数，其代号分别为4、6、8、3和5，交流同步发电机对应的转速分别为1500/1800r/min、1000/1200r/min、750/900r/min、600/720r/min和500/600r/min）、输出电压为230/400V、输出频率为50Hz（电压频率代号共有三种，分别为4、8、9，分别代表400V/50Hz、450V/60Hz和特殊电压/50Hz或60Hz）、结构形式为B20双支点（结构形式代号分别为2和3，2代表结构形式为B20双支

点，3 代表结构形式为 B16 单支点，有时在型号的最后添加上“Z”，表示发电机为特殊结构）的船用标准型西门子无刷励磁同步发电机；1FC6-454-4LA42——设计顺序号为 6、机座号为 45、铁芯长代号为 4、磁极数为 4、额定输出电压为 230/400V、额定输出频率为 50Hz、结构形式为 B20 双支点的陆用标准型西门子无刷励磁同步发电机。

2.3 励磁系统简介

供给同步发电机励磁电流的电源及其附属设备统称为励磁系统。励磁系统是同步发电机的重要组成部分，励磁系统性能的好坏和运行的可靠性，直接影响同步发电机的供电质量及运行的可靠与稳定性。

2.3.1 励磁系统的组成与要求

（1）励磁系统的组成　同步发电机运行时，励磁绕组需要直流电源提供直流电流方能建立恒定的磁场。要维持发电机在运行过程中输出电压恒定，还必须随着负载变化及时地调节励磁电流的大小。以上是同步发电机的励磁系统应执行的基本任务。因此，励磁系统由两部分组成：励磁功率源（单元）——向同步发电机的励磁绕组提供直流励磁电流；励磁调节器——根据发电机组的运行状态，手动或自动调节励磁功率单元输出的励磁电流的大小，以满足发电机运行的要求。励磁系统组成方框图如图 2-22 所示。由同步发电机和励磁系统共同组成励磁控制系统，根据同步发电机的电压、电流或其他参数的变化，对励磁系统的励磁功率源施加控制作用。

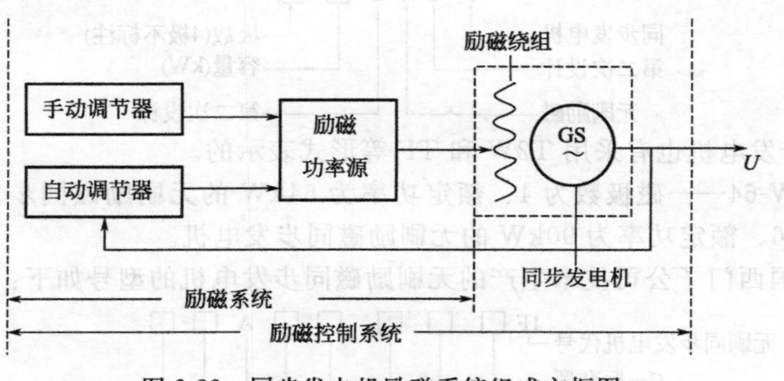

图 2-22　同步发电机励磁系统组成方框图

老式励磁系统的励磁功率单元是直流发电机，称为直流励磁机。励磁调节多采用机电型或电磁型调节器。随着同步发电机单机容量的增大以及大功率半导体元件的广泛应用，以半导体整流器为励磁功率单元和由半导体元件构成的励磁调节器共同组成的励磁系统，即所谓半导体励磁系统，应用非常普遍。

近年来，随着计算机及其控制技术的发展，同步发电机励磁系统也逐步向集成化方向发展，国内外许多公司和单位都在积极研制以微型计算机为核心构成的励磁调节器（以下简称微机励磁调节器），并且在柴油发电机组上成功地得到了应用。由于微机励磁调节器的硬件简单、软件丰富、性能优良、运行调试方便并能方便地实现现代控制规律和多种功能，再加之价格逐年降低，微机励磁调节器将具有广阔的发展和应用前景。

（2）励磁系统的要求　同步发电机及其励磁系统与电子技术的发展是紧密联系在一起的。为了满足用户对同步发电机提出的标准和要求，励磁系统应具备如下性能。

① 具有足够的励磁功率，在发电机空载和满载时能提供所需的励磁电流。

② 具有良好的反应特性，励磁系统应保证同步发电机系统在静态时有高的稳态电压精确度，励磁系统的输出特性与发电机本身的调节特性应力求一致，在发电机负载变化或发生短路时，能及时调节励磁电流以维持发电机输出电压基本不变，并使保护装置可靠动作。

③ 具有一定的强励能力，因某种原因造成发电机输出电压严重下降或启动相近容量的异步电动机时，能在短时间内快速提供足够大的励磁电流，使电压迅速回升到给定值。

④ 励磁装置应运行可靠、体积小、重量轻、使用维护方便。

2.3.2 励磁系统的分类

同步发电机的励磁电流可由直流励磁机直接供给，也可由交流励磁机、同步发电机的辅助绕组（副绕组）或发电机输出端等的交流电压经可控或不可控整流器整流后供给。按励磁功率供电方式可分为他励式和自励式两大类：由同步发电机本身以外的电源提供其励磁功率的，称他励式励磁系统；由发电机本身提供励磁功率的，称自励式励磁系统。因此，凡是由励磁机供电的，都属于他励式，凡由发电机输出端或发电机的辅助绕组供电的，都属于自励式。如图 2-23 所示列出了中小型同步发电机常用的励磁系统分类。下面对各种励磁系统的主要特点和接线图分别进行介绍。

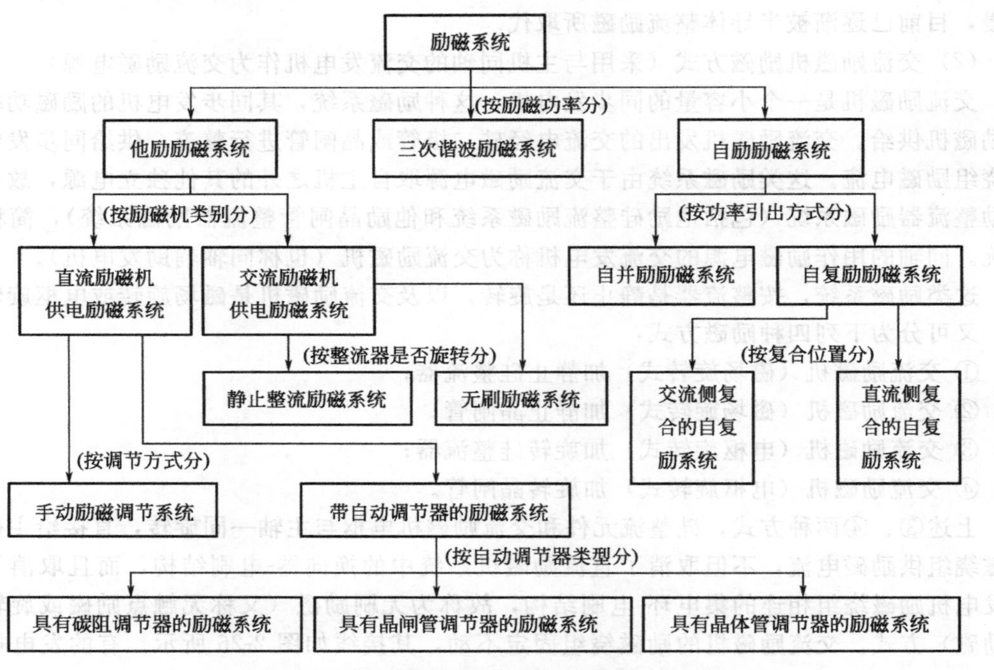

图 2-23 中小型同步发电机常用励磁系统分类

2.3.2.1 他励式励磁系统

（1）直流励磁机励磁系统　这是交流同步发电机采用的传统励磁系统。直流励磁机一般又有同轴式和背包式两种形式。如图 2-24 所示为手动调节的直流励磁系统接线图，励磁机为并励直流发电机，通过手动调节磁场变阻器，改变励磁机的输出电压，以调节同步发电机励磁绕组中的电流，从而改变同步发电机的输出电压。

如图 2-25 所示为具有半导体自动调节器的直流励磁机励磁系统。自动工作时，同步发电机的励磁电流由自动调节器按同步发电机运行情况自动调节，调节信号由同步发电机的输出端取得。过去在直流励磁机的励磁回路中串入碳阻式调节器代替手调电阻，现在已被晶闸管半导体自动调节器所代替。

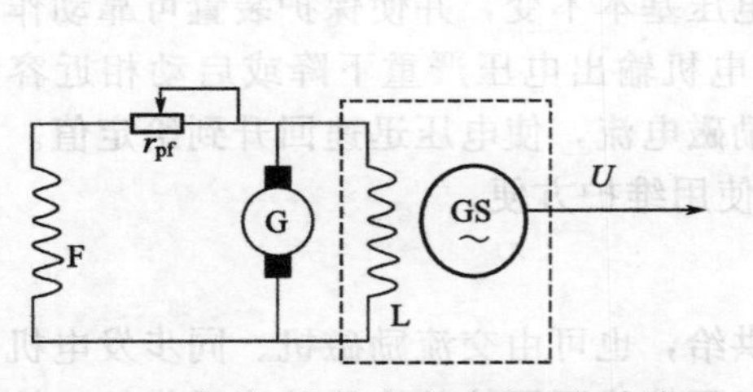

图 2-24 手动调节的直流励磁系统接线图

GS—同步发电机；L—同步发电机励磁绕组；G—直流发电机；r_{pf}—手调电阻；F—直流励磁机励磁绕组

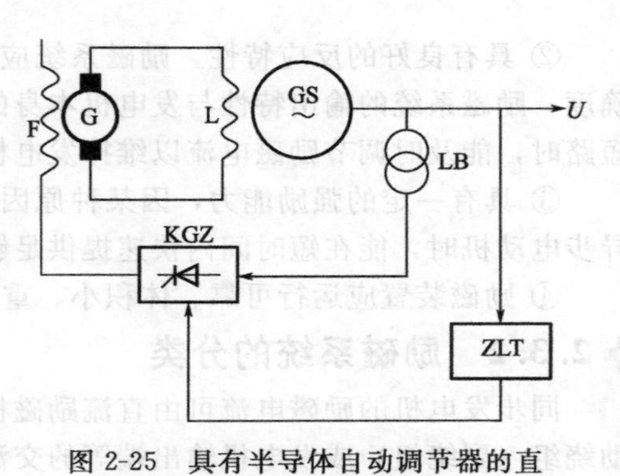

图 2-25 具有半导体自动调节器的直流励磁机励磁系统

ZLT—半导体自动调节器；KGZ—晶闸管整流器；LB—励磁变压器（其他符号同前）

直流励磁机励磁系统的主要优点是：励磁电源独立，接线简单，在合理使用和细心维护下，运行比较可靠。但因直流励磁机体积大，制造成本高，容易产生故障，而且调节反应速度慢，目前已逐渐被半导体整流励磁所取代。

（2）交流励磁机励磁方式（采用与主机同轴的交流发电机作为交流励磁电源）

交流励磁机是一个小容量的同步发电机，这种励磁系统，其同步发电机的励磁功率由交流励磁机供给。交流励磁机发出的交流电经硅二极管或晶闸管进行整流，供给同步发电机励磁绕组励磁电流。这类励磁系统由于交流励磁电源取自主机之外的其他独立电源，故也称为他励整流器励磁系统（包括他励硅整流励磁系统和他励晶闸管整流器励磁系统），简称他励系统。同轴的用作励磁电源的交流发电机称为交流励磁机（也称同轴辅助发电机）。

这类励磁系统，按整流器是静止还是旋转，以及交流励磁机是磁场旋转或电枢旋转的不同，又可分为下列四种励磁方式：

① 交流励磁机（磁场旋转式）加静止硅整流器；

② 交流励磁机（磁场旋转式）加静止晶闸管；

③ 交流励磁机（电枢旋转式）加旋转硅整流器；

④ 交流励磁机（电枢旋转式）加旋转晶闸管。

上述③、④两种方式，硅整流元件和交流励磁机电枢与主轴一同旋转，直接给主机转子励磁绕组供励磁电流，不但取消了直流励磁机系统中的换向器-电刷结构，而且取消了与同步发电机励磁绕组相连的集电环-电刷结构，故称为无刷励磁（又称无触点励磁或旋转半导体励磁）方式。交流励磁机的励磁绕组固定不动，其接线如图 2-26 所示。有的发电机在定子上设置一个没有励磁绕组的磁极，它是用优质的永磁材料制成，作为初始磁场起励建压。图 2-26 所示的接线图是目前小型机组常用的一种接线方式。

无刷励磁由于取消了滑环、电刷，消除了电气上最易发生故障的滑动接触，从而大大提高了运行可靠性，并使维护工作显著减少，同时整机的体积小，总长度缩短。因此，它是励磁系统的发展方向之一。现阶段有很大部分的柴油发电机组采用无刷励磁系统。

上述①、②两种方式为交流励磁机电枢和整流器不动，交流励磁机的磁极旋转的励磁方式，在柴油发电机组上很少采用，这里不再介绍。

2.3.2.2 自励式励磁系统（采用变压器作为交流励磁电源）

励磁功率由同步发电机本身供给的励磁系统称自励式励磁系统（或称为自励整流励磁系统）。在他励式励磁系统中，交流励磁机是旋转机械，而在自励式励磁系统中，励磁变压器

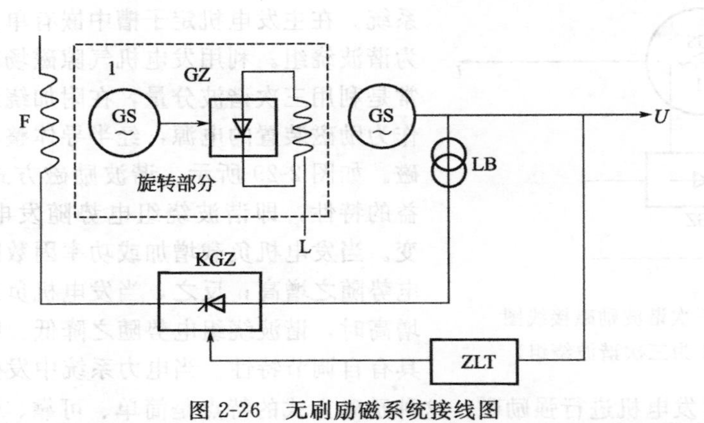

图 2-26 无刷励磁系统接线图

1—交流励磁机；F—交流励磁机励磁绕组；GZ—硅整流器（其他符号同前）

和整流器等都是静止元件，故自励式励磁系统又称为全静态励磁系统。

自励式励磁系统可分为下列几种形式。

（1）自并励系统　仅由同步发电机电压取得励磁功率的自励系统，称自并励励磁系统（或简称自并励）。如图 2-27 所示为自并励励磁系统的接线图。同步发电机发出的交流电，经励磁变压器变换到所需电压后（低压小容量机组有的直接从机端引入；有的由同步发电机的辅助绕组发出交流电），由晶闸管或电力二极管整流变成直流，供给励磁绕组建立磁场。自动调节器按发电机输出电压变化情况自动调节励磁电流。

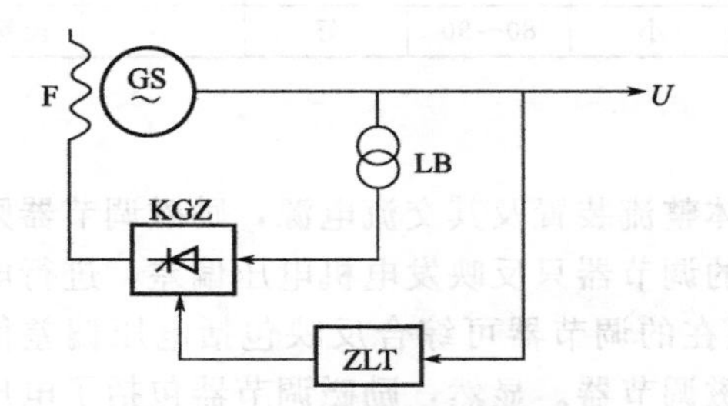

图 2-27 自并励励磁系统接线图

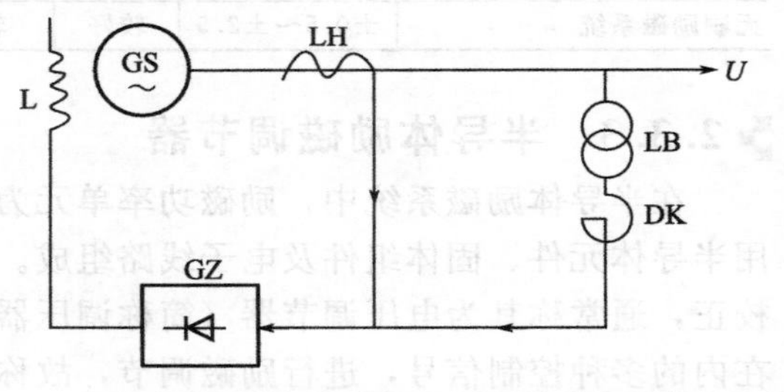

图 2-28 交流侧并联复合不可控励磁系统

LH—励磁变流器；DK—电抗器（其他符号同前）

（2）自复励励磁系统　由同步发电机的电压和电流两者取得励磁功率的自励系统，称为自复励励磁系统。按励磁电流复合位置又有直流侧复合方式和交流侧复合方式。中小容量柴油发电机组主要是交流侧并联复合不可控励磁系统，如图 2-28 所示。励磁变压器串接一个电抗器后与励磁变流器并联，两者的输出先复合叠加，然后经硅整流器整流后供给同步发电机励磁。这种励磁系统由于能反映发电机的电压、电流及功率因数，亦称不可控相复励系统。

如果除了并联的励磁变压器外还有与发电机定子电流回路串联的励磁交流器（或串联变压器），二者结合起来，则构成所谓自复励方式。结合的方案有四种：

① 直流侧并联自复励方式；

② 直流侧串联自复励方式；

③ 交流侧并联自复励方式；

④ 交流侧串联自复励方式。

2. 3. 2. 3　谐波励磁系统

除了他励和自励两类主要的半导体励磁方式外，还有一种介乎两者之间的所谓谐波励磁

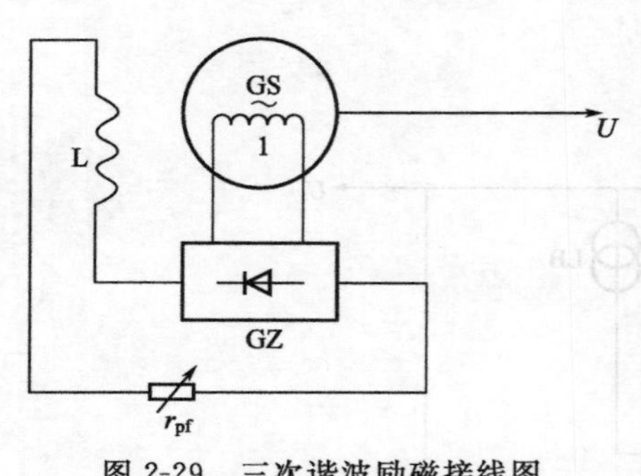

图 2-29 三次谐波励磁接线图
（图中的 1 为三次谐波绕组）

系统。在主发电机定子槽中嵌有单独的附加绕组，称为谐波绕组。利用发电机气隙磁场中的谐波分量，通常是利用三次谐波分量，在附加绕组中感应谐波电势作为励磁装置的电源，经半导体整流后供给发电机励磁。如图 2-29 所示。谐波励磁方式有一个重要的有益的特性，即谐波绕组电势随发电机负载变动而改变。当发电机负载增加或功率因数降低时，谐波绕组电势随之增高；反之，当发电机负载减小或功率因数增高时，谐波绕组电势随之降低。因此谐波励磁系统具有自调节特性。当电力系统中发生短路时，谐波绕组电势增大，对发电机进行强励磁。这种励磁方式的特点是简单、可靠、快速。

2.3.2.4 各种励磁方式的性能比较

各种励磁方式的性能比较见表 2-4 所示。

表 2-4 各种励磁方式的性能比较

系统名称	稳态电压调整率/%	动态性能	输出电压波形	无线电干扰	效率/%	温度补偿能力	体积/重量	线路结构
直流励磁系统	±3～±5	较差	较好	大			大	简单
自并励励磁系统	±1～±3	较好	有缺口	大	90 以上	好	小	较复杂
相复励励磁系统	±3～±5	较好	较好	小	85 左右	较差	大	简单
谐波励磁系统(可控分流)	±1～±3	好	较差	一般	90 以上	好	小	较复杂
无刷励磁系统	±0.5～±2.5	较好	较好	小	80～90	好	小	较复杂

2.3.3 半导体励磁调节器

在半导体励磁系统中，励磁功率单元为半导体整流装置及其交流电源，励磁调节器则采用半导体元件、固体组件及电子线路组成。早期的调节器只反映发电机电压偏差，进行电压校正，通常称其为电压调节器（简称调压器）。现在的调节器可综合反映包括电压偏差信号在内的多种控制信号，进行励磁调节，故称为励磁调节器。显然，励磁调节器包括了电压调节器的功能。下面对半导体励磁调节器作一简要介绍。

2.3.3.1 励磁控制系统

励磁系统是同步发电机的重要组成部分，它控制发电机的电压及无功功率。另外，调速系统控制原动机及同步发电机的转速（频率）和有功功率。励磁系统和调速系统是发电机组的主要控制系统，如图 2-30(a) 所示。励磁控制系统是由同步发电机及其励磁系统共同组成的反馈控制系统，其框图如图 2-30(b) 所示。

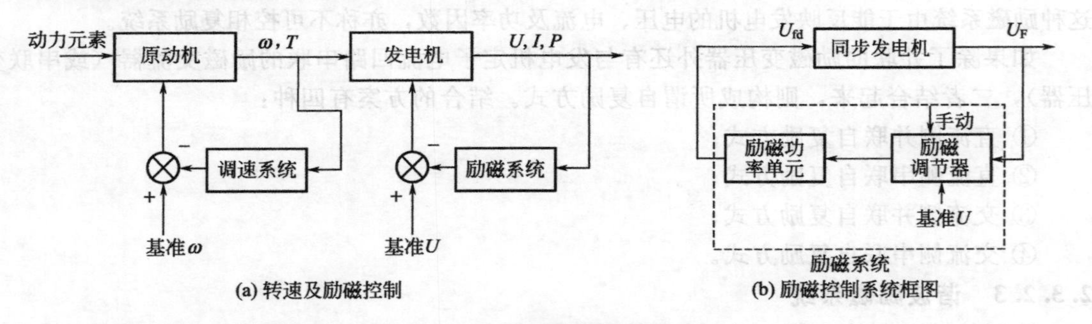

图 2-30 发电机组的控制系统

励磁调节器是励磁控制系统的主要部分，一般由它感受发电机电压的变化，然后对励磁功率单元施加控制作用。在励磁调节器没有改变给出的控制命令以前，励磁功率单元不会改变其输出的励磁电压。

2.3.3.2 对励磁调节器的要求

① 励磁调节器应具有高度的可靠性，并且运行稳定。这在电路设计、元件选择和装配工艺等方面应采取相应的措施。

② 励磁调节器应具有良好的稳态特性和动态特性。

③ 励磁调节器的时间常数应尽可能小。

④ 励磁调节器应结构简单，检修维护方便，并逐步做到系统化、标准化、通用化。

2.3.3.3 励磁调节器的构成

半导体励磁调节器主要由测量比较、综合放大和移相触发三个基本单元构成，每个单元再由若干环节组成。三个单元的相互作用如图 2-31 所示。

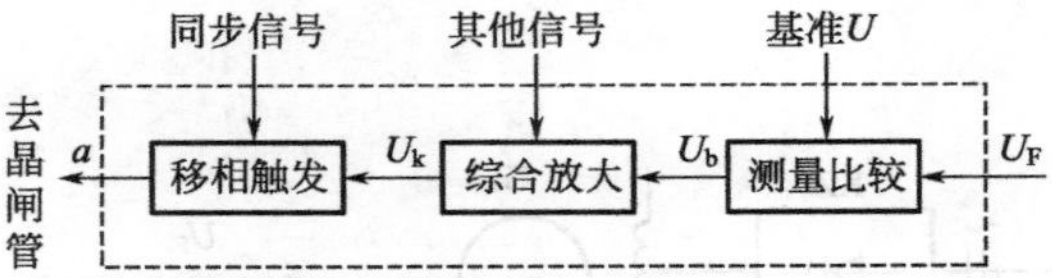

图 2-31 励磁调节器的组成

（1）测量比较单元 测量比较单元由电压测量、比较整定和调差环节组成，如图 2-32 所示。电压测量环节包括测量整流和滤波电路，有的还有正序电压滤过器。测量比较单元用来测量经过变换的与发电机端电压成比例的直流电压，并与相应于发电机额定电压的基准电压相比较，得到发电机端电压与其给定值的偏差。电压偏差信号输入到综合放大单元，正序电压滤过器在发电机不对称运行时可提高调节器调节的准确度，在发生不对称短路时可提高强励能力。调差环节的作用在于改变调节器的调差系数，以保证并列运行机组间无功功率稳定合理地分配。

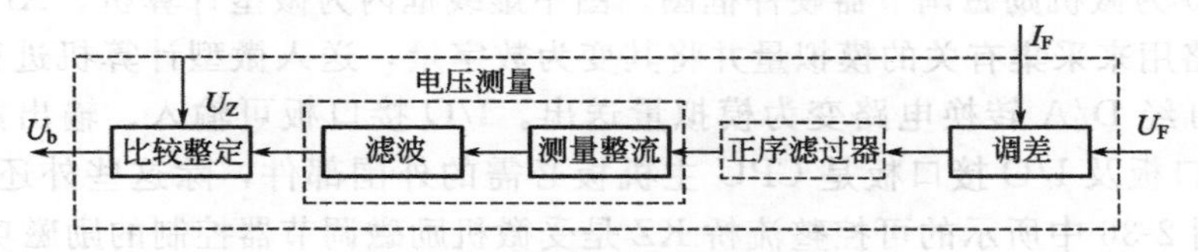

图 2-32 测量比较单元的组成

（2）综合放大单元 综合放大单元对测量等信号起综合和放大作用，为了得到调节系统良好的静态特性和动态特性，并满足运行要求，除了由基本装置来的电压偏差信号外，有时还需根据要求综合由辅助装置来的稳定、限制、补偿等其他信号。综合放大单元的组成如图 2-33 所示。综合放大后的控制信号输入到移相触发单元。

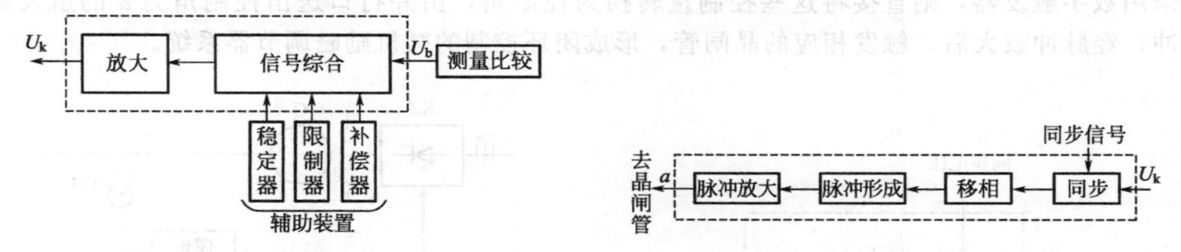

图 2-33 综合放大单元的组成

图 2-34 移相触发单元的组成

（3）移相触发单元 移相触发单元包括同步、移相、脉冲形成和脉冲放大等环节，如图 2-34 所示。移相触发单元根据输入的控制信号的变化，改变输出到晶闸管的触发脉冲相位，即改变控制角 α（或称移相角），从而控制晶闸管整流电路的输出电压，以调节发电机的励磁电流。为了触发脉冲能可靠地触发晶闸管，往往需要采用脉冲放大环节进行功率放大。

同步信号取自晶闸管整流装置的主回路，保证触发脉冲在晶闸管阳极电压在正半周时发出，使触发脉冲与主回路同步。

励磁系统中通常还有手动部分，如图 2-30(b) 中所示，当励磁调节器自动部分发生故障时，可切换到手动方式运行。

2.3.4 微机励磁调节器

2.3.4.1 微机励磁调节器的配置及其工作原理

在晶闸管励磁系统中，如果用微机励磁调节器代替常规的半导体励磁调节器，便构成微机励磁调节系统，如图 2-35 所示。

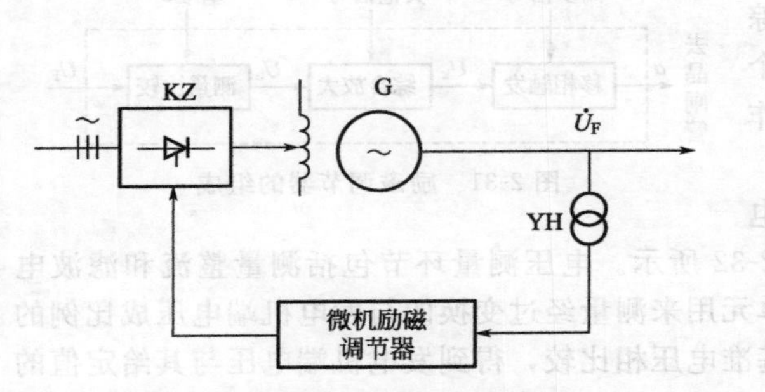

图 2-35 微机励磁调节系统框图

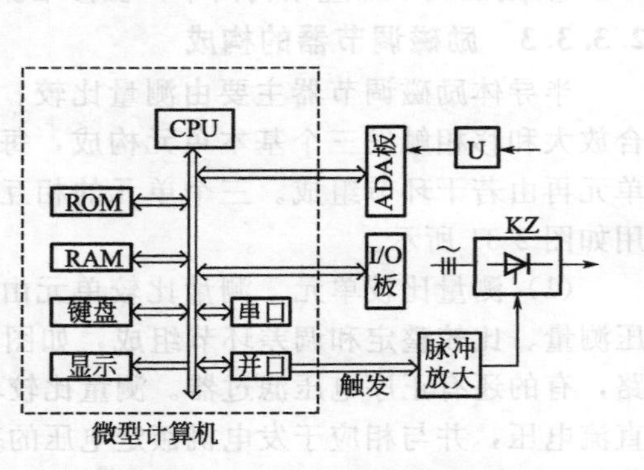

图 2-36 励磁调节器硬件框图

微机励磁调节器本身由微型计算机（或微处理器）、外围硬件及系统软件和应用软件等组成。图 2-36 为微机励磁调节器硬件框图。图中虚线框内为微型计算机。ADA 接口板中的 A/D 转换电路用来采集有关的模拟量并将其变为数字量，送入微型计算机进行计算和处理。某些数字量可经 D/A 转换电路变为模拟量送出。I/O 接口板可输入、输出数字/开关量信号。ADA 接口板及 I/O 接口板是 CPU 主机板必需的外围部件，除这些外还需要其他一些外围硬件。图 2-36 中所示的可控整流桥 KZ 是受微机励磁调节器控制的励磁功率单元。

与模拟式半导体励磁调节器的构成相似，微机励磁调节器由图 2-37 所示的几个基本部分组成，虚线框的功能由微型计算机实现。

微机励磁调节器的工作原理可由图 2-35、图 2-36 和 2-37 看出，A/D 转换电路对被调节量（如机端电压）定时采样，送入 CPU 后按调节规律计算出控制量。如沿用模拟触发器，则将控制量经 D/A 转换电路输出控制电压，作用于模拟式移相触发器，发出触发脉冲。如采用数字触发器，则直接将这些控制量转换为控制角，由并行口送出控制角为 α 的触发脉冲，经脉冲放大后，触发相应的晶闸管，形成闭环控制的微机励磁调节器系统。

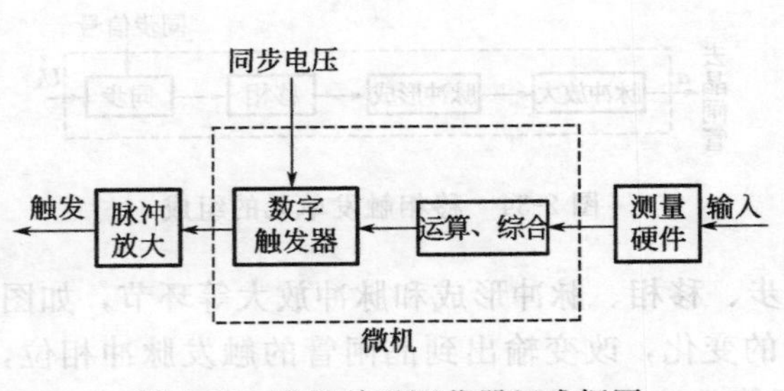

图 2-37 微机励磁调节器组成框图

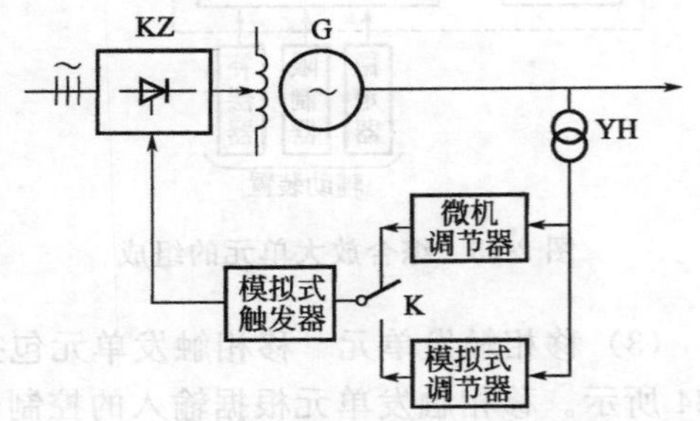

图 2-38 微机-模拟双通道型框图

微机励磁调节器与同步发电机的励磁系统相联系，有下列两种方案。

（1）微机-模拟双通道型　微机-模拟双通道型简化框图如图 2-38 所示，微机励磁调节器与模拟式励磁调节器构成双通道，由开关 K 进行切换。当 K 切换到模拟式调节器，则发电机按常规励磁调节器方式运行；当 K 切换到微机调节器，则发电机按微机励磁调节方式运行，若微机调节器发生故障，能自动切换到模拟式调节器，而不影响同步发电机的运行工况。

（2）全数字化微机型　全数字化微机型简化框图如图 2-39 所示。图 2-39(b) 方案还设置了两套微机励磁调节器，平时一套微机调节器运行，另一套处于热备用，双微机之间可手动或自动切换。这种方案提高了微机励磁调节器运行的可靠性。

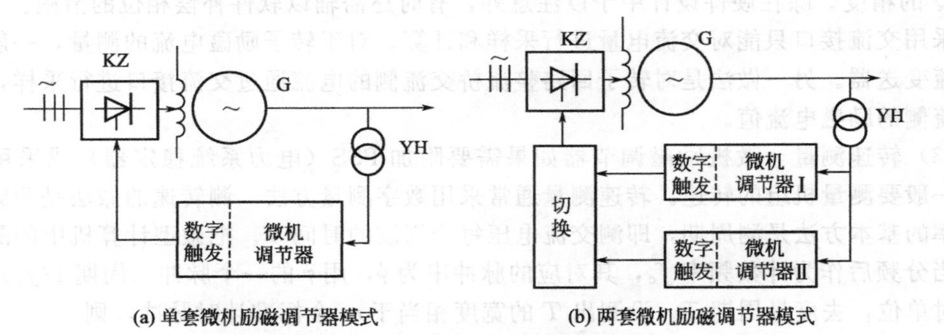

图 2-39　全数字化微机型框图

微机励磁调节器具有如下优点。

① 结构简单、软件丰富、功能多、性能好、运行操作方便。

② 调节器的各参数可以在线整定或修改，并可显示出来，使调试工作简单方便。

③ 灵活性大，对不同发电机组的励磁要求，可在不更改硬件的情况下，修改软件来满足，励磁调节规律可根据需要灵活改变，利用软件也易于实现多种励磁限制功能。

④ 能实现复杂的现代控制技术，如最优控制、自适应控制等。

⑤ 可以与计算机通信、传送数据、接受指令，是电站（电厂）实现计算机控制所必不可少的一种基础控制。计算机可直接改变机组给定电压值 U_g，能非常简便地实现电站（电厂）机组的无功功率成组调节及母线电压的实时控制。无须像模拟式励磁调节器那样，另外增设电子电位器（无功负荷设定器）等硬件。

2.3.4.2　测量部分

微机励磁调节器为了实现调节控制、运行限制、人工调差和运行参数显示等功能，发电机组的状态变量及有关运行参数必须通过测量部件由微型计算机定时采集。其测量部件主要有下列几种。

（1）模拟式电量变送器　对于同步发电机端电压 U_f、定子电流 I_f、有功功率 P、无功功率 Q 和转子电流 I_{fd} 等电量，可采用一般模拟式电量变送器作为测量部件。变送器输出与其输入量成比例的直流电压供微型计算机采样。目前国内外研制的微机励磁调节器，大多采用模拟式电量变换器，因为这样容易实现，测量精度也可保证。

（2）交流接口　另一种不同的测量方法是采用交流接口把发电机的电压互感器副边电压以及电流互感器副边电流转换为成比例的、较低的交流电压，微型计算机对这些电压采样，并计算出当时发电机的端电压 U_f、定子电流 I_f、有功功率 P、无功功率 Q 和转子电流 I_{fd} 等电量。

交流接口分为交流电压接口和交流电流接口两种，它们均为前置模拟通道，由信号幅度变换、隔离屏蔽、模拟式低通滤波等部分组成，如图 2-40 所示。

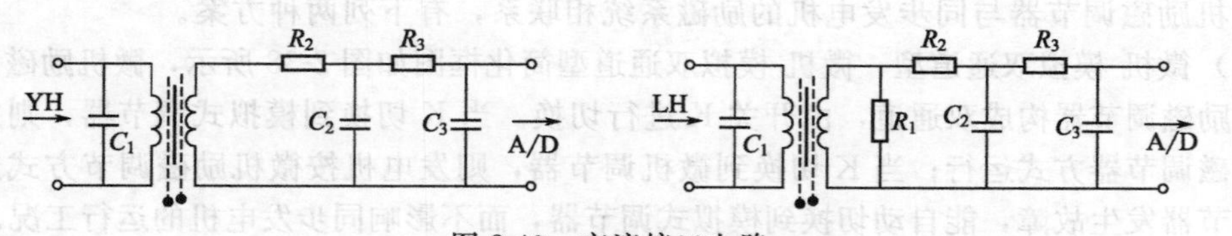

图 2-40　交流接口电路

这种测量方法所使用硬件少，运行可靠，但采用了低通滤波，将引起其输出电压的相位移。在设计交流接口时，要求交流电压接口与交流电流接口具有相同的相位移，以保证计算 P 和 Q 的精度。除在硬件设计中予以注意外，有时还需辅以软件补偿相位的措施。

采用交流接口只能对交流电量进行采样和计算。对于转子励磁电流的测量，一般采用直流电流变送器。另一做法是对转子回路整流桥交流侧的电流通过交流接口进行采样，间接算出直流侧的励磁电流值。

（3）转速测量　微机励磁调节器如果需要附加 PSS（电力系统稳定器）或采用最优控制，一般要测量机组的转速。转速测量通常采用数字测量方法。测转速的做法是测频率，而测频率的基本方法是测周期，即测交流电压每个周波的时间 T。把微型计算机中的晶振频率 f_0适当分频后作为计数频率 f_c，其对应的脉冲串为 ϕ，用 ϕ 的一个脉冲（周期 $1/f_c$）作为标准计时单位，去度量周期 T。设测出 T 的宽度相当于 m 个标准计时脉冲，则

$$T=m/f_c$$

于是被测频率：$f=f_c/m$

角频率：$\omega=2\pi f$

如果测量频率的交流电压信号取自同步发电机的定子电压，则所测出的 ω 为同步发电机电压的角频率。如果测量频率的交流电压信号取自发电机组大轴上的交流测速发电机，则所测出的 ω 为机组的角速度。

2.3.4.3　计算及综合部分

这一部分是微机励磁调节器的核心，它担负的任务是在微型计算机硬件支持下由应用软件实现的。其主要任务如下。

① 数据采集。定时采样、相应计算、对测量数据正确性的检查、标度变换和选择显示相应数据等。

② 调节算法。按所用的调节规律进行计算。

③ 控制输出。把调节算法的计算结果进行转换并限幅输出。通过移相触发环节对晶闸管整流桥进行控制。

④ 其他处理。输入整定值、修改参数、改变运行方式、声光报警和利用计算机软件可以实现多种运行模式、多种励磁限制以及软件调差等功能。

2.3.4.4　数字移相触发器

数字移相触发器与模拟式移相触发器类似，也是由同步、移相、脉冲形成和脉冲放大等环节组成。其中同步电压整形电路及脉冲放大电路用硬件构成，移相和脉冲形成由计算机软件实现。下面分述各环节的工作原理。

（1）同步电压整形电路　同步电压整形电路的任务是：将同步变压器的副边电压整形成为方波送入微机，产生中断。同步电压整形电路的作用有两个：一是指明控制角 α 的计时起点；二是确定送出的脉冲应触发哪一臂的晶闸管（定相）。同步电压整形电路分三相及单相两类。三相同步电压整形方案的优点是能准确地确定六个自然换流点，程序设计简单，但中断源较多。而单相同步电压整形电路可以简化硬件，减少中断源。

（2）数字移相及脉冲形成　数字移相是把已定的控制角 α 折算成对应的延时 t_α，再折算成对应的计数脉冲个数 N_α。α 折算成 t_α 的公式为

$$t_\alpha=\alpha T/360$$

式中，T 为阳极电压周期。

设计数脉冲的频率为 f_c，周期为 T_c，则与 t_α 对应的计数脉冲个数：

$$N_\alpha=t_\alpha/T_c=\alpha T f_c/360$$

当同步方波上升沿引起 CPU 响应中断后，将 N_α 送入计数器/定时器的某一通道，作为时间常数开始定时，当该通道的减 1 计数器减到零时，其输出端变为高电平，申请中断。CPU 响应此中断后，立即从并行接口输出相应的触发脉冲（尚未经脉冲功率放大）。

（3）脉冲功率放大　此环节与模拟式触发器基本相同。只是由微型计算机并行接口输出的触发脉冲需经一级前置功率放大作为基本部分，再送到脉冲功率放大部分。这样，根据机组容量大小和功率柜的不同要求，只改变后面的脉冲功率放大部分，而前面的基本部分是通用的。

2.4　柴油发电机组维修基础

柴油发电机组在使用过程中不可避免地会发生故障和损坏，为了延长其使用寿命，必须进行必要的维修。柴油发电机组维修与其他机械设备维修的基本要求、基本方法相似。本节主要介绍与柴油发电机组维修相关的基础知识。

2.4.1　柴油发电机组维修基本概念

柴油发电机组维修包括柴油发电机组维护和柴油发电机组修理，柴油发电机组维护与柴油发电机组修理是性质不同的两种技术措施。柴油发电机组维护的目的是采用相应的技术措施保持机组整洁，减少零件磨损，防止故障发生，延长机组使用寿命。柴油发电机组修理的目的是排除机组已发生的故障、更换或修复已损坏的零件，恢复其使用性能。

2.4.2　柴油发电机组维护基础知识

（1）柴油发电机组维护的分类　柴油发电机组维护是对机组采取的预防性技术措施，维护作业的内容和时机，按预先规定的计划执行，其目的是为了预防故障发生和维持机组的工作能力。柴油发电机组维护通常分为例行维护和计划维护。

例行维护的内容和时机与机组的工作时数无关，如日常维护、月维护、季维护、年维护和磨合期维护等。计划维护的内容和时机与机组的工作时数有关，如一级维护、二级维护和三级维护等。在计划维护中，维护作业按计划强制执行的则称为定期维护，如果维护作业是按定期检查的结果按需执行的则称为视情维护。

（2）柴油发电机组维护作业的基本内容

① 清洁作业　清洁作业主要是清除机组外表的泥污，打扫、清洗和擦拭柴油机、交流同步发电机和控制屏（箱）内外表面以及各类附件。

② 检查与紧固作业　检查与紧固作业主要是检查机组外露的各零部件连接或安装情况，必要时紧固已松动的部位，并更换个别丢失或损坏的螺栓、螺母、螺钉和锁止销等。

③ 检查与调整作业　检查与调整作业主要是检查机组各机构、仪表和总成的技术状况，必要时按技术要求或使用条件进行调整。如柴油机的气门间隙、供油时间、机油压力等。

④ 电器作业　电器作业主要是清洁、检查和调整电器和仪表，润滑其运动机构，更换个别已损坏或不适用的零件及导线，检查和维护蓄电池等。

⑤ 润滑作业　润滑作业主要是清洗柴油机润滑系统和机油滤清器，必要时更换滤芯或

滤清器，并在机组相关部位加注润滑脂（如风扇、轴承等处）。

⑥ 加注作业　加注作业主要是检查油箱并观察存油量，按需加注柴油；检查油底壳并观察机油质量与数量，必要时更换或加注润滑油；检查水箱并观察冷却液数量，必要时加注冷却液。

2.4.3 柴油发电机组修理基础知识

2.4.3.1 柴油发电机组修理的分类

柴油发电机组修理按作业范围可分为柴油发电机组大修、总成大修、柴油发电机组小修和零件修理四类。

(1) 柴油发电机组大修　柴油发电机组在运行一定时数后，经过检测诊断和技术鉴定，多数总成已达到使用极限时，对机组进行的一次全面恢复性修理称为柴油发电机组大修。

(2) 总成大修　为了恢复机组某总成的技术状况，修理或更换总成任何零部件（包括基础件）的修理作业称为总成大修。

(3) 柴油发电机组小修　根据需要，修理或更换机组个别零部件的修理作业称为柴油发电机组小修。

(4) 零件修理　对因磨损、变形、损伤而不能继续使用的零件，利用适当的加工方法进行修理以恢复其使用性能的作业称为零件修理。零件修理应符合经济性原则。

2.4.3.2 柴油发电机组零件的清洗

在柴油发电机组修理中，经常需要清洁零件表面的油污、积炭、水垢和锈蚀物等。由于各种污物的性质不同，其清除方法也不一样。

(1) 油污清洗　零件表面的油污沉积较厚时应先刮除。一般应在热的清洗液中清洗零件表面油污，常用的清洗液有碱性清洗液和合成洗涤剂。使用碱性清洗液进行热清洗时，加热至70～90℃，将零件浸入10～15min，然后取出并用清水冲洗干净，再用压缩空气吹干。

注意：使用汽油清洗不安全；铝合金零件不能在强碱性清洗液中清洗；非金属类橡胶零件应使用酒精或制动液进行清洗。

(2) 积炭清除　清除积炭可使用简单的机械清除法，即用金属刷子或刮刀等进行清除，但此方法不易将积炭清除干净，而且易损伤零件表面。最好采用化学方法清除积炭，即先使用退炭剂（化学溶液）加热至80～90℃，将零件上的积炭膨胀软化，然后再用毛刷等进行清除。

(3) 水垢的清除　水垢一般采用化学清除法，将清除水垢的化学溶液加入到冷却液中，发动机工作一定时间后，再更换冷却液。常用清除水垢的化学溶液有：苛性钠溶液或盐酸溶液、氟化钠盐酸除垢剂和磷酸除垢剂，磷酸除垢剂适合用于清除铝合金零件上的水垢。

2.4.3.3 柴油发电机组零件的修复方法

柴油发电机组零件的修复方法有很多种，可根据零件缺陷的特征和修复成本核算选用相应的修复方法。常用零件修复方法有：机械加工修复法、压力加工修复法、焊接修复法和粘接修复法等。

(1) 机械加工修复法　通过机械加工方法使已磨损的零件恢复正确的几何形状和配合特性的修复方法称为机械加工修复法。常用的有修理尺寸法和镶套修理法。

修理尺寸法是对配合副已磨损的零件按规定的修理尺寸加大或减小，再选配具有相同修理尺寸的另一零件与之配合以恢复配合副配合性质的修理方法。

镶套修理法是对零件磨损部位进行机械加工整形后，再按过盈配合镶入一金属套以恢复零件基本尺寸的修理方法。

(2) 压力加工修复法　通过对零件施加外力，利用材料的塑性变形恢复零件损伤部位的尺寸和形状的修复方法称为压力加工修复法。

（3）焊接修复法　利用电弧或气体燃烧产生的热量将零件损伤部位局部和焊条熔化并熔合，以填补零件磨损部位或连接断裂零件的修复方法称为焊接修复法。

（4）粘接修复法　使用粘接剂粘补或连接断裂零件的修复方法称为粘接修复法。

2.4.3.4　柴油发电机组修理工艺的组织

柴油发电机组修理工艺的组织方法，直接影响到修理质量、修理成本、修理时间和生产效率等。各修理单位应根据本单位的具体情况（如设备条件、技术水平、修理对象及材料配件供应等），采用合理的工艺组织。柴油发电机组修理工艺的组织方法，可根据机组修理作业的基本方法和劳动组织形式两种方式来划分。

（1）修理作业的基本方法　对于机组的修理，就其基本方法来说可分为就机修理法和总成互换修理法。

① 就机修理法　在机组修理过程中，原机拆下的零件、合件、总成等，除报废件外，凡可修复的零件经修复后仍装回原机的修理方法，称为就机修理法。目前，各单位大多采用这种修理方法。采用这种修理方法时，由于各零件、合件或总成的损坏程度不同，修理的工作量和所需修复的时间也各不相同，因而经常影响修理和装配工作的连续性。整机的装配往往需要等待修理时间最长的零件、合件或总成修好后才能进行，其修理时间较长。但对于一般的单位，同一种机型不多，在配件紧缺的情况下，采用这种修理方法是有利的。

② 总成互换修理法　在机组修理过程中，除机体外，其余需修理的总成、合件、零件均换用储备件（修理好的或新购买的），而替换下来的总成、合件、零件，经修理后进入储备仓库作备件用，这种修理方法叫总成互换修理法。这种修理方法减少了因修理总成、合件、零件所耽搁的时间，保证了修理工作的连续性，大大缩短了机组零件的修理时间，提高了生产效率。它适用于同一机型比较多，配件储备比较充足的单位。

（2）修理作业的劳动组织形式　机组修理就其劳动组织形式来说，一般分为综合作业法和专业分工法。

① 综合作业法　综合作业法是指整个机组的修理作业除个别零件修理加工（如锻造、机械加工等）由专业车间或专业工组配合完成外，其余工作全部由一个工作组完成。采用这种作业方法，工组的作业范围比较广（柴油机修理技术、发电机修理技术以及控制箱维修技术均要掌握），对工作人员的技术要求比较全面。目前各单位大多采用这种方法。

② 专业分工法　专业分工法是指将机组修理作业按工种、部位、总成、合件或工序，划分为若干个作业单元，每个单元由一个工人或一个工组来担任。这种作业方法，易于提高工作人员单项作业的技术熟练程度，便于采用专业工具，从而达到高质量的修理目的。但要求技术管理部门具有完整健全的管理方法，以保证修理工作有节奏地进行。

2.4.3.5　柴油发电机组修理工艺流程

按一定顺序完成机组修理作业的过程称为机组修理的工艺流程。

由于修理工艺组织方法的不同，采用的工艺流程也不一样。目前，多数单位采用就机修理法，这种修理方法的工艺流程如图 2-41 所示。

2.4.4　柴油发电机组故障诊断基础知识

2.4.4.1　柴油发电机组故障的定义

刚出厂的柴油发电机组必须具有一定的工作能力和必要的耐久性。所谓工作能力是指设计制造时所给予发电机组的主要工作性能，如发电机组的输出功率、发动机的燃油消耗率和机组的噪声水平等。耐久性是指机组保持工作能力在一定范围内的使用时间。发电机组的工

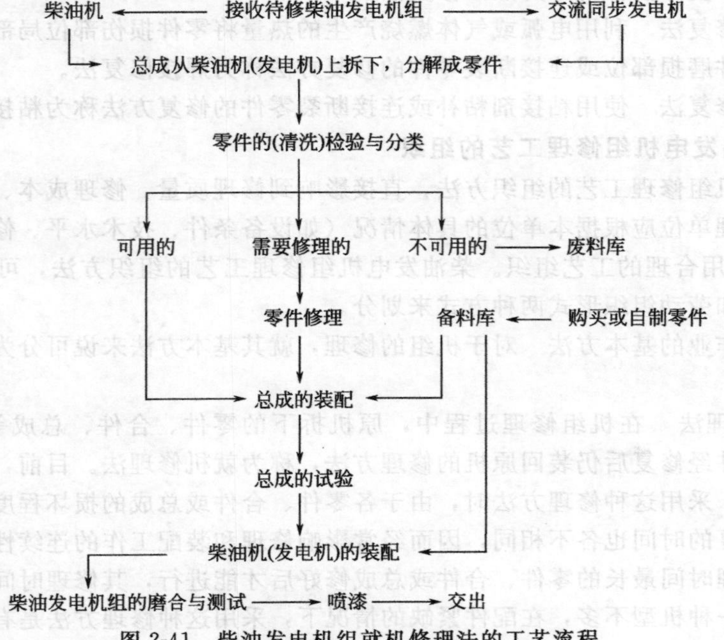

图 2-41 柴油发电机组就机修理法的工艺流程

作能力和耐久性变坏，是其发生故障的根本标志。也就是说，当发电机组各部分的技术状态，在工作一定时间后会发生变化，当这种变化超出了允许的技术范围，而影响了发电机组的工作性能时，就称发电机组产生了故障。

按丧失工作能力的程度，柴油发电机组故障可分为局部故障和完全故障。局部故障是指柴油发电机组部分丧失工作能力，即仅导致柴油发电机组性能降低但仍能运行的故障，如发动机冒黑烟、敲缸、功率下降等故障。完全故障是指柴油发电机组完全丧失工作能力，导致柴油发电机组不能继续运行的故障，如启动蓄电池电压过低、空气滤清器完全堵塞、交流同步发电机不发电等故障。

2.4.4.2 柴油发电机组故障的产生原因

发电机组是由发动机、交流同步发电机和控制箱（屏）三部分组成。其中，发动机是机组产生动力的部分，最易产生故障。实践证明：机组产生故障的原因是多种多样的，但归根结底不外乎内部原因和外部原因两个方面。

（1）故障产生的内部原因

① 材料及油料的性质　在设计制造过程中，要根据发电机组零件的工作性质和特点正确选择材料。材料选用不当、材质不符合规定和选用了不适当的代用品是零件产生磨损、腐蚀、变形、疲劳损伤、破裂和老化等现象的主要原因。机组所用的各种材料和油料的性质，归纳起来不外乎是物理性质、化学性质及机械性质三个方面。机组的许多故障正是由于外界因素的影响，通过这些性质而起作用的结果。如金属材料受力过大后会产生变形和裂纹甚至折断，在高温作用下会氧化，在各种载荷下会产生疲劳损伤；非金属材料会产生老化；油料中所含的酸性物质对金属有腐蚀作用，并会使油料变质等。

② 机件的结构特点　机组各机件在结构形式上各有特点。在工作中，外界因素往往通过这些特点起作用，使相关机件产生故障。例如，由于发动机水套的本身结构特点，在高温作用下，冷却水容易在气缸套外壁形成水垢，而影响气缸套的冷却效果。

③ 机件的工作特点　直接接触并有相对运动的机件之间因摩擦而产生磨损。例如，柴

油机的活塞环直接与气缸接触，在工作过程中，活塞环在气缸中作高速的往复直线运动，致使气缸产生磨损。工作时温度变化剧烈的机件，因热应力而产生变形和裂纹。例如，在发动机工作过程中，气缸体和气缸盖因受高温的作用，其内应力重新分配，达到新的平衡，结果造成气缸体和气缸盖平面的翘曲变形。

（2）故障产生的外部原因

① 使用不当　使用人员没有按照操作规程使用机组。如经常低速运转、没有暖机就迅速增加负荷、机油压力过低等都会加速机件的磨损；工作时间过长、负荷变化过大、长期超负荷运行等也会引起零件的过早损坏。

② 维护不良　在维护机组时，没有严格按照规定的技术要求完成各项工作，或者采取了错误的操作方法，造成人为故障等。在平时的维护保养中，要及时更换机油、定期清洁空气滤清器和水箱的水垢等。按要求进行机组的日常维护和一、二、三级保养。

③ 修理质量不高　在修理过程中，如果加工不当，没有达到修理技术要求，如各零件的配合间隙不当、表面光洁程度不够、装配时清洗不干净等都会使机组在使用过程中产生故障。装配过程中各零件之间的相互位置精度也很重要，若达不到要求，会引起附加应力，产生偏磨等不良后果，加速机件的失效。

建立合理的维护保养制度，严格执行柴油发电机组的技术保养和使用操作规程，是保证机组可靠工作和提高其使用寿命的重要条件。此外，需定期对使用维修人员进行培训，提高其业务素质和水平。

CHAPTER 3 第3章 机体组件与曲柄连杆机构

机体组件与曲柄连杆机构是柴油机实现热能与机械能相互转换的主要机构，它承受燃料燃烧时产生的气体力，并将此力传给曲轴对外输出做功，同时将活塞的往复运动转变为曲轴的旋转运动。其组成部件包括机体组件、活塞连杆组和曲轴飞轮组。

3.1 机体组件

机体组件是柴油机的骨架，主要由气缸体、气缸与气缸套、气缸盖、气缸垫和油底壳等固定件组成。柴油机的所有运动机件和辅助系统都安装在它上面，而且其本身的许多部位又分别是柴油机曲柄连杆机构、配气机构与进排气系统、燃油供给与调速系统、润滑系统和冷却系统的组成部分。比如气缸盖上装有喷油器、气门组、摇臂和进排气管等。

3.1.1 机体组件构造

3.1.1.1 气缸体

多缸柴油机的各气缸通常铸成一个整体，称为气缸体。气缸体是柴油机的主体，是安装其他零部件和附件的支承骨架。气缸体应保证柴油机在运行中所需的强度，结构要紧凑。同时应尽可能提高其刚性，使柴油机各部分变形小，并保证主要运动件安装位置正确，运转正常。为了使气缸体在重量最轻的条件下具有最大的刚度和强度，通常在气缸体受力较大的地方设有加强筋。如图 3-1 和图 3-2 所示分别为康明斯 B 系列六缸柴油机和 12V135 型柴油机气缸体及其相关组件的结构。

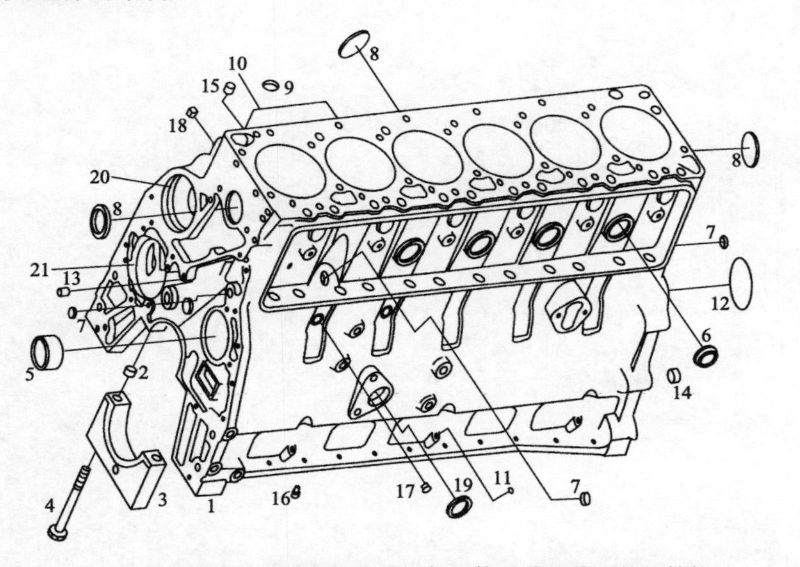

图 3-1 康明斯 B 系列六缸柴油机气缸体及其相关组件的结构

1—气缸体；2,14,15—定位环；3—主轴承盖；4—主轴承盖螺栓；5—凸轮轴衬套；6,7,8,9,11—碗形塞；10—机冷气腔；12—塞片；13—定位销；16—冷却喷嘴；17,18—锥形塞；19—矩形密封圈；20—水泵蜗壳；21—润滑油泵体

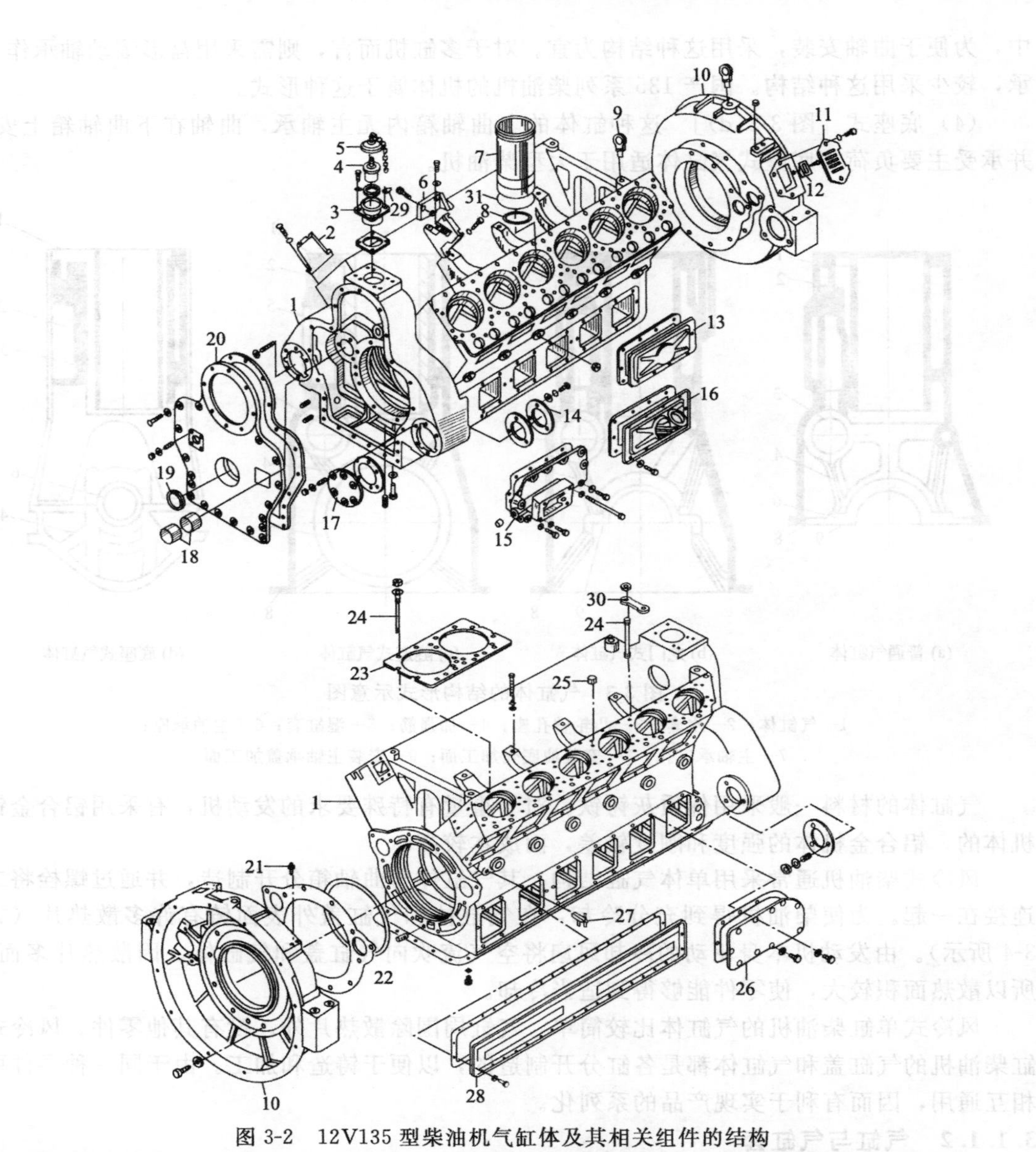

图 3-2 12V135 型柴油机气缸体及其相关组件的结构

1—气缸体-曲轴箱；2—侧支架；3—上通气管；4—管芯部件；5—通气管壳；6—燃油滤清器支架；7—气缸套；8—封水圈；9—吊环螺钉；10—飞轮壳；11—指针盖板；12—指针；13,14,15,17,26—盖板；16—侧通气管；18—凸轮轴轴承；19—骨架式橡胶油封；20—前盖板；21—油管直接头；22—锁簧；23—气缸垫；24—气缸盖螺栓；25—定位套筒；27—放水阀；28—上侧盖板；29—搭扣；30—气缸盖桥式垫块；31—铜垫圈

气缸体常见的结构形式一般有四种，如图 3-3 所示。

(1) 普通（平分式）[图 3-3(a)] 其特点是：上曲轴箱的底平面与曲轴中心线在同一平面上。这种形式的优点是加工和拆装方便，但刚度差。主要用于车用汽油机，柴油机用得不多。

(2) 龙门式 [图 3-3(b)] 其结构特点是曲轴箱接合面低于曲轴中心水平面，整个主轴承位于上曲轴箱内。其优点是结构刚度较好，缺点是加工不方便。中小功率柴油机多采用这种结构。

(3) 隧道式 [图 3-3(c)] 其结构特点是主轴承孔为整圆式，轴承采用滚动轴承。因此，这种机体结构紧凑，刚度最好。其缺点是机体显得笨重，结构较复杂。在小型单、双缸机中，为便于曲轴安装，采用这种结构为宜。对于多缸机而言，则需采用盘形滚动轴承作主轴承，较少采用这种结构。国产 135 系列柴油机的机体属于这种形式。

(4) 底座式［图 3-3(d)］ 这种缸体的上曲轴箱内无主轴承，曲轴在下曲轴箱上安装，并承受主要负荷，底座式气缸体适用于大型柴油机。

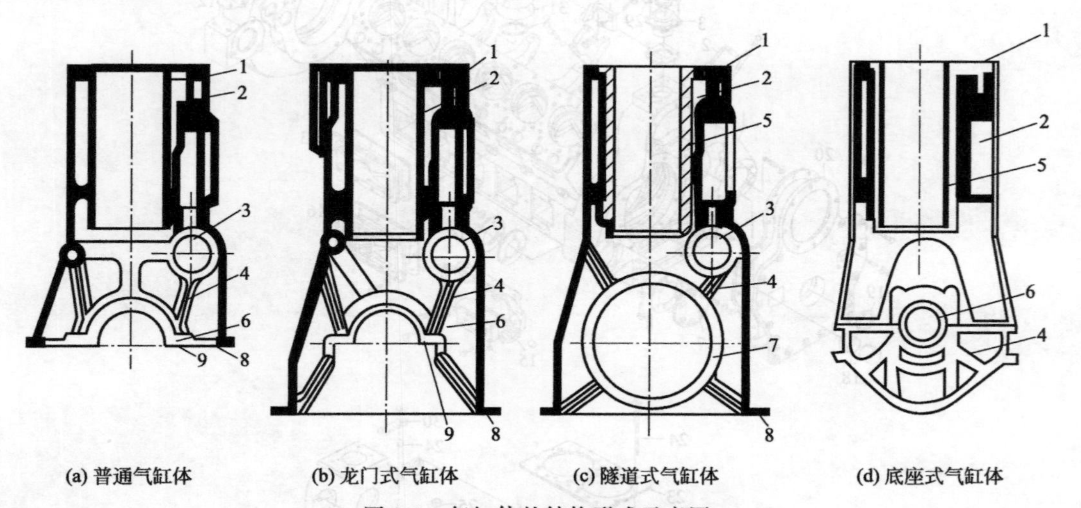

图 3-3 气缸体的结构形式示意图

1—气缸体；2—水套；3—凸轮轴孔座；4—加强筋；5—湿缸套；6—主轴承座；7—主轴承座孔；8—安装油底壳加工面；9—安装主轴承盖加工面

气缸体的材料一般采用优质灰铸铁。对于重量有特殊要求的发动机，有采用铝合金铸造机体的。铝合金机体的强度和刚度较差，而成本较高。

风冷式柴油机通常采用单体气缸结构，其气缸体与曲轴箱分开制造，并通过螺栓将二者连接在一起。为使柴油机得到充分冷却，在气缸体和气缸盖外表面铸有许多散热片（如图 3-4 所示）。由发动机本身驱动的冷却风扇将空气流吹向气缸盖和气缸体。因散热片多而密，所以散热面积较大，使零件能够得到适当冷却。

风冷式单缸柴油机的气缸体比较简单，气缸周围除散热片外，没有其他零件。风冷式多缸柴油机的气缸盖和气缸体都是各缸分开制造的，以便于铸造和加工。由于同一种零件可以相互通用，因而有利于实现产品的系列化。

3.1.1.2 气缸与气缸套

气缸是用来引导活塞作往复运动的圆筒形空间。气缸内壁与活塞顶、气缸盖底面共同构成燃烧室，其表面在工作时与高温、高压燃气及温度较低的新鲜空气交替接触。由于燃气压力和温度的影响，加之活塞相对于气缸内壁的高速运动和侧压力的作用，使气缸表面产生磨损。当气缸壁磨损到一定程度后，活塞环与气缸壁之间就会失去密封性，大量燃气漏入曲轴箱，使柴油机性能恶化，而且机油也较易变质。因此对气缸的材料、加工精度和表面粗糙度都有较高要求。通常柴油机的大修期限是根据气缸壁面的磨损情况来决定的。

为了提高气缸的强度和耐磨性，便于维修和降低成本，通常采用较好的合金材料将气缸制成单独的气缸套镶入气缸体中。一般气缸套采用耐磨合金铸铁制造，如高磷铸铁、含硼铸铁、球墨铸铁或奥氏体铸铁等。为了使气缸套的耐磨性更好，有的气缸套还进行了表面淬火、多孔镀铬、喷钼或氮化处理等。

常用的气缸套可分为干式和湿式两种，如图 3-5 所示，

干式气缸套［图 3-5(a)］是壁厚为 1～3mm 的薄壁圆筒，其特点是缸套的外表面不与

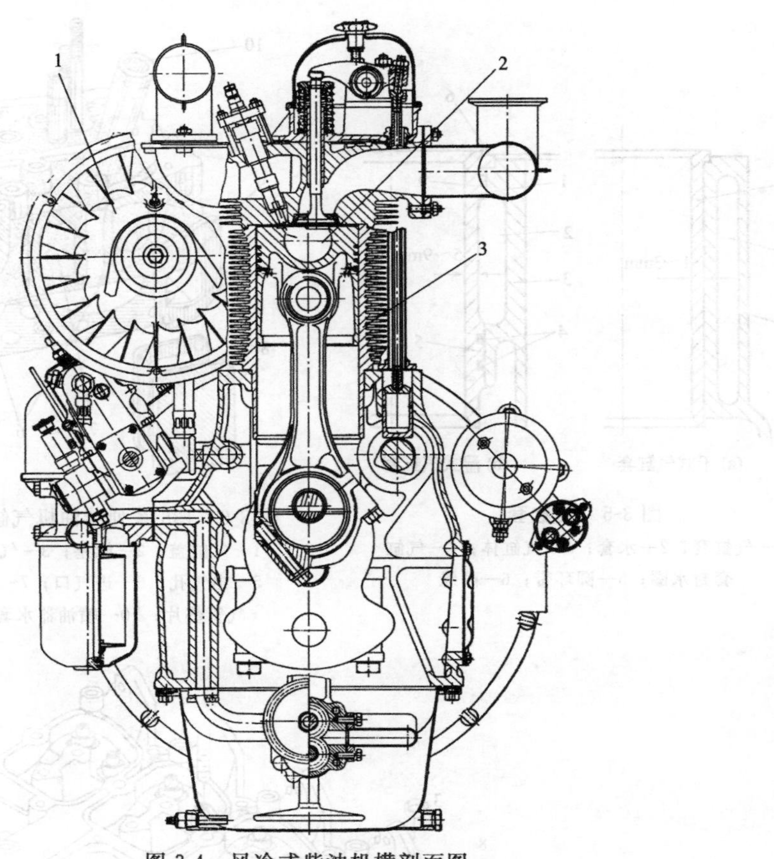

图 3-4 风冷式柴油机横剖面图
1—轴流式冷却风扇；2—球形燃烧室；3—气缸套

冷却水直接接触。采用干式缸套的优点是机体刚度较好，不存在冷却水密封问题；缺点是缸套的散热条件不如湿式缸套好，加工面增加，成本高，拆卸困难。

湿式气缸套［图 3-5(b)］是壁厚为 5～9mm 的圆筒，其外壁直接与冷却水相接触。优点是装拆方便，冷却可靠，容易加工；缺点是机体的刚度较差，漏水的可能性比较大。柴油机大多采用湿式气缸套。

湿式缸套因外壁直接与冷却水接触，所以在缸套的外表面制有两个凸出的圆环带 5，以保证气缸套的径向定位和密封。缸套的轴向定位是利用上端的凸缘 6。凸缘 6 下面装有密封铜垫片。缸套外表面的下凸出圆环带上装有 1～3 个耐热耐油的橡胶密封水圈，有的发动机则把密封水圈安装在机体上。缸套装入机体后，其凸缘顶面应高于机体顶面 0.06～0.15mm，以使气缸盖能压紧在气缸套上。有的发动机在气缸套下端开有切口，以保证连杆在其最大倾斜位置时不致与缸套相碰。

3.1.1.3 气缸盖

气缸盖装于气缸体上部，用缸盖螺栓按规定力矩紧固在气缸体上。其功用是封闭气缸上平面，并与气缸和活塞顶构成燃烧室。

气缸盖的结构常见的有三种形式：①单缸式，即每一个气缸有一个单独气缸盖；②双缸式，即每两个气缸共用一个气缸盖（如图 3-6 所示为 135 系列柴油机气缸盖及其相关组件的结构）；③多缸式，即每列气缸共用一个气缸盖，又称整体式（如图 3-7 所示为康明斯 B 系列柴油机气缸盖及其相关组件的结构）。

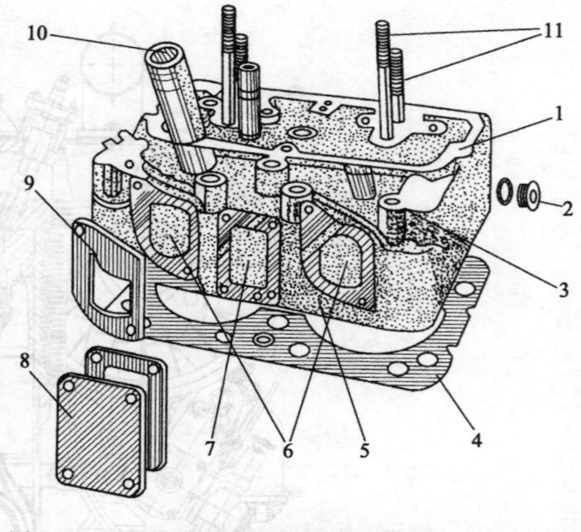

图 3-5 气缸套

1—气缸套；2—水套；3—气缸体；4—气缸套封水圈；5—圆环带；6—凸缘

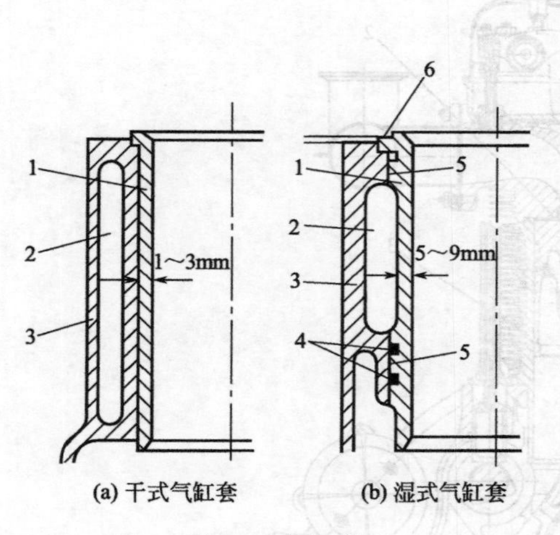

图 3-6 135 系列柴油机气缸盖及其相关组件的结构

1—气缸盖；2—螺塞；3—气缸盖螺塞孔；4—气缸垫；5—出气孔；6—进气口；7—工艺口；8—盖板；9—进气管垫片；10—喷油器水套；11—摇臂座固定螺栓

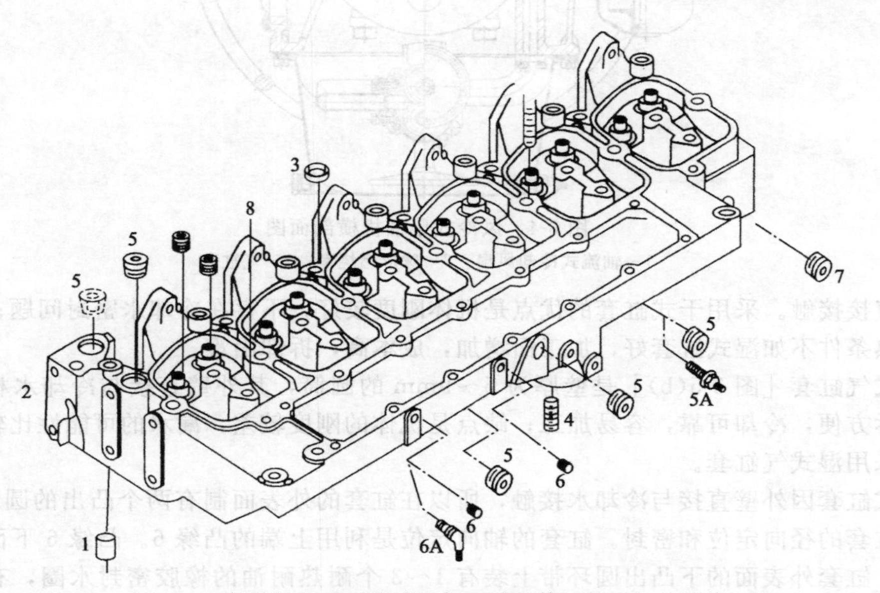

图 3-7 康明斯 B 系列柴油机气缸盖及其相关组件的结构

1—气缸盖定位环；2—气缸盖总成；3—碗形塞；4—燃油滤清器接头；5,7—内六角锥形螺塞；5A—扩口式锥螺纹直通管接头体；6—方槽锥形螺塞；6A—直角管接头体；8—气门杆油封

柴油机气缸盖的热负荷十分严重，由于它上面装有进、排气门，气门摇臂和喷油器等零部件，而且气缸盖内布置有进、排气道和机油道等。特别是风冷式柴油机的气缸盖，散热片的布置比较困难。如果喷油器冷却效果不好、温度过高，则喷油器针阀容易咬死或出现其他故障，由于排气门受热严重，如冷却不良也会加剧磨损而降低其使用寿命。所以对于一些重要部件均需保证有足够的冷却效果。

气缸盖常用材料为高强度灰铸铁 HT20-40、HT25-47。大型或强化柴油机采用合金铸铁或球墨铸铁。风冷柴油机或特殊用途柴油机常用铝合金铸铁气缸盖。

3.1.1.4 气缸垫

气缸垫装于气缸体和气缸盖接合面之间，其功用为补偿接合面的不平处，保证气缸体和气缸盖间的密封。它对防止三漏（漏水、漏气和漏油）关系甚大，其厚薄程度还会影响柴油机的压缩比和工作性能，因此，在使用和维修柴油机时应注意保证气缸垫良好，更换时应按照原来标准厚度选用。

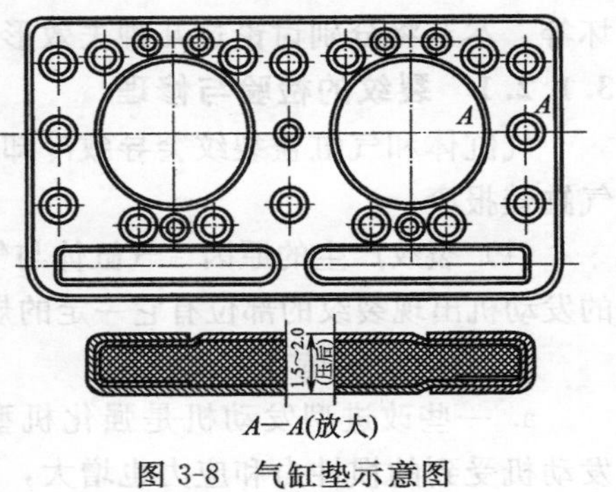

图 3-8 气缸垫示意图

气缸垫要求耐高温、耐腐蚀，并具有一定的弹性。同时还要求拆装方便，能多次重复使用。常用的气缸垫为金属-石棉缸垫（如图 3-8 所示）。这种气缸垫的外廓尺寸与缸盖底面相同，在自由状态时，厚约 3mm，压紧后约为 1.5～2mm。缸垫的内部是石棉纤维（夹有碎铜丝或钢屑），外面包以铜皮或钢皮。有的气缸垫在气缸孔的周围用镍皮镶边，以防止燃气将其烧损。在过水孔和过油孔的周围用铜皮镶边。这种气缸垫的弹性好，可重复使用。

在强化或增压发动机上，常用塑性金属（如硬铝板）制成的金属衬垫作气缸垫。金属衬垫强度好，耐烧蚀能力强。

3.1.1.5 油底壳

油底壳（又称下曲轴箱）主要用于收集和储存润滑油，同时密封曲轴箱。油底壳一般用 1～2mm 厚的薄钢板冲压或焊接而成，也有用铸铁或铝合金铸成的。

油底壳的结构形状主要是根据机油的容量、柴油机的安装位置以及在使用中的纵横倾斜角度来决定。如图 3-9 所示为 135 系列柴油机的油底壳，为了保证润滑油泵能经常吸油，其后部较深，整个底部呈斜面以保证供油充足。对于热负荷较大的柴油机，油底壳带有散热片以降低机油的温度。为防止润滑油激溅，油底壳中多设有挡油板。油底壳底部装有磁性放油塞，以吸附润滑油中的铁屑和必要时放出润滑油。

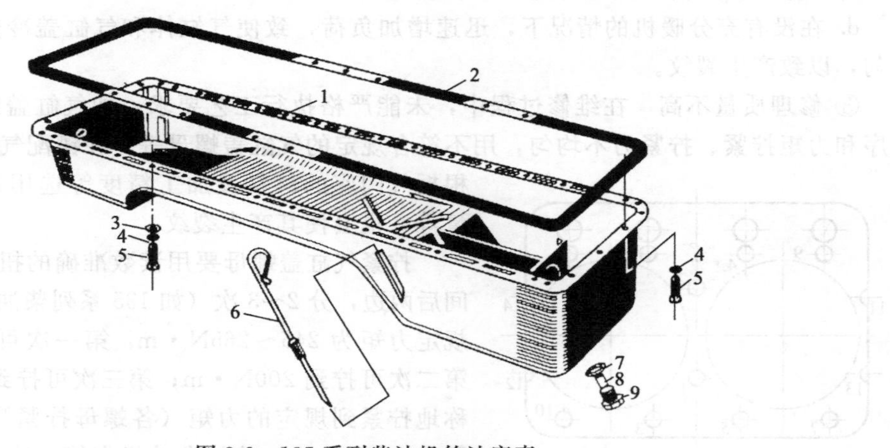

图 3-9 135 系列柴油机的油底壳

1—油底壳；2—衬垫；3—垫圈；4—弹簧垫圈；5—螺栓；6—机油尺；7—紫铜垫圈；8—磁铁；9—放油螺塞

3.1.1.6 柴油机的支承

柴油机的支承随其用途不同而各异，固定式柴油机（如发电机组用柴油机、工程机械用柴油机等），多用机体上的四个支承点刚性地固定在机座或其他质量较大的基础上，以降低由于柴油机固有的不平衡性引起的振动。

3.1.2　气缸体与气缸盖检修技能

气缸体和气缸盖的常见失效形式有：不同位置的裂纹、平面变形、水道口腐蚀和螺孔损坏等。本节将分别讨论这几种失效形式产生的原因、检验及修理方法。

3.1.2.1　裂纹的检验与修理

气缸体和气缸盖裂纹会导致冷却液或机油泄漏，影响柴油机的工作，甚至造成气缸体或气缸盖报废。

（1）裂纹产生的原因　气缸体与气缸盖产生裂纹的部位往往与它们的结构有关，不同形式的发动机出现裂纹的部位有它一定的规律性。总体说来，裂纹产生的原因不外乎三个方面。

① 设计和制造方面的缺陷

a. 一些改进型发动机是强化机型，其转速和功率较原发动机显著提高，在高转速下，发动机受到的惯性力和应力也增大，易出现裂纹。

b. 气缸体结构复杂，各处壁厚不均匀，在一些薄弱部位，刚度低，易出现裂纹。

c. 加工部位与未加工部位，壁厚不同部位过渡处都将产生应力集中，当这些应力与铸造时的残余应力叠加时，也易产生裂纹。

② 使用不当

a. 在寒冷冬季，没使用防冻液或停机后没按照规定时间（冷却水冷却至常温）放出冷却水，致使水套内的冷却水结冰而发生冻裂，或在严寒冬季，骤加高温热水而炸裂。

b. 在柴油机处于高温工作状况下突然加入冷水，造成气缸体和气缸盖热应力过大，致使气缸体和气缸盖产生裂纹。

c. 在拆装或搬运中不慎，使气缸体或气缸盖严重受振或碰撞而产生裂纹。柴油机在运转过程中，材料受到过高的热应力。比如，长时间超负荷工作，造成气缸体内应力增大；水套中的水垢过厚，减少了冷却水的通过面积，而且水垢的传热性差，降低了发动机的散热性能，特别是气缸之间、气门座之间以及进、排气孔附近的水道被阻塞后，将严重影响散热，使局部工作温度升高，热应力过大，以致产生裂纹。

d. 在没有充分暖机的情况下，迅速增加负荷，致使气缸体和气缸盖冷热变化剧烈且不均匀，以致产生裂纹。

③ 修理质量不高　在维修过程中，未能严格执行工艺要求，如气缸盖螺母未能按规定顺序和力矩拧紧、拧紧力不均匀，用不符合规定的气缸盖螺母等；在镶配气门座圈时，没有根据气门座的材料及加工精度等选用适当的压入过盈量等，也会使其产生裂纹。

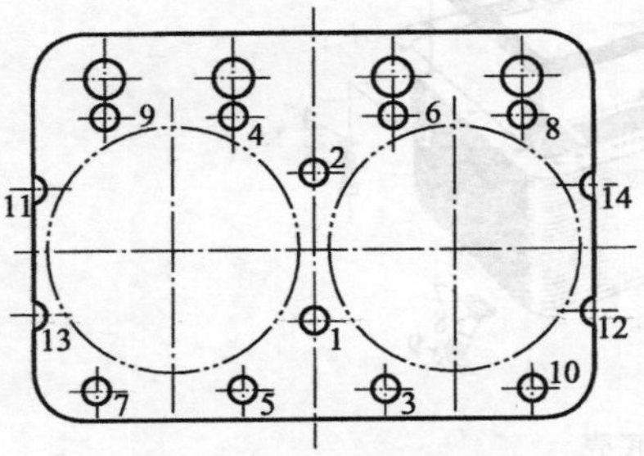

图 3-10　气缸盖螺母拧紧顺序

拧紧气缸盖螺母要用读数准确的扭力扳手，按先中间后两边，分 2～3 次（如 135 系列柴油机气缸盖螺母的规定力矩为 245～265N · m，第一次可拧到 100N · m；第二次可拧到 200N · m；第三次可拧到规定力矩。）对称地拧紧到规定的力矩（各螺母拧紧顺序如图 3-10 所示）。对重装气缸盖的发动机在第一次走热，冷却至常温后，还需按上述要求再拧一次气缸盖螺母以达到规定力矩，并应重新调整一次气门间隙。

拆卸气缸盖螺母的顺序与上述顺序刚好相反，按先两边后中间的顺序，分 2～3 次对称地拧松。千万不要为了方便，一次性地把所有螺母卸掉。

（2）裂纹的检验方法　气缸体和气缸盖是不允许有裂纹存在的，否则就会使柴油机不能正常工作，气缸体和气缸盖的严重裂纹，一般容易发现，但细小裂纹不易察觉。通常，气缸体和气缸盖裂纹的检验方法有以下三种。

① 水压法　水压法如图 3-11 所示。把气缸盖和气缸垫按技术要求装在气缸体上，将水压机出水管接头与气缸前端连接好，并封闭所有水道口，然后将水压入气缸体和气缸盖内（有条件时，可用 80～90℃的热水），在 0.3～0.5MPa 的压力下，保持 5min，应没有任何渗漏现象。如果有水珠渗出，就表明渗水处有裂纹。柴油机修补过气缸体，更换过气缸套、气门座圈及气门导管后，均应进行一次水压检验。

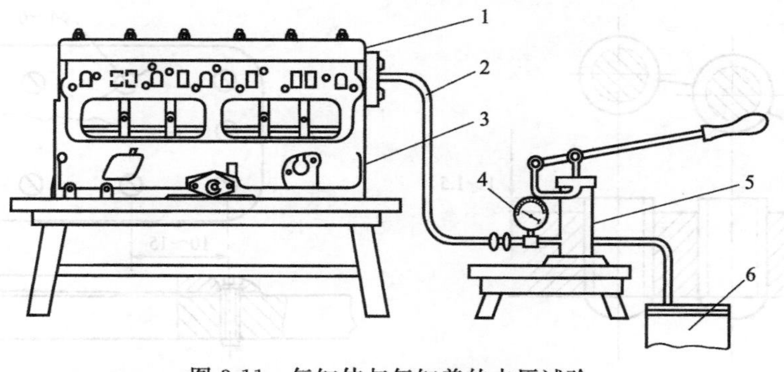

图 3-11　气缸体与气缸盖的水压试验

1—气缸盖；2—软管；3—气缸体；4—水压表；5—水压机；6—储水槽

② 气压法　在没有水压机的情况下，可用自来水、气泵或打气筒，将自来水注入气缸体和气缸盖水套内，然后用气泵或打气筒向注水的水套内充气，借助气体压力检查有无液体渗漏，即可确定裂纹所在的部位。为防止水和气倒流，应在充气管与气缸体水管接头间装一单向阀门。

③ 浸油锤击显示法　在以上两种检查方法的条件都不具备时，可用浸油锤击显示法。检验时，先将零件浸入柴油或煤油中一定时间，取出后将表面擦干，撒上一层白粉，然后用小锤轻轻敲击非工作表面，如果零件有裂纹，由于振动，会使浸入裂纹的柴油或煤油渗出，使裂纹处的白粉呈现黄色线痕。一旦检验出气缸体或气缸盖有裂纹，就必须进行修理。

（3）裂纹的修理方法　气缸体和气缸盖裂纹的修理，应根据其破裂的程度、损伤的部位及自身修理条件和设备状况，确定其修理方法，常用的修理方法有五种。

① 环氧树脂胶粘接　环氧树脂胶粘接具有粘接力强、收缩小、耐疲劳等优点，同时工艺简单、操作方便、成本低。其主要缺点是不耐高温、不耐冲击等，而且在下一次修理时，经热碱水煮洗后会产生脱落现象，需要重新粘接。所以，气缸体和气缸盖除燃烧室、气门座等高温区域外，其余部位均可采用这种方法进行修复。

② 螺钉填补　这种方法适用于某些受力不大，强度要求小和裂纹范围较短（一般在 50mm 以下）的平面部位，其修理质量较高，但较费工时。具体的填补工艺如下。

a. 在裂纹两端各钻一个限制孔，如图 3-12 所示中的 1 和 2，以防止裂纹的继续延伸。

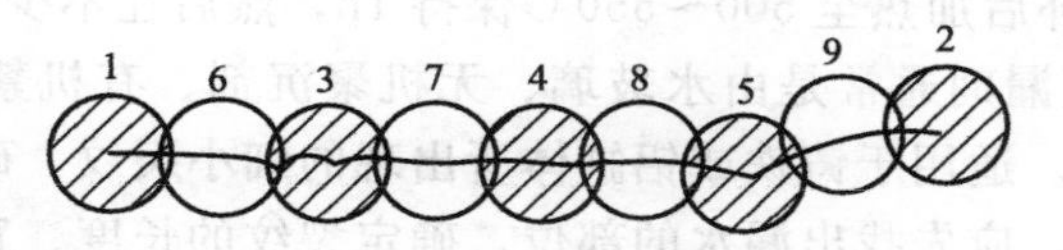

图 3-12　螺钉填补的钻孔顺序

b. 沿裂纹钻孔 3、4、5，孔的直径视螺纹的直径而定，并保证孔与孔之间重叠 1/3 孔径（比如：第 3 孔应与 6、7 孔各重叠 1/3 孔径）。

c. 在上述 1、2、3、4、5 孔中攻出螺纹。

d. 在攻好的螺纹中，拧入预先铰好螺纹的紫铜杆（拧入部分漆以白漆），拧好后切断铜杆，使切断处高出裂纹表面 1～1.5mm（如图 3-13 所示）。

e. 在已经切断的螺杆之间钻孔 6、7、8、9，按照上述方法攻螺纹并拧入螺杆，使之填满裂纹，形成一条螺钉链。

f. 为使填满紧密起见，应用手锤在已切断的螺杆之间轻轻敲打，最后用锉刀修平，必要时可用锡焊，以防渗漏。

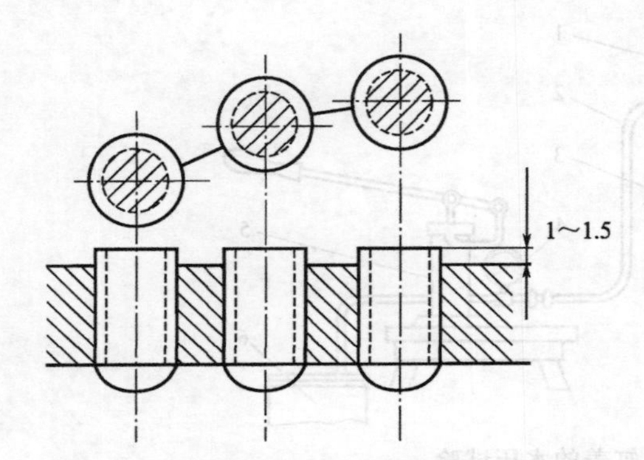

图 3-13　螺钉填补裂纹拧入紫铜杆的方法

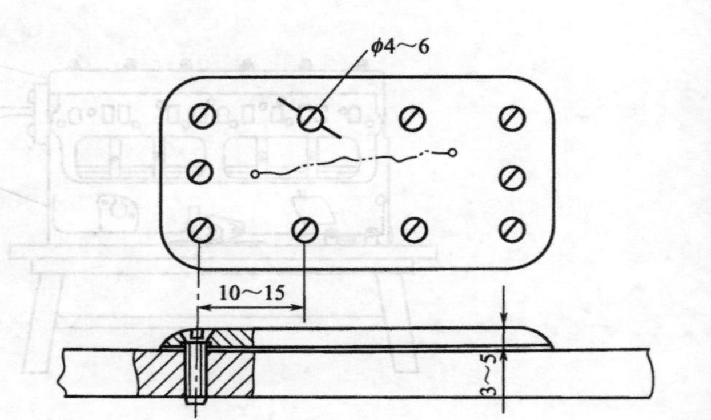

图 3-14　补板封补裂纹

③ 补板封补　在气缸体、气缸盖受力不大的部位上，如裂纹较长或有破洞时，在破损处的四周采用补板封补。补板封补工艺如图 3-14 所示。

a. 在各裂纹端部钻孔，限制其延伸。

b. 用 3～5mm 厚的紫铜板或 1.5～2mm 厚的铁板，截成与破口轮廓相似，四周大于破口 15～20mm 的补板。如破裂的表面有凸起部分，需在补板上敲出同样凸起形状，使整个补板能与封补部位的表面贴合。

c. 在补板四周每隔 10～15mm，钻直径 4～6mm 的孔，其位置离补板边沿 10mm 左右。

d. 将补板按在破口上，从补板孔中用划针在气缸体上做出钻孔记号，移去补板后，在记号处钻出深度约 10mm 左右的孔，并攻出所需直径的螺纹。

e. 在气缸体与补板之间，填入涂有白漆的石棉衬垫，然后用平头螺栓将补板紧固在气缸体上，必要时将补板四周用小锤敲击，并进一步拧紧螺栓，以增加其密封性。

④ 焊补　气缸体与气缸盖的裂纹，如发生在受力较大或温度较高的部位，以及用以上几种方法不易操作的部位，多采用焊补法修复。其焊补工艺如下。

a. 在裂纹两端各钻一个 3～5mm 的孔，防止裂纹的延伸。

b. 按具体情况，将裂纹凿成 60°～90°的 V 形槽，并清理干净，露出光泽。

c. 采用电焊时，应使用直流电焊；采用乙炔焊时，应将缸体或缸盖垫平，将焊区缓慢预热至 500℃左右，焊补后加热至 500～550℃保持 1h，然后在不少于 16h 内缓冷至常温。

⑤ 堵漏剂堵漏　堵漏剂通常是由水玻璃、无机聚沉剂、有机絮凝剂、无机填充剂和粘接剂等组成的胶状液体。适用于铸铁或铝缸体所出现的细小裂纹、砂眼等缺陷的堵漏。采用堵漏剂进行修复裂纹时，应先找出漏水的部位，确定裂纹的长度、宽度或砂眼的孔径。如裂纹长度超过 40～50mm 时，可在裂纹两端钻 3～4mm 的限制孔，并点焊或攻螺纹拧上螺钉，防止裂纹的延伸。同时，每隔 30～40mm 钻孔（不钻通）点焊或攻螺纹拧上螺钉，避免工作中的振动使裂纹扩展。若裂纹宽度、砂眼孔径超过 0.3mm 时最好不用这种方法修复。堵

漏剂堵漏仪适用于小裂纹或有微量渗漏时采用。

最后，需要强调的是：若裂纹发生在关键部位，如缸孔边、主轴承座等受力较大的部位时，一般无法修复，应更换气缸体或气缸盖。需特别注意的是：凡经过修补的气缸体和气缸盖都应进行水压试验，以检查其是否有渗漏现象。

3.1.2.2 平面变形的检验与修理

气缸体与气缸盖在使用中发生变形是普遍存在的现象。气缸体和气缸盖的接触平面往往产生翘曲变形。气缸体变形会严重影响柴油机的装配质量。气缸体变形将造成气缸密封不严、漏气、漏水和漏油，甚至使燃气冲坏气缸垫，导致柴油机动力不足。

(1) 平面变形的原因

① 制造时，未进行时效处理或时效处理不充分。因此，零件内应力很大，在发动机工作过程中受高温作用，内应力重新分配，达到新的平衡，结果造成零件的变形。

② 柴油机长时间工作，螺孔周围在拉伸应力作用下产生变形。

③ 气缸盖螺母的拧紧扭力过大、拧力不均或未按规定次序拧紧，使平面翘曲。

④ 在高温下拆卸气缸盖，使平面不平。

⑤ 新机器或大修后的机器走热后，气缸盖螺母未重新进行紧固。

⑥ 用焊补法修理气缸体或气缸盖时，使其受热而变形。

(2) 平面变形的检验方法　通常的检验方法有两种。

① 显示剂法　在平台上涂一层显示剂，把被检验的气缸盖或气缸体放在平台上对磨，如果显示剂均匀分布在平面上，则说明平面平整。否则，说明平面不平。

② 测量法　检验时，将直尺侧立在被测平面上，再用厚薄规测量直尺与平面间的间隙（在不同位置进行多次测量）。如图3-15所示。有条件时，可用平面度检测仪进行测量。

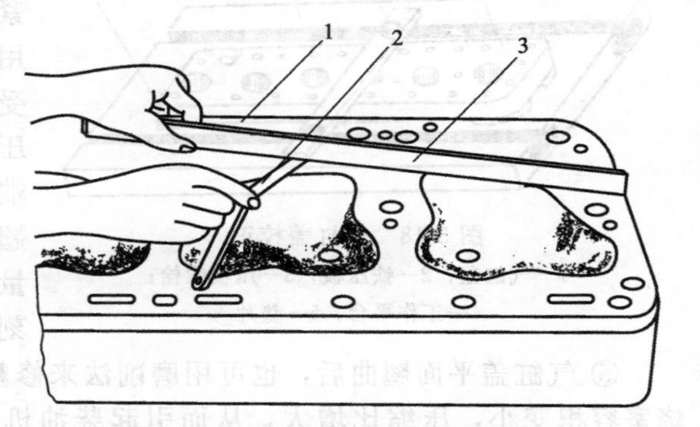

图 3-15　气缸盖平面变形的检验

1—气缸盖；2—厚薄规；3—直尺（钢板尺）

其检验标准是：对于气缸体上平面的平面度误差，在任意 $50\times50mm^2$ 内不得大于0.05mm。六缸发动机在整个平面上不得大于0.25mm；四缸发动机在整个平面上不得大于0.15mm。对于侧置气门式发动机气缸盖下平面的平面度误差，在任意 $50\times50mm^2$ 内不得大于0.05mm。六缸发动机在整个平面上不得大于0.35mm（铸铁缸盖）或0.25mm（铝合金缸盖）；四缸发动机在整个平面上不得大于0.25mm（铸铁缸盖）或0.15mm（铝合金缸盖）。若气缸体上平面和气缸盖下平面的平面度误差超过上述范围，应予以修整。

(3) 平面变形的修理

因气缸体与气缸盖的变形部位及程度不同，其修理方法也有所不同，其常见方法如下。

① 气缸体平面螺孔附近的凸起，可用油石磨平或用细锉修平。

② 气缸体和气缸盖的不平，可用铣、磨的加工方法修复。

气缸体的上平面采用铣、磨方法修理时，要始终以主轴承孔和气缸孔中心线为加工定位基准。每个缸体上平面最多允许修理2次，每次修理量应小于0.25mm，其修磨总量不能超过0.50mm。

气缸体上平面经过修磨后，应检查气缸体的高度 H（即曲轴主轴承孔中心至气缸体上平面的距离），其值应在允许范围内，测量位置如图 3-16 所示。不同的发动机，其数值是有所不同的，在修理时要详细阅读说明书。

与此同时，当气缸体平面进行铣、磨后，为了保持活塞与气门间的正常间隙和气缸原有压缩比，应选用加厚的气缸垫。

③ 气缸体和气缸盖的不平也可用铲刀铲平或涂上研磨膏，把气缸盖放在气缸体上扣合研磨。如图 3-17 所示。

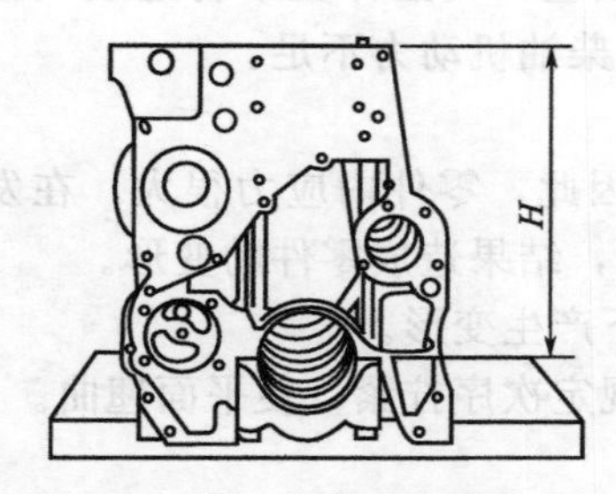

图 3-16　气缸体高度的测量位置

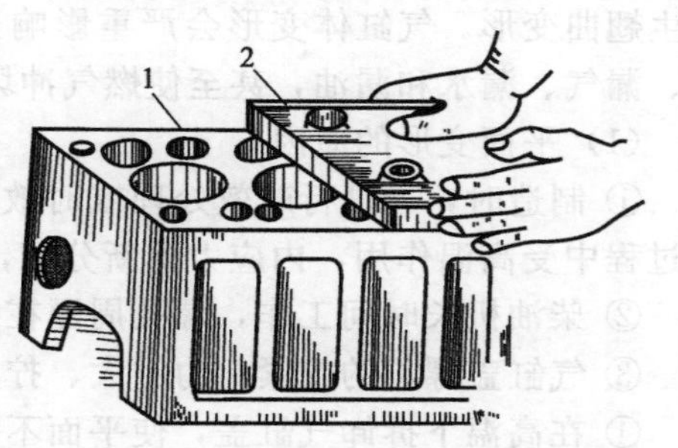

图 3-17　气缸体与气缸盖接合平面的研磨
1—气缸体；2—气缸盖

④ 气缸盖的翘曲，可用敲压法校正。图 3-18 为敲压法修复柴油机气缸盖的方法：先将厚度约为气缸盖变形量 4 倍的钢片垫放在气缸盖与平板之间。把压板压在气缸盖中部，拧紧螺栓，使气缸盖中部的平面贴在平板面上，用小铁锤沿气缸盖筋上敲击 2～3 遍，以减小受压变形时产生的内应力，停留 5min 后，将压板移装到全长 1/3 处敲击，最后再移到另一端 1/3 处进行压校敲击。若气缸盖在对角方向翘曲，则压板应斜压在气缸盖上。若压校过量，可以把气缸盖放在锻工的烘炉旁烘热片刻即可消除。

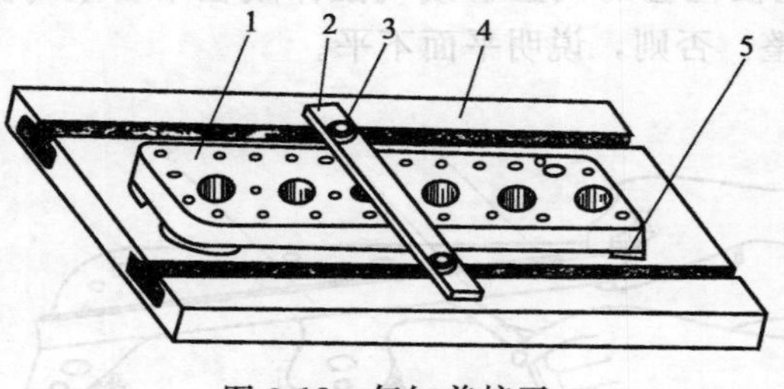

图 3-18　气缸盖校正
1—气缸盖；2—铁压板；3—压板螺栓；
4—工作平台；5—垫片

⑤ 气缸盖平面翘曲后，也可用磨削法来修整。缸盖磨削后，会使其厚度有所变薄，燃烧室容积变小，压缩比增大，从而引起柴油机的爆震。因此，当缸盖厚度比标准厚度小 2mm 时，应更换新气缸盖，或在强度影响不大的情况下，多加一个气缸垫继续使用。

气缸盖变形经过磨削后容易出现燃烧室容积不等的现象，其容积变化差值，一般不应大于同一柴油机各燃烧室平均值的 4%。对于一般柴油机燃烧室容积不应小于原厂规定的 95%。否则会出现爆燃倾向。所以，气缸盖修整后，应对燃烧室容积加以测量。

3.1.2.3　水道口腐蚀和螺孔损坏的修理

（1）水道口腐蚀的修理　缸盖的水道口容易被腐蚀，严重时会出现漏水现象，尤其是铝合金缸盖更是如此。修理时，可采用环氧树脂粘补，或者堆焊后重新开水道口，也可采用补板镶补。

补板镶补的方法是：

① 将被腐蚀的水道口加工成台阶形的圆孔或椭圆孔，其深度一般为 3mm 左右；

② 用 4mm 厚的铝板加工成与水道口形状相同的补板，并留适当的过盈量；

③ 用手锤和平铳将补板镶入孔内，然后修整，并钻出水道口。补板除过盈压合外，也可用胶接法黏合。

(2) 螺孔损坏的修理　螺孔损坏，一般是由于冲击磨损和金属腐蚀引起的，最常见的是滑扣。螺柱安装不当或扭紧力过大，会使螺孔胀裂。

螺孔的螺纹损坏，超过2牙以上时，可用镶套法修复。将已损坏的螺纹孔，按一定的尺寸扩大并攻出新的螺纹，拧入有外螺纹的螺套，螺套的内螺纹必须与原螺孔的螺纹规格相同。必要时，可在螺套外径上加止动螺钉，防止螺套松动。也可将原损坏的螺孔扩大，再配用台阶形的螺柱。

3.1.3　气缸检修技能

气缸所处的工作环境十分恶劣，具体来说，具有以下几个特点。

① 内表面直接受到高温、高压燃烧气体的作用。

② 工作过程中温度变化剧烈。燃烧过程中燃气最高温度可达2000℃左右，而进气过程中冷空气温度只有几十摄氏度。

③ 气缸外壁受到冷却水的作用，产生严重的腐蚀。

④ 活塞往复运动，产生交变应力，造成气缸严重磨损。

由于气缸处在上述十分恶劣的条件下工作，可以说气缸在工作时真正地处在“水深火热”之中，而气缸磨损程度是柴油机大修的主要依据，决定着柴油机的使用寿命。因此，设法降低气缸磨损便显得十分重要。

3.1.3.1　气缸常见失效形式

气缸常见的失效形式有五种。

(1) 气缸套外壁沉积水垢　水垢的主要成分是$CaCO_3$、$MgCO_3$、$CaSO_4$和$MgSO_4$等不溶于水的物质。

① 水垢产生的主要原因　冷却水中含有矿物质，在高温作用下沉积下来，牢固地附着在气缸套的外表面上。

② 气缸套外壁沉积水垢的危害　水套容积变小，循环阻力增加，冷却效果下降。经测定：水垢的传热系数仅为钢铁传热系数的1/25。

③ 水垢的处理　在检修柴油机时，应仔细将附着在气缸套外壁的水垢清理干净。为了减小其影响，柴油机应使用含矿物质少的冷却水或将硬水软化，尽量不用硬水（含矿物质多的水）。有关水垢的清除方法及硬水的软化步骤，将在“冷却系统”章节中详细讲解。

(2) 湿式缸套的穴蚀

① 穴蚀的概念　所谓湿式缸套的穴蚀，是指柴油机使用一段时间（情况严重时，往往在高负荷下运转几十小时）后，在气缸套外表面沿连杆摆动方向两侧，出现的蜂窝状的孔群（通常其直径为1～5mm，深度达2～3mm）。如图3-19所示。有时，柴油机的气缸内壁尚未使用到磨损极限，即被穴蚀所击穿。

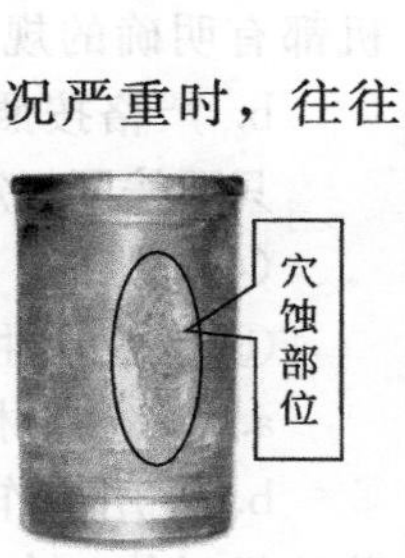

图3-19　湿式气缸套的穴蚀

② 穴蚀产生的原因

a. 气缸套材料内，存在微观小孔、裂纹和沟槽。

b. 机器运转时，缸套振动。

机器运转时，由于燃烧爆发的冲击以及活塞上下运动时的敲击，引起缸套振动，使缸套外壁上的冷却水附层，产生局部的高压和高真空，在高真空作用下，冷却水蒸发成气泡，有的真空泡和气泡受振动挤入或直接发生在缸套外壁微小的针孔内，当它们受高压冲击而破裂时，就在破裂区附近产生压力冲击波，其压力可达数十个大气压，它以极短的时间冲击气缸外壁，对气缸产生强烈的破坏力。这样经常不断地反复作用，使金属表面出现急速的疲劳破坏，而产生穴蚀现象。

如果气缸套被穴蚀击穿，就会产生比较大的危害：水进入气缸、机器摇不动。当前，对气缸套的穴蚀还缺少行之有效的解决方法，只能采取一些方法或措施来预防或减少穴蚀对气缸套的破坏作用。

③ 预防或减少穴蚀的措施

a. 减小气缸套的振动。尽量减小活塞与气缸及气缸套与气缸体之间的配合间隙；减轻活塞重量；在重量和结构允许的情况下，适当选用厚壁缸套以及改善曲轴平衡效果等来减小气缸套的振动。

b. 提高气缸套的抗穴蚀能力。采用较致密的材料以及在气缸外壁涂保护层、镀铬和渗氮等方法来提高气缸套的抗穴蚀能力。

c. 在冷却水中加抗蚀剂。

d. 保持适当的冷却水温。水温低，穴蚀倾向严重；水温在 90℃左右为宜，因为当水温高时，水中产生气泡，能起到气垫缓冲作用，减轻穴蚀。

尽管以上有这么多预防穴蚀的措施，但是气缸套的穴蚀现象往往是不可避免的，在拆卸气缸套时应注意检查穴蚀情况，若不严重可将气缸套安装方向调转 90°（即将穴蚀表面转到与连杆摆动面的垂直方向上）继续使用，否则，应更换气缸套。

(3) 拉缸

① 什么是拉缸　所谓拉缸是指在气缸套内壁上，沿活塞移动方向，出现一些深浅不同的沟纹。

② 拉缸产生的原因

a. 柴油机磨合时没有严格按照其磨合工艺进行。

b. 活塞与气缸套间的配合间隙过小。

c. 活塞环开口间隙过小，以致刮坏气缸壁。

d. 机器在过低温度下启动，以致润滑油膜不能形成，产生干摩擦或半干摩擦。

e. 机器在工作过程中产生过热现象，使缸壁上的油膜遭到破坏。

f. 空气、燃油、机油没有很好过滤，将固体颗粒带入气缸。

柴油机产生拉缸后，其危害必然是影响气缸的密封。

③ 防止拉缸的措施

a. 正确装配。比如：活塞与气缸套间的配合间隙以及活塞环的开口间隙等，各种柴油机都有明确的规定，在装配时应特别注意。

b. 严格按照操作规程使用机组。

只要按照规定正确装配柴油机，严格按照操作规程使用机组，拉缸现象是完全可以避免的。

(4) 裂纹

① 裂纹产生的原因

a. 制造或材料质量不合格，也就是通常说的伪劣产品。

b. 使用操作不当。比如：柴油机在运转过程中，发生水量不足，甚至断水现象时，使柴油机过热，在这种情况下，若突然加入冷水，使缸套骤冷收缩，就会产生裂纹；或者，当柴油机长时间超负荷运转，机械负荷与热负荷急剧增大，也会造成气缸套产生裂纹。

② 气缸产生裂纹的危害　气缸产生裂纹后，往往会带来比较严重的后果。

a. 若裂纹处漏水，冷却水进入气缸内，将在气缸内产生“水垫”现象，造成“顶缸”事故（水的压缩性极小，当其被活塞推动上移时，会产生很大压力），使连杆顶弯或损坏柴油机的其他零件。

b. 水漏到曲轴箱内，混入机油中，破坏机油润滑性能，造成烧瓦等严重事故。

③ 防止缸套裂纹产生的措施　严格按照操作规程管理机组；保证柴油机正常冷却，严禁长时间超负荷运行。

（5）磨损　磨损是气缸最主要的失效形式，判断柴油机是否需要大修，主要取决于气缸的磨损程度。因此，研究气缸磨损原因，掌握其磨损规律，不仅对检验气缸磨损程度有一定意义，更重要的是为了针对气缸磨损的原因与规律，在柴油机维修、管理和使用中采取有效措施，减少气缸的磨损，延长发动机的使用寿命。

① 气缸的磨损规律　人们通过广泛的理论研究和实践，发现气缸的磨损主要有以下规律。

a. 沿长度方向成“锥形”。图 3-20 是气缸沿长度方向磨损示意图，图中的阴影部分表示磨损量，由图可知：在活塞环运动区域内磨损较大；这种磨损是不均匀的，上重，下轻，使气缸沿长度方向成“锥形”；其最大磨损发生在活塞处于上止点时，与第一道活塞环相对的气缸壁稍下处；最小的磨损发生在气缸的最下部，即活塞行程以外的气缸壁。

b. 沿圆周方向“失圆”。气缸沿圆周方向的磨损规律如图 3-21 所示，由图可知，气缸体在正常情况下，从气缸的平面看，沿圆周方向的磨损也不均匀，有的方向磨损较大，有的方向磨损较小，使气缸横断面呈失圆状态，在通常情况下，气缸横断面磨损最大部位是：与进气门相对的气缸壁附近以及沿连杆摆动方向的气缸壁两侧。

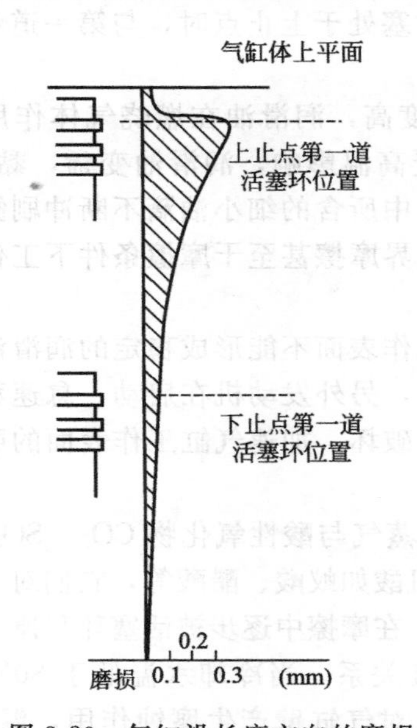

图 3-20　气缸沿长度方向的磨损

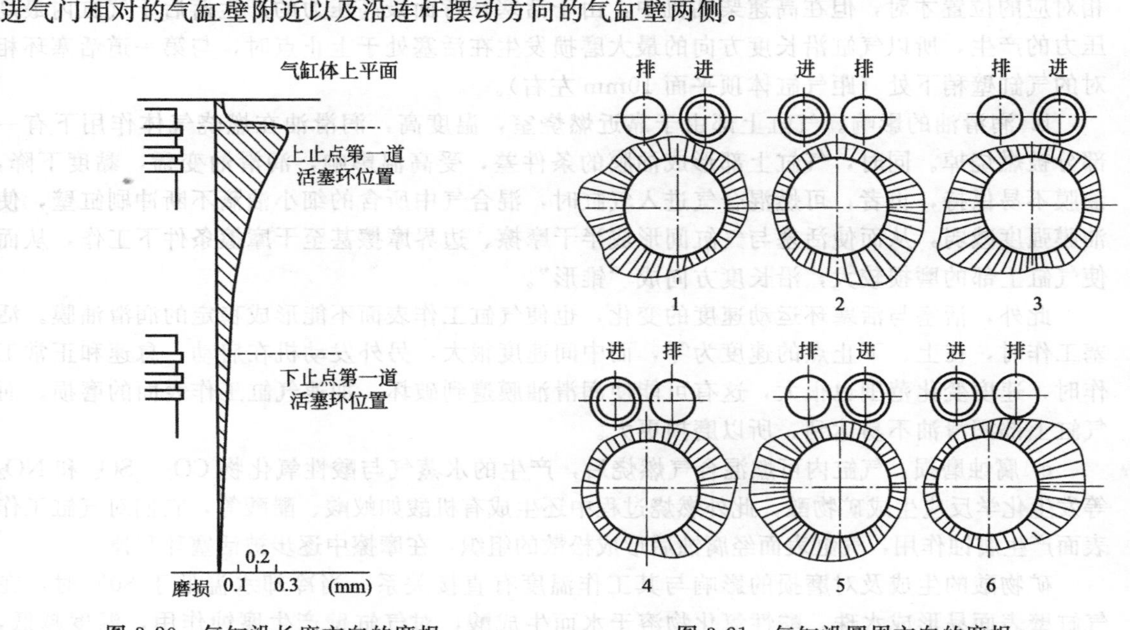

图 3-21　气缸沿圆周方向的磨损

c. 在活塞环不接触的上面，几乎没有磨损而形成“缸肩”。在气缸的最上沿，不与活塞接触的部位，几乎没有磨损。柴油机经长时间工作后，在第一道活塞环的上方，形成明显的台阶，这一台阶俗称为“缸肩”。

d. 对多缸机而言，各缸磨损不一致。这主要是由各缸的工作性能、冷却强度、装配等不可能完全一致而造成的。

以上四条气缸的磨损规律，严重影响柴油机工作性能的是前两者，即锥形度和失圆度，当其超过一定范围后，将破坏活塞、活塞环同气缸的正常配合，使活塞环不能严密地紧压在气缸壁上，造成漏气和窜机油，严重时还会产生“敲缸”，使柴油机耗油量增加，功率显著下降，以致不能正常工作，甚至造成事故。

② 气缸锥形磨损的原因　活塞、活塞环和气缸是在高温、高压和润滑不足的条件下工

作的，由于活塞、活塞环在气缸内高速往复运动，使气缸工作表面发生磨损。

a. 活塞环的背压力。柴油机在压缩和做功冲程中，气体窜入活塞环后面，因而剧烈地增加了活塞环在气缸壁上的单位压力，如图 3-22 所示为某型号柴油机在燃烧过程中各道活塞环背面压力分布情况，当气缸内的燃烧压力为 7.5MPa（75kgf/cm²）时，第一道活塞环的背压力为 6MPa（60kgf/cm²），第二道活塞环的背压力为 1.5MPa（15kgf/cm²），第三道活塞环的背压力 0.5MPa（5kgf/cm²）。由于在第一道活塞环处气缸壁的单位压力最大，将润滑油挤出，润滑不良；同时，活塞环对气缸壁的压力也是上大下小，因此，气缸的磨损也是上大下小，形成“锥形”，而且气缸磨损最大处应在活塞处于上止点时，与第一道活塞环相对应的位置才对，但在高速柴油机中，由于活塞环背面最高压力的产生落后于气缸内最高压力的产生，所以气缸沿长度方向的最大磨损发生在活塞处于上止点时，与第一道活塞环相对的气缸壁稍下处（距气缸体顶平面 10mm 左右）。

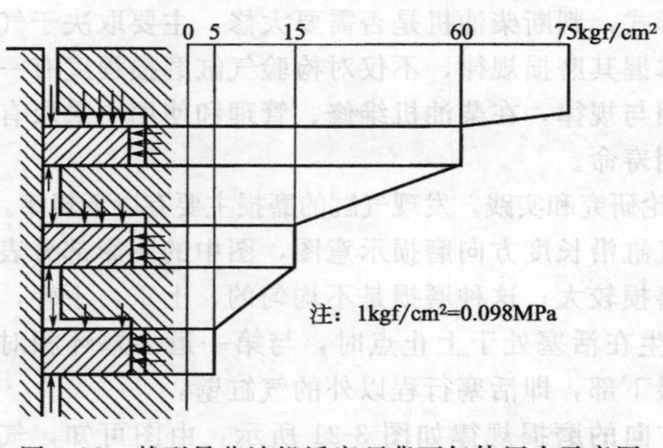

图 3-22　某型号柴油机活塞环背面气体压力示意图

b. 润滑油的影响。气缸上部由于靠近燃烧室，温度高，润滑油在燃烧气体作用下有一部分被燃烧掉。同时，气缸上部形成油膜的条件差，受高温影响，润滑油变稀，黏度下降，油膜不易保持，再者，可燃混合气进入气缸时，混合气中所含的细小油滴不断冲刷缸壁，使油膜强度减弱，从而使活塞与气缸间形成半干摩擦、边界摩擦甚至干摩擦条件下工作，从而使气缸上部的磨损较大，沿长度方向成“锥形”。

此外，活塞与活塞环运动速度的变化，也使气缸工作表面不能形成稳定的润滑油膜。活塞工作时，在上、下止点的速度为零，而中间速度很大，另外发动机在启动、怠速和正常工作时，速度变化范围也很大，这有可能使润滑油膜遭到破坏，加速气缸工作表面的磨损。而气缸上部润滑油不易达到，所以磨损更大。

c. 腐蚀磨损。气缸内可燃混合气燃烧后，产生的水蒸气与酸性氧化物 CO_2、SO_2 和 NO_2 等发生化学反应生成矿物酸，此外燃烧过程中还生成有机酸如蚁酸、醋酸等，它们对气缸工作表面产生腐蚀作用，气缸表面经腐蚀后形成松散的组织，在摩擦中逐步被活塞环刮掉。

矿物酸的生成及对磨损的影响与其工作温度有直接关系。当冷却水温低于 80℃时，在气缸壁表面易形成水珠，酸性氧化物溶于水而生成酸，对气缸壁产生腐蚀作用，温度越低，酸性物质越容易生成，腐蚀作用也就越大。

再者，当供油量过大，没有燃烧完的燃油转变成气体时，使气缸内的温度降低很多，同时，对气缸壁油膜的冲刷作用也较大，造成气缸的磨损。

由于越靠近气缸上部，上面所讲的三个因素的影响作用也越大，所以造成了气缸上部的磨损比下部大，沿长度方向呈“锥形”。

d. 磨料磨损。若空气滤清器和机油滤清器保养不当，空气中的灰尘便进入气缸或曲轴箱，形成有害磨料；与此同时，发动机在工作过程中，自身也要产生一些磨屑，这些磨料大都黏附在气缸壁上，而且在气缸上部空气带入的磨料多，其棱角也锋利，造成气缸上部磨损比较严重，使气缸沿长度方向呈“锥形”。

③ 气缸失圆磨损的原因　在气缸横断面圆周方向的“失圆”磨损，往往是不规则的椭圆形，它与发动机的结构和工作条件等因素有关。

a. 活塞侧压力的影响。无论是压缩或膨胀行程，由于活塞侧压力作用于气缸壁的左方或右方（其方向均与曲轴轴线垂直），破坏了润滑油膜，加快了气缸两侧的磨损，从而使气缸沿圆周方向"失圆"。有些发动机为减少这一磨损，加强了对它的喷溅润滑。

b. 结构因素的影响。对于侧置气门式发动机，由于进入气缸内的新鲜混合气对进气门相对的气缸壁附近的冲刷作用，使其温度降低，再加之混合气中细小油滴对润滑膜的破坏，给酸性物质产生创造了条件，并且使酸性物质有可能直接腐蚀气缸壁，加速了该处磨损，因此，与进气门相对的气缸壁附近，以及在冷却水套与冷却效率最大的气缸壁附近磨损最大，从而使气缸沿圆周方向"失圆"，图 3-21 是侧置气门式发动机各气缸横断面磨损情况示意图。正因如此，不同结构的柴油机，气缸"失圆"的长短轴是不一样的。

c. 装配质量的影响。曲柄连杆机构组装时不符合装配技术要求，如连杆的弯曲、扭曲过量；连杆轴颈锥形过大；气缸或主轴承中心线与曲轴中心线不垂直；气缸套安装不正；曲轴轴向间隙过大等都会造成气缸的偏磨现象。

④ 减少气缸磨损的方法　由以上分析可以看出：气缸磨损在柴油机使用过程中是客观存在，不可避免的，但在实际工作中，应尽量想办法来减少其磨损。

a. 冷机启动前，先手摇曲轴使润滑油进入润滑机件表面，启动后，先低速运转，温度升高后，再加负载；工作中，使机器保持正常温度。

b. 及时清洗空气滤清器，经常检查机油的数量和质量。

c. 保证修理质量及正常的配合间隙，在修理和装配过程中，应做到：气缸中心线与曲轴中心线垂直；曲轴和连杆不能弯曲和扭曲；活塞销、连杆筒套、连杆瓦应装正，保证曲轴中心线与气缸中心线垂直；气缸要有一定的精度和光洁度。

如果在修理或装配时，做不到以上几点，将造成活塞在气缸中形成不正常的运动，使气缸加速磨损。因此，在修理过程中，必须以精益求精、一丝不苟的精神认真修理，确保修理质量。一旦气缸磨损比较严重，就应对气缸进行检验和修理。

3.1.3.2　气缸的检验

（1）气缸的检查与测量

① 外观检查　将气缸套擦洗干净，检查其是否有拉缸、裂纹、穴蚀和锈斑等失效形式。

② 气缸的测量　测量气缸的目的在于量出气缸的失圆度与锥形度（亦称圆度与圆柱度），弄清气缸的磨损程度，以确定其是否能继续使用；需要修理的，确定其修理范围和修理等级。

测量气缸通常用量缸表，其测量步骤如下。

a. 确定气缸原有尺寸。方法是：查阅资料记载，或用量缸表结合外径千分尺来确定，若是用测量法才能得出原有尺寸，就要测量气缸的上缘（即活塞在上止点时，第一道活塞环的上端）或缸套的最下部，才能正确得出原有的气缸直径，因为这两个部位在工作过程中不会发生磨损，在一定的程度上可以代表气缸的原有直径。

b. 测量气缸的失圆度。为了保证测量的准确性，一般测三个部位（如图 3-23 所示）。

第一个部位：气缸上部，即气缸磨损最大位置，在活塞处于上止点时，第一道活塞环相对应的稍下方（5～10mm 左右），约距顶部边缘 20mm 处；第二个部位：气缸中部，即活塞处于上止点时，第一道油环附近，约距顶部边缘 40～60mm 处；第三个部

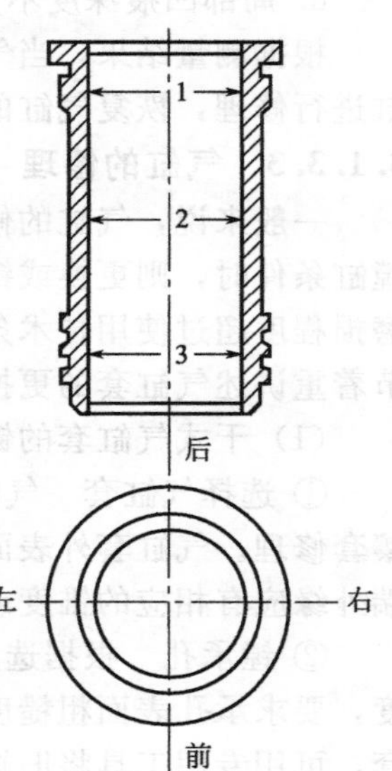

图 3-23　气缸的测量位置

位：气缸下部，即活塞处于下止点时，第二道油环附近，约距气缸底边20～40mm处。

其测量方法是：在上述三个部位中，分别测出前后（垂直于曲轴中心线方向）、左右（平行于曲轴中心线方向）的气缸直径数值，两个方向测量尺寸的差值，就是气缸的失圆度，但测量后，要以三个中最大数值为依据，作为该缸的失圆度。气缸的磨损量=最大直径—标准尺寸（气缸原有尺寸）。

c. 测量气缸的锥形度。在上述三个部位中，分别测出前后、左右的气缸直径数值，上下两部位最大与最小数值之差就是气缸的锥形度。由于气缸是柴油发动机的核心部件，其磨损量、失圆度和锥形度是决定其修理类别的主要依据。当其磨损量、失圆度和锥形度超过一定范围后，就会对柴油机的工作性能造成严重影响。

(2) 气缸过度磨损对柴油机工作性能的影响

① 气缸与活塞裙部的配合间隙增大，致使压缩不良，启动困难，功率下降。

② 燃油漏入机油盆，破坏气缸壁的润滑，冲稀机油，降低机油质量。

③ 机油窜入燃烧室被烧掉，机油消耗量增加，燃烧室产生积炭，气缸磨损加剧，可能咬住活塞环（因机油在活塞环处烧焦）。

④当失圆度、锥形度过大时，活塞环与缸壁的密封性降低，使环的工作稳定性丧失。

因此，各种柴油机气缸的失圆度和锥形度都有明确的技术要求。

(3) 气缸套的技术要求

① 一般修理的技术要求　气缸磨损到下列情况之一者，必须修理或更换：

a. 缸壁有裂纹；

b. 缸壁的划痕深度大于0.25mm；

c. 气缸的磨损量大于0.35mm或活塞裙部与缸壁间隙大于0.50mm；

d. 气缸的失圆度和锥形度大于0.15mm。

② 生产厂或大修厂的技术要求

a. 气缸的尺寸达到说明书上的要求；

b. 气缸的失圆度、锥形度在0.03mm内；

c. 气缸内表面粗糙度不超过0.63μm；

d. 局部凹痕深度不大于0.03mm。

根据测量结果，当气缸的磨损量、失圆度和锥形度超过各种机器的规定值时，均应对气缸进行修理，恢复气缸的正常技术要求。

3.1.3.3　气缸的修理

一般来说，气缸的修理程序是：镗缸和磨缸，当气缸镗削到不能再镗削时，或是不具备镗缸条件时，则更换或镶配气缸套。在多数情况下，不具备镗缸和磨缸条件，因此当气缸的磨损程度超过使用技术条件时，气缸的修理通常采用直接更换或镶配气缸套的方法。所以本节着重讲述气缸套的更换。镶换气缸套的工艺如下。

(1) 干式气缸套的镶配

① 选择气缸套　气缸第一次镶套时，应选用标准尺寸的气缸套，以便于以后进行多次镶套修理。气缸套外表面粗糙度应不超过0.80μm；圆柱度公差不得超过0.02mm，缸套下端外缘应有相应的锥度或倒角。

② 镗承孔　根据选用的气缸套外径，将气缸镗至所需要的修理尺寸和应有的表面粗糙度，要求承孔表面粗糙度不超过1.60μm，圆柱度公差不大于0.01mm。如果原气缸镶有缸套，可用专用工具将旧缸套拉出，或用镗缸机将其镗掉。拉压缸套的工具常用的有油压式和机械式两种，如图3-24所示为机械式拉压气缸套的工具。旧缸套取出后，应检查气缸套承

孔是否符合要求。气缸套与承孔的配合应有适当的过盈，一般上端有凸缘的气缸套其配合过盈量为 0.05～0.07mm，无凸缘的气缸套其配合过盈量为 0.07～0.10mm。凸缘与承孔的配合间隙：一般铸铁气缸套为 0.25～0.40mm。旧承孔与新选的气缸套的配合，如不符合要求时，应把承孔重新镗至需要的尺寸。

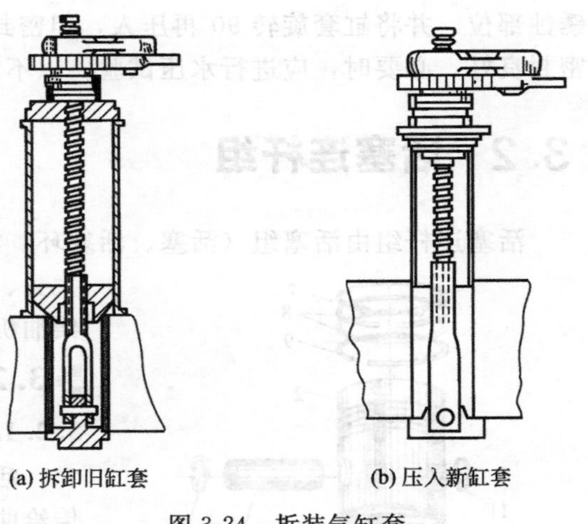
(a) 拆卸旧缸套 (b) 压入新缸套

图 3-24 拆装气缸套

③ 新气缸套的压入 清洁气缸和气缸套后，在缸套的外壁上涂以适量机油，将气缸套插入气缸一部分，用直角尺找正，在气缸套上端口放一硬木或软金属平整垫板，然后用 5～10t 的压床将气缸套缓缓压入，如无压力机时，可用液压式或机械式拉压气缸套的专用工具将其压入，如图 3-24(b) 所示。在施压过程中，要始终保持气缸套与气缸体上平面垂直，压力要逐渐增加。当压入 30～50mm 后，应放松一下，使其自然调整缸套位置。在压入过程中如发现阻力突然增大时，应立即停止，查明原因，以防挤坏气缸壁。为防止气缸体变形，压入干式气缸套时，应采用隔缸顺序压入的方法。

④ 修整平面 气缸套压入承孔后，其端面不得低于气缸体上平面，也不得高出 0.10mm 以上。遇有高出时，可用锉刀修整，或用固定式镗缸机把高出的部分镗平。

⑤ 气缸套的刷镀 当气缸套承孔扩大，选配不到合适的气缸套与之配合时，可采用对气缸套的外壁刷镀的办法修复。刷镀时，可用镍镀液和铜镀液。当采用多层镀时，能使镀层厚度达 0.20mm，这就可以满足气缸套与气缸壁过盈配合的需要。

(2) 湿式气缸套的换修

① 取出旧缸套 拆除旧缸套时，可敲击缸套底部，用专用拉器取出。如无专用工具，可将缸体侧放，用硬木垫垫在缸套下端，然后用圆木或铁管顶住硬木板，利用铁锤敲出圆木把气缸套打出。拆去旧缸套后，刮去气缸体内承孔处的金属锈、污垢及其他杂物，并用砂布砂磨缸体与缸套的结合处，使其露出金属光泽，防止挤压使缸套变形。特别是密封圈接触的气缸体孔壁必须光滑，防止因凹凸不平而使橡胶密封圈损坏造成漏水。如在气缸套下凸肩有硬质沉积物，由于四周不均匀，造成气缸套安装倾斜，使上凸肩处出现空隙，压紧气缸盖后出现回正力矩，使气缸套发生变形，容易发生早期磨损、活塞环折断、活塞偏磨、窜油等故障。

② 换配新气缸套 湿式缸套支承肩与气缸体承孔结合端面的表面粗糙度均不得超过 1.60μm 并且不得有斑点、沟槽。气缸体上下承孔的圆柱度公差不能超过 0.015mm，承孔与气缸的配合间隙为 0.05～0.15mm。

在安装前，应先将未装密封圈的气缸套放入承孔内，把气缸套压紧时，气缸套端面应高出气缸体平面 0.03～0.24mm，各缸高出差应不大于 0.03mm。如果过高，可用刮刀修理气缸体上口凹槽的底面，或锉修气缸套上平面；如果过低，可用在气缸套凸缘下压垫紫铜丝的方法加以调整。

③ 新缸套的压入 湿式气缸套在压入前，应装上新的涂有白漆的橡胶密封圈，以防漏水。其压入方法同干式气缸套的安装。

④ 注意事项 湿式气缸套因压入时用力不大，气缸套内径未受影响，因而通常不进行光磨加工。如经过测量，气缸的圆度或圆柱度误差过大时，应拉出缸套，检查和修整承孔的

锈蚀部位。并将缸套旋转 90°再压入，但密封圈需更换。缸套压入后，密封圈不得变形，应密封良好，必要时，应进行水压试验，以不渗漏为合适。

3.2 活塞连杆组

活塞连杆组由活塞组（活塞、活塞环、活塞销）和连杆组（连杆小头、连杆杆身、连杆大头、连杆轴承）组成。图 3-25 所示为国产 135 系列柴油机的活塞连杆组。

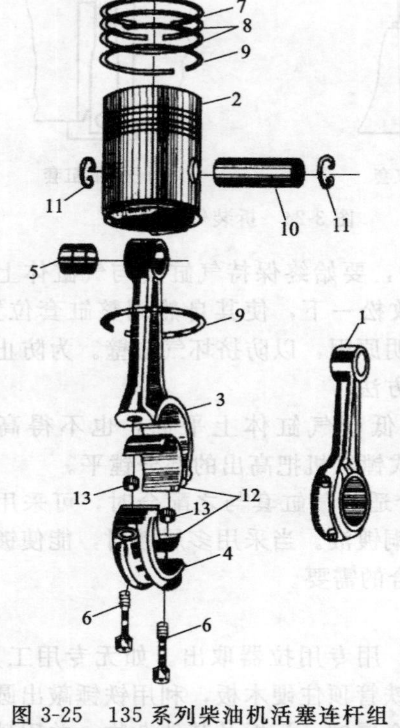

图 3-25 135 系列柴油机活塞连杆组
1—连杆总成；2—活塞；3—连杆；4—连杆盖；5—连杆衬套；6—连杆螺钉；7,8—气环；9—油环；10—活塞销；11—活塞销卡环；12—连杆轴瓦；13—定位套筒

3.2.1 活塞组构造

3.2.1.1 活塞

活塞的功用是承受燃气的压力，并经过连杆将力传给曲轴。

活塞的工作条件十分恶劣，它是在高温、高压的燃气作用下，不断地作高速往复直线运动。由于受到周期性变化的燃气压力和往复惯性力的作用，活塞承受很大的机械负荷和热负荷，加之温度分布不均匀，就会引起热应力。因此，要求活塞必须有较轻的重量以及足够的强度与刚度。活塞在高温、高压、高速条件下工作，其润滑条件较差，活塞与气缸壁摩擦严重。为减少磨损，活塞表面必须耐磨。

高速柴油机的活塞通常采用铸铝合金。随着柴油发动机的不断强化，采用锻铝合金或共晶铝硅合金的活塞日益增多，而高增压柴油机较多采用铸铁活塞，其目的在于提高柴油机的强度，减小热膨胀系数。活塞的基本构造如图 3-26 所示，它可分为顶部、环槽部（防漏部或头部）、活塞销座和裙部四部分。

（1）顶部　顶部是构成燃烧室的一部分，其结构形状与发动机及燃烧室的形式有关。如图 3-27 所示为活塞顶部的几种不同结构形状。小型柴油机大多采用平顶活塞［图 3-27(a)］，优点是制造简单，受热面积小。大多数柴油机的活塞顶部由于要形成特殊形状的燃烧室，其形状比较复杂，一般都制有各种各样的凹坑［图 3-27(c)、(d)］。凹坑是为了改善发动机的燃烧状况而设置的，使可燃混合气的形成更有利，燃烧过程更完善。有的柴油机为避免气门与活塞顶相碰撞，在顶部还制有浅的气门避碰凹坑［图 3-27(d)］。

柴油机活塞所受的热负荷大（尤其是直接喷射式柴油机），往往会使活塞引起热疲劳，产生裂纹。因此，有的柴油机可从连杆小头上的喷油孔喷射机油，以冷却活塞顶内壁。也有的柴油机在机体里设有专门的喷油机构，也可起到同样的作用。活塞顶部因承受燃气压力，所以一般比较厚；有的活塞顶内部还制有加强筋。

（2）环槽部　环槽部主要用于安装活塞环以防止燃油或燃气漏入曲轴箱，并将活塞吸收的热量经活塞环传给气缸壁，与此同时阻止润滑油窜入燃烧室。活塞头部加工有数道安装活塞环的环槽，上面 2～3 道用于安装气环，下面 1～2 道是油环槽。油环槽的底部钻有许多径向小孔，以便油环从气缸壁上刮下多余的润滑油从小孔流回曲轴箱。

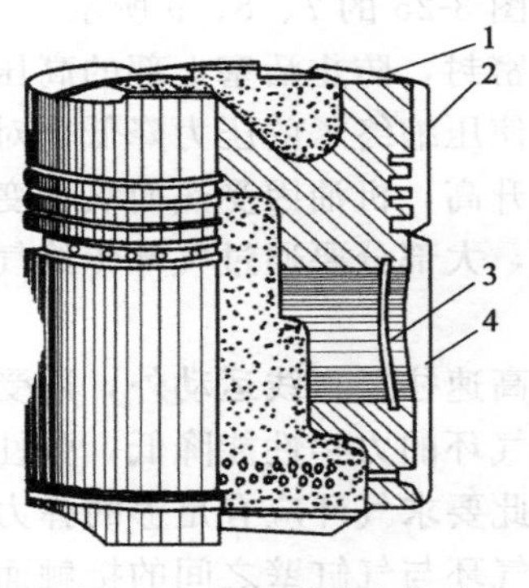

图 3-26 活塞的基本构造

1—顶部；2—环槽部；3—销座；4—裙部

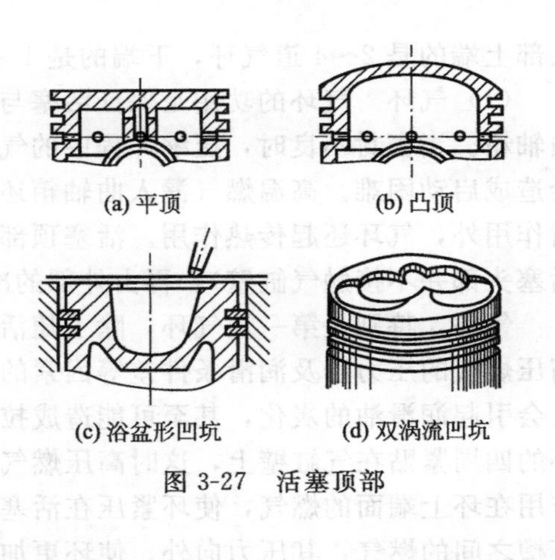

图 3-27 活塞顶部

有的柴油机在活塞顶到第一环槽之间，或者一直到以下几道环槽处，都开有细小的隔热沟槽，如图 3-28 中 1 所示。沟槽在活塞工作时，可形成一定的退让性，可以防止活塞与气缸壁的咬合，故这种活塞可适当减小活塞与气缸间的间隙。

随着柴油机的不断强化，为了提高第一、二道环槽的耐磨性，有的柴油机在环槽部位上镶铸耐热和耐磨的奥氏体铸铁护圈，如图 3-28 中 2 所示。

（3）活塞销座　销座用以安装活塞销，主要起传递气压力的作用。活塞销座与顶部之间往往还有加强筋，以增加刚度。销座孔内设有安装弹性卡环的环槽，活塞销卡环是用来防止活塞销在工作中发生轴向窜动，窜出活塞销座孔而打坏气缸体。

（4）裙部　活塞头部最低一道油环槽以下的部分称为裙部。其作用主要是对活塞在气缸内的运动加以导向，此外它还承受侧压力。柴油机由于燃气压力高，侧压力大，所以裙部也比较长，以减小单位面积上的压力和磨损。

由于柴油机气缸压力很大，要求裙部具有足够大的承压面积，又要在任何情况下保持它与气缸壁有最佳的配合间隙（既不因间隙过大而使密封性变差和产生敲缸现象，又不因间隙过小而刮伤气缸壁，甚至发生咬缸现象）。故其活塞裙部通常不开切槽，只是将活塞轴向制成上小下大的圆锥形，并将裙部径向做成椭圆形。因此，柴油机活塞与气缸壁的装配间隙要比汽油机的大。为了保证柴油机压缩终了有足够的压力和温度，则要求其有更好的密封性，因此，柴油机应具有更多的密封环和刮油环。

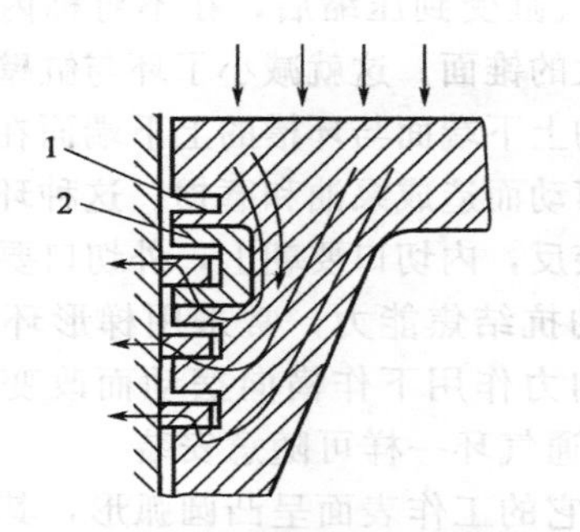

图 3-28 带护槽圈和隔热槽的活塞

1—隔热槽；2—护槽圈

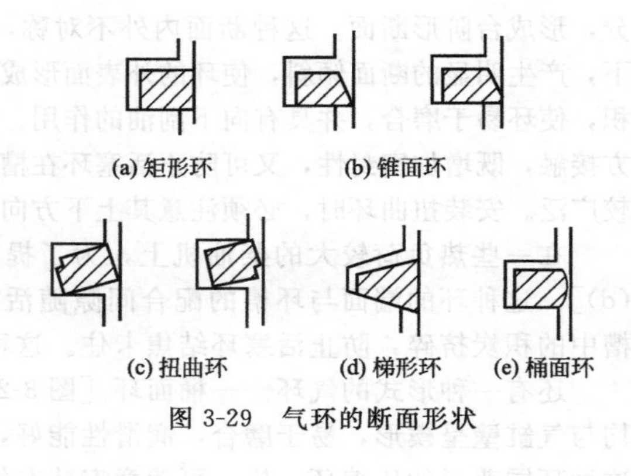

图 3-29 气环的断面形状

3.2.1.2 活塞环

活塞环是具有弹性的金属开口圆环，按其功用不同可分为气环和油环两种。安装在活塞

头部上端的是 2～4 道气环，下端的是 1～2 道油环。如图 3-25 的 7、8、9 所示

(1) 气环　气环的功用是保证活塞与气缸壁之间的密封，防止活塞上部的高压气体漏入曲轴箱。当密封不良时，压缩冲程中的气体漏出较多，使压缩终了的压力降低，对于柴油机会造成启动困难。高温燃气漏入曲轴箱还会使活塞温度升高，机油因受热而氧化变质。除密封作用外，气环还起传热作用。活塞顶部所吸收的热量，大部分要通过气环传给气缸壁（因活塞头部并不接触气缸壁），再由外部的冷却介质带走。

气环，特别是第一道气环，除了随活塞沿气缸壁作高速往复直线运动外，还受到高温和高压燃气的压力以及润滑条件差等因素的影响，从而使气环的力学性能降低，弹性下降，而且会引起润滑油的炭化，甚至可能造成拉缸和漏气。因此要求气环应有足够的弹力，才能使环的四周紧贴在气缸壁上，这时高压燃气就不可能通过气环与气缸壁之间的接触面漏出。而作用在环上端面的燃气，使环紧压在活塞环槽中，使下端面与环槽紧贴。进入环的内侧面与环槽之间的燃气，其压力向外，使环更加贴紧气缸壁。因此利用气环本身的弹力和燃气的压力，即可阻止高压燃气的泄漏。

活塞环通常采用优质灰铸铁或合金铸铁制成。为了提高第一道气环的工作性能，提高其耐磨性，常在第一道气环的表面镀上多孔性铬层或钼层。近年来，第一道气环也有用球墨铸铁或钢制成的。在自由状态下，环的外径略大于气缸直径，装入气缸后，活塞环产生弹力压紧在气缸壁上，开口处应保留一定的间隙（称为端隙或开口间隙，柴油机活塞环的开口间隙通常为 0.4～0.8mm)，以防止活塞环受热膨胀时卡死在气缸中。活塞环装入环槽后，在高度方向也应有一定的间隙（称为侧隙，柴油机活塞环的侧隙通常为 0.08～0.16mm)。当活塞环安装在活塞上时，应按规定将各环的开口处互相错开 120°～180°，并且活塞环开口应与活塞销座孔错开 45°以上，以防活塞环装入气缸后产生漏气现象。

为了改善活塞环的工作条件，使活塞环与气缸更好地走合，有些活塞环采用了不同的断面，在安装时要特别注意。

气环的基本断面形状是矩形 [图 3-29(a)]。矩形环易于制造，应用广泛，但其磨合性比较差，不能满足发动机日益强化的要求。这种普通的压缩环可随意安装在气环槽内。

有的发动机采用锥面环结构 [图 3-29(b)]。这种环的工作表面制成 0.5°～1.5°的锥角，使环的工作表面与缸壁的接触面减小，可以较快地磨合。锥角还兼有刮油的作用。但锥面环的磨损较快，影响使用寿命。安装时有棱角的一面朝下。

有些柴油发动机采用扭曲环 [图 3-29(c)]。扭曲环的内圆上边缘或外圆下边缘切去一部分，形成台阶形断面。这种断面内外不对称，环装入气缸受到压缩后，在不对称内力的作用下，产生明显的断面倾斜，使环的外表面形成上小下大的锥面。这就减小了环与缸壁的接触面积，使环易于磨合，并具有向下刮油的作用。而且环的上下端面与环槽的上下端面在相应的地方接触，既增加密封性，又可防止活塞环在槽内上下窜动而造成泵油和磨损。这种环目前使用较广泛。安装扭曲环时，必须注意其上下方向，不能装反，内切口要朝上，外切口要朝下。

在一些热负荷较大的柴油机上，为了提高气环的抗结焦能力，常采用梯形环 [图 3-29(d)]。这种环的端面与环槽的配合间隙随活塞在侧向力作用下作横向摆动而改变，能将环槽中的积炭挤碎，防止活塞环结焦卡住。这种环同普通气环一样可随意安装。

还有一种形式的气环——桶面环 [图 3-29(e)]，它的工作表面呈凸圆弧形，其上下方向均与气缸壁呈楔形，易于磨合，润滑性能好，密封性强。这种环已普遍用于强化柴油机上。这种环同普通的压缩环一样，可随意安装在气环槽内。

(2) 油环　油环的功用是将气缸表面多余的润滑油刮下，不让它窜入燃烧室，同时使气缸壁上润滑油均匀分布，改善活塞组的润滑条件。

油环位于气环的下面，其工作温度和燃气压力相对较低，而油环为了有效地刮油，又要求有较高的压力压向气缸壁。因此，油环一方面本身的弹力较大，同时又尽可能地减小环与气缸壁的接触面，以增强单位面积的接触压力。

油环分为普通油环和组合油环两种。

普通油环的断面形状如图 3-30 所示。其结构形式与矩形断面气环相似，所不同的是在环的外圆柱面中间有一道凹槽，在凹槽底部加工出很多穿通的排油小孔。当活塞运动时，气缸壁上多余的润滑油就被油环刮下，经油环上的排油孔和活塞上的回油孔流回曲轴箱。一般柴油机的油环多采用如图 3-30(f) 所示的结构。这种环可任意安装。有些柴油机的油环，在工作表面的单向或双向，同向或反向倒出锥角［如图 3-30(a)、(b)、(c) 所示］，以提高油环的刮油能力。安装时图 (a) 和图 (c) 可以任意安装，图 (b) 要使有锥角的一面朝上。有的柴油机将油环工作表面加工成鼻形［如图 3-30(d) 所示］，其刮油能力更好。还有一些柴油机将两片单独的油环装在同一环槽内［如图 3-30(e) 所示］，这种油环的作用不仅能使回油通道增大，而且由于两个环片彼此独立运动，较能适应气缸的不均匀磨损和活塞摆动。安装时，以上两种环都要使有锥角的一面朝上。

还有的发动机采用一种钢片组合油环，它是有几片薄钢片状的片簧（刮片）和波纹形的衬簧共放在一个油环槽中的，如图 3-31 所示。它是由三片片簧和两个衬簧（一个轴向、一个径向）组成，两片片簧放在轴向衬簧上面，一片放在轴向衬簧下面，轴向衬簧用以保证环与环槽间的侧隙。径向衬簧放在环槽底部，安装时几片片簧的开口应互相错开。通常，这种环的片簧采用合金钢制成，与缸壁接触的外圆表面采用镀铬处理。

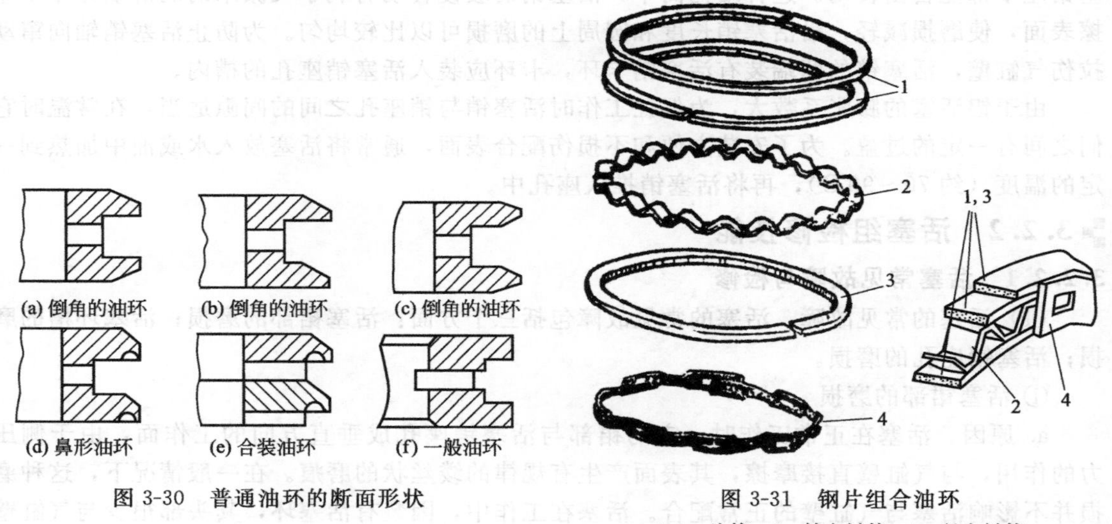

图 3-30　普通油环的断面形状

图 3-31　钢片组合油环

1,3—片簧；2—轴向衬簧；4—径向衬簧

钢片组合油环的摩擦件（片簧）与弹力件分开，能避免磨损后弹力减弱而引起刮油能力下降的情况，同时又具有双片油环的特点。

目前，在高速内燃发动机上广泛采用在普通油环内装螺旋弹簧的涨圈油环（如图 3-32 所示），这种油环的作用与钢片组合油环相似，制造安装也比较方便。

3.2.1.3　活塞销

活塞销的功用是连接活塞和连杆，承受活塞运动时的往复惯性力和气体压力，并传递给连杆。活塞销的中部穿过连杆小头孔，两端则支承在活塞销座孔中（如图 3-33 所示）。

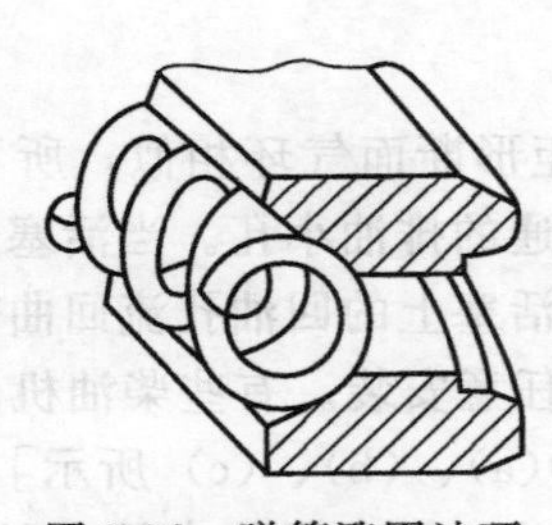

图 3-32 弹簧涨圈油环

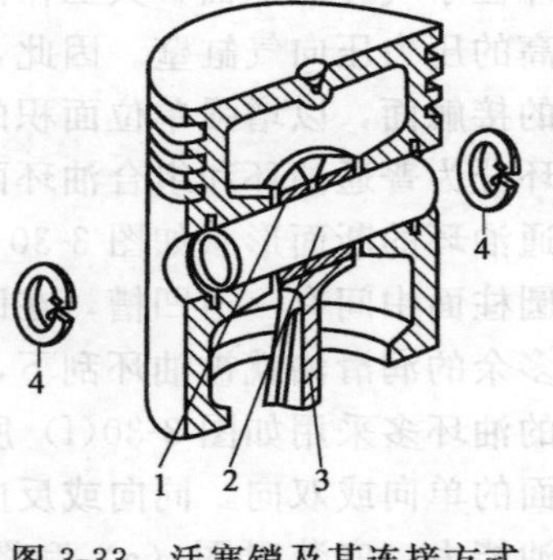

图 3-33 活塞销及其连接方式
1—连杆小端衬套；2—活塞销；3—连杆；4—卡环

活塞销在高温下承受很大的周期性冲击负荷。活塞销的外圆表面与连杆小头衬套的相对滑动速度不高，但一般润滑条件较差，多为飞溅润滑。因此，要求活塞销有足够的强度和刚度、表面应耐磨、内部应有较好的韧性和较高的抗疲劳强度。为了减少往复惯性力，活塞销的重量要轻。活塞销通常采用优质钢材（20 钢）或合金钢制造。其外表面要经过渗碳或氰化处理，然后精磨，以达到很高的表面光洁度和精度。为提高其抗疲劳强度，可将活塞销内外表面同时进行渗碳淬火处理。

活塞销一般制成空心圆柱体，以使其重量轻，强度和刚度下降也不多。

活塞销通常采用全浮式安装。所谓全浮式是指在发动机工作时，活塞销在连杆小头及活塞销座中都能自由转动。这种结构简单，活塞销的缓慢转动有利于飞溅来的润滑油分布于摩擦表面，使磨损减轻，沿活塞销长度和圆周上的磨损可以比较均匀。为防止活塞销轴向窜动拉伤气缸壁，活塞销的两端装有活塞销卡环，卡环应装入活塞销座孔的槽内。

由于铝活塞的膨胀系数大，为保证工作时活塞销与销座孔之间的间隙适当，在常温时它们之间有一定的过盈。为了安装方便和不损伤配合表面，通常将活塞放入水或油中加热到一定的温度（约 70～90℃），再将活塞销推入座孔中。

3.2.2 活塞组检修技能

3.2.2.1 活塞常见故障与检修

（1）活塞的常见故障　活塞的常见故障包括三个方面：活塞裙部的磨损；活塞环槽的磨损；活塞销座孔的磨损。

① 活塞裙部的磨损

a. 原因。活塞在正常工作时，它的裙部与活塞销座孔成垂直方向的工作面，由于侧压力的作用，与气缸壁直接摩擦，其表面产生有规律的缕丝状的磨痕。在一般情况下，这种磨损并不影响活塞与气缸壁的正常配合。活塞在工作中，因装有活塞环，其头部很少与气缸壁接触（头部直径一般比下部要小些，相差约 0.6～0.9mm），顶部因受热较强而金属也较厚，热起来会膨胀。裙部虽与气缸壁接触，但其单位压力不大，而润滑条件又较好，所以磨损也较小。由于活塞与连杆高速运转时产生侧压力，活塞将形成径向磨损。因此，衡量活塞是否可用，取决于活塞与气缸壁之间增大的间隙程度。

b. 活塞与气缸壁之间间隙增大的后果。出现金属敲击声（俗称敲缸）；加剧活塞与缸壁的磨损；漏气，启动性差；转速不稳，功率下降；机油消耗量增加，排气冒蓝烟。

② 活塞环槽的磨损

a. 原因。活塞环在环槽内运动，使活塞环槽在高度方向受到最大磨损，使之变成阶梯形或梯形（外大内小），同时，使环槽磨损变宽，第一道环槽的磨损大于其他环槽。活塞环在槽壁上的单位压力及高温的影响是磨损的主要原因，环槽磨损的速度在很大程度上取决于活塞环平面的粗糙度和活塞的构造情况。

b. 后果。活塞环的侧隙及背隙增大；窜油（燃油漏入机油盆）、泵油作用上升（机油参与燃烧，排气冒蓝烟）；机油消耗量增加；功率、经济性下降。

③ 活塞销座孔的磨损

a. 原因。活塞销座孔的磨损一般小于活塞环槽的磨损，其磨损速度取决于活塞销座孔的粗糙度以及活塞销与销座孔的配合情况。由于气体压力和惯性力的作用，活塞销座孔的磨损是不圆的，而最大的磨损则发生在垂直于活塞顶的方向上（即活塞销座孔的上下方）。

b. 后果。销孔的配合松旷；销子响；销子窜出来拉坏气缸。

另外，活塞还会产生周壁裂纹和刮伤等故障。如发现有以上损伤，则不能使用。

（2）活塞的检验、选配与修理

① 活塞外观检验

a. 目测法。用肉眼或放大镜观察活塞外表面：有无裂纹；有无拉毛和划痕；裙部颜色（白色的好，其他色差）。

b. 敲击法。用手锤轻轻敲击活塞裙部，根据声音判断好坏，如果声音嘶哑，无尾声，则表示有裂纹，应予以更换；若声音清脆，则表示活塞没有裂纹。

② 活塞裙部的测量　活塞裙部的最大磨损量、锥形度和失圆度可用外径千分尺（见图 3-34）或千分表（见图 3-35）进行测量。

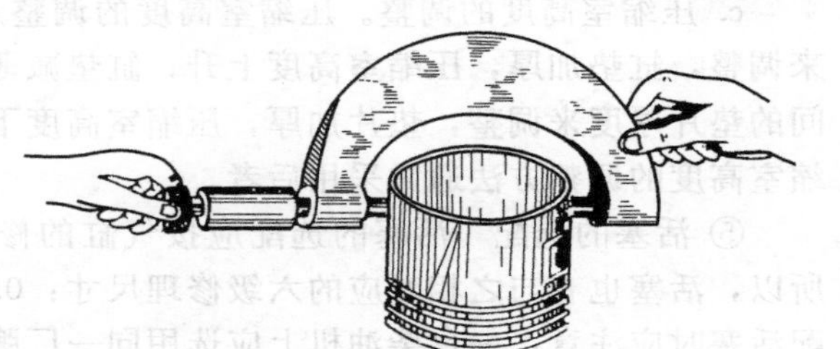

图 3-34　用外径千分尺测量活塞的锥形度和失圆度

值得注意的是：测量活塞时，应在活塞裙部的上、中、下三处分别测出前后和左右的数值来（见图 3-36），测得活塞纵向直径最大值与最小值之差为锥形度，横断面直径最大值与最小值之差为失圆度，然后，按照说明书技术要求进行对照，看是否可继续使用。

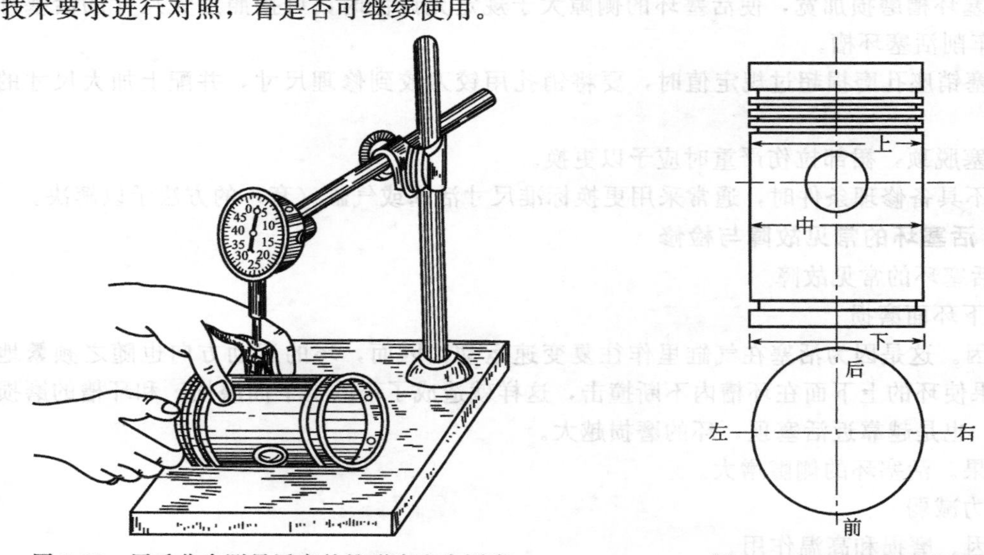

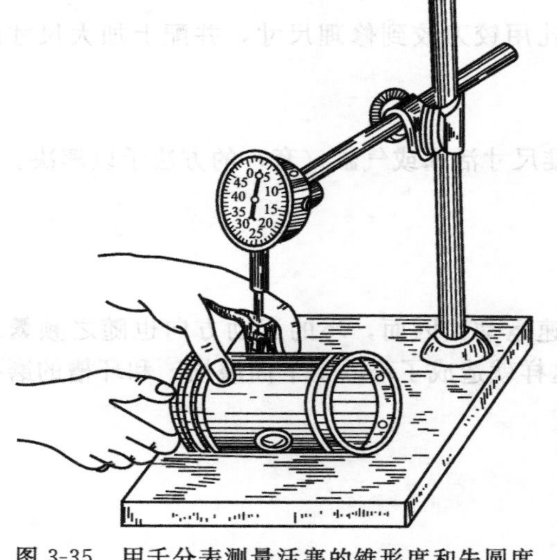

图 3-35　用千分表测量活塞的锥形度和失圆度

图 3-36　活塞测量的位置

③ 活塞裙部与气缸壁径向间隙的检查　活塞裙部与气缸壁径向间隙各机均有明确规定。

检查方法是：选择适当长度、厚度与所测定间隙大小相等的厚薄规，活塞倒过来顶朝下，厚薄规放在活塞裙部，同时装入气缸（此时，活塞不装活塞环，若是使用过的旧活塞和旧气缸应放在磨损量最大的地方），到位后拉出厚薄规，用手拉出，稍有一定阻力为合适。

④ 压缩室高度的检查与调整

a. 压缩室高度的定义。所谓压缩室高度，是指活塞到达上止点时，活塞顶与气缸盖之间的距离（间隙），也称压缩室余隙。

在修理柴油机时，若更换或修理过气缸套、连杆、连杆瓦、活塞销衬套、气缸垫等机件，均应对压缩室高度进行检查与调整。

b. 压缩室高度的检查。其方法是：把铅块或铅丝（选用的铅块厚度或铅丝直径不能小于规定的压缩室高度，但也不能太大，一般比规定的压缩室高度大1.5～2倍左右）放在活塞顶上（注意避开气门），并将气缸盖按规定力矩拧紧，然后慢慢转动曲轴，使活塞经过上止点，最后将铅块（或铅丝）取出，用千分尺测量其厚度，此厚度就是压缩室的高度。

注意：检查压缩室高度一定要在连杆轴瓦检修完以后进行，测得的压缩室高度不能超过原机规定数值的5%。

c. 压缩室高度的调整。压缩室高度的调整通常有两种方法。一种是利用气缸垫的厚度来调整，缸垫加厚，压缩室高度上升；缸垫减薄，压缩室高度下降。另一种是利用连杆轴瓦间的垫片厚度来调整，垫片加厚，压缩室高度下降；垫片减薄，压缩室高度上升。柴油机压缩室高度的调整方法通常采用后者。

⑤ 活塞的选配　活塞的选配应按气缸的修理尺寸来决定，由于气缸有六级修理尺寸，所以，活塞也有与之相对应的六级修理尺寸：0.25、0.50、0.75、1.00、1.25、1.50，在选配活塞时应注意：一台柴油机上应选用同一厂牌成组的活塞，以便使材料、性能、重量和尺寸一致。同一组活塞的直径差，不得大于0.025mm；各个活塞的重量差不得超过活塞自重的1%～1.5%。各机型都有明确的规定。

⑥ 活塞的修理

a. 活塞裙部的磨损、活塞裙部的失圆度与锥形度大于规定值时应更换。

b. 活塞环槽磨损加宽，使活塞环的侧隙大于规定允许值时，可按照加大尺寸的活塞环在车床上车削活塞环槽。

c. 活塞销座孔磨损超过规定值时，要将销孔用铰刀铰到修理尺寸，并配上加大尺寸的活塞销。

d. 活塞脱顶，裙部拉伤严重时应予以更换。

e. 在不具备修理条件时，通常采用更换标准尺寸活塞或气缸（套）的方法予以解决。

3.2.2.2　活塞环的常见故障与检修

（1）活塞环的常见故障

① 上下环面磨损

a. 原因。这是因为活塞在气缸里作往复变速运动，因而，环的运动方向也随之频繁地改变，结果使环的上下面在环槽内不断撞击，这样就造成了环的上下面磨损。和环槽的磨损情况相似，也是越靠近活塞顶，环的磨损越大。

b. 后果。活塞环的侧隙增大。

② 弹力减弱

a. 原因。磨损和高温作用。

b. 后果。侧隙、背隙、端隙增大；密封作用下降；漏气、窜机油，发动机机油消耗量增加；功率、经济性下降。

③ 断裂

a. 原因。安装方法不当，卡伤撞断活塞环；侧隙、端隙过小，使环卡断；承受大负荷的撞击（如柴油机突爆时）；修理时缸肩未刮除，将第一道活塞环撞断。

b. 后果。拉伤活塞及气缸壁。

（2）活塞环的检验与修理

① 活塞环间隙的检查与修理

a. 侧隙的检查。侧隙（也叫边隙），是指活塞环与环槽平面间（槽内的上下平面间）的间隙。侧隙过大，将影响活塞的密封作用；侧隙过小，将会使活塞环卡死在环槽内。

侧隙的测量是把活塞环放在各自的环槽内，围绕着环槽滚行一周，应能自由滚动，而且既不松动又不涩滞，用厚薄规按规定间隙大小测量（如图 3-37 所示）。

如活塞环侧隙过小，可采用下列方法：将活塞环放在极细的（00 号）砂布上研磨，研磨时，砂布应放在平板上，稍涂机油，使环贴紧砂布，细心、均匀地作回转运动（如图3-38 所示）；用平板玻璃涂以磨料（金刚砂）及机油，将活塞环平放细磨。如侧隙过大，活塞环将不能使用，要采用加厚的活塞环，但更普遍的方法是更换活塞。

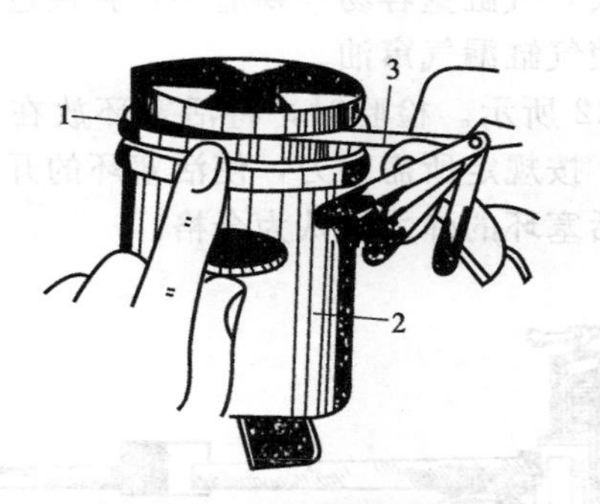

图 3-37　测量活塞环侧隙

1—活塞环；2—活塞；3—厚薄规

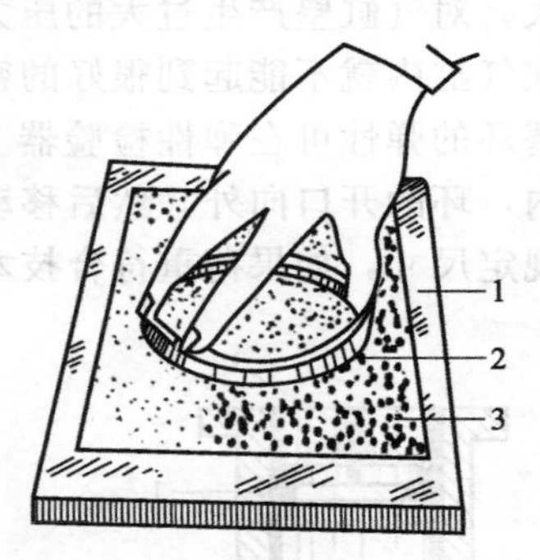

图 3-38　活塞环磨薄的方法

1—平板；2—活塞环；3—砂布

b. 背隙的检查。背隙（也叫槽隙），是指活塞与活塞环装入气缸后，活塞环背部与活塞环槽之间的间隙。为了测量方便，通常用活塞环槽的深度与活塞环的厚度之差来表示（可用带深度尺的游标卡尺测量）。活塞环一般应低于环岸 0.2～0.35mm，以免在气缸内卡住。如果背隙过小，可将活塞环槽车深。

c. 开口间隙的检查。开口间隙（也叫端隙），是指活塞环装入气缸后，在活塞环的开口处两端之间的间隙。开口间隙的大小与气缸直径有关，气缸直径每 100mm，开口间隙为 0.25～0.45mm，而且第一道环最大，然后依次减小。若开口间隙过大，气缸密封不好；若开口间隙过小，活塞环受热膨胀后将卡死在气缸内。

检查活塞环的开口间隙，是先把活塞环平正地放在待配的气缸内，用活塞头部将活塞环推至气缸的未磨损处（或新气缸的任何一处），使活塞环平行于气缸体平面，然后用厚薄规测量其开口处两端之间的间隙（见图 3-39）。

如果其开口间隙超过规定值过大，则不能使用，需更换活塞环；若开口间隙过小，可用细锉刀锉环口一端，加以调整（见图 3-40），锉时要注意：环口端面要平整，锉后要留有倒角，以防止环外口的锋利边拉坏气缸，并且要边锉边检查，以防造成开口间隙过大。

② 活塞环漏光度的检查　活塞环必须与气缸壁处处贴合，以便有效地起到密封作用，为此，在选配活塞环时，应进行漏光度的检查。

图 3-39 活塞环开口间隙的检查

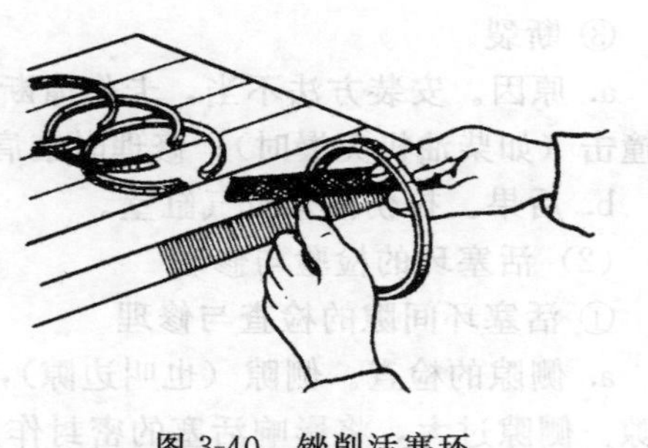

图 3-40 锉削活塞环

检查的方法，通常是将活塞环平放在气缸内，在活塞环下边放一个灯泡，上面放一个盖板盖住环的内圆，观察环与缸壁之间的漏光缝隙（如图 3-41 所示）。一般要求是：活塞环漏光间隙不得超过 0.03mm；漏光弧长在圆周上一处不得大于 30°；同一环上的漏光处不超过 2 处，总弧长不超过 60°；在环端开口处左右 30°范围内不允许漏光。

③ 活塞环弹性的检查　为了保证活塞环与气缸的紧密配合，活塞环应有一定的弹性。弹性过大，对气缸壁产生过大的压力，增加摩擦损失，气缸壁容易早期磨损；弹性过小，则活塞环在气缸内就不能起到很好的密封作用，容易使气缸漏气窜油。

活塞环的弹性可在弹性检验器上检验，如图 3-42 所示。检验时，将活塞环放在检验器的凹槽内，环的开口向外，然后移动杠杆上的重锤，按规定所需的力，使活塞环的开口间隙压紧至规定尺寸，如果荷重符合技术规定的数据，活塞环的弹力便认为合格。

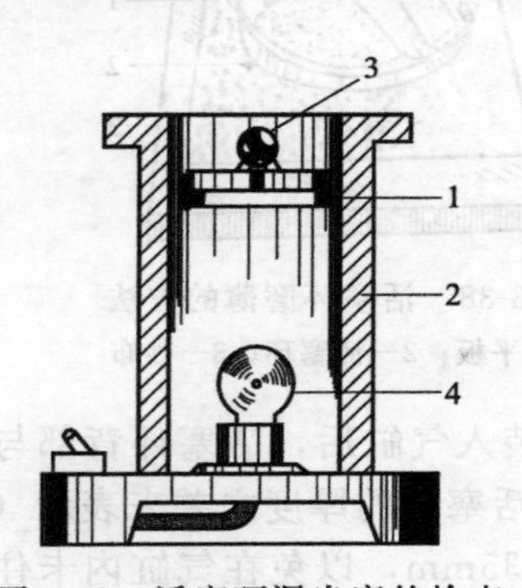

图 3-41 活塞环漏光度的检查

1—活塞环；2—气缸；3—盖板；4—灯泡

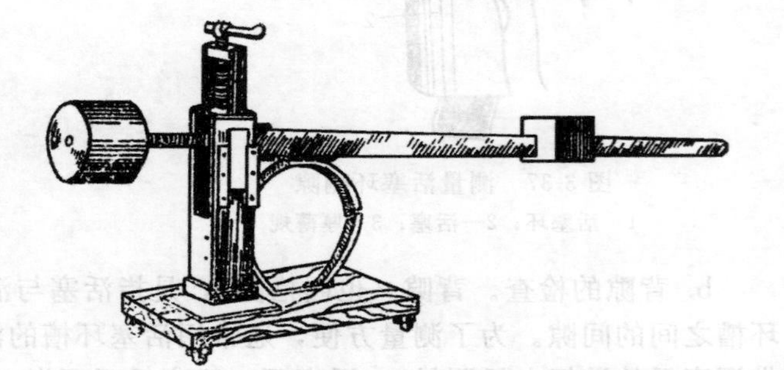

图 3-42 用弹性检验器检查活塞环的弹性

如果没有检验器，可用新旧对比法，将被检验的旧活塞环与新环上下直立放在一起，在环上施加一定压力，如图 3-43 所示。如果被检验的旧活塞环开口相碰，而新活塞环口还有相当间隙时，即表示旧环弹性不够，应予以更换。

④ 活塞环的选配　柴油机大修时，应按照气缸的修理尺寸，选用与气缸、活塞相适应的同级活塞环，不可用大尺寸的活塞环锉小使用，因为，如果选用了较大的活塞环，虽然可将开口处锉去一部分，勉强装入气缸内，但这样会使活塞环失圆，使活塞环与气缸壁接触不严密而造成漏气，影响柴油机的正常工作性能。

活塞环除标准尺寸外，为了适应气缸修理的需要，其修理加大尺寸与气缸修理加大尺寸相同，即共有六级加大尺寸，每级加大 0.25mm，直至 1.5mm，在活塞环端面上都印有活塞环的修理尺寸。也有生产厂家将活塞环开口间隙做小一些，以便装配时调整。

⑤ 活塞环的装配　安装活塞环一般采用专用工具—活塞环钳，在没有专用工具的条件下，也可用三块铁片或平口起子安装（如图 3-44 所示）。有的活塞环采用了不同的断面，

在安装时要特别注意其安装方向。

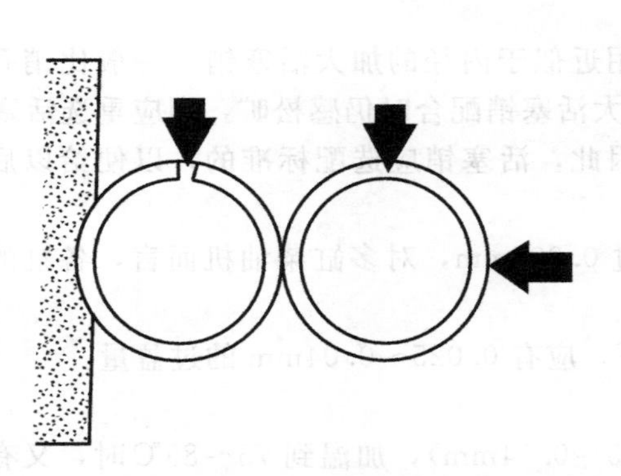

图 3-43　用新旧对比法检查活塞环

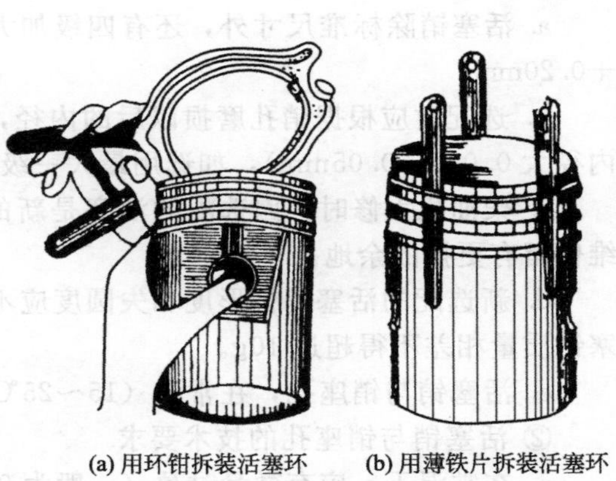

(a) 用环钳拆装活塞环　(b) 用薄铁片拆装活塞环

图 3-44　活塞环的拆装方法

3.2.2.3　活塞销的常见故障与检修

（1）活塞销的常见故障

① 活塞销的磨损

a. 原因：承受较大的交变负荷。

b. 后果：活塞销、活塞销座孔及连杆衬套配合处相对磨损；活塞销与活塞销座孔、活塞销与连杆衬套配合间隙增大；产生敲击声（销子响）。

② 断裂

a. 原因：活塞销质量不好，有裂纹。

b. 后果：打坏气缸体，造成事故。

（2）活塞销的检验与修理

① 活塞销磨损的测量与修复

a. 磨损的测量。柴油机的活塞销，应用千分尺测量（见图 3-45）。测量时要测三个部位（见图 3-46）：两头和中间。每一部位所测得的任意两相互垂直的直径之差即为该部位的失圆度；三个部位上所测得的最大与最小直径之差即为锥形度；其失圆度及锥形度一般不应大于 0.005mm。

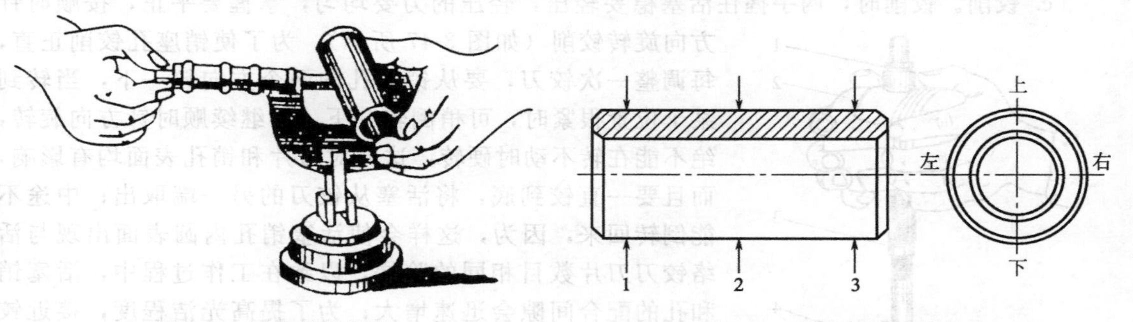

图 3-45　活塞销的测量　　图 3-46　活塞销测量的部位

b. 修复。当径向磨损大于 0.5mm 时，必须更换；当径向磨损小于 0.5mm 时，可采用镀铬或镦粗的方法修复（镦：冲压金属板使其变形，不加热叫冷镦，加热叫热镦）。

② 活塞销裂纹的检验　方法是先将活塞销清洗干净，然后用放大镜观察，必要时可用磁力探伤法检查。如有裂纹、表面脱落或锈蚀严重等均应更换。

（3）活塞销与销座孔的修配

① 活塞销的选配

a. 活塞销除标准尺寸外，还有四级加大修理尺寸：＋0.08mm、＋0.12mm、＋0.25mm、＋0.20mm。

b. 选配时应根据销孔磨损以后的内径，选用近似于内径的加大活塞销（一般比销孔的内径大0.025～0.05mm），如选用最大一级的加大活塞销配合时仍感松旷，则应重选活塞。

c. 柴油机大修时，因选配的活塞是新的，因此，活塞销应选配标准的，以便给以后的维修留有更换的余地。

d. 新选配的活塞销锥形度和失圆度应不超过0.005mm，对多缸柴油机而言，各缸的活塞销质量相差不得超过10g。

e. 活塞销与销座孔，在常温（15～25℃）下，应有0.025～0.04mm的过盈量。

② 活塞销与销座孔的技术要求

a. 在常温下，应有微量过盈（一般为0.0025～0.04mm），加温到75～85℃时，又有微量间隙，使活塞销能在销座孔内转动，而冷却后，活塞裙部椭圆变形即长轴缩短（与活塞销轴线相垂直方向）；短轴伸长（活塞销轴线方向），其变化均不应超过0.04mm。这一点，是活塞销与销座孔修配的关键。若配合太紧，机油进不去，使活塞销的润滑变坏，加剧磨损，甚至会产生卡缸现象；若配合太松，会使活塞销在活塞往复运动中撞击活塞和连杆衬套，磨损加剧，严重时会出现活塞销折断或窜出，造成事故。

b. 接触面积不少于75%。这是因为，接触面积太小，单位面积承受载荷上升，加速磨损，影响松紧度，柴油机寿命下降。

活塞销与销座孔的配合，是通过对活塞销座孔的镗削或铰削完成的。铰削销座孔时，应选用长刃铰刀，使两个销座孔能同时进行铰削，以保证两孔的同心度。

③ 活塞销座孔的铰配步骤

a. 选择铰刀。根据销座孔的实际尺寸选择铰刀，并将铰刀夹在虎钳上，使其与钳口的平面保持垂直。

b. 调整铰刀。铰刀向上调整尺寸缩小，向下调整尺寸扩大。因第一刀是试验性的微量铰削，销座孔铰削量较小，一般是调整到刀片上端露出销座孔即可，以后各刀的调整量也不应过大，一般是旋转调整螺母60°～90°为宜，当铰削量过小时，可再旋转调整螺母30°～60°。

c. 铰削。铰削时，两手握住活塞稳妥轻压，轻压的力要均匀，掌握要平正，按顺时针方向旋转铰削（如图3-47所示）。为了使销座孔铰削正直，每调整一次铰刀，要从销座孔的两个方向铰一下，当转到某个位置很紧时，可稍倒转一下，再继续顺时针方向旋转，绝不能在转不动时硬转，这样对刀片和销孔表面均有影响，而且要一直铰到底，将活塞从铰刀的另一端取出；中途不能倒转回来，因为，这样会使活塞销孔内圆表面出现与活络铰刀刀片数目相同的阶梯，以致在工作过程中，活塞销和孔的配合间隙会迅速增大；为了提高光洁程度，接近铰好时，铰刀的铰削量应尽量调小一些。

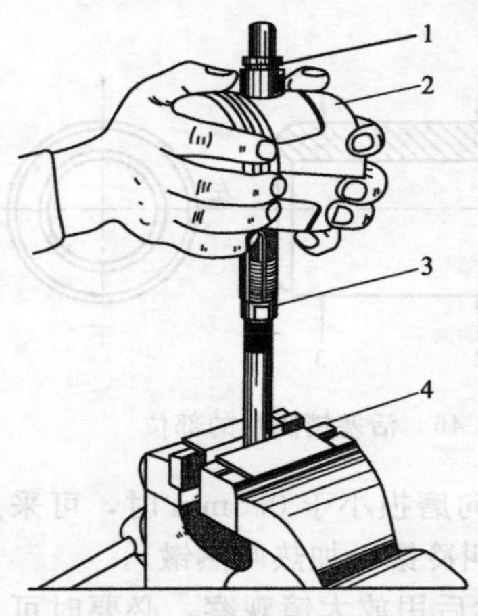

图3-47 活塞销座孔的铰削
1—导向套；2—活塞；
3—可调铰刀；4—虎钳

d. 试配。铰削过程中应随时用活塞销试配，防止把活塞销座孔铰大，当铰削到用手掌的力量将活塞销推入一个销座孔的1/3左右时，应停止铰削。然后用木槌或垫以铜冲，用手锤轻轻将活塞销打入一个销座孔，试配一两次检查接触情况后，再继续打入另一个座孔。打压时，活塞销要放正，以防销子倾斜损伤销座孔的工作面，最后将活塞销冲出，查看接触面情况，适当进行修刮。

e. 刮配。修刮不仅能增加活塞销与销座孔的接触面积，而且还可以获得合适的配合紧度，修刮时刀刃应与销座孔的轴线成 30°～40°角，以避免修刮面积过大，刮伤未接触的部位，修刮时应按从里到外，刮重留轻，刮大留小的原则进行，两端边缘处最好开始少刮或不刮，以防止刮成喇叭口形，待活塞销与销座孔的松紧度和接触面接近合适时，再稍修刮两端，修刮后，使松紧度和接触面都达到要求。

松紧度的要求：柴油机要求活塞在水中加温到 75～85℃时，在活塞销上涂以机油，用手掌稍用力将其推入销座孔为合适。接触面的要求：接触面 75%以上，在销座孔工作面上的印痕应星点分布均匀，轻重一致。

3.2.3 连杆组构造

连杆组的功用是连接活塞与曲轴，将活塞承受的燃气压力传给曲轴，并和连杆配合，把活塞的直线往复运动变为曲轴的旋转运动。

连杆在工作时，承受有三种作用力：活塞传来的气体压力；活塞组零件及连杆本身（小头）的惯性力；连杆本身绕活塞销作变速摆动时的惯性力。这些力的大小和方向都是周期性地变化，因此连杆承受着压缩、拉伸和横向弯曲等交变应力。连杆或连杆螺栓一旦断裂，就可能造成整机破坏的重大事故。如果刚度不足，使大头孔变形失圆，大头轴承的润滑条件受到破坏，则轴承会发热而烧损。连杆杆身变形弯曲，则会造成气缸与活塞的偏磨，引起漏气和窜机油。所以要求连杆在尽可能轻的情况下，保证有足够的强度和刚度。

为保证连杆结构轻巧，且有足够的刚度和强度，一般常用优质中碳钢（如 45 钢）模锻或滚压成形，并经调质处理。中小功率柴油机连杆有采用球墨铸铁制造的，其效果良好，且成本较低。强化程度高的柴油机采用高级合金钢（如 40Cr、40MnB、42CrMo 等）滚压制造而成。合金钢的特点是抗疲劳强度高，但对应力集中比较敏感，因此采用合金钢制造连杆的时候，对其外部形状、过渡圆角和表面粗糙度等都有严格要求。近年来，硼钢、可锻铸铁及稀镁土球墨铸铁已广泛用于制造柴油机连杆，其抗疲劳强度接近于中碳钢，并且其切削性能很好，对应力集中不敏感，制造成本低。

3.2.3.1 普通连杆

一般柴油机的连杆组是由连杆小头、连杆杆身、连杆大头、连杆盖、连杆轴瓦、连杆衬套和连杆螺栓等部分组成（如图 3-48 所示）。

（1）连杆小头　连杆小头的结构通常为短圆管形，用来安装活塞销。通常以半径较大的圆弧与杆身圆滑衔接，从而减少过渡处的应力集中。在小头孔中压配有耐磨的锡青铜、铝青铜或铁基粉末冶金的薄壁衬套，以减小活塞销的磨损。为了润滑衬套和全浮式活塞销的配合表面，在连杆小头和衬套上方钻孔或铣槽，以收集飞溅下来的油雾。对采用压力润滑方式的连杆，在杆身中钻有油道，润滑油从曲轴连杆轴颈，经过杆身油道进小头衬套的摩擦表面。

（2）连杆杆身　连杆杆身一般采用“工”字形断面，这是因为在材料断面面积相等的条件下，其抗弯断面模数最大，因此连杆可在最轻的情况下获得最大的结构刚度和强度。

（3）连杆大头　连杆大头是连杆与曲轴连杆轴颈相连接的部分，亦是连杆轴颈的轴承部分。连杆大头一般通过孔心分成两部分，以利于拆装，其中被分开的小部分称为连杆盖（或连杆瓦盖），装配时，这两部分用两个或四个连杆螺栓连接。

连杆螺栓一般用中碳合金钢经精加工调质处理制成。为使连杆轴瓦与大头贴合良好，防止大头剖分面在受力时产生缝隙，连杆螺栓必须具有一定的预紧力。所以各生产厂对螺栓的扭紧力矩都作了详细的规定。装配时，连杆螺栓应按一定次序、对称均匀、分 2～3 次逐步

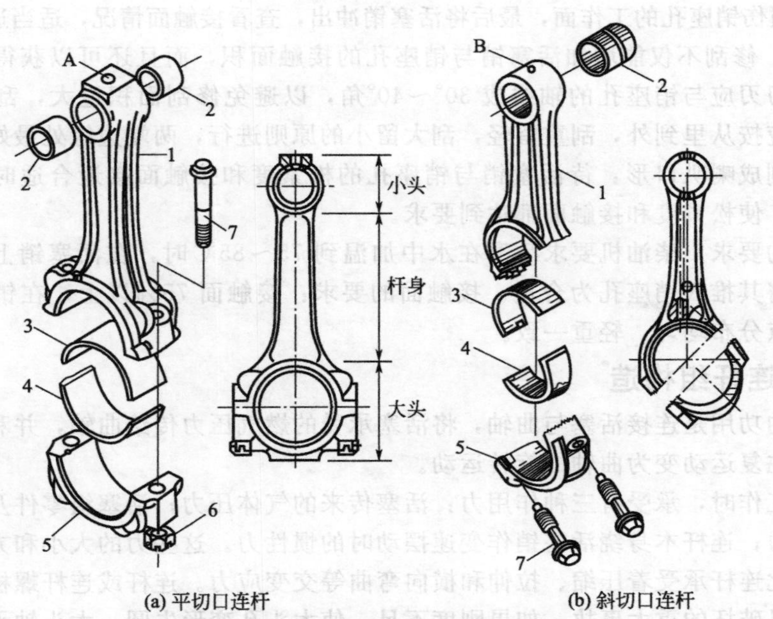

图 3-48 连杆（A—集油孔；B—喷油孔）
1—连杆体；2—连杆衬套；3—连杆轴承上轴瓦；4—连杆轴承下轴瓦；
5—连杆盖；6—螺母；7—连杆螺栓

拧紧，达到规定的扭紧力矩。连杆螺栓紧固后，为防止其松脱，一般采用开口销、铁丝、锁紧片等锁紧。当螺纹精确加工且合理拧紧时，不加任何锁紧装置，连杆螺栓也不会松动。所以在现代柴油机中，连杆螺栓大多没有特别的锁紧装置。

由于大头孔的精度要求很高，因此必须在剖分后再组合在一起进行孔的加工。孔加工后必须通过定位装置将大头盖与连杆大头之间的相对位置加以固定，以防装配时错位。同时在大头与大头盖的一侧打上配对记号，以免装错。

连杆大头的剖分形式有平切口和斜切口两种。剖分面垂直于连杆杆身中心线的称为平切口［如图 3-48(a) 所示］。剖分面与杆身中心线倾斜成一定角度（30°～60°，通常成 45°）的称为斜切口［如图 3-48(b) 所示］。

3.2.3.2 V 型连杆

V 型柴油机左右两侧相对应的两个气缸的连杆，通常都装在同一个曲柄销上。按照两个连杆连接方式的不同，可分为下列三种形式。

(1) 并列连杆　相对应的左右两缸的连杆，一前一后地装在同一曲柄销上，如图 3-49 所示。由于连杆的结构形式相同，因此可以通用，而且两侧气缸的活塞连杆组的运动规律相同。其缺点是两侧气缸的中心线沿曲轴轴向要错开一段距离，因而曲轴的长度增加，使曲轴刚度降低。

(2) 主副连杆　主副连杆又称关节式连杆，一列气缸的连杆装在连杆轴颈上，称为主连杆；另一列气缸的连杆，通过一圆柱销与主连杆的耳销孔相连接，称为副连杆。如图 3-50 所示。左右两列对应气缸的主副连杆及其中心线位于同一平面内。

这种形式的优点是曲轴的长度不需加长，使曲轴刚度加强。缺点是连杆不能互换。副连杆对主连杆产生附加弯矩，以及左右两列气缸的活塞连杆组运动规律不同。

(3) 叉片式连杆　左右两列气缸相对应的两个连杆中，一个连杆的大头做成叉形，另一个连杆的大头插在叉形连杆的开挡内（如图 3-51 所示），称为叉片式连杆。

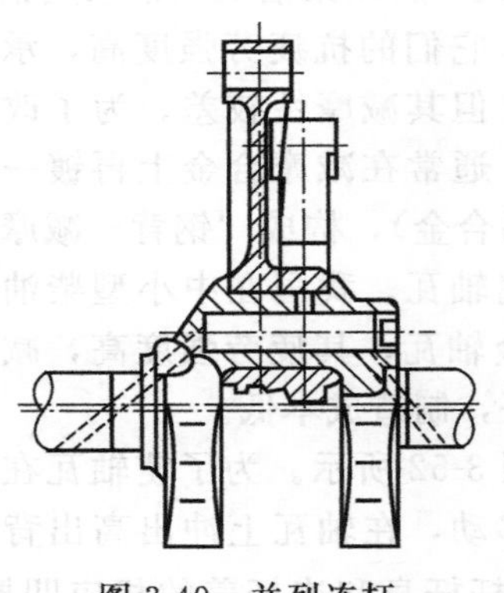
图 3-49 并列连杆

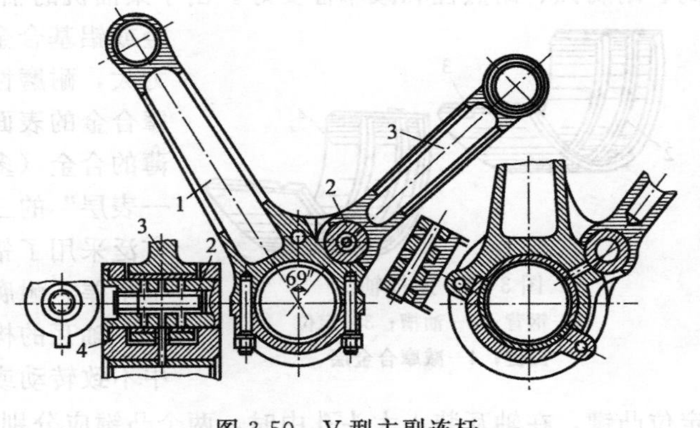

图 3-50 V 型主副连杆

1—主连杆；2—副连杆插销；3—副连杆；4—主连杆耳

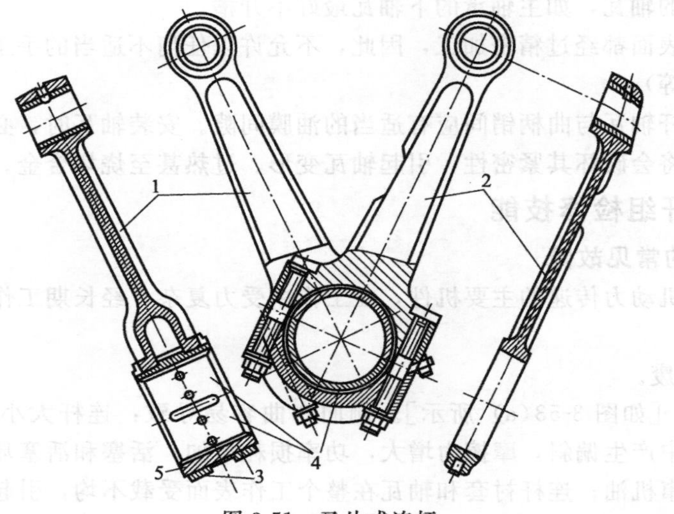

图 3-51 叉片式连杆

1—叉形连杆；2—内连杆；3—叉形连杆轴承盖；4—轴瓦；5—销钉

叉形连杆杆身的工字断面的长轴位于垂直于摆动平面的平面内。其翼板伸到大头的部分就成为叉形，这使片式连杆摆动时，在叉形连杆杆身上开槽的高度可以减小，因而强度有所提高。

叉形连杆的优点是两列气缸中活塞连杆组的运动规律相同，曲轴的长度不需加长。缺点是叉形连杆大头结构和制造工艺比较复杂，大头的刚度也不够高。

在缸径较大，缸数较多的 V 型柴油机上，多采用主副连杆和叉片式连杆，而一般 V 型柴油机则多采用并列式连杆。

3.2.3.3 连杆轴承

柴油机中的轴承以滑动轴承（又称轴瓦）为多，其中受力较大且具有重要作用的是连杆轴承和曲轴主轴承。它们的工作情况对柴油机的可靠性、使用寿命等有很大影响。它们的工作情况和材料要求大致相同，因此在此一并介绍。

轴瓦是用厚 1～3mm 的钢带作瓦背，其上浇有厚 0.3～1.0mm 的减摩合金（白合金、铜铅合金或铝基合金）的薄壁零件（图 3-25 中的 12）。由于连杆轴承在工作时受到气体压力和活塞连杆组往复惯性力的冲击作用，而且轴承工作表面和轴之间有很高的相对滑动速度，由于高负荷、高速度的作用，所以轴承很容易发热和磨损。这就要求减摩合金的机械强度要高、耐腐蚀、耐热性和减摩性要好。由于柴油机的轴承负荷大，所以柴油机通常采用铜铅合金或铝基合金轴瓦。它们的抗疲劳强度高，承载能力大，耐磨性也好，但其减摩性较差。为了改善减摩合金的表面性能，通常在减摩合金上再镀一层极薄的合金（多为铅锡合金），构成“钢背—减摩合金—表层”的三层金属轴瓦。我国在中小型柴油机上广泛采用了铝基合金轴瓦，其疲劳强度高，减摩性也不差，耐腐蚀性好，制造成本低。

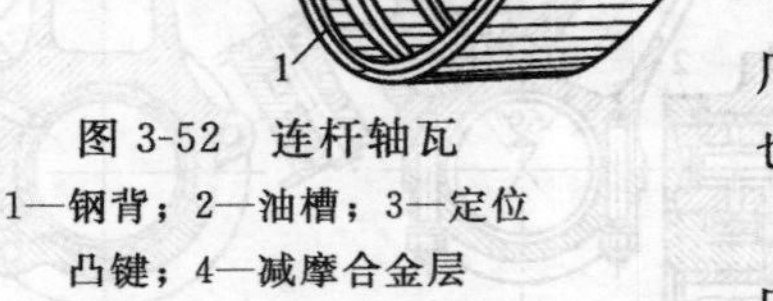

图 3-52　连杆轴瓦

1—钢背；2—油槽；3—定位凸键；4—减摩合金层

轴瓦的构造如图 3-52 所示。为了使轴瓦在工作中不致转动或轴向移动，在轴瓦上冲出高出背面的定位凸键，在轴瓦装入大头孔中时，两个凸键应分别嵌入连杆杆身和连杆盖的相应凹槽中。有些轴瓦在内表面有浅槽，用以储油以利润滑。但实践证明，开油槽的轴瓦承载能力显著降低，因此受力大的轴瓦，如主轴承的下轴瓦最好不开槽。

轴瓦的内外表面都经过精密加工，因此，不允许以任何不适当的手工方式加工（如锉连杆盖、焊补合金等）。

装配时，连杆轴瓦与曲柄销间应有适当的油膜间隙。安装轴瓦时，必须保持干净，如有任何杂物落入，将会破坏其紧密性，引起轴瓦变形、过热甚至烧坏合金。

3.2.4　连杆组检修技能

3.2.4.1　连杆的常见故障

连杆是柴油机动力传递的主要机件，在工作中受力复杂，经长期工作，可能产生以下几种常见故障。

① 裂纹：报废。

② 侧向弯曲［如图 3-53(a) 所示］。侧向弯曲容易导致：连杆大小头孔的中心线不平行；活塞在气缸中产生偏斜，摩擦力增大，功率损耗增加；活塞和活塞环磨损加剧；漏入曲轴箱废气增多，窜机油；连杆衬套和轴瓦在整个工作表面受载不均，引起连杆衬套和轴瓦发热，磨损加剧。

③ 扭曲［如图 3-53(b) 所示］。连杆扭曲容易导致：连杆和活塞销、活塞销与活塞卡住，使其转动不灵，严重时将产生强烈的敲缸声。

④ 连杆在平面方向的弯曲［如图 3-53(c) 所示］。

⑤ 连杆大小端孔产生失圆和锥形。

⑥ 连杆螺栓、螺母损伤。

连杆的弯曲和扭曲，往往是由于柴油机超负荷和突爆等原因造成的，从以上它们产生的后果知道，连杆有了弯曲和扭曲，不仅降低了它本身的强度，而且还使活塞组与气缸的配合失常，给活塞组和气缸带来不正常的纵向磨损。因此，在修理时必须认真、准确地对连杆进行检验和校正。

连杆弯曲和扭曲的检验是在连杆校验器上进行。连杆校验器的结构如图 3-54 所示，是由槽块座、固定螺钉、平板、调整螺母及扩张块等五部分组成。另外，还附有校正连杆弯曲和扭曲的专用工具。

3.2.4.2　连杆组的检验与修理

(1) 连杆弯曲度的检验与校正

① 弯曲度的检验　连杆弯曲度的检验在连杆校正器上进行。根据连杆轴承的孔径，选

择合适的扩张块一副装入芯轴，将连杆大头的轴承盖装好，此时，不装轴承（连杆瓦），按规定的扭力拧紧，同时装入已配好的活塞销，然后将连杆大头套入校正器的芯轴上，旋动调整螺母，借芯轴上斜面凸轴的作用，使扩张块渐渐向外张，与连杆大头孔配至适当的紧度为止，并使连杆固定在适当的位置上，如槽块座位置不当时，可进行调整，使活塞销紧贴槽块座的上平面（或下平面）。如图 3-54(a) 所示。检查两边间隙，若两边间隙不一样，说明连杆弯曲，两边间隙相差越大，说明连杆弯曲越厉害。当两边间隙的误差超过 0.05～0.1mm 时，应进行校正。根据检查的结果，确定连杆弯曲的方向和程度，然后进行校正。

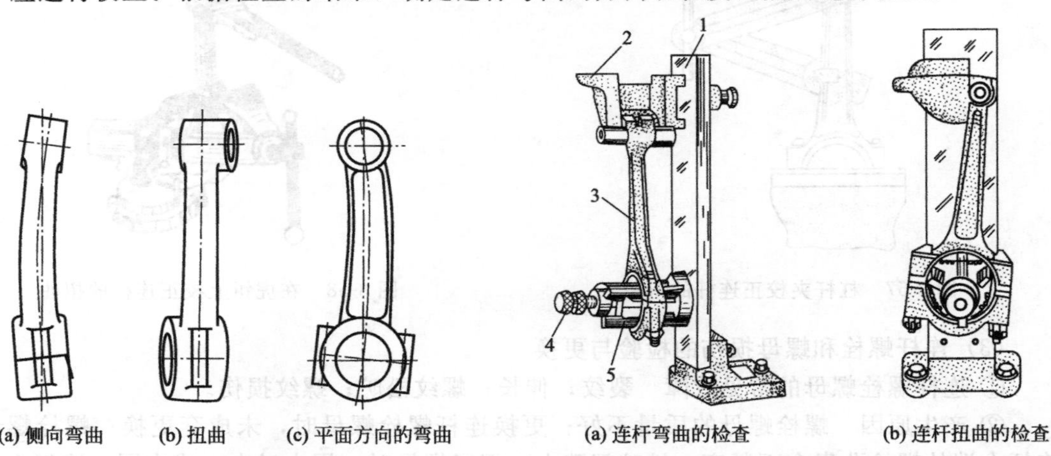

图 3-53　连杆常见的几种变形

图 3-54　连杆弯扭的检查

1—垂直板；2—槽块座（小角铁）；3—连杆；4—横轴调整螺栓；5—扩张块（定心块）

② 弯曲度的校正　连杆弯曲度的校正，一般是利用连杆校正器上的附属工具进行，如图 3-55 所示，根据连杆弯曲的方向，把校正的专用工具夹在虎钳上，对连杆进行压正，注意：要边压边检查，直至连杆校正为止。

由于连杆弯曲或扭曲后有残余应力存在，虽然在当时是压好的，但有可能会发生重复变形。为了解决这个问题，连杆校正后可放在机油中加温到 150～200℃，以消除或减小连杆弯曲和扭曲的残余应力。当连杆的弯曲和扭曲程度很小时，校正后可不做此项工作。在没有连杆校正器的情况下，也可以利用其他简单工具（如虎钳）进行校正，如图 3-56 所示。

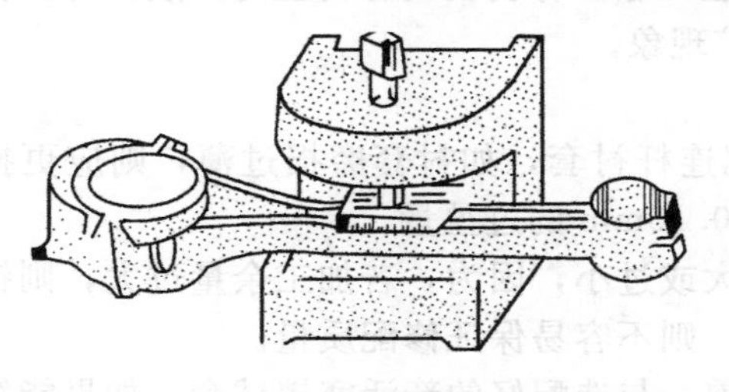

图 3-55　用连杆校正器校正连杆的弯曲

图 3-56　在虎钳上校正连杆的弯曲

(2) 连杆扭曲度的检验与校正

① 扭曲度的检验　检查连杆的扭曲时，应使活塞销紧靠槽块座的侧面，如图 3-54(b) 所示，观察两边的间隙，若间隙不一样，说明连杆发生扭曲，其两边间隙差应在 0.05～0.1mm 范围内，如果超出此值，应进行校正。

② 扭曲的校正　校正连杆扭曲的方法，如图 3-57 所示，将校扭曲的两根杠杆夹住连杆

两边，不带螺孔的一根杠杆应放在间隙大的一边，逐渐旋紧压力螺钉，迫使两根杠杆向两边分开，渐渐将连杆反扭，边校正边检查，直至连杆校正为止。

在没有连杆校正器时，可用管子钳进行校正。方法是：将连杆的大头夹紧在虎钳上，根据扭曲的方向利用管子钳扳正，如图 3-58 所示，边校正边检查，直至校正为止。

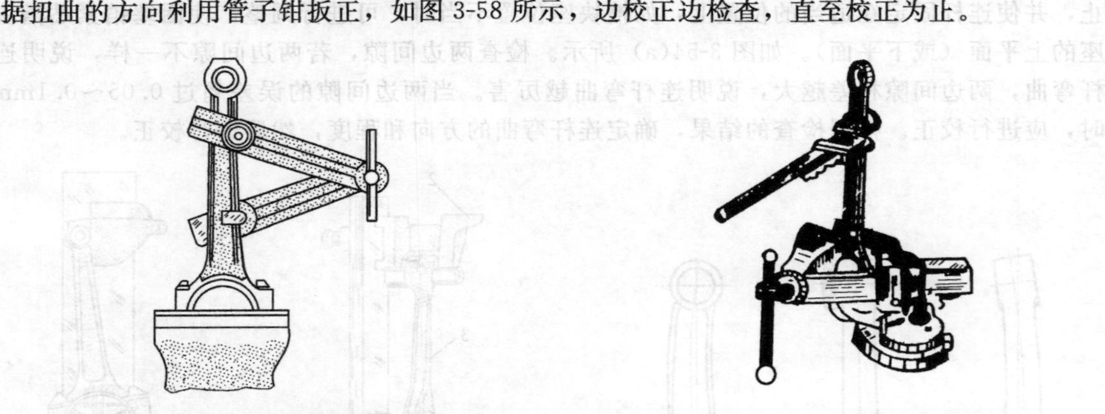

图 3-57　杠杆夹校正连杆的扭曲

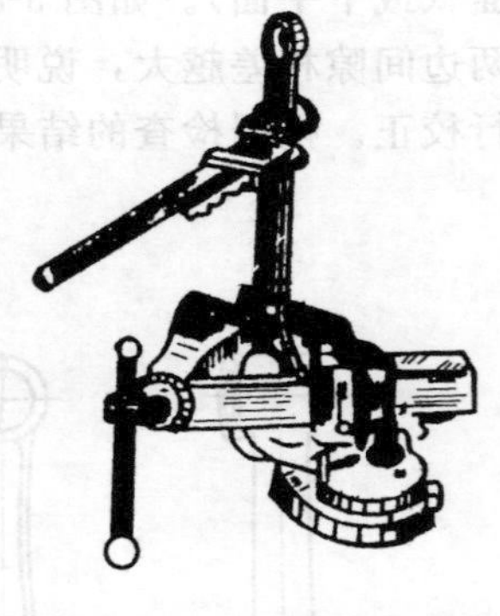

图 3-58　在虎钳上校正连杆的扭曲

（3）连杆螺栓和螺母损伤的检验与更换

① 连杆螺栓螺母的常见故障　裂纹；伸长；螺纹松旷；螺纹损伤。

② 产生原因　螺栓螺母的质量不好；更换连杆螺栓螺母时，未成套更换；螺栓螺母与连杆大端的螺栓孔靠合不紧密，松旷间隙大；扭紧螺母时，用力过大；或在同一连杆上，两个螺母的扭力不一致；螺栓头和螺母与连杆的支承表面贴附不平整，在螺栓和螺母装紧后，有歪斜现象；连杆轴瓦的间隙过大，或连杆轴颈的失圆度过大。

在通常情况下，连杆螺栓螺母不是一下子损坏的，而是由于以上某些原因长期存在而未及时发现，引起材料疲劳而产生的。因此，修理时应仔细检验，并进行合理装配，以免因螺栓和螺母的损伤而发生严重事故。

③ 检验方法　用 5～10 倍的放大镜，在螺栓的圆角处和螺纹附近，仔细检查有无损伤现象；利用电磁探伤器，检查有无裂纹；用量尺检查螺栓长度有无拉伸现象，用螺纹规检查螺纹有无损伤。

④ 螺栓螺母的更换（技术鉴定）　在检验时，如发现螺栓螺母有下列情况之一者，必须予以更换：螺纹有损坏现象，或拉纹在两扣以上；螺栓有裂纹或有明显的凹痕；螺栓伸长超过原长的 0.3%；螺母装在螺栓上有明显的松旷现象。

（4）活塞销与连杆衬套的修配

① 连杆衬套的选配　更换活塞销时，应选配连杆衬套，如衬套磨损过薄，则应更换新衬套。衬套与连杆小头内径的配合，应有 0.04～0.10mm 的过盈量。

新选配的衬套应有一定的加工余量，不宜过大或过小，因为，若加工余量过大，则铰削的次数太多，容易把内孔铰偏；若加工余量太小，则不容易保证修配质量。

经验的判断方法是：在衬套压入连杆小头之前，与选配好的新活塞销试套，如果能勉强套上，则为合适。

拆连杆衬套，用铳子冲出即可。安装连杆衬套时，用铳子冲入或用台钳压入（如图3-59所示），有条件的地方，可在压床上进行。安装时，应注意使衬套的油孔与连杆小头上的油孔对准。若新衬套上无油孔时，应在压入前先将油孔钻好。

② 活塞销与连杆衬套的技术要求　配合间隙：对柴油机而言，在常温下，应有 0.02～0.12mm 的间隙。接触面积：不少于 75%。其间隙过大、过小，接触面积过小的危害与活

塞销、销座孔间间隙过大、过小，接触面积过小的危害相同。活塞销与连杆衬套的正确配合，是通过铰削来实现的。

③ 连杆衬套的铰配　连杆衬套的铰配步骤与活塞销座孔的铰配步骤相似。

a. 选择铰刀：根据活塞销实际尺寸选择铰刀，将铰刀夹入虎钳与钳口平面垂直。

b. 调整铰刀：把连杆小端套入铰刀内，一手托住连杆的大端，一手压小端，以刀刃能露出衬套上平面 3～5mm 为第一刀的铰削量。铰刀的调整量，以旋转螺母 60°～90°为宜。如铰削量过大或过小，都会使连杆在铰削过程中摆动，铰出棱坎或喇叭口。

c. 铰削：铰削时，一手把住连杆大端，并均匀用力拨转，一手把持小端，并向下施压力进行铰削。铰削中应保持连杆与铰刀成直角，以免铰偏（如图 3-60 所示）。调一次铰刀铰到底后，再将连杆翻面铰一次，以免铰成锥形，当衬套下平面与刀刃下方向平齐时，应下压连杆小头，使衬套从铰刀下方脱出，以免起棱。

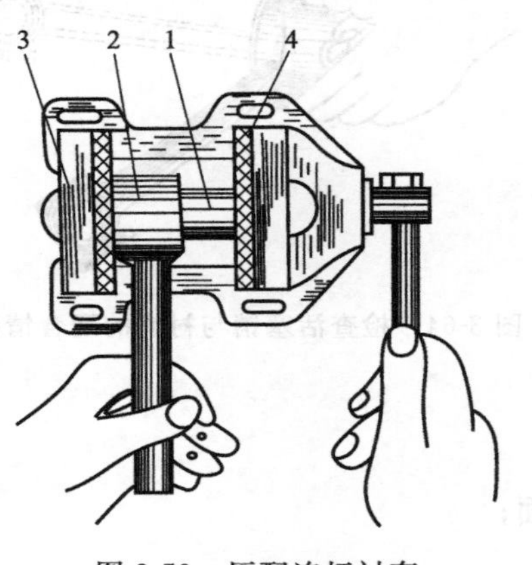

图 3-59　压配连杆衬套

1—连杆衬套；2—连杆；3—台钳；4—垫板

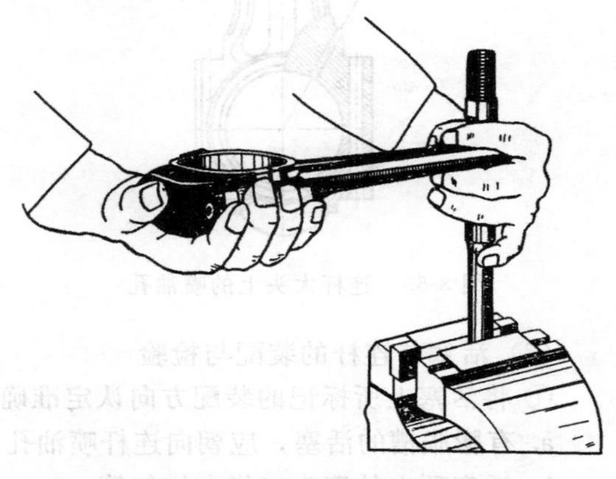
图 3-60　连杆衬套的铰削

d. 试配：在铰削时应经常用活塞销试配，以防铰大，当铰削到用手掌的力能将销子推入衬套 1/3～2/3 时，应停止铰削，此时，可将销子压入或用木槌打入衬套内（打时要防止销子倾斜），并夹持在虎钳上左右往复拨转连杆，然后压出销子，查看衬套的接触情况。

e. 刮配：根据活塞销与连杆衬套的接触面和松紧情况，用刮刀加以修刮，修刮后，应达到各机说明书上的要求。

对柴油机而言，一般的检验方法是：将活塞销涂以机油，能用手掌的力量把活塞销推入连杆衬套，并且没有间隙的感觉，则认为松紧度为合适（如图 3-61 所示）；接触面积在 75%以上，并且接触点分布均匀，轻重一致，则认为接触面符合要求。

图 3-61　活塞销与连杆衬套配合紧度的检验

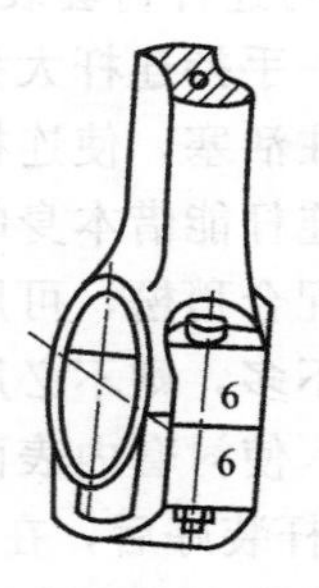

图 3-62　连杆盖与杆身的安装

3.2.4.3 活塞连杆组的装配与检验

活塞与活塞销、活塞销与连杆衬套、连杆等分别修配好后，还要进行装配与检验。

（1）连杆组的装配 具有分开式连杆盖的连杆，大头的孔是在连杆轴承盖、杆身和连杆螺栓装配好了才进行加工的。在盖和身分开面的一外侧刻有同一个号码（见图 3-62），例如6，两个“6”字应装在同一侧，如果装错了，孔可能变成锥形，或者盖和杆身的分开面会错开。

一般情况下，连杆上刻有号码的一边朝向凸轮轴，修刮连杆轴瓦和装配时不要弄错。与此同时，某些凸轮轴机构是依靠通过连杆大端的喷油孔（如图 3-63 所示）喷出的润滑油来润滑的，所以油孔应朝向凸轮轴方向。

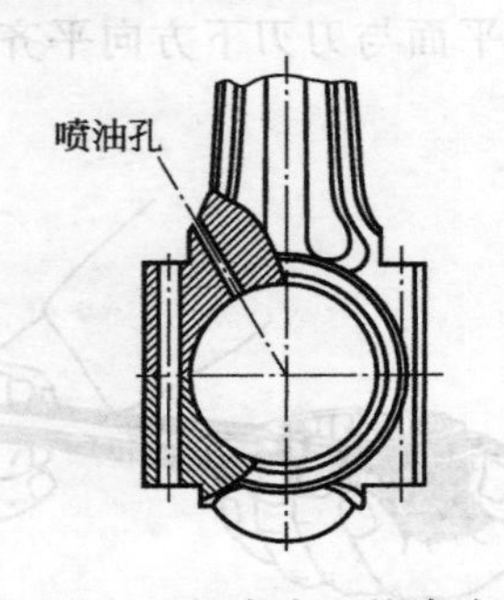

图 3-63 连杆大头上的喷油孔

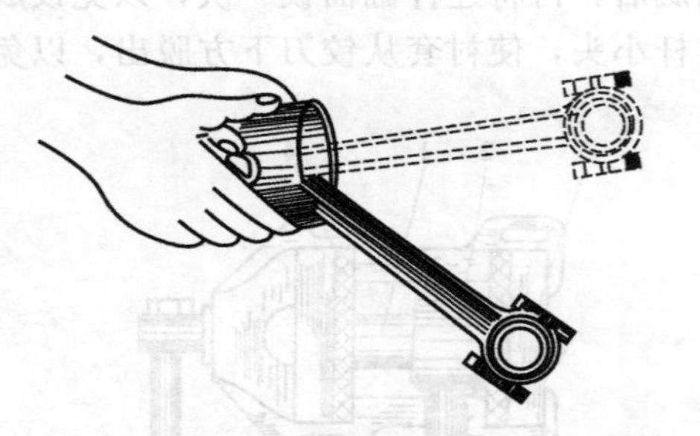

图 3-64 检查活塞销与衬套的配合情况

（2）活塞与连杆的装配与检验

① 将活塞上所标记的装配方向认定准确

a. 有膨胀槽的活塞，应朝向连杆喷油孔的相对面；

b. 活塞顶上的箭头，指向排气管；

c. 活塞顶上的凹槽，按相关位置装配；

d. 活塞平顶无记号，任意装配（但不能装错缸）。

② 活塞、活塞销及连杆小头的装配 将铝制活塞（全浮式）活塞，放入水中加热到75～85℃，取出活塞后迅速擦净销孔，将活塞销推入孔的一端，立即在衬套内涂以少许机油，把连杆伸入活塞内与活塞销对正（注意方向：一般大头上有油匙的一边应朝向工作时的转动方向），继续用手的腕力将活塞销推入另一销孔（或用木槌敲进）。尤其用木槌往里敲时，活塞销一定要装正，否则对销孔内表面有损伤。装好后继续放入水中加温，当温度达到90℃左右时，再从水中取出，当活塞销处于垂直地面位置时，活塞销在孔中应不能自动下移，如果下移就证明配合松；另外应摇动连杆，看活塞销是否在孔中转动，如能转动，证明配合正常。如活塞销在孔中不转动，则证明配合过紧，此时应把销子打出来，适当修刮。

③ 活塞销与连杆衬套装配检验 在常温下，检查活塞销与衬套的配合情况时，可以手扶住活塞，另一手持连杆大头部分摆动，如果活塞销和衬套配合正常，摆动时应有一定的阻力；或用手握住活塞，使连杆大头部分稍向上，如图 3-64 中的虚线位置，若衬套与活塞销配合正常，则连杆能借本身的重量徐徐下降。若配合松时，则下降很快；若配合紧了，则连杆不下降。若配合稍松，可用合适的工具在衬套两边轻轻敲击数下，这样可以使衬套内径稍变小，若紧得不多，则不必用刮刀修刮，可将活塞销装进衬套，然后将活塞销夹在虎钳上，来回搬动连杆，使衬套内表面磨得光滑些即可。

④ 活塞连杆装好后，在活塞销两端装入卡环 一定要把卡环装在槽内，并使开口朝向活塞的上边（活塞顶端方向），这是因为活塞销端部受热膨胀的系数大，卡环长期受高温而

失去弹力，开口朝上时，卡环端部回缩，不易跑出槽外，同时，开口朝上，还可以保存润滑油。

卡环有两种（钢丝和钢片）。如卡环为钢片时，其卡环槽深度为0.6～0.7mm；卡环为钢丝时，槽的深度为钢丝直径的1/2～2/3，卡环装入槽内与槽的四周应接触严密。卡环与活塞销间的间隙均应不小于0.10mm。保留此间隙的目的在于使活塞销受热后有膨胀的余地。若没有此间隙，活塞销膨胀会使活塞的变形加大，甚至顶出卡环，易造成“拉缸”事故。间隙过小或没有时，可将活塞销磨短少许即可。

⑤ 检查活塞连杆组的弯扭　在连杆校验器上检查整套活塞连杆组是否有弯扭现象（检查时不装活塞环），检查方法如图3-65所示。方法：按要求将活塞连杆组装在连杆校验器上，使活塞的底部与槽块的顶部接触，通过左右间隙的测量来确定活塞连杆组的扭曲，不得超过0.10mm；通过测量活塞裙部上下与平块之间的间隙来确定活塞连杆组的弯曲，不得超过0.10mm，若超过规定就要重新对轴承、活塞销孔、连杆衬套、连杆的弯曲与扭曲进行校验。

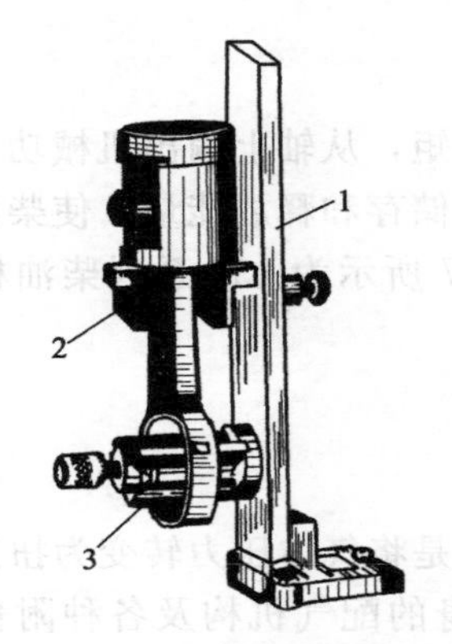

图3-65　活塞连杆组的检验

1—平板；2—槽块座；3—扩张块

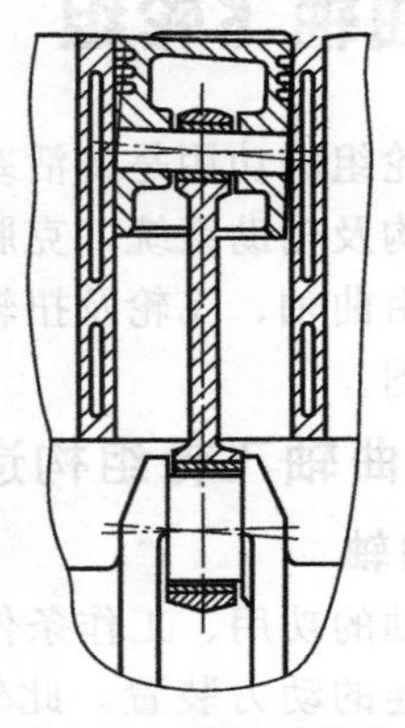
图3-66　偏缸的检查

⑥ 活塞连杆组的质量规定　柴油机的型号不同，要求也不一样，各柴油机说明书均有具体规定，例如：135系列柴油机，新机时，在同一台柴油机中各活塞质量差不得大于5g，在同一台柴油机中各连杆组（包括连杆体、连杆盖、大小头轴承、连杆螺钉）质量差不得大于30g。一般修理时要求略低一些，例如铸铁活塞直径在150mm左右的，各缸质量差不能超过15g，连杆不能超过30～40g，活塞连杆组不超过60～80g，气缸直径在100mm左右的铝活塞各缸质量差不超过10g，连杆不能超过25～30g，活塞连杆组不能超过40～50g。

3.2.4.4　偏缸检查

前面讲述的连杆校正器是检验连杆弯曲和扭曲的专用工具，在维修工作中用它既方便又能较好地保证质量，但根据工作条件和使用环境的不同，有的单位不一定具备，在这种情况下，可以采用偏缸检查的方法检查活塞连杆组的弯曲与偏斜现象。

（1）偏缸的检验方法　将不带活塞环的活塞连杆组，按规定装入气缸中，连接连杆轴颈，按规定扭力拧紧螺栓螺母，转动曲轴使活塞处于上（下）止点；然后用厚薄规测量活塞头部各方向与气缸壁的间隙（如图3-66所示），如间隙相同，即表示装配合适，活塞偏缸间隙最大不得超过0.10mm。如相对间隙相差很大，甚至某一方向没有间隙时，即表示有偏缸存在，应予以调整，再行配合。根据经验方法，也可从气缸下端看其漏光情况，来判断其是否有偏缸现象存在。

（2）产生偏缸的原因

① 气缸方面　活塞在气缸上、中、下部位，向同一方向歪斜，可能是因搪缸不当，发生气缸轴线与曲轴轴线不相垂直（向发动机前后倾斜），气缸轴线向前后位移等。

② 曲轴方面　活塞在气缸上（下）部位有不同方向的歪斜，可能因连杆轴颈锥形与主轴线不平行，或因曲轴箱变形和曲轴轴承配合不当，使曲轴轴线与气缸轴线不相垂直，以及曲轴弯曲等，活塞在气缸中部位置改变歪斜方向，是因为连杆轴颈轴线与曲轴轴线不在同一平面内。

③ 连杆方面　个别活塞在气缸上、中、下部位向同一方向歪斜，歪斜方向就是连杆小端的弯曲方向，在中部歪斜严重，上行和下行偏缸方向有改变，则为连杆扭曲。

④ 活塞方面　可能因活塞销座孔铰偏不正。

总之，偏缸不一定是单一零件的问题，影响它的因素很多，因此，必须根据检查情况多方分析，找出原因，加以修整。

3.3　曲轴飞轮组

曲轴飞轮组的功用是将活塞连杆组传来的力转变成扭矩，从轴上输出机械功，同时驱动柴油机各机构及辅助系统，克服非做功冲程的阻力，还可储存和释放能量，使柴油机运转平稳。它主要由曲轴、飞轮及扭转减振器等组成。如图 3-67 所示为 135 系列柴油机曲轴飞轮组结构示意图。

3.3.1　曲轴飞轮组构造

3.3.1.1　曲轴

（1）曲轴的功用、工作条件及制造方法　曲轴的功用是将气体压力转变为扭矩输出，以驱动与其相连的动力装置。此外，它还要驱动柴油机本身的配气机构及各种附件，如喷油泵、水泵等。

曲轴在工作时，由于承受很高的气体力、往复惯性力、离心力及其力矩的作用，因此曲轴内部产生冲击性的交变应力（拉伸、压缩、弯曲、扭转），并易产生扭转振动，从而引起曲轴的疲劳破坏。另外由于各轴颈在很高的压力下作高速转动，使轴颈与轴承磨损严重，所以，对曲轴的要求是：耐疲劳、耐冲击；有足够的强度和刚度；轴颈表面的耐磨性好并经常保持良好的润滑状态；静平衡与动平衡要好；在使用转速范围内不能产生扭转振动；安装固定可靠并加以轴向定位或限制轴向位移。

曲轴毛坯制造采用铸造和锻造两种方法。锻造曲轴主要用于强化程度高的柴油机，这类曲轴一般采用强度极限和屈服极限较高的合金钢（如 40Cr、35CrMo 等）或中碳钢（如 45 钢）制造。铸造曲轴广泛应用于中小功率柴油机，通常采用高强度球墨铸铁铸造，其优点是：制造方便，成本低；能够铸出合理的结构形状；对扭转振动的阻尼作用优于钢材。

（2）曲轴的分类

① 曲轴按各组成部分的连接情况，可分为组合式曲轴和整体式曲轴两种。

组合式曲轴如图 3-67 所示。即将曲轴分成若干部分，分别制造与加工，然后组装成一个整体。其优点是加工方便，便于产品系列化。缺点是拆装不方便，组装质量不易保证，重量大，成本高，采用滚动轴承，噪声大，难以适应高转速。

整体式曲轴如图 3-68 所示，即曲轴的各组成部分铸（或锻）造在一根曲轴毛坯上。其优点是结构简单紧凑，强度及刚度好，重量轻，成本低。

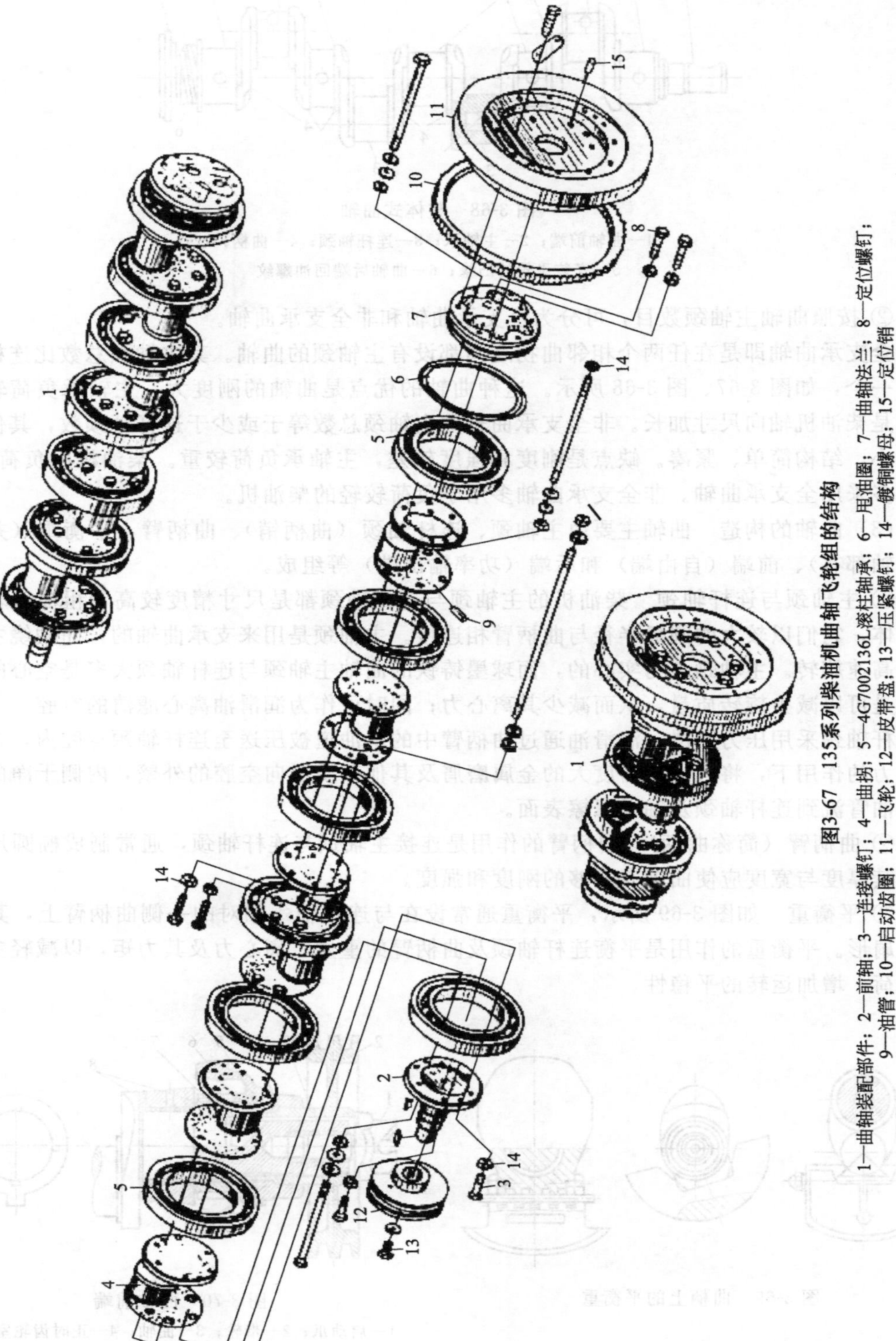

图3-67　135系列柴油机曲轴飞轮组的结构

1—曲轴装配部件；2—前轴；3—连接螺钉；4—曲拐；5—4G7002136L滚柱轴承；6—甩油圈；7—曲轴法兰；8—定位螺钉；9—油管；10—启动齿圈；11—飞轮；12—皮带盘；13—压紧螺钉；14—镀铜螺母；15—定位销

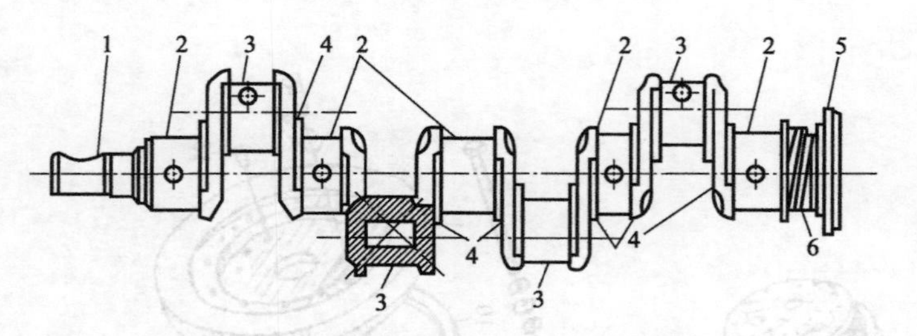

图 3-68　整体式曲轴

1—曲轴前端；2—主轴承；3—连杆轴颈；4—曲柄；
5—安装飞轮的凸缘；6—曲轴后端回油螺纹

② 按照曲轴主轴颈数目，可分为全支承曲轴和非全支承曲轴。

全支承曲轴即是在任两个相邻曲拐之间都设有主轴颈的曲轴。其主轴颈总数比连杆轴颈数多一个，如图 3-67、图 3-68 所示。这种曲轴的优点是曲轴的刚度大，主轴承负荷轻。其缺点是柴油机轴向尺寸加长。非全支承曲轴的主轴颈总数等于或少于连杆轴颈数，其优点是尺寸小，结构简单、紧凑。缺点是刚度和强度较差，主轴承负荷较重。柴油机因负荷较重，一般多采用全支承曲轴。非全支承曲轴多用于负荷较轻的柴油机。

(3) 曲轴的构造　曲轴主要由主轴颈、连杆轴颈（曲柄销）、曲柄臂、平衡重（并非所有曲轴都有）、前端（自由端）和后端（功率输出端）等组成。

① 主轴颈与连杆轴颈　柴油机的主轴颈与连杆轴颈都是尺寸精度较高和粗糙度较低的圆柱体，它们以较大的圆弧半径与曲柄臂相连接。主轴颈是用来支承曲轴的，曲轴绕主轴颈中心高速旋转。主轴颈多为实心的，而球墨铸铁的曲轴主轴颈与连杆轴颈大多是空心的，其优点是可以减少旋转质量，从而减少其离心力；同时可作为润滑油离心滤清的空腔。主轴颈与连杆轴颈采用压力润滑，润滑油通过曲柄臂中的斜油道被压送至连杆轴颈空腔内，在旋转离心力的作用下，将机油中密度大的金属磨屑及其他杂质甩向空腔的外壁，内侧干净的机油通过油管流到连杆轴颈及轴承摩擦表面。

② 曲柄臂（简称曲柄）　曲柄臂的作用是连接主轴颈与连杆轴颈，通常制成椭圆形或圆形，其厚度与宽度应使曲轴有足够的刚度和强度。

③ 平衡重　如图 3-69 所示，平衡重通常设在与连杆轴颈相对的一侧曲柄臂上，其形状多为扇形。平衡重的作用是平衡连杆轴颈及曲柄臂的重量、离心力及其力矩，以减轻主轴承的载荷，增加运转的平稳性。

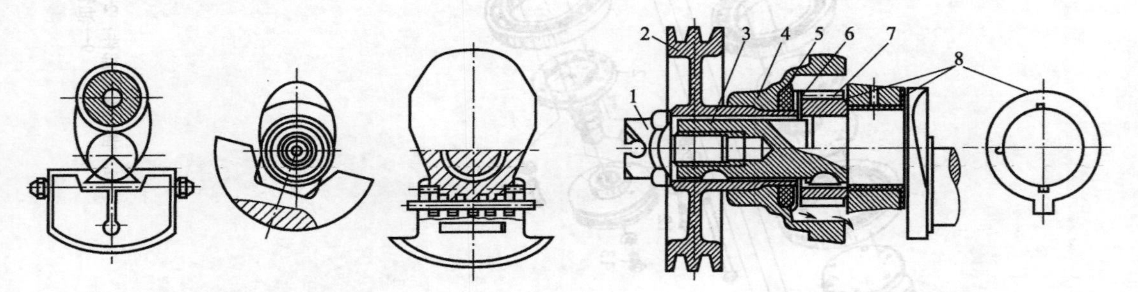

图 3-69　曲柄上的平衡重

图 3-70　曲轴前端

1—启动爪；2—带轮；3—曲轴；4—正时齿轮室盖；
5—油封；6—挡油圈；7—正时齿轮；8—双金属止推片

④ 曲轴的前端　曲轴的前端制成有台肩的圆柱形，如图 3-70 所示。其上分别装有正时

齿轮 7、挡油圈 6、油封 5、带轮 2 和止推片 8 等零件。有些中小功率柴油机曲轴前端设有启动爪 1，另有一些高速柴油机曲轴前端装有扭转减振器，还有些工程机械用柴油机的曲轴前端设有动力输出装置。

⑤ 曲轴的后端　如图 3-71 所示，一般曲轴的后端设有油封 6、回油螺槽 7、后凸缘 8 等结构。曲轴后端的尾部伸出机体外，以便将柴油机的功率输送给配套机具的传动装置。后端多装有飞轮，通过花键或凸缘与其相配，然后用螺栓固紧。由于飞轮尺寸大而重，因此对螺栓的紧固有一定的要求。

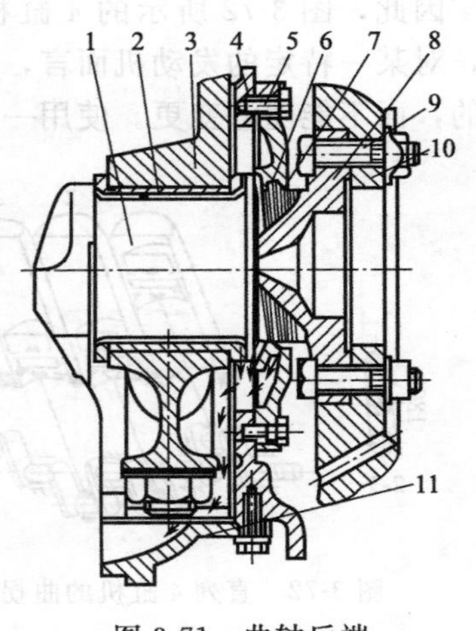

图 3-71　曲轴后端

1—曲轴；2—后主轴瓦；3—后主轴承座；4—飞轮壳；5—油封壳体；6—油封；7—回油螺槽；8—后凸缘；9—飞轮固定螺栓；10—飞轮；11—油底壳

(4) 曲轴的形状和发动机的发火次序　曲轴的形状及曲柄销间的相互位置（即曲拐的布置）与冲程数、气缸数、气缸排列方式和各气缸做功行程发生的顺序（称为发火次序或工作顺序）有关。曲轴的形状要同时满足惯性力的平衡和发动机工作平稳性的要求。

就四冲程发动机而言，曲轴每转两圈（即一个工作循环），每缸都应发火做功一次。各缸的发火间隔时间（以°CA 表示）应力求均匀。设发动机有 i 个气缸，则发火间隔应为 720°/i°CA，即曲轴每转 720°/i 时，就应有一个缸做功，这样才能使发动机工作平稳。现就常用的 4 缸、6 缸和 V 型 8 缸发动机说明如下。

① 四冲程直列 4 缸发动机因缸数 $i=4$，所以发火间隔应为 720°/4＝180°CA。其曲柄销布置如图 3-72 所示，4 个曲柄销布置在同一平面内，1、4 缸的曲柄销朝上时，2、3 缸的朝下，1、4 缸与 2、3 缸相隔 180°。这种发动机可能采用的一种发火次序如表 3-1 所示。

表 3-1　4 缸机工作循环（发火次序 1—3—4—2）

°CA	1 缸	2 缸	3 缸	4 缸
0～180	进气	压缩	排气	做功
180～360	压缩	做功	进气	排气
360～540	做功	排气	压缩	进气
540～720	排气	进气	做功	压缩

如表 3-1 所示的发火次序为 1—3—4—2，习惯上以第一缸为准，1 缸做功后接着是第 3 缸做功，依此类推。这种发动机的各缸就是按照 1—3—4—2 的顺序循环，周而复始地工作着。

如果将上述的 2、3 缸工作过程互换，则可得到表 3-2 所示的另一种发火次序。这种互换之所以可能，是因为 2、3 缸的曲柄销（连杆轴颈）以及活塞的位置是相同的。这样就得到另一种发火次序：1—2—4—3。

表 3-2　4 缸机工作循环（发火次序 1—2—4—3）

°CA	1 缸	2 缸	3 缸	缸
0～180	进气	排气	压缩	做功
180～360	压缩	进气	做功	排气
360～540	做功	压缩	排气	进气
540～720	排气	做功	进气	压缩

因此，图 3-72 所示的 4 缸机可能采用两种发火次序：1—3—4—2 和 1—2—4—3。不过，对某一特定的发动机而言，由于发火次序还与其配气机构等因素有关，其发火次序是确定的，而不能随意变更。使用一台发动机时，必须了解其发火次序。

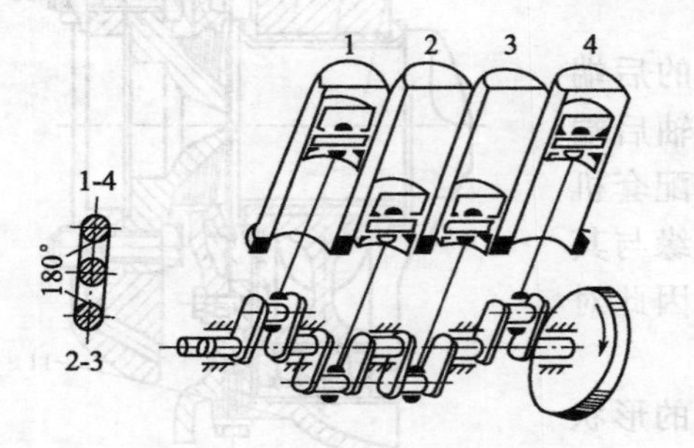

图 3-72　直列 4 缸机的曲拐布置

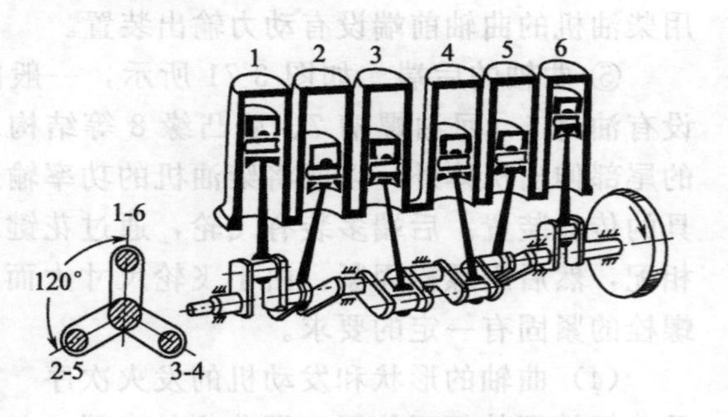
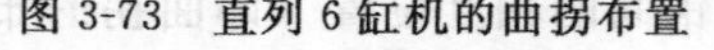

图 3-73　直列 6 缸机的曲拐布置

1—3—4—2 和 1—2—4—3 两种发火次序在工作平稳性和主轴承负荷方面，没有什么区别。但大多数发动机采用前一种，只有少数发动机采用后一种发火次序。

② 四冲程直列 6 缸发动机的发火间隔应为 720°/6＝120°CA，其曲轴形状如图 3-73 所示。6 个曲柄销分别布置在 3 个平面内（每平面内 2 个曲柄销），各平面间互成 120°。曲柄销的具体布置可有两种方式。第一种方式如图 3-73 所示，当 1、6 缸的曲柄销朝上时，则 2、5 缸的曲柄销朝左，3、4 缸的朝右，其发火次序是 1—5—3—6—2—4，如表 3-3 所示。我国绝大多数 6 缸机都采用这种曲轴和发火次序。

表 3-3　6 缸工作循环（发火次序 1—5—3—6—2—4）

°CA		1 缸	2 缸	3 缸	4 缸	5 缸	6 缸
0～180	0～60	进气	压缩	做功	进气	排气	做功
	60～120			排气	压缩		
	120～180		做功			进气	
180～360	180～240	压缩					排气
	240～300			进气	做功		
	300～360		排气			压缩	
360～540	360～420	做功					进气
	420～480			压缩	排气		
	480～540		进气			做功	
540～720	540～600	排气					压缩
	600～660			做功	进气		
	660～720		压缩			排气	

曲柄销的另一种布置形式是将上述第一种方式的 2、5 缸分别与 3、4 缸互换。这种方式的着火次序是 1—4—2—6—3—5，只有少数进口柴油机采用这种着火次序。

当然，上述两种 6 缸机的曲轴还可能采用其他的发火次序，但是，在实际的发动机上没有应用，这里就不再讲述。

由表 3-3 可以看出，按发火次序看，前后两个气缸的做功行程有 60°是重叠的，这种现象是容易理解的。因为各气缸间做功行程的间隔是 120°，而每个气缸的做功行程本身都是

180°，就必然有前后两个气缸的做功行程有60°的重叠角。在这个60°中，两个气缸都在做功，前一个气缸做功未完，后一个气缸做功已经开始。这种做功行程重叠的现象对发动机工作的平稳性是非常有利的。

③ 四冲程V型8缸机　四冲程8缸机大多将气缸排列成双列V形（两列气缸的中心线夹角常取90°）。因其气缸数 $i=8$，所以，各缸发火间隔应为720°/8＝90°CA。通常，这种发动机左右两列气缸中相对的一对连杆共装在个曲柄销上，所以V型8缸机只有4个曲柄销。一般情况下，将4个曲柄销布置在两个互成90°的平面内（如图3-74所示）。V型8缸机常用的发火次序为1—5—4—2—6—3—7—8，工作循环进行的情况如表3-4所示。

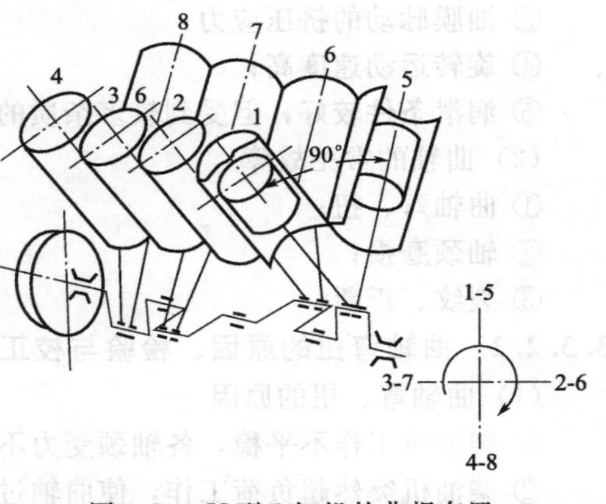

图3-74　V型8缸机的曲拐布置

表3-4　V型8缸机的工作循环

<table>
<tr><th colspan="2">°CA</th><th>1缸</th><th>2缸</th><th>3缸</th><th>4缸</th><th>5缸</th><th>6缸</th><th>7缸</th><th>8缸</th></tr>
<tr><td rowspan="2">0～180</td><td>0～60</td><td rowspan="2">进气</td><td>做功</td><td>压缩</td><td rowspan="2">排气</td><td>排气</td><td rowspan="2">做功</td><td rowspan="2">压缩</td><td>进气</td></tr>
<tr><td>90～180</td><td rowspan="2">排气</td><td rowspan="2">做功</td><td rowspan="2">进气</td><td rowspan="2">压缩</td></tr>
<tr><td rowspan="2">180～360</td><td>180～270</td><td rowspan="2">压缩</td><td rowspan="2">进气</td><td rowspan="2">排气</td><td rowspan="2">做功</td></tr>
<tr><td>270～360</td><td rowspan="2">进气</td><td rowspan="2">排气</td><td rowspan="2">压缩</td><td rowspan="2">做功</td></tr>
<tr><td rowspan="2">360～540</td><td>360～450</td><td rowspan="2">做功</td><td rowspan="2">压缩</td><td rowspan="2">进气</td><td rowspan="2">排气</td></tr>
<tr><td>450～540</td><td rowspan="2">压缩</td><td rowspan="2">进气</td><td rowspan="2">做功</td><td rowspan="2">排气</td></tr>
<tr><td rowspan="2">540～720</td><td>540～630</td><td rowspan="2">排气</td><td rowspan="2">做功</td><td rowspan="2">压缩</td><td rowspan="2">进气</td></tr>
<tr><td>630～720</td><td>做功</td><td>压缩</td><td>排气</td><td>进气</td></tr>
</table>

3.3.1.2　飞轮

柴油机飞轮的主要功用是存储做功冲程产生的能量，克服辅助冲程（进气、压缩和排气冲程）的阻力，以保持曲轴旋转的均匀性，使柴油机运转平稳。其次，飞轮还具有克服柴油机短期超载的能力。有时它还可兼作动力输出的带轮等。

柴油发动机的飞轮多用灰铸铁制造，当轮边的圆周速度超过50m/s时，则选用强度较高的球墨铸铁或铸钢。飞轮的结构形状是一个大圆盘，如图3-67所示。轮边尺寸宽而厚，这在重量一定的条件下，可获得较大的转动惯量。多缸柴油机的扭矩输出较均匀，对飞轮的转动惯量要求较小，因此飞轮的尺寸小些。相反，单缸机飞轮相应做得大些。通常在飞轮的外圆上装有启动齿圈，并在外圆上刻有记号或钻有小孔，用以指示某一缸（通常为第一缸）在上止点的位置，供检查气门间隙、供油提前角和配气定时使用。由于飞轮上刻有记号，飞轮与曲轴的位置，在安装时不能随意错动。

3.3.2　曲轴检修技能

3.3.2.1　曲轴的工作条件及常见故障

（1）曲轴的工作条件

① 承受燃烧气体的压力、活塞连杆组往复运动的惯性力和旋转质量的离心力；

② 燃烧气体的压力、活塞连杆组往复运动的惯性力和旋转质量的离心力产生的力矩；

③ 油膜脉动的挤压应力；

④ 旋转运动速度高；

⑤ 润滑条件较好，但受到较多杂质的冲刷作用。

（2）曲轴的常见故障

① 曲轴弯、扭；

② 轴颈磨损；

③ 裂纹、折断。

3.3.2.2 曲轴弯扭的原因、检验与校正

（1）曲轴弯、扭的原因

① 柴油机工作不平稳，各轴颈受力不均衡；

② 柴油机突然超负荷工作，使曲轴过分受振；

③ 柴油机经常发生"突爆"燃烧；

④ 曲轴轴承和连杆轴承间隙过大，工作时受到冲击；

⑤ 曲轴轴承松紧不一，中心线不在一直线上；

⑥ 各缸活塞重量不一致；

⑦ 曲轴端隙过大，运转时前后移动。

当曲轴弯、扭超过一定值后，将加速曲轴和轴承的磨损，严重时会使曲轴出现裂纹甚至折断，同时还会加速活塞连杆组和气缸的磨损。

（2）曲轴弯、扭的检验

① 曲轴弯曲的检验　将曲轴的两端放在检验平板上的"V"形架上，如图 3-75 所示，以前后端未发生磨损部分为基面（前端以正时齿轮轴颈，后端以装飞轮的突缘）校对中心水平后，用百分表进行测量。测量时，百分表的量头对准曲轴中间的一道（被检验曲轴的主轴颈个数为单数时）或两道（被检验曲轴的主轴颈个数为双数时）曲轴轴颈，用手慢慢转动曲轴一圈后，百分表上所指的最大和最小的两个读数之差的 1/2，即为曲轴的弯曲度。

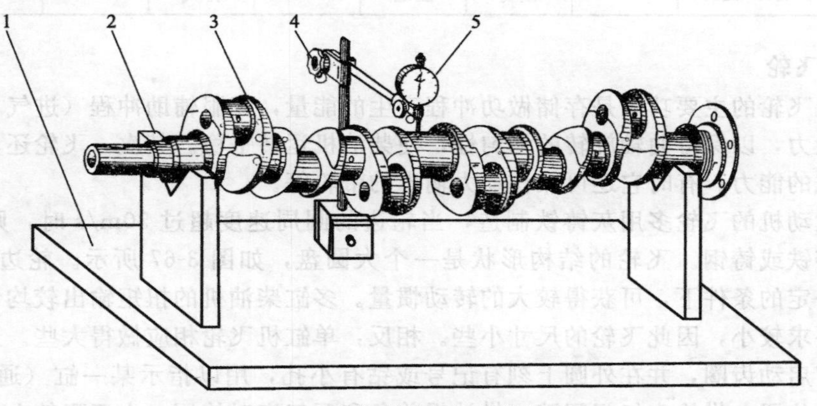

图 3-75　曲轴弯曲和扭曲的检验

1—检验平台；2—"V" 形铁块；3—曲轴；4—百分表架；5—百分表

测量时，不可将百分表的量头放在轴颈的中间，而应放在曲颈的一端，否则，由于轴颈不同圆，而对曲轴的弯曲量作出不正确的结论。必须指出，这样测出的结果，因为牵涉到两端轴颈失圆所增加的误差，故为一近似值。因为失圆和弯曲的方向往往并不重合。

弯曲度多用弯曲摆差来表示，弯曲摆差为弯曲度的两倍，其摆差一般不应超过 0.10mm。曲轴中间轴颈中心弯曲，如不超过 0.05mm 时，可不加修整；如超过 0.05～

0.10mm时，可以结合轴颈磨削一并予以修正；如超过0.10mm时，则需加以校正。

② 曲轴扭转的检验　曲轴弯曲检验以后，将连杆轴颈（如1、6或2、5或3、4）转到水平位置，用百分表测出相对应的两个连杆轴颈的高度差，即为扭转度，曲轴的扭转度一般较小，可在修磨曲轴轴颈时予以修正。

（3）曲轴弯曲的校正

① 冷压校正　一般是在压力机上进行，如图3-76所示。校正时，先将曲轴放置在压力机工作平板的V形块上，并在压力机的压杆与曲轴之间垫以铜皮或铅皮，以免压伤曲轴与压杆的接触面，压力作用的方向要与曲轴弯曲的方向相反，压力要分段缓缓增加，曲轴在校正后往往会发生“弹性变形”和“后效”，所以在校正时的反向压弯量一般要比实际弯曲量要大。如锻制中碳钢曲轴弯曲变形在0.10mm左右时，压校弯曲度大约为3～4mm（即为原弯曲度的30～40倍），在1～2min之内即可校正；而对同样弯曲的球墨铸铁曲轴，压校时，大约为原弯曲度的10～15倍即可基本校正。

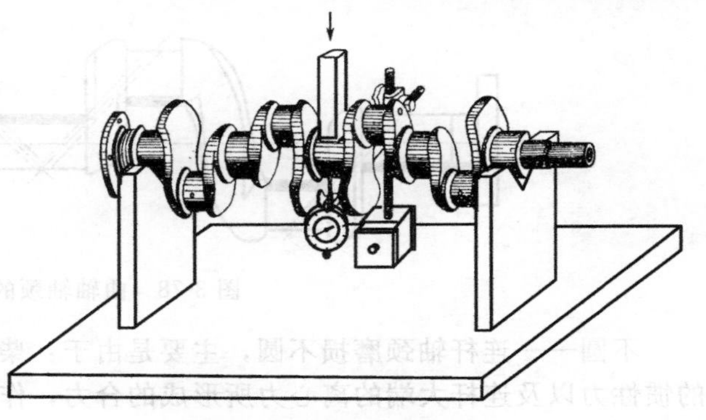

图3-76　曲轴冷压校正

必须指出的是：当曲轴的弯曲度较大时，应分多次进行校正，以防压弯度过大而使曲轴折断，尤其是球墨铸铁制造的曲轴更容易折断。校正后加热至180～220℃，保持5～6h，以防发生弹性变形和后效。

操作时，将所压轴颈的另一面放上百分表，借以观察校正时的反向压弯量。校正后的曲轴，允许有微量的反向弯曲。经冷压校正的曲轴，还应在曲轴臂处用手锤轻轻敲击后，再进行检查，以减小冷压所产生的应力。

② 表面敲击校正　对弯曲度不大的曲轴，可以采用“表面敲击”法进行校正。可根据曲轴弯曲的方向和程度，用球形手锤或气锤沿曲轴臂部的左右侧进行敲击。如图3-77所示，使曲轴臂部变形，从而使曲轴轴线发生位移，达到校正曲轴的目的。

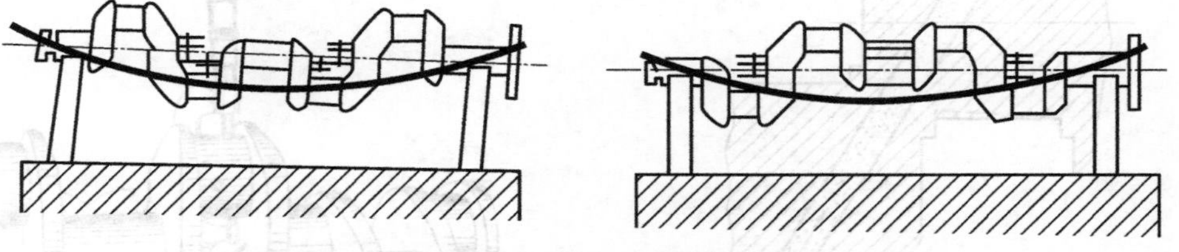

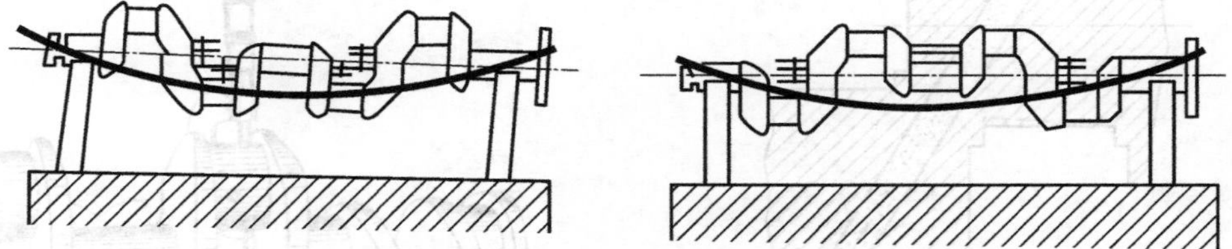

图3-77　表面敲击法校正曲轴（按箭头所指方向敲击）

③ 就机校正　把气缸体倒放在工作平台上，使其平正，在前后两轴承座上仍装上旧轴承（瓦），中间轴承则拿去。在轴承上加注少许润滑油，然后将曲轴放上，在缸体边沿装置百分表，用手轻轻转动曲轴，在中间轴颈测出弯曲的最大位置，用粉笔做上记号，将轴承盖衬垫软铝或其他软质物品垫实，卡住轴颈，慢慢扭紧曲轴轴承盖螺栓，等大约1h的时间，把螺栓松开，用百分表测验是否校正，如未达到允许标准，继续再校，直至符合要求为止。

3.3.2.3　轴颈磨损的检验与修理

（1）轴颈磨损的原因　曲轴经长时间使用后，由于作用在连杆轴颈和曲轴轴颈的力的大小和方向周期变化而产生不均匀的磨损，这是自然磨损的必然结果，是正常现象，但由于使用不当、润滑不良、轴承间隙过大或过小，都会加速轴颈的磨损和轴颈磨损不匀度，磨损后的主要表现是轴颈的不圆（失圆）和不圆柱形（锥形）。

曲轴轴颈（又称主轴颈）和连杆轴颈的磨损，是由于磨损不均匀而形成沿圆周的轴径不圆和沿长度的不圆柱形磨损。连杆轴颈的磨损往往比曲轴轴颈的磨损约大1～2倍。曲轴轴颈的磨损因两端活塞连杆组相互作用的结果，所受合力一般小于连杆轴颈，因此，其磨损也小于连杆轴颈。其磨损规律如图3-78所示。

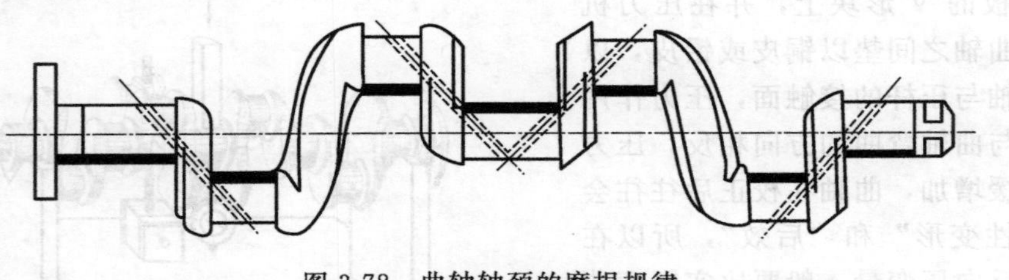

图3-78　曲轴轴颈的磨损规律

不圆——连杆轴颈磨损不圆，主要是由于：柴油机工作时的气体压力、活塞连杆组运动的惯性力以及连杆大端的离心力所形成的合力，作用在轴颈的内侧面上。因此，连杆轴颈最大磨损发生在各轴颈的内侧面。

曲轴轴颈的不圆比连杆轴颈小，也是由于在连杆轴颈离心力的牵制下各点载荷的不均匀性和连续时间的不同而造成的。其最大部位是靠近连杆轴颈的一侧。

不圆柱形——连杆轴颈的不圆柱形（斜削）磨损，主要是油道中机械杂质的偏积。因为通向连杆轴颈的油道是倾斜的，在曲轴旋转离心力的作用下，使润滑油中的机械杂质，随着润滑油沿油道的上斜面流入连杆轴颈的一侧，如图3-79所示，由于杂质的偏积，造成同一轴颈不均匀的磨损，磨损的最大部位是杂质偏积的一侧。另外，由于某些柴油机为了缩短连杆长度，将连杆大端做成不对称，因而造成连杆轴颈沿轴线方向所受的载荷分布不均匀，形成连杆轴颈长度方向沿轴线方向的磨损不均匀。

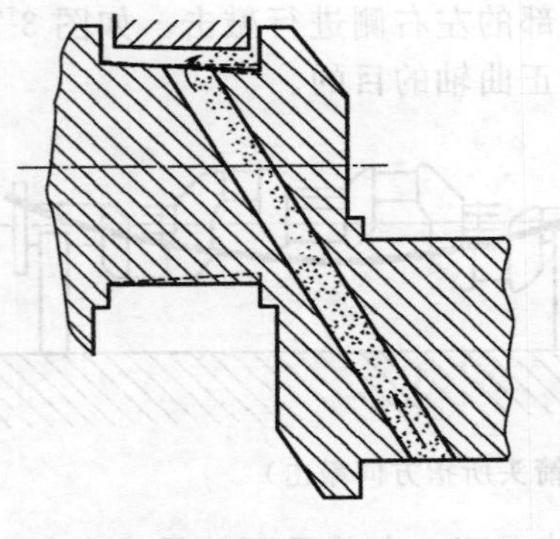

图3-79　机械杂质偏积示意图

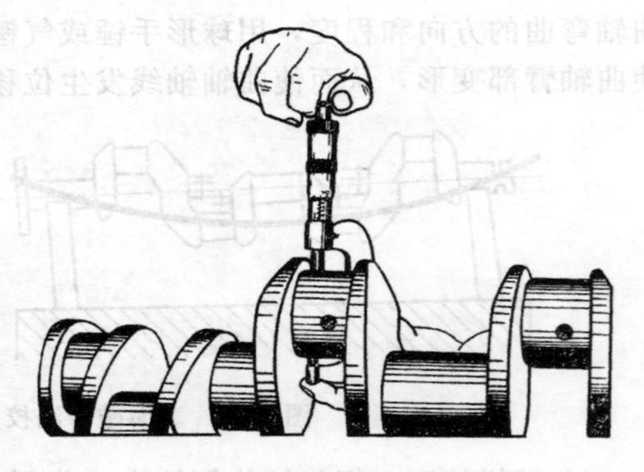

图3-80　曲轴轴颈磨损的测量

（2）轴颈圆度及圆柱度误差的检验　曲轴轴颈和连杆轴颈圆度及圆柱度误差的检验，一般用外径千分尺在轴颈的同一横断面上进行多点测量（先在轴颈油孔的两侧测量，旋转90°再测量），其最大直径与最小直径之差，即为圆度误差；两侧端测得的直径差即为圆柱度误差（如图3-80所示）。

轴颈的圆度及圆柱度公差，直径在80mm以下的为0.025mm，直径在80mm以上的为0.040mm，如超过了，均应按规定修理尺寸进行修磨。此外，还可用眼看、手摸来发现轴颈的擦伤、起槽、毛糙、疤痕和烧蚀等损伤。

(3) 轴颈的磨损、圆度及圆柱度超差的修理和磨削

① 轴颈磨损伤痕的修理　如果曲轴各道轴颈的圆度和圆柱度都未超过规定限度，而仅有轻微的擦伤、起槽、毛糙、疤痕和烧蚀等情况，可用与轴颈宽度相同的细砂布长条缠绕在轴颈上，再用麻绳或布条在砂布上绕二三圈，用手往复拉动绳索的两端，进行光磨。或用特别的磨光夹具进行光磨。如图 3-81 所示。轴颈的伤痕磨去后，为了降低轴颈表面粗糙度，可将轴颈和磨光夹具上的磨料清洗干净，涂上一层润滑油，再进行最后的抛光。

② 轴颈圆度及圆柱度超差的修理　曲轴轴颈和连杆轴颈的圆度及圆柱度超过 0.025mm 或 0.04mm 时，即需按次一级的修理尺寸进行磨削修整，或进行振动推焊，镀铬后再磨削至规定尺寸。曲轴的磨削一般是在专用的曲轴磨床或用普通车床改制的设备上进行。在一般小型修配单位，有的用细锉刀将轴颈仔细地锉圆，仔细检验，反复进行，再用绳索或磨光夹具按上述方法进行光磨。如图 3-81 所示。运用这种方法修理需要有较熟练的钳工技术，才能保证一定的修理质量。一般修理人员不可效仿。

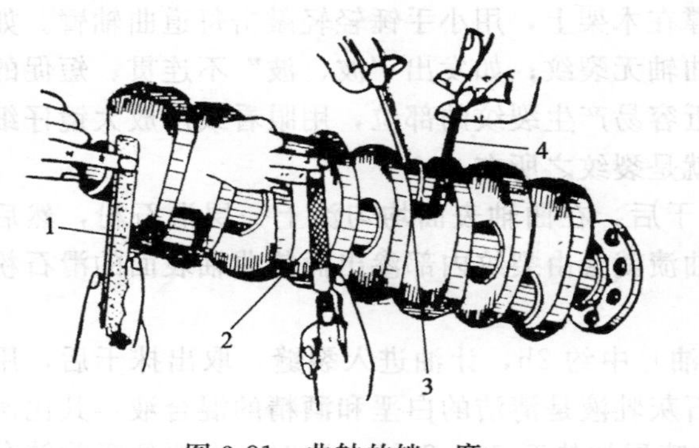

图 3-81　曲轴的锉、磨

1—平面细油石；2—细平板锉刀；3—细砂布；4—布带

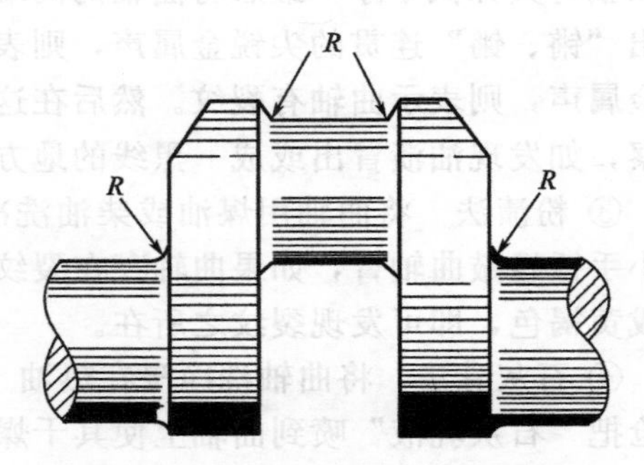

图 3-82　轴颈和曲柄过渡处的圆角

③ 轴颈的车磨　柴油机轴颈的修理尺寸有六级，每缩小 0.25mm 为一级（0.25、0.50、0.75、1.00、1.25、1.50），当其超过修理尺寸极限时，应用堆焊、镀铬和喷镀等方法修复。

a. 确定修理尺寸上机磨削。修理尺寸是这样确定的：曲轴轴颈修理尺寸＝磨损最严重轴颈的最小直径－加工余量×2，一般尺寸加工余量为 0.05mm。所得之值对照修理尺寸表，看这个数值同哪一级修理尺寸比较近，就选择哪一级修理尺寸。修理尺寸选择好后，就在磨床上进行磨削。

b. 注意事项。修理时要以磨损最厉害的轴颈为标准，把各个轴颈车磨成一样大小。由于主轴颈和连杆轴颈的磨损程度不一样，所以，它们的修理尺寸不一定是同一级的，而各道主轴颈或连杆轴颈的修理尺寸，在一般情况下应采用同一级的。曲轴的圆根处保留完善，千万不能磨小圆角的弧度，一般圆角的半径为 4～6mm。如图 3-82 所示。

c. 车磨后的要求。其失圆度和锥形度应在规定的范围内。一般而言，当 $D<80$mm 时，主轴颈和连杆轴颈的失圆度和锥形度允许范围分别为 0.015mm 和 0.02mm；当 $D>80$mm，主轴颈和连杆轴颈的失圆度和锥形度允许范围分别为 0.02mm 和 0.03mm。

3.3.2.4　曲轴裂纹和折断的原因、检验及修理

(1) 原因　其原因除与曲轴弯、扭大致相同外，还有以下几个方面。

① 光磨轴颈时，没有使轴颈与曲轴臂（曲柄）连接处保持一定的内圆角（一般要求轴颈的内圆角为 1～3mm 之间）引起应力集中而使曲轴断裂。

② 轴承的间隙过大或合金脱落，引起冲击载荷的增大。

③ 曲轴长期工作后发生疲劳损伤。

④ 曲轴经常在临界转速运转。

⑤ 气缸体变形，曲轴轴承座不正，修配曲轴轴承时，各曲轴轴承座孔不在一轴线上。

⑥ 润滑油道不畅通，曲轴处于半干摩擦状态，导致曲轴裂断。

⑦ 曲轴材质不佳，或制造时存有缺陷。

⑧ 曲轴平衡遭到破坏，曲轴受到很大的惯性冲击，使曲轴疲劳而裂断。

(2) 曲轴裂纹与折断的检查　曲轴裂纹多发生在连杆轴颈端部或曲轴臂与曲轴轴颈的结合处。其检查方法如下。

① 磁力探伤法　用磁力探伤器进行检查，先把曲轴用磁力探伤器磁化，再用铁粉末撒在需要检查的部位，同时用小手锤轻轻敲击曲轴。这时注意观察，如有裂纹，在铁粉末聚积的中间就会发现有清楚的裂纹线条。

② 锤击法　先清除黏附在曲轴表面上的油污，然后用煤油或柴油浸洗整个曲轴，再取出曲轴将其抹拭干净，最后将曲轴的两端支撑在木架上，用小手锤轻轻敲击每道曲轴臂。如发出“锵、锵”连贯的尖锐金属声，则表示曲轴无裂纹；如发出“波、波”不连贯、短促的哑金属声，则表示曲轴有裂纹。然后在这附近容易产生裂纹的部位，用眼看或用放大镜仔细观察，如发现油渍冒出或成一黑线的地方，就是裂纹之所在。

③ 粉渍法　将曲轴用煤油或柴油洗净抹干后，在曲轴表面均匀涂上一层滑石粉，然后用小手锤轻敲曲轴臂，如果曲轴存在裂纹，油渍就会由裂纹内部渗出而使曲轴表面的滑石粉变成黄褐色，即可发现裂纹之所在。

④ 石灰乳法　将曲轴洗净浸在热油（机油）中约 2h，让油进入裂缝，取出抹干后，用喷枪把“石灰乳液”喷到曲轴上使其干燥（石灰乳液是清洁的白垩和酒精的混合液，其比例为 1：10～1：12）。或用气焊火焰将曲轴上的喷层加热至 70～80℃。这时，白垩便吸收储存在裂缝中的油液，这部分白垩便成暗色，显示出裂纹的形状。

(3) 曲轴裂纹、折断的修理　曲轴有了裂纹或折断，可用“焊修”的方法进行修复，其工艺要点简述如下。

① 焊修前的准备　先将曲轴放在碱水中煮洗清洁，除去油污，再用凿刀沿着裂纹表面凿成“U”形槽。槽深以不见裂纹为好。槽的底部呈圆弧形，槽口的宽需根据裂纹的深度、长度和形状等情况来决定。然后进行校正，使曲轴的弯曲摆差不超过规定范围。最后，将曲轴装在专制的焊架上，或装在气缸体上，并在曲轴与焊架或气缸体之间垫以铁质衬瓦。再将轴承盖用螺栓紧固，避免曲轴在焊接过程中弯曲变形。如果焊接折断的曲轴，需按曲轴折断的原痕找出中心缝，用电焊在断缝两侧先点焊几点，再在裂缝未点焊的两面开槽而后焊接。

② 焊修　焊修前，先用气焊火焰在焊补部位加温至 350～450℃，再用直径 3～4mm 的低碳钢电焊条进行电焊焊接。焊接时，用采用对向焊接（与裂纹垂直方向移动焊条）的方法，而且每焊完一层后，应立即清除焊渣，再焊下一层。

③ 焊后整理　焊后，应先将焊修处凿修平整，并钻通油道，检验焊接处有无裂纹，曲轴有没有弯曲变形。然后用磨床在焊接处进行磨削加工，使表面光洁平整，并可在曲轴的工作表面进行热处理，以增加工作表面的抗磨性能。

3.3.3 轴承检修技能

3.3.3.1 轴承的工作条件与常见故障

(1) 工作条件

① 连杆轴承在工作时受到气体爆发压力和连杆组往复惯性力的交变冲击作用。

② 轴瓦的单位面积负荷大（达300kgf/cm²[1]以上）。

③ 轴瓦表面与轴颈间相对速度高（>10m/s）。

④ 轴承受脉动油膜压力冲击。

⑤ 由于高速运转，轴承易发热，其温度一般在100～150℃，易使润滑油变质，轴承表面产生腐蚀磨损。

⑥ 高温作用，燃油进入，不完全燃烧物溶入，使润滑油变质。

（2）常见故障

1）轴承烧蚀

① 原因

a. 润滑不良：润滑不良，使曲轴与轴瓦之间发生干摩擦，产生很高的温度，由于轴瓦合金层的熔点很低（铜铅锡合金的熔点为240℃左右），要求其正常工作温度为60～70℃，绝不能在超过100℃的情况下工作，随着润滑条件的恶化，温度升高到100℃时，轴瓦合金开始变软，当温度继续升高到轴承合金的熔点时，轴瓦合金就会烧坏。

b. 装配间隙过小：如果轴瓦与曲轴装配间隙过小，则润滑油不易进入，也容易产生烧瓦现象。

② 措施：保证正常的机油压力和温度；保证合适的装配间隙。

2）轴瓦拉伤

① 原因：润滑油中有机械杂质。

② 措施：加强润滑油的滤清工作。

③ 合金脱落

a. 原因　合金质量不好；浇铸质量不高；装配间隙不当；瓦片变形。

b. 措施　在维护保养时，注意观察轴承的质量；装配时保证合适的装配间隙。

3.3.3.2　轴承的选配与检验

（1）选配

① 旧轴承的鉴定　若轴承质量良好，尺寸合适，修刮方法正确，使用情况良好，可以用几个中修期，但在柴油机大修中，必须更换轴承。

在柴油机小修或中修时，如发现轴承有下列情况之一者，则不能继续使用。

a. 轴和轴承的配合间隙过大，且无法调整者。

b. 轴承表面有裂纹，合金脱落或有严重拉痕，甚至烧瓦者。

c. 轴承合金层薄于0.2mm。

d. 弹性显著失效，失圆度超过正常范围者（柴油机<0.07mm）。

② 新轴承的质量要求

a. 轴承两端应高出轴承座0.05mm（如图3-83所示）。

b. 轴承没有砂眼、哑声、裂纹及背面毛糙。

c. 定位点定位良好。

d. 轴承油孔尽量对正，其误差不得超过0.5mm。

e. 同一副轴承的两片厚度差不得超过0.05mm。

③ 新轴承尺寸的选配　经检查确定要更换新轴承时，应首先将主轴颈以及连杆轴颈的表面、失圆度和锥形度等恢复正常，然后按曲轴轴颈和连杆轴颈的实有尺寸来选用与之相适

---

[1] 1kgf/cm²=98.0665kPa，下同。

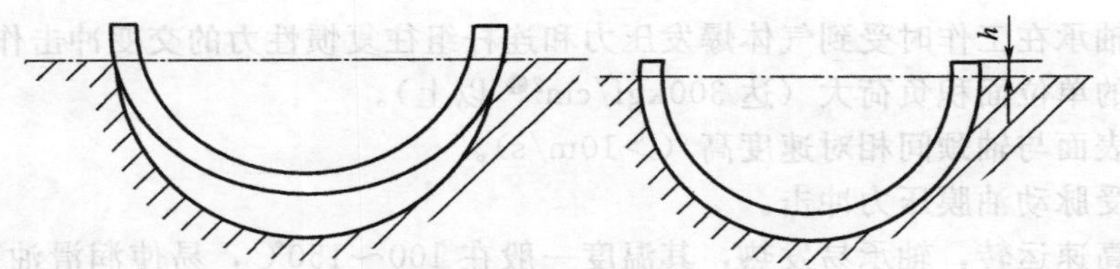
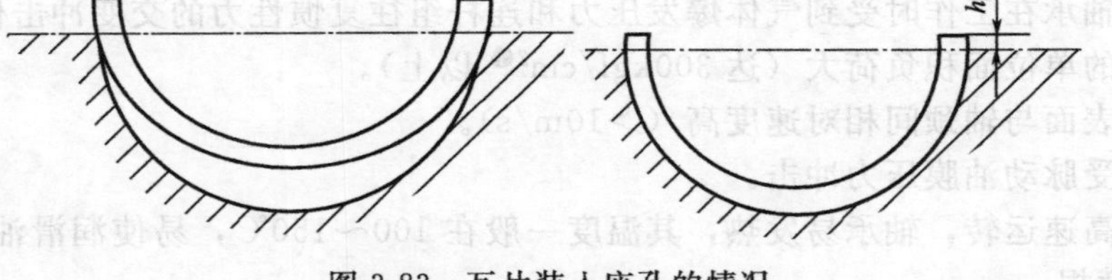

图 3-83　瓦片装入座孔的情况

应的新轴承。一般曲轴主轴颈和连杆轴颈的修理尺寸有：标准的和缩小尺寸的。柴油机有六级：0.25、0.50、0.75、1.00、1.25、1.50，每缩小 0.25mm 为一级。所以，在更换新轴瓦时，要按主轴颈和连杆轴颈的现有尺寸来选配相应的轴瓦。即：轴颈是标准尺寸的，就要选用标准尺寸的轴瓦，轴颈是缩小的，就应根据轴颈的修理尺寸选用同级的轴瓦。

(2) 轴瓦的检验

① 外观检查

a. 合金层烧熔，应报废。

b. 表面磨损起线严重，发生咬伤者，应报废。

c. 铅青铜合金有剥落现象，应报废；若白合金层中有小片剥落，则可焊补修复。

d. 轴瓦表面有裂纹，且裂纹较深较宽者，应报废。

e. 轴瓦定位块或定位销与孔有损伤者，不能使用。

f. 轴瓦外圆磨损，或用锉刀锉过应报废。

② 测量轴瓦　测量轴瓦主要是测量合金层的厚度（测量方法见图 3-84）。柴油机轴瓦有两种类型：厚壁轴瓦和薄壁轴瓦。厚壁轴瓦浇铸的合金层厚度为 5～10mm。薄壁轴瓦又有两种：壁厚为 0.90～2.30mm 的，浇铸的合金层厚度为 0.4～1.0mm；壁厚为 1.0～3.0mm 的，浇铸的合金层厚度为 0.6～1.5mm。一般轴瓦的浇铸厚度各机型说明书都有具体说明。

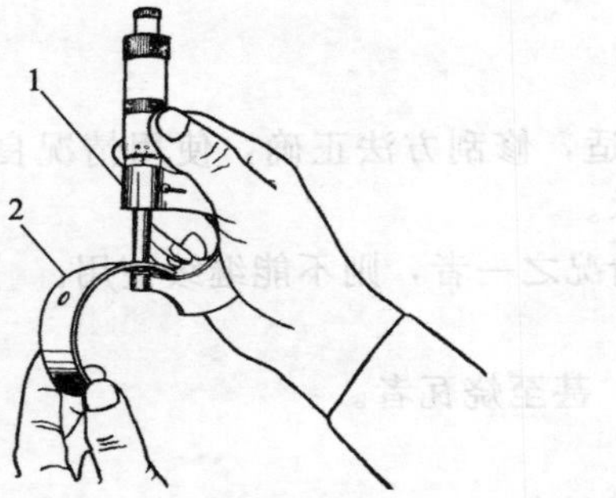

图 3-84　轴承厚度的测量

1—千分尺；2—轴承

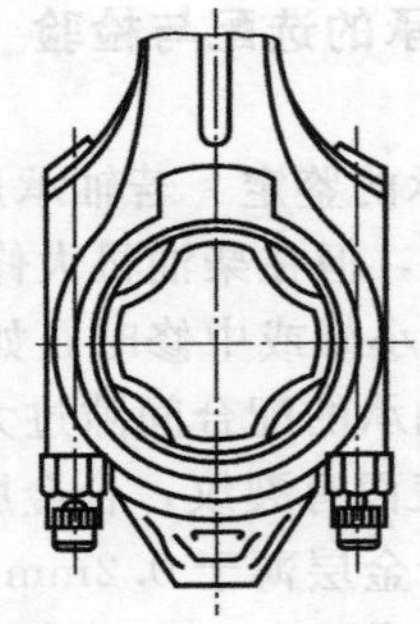

图 3-85　瓦片过高的缺点

测量合金层厚度的方法有两种。

a. 新旧比较法：新旧两轴瓦厚度之差，就是磨损量。（合金层的）标准尺寸一磨损量＝合金层的厚度。

b. 在全套轴瓦中找出磨损后最薄的一片，先测出总厚度，再测出底板厚度，二者之差即为合金层厚度。

柴油机大修时，无论是主轴瓦或连杆轴瓦，若其中有一片因磨损过薄或损坏而不能继续使用时，应予以成套更换；小修和中修时则允许更换个别轴瓦。

③ 轴瓦座孔的失圆度和锥形度不应超过允许范围

a. 技术要求：生产厂或大修时，失圆度和锥形度均不超过0.02mm；使用时，柴油机不超过0.07mm。

b. 轴瓦座孔的失圆度和锥形度超过允许值的后果：使轴瓦座与瓦片贴合不严，造成轴承散热不良，瓦背漏油，轴瓦变形。

c. 检查方法：按规定力矩上好瓦盖，然后用量缸表测量其失圆度及锥形度。

d. 瓦片装入座孔时，瓦片的两端应高出座孔平面0.05mm（参见图3-83）。如果过高，则拧足扭力时会引起瓦片变形（如图3-85所示）。解决的办法是：在无定位块的一端锉去少许。如果过低，则瓦片在座孔内窜动。解决的办法是：在瓦的背面垫一张与瓦片尺寸相等的薄铜皮，但应保证刮配后有一定的合金层，同时还要注意留出油孔，绝不允许在瓦的背面垫纸和导热不良的物质，以免影响轴承散热。并且这种方法只能在小修和中修时使用。大修时绝对不允许。当拧足扭力后，瓦片不得在座内有任何窜动，同时，瓦的背面与座孔接触面积不应少于75%。否则，同样会造成润滑与散热不良等后果。

3.3.3.3　轴瓦的修配

轴瓦的修配必须在气缸体和曲轴经过详细检查并恢复全部故障后进行。

（1）修刮轴瓦前的准备工作

① 准备好各种工具，如套筒扳手、刮刀等。

② 准备好清洁用的油料和擦机布。

③ 准备好主轴瓦和连杆轴瓦的调整垫片（0.05～0.2mm厚的铜垫片）。

④ 清洗曲轴、连杆轴承座、轴承盖和轴瓦并堵住轴承座上的油孔。堵住其油孔的目的在于：防止刮瓦时，将杂质漏入轴承座上的油孔而堵塞润滑油道。

（2）连杆瓦的修配

① 修配方法

a. 将曲轴抬上专用架，或立于飞轮上。

b. 擦净连杆轴颈和轴瓦。若轴颈上有毛糙、疤痕，可将00＃砂布剪成与轴颈同宽并沾上少许机油把毛糙打磨光。

c. 将选好的轴瓦和连杆装在轴颈上，扭紧螺钉到转动有阻力为止，然后往复转动3～4圈，再拆下连杆轴瓦，查看与轴颈的接触情况并进行修刮。

开始修刮时，轴瓦与轴颈的接触一般都是在每片瓦的两端，经几次修刮后应注意：当接触面扩大到轴瓦长度的1/3以上时，应在轴瓦座两端面接触处垫以厚度为0.05mm的薄铜皮2～3片（注意不要将它垫在轴瓦两端的接合处），这样可以减少轴瓦的修刮量，缩短其修刮时间；在修刮时，必须根据接触情况，以左手托连杆或瓦盖，右手将刮刀持平，以手腕运动，使刮刀由外向内修刮，起刀和落刀要稳，要始终保持刮刀的锋利；开始修刮时，要求重者多刮，轻者少刮或不刮，以便迅速刮出均匀的接触面。接合面附近，开始适当重刮，刮到中途少刮或者不刮；当修刮到轴瓦接触面接近全面时，应以调整为主，刮重留轻，刮大留小，直至扭力上够，松紧度合适，接触面达到75%以上为止；在修刮过程中，如松紧度合适，但接触面未达到要求，可适当减少垫片后继续修刮；在一般情况下，轴瓦刮好后要保留1～2个垫片以便柴油机工作一段时间后对轴瓦的松紧度进行调整；在特殊情况下，如轴瓦的修刮量太小，可以在轴瓦的背面加上适当厚度的铜垫片，但这种方法只能在中、小修时使用，在大修时一律不得使用。

② 对轴瓦孔失圆度、锥形度的检查　其测量方法是：按规定力矩拧紧瓦盖螺钉，然后用量缸表测量其失圆度与锥形度。在同一横截面两互相垂直的直径之差即为失圆度；在同一纵截面最大与最小直径之差即为锥形度。其失圆度与锥形度均应在0.02～0.04mm以内。

③ 松紧度（轴瓦与轴颈的径向间隙）的检查

a. 测量法。将装、刮配好轴瓦的连杆夹稳在虎钳上，且按规定力矩上好连杆螺钉，用量缸表配合外径千分尺测量出瓦孔直径。瓦孔直径－轴颈直径＝径向间隙。其中要考虑失圆度在内，而各机型轴瓦与轴颈的径向间隙均有具体规定。

b. 铅丝、铜皮法。铅丝法是在轴承与轴颈间放一直径为轴承标准间隙约 2 倍的铅丝，按规定力矩旋紧轴承盖后，再取出铅丝，用千分尺测量其厚度即为轴瓦与轴颈的径向间隙。铜皮法：用长约 30mm，宽约 10mm，厚度与标准间隙相同（取最小值）的铜皮（四周角应做成圆口，使用时应涂上一薄层机油）放于轴承和轴颈间，按照规定扭力旋紧轴承盖螺栓。用手扳动曲轴或飞轮，若扳不动，表示轴瓦与轴颈的径向间隙过小；若感觉有阻力不能轻易扳动，但取出铜片后又能以轻微力量即可转动，即表示合适；若无阻力或转动过松，即表示轴瓦与轴颈的径向间隙过大。如果间隙过大或过小，可以用增减垫片的方法加以调整。

c. 经验检查法。其方法是：在轴瓦上涂一薄层机油，然后装在轴颈上，按规定力矩拧紧连杆螺栓，用手使劲甩动连杆，如图 3-86 所示，如轴瓦合金为巴氏合金即镍基合金，可依靠连杆本身的惯性转动 1/2～1 圈；若轴瓦合金为铜铅合金（俗称铜瓦），能转动 1～2 圈；若轴瓦合金为铝基合金（俗称铝瓦），能转动 2～3 圈，同时再握住连杆小端，沿曲轴轴线方向拨动，应没有松旷感觉即为合适。

④ 连杆大端端隙的检查　当连杆轴瓦全部刮配好以后，还要对连杆大端的端隙进行检查，连杆大端的侧面与曲轴臂之间的间隙不能过大，一般为 0.1～0.35mm。如果超过 0.5mm 时，应在连杆大端的侧面堆焊铜或挂一层轴瓦合金予以修复。

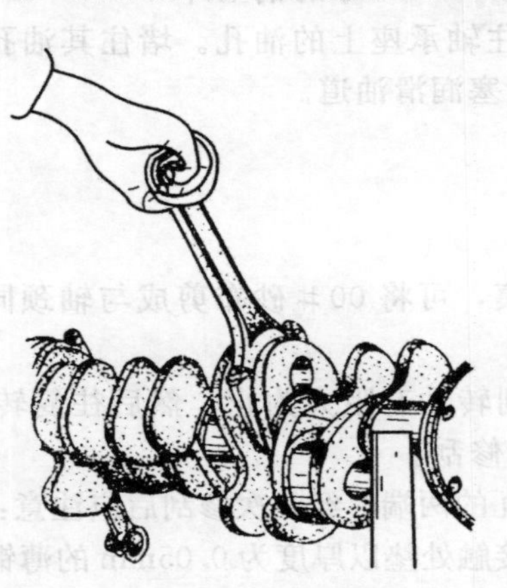

图 3-86　连杆轴承松紧度的检查

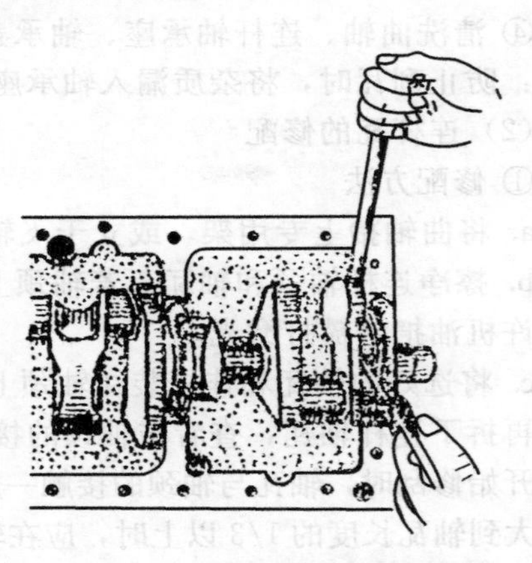

图 3-87　曲轴轴向间隙的检查

(3) 主轴瓦的修配　主轴瓦（曲轴轴承）的修配的基本工艺与轴颈接触面积的要求，以及松紧度与接触面积之间关系的处理等，同连杆瓦（连杆轴承）基本一致。但连杆轴承是单个配合，而曲轴轴承是几道曲轴轴承支持着一根曲轴，这就要求修配后的各道曲轴轴承中心线必须一致，因此首先应进行水平线的校正，而后再研合各轴承。

① 水平线的校正　在修刮前，首先检查当轴瓦装入座孔时，各道轴瓦是否在一条水平线上。

检查方法：在曲轴轴颈上涂上一层红丹油，并把曲轴放在装有轴瓦的气缸体上，装上轴瓦盖适当拧紧螺栓（用约 60cm 长的撬棍能以臂力撬动曲轴为宜），撬动曲轴数圈，然后取下瓦盖，抬下曲轴，查看各道轴瓦的接触情况。

若各道轴瓦接触面积相差很大或个别轴瓦根本不接触，一般应另行选配轴瓦。若各道轴瓦虽然不一致，但相差不多，可把下瓦接触重的部分刮去，直至达到接触面积为 75%以上为止，此时，下轴瓦的水平线即校好（曲轴箱有三种常见结构形式：底座式、隧道式和悬挂式。在校正水平线时，前二者校下瓦，后者校上瓦）。在校正水平线的过程中，因各道轴瓦的水平线是很不相同的，并且它们之间相互影响，因此，要经常而准确地观察与分析各道轴瓦的变化情况及其原因，并注意以下两点。

a. 在水平线未校正好前，最好不要刮削上瓦，否则可能会造成当水平线尚未校好时，扭力已达到规定值，而上瓦接触仍很差，松紧度也过松等不良现象。

b. 当水平线校好后，除下瓦的个别较重部分适当刮去外，最好不用刮削下瓦的方法来达到松紧度适当的目的，否则，可能使校好的水平线又遭到破坏。

② 刮配各道轴瓦　水平线校好后，抬上曲轴，并按记号装上主轴瓦盖，以一定次序逐道拧紧螺栓，每拧紧一道，转动曲轴数圈，松开该道螺栓，再拧紧另一道，全部这样做完后，取下主轴瓦盖，根据接触面情况修刮轴瓦合金。

修刮方法同连杆瓦的修刮方法。

拧瓦盖的顺序：

3 道轴瓦：2、1、3。

4 道轴瓦：2、3、1、4。

5 道轴瓦：3、2、4、1、5。

7 道轴瓦：4、2、6、3、7、1、5。

③ 刮配好的标准

a. 接触面积：最后一道：95%以上；其他各道：75%以上，而且接触点分布均匀，无较重的接触痕迹。

b. 间隙（松紧度）适当。

检查方法如下。经验法：在轴瓦表面加入一薄层机油，并将瓦盖按规定力矩拧紧（拧紧顺序同上），用双手的腕力扳动曲轴臂，能使曲轴转动一圈左右为合适。公斤扳手法（比较可靠的方法）：用扭力扳手在曲轴后端装飞轮的螺栓处转动，其转动力矩为：3 道瓦 2～3kg · m；4 道瓦 3～4kg · m；5 道瓦 4～5kg · m；6 道瓦 6～7kg · m；7 道瓦 7～8kg · m 即为合适。另外还有测量法和铅丝、铜皮法，这两种方法已在前面讲过，在这里就不再重述。

经过检查，若配合间隙过小，应进行适当修刮；若配合间隙过大，可将轴瓦两端的调整垫片减少，或在轴瓦背面垫适当厚度的铜皮（大修时不允许），必要时可更换轴瓦。切不可用锉刀锉削轴瓦盖或座孔的两端。

关于轴瓦与轴颈的径向间隙，每种机型都有明确的规定。配合间隙大小与轴瓦合金层的材料、轴颈直径、柴油机转速及轴瓦单位面积上承受的载荷有关。但起决定性作用的还是轴瓦合金层的材料。一般而言，巴氏合金轴瓦<铜合金轴瓦<铝合金轴瓦<镍合金轴瓦。

④ 轴瓦松紧度不当的后果　配合间隙过大的后果：机油流失；油压减小；油膜形成困难；轴瓦承受的冲击负荷加剧；产生敲击声。配合间隙过小的后果：油膜形成困难；产生半干摩擦；轴承的工作温度上升；轴瓦磨损加剧；烧瓦或“抱轴”。

（4）曲轴轴向间隙的检查　曲轴轴向间隙也称曲轴的端隙，是指轴承承推端面与轴颈定位轴肩之间的轴向间隙。它是为了适应柴油机在工作中机件热膨胀时的需要而定的。如果此间隙过小，会使机件膨胀而卡死；如果此间隙过大，前后窜动，则给活塞连杆组的机件带来不正常的磨损，止推垫圈表面逐渐磨损，使间隙改变，形成轴向位移，因此，在装配曲轴时，应进行曲轴轴向间隙的检查。其检验方法如图 3-87 所示。

检查时，先将曲轴定位轴肩和轴承的承推端面的一边靠合，用撬棍撬挤曲轴后端，然后用厚薄规在第一道曲轴臂与止推垫圈间测量。曲轴轴向间隙一般在 0.05～0.25mm 之间。如轴向间隙过大或过小，则应更换或修整止推垫圈。

CHAPTER 4 第4章 配气机构与进排气系统

配气机构与进排气系统的功用是按柴油机的工作循环和着火顺序，定时地开启和关闭各缸的进排气门，以保证新鲜空气适时充入气缸，并将燃烧后的废气即时排出。

配气机构与进排气系统各机件的技术状况在工作过程中是不断变化的，如气门、气门座和凸轮轴等主要机件，在高温高压和冲击负荷的作用下，会产生机械磨损和化学腐蚀。这样就破坏了气门与座的密封性和配气定时，从而使柴油机功率下降以及燃油消耗量增加。本章主要介绍配气机构与进排气系统的构造与检修技能。

4.1 配气机构与进排气系统的构造

发动机配气机构的类型有气门式、气孔式和气孔-气门式三种类型。四冲程柴油机普遍采用气门式配气机构。柴油机对配气机构及进排气系统的要求是：进入气缸的新鲜空气要尽可能多，排气要尽可能充分；进、排气门的开闭时刻要准确，开闭时的振动和噪声要尽量小；另外，要工作可靠、使用寿命长和便于调整。本节着重讲述四冲程柴油机的气门式配气机构及其进排气系统。

4.1.1 配气机构的结构形式及工作过程

气门式配气机构由气门组（气门、气门导管、气门座及气门弹簧等）和气门传动组（推杆、摇臂、凸轮轴和正时齿轮等）组成；进排气系统由空气滤清器、进气管、排气管和消声器等组成。

柴油机配气机构的结构形式较多，按照气门相对于气缸的位置不同可分为两种形式：气门布置在气缸侧面的称为侧置式气门配气机构；气门布置在气缸顶部的称为顶置式气门配气机构。采用侧置式气门配气机构布置的燃烧室横向面积大，结构不紧凑，而高度又受气流和气门运动的限制不能太小，所以当压缩比大于7.5时，燃烧室就很难布置。对于柴油机，由于压缩比不能太低，所以广泛采用顶置式气门配气机构。按凸轮轴的布置位置可分为上置凸轮轴式、中置凸轮轴式和下置凸轮轴式；按曲轴与凸轮轴之间的传动方式可分为齿轮传动式和链条传动式；按每缸的气门数目可分为二气门、三气门、四气门和五气门机构。本节主要介绍柴油发电机组常用的顶置式气门、下置凸轮轴、齿轮传动式、二气门的配气机构。

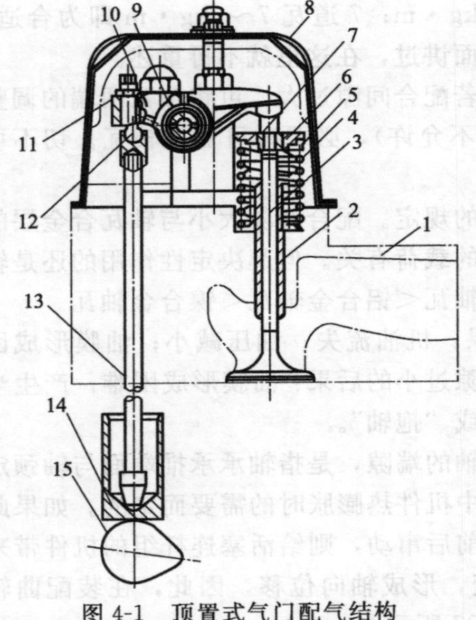

图 4-1 顶置式气门配气结构

1—气缸盖；2—气门导管；3—气门；4—气门主弹簧；5—气门副弹簧；6—气门弹簧座；7—锁片；8—气门室罩；9—摇臂轴；10—摇臂；11—锁紧螺母；12—调整螺钉；13—推杆；14—挺柱；15—凸轮轴

顶置式气门配气机构如图 4-1 所示，由凸轮轴 15、挺柱 14、推杆 13、气门摇臂 10 和气门 3 等零件组成。进、排气门都布置在气缸盖上，气门头部朝下，尾部朝上。如凸轮轴为了传动方便而靠近曲轴，则凸轮与气门之间的距离就较长。中间必须通过挺柱、推杆、摇臂等一系列零件才能驱动气门，使机构较为复杂，整个系统的刚性较差。

顶置式气门配气机构工作过程如下：凸轮轴由曲轴通过齿轮驱动。当柴油机工作时，凸轮轴即随曲轴转动，对于四冲程柴油机而言，凸轮轴的转速为曲轴转速的1/2，即曲轴转两转完成一个工作循环，而凸轮轴转一转，使进、排气门各开启一次。当凸轮轴转到凸起部分与挺柱相接触时，挺柱开始升起。通过推杆13和调整螺钉12使摇臂绕摇臂轴转动，摇臂的另一端即压下气门，使气门开启。在压下气门的同时，内、外两个气门弹簧也受到压缩。当凸轮轴凸起部分的最高点转过挺柱平面以后，挺柱及推杆随凸轮的转动而下落，被压紧的气门弹簧通过气门弹簧座6和气门锁片7，将气门向上抬起，最后压紧在气门座上，使气门关闭。气门弹簧在安装时就有一定的预紧力，以保证气门与气门座贴合紧密而不致漏气。

4.1.2 配气机构的主要零件

配气机构按其功用可分两组零件：以气门为主要零件的气门组和以凸轮轴为主要零件的气门传动组。

4.1.2.1 气门组

气门组包括气门、气门座、气门导管、气门弹簧、弹簧座及锁紧装置等零件。如图4-2所示为柴油机广泛采用的气门组零件。

(1) 气门　在压缩和燃烧过程中，气门必须保证严密的密封，不能出现漏气现象。否则柴油机的功率会下降，严重时柴油机由于压缩终了温度和压力太低，一直不能着火启动。气门在漏气情况下工作，高温燃气长时间的冲刷进气门，使气门过热、烧损。

气门是在高温、高机械负荷及冷却润滑困难的条件下工作的。气门头部还承受气体压力的作用。排气门还要受到高温废气的冲刷，经受废气中硫化物的腐蚀。因此，要求气门具有足够的强度、耐高温、耐腐蚀和耐磨损的能力。

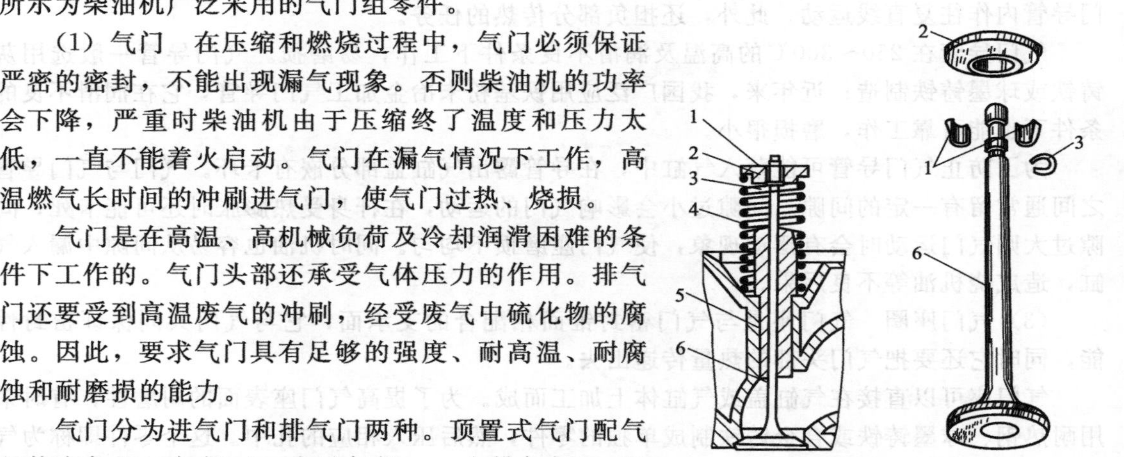

图4-2　柴油机气门组零件

1—气门锁夹；2—气门弹簧座；3—挡圈；4—气门弹簧；5—气门导管；6—气门

气门分为进气门和排气门两种。顶置式气门配气机构有每缸二气门（一个进气门、一个排气门）、三气门（两个进气门、一个排气门）、四气门（两个进气门、两个排气门）和五气门（三个进气门、两个排气门）之分，二气门多用于中小功率的柴油机；后三者用于强化程度较高的中、大型柴油机，并以四气门结构的居多。

进气门由于工作温度稍低，一般采用普通合金钢；排气门普遍采用耐热合金钢。为了节约成本，有时杆部选用一般合金钢，而头部采用耐热合金钢，然后将两者焊接在一起。

气门锥面是气门与气门座之间的配合面，气门的密封性就是依靠两个表面严密贴合来保证的。此外，气门接受燃气的加热量的75%要通过锥面传出。从有利于传热的观点出发，气门锥面与气门座接触的宽度应愈宽愈好，但是接触面愈宽，密封的可靠性就愈低，因为工作面上的比压减小，杂物和硬粒不易被碾碎和排走。所以通常要求气门锥面密封环带的宽度在1～2mm之间即可。

气门顶面上有时还铣出一条狭窄的凹槽，主要用于研磨气门时能将工具插入槽中旋转气门。气门和气门座配对进行研磨，研磨后气门即不能互换。

气门锥面的锥角一般为30°或45°。也有少数柴油发动机做成60°或15°锥角的。锥角愈小，单位面积上的压力也愈小，气门与气门座之间的相对滑动位移也较小，从而使气门的磨损减轻。因此，有的柴油机进气门锥面的锥角为30°。

排气门由于高温废气不断流过锥面，废气中的炭烟微粒容易沉积附着在锥面上，影响密封性。因此，排气门要求锥面上的比压要高些，以利于积炭的排除。排气门大多采用45°的锥角。为了制造和维修方便，不少柴油机进、排气门锥角均采用45°。

气门座的锥角有时比气门锥角大0.5°～1°，使两者接触面积更小，可以提高工作面的比压，从而提高其密封的可靠性。

气门头部的直径对气流的阻力影响较大。头部直径愈大，其流通截面也愈大，因而阻力减小。但直径的大小受气缸顶面的限制。考虑到进气阻力对柴油机性能的影响比排气阻力更大，所以一般都使进气门的直径比排气门稍大。有些柴油机的进、排气门直径相同，以便于制造和维修。但如果两者材料不同，则必须打上标记，以免装错。

气门头部边缘应保持一定的厚度，一般为1～3mm，以防止工作时，由于气门与气门座之间的冲击而损坏或被高温气体烧蚀。为了改善气门头部的耐磨性和耐腐蚀性，以增强密封性能，有些柴油机在排气门的密封锥面上，堆焊一层特种合金。

(2) 气门导管　气门导管的主要功用是保证气门与气门座有精确的同心度，使气门在气门导管内作往复直线运动。此外，还担负部分传热的任务。

气门导管在250～300℃的高温及润滑不良条件下工作，易磨损。气门导管一般选用灰铸铁或球墨铸铁制造；近年来，我国广泛应用铁基粉末冶金加工气门导管，它在润滑不良的条件下也能可靠工作，磨损很小。

为了防止气门导管可能落入气缸中，在导管露出气缸盖部分嵌有卡环。气门与气门导管之间通常留有一定的间隙。间隙过小会影响气门的运动，在杆身受热膨胀时还可能卡死；间隙过大则气门运动时会有摆动现象，使气门座磨损不均匀。同时机油也容易从间隙中漏入气缸，造成烧机油等不良后果。

(3) 气门座圈　气门座是与气门密封锥面相配合的支承面，它与气门共同保证密封性能，同时它还要把气门头部的热量传递出去。

气门座可以直接在气缸盖或气缸体上加工而成。为了提高气门座表面的耐磨性，有时采用耐热钢、球墨铸铁或合金铸铁制成单独的零件，然后压入相应的孔中。这个零件即称为气门座圈。铝制气缸盖或气缸体进、排气门座都必须采用气门座圈。对于强化柴油机，排气门热负荷高、磨损严重，所以排气门座通常都采用气门座圈。有的增压柴油机，由于进气管中无真空度，所以进气门处得不到机油的润滑，而排气门处由于有废气中的油烟可起到润滑作用，所以进气门座有座圈，而排气门座则没有。

采用气门座圈的优点是提高了座面的耐磨性和寿命，更换和维修也比较方便。缺点是传热条件差，加工要求高，气门座圈如工作时松脱则会造成事故。

气门座圈的外表面有制成圆锥形或圆柱形两种。锥形表面压入座圈孔时，必须按规定的冲力将其压紧。气门座圈如压入铝合金气缸盖中时，其配合表面常制成沟槽，当气门座圈压入后，少量铝金属会挤入沟槽中，在对气门座孔扩口时也会促使铝合金挤入，以提高座圈在座孔中的紧固程度，防止松脱。

气门座紧压在气缸盖的座孔中，磨损后可以更换。气门锥面是气门与气门座之间的配合面，气门的密封性就是依靠两个表面严密贴合来保证的。为了保证密封，每个气门和气门座都要配对研磨，研磨后气门不能互换。

(4) 气门弹簧　气门弹簧的功用是保证气门在关闭时能压紧在气门座上，而在运动时使传动件保持相互接触，不致因惯性力的作用而相互脱离，产生冲击和噪声。所以气门弹簧在安装时就有较大的预紧力，同时有较大的刚度。

气门弹簧的材料通常为高碳锰钢、硅锰钢和镍铬锰钢的钢丝，用冷绕成形后，经热处理而成。为了提高弹簧的疲劳强度，一般用喷丸或喷砂表面处理。气门弹簧的形状多为圆柱形螺旋弹簧。

气门弹簧在工作时可能发生共振。当气门弹簧的固有振动频率与凸轮轴转速或气门开闭的次数成倍数关系时，就会产生共振。共振会使气门弹簧加速疲劳损坏，配气机构也无法正常工作，因而应尽力防止。

通过增加弹簧刚度来提高固有频率是防止共振的措施之一。但刚度增加，凸轮表面的接触应力加大，使磨损加快，曲轴驱动配气机构所消耗的功也增加。有的柴油机采用变螺距弹簧来防止共振。工作时，弹簧螺距较小的一端逐渐叠合，有效圈数不断减少，因而固有频率也不断增加。这种气门弹簧在安装时，应将螺距较小的一端靠近气门座。

不少柴油机采用两根气门弹簧来防止共振。内、外两根气门弹簧同心地安装在一个气门上。采用双弹簧的优点除了可以防止共振外，同时当一根弹簧折断时，另一根还可继续维持工作，不致产生气门落入气缸的事故。此外，在保证相同弹力的条件下，双弹簧的高度可比一根弹簧的小，因而可降低整机高度。采用双弹簧时，内、外弹簧的螺旋方向应相反，以避免当一根弹簧折断时，折断部分卡入另一根弹簧中。

(5) 气门弹簧锁紧装置　气门弹簧装在气门杆部外边，其一端支承在气缸盖上，而另一端靠锁紧装置固定在弹簧座上。气门弹簧锁紧装置主要有以下三种。

第一种气门弹簧锁紧装置如图 4-3(a) 所示，为锁片式锁紧装置。该装置的气门杆尾部有凹槽，分为两半的锥形锁片卡在凹槽中，锁片锥形外圆与弹簧座锥孔配合，在弹簧的作用下使锁片不致脱落。这种气门弹簧锁紧装置应用最为普遍。

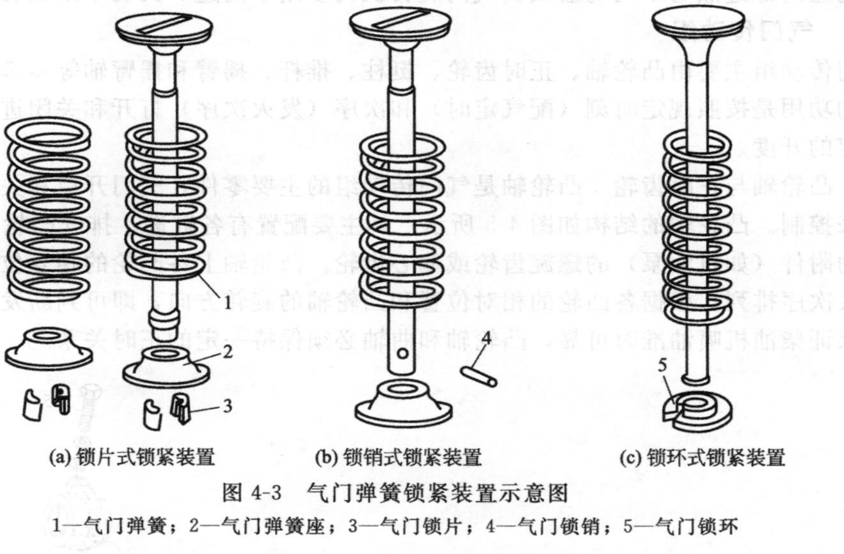

图 4-3　气门弹簧锁紧装置示意图

1—气门弹簧；2—气门弹簧座；3—气门锁片；4—气门锁销；5—气门锁环

第二种气门弹簧锁紧装置如图 4-3(b) 所示，为锁销式锁紧装置。该装置在气门杆尾部钻有小孔，在孔内可插入一根锁销，锁销两端露出在气门杆外。弹簧座先放入气门杆中。当锁销插入孔中后，再将弹簧座提起，锁销即卡在弹簧座的凹槽中不致跳出。

第三种气门弹簧锁紧装置如图 4-3(c) 所示，为锁环式锁紧装置。该装置在气门杆尾端制出锥面，大端靠尾部。弹簧座内孔也做成锥面。为了能使弹簧座装入气门杆中，在弹簧座

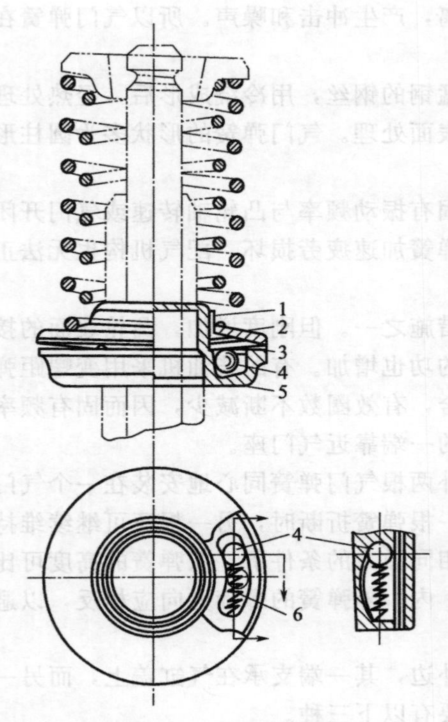

图 4-4　气门旋转机构
1—卡环；2—支承圈；3—碟形弹簧；4—钢球；
5—弹簧支承盘；6—回位弹簧

上铣有宽度略大于气门杆直径的缺口。气门杆尾端加粗后，气门导管如为整体，则气门无法装入气门导管，因此必须分为两半。显然这种结构在制造和装配方面都比较麻烦。

(6) 气门旋转机构　许多新型柴油发动机，为了改善气门、气门座密封锥面的工作条件，延长气门与气门座的使用寿命，采用了如图 4-4 所示的气门旋转机构。气门导管上套有一个固定不动的支承盘 5，支承盘上有若干条弧形凹槽，槽内装有钢球 4 和回位弹簧 6，支承盘的上面套有蝶形弹簧 3、支承圈 2 和卡环 1，气门弹簧下端落在支承圈 2 上。

当气门处于关闭状态时，气门弹簧的预紧力通过支承圈 2 将碟形弹簧 3 压在弹簧支承盘 5 的上面，此时碟形弹簧 3 和钢球 4 没有接触。当气门处于开启状态时，气门弹簧通过支承圈 2 压缩碟形弹簧 3，使碟形弹簧 3 和钢球 4 接触，钢球 4 在碟形弹簧 3 的压迫下，沿着弹簧支承盘 5 上的底面为斜坡的凹槽滚动一定距离。这样，几个小钢球就拖动碟形弹簧 3、支承圈 2、气门弹簧及气门转动一定角度。当气门关闭后，钢球和碟形弹簧脱离接触，在回位弹簧的作用下回到坡面的高点上。气门每开启一次，就旋转一定角度，从而减少气门座合面的积炭，改善密封性，并减少气门与气门座局部过热与不均匀磨损。气门旋转机构多用于高速、大功率柴油机的进气门上。

4.1.2.2　气门传动组

气门传动组主要由凸轮轴、正时齿轮、挺柱、推杆、摇臂和摇臂轴等零部件组成。气门传动组的功用是按照规定时刻（配气定时）和次序（发火次序）打开和关闭进、排气门，并保证一定的开度。

(1) 凸轮轴与正时齿轮　凸轮轴是气门传动组的主要零件，气门开启和关闭的过程主要是由它来控制。凸轮轴的结构如图 4-5 所示，其主要配置有各缸进、排气凸轮、凸轮轴轴颈以及驱动附件（如机油泵）的螺旋齿轮或偏心齿轮。凸轮轴上各凸轮的相互位置按发动机规定的发火次序排列。根据各凸轮的相对位置和凸轮轴的旋转方向，即可判断发动机的发火次序。为保证柴油机喷油准时可靠，凸轮轴和曲轴必须保持一定的正时关系。

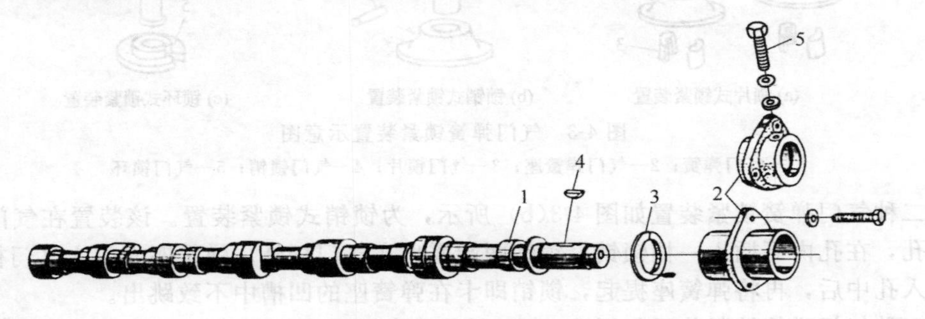

图 4-5　柴油机凸轮轴组件
1—凸轮轴；2—推力轴承；3—隔圈；4—半圆键；5—接头螺钉

凸轮轴承受周期性冲击载荷。凸轮与挺柱之间有很高的接触应力，其相对滑动速度也很高，而润滑条件则较差。因此凸轮工作表面磨损较严重，还可能出现擦伤、麻点等不正常磨损情况。凸轮轴一般用优质钢模锻而成。近年来广泛采用合金铸铁和球墨铸铁铸造。大多数凸轮轴做成整体式，即各缸进、排气凸轮都在同一根轴上加工而成。

凸轮轴由曲轴驱动。由于凸轮轴与曲轴间有一定距离，中间必须通过传动件来传动。目前传动方式主要有齿轮式传动和链条式传动两种。由于齿轮式传动方式工作可靠，寿命较长而应用最广。齿轮式传动方式通常在曲轴齿轮和配气正时齿轮之间加装中间齿轮，使齿轮直径减小，以免机体横向尺寸增大。

为了使齿轮啮合平顺，减少噪声，正时齿轮一般采用斜齿，其倾斜角度约为 10°，曲轴上的正时齿轮多用合金钢制造，而凸轮轴上的正时齿轮多用夹布胶木或工程塑料制成。

由于斜齿轮传动产生的轴向力，或由于工程机械加速都可能使凸轮油发生轴向窜动。轴向窜动会引起配气正时不准，因此，对凸轮轴必须加以轴向定位。

常见的凸轮轴轴向定位的方法有以下两种。

① 止推片轴向定位　如图 4-6 所示，凸轮轴止推片 4 用螺钉固定在气缸体上，止推片与正时齿轮之间应留有适当的间隙，此间隙的大小通常为 0.05～0.20mm，作为零件受热膨胀时的余地。此间隙的大小可通过更换隔圈 5 来调整。

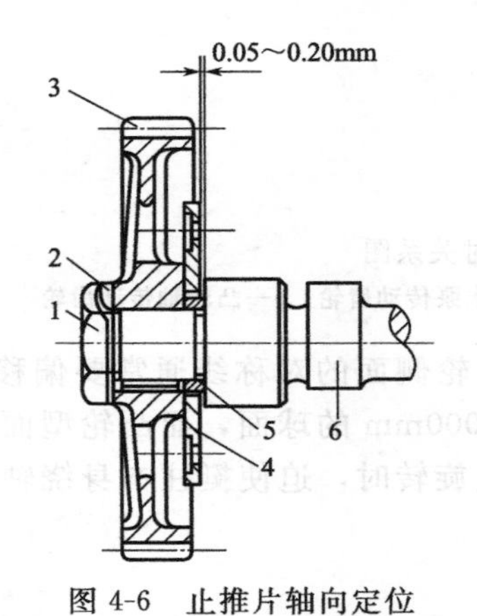

图 4-6　止推片轴向定位

1—螺母；2—锁紧垫圈；3—凸轮轴正时齿轮；4—止推片；5—隔圈；6—凸轮轴

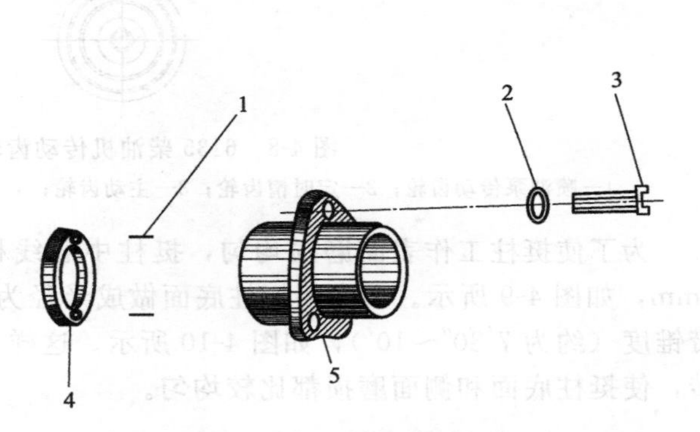

图 4-7　推力轴承轴向定位

1—圆柱销；2—垫圈；3—螺钉；4—隔圈；5—推力轴承

② 推力轴承轴向定位　如图 4-7 所示，凸轮轴的第一道轴承为推力轴承，装在轴承座孔内并用螺钉固定在机体上，其端面与凸轮轴的凸缘隔圈之间应留有适当的间隙。当凸轮轴轴向移动其凸缘通过隔圈碰到推力轴承时便被挡住。6135 柴油机就是采用这种凸轮轴轴向定位装置。

凸轮轴通常采用齿轮驱动，齿轮装在凸轮轴前端，与曲轴上的齿轮直接或间接啮合，称为正时齿轮。对于四冲程柴油机，每完成一个工作循环，曲轴旋转两周，各缸进、排气门各开启一次，凸轮轴只旋转一周，其传动比为 2∶1。曲轴上的正时齿轮经过一个或两个中间齿轮，再传到凸轮轴上的正时齿轮。

在装配凸轮轴时，必须对准各对齿轮的正时记号，才能保证气门按规定时刻开闭，喷油泵按规定时刻供油。图 4-8 为 6135 柴油机传动齿轮装配定时关系图。

(2) 挺柱　挺柱的作用是将凸轮的推力传给气门或推杆。

挺柱由钢或铸铁制成。一般制成空心圆柱体形状，这样既减轻重量，又可获得较大压力面积，以减小单位面积上的侧压力。推杆的下端即落在挺柱孔内。

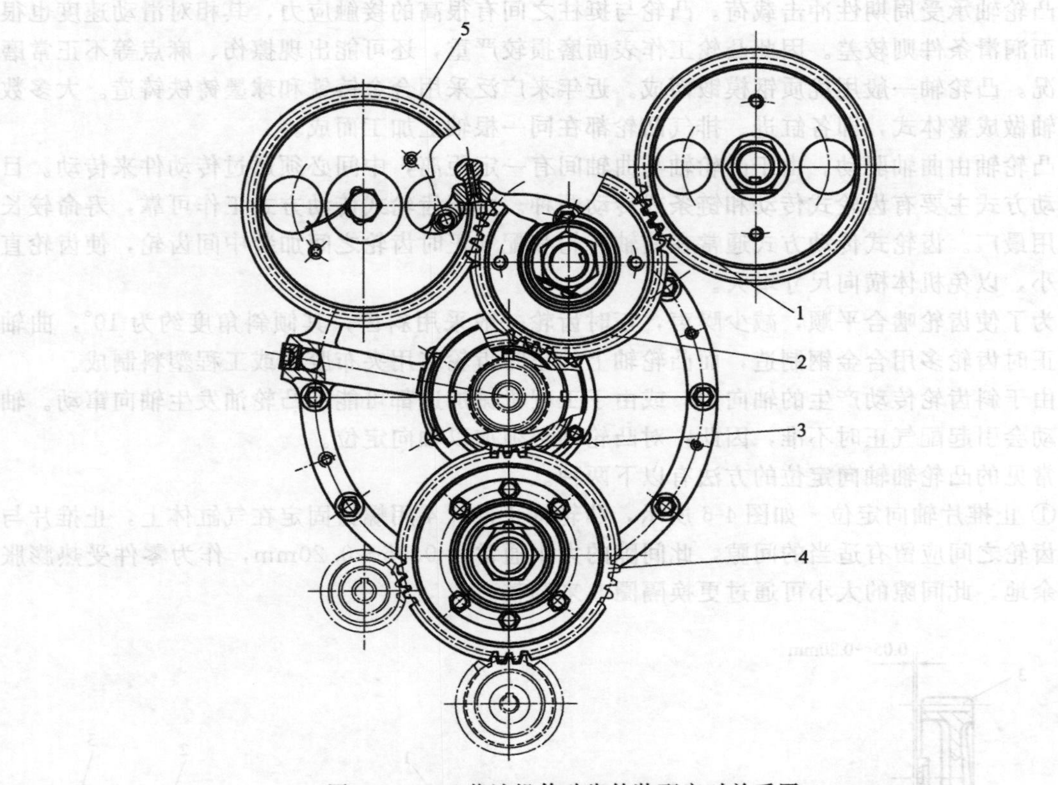

图 4-8　6135 柴油机传动齿轮装配定时关系图

1—喷油泵传动齿轮；2—定时惰齿轮；3—主动齿轮；4—机油泵、水泵传动齿轮；5—凸轮轴传动齿轮

为了使挺柱工作表面磨损均匀，挺柱中心线相对于凸轮侧面的对称线通常要偏移 1～3mm，如图 4-9 所示。或者将挺柱底面做成半径为 700～1000mm 的球面，而凸轮型面则略带锥度（约为 7′30″～10′），如图 4-10 所示。这样，当凸轮旋转时，迫使挺柱本身绕轴线旋转，使挺柱底面和侧面磨损都比较均匀。

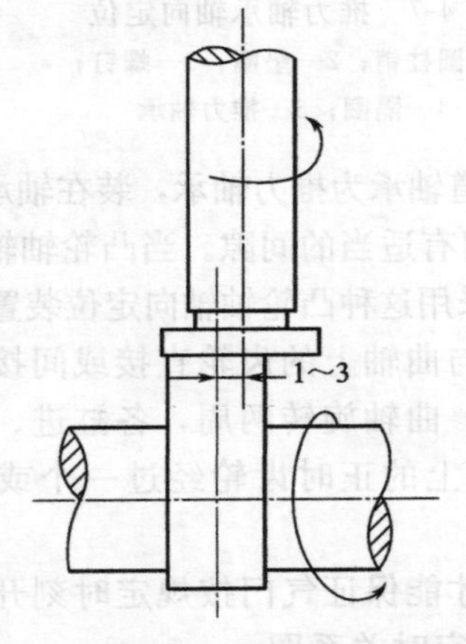

图 4-9　挺柱相对于凸轮的偏移

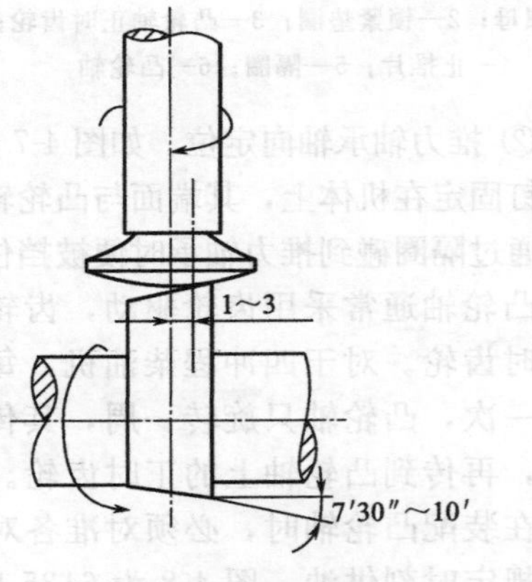

图 4-10　球面挺柱

（3）推杆　在顶置式气门机构中，由于凸轮轴和气门是分开设置的，两者相距较远，因此采用推杆来传递凸轮轴传来的推力。

推杆一般采用空心钢管制造，以减轻质量。推杆两端焊有不同形状的端头。上端呈凹球形，气门摇臂调节螺钉的球头坐落其中；下端呈圆球形，插在气门挺柱的凹球形座内。上下端头多用钢制成，并经热处理提高硬度，改善其耐磨性。

(4) 摇臂　摇臂是推杆与气门之间的传动件，起杠杆作用。

摇臂的两臂长度不等，长短臂的比例约为 $a:b=1.6:1$。长臂端用以推动气门尾端，因此在一定的气门开度下，可减小凸轮的最大升程，与气门尾端接触的表面做成圆柱面，并经热处理和磨光。摇臂的短臂端装有调整气门间隙的调整螺钉和锁紧螺母。摇臂轴通常是做成中空的，作为润滑油道。润滑油从支座的油道经摇臂轴通向摇臂两端进行润滑，如图4-11所示。为了防止摇臂在工作时发生轴向移动，摇臂轴上两摇臂之间装有摇臂轴弹簧。

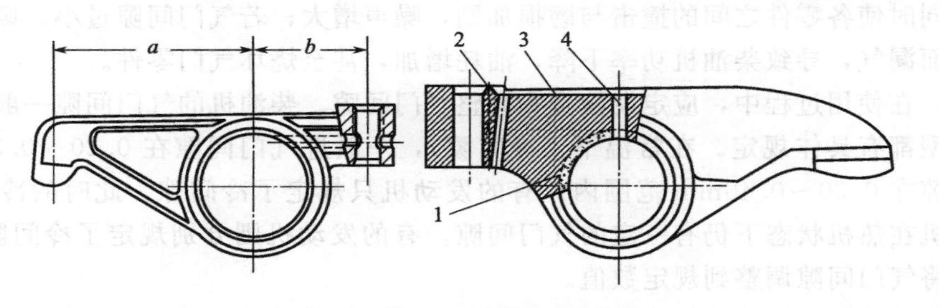

图 4-11　摇臂

1—衬套；2,4—油孔；3—油槽

4.1.3　配气相位和气门间隙

4.1.3.1　配气相位

原理上柴油机的进气、压缩、做功和排气过程都是在活塞到达上止点和到达下止点时开始或完成。但是为了进气更充分，排气更干净，进、排气门要提早打开、延迟关闭。柴油机的进、排气门开始开启和关闭终了的时刻以及开启的延续时间，通常用相对于上、下止点时的曲轴转角来表示，称为配气相位或配气定时。表示每缸进、排气配气相位（正时）关系的环形图，称配气相位（正时）图，如图 4-12 所示。

在上止点附近，进、排气门同时开启的角度称为气门重叠角。由于新鲜气体和废气流动惯性都很大，虽然进、排气门同时开启，但气流并不互相错位与混合。只要气门重叠角取得合适，可以使进气更充分、排气更干净。

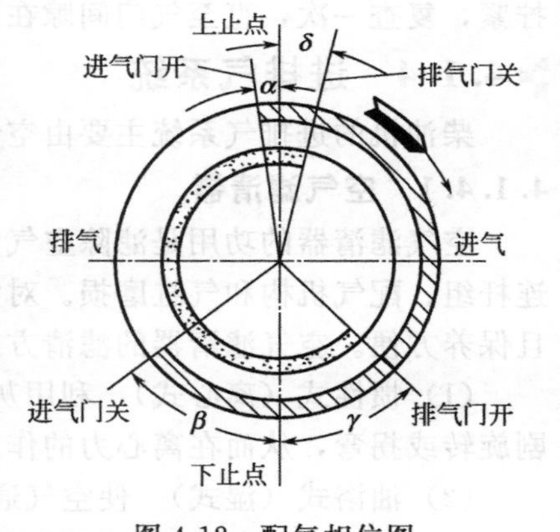

图 4-12　配气相位图

α—进气提前角；β—进气迟后角；
γ—排气提前角；δ—排气迟后角；
α+δ—气门重叠角

气门重叠角必须根据柴油机具体状况通过试验来确定。重叠角过小，达不到预期改善换气质量的目的，过大则可能产生废气倒流现象，降低柴油机的性能指标。

配气相位要根据柴油机的使用工况和常用转速来确定。不同的柴油机，其配气相位是不同的。配气相位的数值要通过试验确定。

为保证配气相位的准确，在曲轴与凸轮轴驱动机构之间通常设有专门的记号，在装配过程中必须按照相关说明书的要求将记号对准，不得随意改动（如图 4-8 所示）。

4.1.3.2　气门间隙

发动机工作时，气门、推杆、挺柱等零件因温度升高而伸长。如果在室温下装配时，气门和各传动零件（摇臂、推杆、挺柱）及凸轮轴之间紧密接触，则在热态下，气门势必关闭不严，造成气缸漏气。为保证气门的密封性，必须在气门与传动件之间留出适当的间隙，习惯称之为“气门间隙”，并有“冷间隙”与“热间隙”之分。

气门传动组（气门与挺柱或气门与摇臂之间）在常温下装配时必须留有适当的间隙，以补偿气门及各传动零件的热膨胀，此间隙称为气门的冷间隙；在发动机正常运转时（热状态下），也需要一定的气门间隙，保证凸轮不作用于气门时，气门能完全密闭。发动机在热态下的气门间隙称为气门的热间隙。

在柴油机使用过程中，由于零件的磨损与变形，气门间隙会逐渐增大，促使进、排气门迟开、早关，导致进、排气的时间变短，进气不足，排气不净，致使柴油机的动力性与经济性下降，同时使各零件之间的撞击与磨损加剧，噪声增大；若气门间隙过小，则会引起气门密封不严而漏气，导致柴油机功率下降，油耗增加，甚至烧坏气门零件。

因此，在使用过程中，应定期检查和调整气门间隙。柴油机的气门间隙一般由制造厂给出，各机型都有具体规定。在常温下（冷间隙），一般进气门间隙在 0.20～0.35mm 之间，排气门间隙在 0.30～0.40mm 范围内。有的发动机只规定了冷间隙，此时的冷间隙数值能保证发动机在热机状态下仍有一定的气门间隙。有的发动机则分别规定了冷间隙和热间隙。装配时应将气门间隙调整到规定数值。

调整发动机气门间隙最好在冷机状态下，气门完全关闭时进行。因为在热机状态下，由于柴油机工作时间的长短不同，其机温也有所差别，气门间隙的大小不好把握。调整时，首先转动曲轴使要调整缸的活塞恰好处于压缩冲程上止点位置，此时，进、排气门处于完全关闭状态，然后用旋具和厚薄规调整该缸的进、排气门间隙，调整完毕后按同样方法依次调整其他缸。调整气门间隙的方法是：先松开调整螺钉的锁紧螺母，再旋转调整螺钉，用规定数值的厚薄规插入气门杆与摇臂之间进行测量，使气门间隙符合规定，调整好后再将锁紧螺母拧紧，复查一次，直至气门间隙在规定的范围内。

4.1.4 进排气系统

柴油机的进排气系统主要由空气滤清器，进、排气管和消声器等组成。

4.1.4.1 空气滤清器

空气滤清器的功用是滤除空气中的灰尘及杂质，将清洁的空气送入气缸内，以减少活塞连杆组、配气机构和气缸磨损。对空气滤清器的要求是：滤清效率高、阻力小、应用周期长且保养方便。空气滤清器的滤清方式有以下三种。

(1) 惯性式（离心式） 利用灰尘和杂质在空气成分中密度大的特点，通过引导气流急剧旋转或拐弯，从而在离心力的作用下，将灰尘和杂质从空气中分离出来。

(2) 油浴式（湿式） 使空气通过油液，空气杂质便沉积于油中而被滤清。

(3) 过滤式（干式） 引导气流通过滤芯，使灰尘和杂质被黏附在滤芯上。

为获得较好的滤清效果，可采用上述两种或三种方式的综合滤清。空气滤清器由滤清器壳和滤芯等组成，滤清器壳由薄钢板冲压而成。滤芯有金属丝滤芯和纸质滤芯等。如图4-13所示为国产 135 系列 4、6 缸直列柴油机和 12 缸 V 型柴油机用空气滤清器。

图 4-13(a) 为 135 系列 4、6 缸直列柴油机用空滤器，这种纸质滤芯（金属丝滤芯）滤清器目前应用广泛，滤芯普遍采用树脂处理的微孔滤纸制成，滤芯上下两端由塑料密封垫圈密封。柴油机工作时，空气经纸质滤芯滤清后，从接管沿进气管被吸入气缸。这种滤清器结构简单、成本低、维护方便；但用于尘粒量大的环境时，工作寿命较短，且不甚可靠。

如图 4-14 所示为国产 135 系列增压柴油机用的旋流纸质空气滤清器。它主要由旋流粗

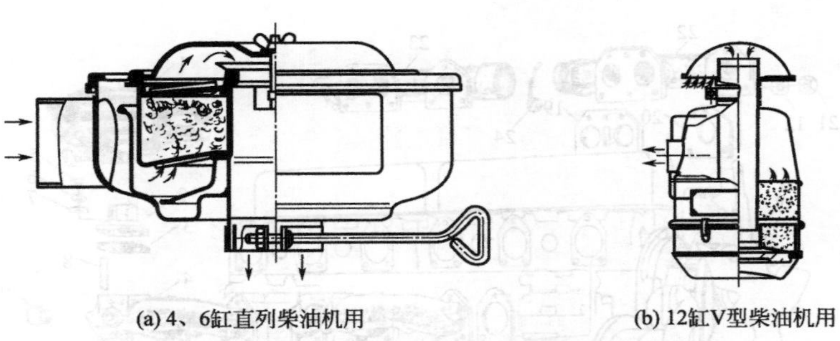
(a) 4、6缸直列柴油机用　(b) 12缸V型柴油机用

图 4-13　国产 135 系列基本型柴油机空气滤清器

滤器 4（内部竖置有旋流管）、纸质主精滤芯 2 和安全滤芯 1 三部分组成。空气经旋流管离心力的作用，使空气中的绝大部分尘粒落入旋流管下端的集尘室 5，尘粒再经排气引射管（安装在消声器出口处，如图 4-15 所示）随柴油机废气一起排出。粗滤后较清洁的空气通过纸质精滤及安全滤芯滤清，最后进入发动机气缸。

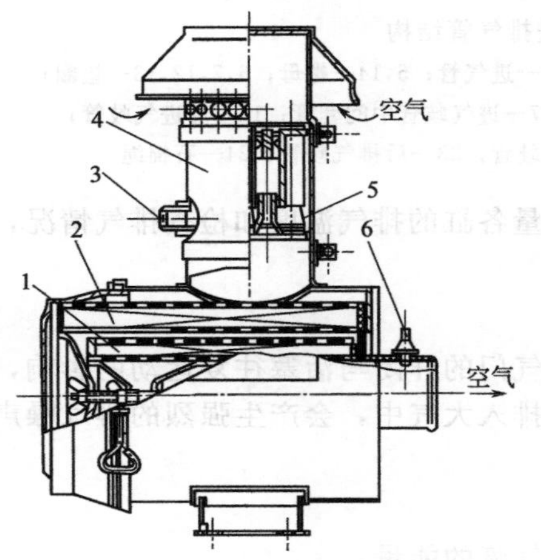

图 4-14　旋流纸质空气滤清器

1—安全滤芯；2—纸质主精滤芯；3—排气引射管连接口；4—旋流粗滤器；5—集尘室；6—报警器

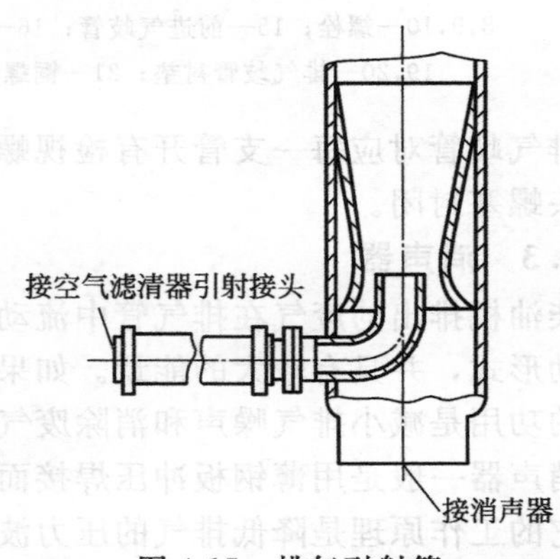

图 4-15　排气引射管

当采用上述旋流纸质空气滤清器时，消声器出口处需预装有与之匹配的排气引射管，当柴油机排气时，高速气流通过喉管处使废气气流增大，于是便形成了真空度。利用此真空度将空滤器集尘室中的尘粒经橡胶管吸入排气引射管内，并与柴油机废气一起排出。

4.1.4.2　进排气管

进排气管的功用是引导新鲜工质进入气缸和使废气从气缸排出。进排气管应具有较小的气流阻力，以减小进气和排气阻力。现代柴油机还要求进排气管的结构形状有利于气流的惯性与压力脉动效应，以提高充量和排气能量的利用率。

进排气管一般用铸铁制成。进气管也有用铝合金铸造或钢板冲压焊接而成的。进排气管均用螺栓固定在气缸上（顶置式配气机构），其结合处装有密封衬垫，以防漏气。柴油机进气管内的气流是新鲜空气，为避免受排气管加热而减小充气量，现代柴油机的进排气管均布置在机体的两侧，图 4-16 为 6135 柴油机进排气管结构。三个缸共用一个进气歧管，各装一个空气滤清器。其排气歧管是由两段套接而成，在套接处填有石棉绳，以保证密封；有的柴

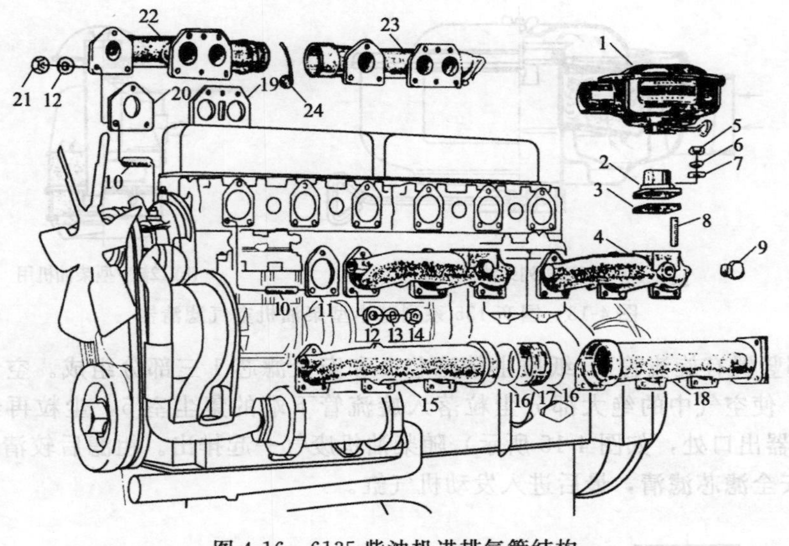

图 4-16　6135 柴油机进排气管结构

1—空气滤清器；2—进气管接头；3,11—进气管衬垫；4—进气管；5,14—螺母；6,7,12,13—垫圈；8,9,10—螺栓；15—前进气歧管；16—橡胶气密圈；17—进气歧管中间套管；18—后进气歧管；19,20—排气歧管衬垫；21—铜螺母；22—前排气歧管；23—后排气歧管；24—石棉绳

油机排气歧管对应每一支管开有检视螺孔，以便测量各缸的排气温度和检查排气情况，平时用埋头螺塞封闭。

4.1.4.3　消声器

柴油机排出的废气在排气管中流动时，由于排气门的开闭与活塞往复运动的影响，气流呈脉动形式，并具有较大的能量。如果让废气直接排入大气中，会产生强烈的排气噪声。消声器的功用是减小排气噪声和消除废气中的火星。

消声器一般是用薄钢板冲压焊接而成。

它的工作原理是降低排气的压力波动和消耗废气流的能量。

一般采用以下几种方法：

① 多次改变气流方向；

② 使气流多次通过收缩和扩大相结合的流通断面；

③ 将气流分割为很多小的支流并沿不平滑的表面流动；

④ 降低气流温度。

如图 4-17 所示为 6135 基本型柴油机的消声器，它是多腔膨胀共振型（在膨胀筒圆周充

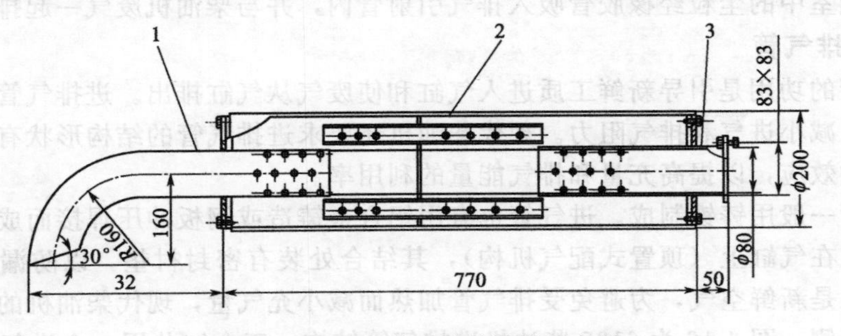

图 4-17　6135 基本型柴油机消声器

1—出气管；2—消声器；3—进气管

填有吸声的超细玻璃纤维)，在标定工况下可使噪声下降约 30dB（A）。

4.1.5　柴油机的增压系统

随着生产的需要和科技水平的不断提高，对柴油机的要求也越来越高，既要求柴油机输出功率要大，经济性要好，而且重量要轻，体积要小。柴油机输出功率的大小，取决于进入气缸的燃油和空气的数量及热能的有效利用率。由此可知：要提高柴油机的输出功率，最经济最有效的办法是增加进入气缸的空气量。在柴油机气缸容积保持不变的条件下，增加进入气缸的空气密度是提高柴油机输出功率的主要手段。然而，空气密度与压力成正比．与温度成反比，因此，增加进气压力，降低进气温度都能提高进气密度，目前柴油机中采用增压器来提高压力，采用中冷器降低气体的温度。

所谓增压，即用增压器（压气机）将柴油机的进气在缸外压缩后再送入气缸，以增加柴油机的进气量，从而提高平均有效压力和功率。

4.1.5.1　增压方法

按照驱动增压器所用能量来源的不同，基本的增压方法可分为三类：机械增压系统、废气涡轮增压系统和复合增压系统三类。除了利用上述三种方法来提高气缸的空气压力外，还有利用进排气管内的气体动力效应来提高气缸充气效率的惯性增压系统以及利用进排气的压力交换来提高气缸空气压力的气波增压器。

（1）机械增压系统　增压器（压气机）由柴油机直接驱动的增压方式称为机械增压系统。它由柴油机的曲轴通过齿轮、皮带或链条等传动装置带动增压器旋转。增压器通常采用离心式压气机或罗茨压气机。空气经压缩提高其压力后，再送入气缸，如图 4-18 所示。

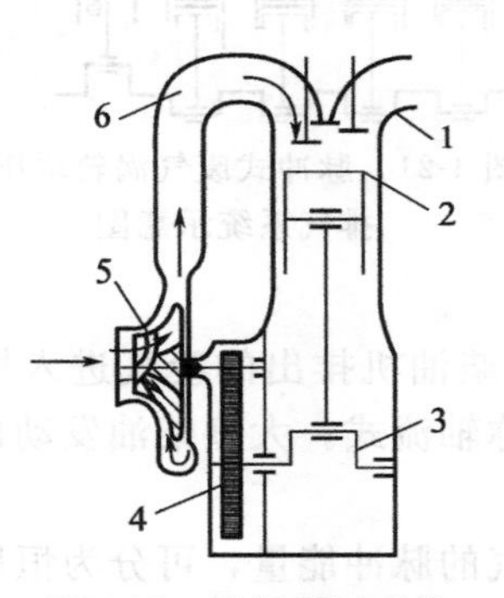

图 4-18　机械增压系统

1—排气管；2—气缸；3—曲轴；4—齿轮；5—压气机；6—进气管

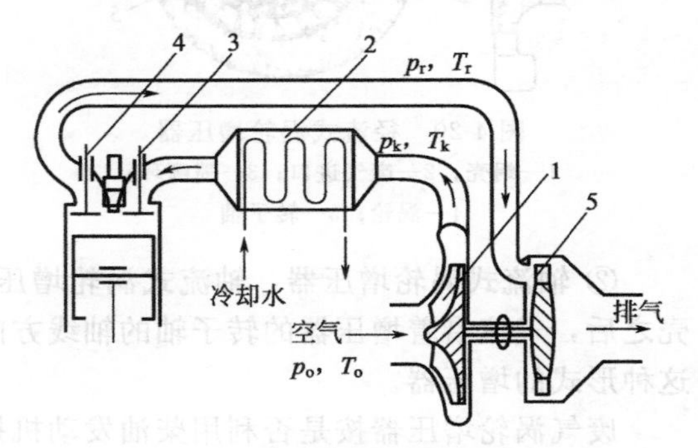

图 4-19　废气涡轮增压系统

1—压气机；2—中冷器；3—进气阀；4—排气阀；5—涡轮

由于机械增压系统压气机所消耗的功率是由曲轴提供的，当增压压力较高时，所耗的驱动功率也会很大，使整机的机械效率下降。因此，机械增压系统通常只适用于增压压力不超过 160～170kPa 的低增压小功率柴油机。

（2）废气涡轮增压系统　废气涡轮增压是利用柴油机排出的废气能量来驱动增压器，将空气压缩后再送入气缸的一种增压方法。柴油机采用废气涡轮增压后，可提高输出功率 30%～100%以上，同时还可减少单位功率的质量，缩小外形尺寸，节省原材料，降低燃油消耗率，增大柴油机扭矩，提高载荷能力以及减少排气对大气的污染等优点，因而得到广泛应用。尤其在高原地区因气压低、空气稀薄，导致输出功率下降。一般当海拔高度每升高 1000m，功率将下降 8%～10%。若装设涡轮增压器后，可以恢复原输出功率，其经济效果尤为显著。

柴油机废气涡轮增压系统如图 4-19 所示。将柴油机排气管接到增压器的蜗壳上，柴油机排出的具有 500～650℃高温和一定压力的废气经蜗壳进入喷嘴环，喷嘴环的通道面积由大逐渐变小，因而可以做到：虽然废气的压力和温度在下降，但其流速在不断提高，高速的废气流，按一定的方向冲击涡轮，使涡轮高速旋转。废气的压力、温度和速度越高，涡轮的转速就越快。通过涡轮的废气最后排入大气。

废气涡轮增压器按进入涡轮的气流方向，可分为轴流式和径流式两种。

① 径流式涡轮增压器　径流式涡轮增压器的结构如图 4-20 所示。它主要是由蜗壳、喷嘴环、涡轮和转子轴等组成。径流式涡轮增压器工作时，柴油机排出的废气进入增压器的蜗壳后，沿增压器转子轴的轴线垂直平面（即径向）流动。这是由于当气流通过喷嘴时，一部分压能和热能转换为动能，由此获得高速气流。由喷嘴环出来的高速气流按一定方向流入叶轮，在叶轮中被迫沿着弯曲通道改变流动方向，在离心力的作用下，气流质点投向叶片凹面，压力增加而相对速度降低；叶片凸面上则相对速度提高而压力降低，因此，作用在叶片凹凸面上的气流合力（即压力差）在涡轮轴上形成推动叶片旋转的力矩，因而从叶轮流出的废气经由涡轮中心沿轴排出。中型柴油机大多采用径流式涡轮增压器。

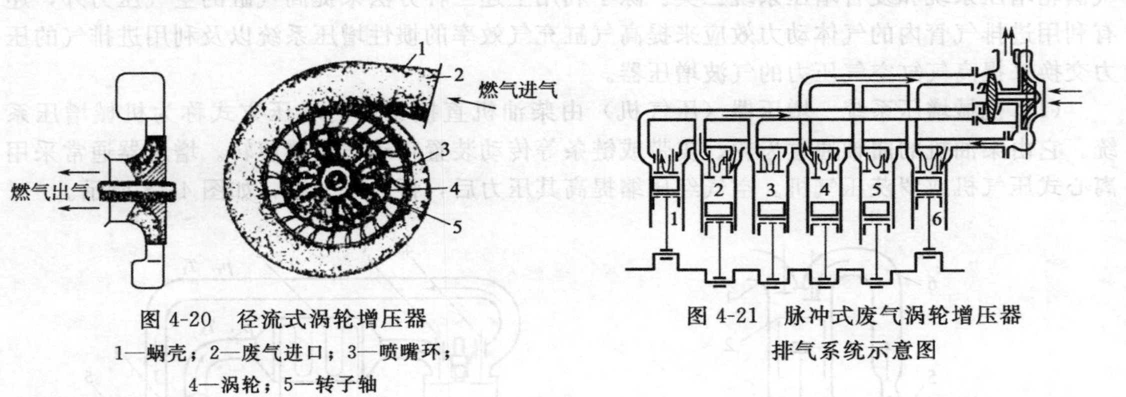

图 4-20　径流式涡轮增压器

1—蜗壳；2—废气进口；3—喷嘴环；4—涡轮；5—转子轴

图 4-21　脉冲式废气涡轮增压器排气系统示意图

② 轴流式涡轮增压器　轴流式涡轮增压器工作时，柴油机排出的废气进入增压器的蜗壳之后，气流沿着增压器的转子轴的轴线方向流动，故称轴流式。大型柴油发动机大多采用这种形式的增压器。

废气涡轮增压器按是否利用柴油发动机排气管内废气的脉冲能量，可分为恒压式和脉冲式两种增压器。

① 恒压式废气涡轮增压器是将多缸柴油机全部气缸的排气歧管接到一根排气总管内，再与增压器蜗壳相连接，而废气以某一平均压力顺着一个单一的蜗壳进气道通向整个喷嘴环，这种增压器常用于大功率高增压柴油机中。

② 脉冲式废气涡轮增压器的排气系统示意图如图 4-21 所示。以六缸柴油发动机为例来说明，其发火次序为 1—5—3—6—2—4，通常将 1、2、3 缸的排气道连接到一根排气歧管上，沿蜗壳上的一条进气道通向半圈喷嘴环；而将 4、5、6 缸的排气道连接到另一根排气歧管，沿蜗壳上的另一条进气道，通向另半圈喷嘴环，这样各缸排气互不干扰，这种结构可以充分利用废气的脉冲能量，并能利用压力高峰后的瞬间真空扫气，防止某缸排气压力波高峰倒流到正在吸气的另一缸中，因此，在同一根排气歧管的各气缸发火间隔应大于 180°曲轴转角。目前，中型柴油机废气涡轮增压均采用脉冲式增压器。

废气涡轮增压器的主要性能指标是空气压力升高比，简称压比，用 π_k 表示，它是压气机出口空气压力 p_k 和压气机进口空气压力 p_l 的比值，即

$$\pi_k = p_k / p_1$$

压气机出口空气压力 p_k 值越大，进入气缸的空气密度也越大。涡轮增压器按压比大小可分为低、中、高增压三种：

低增压 $\pi_k<1.7$；中增压 $\pi_k=1.7\sim2.5$；高增压 $\pi_k>2.5$。

一般 $\pi_k>1.8$ 的中增压，就要采用中冷器，以降低压气机出口空气温度，使进入气缸的空气密度增大。目前，柴油发动机上普遍采用低、中增压径流脉冲式废气涡轮增压器。高增压柴油机已成为发展趋势。

(3) 复合增压系统　在一些柴油机上，除了应用废气涡轮增压器外，同时还应用机械增压器，这种增压系统称为复合增压系统（如图 4-22 所示）。大型二冲程柴油机，常采用复合式增压系统。该系统中的机械驱动增压器用于协助废气涡轮增压器工作，以使在低负荷、低转速时获得较高的进气压力，从而保证二冲程柴油机在启动、低速和低负荷时所必需的扫气压力。有时，对排气背压较高的水下运行的柴油机，要得到较高的增压压力也常采用这种系统。

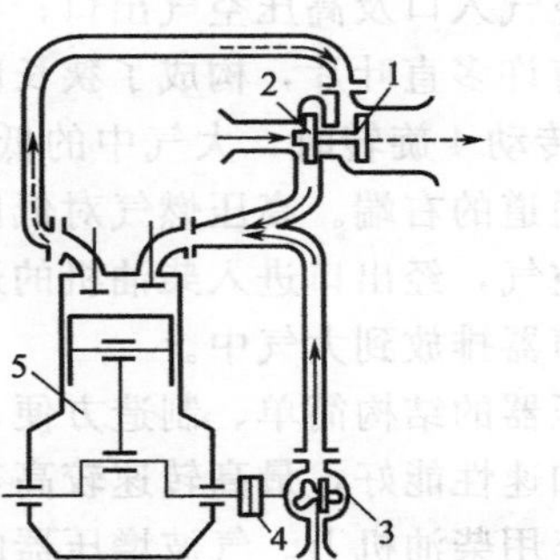

图 4-22　复合增压系统的两种基本形式

1—涡轮增压器的涡轮；2—涡轮增压器的压气机；3—机械驱动增压器的压气机；4—传动装置；5—柴油机

复合增压系统有两种形式：一种是串联增压系统，柴油机的废气进入废气涡轮带动离心式压气机，以提高空气压力，然后送入机械增压器中再增压，进一步提高空气压力后进入柴油机燃烧室中；另一种是并联增压系统，废气涡轮增压器和机械增压器分别将空气压力提高后，进入柴油机燃烧室中。

(4) 其他增压方法

① 惯性增压系统　这种增压方式是利用进气和排气管内的气体，由于进排气过程中会产生一定的动力效应——气体的惯性效应和波动效应，以改善柴油机的换气过程和提高气缸的充气效率。图 4-23 为惯性增压系统示意图。系统中仅适当加长进气管，再加一个稳压箱，不需专门的增压设备和改变发动机结构尺寸。因此，惯性增压系统易于在原机上安装实现。这种增压方法常用于小型高速柴油机上，尤其适用于负荷及转速变化范围不大的柴油机。一般可增加功率 20%，降低燃油消耗 10%左右，并可降低排气温度和改善尾气排放。

② 气波增压器　气波增压器是将柴油发动机排出的高压废气直接与低压进气接触，在相互不混合的情况下，利用气波（压缩波和膨胀波）原理，高压废气的能量通过压力波传递给低压进气，使低压进气压缩，进气压力提高。实际上它是一个压力转换器。气波增压器的结构及其与柴油发动机的配置如图 4-24 所示。

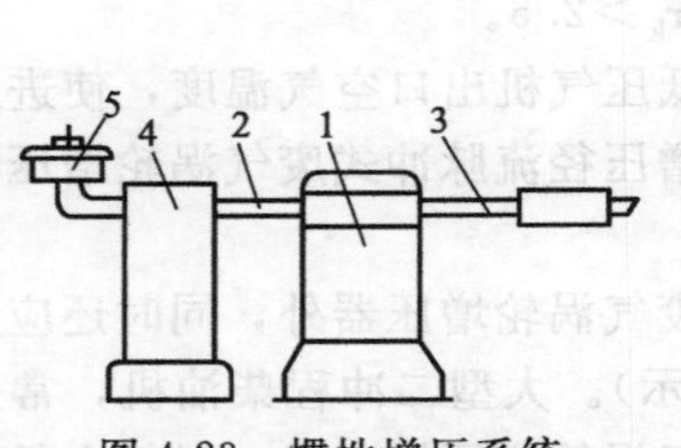

图 4-23 惯性增压系统

1—内燃机气缸；2—进气管；3—排气管；4—稳压箱；5—空气滤清器

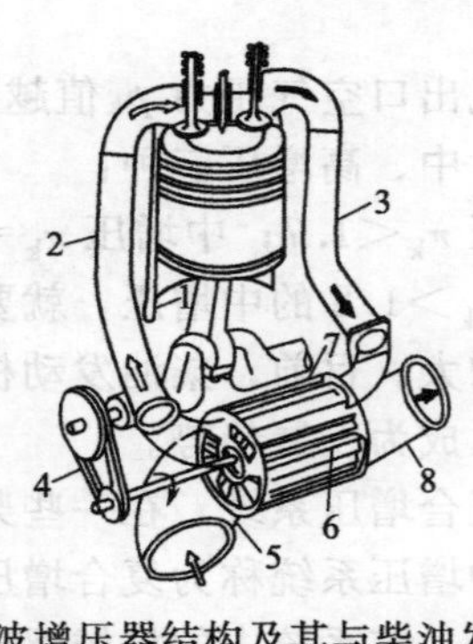

图 4-24 气波增压器结构及其与柴油发动机的配置

1—柴油机气缸；2—进气管；3—排气管；4—V 带传动；5—空气定子；6—转子；7—转子外壳；8—燃气定子

气波增压器主要由空气定子 5、转子 6、转子外壳 7 和燃气定子 8 等组成。在空气定子 5 上设有低压空气入口及高压空气出口；在燃气定子 8 上设有高压燃气入口和低压燃气出口；转子 6 上装有许多直叶片，构成了狭长的通道；转子外壳 7 将转子 6 包在里面。当转子由曲轴通过 V 带传动 4 旋转时，大气中的低压空气进入转子通道的左端，柴油机排出的高压燃气进入转子通道的右端。高压燃气对低压空气产生一个压力波进行压缩，使空气压力增加，得到增压的空气，经出口进入柴油机的进气管 2 充入气缸，降低了压力的燃气经出口进入柴油机排气消声器排放到大气中。

气波增压器的结构简单、制造方便、不需要耐热合金材料，具有良好的工作适应性，低速扭矩高，加速性能好，最高转速较高，而且还具有环境污染小等优点。适用于中小型柴油机，尤其是车用柴油机上。气波增压器的缺点是：其本身是一个噪声源，噪声较大；它需要曲轴来驱动，安装位置受限制；其质量和体积较大。

4.1.5.2 中冷器

目前，中、高增压柴油发动机已普遍装置中冷器。中冷器实质上是一个热交换器，它安装在涡轮增压器和燃烧室之间。当柴油机增压器的增压比较高时，进气温度也较高，使进气密度有所下降。为此，需要在发动机进气系统中安装中冷器。中冷器用于冷却增压空气，降低增压后的进气温度。增压空气在中冷器中的温降一般为 25～60℃。一方面可以提高充气密度，另一方面还可降低进气终了的气缸温度和整个循环的平均温度。

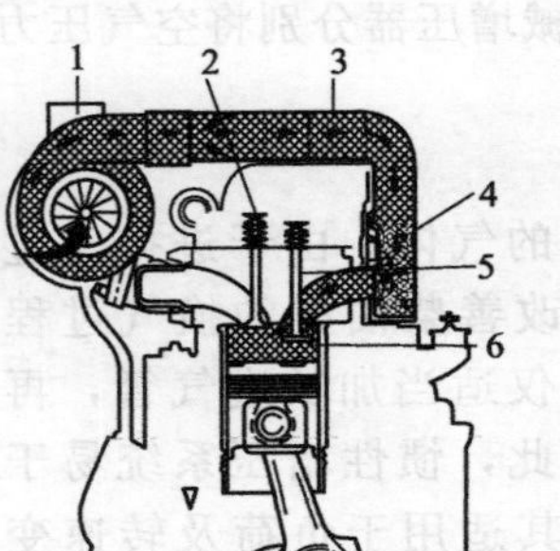

发电用增压柴油机一般采用“水冷式中冷器”。在安装涡轮增压器和中冷器后，柴油机的润滑油路和冷却水路也根据具体情况作相应的改变，以适应增压和中冷的需要。KT(A)-1150型康明斯柴油机的中冷器如图 4-25 所示。中冷器由一个壳和一个内芯组成，中冷器壳作为发动机进气歧管的一部分，内芯用管子制成，发动机冷却液在其中循环。空气在进入发动机燃烧室以前，流过芯子而受到冷却。这样，由于应用了中冷器，更好地控制了发动机的进气温度（冷却），从而改善了发动机的燃烧状况。

图 4-25 KT (A)-1150 型康明斯柴油机的中冷器

1—增压器；2—排气门；3—管道；4—中冷器；5—进气门；6—气缸

4.1.5.3 废气涡轮增压器的结构与工作原理

下面以径流式废气涡轮增压器为例讲述其结构与工作原理。废气涡轮增压器由废气涡轮和压气机两部分组成，如

图 4-26所示。右边为废气涡轮，左边为压气机，两者同轴。涡轮机壳用耐热合金铸铁铸造而成，进气端与气缸排气管道相连出气口端与柴油机排烟口相连。压气机进气口端与柴油机进气口的空气滤清器相连，出气口端与气缸进气管道相连。

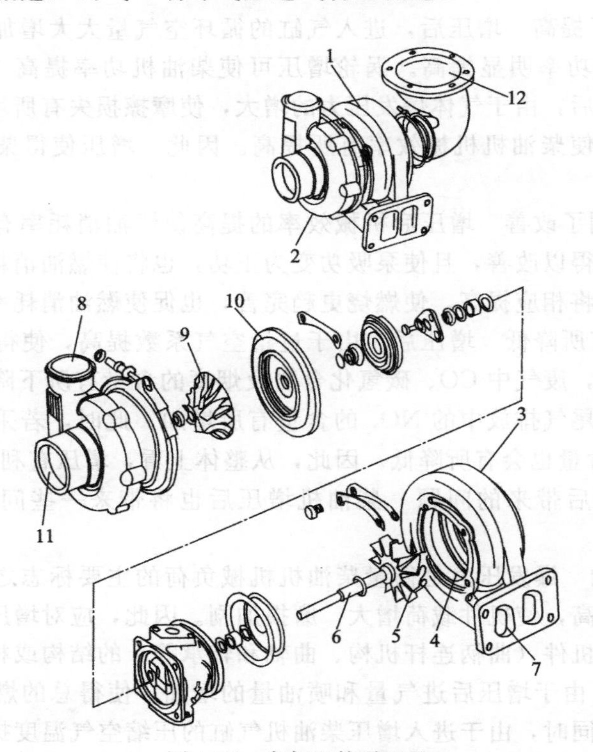

图 4-26　废气涡轮增压器

1—废气涡轮；2—压气机；3—蜗壳；4—喷嘴环；5—工作叶轮；6—传动轴；7—废气进口；8—空气进口；9—压气机叶轮；10—扩压机；11—空气出口；12—排烟口

(1) 废气涡轮　废气涡轮通常由蜗壳、喷嘴环和工作叶轮等组成。喷嘴环由喷嘴内环、外环和喷嘴叶片等组成。喷嘴叶片形成的通道从进口到出口成收缩状。工作叶轮由转盘和叶轮组成，在转盘外缘固定有工作叶片。一个喷嘴环与相邻的工作叶轮组成一个“级”，仅有一个级的涡轮称单级涡轮，绝大多数增压器采用单级涡轮。

废气涡轮的工作原理如图 4-26 所示。柴油机工作时，废气通过排气管，以一定的压力和温度流入喷嘴环，由于喷嘴环的通道面积逐渐减小，所以喷嘴环内废气的流速增高（尽管其压力和温度降低）。从喷嘴出来的高速废气进入叶轮叶片中的流道，气流被迫转弯。由于离心力的作用，气流压向叶片凹面而企图离开叶片，使叶片凹、凸面产生压力差，作用在所有叶片上压力差的合力对转轴产生一个冲击力矩，使叶轮沿该力矩的方向旋转，随后从叶轮流出的废气经涡轮中心从排气口排出。

(2) 压气机　压气机主要由进气道、工作叶轮、扩压机和蜗壳等组成。压气机与废气涡轮同轴，由废气涡轮带动，使工作涡轮高速旋转。工作涡轮是压气机的主要部件，通常它由前弯的导风轮和半开式工作轮组成，两部分分别装在转轴上。在工作轮上沿径向布置着直叶片，各叶片间形成扩张型的气流通道。由于工作轮的旋转使进气因离心力的作用而受到压缩，被抛向工作轮的外缘使空气的压力、温度和速度均升高。空气流经扩压器时，由于扩压作用将空气的动能转化成压力能，在排气蜗壳中，空气的动能逐渐转化成压力能。就这样通过压气机使柴油机的进气密度得到了显著提高。

4.1.5.4 增压柴油机的性能

（1）柴油机增压后性能的改善　柴油机采用废气涡轮增压后，其性能的改善主要表现在以下几个方面。

① 动力性得到了提高　增压后，进入气缸的循环空气量大大增加，循环供油量便可相应增加，因而柴油机功率明显提高。涡轮增压可使柴油机功率提高30%～100%，甚至更高。与此同时，增压后，由于气体爆发压力的增大，使摩擦损失有所增加，但柴油机有效功率增加得更多，因而使柴油机机械效率有所提高。因此，增压使得柴油机的动力性能大大提高。

② 经济性能得到了改善　增压后机械效率的提高使燃油消耗率有所降低。进气压力的提高不仅使扫气过程得以改善，且使泵吸功变为正功，也将使燃油消耗率下降。此外，增压后通常过量空气系数将相应提高，使燃烧更趋完善，也促使燃油消耗率有所下降。

③ 有害排放物有所降低　增压后，由于过量空气系数提高，使得混合气中含氧量相对增加，燃烧更为完全，废气中CO、碳氢化合物及烟度的含量有所下降。但是增压后，由于进气温度上升，使得尾气排放中的NO_x的含量有所增加。此时，若采用增压中冷技术，则尾气排放中NO_x的含量也会有所降低。因此，从整体上看，增压有利于降低有害物的排放。

（2）柴油机增压后带来的问题　柴油机增压后也将带来一些问题，主要表现为以下方面。

① 机械负荷增加　爆发压力是衡量柴油机机械负荷的主要标志之一。增压后压缩压力及爆发压力均有所提高，使机件载荷增大，磨损加剧。因此，应对增压后的爆发压力进行控制，并强化主要受力机件（曲柄连杆机构、曲轴和轴承等）的结构或材质。

② 热负荷增加　由于增压后进气量和喷油量的增加，使得总的燃烧能量增加，柴油机的热负荷加大；与此同时，由于进入增压柴油机气缸的压缩空气温度提高，使得最高燃烧温度和循环的平均温度提高；而且由于工质的密度增大，使得工质向壁面间的传热增大。以上这些因素都使得活塞组、气缸（壁）和排气门等零部件的热负荷加大，材料强度降低。实践证明，热负荷的影响往往比机械负荷更大，成为限制提高柴油机增压度的主要因素。

4.2 气门组零件检修技能

4.2.1 气门的检验与修理

4.2.1.1 气门的工作情况（条件）

① 受交变（应力）的冲击负荷作用（气门频繁地在高温下进行冲击性的打开和关闭，气门和气门座相互撞击）。

② 受高温高压燃气冲刷和燃烧产物的腐蚀，热应力高。

③ 润滑条件差。

④ 气门与气门导管摩擦频繁。

4.2.1.2 常见故障

（1）气门接触面的磨损

① 空气中的尘埃或燃烧杂质渗入或滞留在接触面间；

② 内燃机在工作过程中，气门将不停地开启和关闭，由于气门与气门座的撞击、敲打，引起工作面的起槽和变宽；

③ 进气门直径较大，在燃气爆发压力作用下产生变形；

④ 光磨后气门边缘厚度下降；

⑤ 排气门受高温气体的冲击，使工作面溶蚀，出现斑点和凹陷。

(2) 气门头部偏磨　气门杆在气门导管内不断摩擦，使配合间隙增大，而在管内晃动，引起气门头部的偏磨。

(3) 气门杆的磨损与弯曲变形　气缸内的气体压力以及凸轮通过挺柱对气门的撞击。

所有这些故障，均可造成进排气门关闭不严而漏气。

4.2.1.3 气门的检验

(1) 外部检验　进排气门接触面的磨损及气门头部的偏磨等，均可通过一般检视即可发现。

(2) 气门顶边缘厚度的测量　各种内燃机气门顶的边缘厚度均不得小于0.5mm（见图4-27）。正常的气门顶厚度要求是：汽油机不小于1mm，柴油机不小于1.5mm。在生产厂或大修时，绝不能使用不合要求的气门，若在中、小修时，气门顶厚度大于0.5mm可继续使用。

(3) 气门顶及气门杆弯曲的检验　气门杆的弯曲和因气门杆弯曲而造成气门顶部的歪曲偏摆，可用百分表来测定（如图4-28所示），将气门杆全部置于V形铁块上，用手转动气门杆，并以百分表测量杆部与头部，若气门杆弯曲度超过0.03mm，或气门头部的摆差超过0.05mm时，均应进行校正或修整。

(4) 气门杆失圆度和锥形度的检验　测量方法很简单，用外径千分尺测量，同一横截面两互相垂直直径之差即为失圆度；同一纵截面最大与最小直径之差即为锥形度。其失圆度和锥形度均不得大于0.03mm。

(5) 气门杆磨损量的测量　用外径千分尺测量，测量得出最小直径，标准直径与最小直径之差即为磨损量。其磨损量不得大于0.075mm。

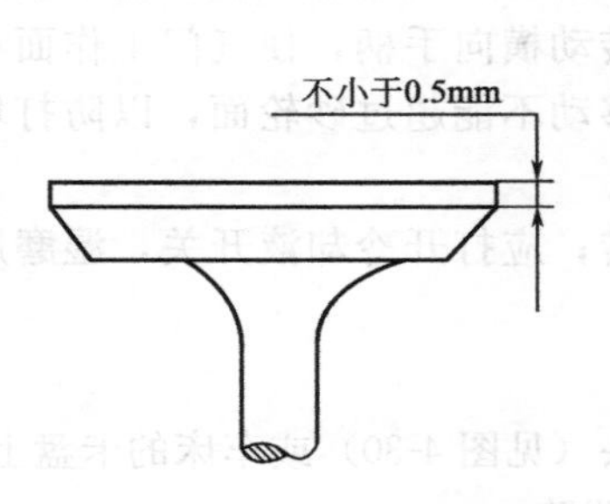

图4-27　气门边缘厚度

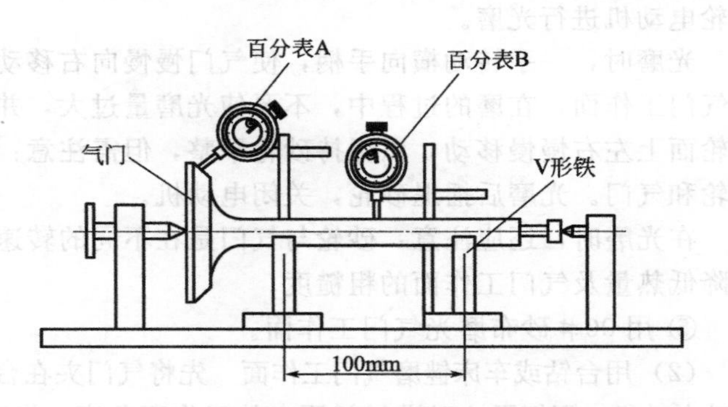

图4-28　气门顶及气门杆弯曲度的检验

4.2.1.4 气门的鉴定与修理

从上面对气门的测量要求，可把它归纳为以下几点，即气门的鉴定。

① 气门顶及颈部有裂纹，严重爆皮及其头部边缘厚度＜0.5mm时应作报废处理。

② 气门弯曲度＞0.03mm或气门头部摆差（径向跳动）＞0.05mm，应进行冷压校正或用软质锤进行敲击校正，无法校正时应更换新件。

③ 气门杆失圆度、锥形度＞0.03mm时作报废处理。

④ 气门杆磨损量＞0.075mm，应更换或镀铬修复。

⑤ 气门锥形工作面烧蚀，斑点及凹陷轻微时，经研磨修复后可继续使用。

⑥ 气门锥形工作面烧蚀，斑点及凹陷严重时，必须进行光磨修复。

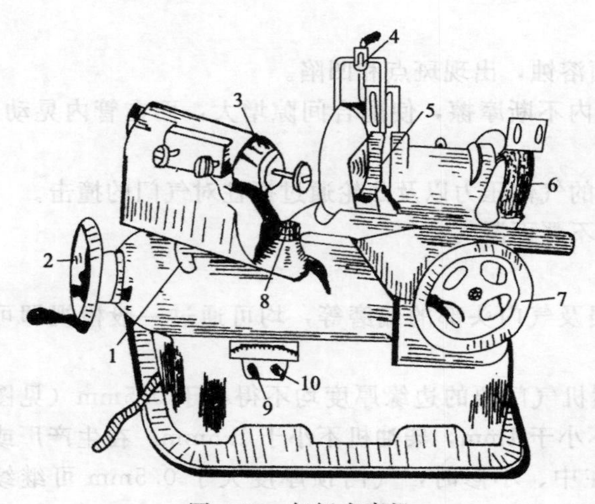

图 4-29 气门光磨机

1—刻度盘；2—横向手柄；3—夹架；4—冷却液开关；5,6—砂轮；7—纵向手柄；8—夹架固定螺丝；9—夹架电动机开关；10—砂轮电动机开关

4.2.1.5 气门的光磨

气门工作面的光磨，根据设备条件，可采用光磨和锉磨两种办法修复。光磨可在气门光磨机上进行；锉磨可在台钻或车床上用锉刀进行，也可直接用锉刀进行锉磨。

(1) 用气门光磨机光磨气门工作面 气门光磨机的结构如图 4-29 所示，其底座上装有纵拖板和横拖板，纵拖板能用手柄作纵向移动，上面安装有电动机和左右两个砂轮；横拖板可用手柄作横向移动，上面安装有气门夹架，由电动机带动旋转。横拖板上附有刻度，当松开夹架上的固定螺丝时，即可调整所需角度的位置。气门光磨步骤如下。

① 检查砂轮面情况，如不平整，应用金刚砂修整。

② 根据气门杆外径选择适当夹心，将气门端正而稳妥地紧固在夹架上（气门头伸出夹心的长度以 40mm 左右为宜）。并使气门先不要和砂轮接触。

③ 调整气门夹架，使气门的角度与砂轮工作面的角度（30°或 45°）相符，并将紧固螺母旋紧。

④ 光磨：先开动夹架上的电动机，察看气门是否有摇摆现象，气门无摇摆时，再开动砂轮电动机进行光磨。

光磨时，一手转动横向手柄，使气门慢慢向右移动，一手转动纵向手柄，使砂轮渐渐移近气门工作面，在磨的过程中，不要使光磨量过大，并来回转动横向手柄，使气门工作面在砂轮面上左右慢慢移动，以保持砂轮平整，但需注意：气门移动不能超过砂轮面，以防打坏砂轮和气门。光磨后摇退砂轮，关闭电动机。

在光磨时，还应注意：砂轮与气门是在不同的转速下旋转；应打开冷却液开关，湿磨用以降低热量及气门工作面的粗糙度。

⑤ 用 00＃砂布磨光气门工作面。

(2) 用台钻或车床锉磨气门工作面 先将气门夹在台钻夹头（见图 4-30）或车床的卡盘上，开动电动机，用细平锉刀沿气门原来的工作面角度，将麻点、凹陷、斑痕等缺陷锉去，最后在锉刀上包一层细砂布将气门工作面进行光磨。修磨时，应尽量减少金属的磨削量，以免影响斜面的光洁程度，速度也不宜过快，以免出现击打锉刀的现象。锉磨时，如气门头斜面有明显的跳动现象，可能是由于气门固定不当或气门杆弯曲所造成，应重新夹持或校正气门杆。

(3) 用锉刀锉磨气门工作面 这种方法，是在没有上述设备的情况下进行的。其方法是：用左手拿气门并保持一定的角度，右手拿锉刀进行锉削，边锉边转动气门，使气门四周锉得均匀，最后在锉刀上包一层砂布将气门打光。

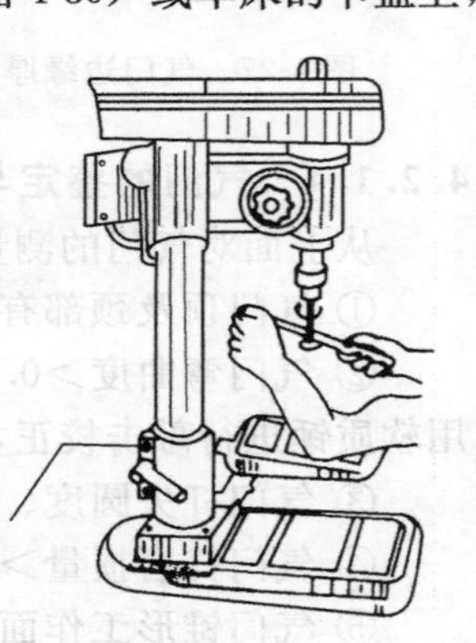
图 4-30 用台钻锉磨气门

由以上气门的光磨工艺可以看出，气门经过光磨，解决了因

磨损、烧蚀等使气门关闭不严而漏气的矛盾。但是经多次光磨后，气门头边缘的厚度会逐渐减少，若气门头边缘的厚度过薄时，在工作中容易产生翘曲现象。因此，当汽油机的气门头边缘的厚度小于0.5mm，柴油机的气门头边缘厚度小于1mm时，应更换气门。

4.2.2 气门导管的检验与修理

4.2.2.1 常见故障

气门导管的工作条件与气门的工作条件基本相同，其常见故障如下。

① 内径磨损：这主要是因为气门与气门导管摩擦频繁的结果。

② 外径过盈量消失。

但更常见的故障是前者，它会使气门杆与导管之间的配合间隙过大，加速气门杆与导管的磨损，对气门散热也造成困难。所以，在内燃机大中修时，必须对气门杆与气门导管的配合间隙进行检验与修理。

4.2.2.2 气门杆与气门导管配合间隙的检验

(1) 测量法　其方法是：将气门置于气门导管孔内，使气门顶高出座口约10mm左右，并在气缸体的适当位置安装百分表，使其量头触点抵住气门头的边缘，然后将气门头部沿百分表触点方向往复推动（见图4-31）。百分表上测得的摆差的一半，即是气门杆与导管孔间的近似间隙。进气门为0.04～0.08mm，排气门为0.05～0.10mm。

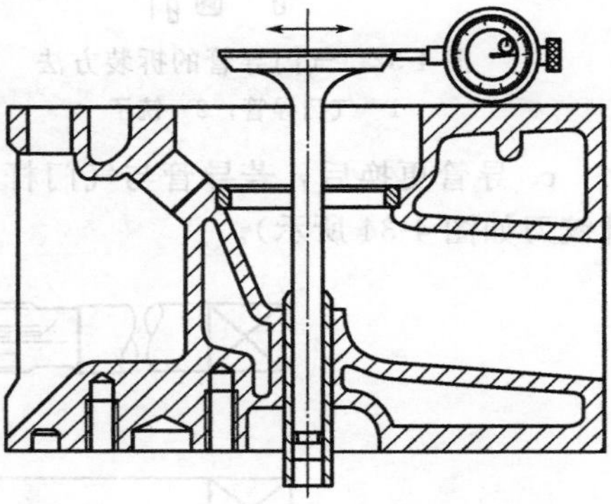

图4-31 气门杆与导管配合间隙的检查

(2) 经验法

① 在气门杆上涂上少量机油，插在导管中，如气门能以本身重量缓缓下降，则间隙为合适。

② 在不涂机油的情况下，用手堵住导管下端，迅速拔起气门，感觉有吸力，则配合间隙合适。

如果间隙超过使用极限时，应选配杆部经过镀铬加大至规定修理尺寸的气门，或更换气门导管，但更多的方法是更换气门导管，使其配合间隙达到要求。

4.2.2.3 气门导管的更换

(1) 更换原则

① 气门杆磨损未超过极限，但配合间隙过大，应更换导管。

② 气门导管外圆磨损，配合松动，应更换导管。

③ 气门杆磨损量超过极限应更换气门，同时应对导管进行修配。

④ 新导管的选择，要求导管的内径与气门杆尺寸相适应，其外径与导管座孔的配合应有一定的过盈量。过盈量一般为0.025～0.075mm，各机型均有具体规定。

(2) 导管的更换步骤

① 冲出旧导管。更换导管时，选用与导管内径合适的铳子，把铳子的一端装于导管内，用压床压出，或用手锤冲出旧导管，如图4-32所示。

② 清洗导管及座孔。

③ 压入新导管。

a. 压入前，应在导管外壁涂一层机油，锥面朝上（气门头一端）。正直地放在导管座孔上，压入或冲入。冲出旧导管或压入新导管时，不能使铳子摆动，避免损坏导管。

b. 压入后，应测量导管上端与缸体（盖）平面的距离，一般为22～24.5mm，如图4-33

所示。简单的办法就是与拆卸前的导管上端与缸体（盖）平面的距离一致，因此，在拆旧导管时应注意这一点。如是倒立式气门，也可测量气门脚一端的导管至缸盖平面的距离。因为气门导管装得深度过深或过浅都不好。装得过深会增加进排气阻力，同时气门升起时气门弹簧或气门锁夹就容易碰到导管下端。当运转时，此处往往易发出一种类似于气门间隙过大的敲击声。严重时常导致零件早期损坏。装得过浅会影响气门和导管的散热效果。过深或过浅都会使气门降不到最低位置，造成气门漏气。

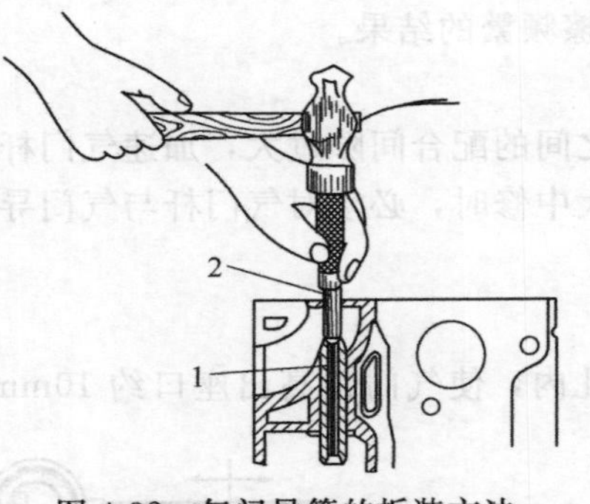

图 4-32 气门导管的拆装方法

1—气门导管；2—铳子

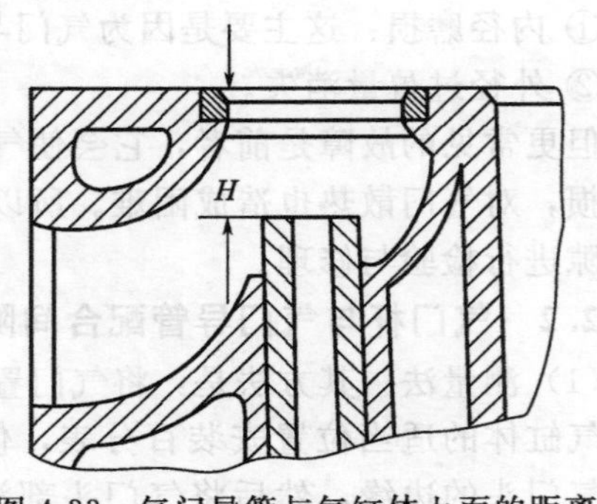

图 4-33 气门导管与气缸体上面的距离

c. 导管更换后，若导管与气门杆间隙过小，可用气门导管铰刀铰削导管内孔（气门导管铰刀如图 4-34 所示）。

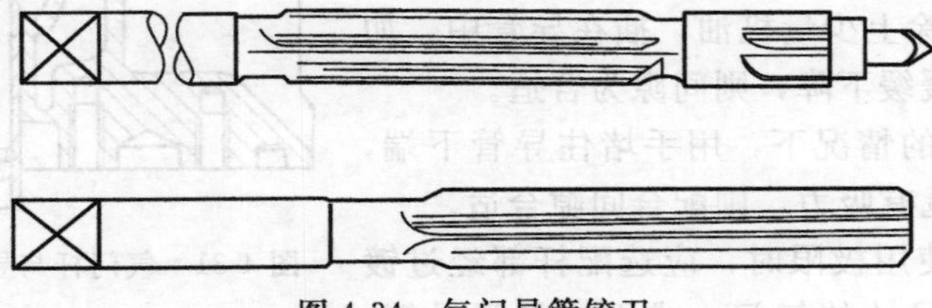

图 4-34 气门导管铰刀

铰削时，应根据气门杆直径大小选择和调整好铰刀，吃刀量不能过大，铰刀要保持平正，边铰削边试配，直至达到合适的配合间隙。在没有气门铰刀的情况下，也可在气门杆上涂细气门砂，插入导管进行研磨，直至符合要求。

(3) 气门杆的修理　在更换导管的同时，还应修理气门杆。

① 镀铬或镀铁加粗到修理尺寸；

② 当气门杆直径已减小到使用极限，则应更换气门；

③ 当气门杆磨损量超过 0.075mm，而又无修理条件时，应更换气门。

在修理中，有时采用更换气门并同时更换气门导管的方法来恢复规定的配合间隙。配合好的气门与导管，应在气门头上做出记号，以免错乱。

4.2.3 气门座的检验与修理

4.2.3.1 气门座的常见故障

(1) 锥形工作面磨损变宽或产生沟槽。这主要是因为内燃机在工作过程中，气门座反复受到气门的冲击。

(2) 锥形工作面产生斑点、烧蚀或裂纹。这主要是因为气门座受高温气体的冲刷（特别是排气门）及化学腐蚀作用。

这些故障所产生的后果是：气门关闭不严。

4.2.3.2 气门座的技术鉴定

① 气门座有裂纹或气门座磨损较大，铰削后锥形工作面太低（低于缸盖平面2mm）均应作报废处理，更换新气门座圈。

② 气门座锥形工作面磨损起槽、麻点或烧蚀轻微，可研磨修复，严重时采用铰削、光磨等方法修复。

4.2.3.3 气门座的检验

① 检验气门座与气门的接触面宽度。这个宽度，大型低速内燃机要求为3～4mm，高速柴油机要求为1.5～2.5mm为合适。宽度过小，则气门与气门座接触差、导热差，甚至漏气；宽度过大，则容易堆积炭渣和气门关闭不严，使接触面烧蚀而漏气。

② 检查气门座工作面有无烧蚀、斑点、裂纹和沟槽。

气门座锥形工作面经磨损变宽，或锥形工作面烧蚀较严重，出现较深的凹陷沟槽和斑点时，应进行铰削或磨削。

4.2.3.4 气门座的铰削

铰削适用于软质气门座，通常用如图4-35所示的气门座铰刀进行。一副气门座铰刀的角度一般为15°、30°、45°、75°（或60°）四种。30°和45°铰刀又分为粗刃和细刃两种。一般粗刀刃上带有齿形，用它作初步铰削，当铰削一定程度时，再用细刃铰刀精加工。

在铰削之前还应注意：因为铰气门座时，是以气门导管为基准的，所以气门导管如需要更换或铰配时，应在气门座的铰削之前进行。否则，若先铰削气门座再更换或铰配导管，就可能使座和管的中心偏移，而造成气门无法和座进行配合的后果。

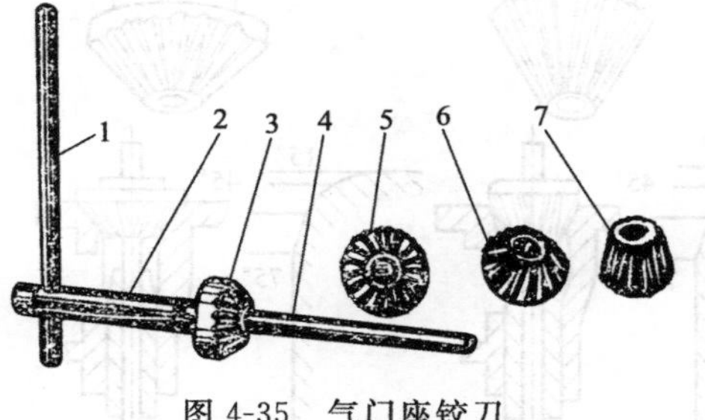

图4-35 气门座铰刀

1—铰柄；2—刀杆；3,5,6,7—分别为30°、15°、45°、75°铰刀；4—导杆

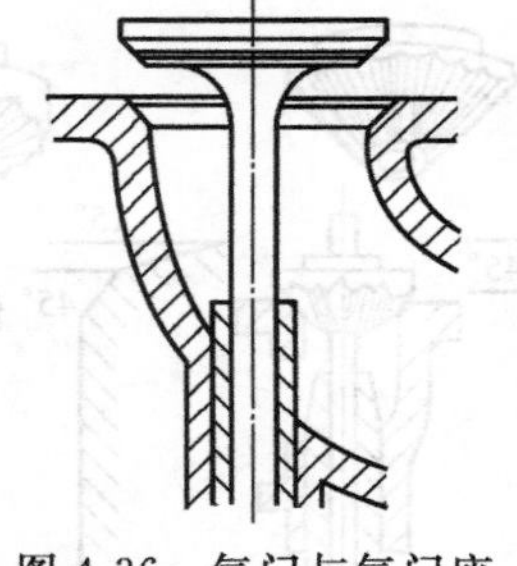
图4-36 气门与气门座的正确接触位置

气门座的一般铰削工艺程序如下。

（1）选择铰刀导杆　根据气门导管的内径，选择相适应的铰刀导杆，并插入气门导管内，使导杆与气门导管内孔表面相贴合。

（2）砂磨硬化层　由于气门座存有硬化层，在铰削时，往往使铰刀打滑，遇此情况时，可用粗砂布垫在铰刀下面进行砂磨，然后再进行铰削。

（3）初铰　先将45°铰刀（用粗、细刃视情况而定）套在导杆上，使铰刀的键槽对准铰刀把下端面的凸缘，即可进行铰削。铰削时，铰刀应正直，两手用力要均匀、平稳，按顺时针方向旋转铰削。若反时针回刀时，勿用力，以防刀刃磨钝，直至将气门座上的烧蚀、斑点和凹陷等缺陷铰去为止。

（4）试配与修整接触面　初铰后，应用光磨过的相配气门进行试配。其方法是：在气门座锥形工作面上涂以红丹油，放入导管中转动2～3圈（勿拍），然后拿出气门观察其接触情况。正常要求是：接触面应在气门工作斜面的中下部，进气门宽度约 1.0～2.0mm，排气门约 1.5～2.5mm，接触面过窄，影响密封和散热，过宽容易积炭，而且不能紧密吻合。气门与气门座的正确接触位置如图 4-36 所示。在气门锥形工作面的中下部，宽度为 1.5～2mm。初铰后的试配，如果接触面偏上，应用 15°铰刀铰削上口，使接触面下移，如接触面偏下，应用 75°铰刀铰削下口，使接触面上移，初铰时应尽量使气门接触面在中下部，应边铰边试配。为了延长气门座与气门的使用寿命，当接触面距气门下边缘 1mm 时，即可停止铰配。

(5) 精铰　最后用 45°（或 30°）的细刃铰刀，或铰刀上垫以细砂布在此做精细的修铰（磨）气门座工作面，以提高接触面的光洁程度。最后再用红丹油进行检查，气门与气门座的接触面应是一条不间断的环形带。

需指出的是：以上方法和要求仅仅是基本的，在铰削中要根据气门座的具体情况灵活处理。在修理中，有时会遇到气门座宽度已铰合适，但接触面太靠上，这时如果用 15°铰刀铰上口时，将会产生接触面变窄的新矛盾。如果为了解决这一新矛盾，再用 45°（或 30°）铰刀进行铰削时，则气门座的口径将会扩大，这将导致接触面向上移。因此，在这种情况下，虽然接触面太靠上，但只要接触面距气门工作面还有 1mm 以上，则允许使用，否则就要更换气门或重新镶配气门座圈。

按要求接触面最好在中间稍靠下为好，但在修理中，有时因受座和气门技术条件的限制或考虑今后的再次修理，就不一定强求，一般靠上在 1mm 和靠下在 0.5mm 以内也是可以工作的。这里还要说明的一点是，气门的锥形工作面的角度，虽然大部分机型的进、排气门是 45°角，但也有的是 30°角的，所以在铰削气门座时，一定不能弄错。

气门座的铰削顺序，如图 4-37 所示。

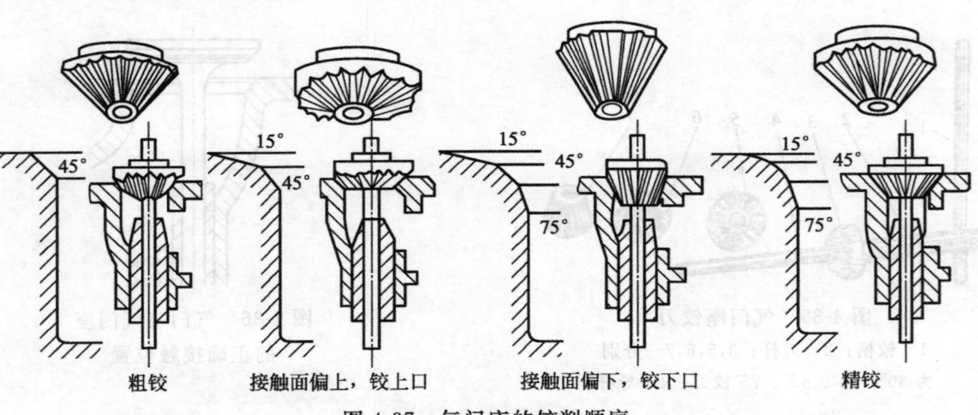

图 4-37　气门座的铰削顺序

4.2.3.5 气门座的磨削

磨削适用于硬质气门座。磨削时使用的是电动光磨机。用光磨机光磨气门座的顺序与铰削气门座的顺序基本相同，不同的是：光磨机用不同角度的砂轮代替了铰刀，用手电钻式的电动机代替了手铰削（或以压缩空气为动力的风动砂轮机来修磨气门座），用光磨机修理气门座速度快、光洁程度好、质量高，特别是用于修磨硬质度高的气门座，效果更好。因此现在很多修理单位采用了电动光磨机进行光磨气门座。如图 4-38 所示。

气门座磨削的操作要点如下。

(1) 选择和修整砂轮　根据气门座工作面的角度，选择合适的砂轮，并在砂轮修整器上，按工作面角度的要求，修整砂轮工作面。

(2) 安装　将修整好的砂轮安装在磨光机的端头上。然后在气门导管内装上与导管内径

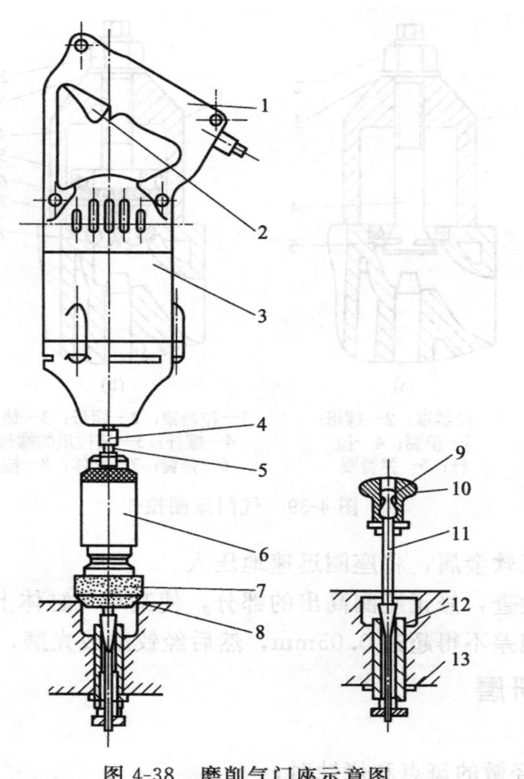

图 4-38 磨削气门座示意图

1—电动机手柄；2—电动机开关；3—电动机；4—套圈；5—六角头；6—磨头；7—砂轮；8—气门座；9—螺钉及螺母；10—导杆手柄；11—导杆；12—气门导杆；13—弹簧涨圈

相适应的导杆，用导杆手柄旋动导杆使弹簧涨圈扩张加以固定，并滴上少许机油。

(3) 光磨 打开电动机开关进行光磨，光磨时：①电动机要保持正直平稳，向下施以轻微的压力；②光磨时间不宜过长，要边磨、边检查、边试配；③停止操作时，应先关闭电动机开关，待砂轮停止转动后再取出，检视其接触面情况。

气门座圈经多次的铰、磨削后，其口径会逐渐扩大，使工作面下陷，到一定程度后，则会影响充气效率和降低弹簧的张力，同时将会产生气门与气门座接触面过于偏上而无法下移的矛盾。当气门座的工作面低于气缸体平面 1.5mm（指配气机构装置是下置式的机器，如汽油机一般都是气门座圈装在气缸体上的），或符合要求的气门头装入气门座内下沉量超过允许值时，以及气门座严重烧蚀等，应重新镶配新的气门座圈。

4.2.3.6 气门座的镶配

(1) 拉出旧座圈 如图 4-39 所示，可用锥形弹簧圈或拉爪拉出原气门座圈。

(2) 选用新的气门座圈 选用新的气门座圈时，先用平面铰刀修整座孔，底座应平整；失圆度和锥形度均不超过 0.015mm，内壁应光滑，气门座圈与缸体的配合过盈量一般为 0.07～0.17mm，以保证较好的传热和稳固性。

(3) 将座圈压入座孔内

① 冷缩座圈法 将座圈放入冷却箱中，从盛有压缩 CO_2 的储气瓶内放出 CO_2 气体，使座圈温度降低到零下 70℃左右。或将气门座圈用冰箱冷缩，然后将座圈涂以甘油与黄丹粉混合的密封剂，垫以软金属，将座圈迅速地压入。

② 热膨胀座圈孔法 一般多采用将座孔加温到 100℃左右，然后将座圈涂以甘油与黄丹

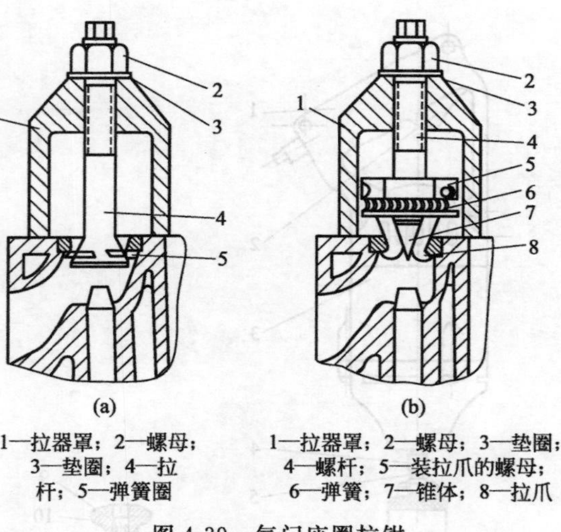

1—拉器罩；2—螺母；3—垫圈；4—拉杆；5—弹簧圈　　1—拉器罩；2—螺母；3—垫圈；4—螺杆；5—装拉爪的螺母；6—弹簧；7—锥体；8—拉爪

图 4-39　气门座圈拉钳

粉混合的密封剂，垫以软金属，将座圈迅速地压入。

座圈镶入后，应检查，修正座圈高出的部分，使其与气缸体上平面取齐。座圈与气门导管轴心线应一致，其偏差不得超过 0.05mm，然后经铰削或光磨，与气门配合。

4.2.4　气门的研磨

(1) 研磨时机

① 气门漏气或有轻微的斑点和烧蚀时；

② 更换了气门、气门座和气门导管时。

由此可知，在维修中气门的研磨工作是经常遇到的，作为维修人员来讲，必须掌握这一工序的操作技能。

(2) 研磨方法　气门的研磨方法有机动研磨和手工研磨两种。机动研磨法主要适用于内燃机生产厂和大的维修机械厂。其原因有二：一是气门研磨机价格较高；二是生产厂和大的维修机械厂研磨的气门数量多，用研磨机研磨气门，可提高生产效率，而手工研磨主要适用于小的维修和使用单位。所以对一般的使用维修者而言，主要是掌握手工研磨法。

手工研磨气门的步骤如下。

① 清洁气门、气门座及气门导管。

② 在气门斜面上涂一层薄薄的粗研磨砂（不宜过多，以免流入导管内），同时，在气门杆上涂上润滑油，将气门杆插入导管内。若气门与气门座均经过光磨，可直接用细砂。

③ 用橡皮碗吸住气门头，使气门往复旋转进行研磨。如图 4-40(a)；若没有橡皮碗，气门顶有凹槽的，可在气门杆上套一根软弹簧，用旋具进行研磨。如图 4-40(b)。

研磨气门时应注意：a. 在研磨中要使气门在气门座内朝一个方向转动，应不时提起和转动气门，变换气门与座的相对位置，以保证研磨均匀；b. 研磨时不应过分用力，也不要提起气门用力在气门座上撞击敲打，否则会将气门工作面磨宽或磨成凹形槽痕。

④ 当气门工作面与气门座工作面磨出一条较整齐而无斑痕、麻点的接触环带时，将粗研磨砂洗去，再换用细研磨砂研磨。

在研磨过程中，要注意检查气门的接触情况：若接触面太靠上，砂要点在接触面的上面，将接触面往中间赶；如果接触面太靠下，砂要点在下面，将接触面往中间赶；如果接触

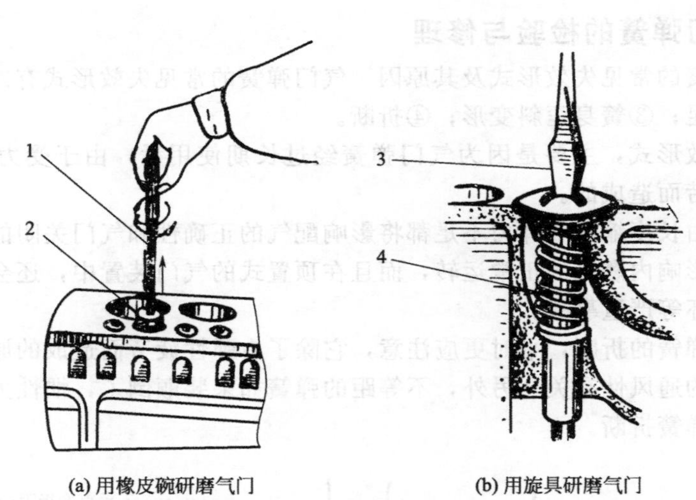

(a) 用橡皮碗研磨气门　　(b) 用旋具研磨气门

图 4-40　研磨气门

1—木柄；2—橡皮碗；3—旋具；4—弹簧

面在中间并基本适合要求时，可在接触面的上下两处点砂，以便能迅速磨出接触面来；如果接触面宽度太窄，砂要点在中间，以增大接触面。

⑤ 当气门头部工作面磨出一条封闭的光环时，再洗去细研磨砂，涂上润滑油，继续研磨几分钟即可。

气门工作面的宽度应按原厂规定，无原厂规定时，一般进气门为 1.00～2.00mm；排气门为 1.50～2.50mm。

（3）气门与气门座密封性的检验　检验气门与气门座密封性通常有以下四种方法。

① 凭眼睛观察研磨的程度　磨好的气门，接触面应呈现出一条均匀封闭的光环。接触面宽度，一般进气门为 1.5～3mm，排气门为 2～3mm。

② 铅笔画线法　用软铅笔在气门工作面上均匀地（约每隔 4mm 画一条线）画上若干道线条。与相配气门座工作面接触，并转动气门 1/8～1/4 圈，然后取出气门检查用铅笔画的线条，如图 4-41 所示。如铅笔线条均被切断，则表示密封良好，若有的线条未断，则表示密封不严，需重新研磨。

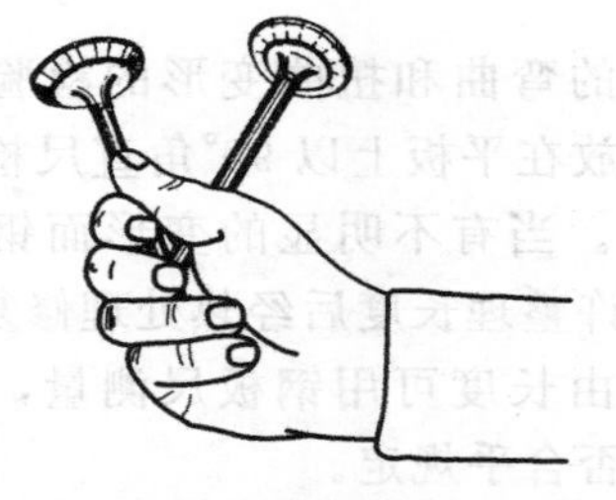

图 4-41　画线法检查气门密封性

图 4-42　用浸油法检查气门的研磨质量

③ 浸油法　将磨好的气门装入座内，加入少许汽油或柴油，如图 4-42 所示。若 5min 内气门与座之间没有渗漏现象，则表示气门密封良好。

④ 用专用仪器检查　用带有气压表的专门检验气门密封性的检验器检查。检查时，先将空气容筒紧密地压在气门座缸体上，再捏橡皮球，使空气容筒内具有 0.6～0.7kgf/cm^2 的压力，如果在 30s 内，气压表的读数不下降，则表示气门与座密封性良好（见图 4-43）。

4.2.5 气门弹簧的检验与修理

（1）气门弹簧的常见失效形式及其原因　气门弹簧的常见失效形式有四种：①自由长度缩短；②弹力不足；③簧身歪斜变形；④折断。

所有这些失效形式，主要是因为气门弹簧经过长期使用后，由于受力压缩产生塑性变形，促使弹性疲劳而造成的。

气门弹簧自由长度缩短和弹力不足都将影响配气的正确性和气门关闭的密封性。歪斜变形或折断，不仅影响内燃机的正常运转，而且在顶置式的气门装置中，还会发生气门掉入气缸，造成机器损坏等严重事故。

尤其是气门弹簧的折断，平时更应注意，它除了由弹性疲劳而造成的原因外，还与弹簧的质量和曲轴箱的通风性有关。另外，不等距的弹簧如果装颠倒了，惯性力和振动会大大增加，也能很快使弹簧折断。

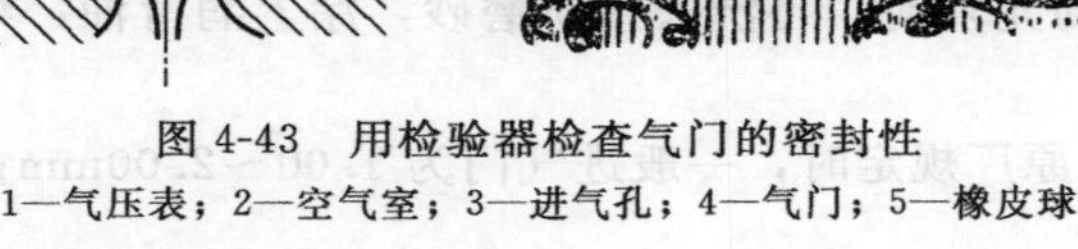
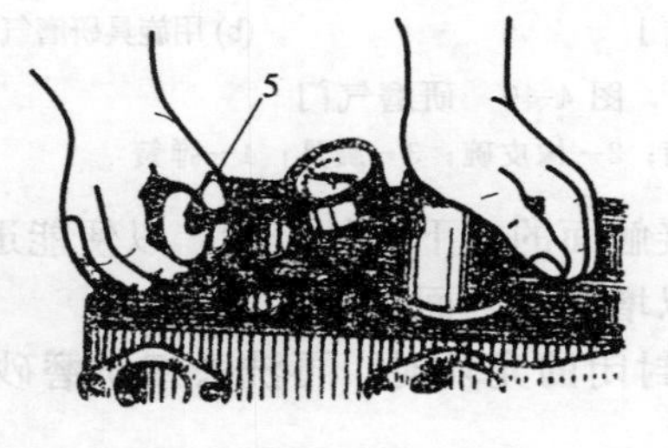

图 4-43　用检验器检查气门的密封性
1—气压表；2—空气室；3—进气孔；4—气门；5—橡皮球

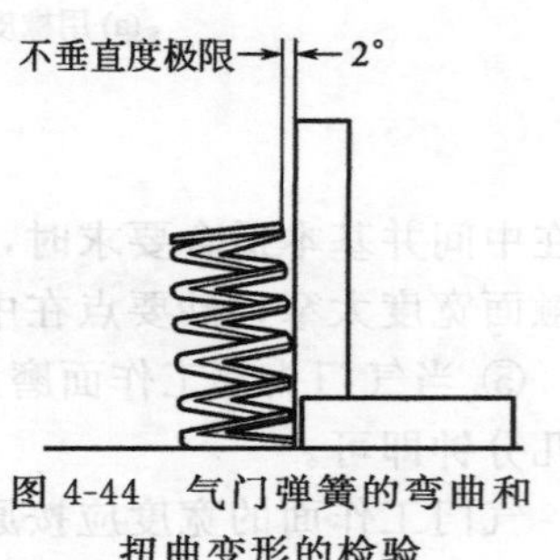

图 4-44　气门弹簧的弯曲和扭曲变形的检验

（2）气门弹簧的检验

① 气门弹簧不允许有任何裂纹或折断。

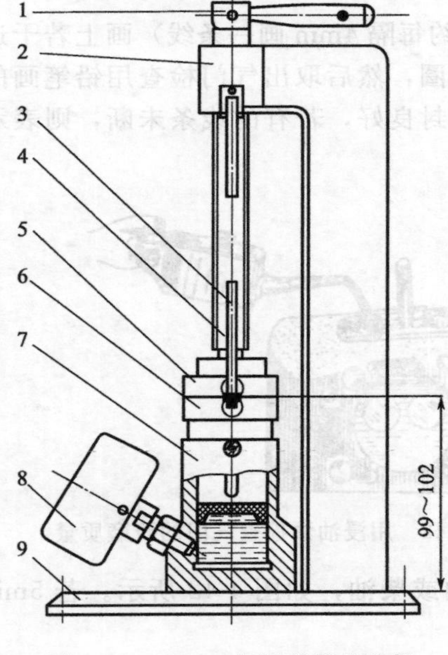

图 4-45　GT-80 气门弹簧检验仪
1—手柄；2—支架；3—标尺；4—丝杠；5—上工作台面；6—下工作台面；7—油缸；8—压力表；9—底座

② 气门弹簧的自由长度及在规定长度内的相应压力，应符合原生产厂的规定。当气门弹簧的弹性减弱而钢丝直径尚未磨损减少时，允许整理长度后经热处理修复。

③ 一般自由长度的缩短不得超过 3mm，弹力减弱不得超过原规定的 1/10，弹簧端面与中心线的垂直度不得超过 2°。

至于气门弹簧的弯曲和扭曲变形的检验方法如图 4-44 所示，将弹簧放在平板上以 90°角直尺检查，如果超过 2°，就应更换。当有不明显的变形而钢丝直径尚未磨损减小时，允许整理长度后经热处理修复。

气门弹簧的自由长度可用钢板尺测量，或者与新弹簧比较，看其是否合乎规定。

气门弹簧的自由长度和弹力的大小，可用气门弹簧检验仪检验，如图 4-45 所示，按规定把弹簧压至一定长度，观察其压力是否合乎规定。如果将弹簧压缩至适当长度后，其压力较规定公斤数显著减低，表示弹簧已经失去正常弹性，应根据情况更换新弹簧。

若没有气门弹簧试验器，也可采用一种简便方法进行检验，如图4-46所示，取一标准弹力的弹簧与要检查的弹簧各一只，在中间垫一块铁片，一起夹在虎钳上，在虎钳上压缩，比较长短，正常情况下，$a=b$，但如果b远远小于a，就表示弹性太差，应更换新的。

在缺乏器材的情况下，若气门弹簧因弹性减弱，自由长度缩短而无新件更换时，也可以用加垫圈的方法，使之达到应有的弹性，但在加垫圈后必须进行检查，当凸轮顶起挺杆压缩弹簧至最高点时，要求弹簧的圈与圈之间仍有一定的间隙，否则会顶坏凸轮、挺杆等，造成不应有的损失。所以，规定所加垫圈的厚度不得超过2mm。

弹力减弱或自由长度缩短的气门弹簧可采用适当的方法进行修理。

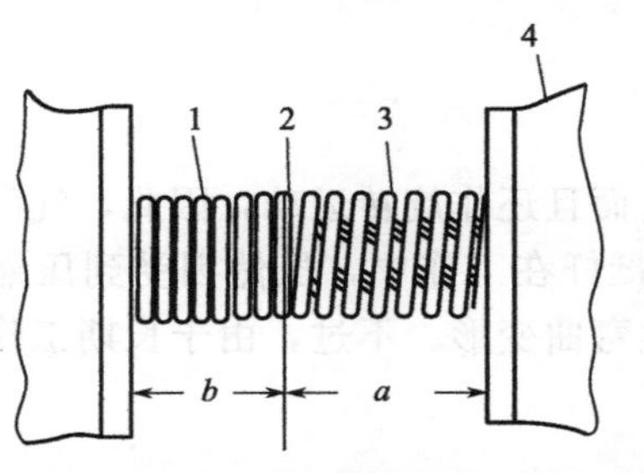

图4-46　标准与需检查弹簧比较法检查弹簧弹力
1—试验弹簧；2—隔板；3—标准弹簧；4—虎钳

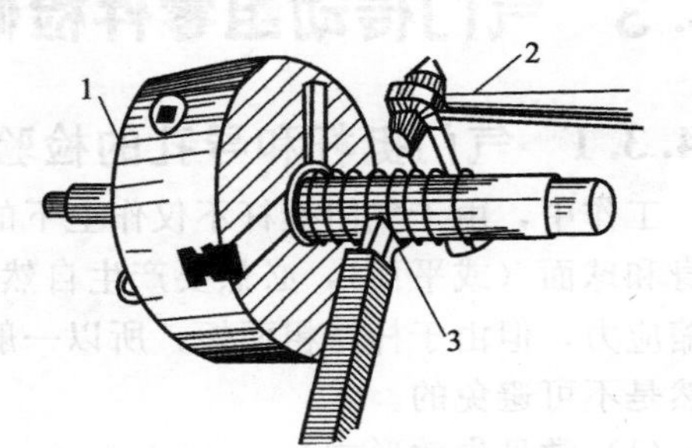

图4-47　冷作法修复气门弹簧
1—卡盘；2—手锤；3—弹簧

（3）气门弹簧的修理　气门弹簧的修理，常用的有两种方法：冷作法和热处理法。

① 冷作法　如图4-47所示，把弹簧套在圆轴上（圆轴的外径要与弹簧的内径相适应），再将弹簧的一端与圆轴一起夹在车床卡盘上，在车床的刀架上固定一个移动杆，在移动杆头部锉出较弹簧钢丝直径稍大的凹槽，使弹簧嵌入槽内，借刀架将其压紧，慢慢转动卡盘，每转一圈，移动杆移动的距离要比弹簧圈距大1～2mm。在转动弹簧的同时，用小手锤轻轻地连续敲击弹簧，使弹簧金属表面硬化，从而增加其弹性。使用这种方法修复的弹簧，使用的时间较短，因此，在不得已的情况下才使用。一般来说，还是更换新弹簧为佳。

② 热处理法　将气门弹簧放在四周塞满铸铁屑的厚铁皮箱内（铸铁屑可以防止弹簧表面氧化），在炉内加热至925℃左右，保温约1h后，将铁皮箱取出，在空气中冷却，然后将气门弹簧取出套在修复夹具的芯轴上，连同心轴装入夹具的柜架内。柜架是由6mm厚铸铁板制成，并按新气门弹簧的螺距切成槽穴。将套有气门弹簧的芯轴压入槽穴内，再将气门弹簧连同夹具加热至810℃左右，然后油淬，再加热至310℃后在空气中冷却，此时硬度应为41～42RC。

4.2.6　气门弹簧锁片和弹簧座的检验与修理

（1）技术要求

① 气门弹簧锁片紧固在气门杆上时，其外圆锥面与座的锥孔应紧密接触。

② 两锁片的端面平面，应低于座圈2.5mm。

③ 气门弹簧锁片紧固在气门杆上，分开面每边应有0.5mm以上的间隙。

④ 两锁片的高低之差在0.3mm以内。

（2）检验（技术鉴定）

① 检查两锁片内外表面及座锥孔有无明显磨痕及损伤，有则更换。

② 测量或对比，若两锁片高低之差超过0.3mm，应更换一致的。

③ 若两锁片分开面间隙已经消失，应更换。

④ 若锁片只有一头和座接触，机器工作时，锁片因单头张开使它和气门杆都磨坏，甚

至使锁片跳出，因此应更换。

⑤ 若锁片片面凸筋有磨损，应更换。

(3) 修理

① 若两锁片分开面间隙过小或消失，以及两片高低不一致，可用锉刀锉，但内、外表面要完好，外锥面与座要配合好。

② 若接触面不严密或有毛刺，应打掉磨光。

③ 其他情况，一般应更换新件。

4.3 气门传动组零件检修技能

4.3.1 气门挺杆和导孔的检验与修理

工作中，由于气门挺杆不仅作上下的直线运动，而且还作旋转运动，因此，气门挺杆的杆身和球面（或平面），必然要产生自然磨损。气门挺杆在工作中，虽然因受到压缩而产生压缩应力，但由于杆身粗而短，所以一般不容易产生弯曲变形。不过，由于长期工作，磨损仍然是不可避免的。

(1) 常见失效形式

① 气门挺杆与导管或导孔发生摩擦面磨损（柱面磨损），使之配合间隙上升。

② 柱底面磨损、拉伤或疲劳剥落。

(2) 检验与修理

① 气门挺杆与导孔的配合间隙，一般为 0.03～0.10mm，最大不得超过 0.15mm。经验的检查方法是：用拇指将挺杆向导孔推入时应稍有阻力，再提起少许用手摇晃时，无旷动的感觉。如果配合间隙超过 0.10mm 时，可用电镀加粗并铰孔以恢复其配合尺寸。

② 挺柱底面磨损不平或球面有磨痕时，可用细砂布、研磨砂或油石研磨，也可以用磨光机，消除平面不平，恢复其原有形状。

4.3.2 推杆和摇臂的检验与修理

(1) 推杆　推杆的常见失效形式有两种。

① 杆身弯曲：用铁锤打直。

② 上端凹坑及下端球头磨损：一般采用堆焊或更换的方法修复。

(2) 摇臂　摇臂的常见失效形式也有两种。

① 摇臂压头磨损成凹坑形状　一般而言，气门摇臂的撞击表面应凸出 4.2mm，磨损后，最低也不得低于 3.2mm，如果过低，则应进行堆焊，并对其进行必要的表面热处理。

② 摇臂孔衬套及轴磨损　摇臂孔衬套和摇臂轴的配合间隙一般在 0.025～0.065mm 范围内。如果磨损过大，配合间隙超过使用极限，则应将轴镀铬加粗，并磨至标准尺寸，然后重新配衬套。若轴颈没有明显磨损而衬套磨损较严重时，可以不磨轴颈，而更换新衬套，然后按轴的尺寸搪孔或铰孔至相应尺寸，得到合适的配合间隙。

4.3.3 凸轮轴和正时齿轮的检验与修理

(1) 凸轮轴和正时齿轮的常见失效形式

① 凸轮轴的常见失效形式有三种：凸轮的磨损；轴颈及轴承的磨损；轴线弯曲。

② 正时齿轮的常见失效形式有两种：牙齿磨损；牙齿断裂。

(2) 凸轮轴和正时齿轮失效的原因分析　凸轮轴的结构特点（长而细）和工作特点（周期性地承受不均匀的负荷），促使它在工作中发生轴颈和轴承的磨损，失圆和整个轴线的弯曲；凸轮与配气机件的相对运动，使凸轮外形和高度受到磨损。由于轴承磨损松旷，将加剧轴线的弯曲。轴线的弯曲又将促使油泵齿轮、正时齿轮及轴颈和轴承的磨损，甚至会造成齿轮工作时的噪声和牙齿断裂，气门挺柱球面转动不灵活；加速凸轮的磨损，使轴颈的失圆度和锥形度超过公差等。

但一般说来，由于凸轮轴的受力不大，它的磨损速度是缓慢的，通常在内燃机二三个大修周期（甚至更长时间）才达到允许使用极限。但是，这些磨损，会影响配气机构工作的准确性，并给气门杆端和挺柱间的间隙调整带来困难，因此，在内燃机大修时，应对凸轮轴、凸轮、凸轮轴承、正时齿轮等进行认真的检验。

（3）凸轮轴的检验

① 凸轮轴弯曲度的检验（如图 4-48 所示） 其方法是将凸轮轴安装于车床顶针间或以V形铁块安放于平板上，以两端轴颈作为支点，用百分表检查各中间轴颈的摆差。如最大弯曲度超过 0.025mm（即百分表读数总值为 0.05mm）时，应进行冷压校正。当轴有单数支承轴颈时，测中间轴颈；当轴有双数支承轴颈时，则测中间两个轴颈。

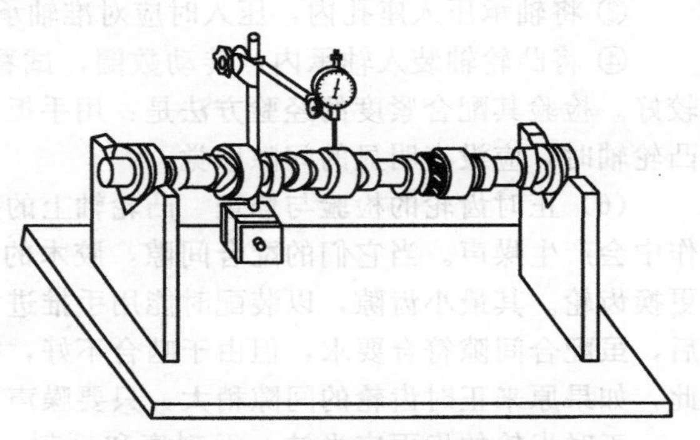

图 4-48 凸轮轴弯曲的检验

② 凸轮的检验 凸轮的检验，可用标准样板或外径千分尺测量，凸轮顶部的磨损超过 1mm 时，应予以堆焊修复。而且，凸轮尖端的圆弧磨损不应超过允许限度。

③ 凸轮轴颈的检验 凸轮轴轴颈的失圆度及锥形度误差应不大于 0.03mm，轴颈磨损量应不大于 1mm。

（4）凸轮轴的修理

① 凸轮轴轴颈的修理 凸轮轴轴颈磨损有两种修理方法：一种是压入在气缸体承孔内的可拆换的凸轮轴承，而且，这种凸轮轴比较普遍，可用磨小轴颈尺寸和配用相应尺寸的凸轮轴承。其修理尺寸一般分为四级：每级缩小 0.25mm（0.25、0.50、0.75、1.00），通常在磨床上进行；一种是凸轮轴直接在气缸体承孔内旋转，则修理轴颈时，应用镀铬加粗，然后磨削至标准尺寸或修理尺寸再配合。

② 凸轮的修理 凸轮的表面如有击痕、毛糙及不均匀的磨损时，应用凸轮轴专用磨床进行修整，或根据标准样板予以细致的修理。凸轮高度因磨损减少至一定限度时（它的允许限度决定于凸轮渗碳层的厚度，一般不超过 0.50～0.80mm），应在专用的靠模车床或凸轮轴专用磨床上进行光磨。如果磨损过大，可进行合金焊条堆焊（如系采用普通焊条时，焊后需进行渗碳并经热处理），然后按样板进行光磨，恢复原来的几何形状。在堆焊时为了避免受热变形，可将凸轮轴置于水中，仅将施焊部分露出水面。凸轮顶端具有锥度的，如锥度消失或不符合规定时，应予以修复。

③ 其他部位的修理 凸轮轴装正时齿轮固定螺母的螺纹如有损伤，应堆焊修复或更换新件。正时齿轮键与键槽需吻合，如有磨损应换新键。机油泵驱动齿轮的轮齿磨损，其齿损超过 0.50mm 时，应予以堆焊修复。偏心轮表面磨损超过 0.50mm 时，应予以修复。驱动齿轮及凸轮因磨损过大或有断裂等情况时，则应更换凸轮轴。

（5）凸轮轴轴承的修配 凸轮轴轴承与轴颈的配合间隙，一般为 0.03～0.07mm，最大不得超过 0.15mm。超过 0.15mm 时，则应修理或更换。

在大修内燃机时，凸轮轴轴承一般都要重新修配。轴承的修配方法和曲轴轴承一样，常用的有搪配和刮配两种方法。由于刮配的方法不需要专用设备，因此，在一般修理单位普遍采用。其刮配的具体步骤如下。

① 根据凸轮轴轴颈的修理尺寸，选择同级修理尺寸的轴承。

② 刮配。刮配后轴承内径的尺寸应相当于：轴颈尺寸＋轴承与轴颈的配合间隙（一般为0.03～0.07mm)＋轴承与座孔的过盈量（一般为0.015～0.02mm)。

刮配轴承时，其刮削厚度应尽量均匀，保证刮削后的轴承与座孔以及各轴承的中心线重合，在轴承未压入座孔前，应与轴颈试配，其配合应稍有松动；而当在轴承与轴颈之间加以厚薄规（其厚度等于轴承与座孔的过盈量＋轴承与轴颈的配合间隙)，拉动轴承应稍有阻力为合适。因为，将轴承压入座孔后，由于轴承变形，内径缩小，一般来说内径的缩小尺寸相当于轴承与座孔的过盈量，所以，这样可以基本达到所需的配合间隙。

③ 将轴承压入座孔内，压入时应对准轴承，防止把轴承打毛。

④ 将凸轮轴装入轴承内，转动数圈，试看接触情况，并加以适当修刮，要求其接触面较好。检验其配合紧度的经验方法是：用手扳动正时齿轮，凸轮轴能转动灵活，沿径向移动凸轮轴时，应没有明显的间隙感觉。

(6) 正时齿轮的检验与修理　凸轮轴上的正时齿轮工作过久会磨损，使齿隙变大，在工作中会产生噪声。当它们的配合间隙，胶木的大于0.20mm（钢铁的大于0.15mm）时，需更换齿轮。其最小齿隙，以装配时能用手推进，并转动轻便为宜。经验证明：有些齿轮更换后，虽配合间隙符合要求，但由于啮合不好，往往噪声很大，需走合一段时间才能消除。因此，如果原来正时齿轮的间隙稍大，只要噪声不大，还可继续使用。

正时齿轮的齿面应光洁，无刻痕和毛刺。沿节圆弦上规定齿高处的齿厚磨损不应超过0.25mm。齿轮内孔磨损应在规定允许限度内；如无规定，一般应不超过0.05mm。键槽宽度应在规定的允许限度内；如无规定一般应不超过标准宽度的0.08mm。当超过上述各项允许限度后，除键槽容许在与旧键槽成120°位置另开新键槽外，其余均不应使用。

(7) 凸轮轴轴向间隙的检查　凸轮轴轴向间隙，一般是以止推突缘与隔圈的厚度差来决定。

凸轮轴的轴向间隙：汽油机一般为0.05～0.20mm，不得超过0.25mm；柴油机一般为0.10～0.40mm，不得超过0.50mm。

凸轮轴颈长期工作后，因磨损会使其间隙增大，造成凸轮轴的轴向移动，这不仅影响配气机构的正常工作，同时还会影响凸轮轴带动机件的正常工作。所以，在维修机器中，不能忽视这一间隙的检查与调整。

检查方法如图4-49所示。用厚薄规进行测量，若间隙超过规定值，应更换止推突缘，或在止推突缘端面重新浇铸一层锡基轴承合金，以达到正常间隙。

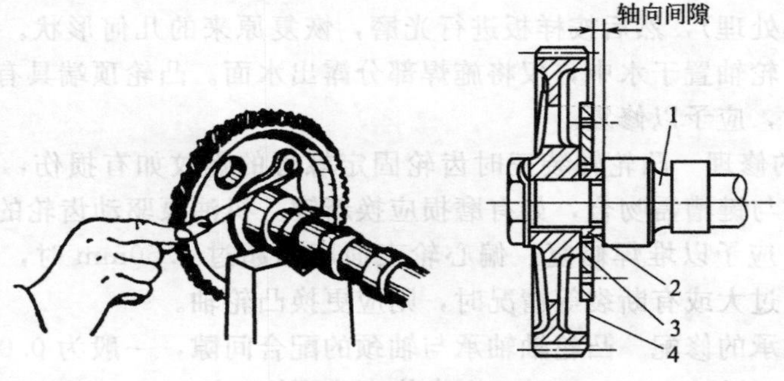

图4-49　凸轮轴轴向间隙的测量

1—凸轮轴；2—隔圈；3—止推突缘；4—正时齿轮

4.4　废气涡轮增压器检修技能

国产135增压柴油机J11系列废气涡轮增压器的结构如图4-50所示。涡轮部分包括径流式涡轮转子轴、无叶涡壳等；压气机部分包括压气机壳、压气机叶轮等。这两个部分分别设在中间壳的两端。压气机叶轮用自锁螺母固定在涡轮转子轴上，转子轴由设在中间壳两端的浮动轴承支承。两叶轮产生的推力由设在中间壳压气机端的推力轴承承受。压气机壳、涡轮壳分别与柴油机的进、排气管连接。中间壳内还设有润滑和冷却浮动轴承及推力轴承的润滑油路。润滑油来自柴油机的润滑系统，经过专门滤清后进入中间壳体上的进油孔，通过增压器轴承，经中间壳的回油腔，流回柴油机的油底壳。在涡轮和压气机叶轮内侧设有弹力密封环，起封油封气作用。下面，以国产135增压柴油机J11系列废气涡轮增压器为例讲述其拆卸、清洗、检查和装配的具体方法。

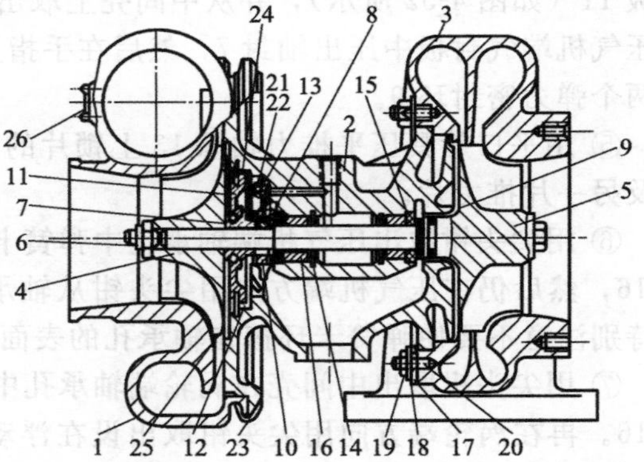

图4-50　J11系列废气涡轮增压器纵剖面

1—压气机壳；2—中间壳；3—无叶涡壳；4—压气机叶轮；5—涡轮转子轴；6—自锁螺母；7—轴封；8—推力片；9—弹力密封环；10—隔圈；11—气封板；12—挡油板；13—推力轴承；14—弹簧卡环；15—推力环；16—浮动轴承；17—涡轮端压板；18,21—止动垫片；19—螺母；20—双头螺栓；22—螺栓；23—V形夹箍总成；24—O形橡胶密封圈；25—孔用弹性挡圈；26—铭牌

4.4.1　废气涡轮增压器的拆卸

在拆卸前可将压气机壳1、中间壳2及涡壳3三者的相互位置做好标记，以便在装配时安装到原始位置。拆卸过程按如下步骤进行。

① 分别松开压气机壳1、涡壳3与中间壳2上的固紧件，取下两只壳体。若两只壳体与中间壳配合较紧时，可用橡胶或木质槌沿壳体四周轻轻敲打，取下壳体时要细心，不能使壳体在轴线方向上产生倾斜，以免碰上压气机及涡轮叶片的顶尖部分或碰毛壳体相应的内侧表面。

② 将涡轮转子轴5和叶轮出口处六角凸台夹在台虎钳上，识别或做好自锁螺母6、涡轮转子轴5及压气机叶轮4相互位置的动平衡标记（如图4-51所示）。松开自锁螺母6并将其拧下，将压气机叶轮4从涡轮转子轴上轻轻拔出。若拔不出，则可将附有转子的中间壳从台虎钳上取下后，倒置过来，将压气机叶轮部分浸没在装有沸水的盆内，稍待片刻后即可将叶轮从转子轴上顺利取下。

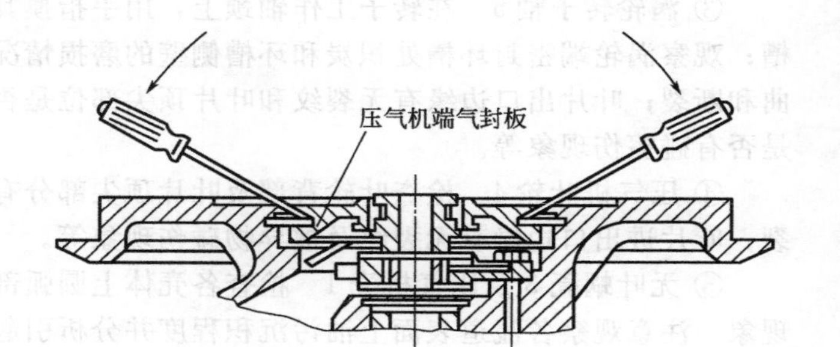

图4-51　动平衡标记部位　　图4-52　气封板拆卸

③ 取出压气机叶轮后，用手托住涡轮叶轮，把附有涡轮转子轴的中间壳从台虎钳上取下置于工作台上。用手轻轻压涡轮转子轴在压气机端的螺纹中心孔端面，取出涡轮转子轴。取出转子轴时应十分小心，切不可将转子轴上螺纹碰及浮动轴承16内孔表面。

④ 用圆头钳取下中间壳内压气机端的孔用弹性挡圈25，并用两把旋具取下压气机端气封板11（如图4-52所示），并从中间壳上取出挡油板12、压气机端推力片8和隔圈10，再从压气机端气封板中压出轴封7，然后在手指上套上两个用细铁丝做成的圆环，取出轴封上的两个弹力密封环9。

⑤ 用平口旋具压平推力轴承13上锁片的翻边，先拧下4只六角螺栓，然后取出推力轴承及另一片推力片。

⑥ 用尖头钳取出压气机端轴承孔中弹簧卡环14，再从轴承孔中取出推力环15及浮动轴承16，然后仍在压气机端方向用尖头钳从轴承孔中取出该浮动轴承另一端的弹簧卡环。但要特别注意不要使弹簧卡环擦伤轴承孔的表面。

⑦ 用尖头钳取出中间壳在涡轮端轴承孔中的弹簧卡环14，然后取出推力环15和浮动轴承16。再在涡轮端方向用尖头钳取出设在浮动轴承另一端的弹簧卡环。但要特别注意，在取出上述两个弹簧卡环时不要擦伤轴承孔及弹性密封环座孔的表面。

4.4.2 废气涡轮增压器的清洗和检查

(1) 废气涡轮增压器的清洗

① 不允许用有腐蚀性的清洗液来清洗各零部件。

② 在清洗液内浸泡零部件上积炭及沉淀物使之松软。其中，中间壳回油腔内在涡轮端侧壁的较厚积炭层必须彻底铲除。

③ 只能用塑料刮刀或鬃毛刷清洗或铲刮铝质和铜质零部件上的积污。

④ 若用蒸汽冲击清洗时应将轴颈和其他轴承表面保护起来。

⑤ 应用压缩空气来清洁所有零部件上润滑油通道。

(2) 废气涡轮增压器的检查

外观检查前各零件不要清洗以便分析损坏原因。下面列出所要检查的主要零部件。

① 浮动轴承16　观察浮环端面和内外表面的磨损情况。一般情况下，经长期运转后内外表面上所镀的铅锡层仍存在，而在外圆表面磨损较内圆表面大，开有油槽的端面上，稍有磨损痕迹，这些均属正常状况。浮环工作表面上划出的沟槽是因润滑油不干净所引起，如果表面刻痕较为严重或经测量超过磨损极限时建议更换新的浮环。

② 中间壳2　观察与压气机叶轮背部以及与涡轮叶轮背部相邻的表面有否碰擦痕迹与积炭程度。若有喷擦现象、浮动轴承16有较大磨损及轴承内孔座表面遭到破坏，则需用相应的研磨棒研磨内孔或用金相砂皮轻轻擦拭内孔表面，除去黏附在内孔表面上的铜铅物质的痕迹，经测量合格后才能继续使用，并应分析引起上述不良情况的原因。

③ 涡轮转子轴5　在转子工作轴颈上，用手指摸其工作表面，应该感觉不出有明显的沟槽；观察涡轮端密封环槽处积炭和环槽侧壁的磨损情况；观察涡轮叶片进出口边缘是否有弯曲和断裂；叶片出口边缘有无裂纹和叶片顶尖部位是否有因碰擦引起的卷边毛刺；涡轮叶背是否有碰擦伤现象等。

④ 压气机叶轮4　检查叶轮背部及叶片顶尖部分有无碰擦现象；检查叶片有无弯曲和断裂；叶片进出口边缘有无裂纹及被异物碰伤现象等。

⑤ 无叶蜗壳3及压气机壳1　检查各壳体上圆弧部分的碰擦情况或是否有被异物擦伤的现象。注意观察各流道表面上油污沉积程度并分析引起上述不良情况的原因。

⑥ 弹力密封环9　检查密封环工作两侧面磨损和积炭情况；测量环的厚度及自由状态时

开口间隙应不小于 2mm，若小于上述数值及环的厚度超过规定的磨损极限时应更换。

⑦ 推力片 8 及推力轴承 13　在工作面上不应有手指感觉得出来的明显沟槽，同时检查推力轴承上进油孔是否有阻塞，并测量各件的轴向厚度应符合规定的尺寸范围。若推力片工作表面有明显磨损痕迹但又未超过磨损极限值时，则可在重装时分别将两片推力片的另一未磨损的面作为工作面依次装入。

⑧ 压气机端气封板 11 及中间壳 2 在涡轮端的弹力密封环座孔　检查弹力密封环与座孔接触部位有无磨损现象。

4.4.3　废气涡轮增压器的装配

装配前所有零件应仔细清洗（包括装配用的各种工具），要用不起毛的软质布料擦拭各零件，并放置在清洁的场所，同时在装配前各零件均应检查合格，必要时涡轮转子压气机叶轮及其组合部件应复校动平衡，然后进行重装。

装配过程及注意点（参见图 4-50）如下。

① 把中间壳 2 的压气机端朝上，将弹簧卡环 14 装进压气机端轴承座孔内侧环槽中，注意不要碰伤轴孔。然后放入抹上清洁机油的浮动轴承 16，推力环 15 再装入另一弹簧卡环。在装浮动轴承时，要注意把侧面有油槽的一端向上。在每个弹簧卡环装入后，均要检查卡环是否完全进入环槽内。

② 把中间壳的涡轮端朝上如同步骤①中所述次序将弹簧卡环、浮动轴承、推力环依次装入涡轮端轴承孔中，在装浮动轴承时要注意把侧面有油槽的一端向上。

③ 用细铁丝制作的两个圆环套在手指上，将两个弹力密封环 9 张开，套入涡轮转子轴 5 密封环槽中，注意不能用力过猛，以免导致弹力密封环永久变形或断裂。

④ 在安装涡轮转子轴上两只弹力密封环时开口位置应错开 180°，然后在密封环上抹上清洁机油，小心地将转子插到中间壳中去，套装时注意不要使轴上台阶及螺纹碰伤浮动轴承内孔表面。为防止套装时环从一边滑出或断裂，弹力密封环相对于转子轴的位置要居中，并依靠中间壳座孔上锥面作引导，如图 4-53，使之能顺利滑入密封环座孔中。

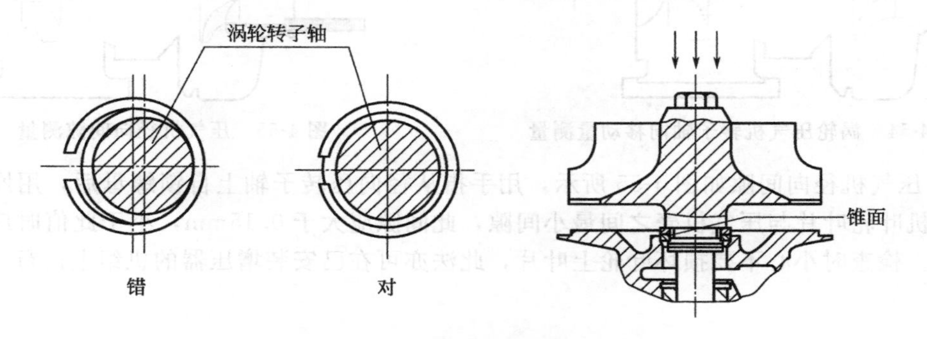

图 4-53　弹力密封环的安装

⑤ 用手托住已装入中间壳的涡轮叶轮，将涡轮叶轮出口处六角形台肩夹在台虎钳上，并用手轻轻扶住中间壳不使产生意外的倾侧，注意要防止涡轮转子轴 5 从中间壳中滑出。

⑥ 将推力片 8 和隔圈 10 套在轴上，再放入抹上清洁机油的推力轴承 13，注意推力轴承平面上方的进油孔要向下对准中间壳上的进油孔，然后放上止动垫片 21，拧紧 4 个螺栓 22 后，将止动垫片 21 翻边保险，锁住 4 个螺栓。然后再将另一块推力片套在轴上及装入挡油板 12，注意挡油板上的导油舌，必须伸入回油腔。

⑦ 将已装有弹力密封环的轴封 7 抹上清洁机油后装入压气机端气封板 11 上相应的座孔

中去，装入前将两个环的开口位置错开，使之相隔180°，另将“O”形橡胶密封圈套入压气机气封板11外圆的环槽中，为了便于压入中间壳，橡胶密封圈外圆表面上适当抹上一些薄机油，再压入中间壳机体中去。

⑧ 在对准转子及压气机叶轮4上动平衡标记后套上压气机叶轮，将自锁螺母6拧上并拧紧至与轴端面上的动平衡记号对准为止［此时的拧紧力矩为39～44N·m（4～4.5kgf·m）］，在拧紧时不允许压气机叶轮相对于轴有转动（若压气机叶轮不能顺利套入轴上时，可将压气机叶轮浸入沸水加热后再套入）。

⑨ 从台虎钳上取下已装好的组合件，按原来标记装入无叶蜗壳3中，注意在装配时不要歪斜以免碰伤涡轮叶片顶尖部分，然后再装上涡轮端压板17及止动垫片18，拧紧六角螺母［拧紧力矩为39N·m（4kgf·m）］后，将止动垫片翻边锁住8个螺母。

⑩ 将压气机壳对准标记装到中间壳中去，装配前先将“V”形夹箍23套入中间壳，并注意装配时不要歪斜，以免压气机壳圆弧部分碰伤压气机叶轮叶片顶尖部分，装上“V”形夹箍并拧紧螺栓［拧紧力矩为14.7N·m（1.5kgf·m）］。

⑪ 在中间壳进油孔中注入清洁机油后，用手转动叶轮应灵活旋转，并细心测听，检查有无碰擦声。

⑫ 总装完后，应对下列两项进行测量。

a. 涡轮压气机转子轴向移动量的测量如图4-54所示，把有千分表的吸铁表座放在蜗壳出口法兰平面上，将千分表的测量棒末端顶在涡轮叶轮出口处的六角形台肩平面上，再用手推拉转子轴即测得最大轴向移动量，其值应小于0.25mm，若超过此值，则应进一步检查止推轴承及推力片等各组合件。此法可用于增压器已装在机组情况下的测定。

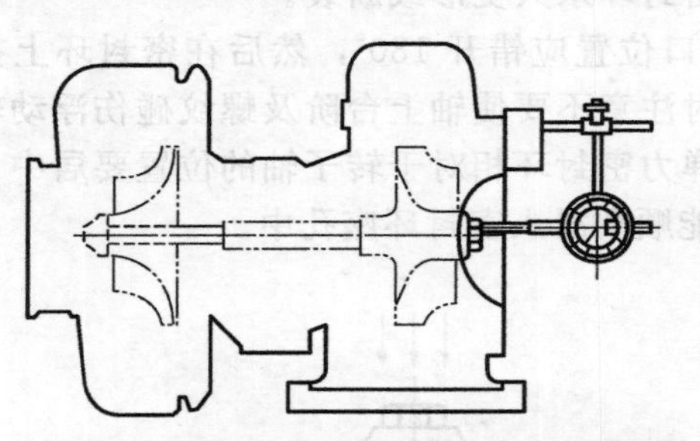

图4-54 涡轮压气机转子轴向移动量测量

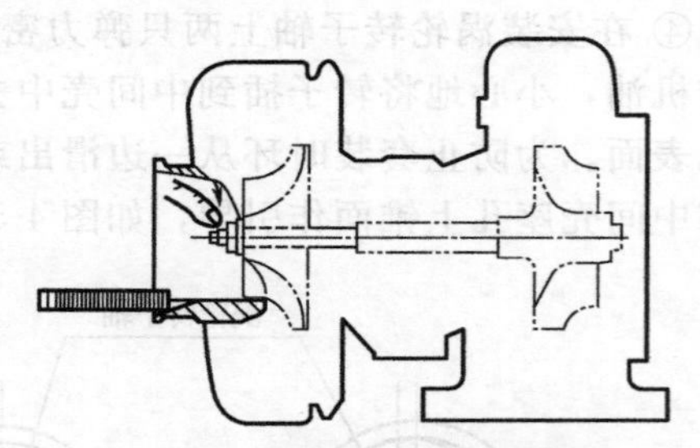

图4-55 压气机径向间隙测量

b. 压气机径向间隙如图4-55所示，用手指从径向压转子轴上自锁螺母后，用厚薄规测量压气机叶轮叶片与压气机壳之间最小间隙，此间隙应大于0.15mm，小于此值时应予以拆卸检查。检查时小心不要损坏叶轮上叶片，此法亦可在已安装增压器的机组上进行。

第5章 燃油供给与调速系统

CHAPTER 5

柴油机燃油供给与调速系统的功用是根据柴油机的工作要求，在一定的转速范围内，将一定数量的柴油，在一定的时间内，以一定的压力将雾化质量良好的柴油按一定的喷油规律喷入气缸，并使其与压缩空气迅速而良好地混合和燃烧。它的工作情况对柴油机的功率和经济性有重要影响。

应用最为广泛的直列柱塞式喷油泵柴油机燃油供给与调速系统的组成如图5-1所示。直列柱塞式喷油泵3一般由柴油机曲轴的正时齿轮驱动。固定在喷油泵体上的活塞式输油泵5由喷油泵的凸轮轴驱动。当柴油机工作时，输油泵5从柴油箱8吸出柴油，经油水分离器7除去柴油中的水分，再经柴油滤清器2滤除柴油中的杂质，然后送入喷油泵3，在喷油泵内柴油经过增压和计量之后，经高压油管9输往喷油器1，最后通过喷油器将柴油喷入燃烧室。喷油泵前端装有喷油提前器4，后端与调速器6组成一体。输油泵供给的多余柴油及喷油器顶部的回油均经回油管11返回柴油箱。在有些小型柴油机上，往往不装输油泵，而依靠重力供油（柴油箱的位置比喷油泵的位置高）。

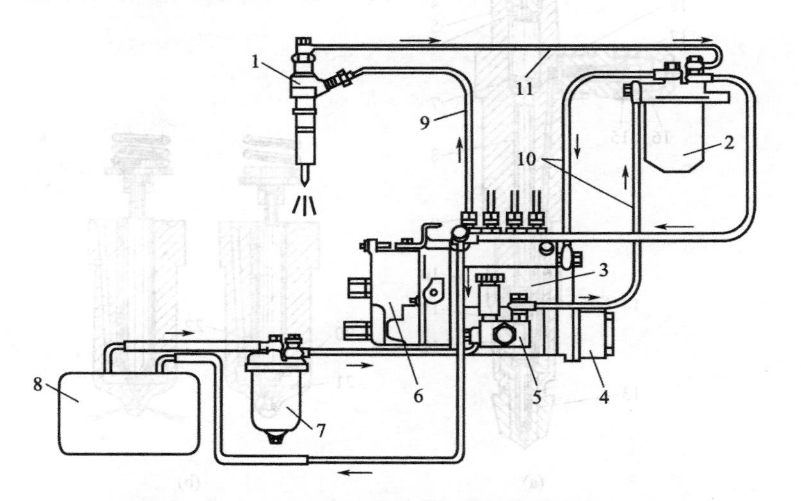

图5-1 直列柱塞式喷油泵柴油机燃油供给与调速系统

1—喷油器；2—柴油滤清器；3—柱塞式喷油泵；4—喷油提前器；5—输油泵；6—调速器；7—油水分离器；8—柴油箱；9—高压油管；10—低压油管；11—回油管

5.1 燃油供给与调速系统的构造

5.1.1 喷油器

柴油机的燃料是在压缩过程接近终了时喷入气缸内的。喷油器的作用是将燃料雾化成细粒，并使它们适当地分布在燃烧室中，形成良好的可燃混合气。因此，对喷油器的基本要求是：有一定的喷射压力、一定的射程、一定的喷雾锥角，喷雾良好，在喷油终了时能迅速停油，不发生滴油现象。

目前，中小功率柴油机常采用闭式喷油器。闭式喷油器在不喷油时，喷孔被一个受强力弹簧压紧的针阀所关闭，将燃烧室与高压油腔隔开。在燃油喷入燃烧室前，一定要克服弹簧的弹力，才能把针阀打开。也就是说，燃油要有一定的压力才能开始喷射。这样才能保证燃油的雾化质量，能够迅速切断燃油的供给，不发生燃油滴漏现象。这对于低速小负荷运转时尤为重要。其主要类型有孔式和轴针式两种。

5.1.1.1 孔式喷油器

孔式喷油器主要用于直接喷射式柴油机中。由于喷孔数可有几个且孔径小，因此，它能喷出几个锥角不大、射程较远的喷柱。一般喷油孔的数目为 2～8 个，喷孔直径为 0.15～0.50mm。喷孔数目与方向取决于各种燃烧室对于雾化质量的要求与喷油器在燃烧室内的布置。例如 6135G 型柴油机的燃烧室是 ω 形，混合气的形成主要是将燃油直接喷射在燃烧室空间而实现的，故采用 4 孔闭式喷油器。喷孔直径为 0.35mm，喷射角为 150°，针阀开启压力为 17.5MPa，喷柱形状与 ω 形燃烧室相适应。

孔式喷油器的结构如图 5-2 所示。主要由针阀、针阀体、挺杆、调压弹簧、调整螺钉和喷油器体等零件组成。

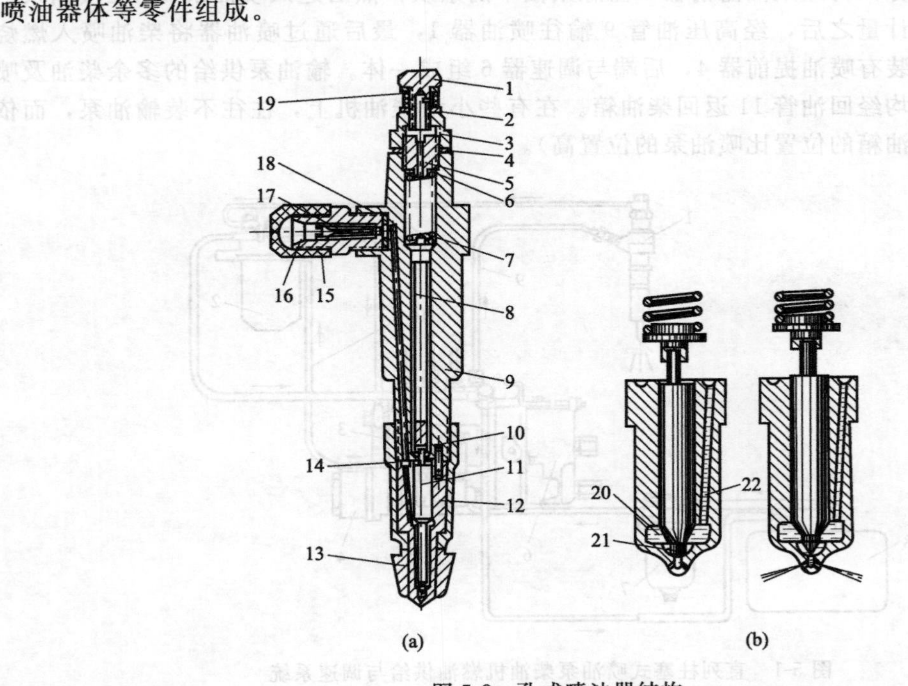

图 5-2 孔式喷油器结构

1—回油管螺栓；2—衬垫；3—调压螺钉护帽；4—垫圈；5—调压螺钉；6—调压弹簧垫圈；7—调压弹簧；8—挺杆；9—喷油器体；10—紧固螺套；11—针阀；12—针阀体；13—铜锥体；14—定位销；15—塑料护盖；16—进油管接头；17—滤芯；18—衬垫；19—胶木护套；20—针阀承压锥面；21—针阀密封锥面；22—针阀体油孔

喷油器的主要零件是用优质合金钢制成的针阀和针阀体，两者合称为针阀偶件（又称喷油嘴偶件）。针阀上部的圆柱表面与针阀体相应的内圆柱表面作高精度的滑动配合，配合间隙约为 0.001～0.0025mm。此间隙必须在规定的范围内。若间隙过大，则可能产生漏油而使油压下降，影响喷雾质量；若间隙过小，则针阀不能自由滑动。针阀中下部的锥面全部露出在针阀体的环形油腔中，其作用是承受由油压造成的轴向推力而使针阀上升，所以此锥面称为承压锥面。针阀下端的锥面与针阀体上相应的内锥面配合，以实现喷油器内腔的密封，称为密封锥面。针阀上部的圆柱面及下端的锥面同针阀体上相应的配合面是经过精磨后再相互研磨而保证其配合精度的。因此，选配和研磨好的一副针阀偶件是不能互换的。

装在喷油器体上部的调压弹簧通过挺杆使针阀紧压在针阀体的密封锥面上，使其喷孔关闭。只有当油压上升到足以克服调压弹簧的弹力时，针阀才能升起而开始喷油。喷射开始时的喷油压力取决于调压弹簧的弹力，它可用调压螺钉调节。

高压燃油从进油管接头经滤芯、喷油器体中的油道进入针阀体上端的环形槽内。此槽与针阀体下部的环状空间用两个斜孔连通。流经下部空腔的高压柴油对针阀锥面产生向上的轴向推力，当此力克服了调压弹簧和针阀与针阀体间的摩擦力（此力很小）后，针阀上移，开启喷孔［如图 5-2(b) 所示］，于是高压燃油便从针阀体下端的喷孔喷入燃烧室内。针阀的升程受到喷油器体下端面的限制，这样有利于很快地切断燃油。当喷油泵停止供油时，由于高压油管内油压急剧下降，针阀在调压弹簧的作用下迅速将喷孔关闭，停止供油。

在喷油器工作期间会有少量燃油从针阀和针阀体的配合面间的间隙漏出。这部分燃油对针阀可起润滑作用，并沿着挺杆周围的空隙上升，通过回油管螺栓 1 上的孔进入回油管，流回到燃油箱中。为防止细小杂物堵塞喷孔，在高压油管接头上装有缝隙式滤芯。

喷油器用两个固定螺钉固定在气缸盖上的喷油器座孔内，用铜锥体密封，防止漏气。安装时，喷油器头部应伸出气缸体平面一段距离（各种机器均有具体规定）。为此，可在铜锥体与喷油器间加垫片或用更换铜锥体的方法来调整。

国产 135 系列柴油机均采用孔式喷油器。其特点是：喷孔直径小、雾化质量好，但其精度要求高，给小孔加工带来一定困难，使用中喷孔容易被积炭阻塞。

5.1.1.2 轴针式喷油器

轴针式喷油器多用于涡流室式和预燃室式柴油机中，其结构如图 5-3 所示。这种喷油器的工作原理与孔式喷油器相似。其结构特点是针阀在下端的密封锥面以下伸出一个倒圆锥体形的轴针。轴针伸出喷孔外面，使喷孔呈圆环状的狭缝。这样，喷油时喷注将呈空心的圆锥形或圆柱形［如图 5-3(b)、(c) 所示］。喷孔断面大小与喷注的角度形状取决于轴针的形状和升程，因此要求轴针的形状加工得很精确。

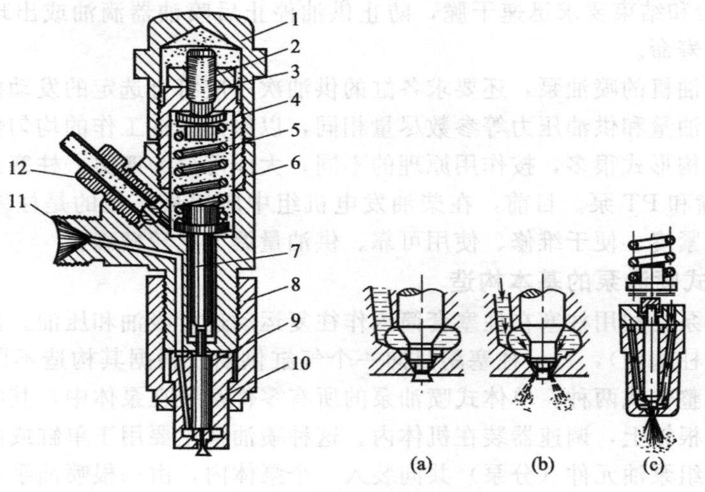

图 5-3 轴针式喷油器

1—罩帽；2—调压螺钉；3—锁紧螺母；4—弹簧罩；5—调压弹簧；6—喷油器体；7—挺杆；8—喷油器螺母；9—针阀；10—针阀体；11—进油口；12—回油管接头

常见的轴针式喷油器大多只有一个或两个喷孔，喷孔直径一般为 1～3mm，由于喷孔直径较大，喷油压力较低，一般喷油压力在 10～13MPa，便于制造加工，同时工作中轴针在喷孔内往复运动，可清除孔中的积炭，提高了工作可靠性。

5.1.1.3 喷油器型号的辨识

喷油器型号的辨识方法如图5-4所示。

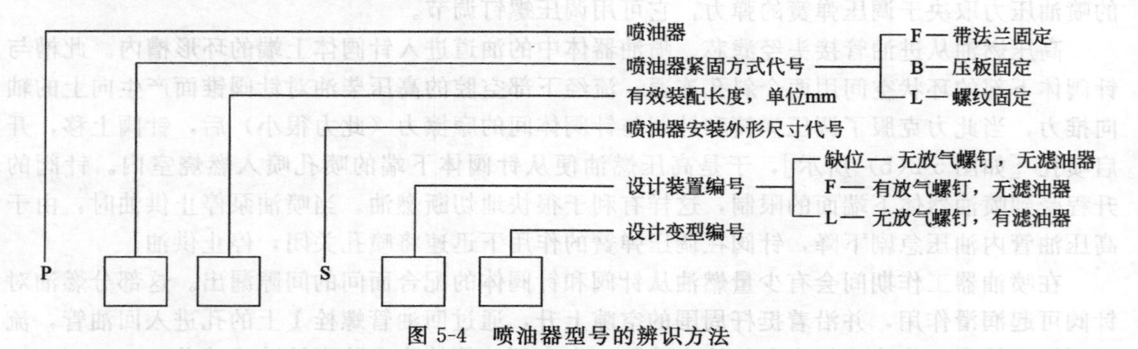

图5-4 喷油器型号的辨识方法

例如，PF110SL28喷油器表示的含义为：法兰固定式、有效装配长度为110mm、无放气螺钉和有滤油器的喷油器。

5.1.2 喷油泵

喷油泵（又称高压油泵）是柴油机燃油供给系统中最重要的部件之一，其作用是根据柴油机的工作要求，在规定的时刻将定量的柴油以一定的高压送往喷油器。对喷油泵的基本要求主要有以下几个方面。

① 严格按照规定的供油时刻开始供油，并有一定的供油延续时间。

② 根据柴油机负荷的大小供给相应的油量。负荷大时，供油量增多；负荷小时，供油量应相应地减少。

③ 根据柴油机燃烧室的形式和混合气形成方式的不同，喷油泵必须向喷油器供给一定压力的柴油，以获得良好的喷雾质量。

④ 供油开始和结束要求迅速干脆，防止供油停止后喷油器滴油或出现不正常喷射，影响喷油器的使用寿命。

对于多缸柴油机的喷油泵，还要求各缸的供油次序应符合选定的发动机发火次序，各缸的供油时刻、供油量和供油压力等参数尽量相同，以保证各缸工作的均匀性。

喷油泵的结构形式很多，按作用原理的不同，大体可分为四类：柱塞式喷油泵、分配式喷油泵、泵-喷嘴和PT泵。目前，在柴油发电机组中应用最广泛的是柱塞式喷油泵。这种喷油泵结构简单紧凑、便于维修、使用可靠、供油量调节比较精确。

5.1.2.1 柱塞式喷油泵的基本构造

柱塞式喷油泵是利用柱塞在柱塞套筒内作往复运动进行吸油和压油。柱塞与柱塞套合称为柱塞偶件（或柱塞副），每一柱塞副只向一个气缸供油。根据其构造不同，柱塞式喷油泵又分为单体式和整体式两种。单体式喷油泵的所有零件都装在泵体中，其喷油泵凸轮通常和配气凸轮做在一根轴上，调速器装在机体内。这种喷油泵主要用于单缸或两缸柴油机。整体式喷油泵是把几组泵油元件（分泵）共同装入一个泵体内，由一根喷油泵凸轮轴驱动所构成的总泵。柱塞式喷油泵通常由泵体、泵油机构、油量控制机构及传动机构等组成。

泵油机构是喷油泵的主体，在多缸泵中又称为分泵，图5-5为一个分泵的构造图。泵油机构主要由柱塞偶件（柱塞7和柱塞套筒6）和出油阀偶件（出油阀3和出油阀座4）组成。柱塞为一光滑的圆柱体，在上部铣有斜槽，槽中钻有径向孔并与中心的轴向孔连通。柱塞下部固定有调节臂13，可通过它转动柱塞。在柱塞套筒不同高度上钻有两个小孔，上面的为进油孔，下面的为回油孔。两孔均与泵体中的低压油腔相通。柱塞上部有出油阀 3，由出油阀弹簧 2 压紧在出油阀座 4 上。柱塞下端与装在滚轮体 10 中的垫块相接触。柱塞弹簧 8 通过弹簧座 9 将柱塞推向下方，并使滚轮 12 保持与凸轮轴上的凸轮 11 相接触。喷油泵凸轮轴由曲轴驱动。对于四冲程柴油机，曲轴转两周，喷油泵凸轮轴转一周。

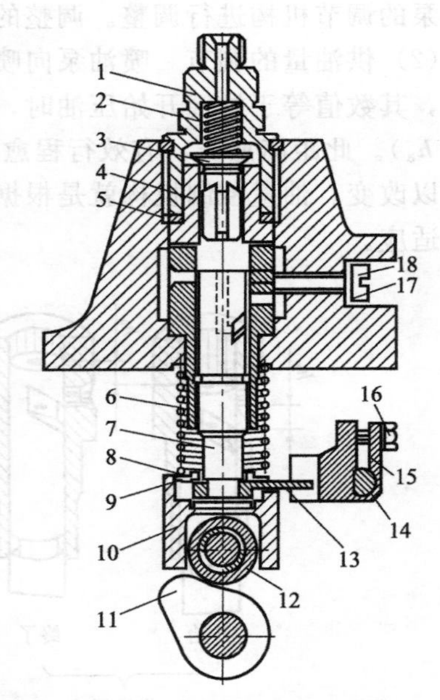

图 5-5　柱塞式喷油泵分泵

1—出油阀紧座；2—出油阀弹簧；3—出油阀；4—出油阀座；5—垫片；6—柱塞套筒；7—柱塞；8—柱塞弹簧；9—弹簧座；10—滚轮体；11—凸轮；12—滚轮；13—调节臂；14—供油拉杆；15—调节叉；16—夹紧螺钉；17—垫片；18—定位螺钉

5.1.2.2　柱塞式喷油泵的工作原理

① 进油过程：当喷油泵凸轮轴由曲轴驱动旋转时，如果凸轮的凸起部分尚未与滚轮相接触，柱塞则在柱塞弹簧 8 的作用下处于最下端位置。这时柴油从低压油腔经进油孔流入柱塞上方的柱塞套筒内。

② 压油与供油过程：随着凸轮的凸起部分与滚轮相接触，柱塞开始上移，直至柱塞上端面将进油孔完全遮蔽时，柱塞上部成为密闭的空间。随着柱塞继续上升，柴油受到压缩，油压迅速升高。柱塞上部的出油阀在油压达到一定值时即被顶开，高压的柴油即经高压油管流向喷油器。当柱塞继续上行，喷油泵继续供油。

③ 停止供油过程：当柱塞上行到斜槽的上边沿与回油孔的下边沿相通时，供油过程即告结束。随后回油孔与斜槽相通，柱塞上部的高压油即通过柱塞中心的油孔和斜槽中的径向孔流入低压油腔，柴油压力迅速降低，出油阀在出油阀弹簧 2 的作用下落入出油阀座，这时喷油泵停止向喷油器供油。当凸轮的最高点越过滚柱后，随着凸轮的转动，柱塞在柱塞弹簧 8 的作用下逐渐下落，当柱塞上端低于进油孔时，柴油又开始流入套筒内。

柱塞自开始供油到供油停止这一段距离称为有效压油行程，简称有效行程。显然，改变有效压油行程也就是改变了供油量。由喷油泵的工作过程可知：喷油泵凸轮轴每转一转，泵油机构通过喷油器可向燃烧室供油一次。

为了深入了解柱塞式喷油泵的工作原理与特点，下面逐项说明这种喷油泵是如何满足柴油机的工作要求的。

(1) 定时供油的保证　喷油提前角是影响柴油机性能的重要参数，不同类型的柴油机对喷油提前角的大小有不同的要求。喷油泵必须严格保证在规定的时刻开始供油。

喷油器一般在压缩上止点前向燃烧室喷油。由于喷油器伸入燃烧室内，喷油时刻在一般条件下难以观察和测定，因此对于每种柴油机只规定供油提前角。所谓供油提前角是指喷油泵开始向高压油管供油时刻至压缩上止点这段时间，用曲轴转角 θ（℃A）来表示。当转动曲轴时，同时观察出油阀出口处的油面，当油面开始波动的瞬间即为供油开始时刻。

从工作过程可知：供油开始是在柱塞上端面完全遮蔽进油孔时，此时所对应的曲轴转角即为供油提前角。实际上这一角度主要取决于喷油泵凸轮轴上的齿轮与曲轴驱动齿轮的相对位置。通常在这两个齿轮上做有记号，当喷油泵往机体上安装时，必须将记号对准。

对于多缸喷油泵，如喷油泵凸轮轴位置已定，而有些缸的供油时刻有差别时，则需要对各分泵的调节机构进行调整。调整的方法因结构不同而异。

（2）供油量的调节　喷油泵向喷油器供给的柴油量主要取决于柱塞的有效行程和柱塞的直径，其数值等于柱塞开始压油时，回油孔处斜槽的下边缘至回油孔下边缘的距离（图 5-6 中的 h_a）。此距离愈长，有效行程愈长，则供油量愈大，而这一距离的长短则可通过转动柱塞加以改变。油量控制机构就是根据柴油机负荷的大小，转动柱塞来调节供油量，使其与负荷相适应。

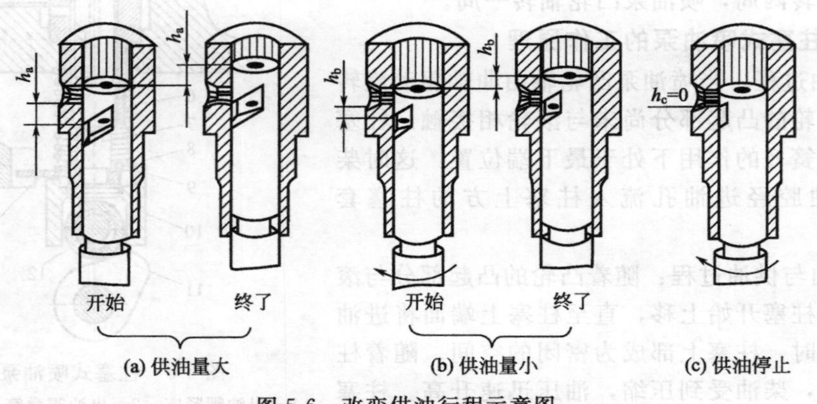

图 5-6　改变供油行程示意图

油量控制机构有两种形式：齿杆式和拨叉式。

① 齿杆式油量控制机构目前应用广泛，其结构如图 5-7 所示。柱塞下端有条状凸块伸入套筒 2 的缺口内，套筒 2 则松套在柱塞套筒 5 的外面。套筒 2 的上部用固紧螺钉 6 锁紧一个可调齿圈 3，可调齿圈 3 与齿杆 4 相啮合。移动齿杆 4 即可改变供油量。当需要调整某缸供油量时，先松开可调齿圈 3 的固紧螺钉 6，然后转动套筒 2，带动柱塞相对于齿圈转动一定角度，再将齿圈固定即可。这种油量控制机构传动平稳、工作可靠，但结构较复杂。

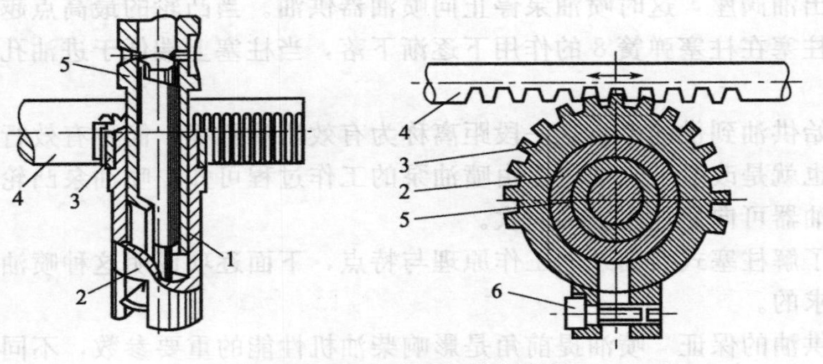

图 5-7　齿杆式油量控制机构

1—柱塞；2—套筒；3—可调齿圈；4—齿杆；5—柱塞套筒；6—固紧螺钉

② 拨叉式油量控制机构（如图 5-8 所示）主要由供油拉杆 5、调节叉 10 和调节臂 1 等组成。当供油拉杆 5 移动时，固定在拉杆上的调节叉 10 随即拨动调节臂 1，使柱塞 2 随之一起转动，从而改变供油量。柱塞 2 仅转动很小角度就能使供油量改变很大，因此拨叉式油量控制机构对供油量的调节十分灵敏。其结构简单，制造容易，适用于中小型柴油机。

在柱塞直径一定时，有效行程愈长，供油量愈大，喷油延续时间愈长。喷油延续时间过长，则会由于后期喷入的燃料不能充分燃烧而使柴油机性能恶化。因此，供油量较大的柴油机，必须选用较大的柱塞直径。

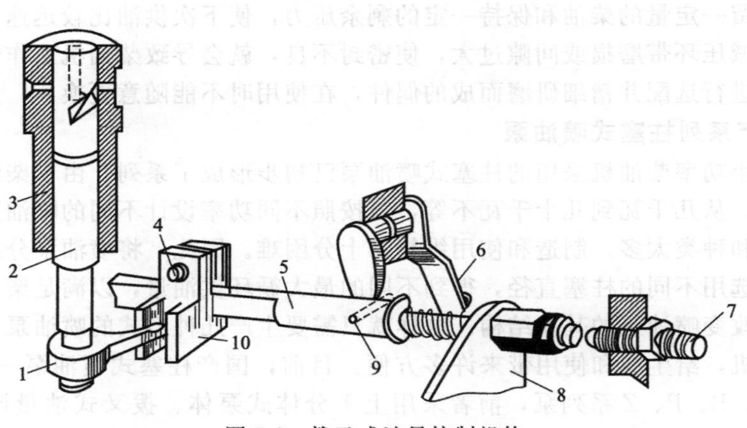

图 5-8　拨叉式油量控制机构

1—调节臂；2—柱塞；3—柱塞套筒；4—螺钉；5—供油拉杆；6—停油摇臂；7—停油挡钉；8—传动板；9—停油销子；10—调节叉

对于多缸喷油泵，如各缸的供油量不一致时，必须进行调整。调整的方法因结构不同而异。如采用拨叉式油量控制机构，则可通过改变调节叉在拉杆上的位置来调整供油量。

(3) 供油压力的保证　为了得到良好的雾化质量，柴油机的喷油压力高达12～100MPa。要建立这么高的燃油压力，柱塞上部油腔及与喷油器连通的部分必须有良好的密封性，这就要求柱塞与柱塞套筒之间有很高的配合精度，通常它们之间的间隙仅有0.0015～0.0025mm。因此，柱塞偶件（副）都是通过成对选配并进行研磨而成，偶件中的任一零件不能与其他零件互换。

喷油泵柱塞偶件的密封性是保证较高供油压力的基本条件，而实际的喷油压力则由喷油器的调压弹簧所限定。调整该调压弹簧的预紧力就可以改变喷油压力的高低。

(4) 供油干脆　供油干脆即供油迅速开始和断然结束。在柱塞偶件的上端面上，装有另一副精密偶件（出油阀与出油阀座），称为出油阀副，其构造如图5-9所示。出油阀的主要作用就是使喷油泵供油开始及时迅速而停油干脆利落。

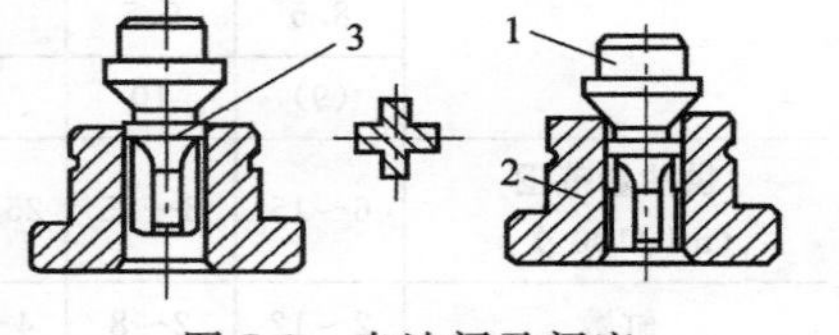

图 5-9　出油阀及阀座

1—出油阀；2—阀座；3—减压环带

出油阀上部有一圆锥面，出油阀弹簧将此锥面压紧在出油阀座上，使柱塞上部空间与高压油管隔断。锥面下部有一圆柱形的环带3称为减压环带，减压环带与出油阀座的内孔精密配合，也具有密封作用。减压环带下面的阀杆上铣有四个直槽，使断面呈十字形。十字部分在出油阀升降时起导向作用，而四个沟槽则是柴油的通路。

当柱塞开始压油至柴油压力超过出油阀弹簧弹力时，出油阀开始升起，但并不出油，当出油阀升至减压环带下边缘离开出油阀座孔时，高压柴油才通过十字槽、高压油管流向喷油器，使供油迅速开始。

当柱塞斜槽边缘与回油孔接通时，高压柴油即倒流入低压油腔内。出油阀在出油阀弹簧及高压柴油的共同作用下迅速下落，高压油管中的油压迅速降低。

当减压环带的下边缘进入出油阀座的内孔时，柱塞上部的油腔即与高压油管隔断。随着出油阀的继续下落直至圆锥面落座，出油阀上方的高压油腔让出了一部分容积，因而高压油管中的油腔容积突然增大，油压又迅速降低，喷油立即停止，这就保证了喷油后期燃油的雾化质量，同时防止出现二次喷射和滴漏现象。此外，由于出油阀锥面与阀座配合严密，使高压油管中能保留一定量的柴油和保持一定的剩余压力，使下次供油比较迅速，且供油量较为均匀稳定。如减压环带磨损或间隙过大，使密封不良，就会导致柴油机工作性能恶化。出油阀副也是成对进行选配并精细研磨而成的偶件，在使用时不能随意更换。

5.1.2.3 国产系列柱塞式喷油泵

我国中、小功率柴油机采用的柱塞式喷油泵已初步形成了系列。由于柴油机的单缸功率变化范围很大，从几千瓦到几十千瓦不等，若按照不同功率设计不同的喷油泵，就会使喷油泵的尺寸规格和种类太多，制造和使用维修都十分困难。因此，将喷油泵分成几个系列，同一系列中可以选用不同的柱塞直径，得到不同的最大循环供油量，以满足柴油机不同功率的要求，而不必改变喷油泵的其他结构。这样就只需要生产几种型式的喷油泵，来适应功率范围较广的柴油机，给生产和使用带来许多方便。目前，国产柱塞式喷油泵一般分为Ⅰ、Ⅱ、Ⅲ号系列和A、B、P、Z系列泵，前者采用上下分体式泵体、拨叉式油量调节机构和带调整垫块的挺柱，单缸循环供油量覆盖了60～330mm/循环的范围；后者采用整体式泵体、齿杆式油量调节机构和带调整螺钉的挺柱，单缸循环供油量覆盖了60～600mm/循环的范围。后者应用较多。表5-1是柱塞式喷油泵系列产品的主要性能。

表5-1 国产柱塞式喷油泵系列产品的主要性能

泵体结构	拉杆-拨叉，上、下体					齿杆-齿圈，整体式				
型式	BH			BHF		BH				BHF
系列代号	Ⅰ	Ⅱ	Ⅲ	Ⅰ	Ⅱ	A	B	P	Z	A
凸轮升程/mm	7	8	10	7	8	8	10	10	12	8
缸心距/mm	25	32	38	25	32	32	40	35	45	32
柱塞直径/mm	(6)	7	11	(6)	7	(6)	8	8.9	10	(6)
	7	(8)	12	7	(8)	7	9	10	11	7
	8	9	13	8	9	8	10	11	12	8
	8.5	9.5		8.5	9.5	8.5		12	13	8.5
	(9)	10		(9)	10	9		13		9
供油量范围（mL/100次）	6～15	8～25	25～33	6～15	8～25	6～15	13～22.5	13～37.5	30～60	6～15
缸数	2～12	2～8	4～12	2～6	4～6	2～12	2～12	4～12	2～8	2～6
最大转速/(r/min)	1500	1100	1000	1500	1100	1400	1000	1500	900	1400

下面重点介绍Ⅰ号泵和B型泵的构造及其特点。

（1）Ⅰ号喷油泵　如图5-10所示，为四缸柴油机Ⅰ号喷油泵的总体构造图，由分泵、油量控制机构、传动机构和泵体四部分组成。

① 分泵　其构造如图5-11所示。在柱塞13上部的圆柱面上铣有45°的左向斜槽，槽中钻有小孔，与柱塞中心的小孔相通。柱塞中部有一浅的小环槽，可储存少量柴油，以润滑柱塞与柱塞套筒之间的摩擦面。柱塞套筒14上有两个在同一高度上的小孔，靠近斜槽一边的为回油孔6，另一边为进油孔11。在柱塞套筒装入泵体后，为了保证这两个油孔的正确位置，同时，为防止柱塞套筒在工作时发生转动，在柱塞套筒上部铣有小槽，并且用定位螺钉4加以定位。柱塞套筒的上部为出油阀偶件（出油阀9和出油阀座10）和出油阀紧座8。出油阀座与柱塞套筒上端面之间的密封是靠加工精度来保证的，并借出油阀紧座通过铜垫圈将出油阀座压紧在柱塞套筒上。出油阀紧座的拧紧力矩为50～70N·m，过大可能压碎垫圈。

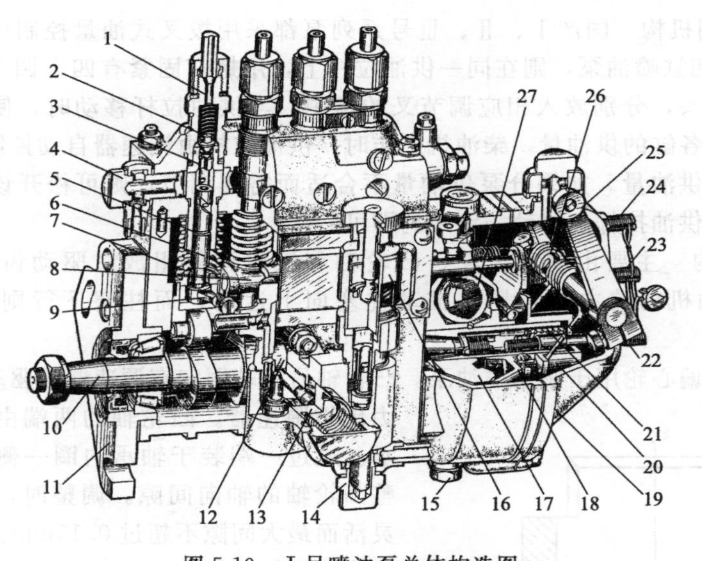

图 5-10　Ⅰ号喷油泵总体构造图

1—高压油管接头；2—出油阀；3—出油阀座；4,14—进油螺钉；5—套筒；6—柱塞；7—柱塞弹簧；8—油门拉杆；9—调节臂；10—凸轮轴；11—固定接盘；12—输油泵偏心轮；13—输油泵；15—放油螺塞；16—手油泵；17—驱动盘；18—从动盘；19—壳体；20—滑套；21—校正弹簧；22—油量调整螺钉；23—怠速限位螺钉；24—高速限位螺钉；25—调速手柄；26—调速弹簧；27—飞球

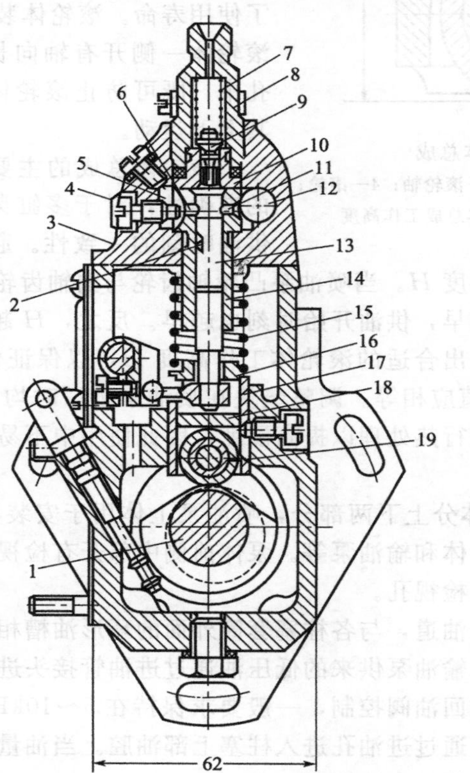

图 5-11　Ⅰ号喷油泵分泵

1—凸轮轴；2—柱塞斜槽；3—泵盖；4—定位螺钉；5—回油道；6—回油孔；7—出油阀弹簧；8—出油阀紧座；9—出油阀；10—出油阀座；11—进油孔；12—进油道；13—柱塞；14—柱塞套筒；15—柱塞弹簧；16—弹簧座；17—挺柱体；18—垫块；19—滚轮

② 油量控制机构　国产Ⅰ、Ⅱ、Ⅲ号系列泵都采用拨叉式油量控制机构，其构造与图5-8相同。对于四缸喷油泵，则在同一供油拉杆上，用螺钉固紧有四个调节叉，各分泵柱塞尾端的调节臂球头，分别放入相应调节叉的槽中，当供油拉杆移动时，使四个柱塞同时转动，从而改变了各缸的供油量。柴油机工作时，供油拉杆由调速器自动控制，根据外界负荷的变化自动调节供油量。如果分泵供油量不合适而需要调节，则可松开该调节叉的锁紧螺钉，使调节叉在供油拉杆上移动一定距离即可。

③ 传动机构　主要由驱动齿轮、凸轮轴和滚轮体等组成。驱动齿轮由曲轴通过惰齿轮带动。传动机构的主要功用是推动柱塞向上运动，而柱塞下行则是靠柱塞弹簧的弹力。

凸轮轴上的偏心轮用于驱动输油泵。凸轮轴另一端固定有调速器的驱动盘，通过它将动力传给调速器。凸轮轴的两端由锥形滚柱轴承支承。通过一端装于轴承内圈一侧的调整垫片可调整凸轮轴的轴向间隙。调整时，要求凸轮轴转动灵活而最大间隙不超过0.15mm。

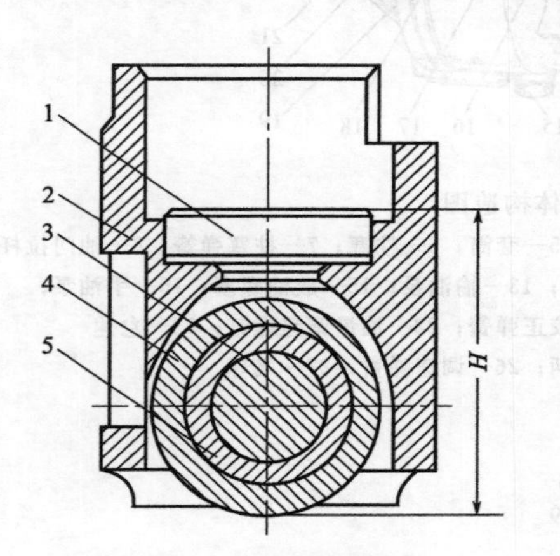

图5-12　滚轮体总成

1—调整垫块；2—滚轮体；3—滚轮轴；4—滚轮；5—滚轮衬套；H—滚轮体总成工作高度

滚轮体的构造如图5-12所示。它由滚轮体2、滚轮4及调整垫块1等组成。滚轮内套装有滚轮衬套5，它们之间可相对转动，而滚轮衬套也可在滚轮轴上转动，这样就使各零件磨损较均匀，提高了使用寿命。滚轮体装在喷油泵下体的垂直孔内，滚轮体一侧开有轴向长孔，定位螺钉尾部伸入此孔中，既可防止滚轮体工作时转动，又不致妨碍其上下运动。

滚轮体总成的主要功用是保证供油开始时刻的准确性，对于多缸柴油机而言，还要保证各缸供油时刻的一致性。起保证作用的部位是滚轮下部到调整垫块上平面的高度 H。当喷油泵凸轮轴齿轮与曲轴齿轮相对位置一定时，H 越大，柱塞关闭进油孔的时刻越早，供油开始时刻也越早。反之，H 越小，供油开始时刻越延迟。因此要根据设计和试验定出合适的滚轮体工作高度 H，以保证供油开始时刻的准确性。对于多缸机，各分泵的 H 值应相等。调整垫块在喷油泵出厂时均已调好，不可随意互换。垫块是用耐磨材料制成并进行热处理以提高硬度，因此使用中不易磨损。如长时间使用后磨损较多，可换面使用。

④ 泵体　喷油泵泵体分上下两部分，喷油泵上体用于安装柱塞偶件及出油阀偶件，下体用于安装凸轮轴、滚轮体和输油泵等。泵体前侧中部开有检视窗孔，以便检查和调整供油量。下部有检视机油面的检视孔。

喷油泵上体中有一条油道，与各柱塞套筒外面的环形油槽相通。环形油槽则与柱塞套筒上的进、回油孔相通。由输油泵供来的低压油通过进油管接头进入油道中。油道中的柴油压力由装在回油管接头内的回油阀控制，一般要求保持在5～10kPa范围内。油压过低，在柱塞下行时，柴油不能迅速通过进油孔进入柱塞上部油腔。当油量过多而使油压升高时，多余的柴油会顶开回油阀流入柴油细滤器中。

(2) B型喷油泵　B型喷油泵固定在柴油机机体一侧的支架上，由柴油机曲轴经正时齿轮驱动。喷油泵凸轮轴和驱动轴用联轴器连接，调速器装在喷油泵的后端，其结构如图5-13所示。

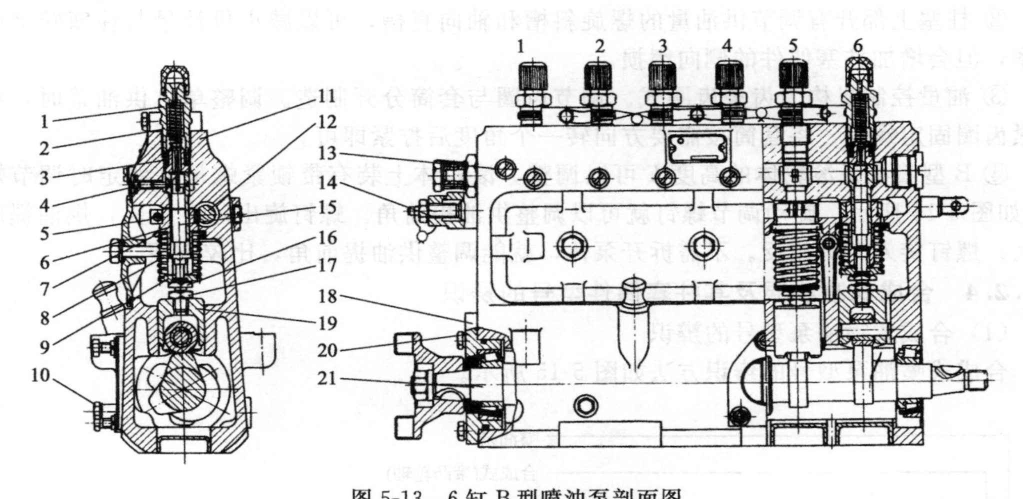

图 5-13 6 缸 B 型喷油泵剖面图

1—出油阀紧座；2—出油阀弹簧；3—出油阀偶件；4—套筒定位钉；5—锁紧螺钉；6—油量控制套筒；7—弹簧上座；8—柱塞弹簧；9—弹簧下座；10—油面螺钉；11—油泵体；12—调节齿杆；13—放气螺钉；14—油量限制螺钉；15—柱塞偶件；16—定时调节螺钉；17—定时调节螺母；18—调整垫片；19—滚轮体部件；20—轴盖板部件；21—凸轮轴

① 泵体 为整体式，中间有水平隔壁分成上室和下室两部分。上室安装分泵和油量控制机构，下室安装传动机构并装有适量的机油。

上室有安装柱塞副的垂直孔，中间开有纵向低压油道，使各柱塞套与周围的环形油腔互相连通。油道一端安装进油管接头，另一端用螺塞堵住。上室正面两端分别设有一个放气螺钉，需要时，可放出低压油道内的空气。

中间水平隔壁上有垂直孔，用于安装滚轮传动部件。在下室内存放润滑油，以润滑传动机构；正面设有机油尺和安装输油泵的凸缘。输油泵由凸轮轴上的偏心轮驱动。上室正面设有检视窗口，打开检视口盖，可以检查和调整各缸供油量和相邻两缸的供油间隔。

② 分泵 是喷油泵的泵油机构，其个数与气缸数相等，各分泵的结构完全相同。主要包括柱塞偶件（柱塞和柱塞套筒）、柱塞弹簧、弹簧上座、弹簧下座、出油阀偶件（出油阀和出油阀座）、出油阀弹簧和出油阀紧座等零部件组成。

③ 油量控制机构 用于根据柴油机负荷和转速的变化，相应转动柱塞以改变喷油泵的供油量，并对各缸供油的均匀性进行调整。B 型泵采用齿杆式油量控制机构。

④ 传动机构 用于驱动喷油泵，并调整其供油提前角。由凸轮轴、滚轮传动部件等组成。凸轮轴支撑在两端的圆锥轴承上，其前端装有联轴器，后端与调速器相连。为保证在相当于一个工作循环的曲轴转角内，各缸都喷油一次，四冲程柴油机喷油泵的凸轮轴转速应等于曲轴转速的 1/2。

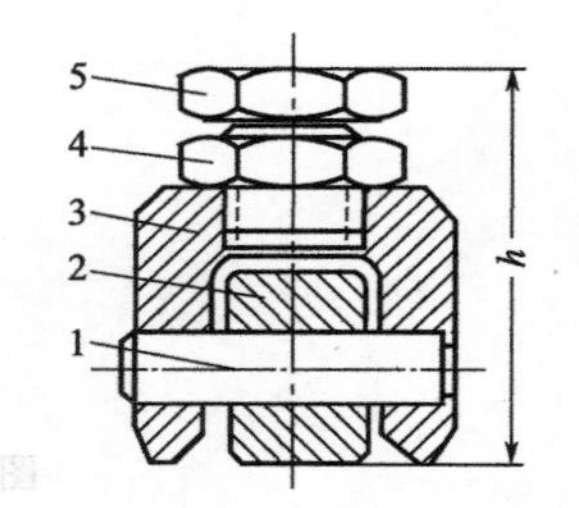

图 5-14 B 型喷油泵滚轮传动部件

1—滚轮销（轴）；2—滚轮；3—滚轮体（架）；4—锁紧螺母；5—调整螺钉

滚轮传动部件是由滚轮体、滚轮、滚轮销、调整螺钉和锁紧螺母等零部件组成，如图 5-14 所示。其高度采用螺钉调节。滚轮销长度大于滚轮体直径，卡在泵体上的滚轮传动部件导向孔的直槽里，使滚轮体只能上下移动，不能转动。

B 型喷油泵的主要特点如下。

① 泵体为整体式的铝合金铸件，刚度较高。

② 柱塞上部开有调节供油量的螺旋斜槽和轴向直槽，可以减小供油量与柱塞转动的变化率，但会增加柱塞偶件的侧向磨损。

③ 油量控制机构为齿条齿圈式。调节齿圈与套筒分开制造。调整单缸供油量时，只要拧紧齿圈固定螺钉，将套筒按需要方向转一个角度后拧紧即可。

④ B 型喷油泵滚轮体的高度 h 可以调整，滚轮体上装有带锁紧螺母 4 的定时调节螺钉 5，如图 5-14 所示。旋动调节螺钉就可以调整供油提前角。螺钉旋出时 h 变长，供油提前角增大；螺钉旋入时则相反。不需拆开泵体，就能调整供油提前角，比较方便。

5.1.2.4 合成式喷油泵及其柱塞偶件型号的辨识

(1) 合成式喷油泵型号的辨识

合成式喷油泵型号的辨识方法如图 5-15 所示。

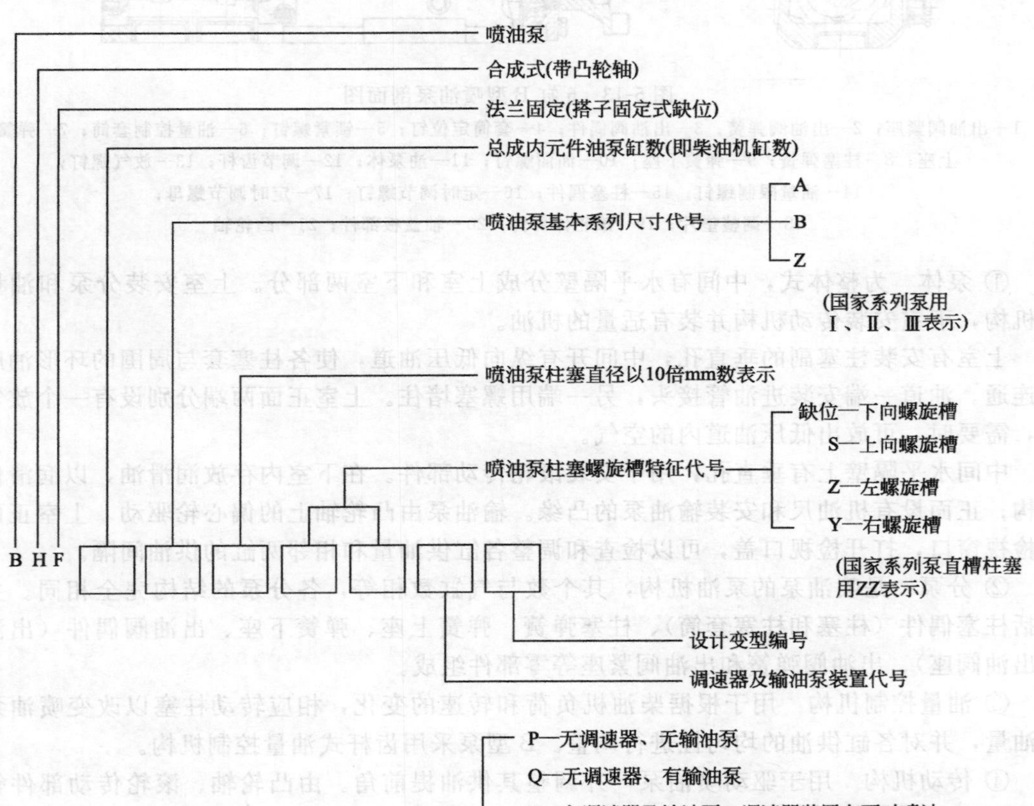

图 5-15 合成式喷油泵型号的辨识方法

(2) 柱塞偶件型号的辨识

柱塞偶件型号的辨识方法如图 5-16 所示。

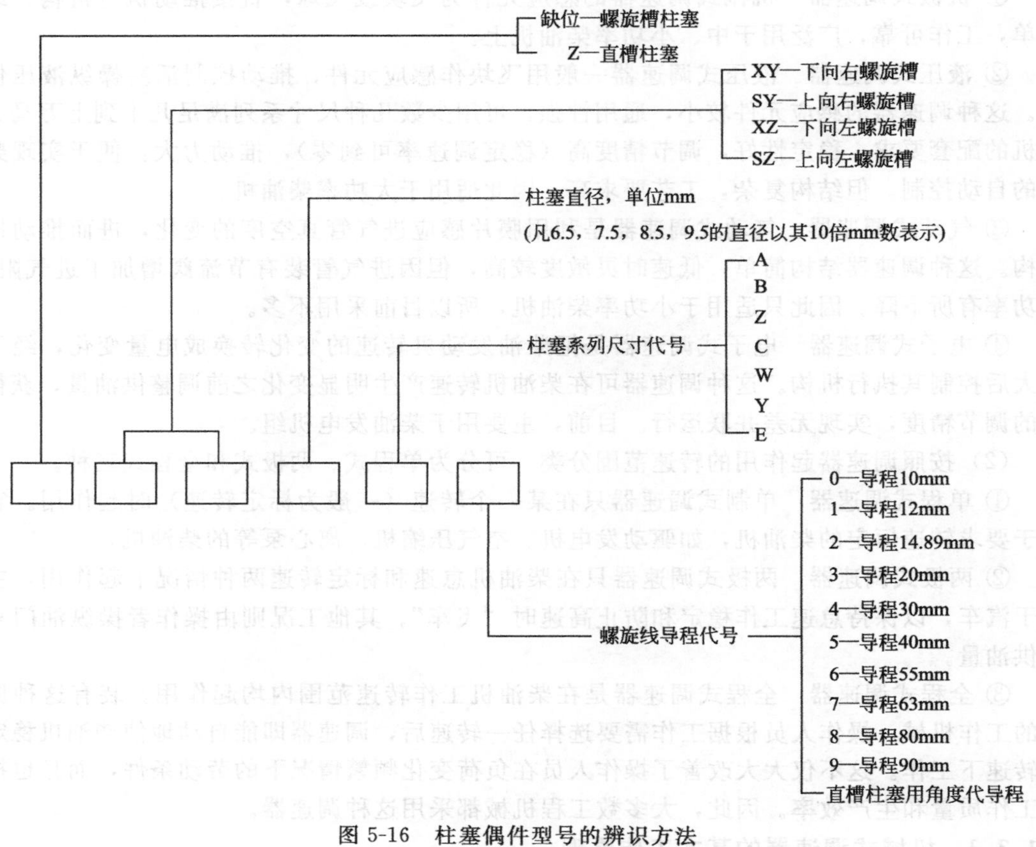

图 5-16 柱塞偶件型号的辨识方法

5.1.3 调速器

5.1.3.1 调速器的功用

调速器的功用是在柴油机所要求的转速范围内，能随着柴油机外界负荷的变化而自动调节供油量，以保持柴油机转速基本稳定。

对于柴油机而言，改变供油量只需转动喷油泵的柱塞即可。随着供油量加大，柴油机的功率和转矩都相应增大，反之则减少。

柴油机驱动其他工作机械（如发电机、水泵等）时，如其输出转矩与工作机械克服工作阻力所需的转矩（阻力矩）相等，则工作处于稳定状态（转速基本稳定）。如阻力矩超过输出转矩，则柴油机转速将下降，如不能达到新的稳定工况，则柴油机将停止工作。当输出转矩大于阻力矩时，则转速将升高，如不能达到新的平衡，则转速将不断上升，会发生“飞车”事故。由于工作机械的阻力矩会随着工作情况的变化而频繁变化，操作人员是不可能及时灵敏地调节供油量，使柴油机输出转矩与外界阻力相适应的，这样，柴油机的转速就会出现剧烈的波动，从而影响工作机械的正常工作。因此，工程机械（如发电）用柴油机必须设置调速器。此外，由于柴油机喷油泵本身的性能特点，在怠速工作时不容易保持稳定，而在高速时又容易超速运转甚至“飞车”，所以在柴油机上必须安装调速器，以保持其怠速稳定和防止高速时出现“飞车”现象。

5.1.3.2 调速器的种类

（1）根据调速器调节机构的不同分类　可分为机械式、液压式、气动式和电子式四种。

① 机械式调速器　机械式调速器的感应元件为飞块或飞球，直接推动执行机构。结构简单，工作可靠，广泛用于中、小功率柴油机上。

② 液压式调速器　液压式调速器一般用飞块作感应元件，推动控制活塞操纵液压伺服器。这种调速器的感应元件较小，通用性强，可用少数几种尺寸系列满足几十到上万马力柴油机的配套要求。稳定性好，调节精度高（稳定调速率可到零），推动力大，便于实现柴油机的自动控制。但结构复杂，工艺要求高，因此适用于大功率柴油机。

③ 气动式调速器　气动式调速器是利用膜片感应进气管真空度的变化，进而推动执行机构。这种调速器结构简单，低速时灵敏度较高，但因进气管装有节流阀增加了进气阻力，使功率有所下降。因此只适用于小功率柴油机，所以目前采用不多。

④ 电子式调速器　电子式调速器是把柴油发动机转速的变化转换成电量变化，经采样放大后控制其执行机构。这种调速器可在柴油机转速产生明显变化之前调整供油量，获得很高的调节精度，实现无差并联运行。目前，主要用于柴油发电机组。

（2）按照调速器起作用的转速范围分类　可分为单程式、两极式和全程式三种。

① 单程式调速器　单制式调速器只在某一个转速（一般为标定转速）时起作用。它适合于要求转速恒定的柴油机，如驱动发电机、空气压缩机、离心泵等的柴油机。

② 两极式调速器　两极式调速器只在柴油机怠速和标定转速两种情况下起作用，主要用于汽车，以保持怠速工作稳定和防止高速时“飞车”。其他工况则由操作者操纵油门来调节供油量。

③ 全程式调速器　全程式调速器是在柴油机工作转速范围内均起作用。装有这种调速器的工作机械，操作人员根据工作需要选择任一转速后，调速器即能自动地使柴油机稳定在该转速下工作。这不仅大大改善了操作人员在负荷变化频繁情况下的劳动条件，而且也提高了工作质量和生产效率。因此，大多数工程机械都采用这种调速器。

5.1.3.3　机械式调速器的基本工作原理

调速器要能根据外界负荷的变化，灵敏地调节供油量，以保持转速的稳定。它必须具备两个基本部分：感应元件与执行机构。

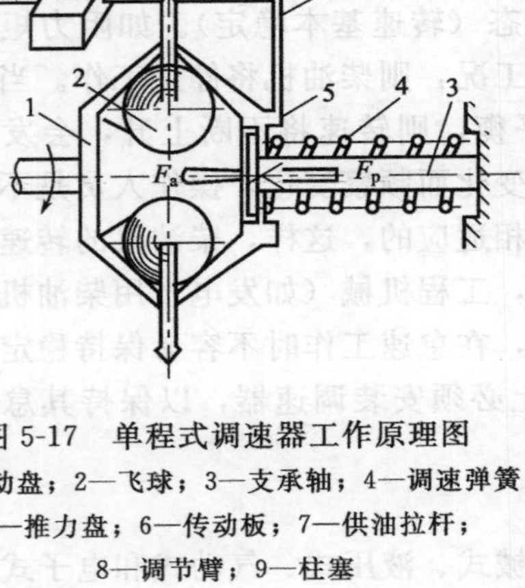

感应元件用于感应外界负荷的变化。当柴油机的外界负荷变化时，由于供油量与负荷不相适应，首先引起转速的变化。负荷增加时会使转速下降，负荷减小则转速上升。因此感应元件必须能灵敏地感受到转速的波动，并及时将感受到的信号传递给执行机构。

执行机构用于根据感应元件传递的信号相应地调节供油量。当柴油机负荷增大而转速降低时，执行机构应使供油量增加，以使转速回升到初始转速。当负荷减小而转速升高时，则执行机构应减小供油量，以使转速下降到初始转速。

（1）单程式调速器　如图 5-17 所示为一种单程式调速器的工作原理图。传动盘 1 由柴油机曲轴带动旋转。在传动盘与推力盘 5 之间布置了一排飞球 2。飞球在传动盘的带动下随着一起旋转。飞球由于受到离心力的作用而向外飞开。传动盘的轴向位置是一定的，而推力盘则滑套在支承轴 3 上，可以

图 5-17　单程式调速器工作原理图

1—传动盘；2—飞球；3—支承轴；4—调速弹簧；5—推力盘；6—传动板；7—供油拉杆；8—调节臂；9—柱塞

沿轴向滑动。调速弹簧4以一定的预紧力压在推力盘上。推力盘上固定有传动板6，传动板则和供油拉杆相连。当推力盘移动时，即通过传动板和供油拉杆使柱塞转动，以改变供油量。传动板向右移时，供油量减少。

上述调速器的感应元件为飞球，执行机构为推力盘及传动板等。当外界负荷变化引起转速变化时，飞球的离心力随即改变。因离心力与转速的平方成正比，故飞球能较灵敏地感应转速的变化。飞球的离心力作用到推力盘上，并产生轴向分力 F_a，迫使推力盘向右移动。由于推力盘右侧作用有调速弹簧的弹力 F_p，因此推力盘的位置取决于两力是否平衡。调速器的工作过程如下。

当柴油机工作时，传动盘和飞球即被曲轴驱动旋转。如飞球所产生的轴向力 F_a 小于调速弹簧力 F_p 时，推力盘仍处于最左端的位置。这时调速器尚未起调节作用。当曲轴转速升高到使力 F_a 与 F_p 相等时，此时曲轴转速为调速器开始起作用的转速。显然，调速弹簧的预紧力 F_p 越大，起作用的转速越高；反之则低。

若柴油机在调速器起作用转速（$F_a=F_p$）下工作时，外界负荷减小，曲轴转速将上升，飞球作用到推力盘上的轴向分力将增大（$F_a>F_p$），推动推力盘右移并压缩调速弹簧。而传动板则使供油拉杆向供油量减小的方向移动，使转速降低，F_a 减小，以适应外界负荷的变化。调速弹簧在被压缩的同时弹力 F_p 也不断增加，因此推力盘将在 $F'_a=F'_p$ 时达到新的稳定，而供油量也与减小的负荷相对应。如外界负荷继续减小，转速则不断上升，飞球将使推力盘和传动板将供油拉杆再向右移，当外界负荷为零时，调速器将供油拉杆移至最小供油量位置，柴油机处于最高空转转速下工作。

综上所述，机械单程式调速器的工作原理可归纳为以下三点。

① 感应元件通过离心力来感应柴油机转速的变化。当负荷减小、转速增高时，其离心力增大，借助离心力的轴向分力推动供油拉杆减小供油量。当负荷增大、转速降低时，其离心力减小，调速弹簧将推动供油拉杆增加供油量。

② 调速器起作用的转速由调速弹簧的弹力所决定。

③ 调速器并非使发动机的转速始终保持不变，而是使发动机的转速随负荷变化的波动被控制在允许的范围内。

（2）两极式调速器　如图5-18所示为一种两极式调速器的工作原理图。这种调速器可在两种转速（低速和标定转速）下起作用。其主要特点是调速弹簧由两根组成，外调速弹簧4较长，但其刚性较弱；内调速弹簧6较短，但刚性强。外弹簧的预紧力小而内弹簧的预紧力大。在未工作时两弹簧之间保持一定距离。此外，供油拉杆8既可由调速器操纵，又可由操作者直接控制。

两极式调速器的工作情况如下。

当柴油机未工作时，外调速弹簧4将供油拉杆8推向供油量最大的位置。当柴油机启动后，转速上升，因外弹簧预紧力小且刚性弱，飞球即可推动供油拉杆向减小供油量的方向移动。当转速升至某一定转速 n_d 时，推力盘3与内弹簧座5相接触。这时，由于内弹簧预紧力大而刚性强，因此即使转速继续升高，飞球的离心力仍不足以推动内弹簧座移动。但此时如由于外界负荷变化使转速低于 n_d 时，外调速弹簧即可推动供油拉杆左移增加供油量，以保持柴油机可在 n_d 转速下稳定工作。n_d 即为最低空转转速。当柴油机转速升至标定转速时，飞球离心力显著升高，其轴向分力与内、外弹簧弹力相平衡。如果这时转速稍许上升，推力盘即推压内、外弹簧，使供油量减少，其工作情况与前述单程式调速器相同。

在转速 n_d 与标定转速之间，调速器不起作用，由操作者根据需要调节供油量以实现柴油机转速的基本稳定。

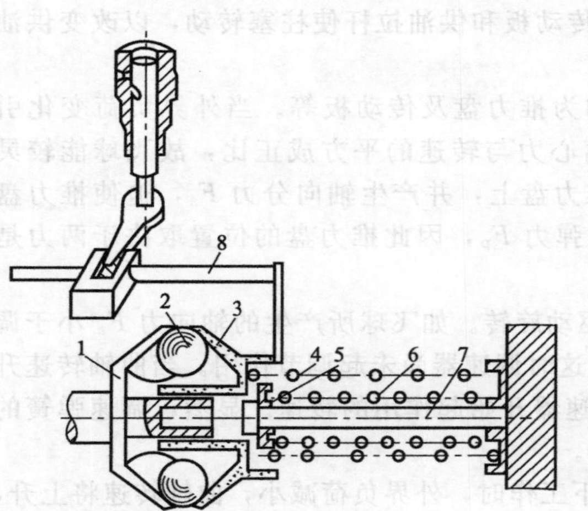

图 5-18 两极式调速器工作原理图
1—传动盘；2—飞球；3—推力盘；4—外调速弹簧；5—内弹簧座；6—内调速弹簧；7—支承杆；8—供油拉杆

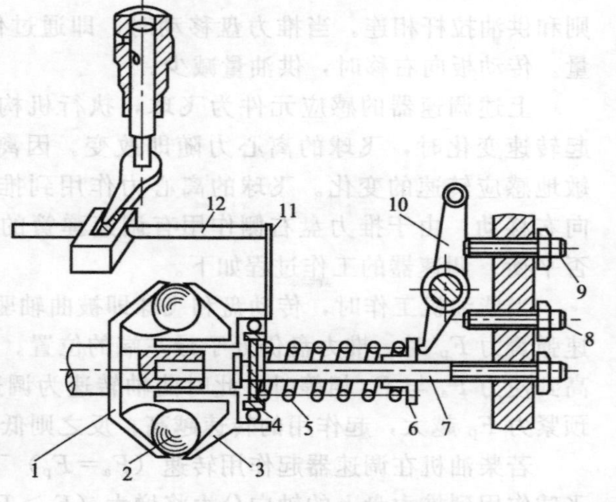

图 5-19 全程式调速器作用原理图
1—传动盘；2—飞球；3—推力盘；4—弹簧座；5—调速弹簧；6—调速弹簧滑座；7—支承轴；8—怠速限位螺钉；9—最高转速限位螺钉；10—操纵臂；11—传动板；12—供油拉杆

（3）全程式调速器　图 5-19 为一种全程式调速器的工作原理图，其特点是调速弹簧的弹力可以由操作者在一定范围内加以调节。因此，调速器起作用的转速也相应地在一定范围内变化。

由操作者操纵的操纵臂 10 的下端与调速弹簧滑座 6 相接触。当操纵臂顺时针摆动时，调速弹簧被压紧，弹力增大，使调速器起作用的转速增高。当操纵臂与最高转速限位螺钉 9 相碰时，起作用的转速达到最大，通常该转速为标定转速。如将螺钉 9 向外退出，则起作用的转速升高，拧入则降低。

如将操纵臂反时针摆动，则调速弹簧放松，起作用转速降低。当操纵臂下端与怠速限位螺钉 8 相碰时，调速器则在最低空转转速下起作用，以保持怠速工作稳定。

由以上分析可见，装有全程式调速器的柴油发动机，操作者通过扳动操纵臂，改变调速弹簧的弹力，来达到改变柴油发动机工作转速的目的，而柴油机的供油量则由调速器根据外界负荷的变化自动地进行调节。这就大大减轻了操作者在负荷变化频繁时的紧张劳动，同时也提高了工作效率。

全程式调速器也可采用两根或多根调速弹簧。通常外弹簧较弱，且有预紧力；内弹簧则较强，呈自由状态（这是与两极式调速器的不同之处）。柴油发动机在低转速工作时，外弹簧起作用。随着转速的升高，内弹簧也开始工作，以适应不同转速范围内调速器性能对弹簧刚性的不同要求。

5.1.3.4 几种典型机械式调速器的构造与工作原理

（1）Ⅰ号喷油泵调速器

① Ⅰ号喷油泵调速器的构造　Ⅰ号喷油泵调速器为机械全程式调速器，其构造如图 5-20所示。Ⅰ号喷油泵调速器主要由驱动件、飞球、调速弹簧、传动部分和操纵部分等组成。

Ⅰ号喷油泵调速器的驱动件为具有 60°锥面的驱动盘 11。在驱动盘的内侧有六个沿径向

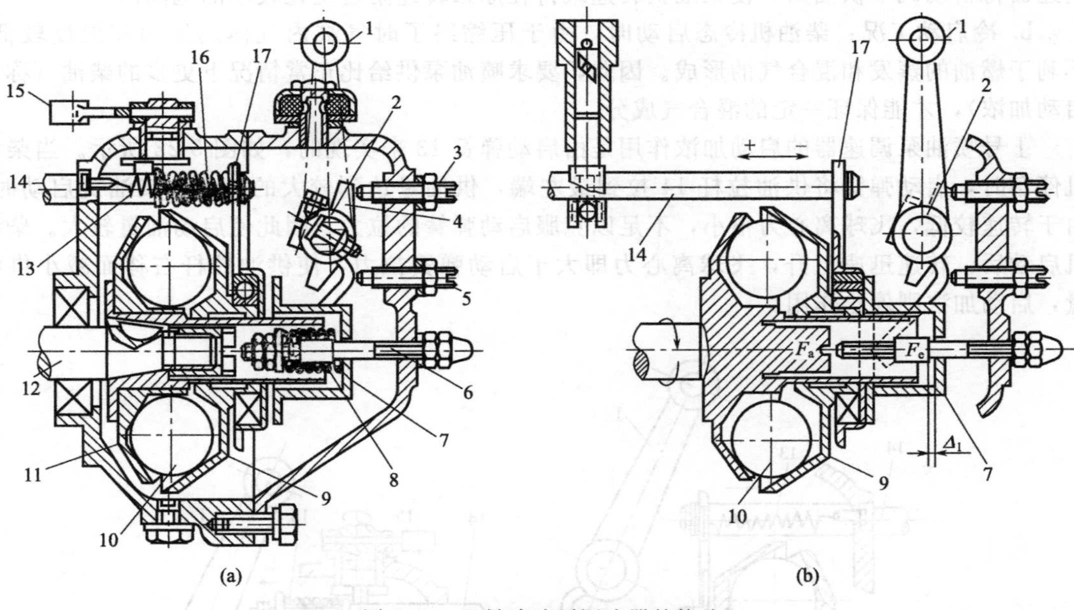

图 5-20 Ⅰ号喷油泵调速器的构造

1—调速手柄；2—调速弹簧；3—高速限位螺钉；4—调速限位块；5—怠速限位螺钉；6—油量限位螺钉；7—滑套；8—校正弹簧；9—推力盘；10—飞球；11—驱动盘；12—凸轮轴；13—启动弹簧；14—拉杆；15—停车手柄；16—停车弹簧；17—传动板

的半圆形凹槽。驱动盘压紧在驱动轴套上而与其连成一体，然后通过半圆键和锁紧螺母使其和喷油泵的凸轮轴 12 相连。

六个直径为 25.4mm 的飞球 10 置于驱动盘的凹槽内，随驱动盘一起旋转。飞球另一侧为与轴线成 45°锥面的推力盘 9，推力盘滑套在驱动轴套上。工作时飞球的离心力作用在推力盘上，其轴向分力 F_a 将使推力盘沿轴向滑动。套装在推力盘上的滑动轴承和传动板 17 也随之移动。传动板上端套在供油拉杆 14 上，因此供油拉杆也随之移动，从而改变供油量。

在调速器纵轴上套有一根扭簧，即调速弹簧（见图 5-21）。扭簧两端压在滑套 1 上，滑套端面则紧靠传动板，当传动板向左移动时，需要克服弹簧的压力。转动调速手柄即可改变扭簧的压力，因而改变了调速器起作用的转速。

在操纵轴上装有调速限位块 4（如图 5-20 所示），它随调速手柄一道转动。顺时针转动调速手柄，使调速限位块上端与高速限位螺钉相碰时，调速弹簧的预紧力最大，对应于柴油机最高转速工况（一般即为标定转速）。反时针转动调速手柄，使限位块下端与怠速限位螺钉相碰，调速弹簧的预紧力最小，对应于柴油机的最低转速工况。

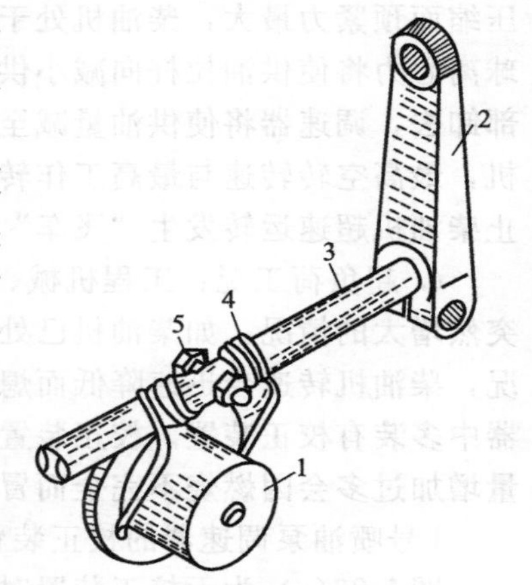

图 5-21 操纵轴与调速弹簧

1—滑套；2—调速手柄；3—操纵轴；4—调速弹簧；5—螺钉

② Ⅰ号喷油泵调速器的工作原理

a. 一般工况：当调速手柄处于两个限位螺钉之间的任一位置时，柴油机将稳定到某一转速下工作，飞球的离心力与调速弹簧弹力处于平衡状态。如这时外界负荷发生变化而引起转速变化，飞球离心力与调速弹簧弹力失去平衡，调速器将自动调节供油量，使柴油机转速维持在原来转速附近变化较小的范围内。

b. 冷启动工况：柴油机冷态启动时，由于压缩终了时气缸内气体的压力和温度较低，不利于燃油的蒸发和混合气的形成。因此，要求喷油泵供给比正常情况下更多的柴油（称为启动加浓），才能保证一定的混合气成分。

Ⅰ号喷油泵调速器的启动加浓作用是由启动弹簧 13 来实现的，如图 5-22 所示。当柴油机停车时，启动弹簧将供油拉杆 14 拉到最左端，供油量达到较大的数值。柴油机启动时，由于转速较低，飞球离心力很小，不足以克服启动弹簧的拉力，因此使启动油量较大。柴油机启动后，转速迅速上升，飞球离心力即大于启动弹簧拉力，使供油拉杆右移而减小供油量，启动加浓则停止作用。

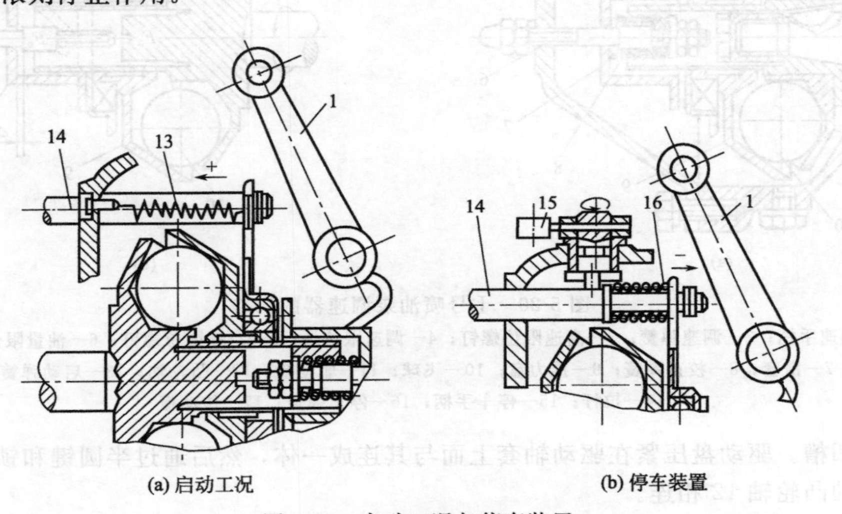

(a) 启动工况　　(b) 停车装置

图 5-22　启动工况与停车装置

1—调速手柄；13—启动弹簧；14—供油拉杆；15—停车手柄；16—停车弹簧

c. 怠速工况：调速手柄转到限位块与怠速限位螺钉相碰时，则调速弹簧放松，预紧力最小，柴油机则稳定在最低转速下工作。调整怠速限位螺钉位置，可改变最低稳定转速。拧进时转速提高，反之降低。调整时应达到能使柴油机转速较低而又能稳定运转为佳。

d. 最高工作转速工况：调速手柄的限位块与高速限位螺钉相碰时，调速弹簧受到最大压缩而预紧力最大，柴油机处于最高转速工况下工作。如这时外界负荷减小，转速上升，飞球离心力将使供油拉杆向减小供油量方向移动，使柴油机输出转矩与负荷相平衡。如负荷全部卸去，调速器将使供油量减至最小，柴油机处于最高空转转速下工作。装有调速器的柴油机，最高空转转速与最高工作转速之间差距较小，一般在 100～200r/min 左右，因而起到防止柴油机超速运转发生“飞车”危险的作用。

e. 超负荷工况：工程机械、汽车及拖拉机用的柴油机，在工作时经常会遇到短期阻力突然增大的情况。如柴油机已处于满负荷下工作，供油量已达到最大，这时如出现超负荷情况，柴油机转速会迅速降低而熄火。为了提高柴油机克服短期超负荷的能力，在全程式调速器中多装有校正装置。校正装置可使柴油机在超负荷时增加供油量 15%～20%左右。供油量增加过多会因燃烧不完全而冒黑烟，使性能恶化和积炭增多，因而是不允许的。

Ⅰ号喷油泵调速器的校正装置与工作原理如图 5-23 所示。

图 5-23(a) 为无校正装置时的情况。当柴油机超负荷时，转速降到小于标定转速，飞球离心力的轴向分力 F_a 小于调速弹簧弹力 F_e，于是滑套被压紧在油量限位螺钉凸肩上而不能继续左移，供油量不能再增加。

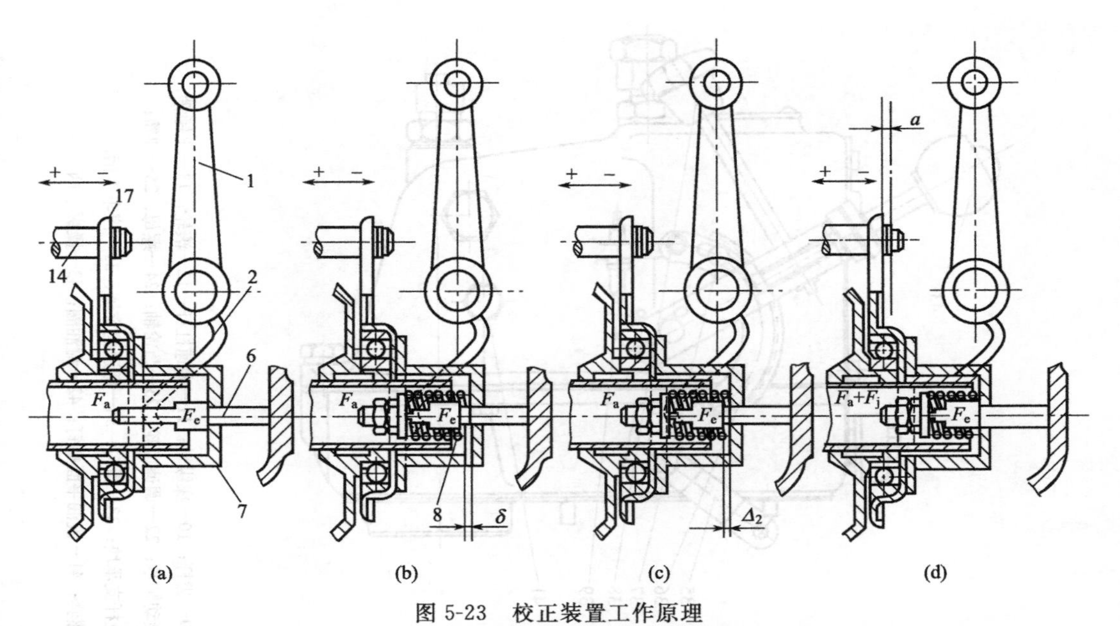

图 5-23 校正装置工作原理

1—调速手柄；2—调速弹簧；6—油量限位螺钉；7—滑套；8—校正弹簧；14—供油拉杆；17—传动板

图 5-23(b) 为有校正装置时，柴油机处于中等负荷时的情况。这时，校正弹簧 8 处于自由状态，且与滑套 7 间还留有间隙 δ。

图 5-23(c) 为柴油机在标定工况下工作时的情况。滑套刚开始与校正弹簧相接触，间隙 δ 消失，而滑套与油量限位螺钉的凸肩仍有间隙 Δ_2，此时供油拉杆处于标定油量位置。

图 5-23(d) 为柴油机处于超负荷工作时的情况。由于曲轴转速下降，飞球离心力的轴向分力 F_a 减小。调速弹簧的弹力 F_e 大于 F_a，迫使滑套左移，开始压缩校正弹簧。供油拉杆也相应向增加供油量方向移动少许，以克服超负荷。当滑套与油量限位螺钉凸肩相碰，校正油量达到最大。此时，校正弹簧的弹力 F_j 和飞球的轴向分力 F_a 两者相加与 F_e 相平衡。

从滑套开始压缩校正弹簧到与凸肩相碰为止，供油拉杆所移动的距离称为校正行程。I 号喷油泵调速器的最大校正行程为 1.2～1.5mm。

f. 停机：由于带全程式调速器的喷油泵，操作员只能操纵调速弹簧的预紧力，而不能直接控制供油拉杆，因此当需要紧急停机时，必须还有专门的机构来停止供油。I 号喷油泵调速器上装有紧急停机手柄［图 5-22(b)］，供紧急停机时使用。扳动紧急停车手柄，可使供油拉杆移至最右端，喷油泵即停止供油而使柴油机熄火。

(2) B 型喷油泵调速器　B 型和 B 型强化喷油泵所用调速器的结构如图 5-24 所示。目前 135 基本型柴油机上所用的调速器都是这种机械全程式调速器。

调速器是由装在喷油泵凸轮轴末端的调速齿轮部件驱动。调速齿轮部件内装有三片弹簧片，对突然改变转速能起缓冲作用。由于提高了调速飞铁的转速，其外形尺寸可小些。两个重量相等的飞铁由飞铁销装在飞铁座架上。伸缩轴抵住调速杠杆部件中的滚轮，调速杠杆与喷油泵齿杆相连，调速弹簧的一端挂在调速杠杆上，另一端挂在调速弹簧摇杆上，摆动摇杆则可调节调速弹簧的拉力。调速器操纵手柄按柴油机用途不同有三种形式，如图 5-25 所示。其中微量调节操纵手柄如图 5-25(a) 所示，用于要求转速较准确的直列式柴油机（如发电机组）。操纵机构上有高速限制螺钉，用来限制柴油机的最高转速，即限制调速弹簧最大拉力时的手柄位置。在柴油机出厂时该螺钉已调整好，并加铅封，用户不得随意变动。

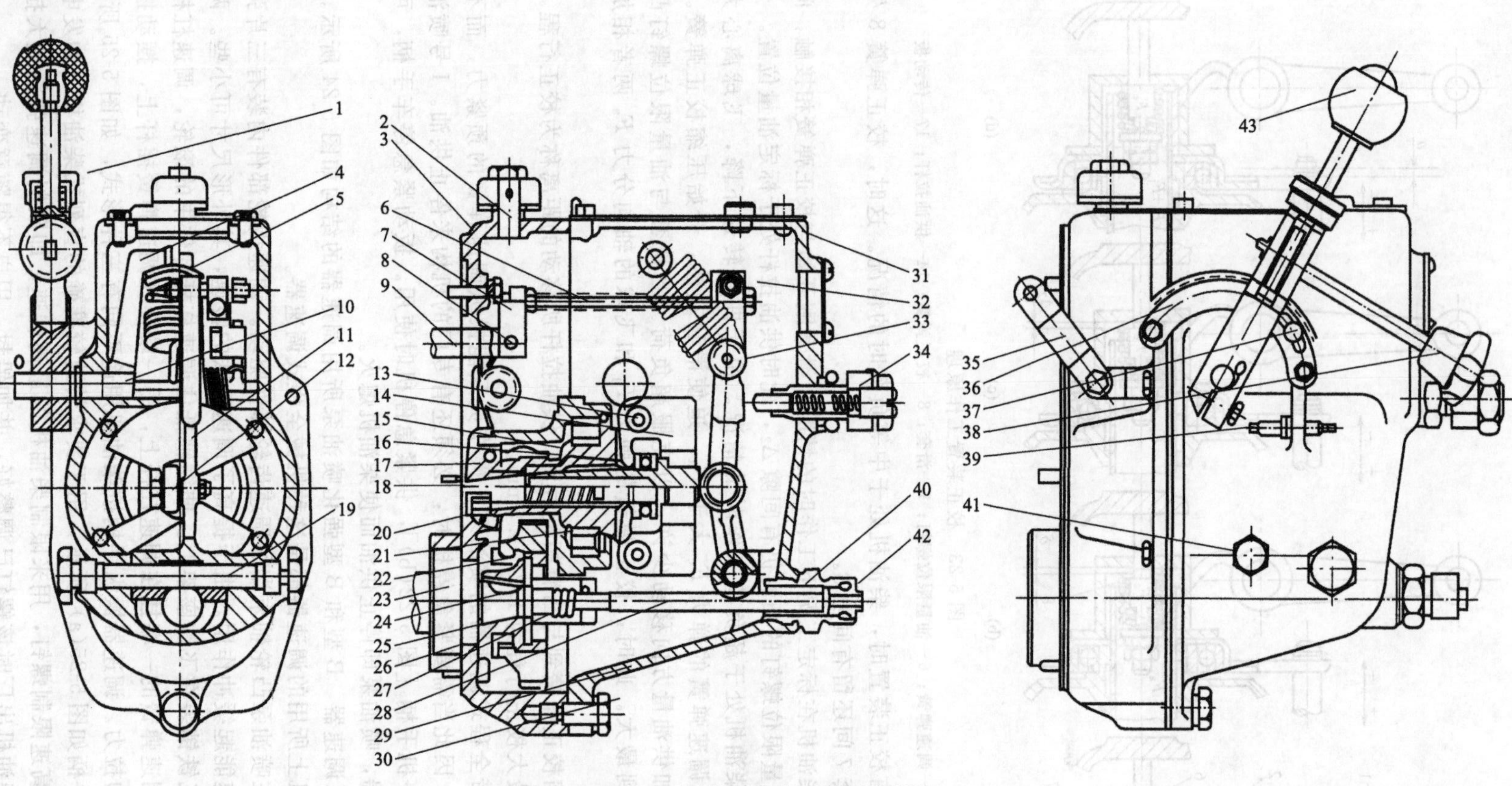

图5-24 B型和B型强化喷油泵用全程式调速器

1—盖帽；2—呼吸器；3—调速器前壳；4—摇杆；5—调速弹簧；6—拉杆弹簧；7—拉杆接头；8—齿杆连接销；9—齿杆；10—操纵轴；11—调速杠杆；12—滚轮；13—飞锤销；14—飞锤；15—托架；16—止推轴承；17—滚动轴承；18—伸缩轴；19—杠杆轴；20—飞锤支架；21—滚动轴承；22—调速齿轮；23—凸轮轴；24—螺母；25—弹簧；26—弹簧座；27—缓冲弹簧；28—转速计传动轴；29—调速器后壳；30—放油螺钉；31—螺塞；32—拉杆支承块；33—滑轮；34—低速稳定器；35—停车手柄；36—扇形齿轮；37—低速限制螺钉；38—微量调速手轮；39—高速限位螺钉；40—螺套；41—机油平面螺钉；42—封油圈；43—操纵手柄

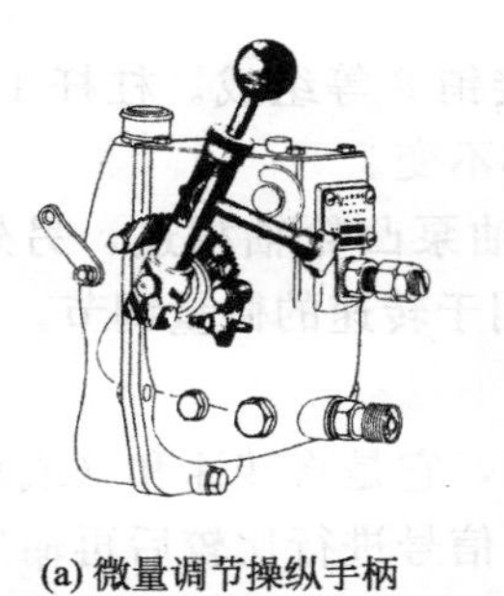
(a) 微量调节操纵手柄

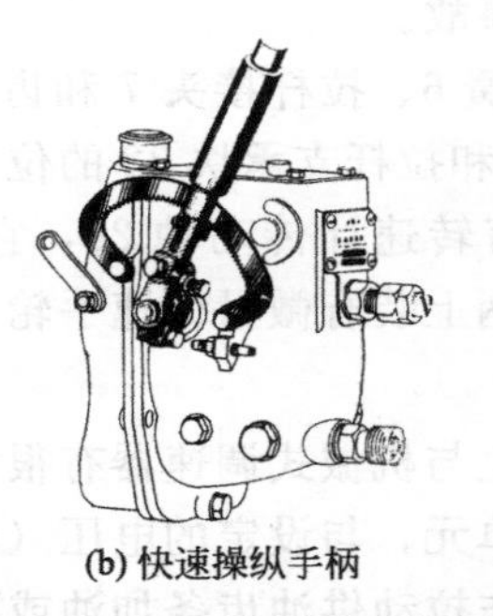
(b) 快速操纵手柄

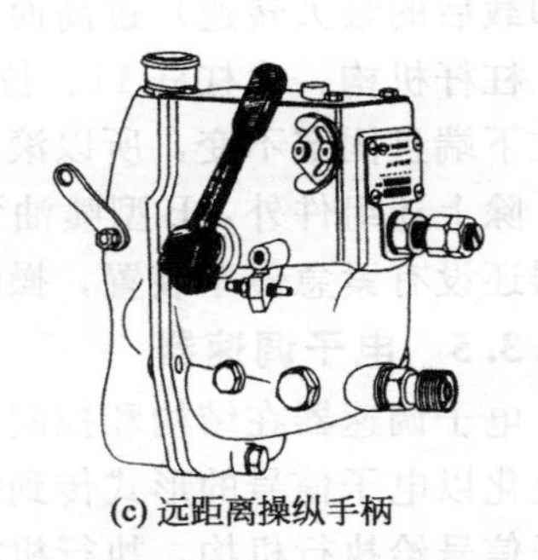
(c) 远距离操纵手柄

图 5-25 调速器的三种操纵手柄

调速器后壳端装有低速稳定器，可用以调节柴油机在低转速时的不稳定性。由于安装地位的关系，只有在六缸直列型柴油机的调速器后壳上才设有转速表传动装置接头。调速器前壳上装有停车手柄，当柴油机停车或需要紧急停车时，向右扳动停车手柄即可紧急停车。调速器润滑油与喷油泵不相通，加油时，由调速器上盖板的加油口注入，油加到从机油平面螺钉孔口有油溢出为止。

调速器工作原理：当柴油机在某一稳定工况工作时，飞铁的离心力与调速弹簧拉力及整套运转机构的摩擦力相平衡，于是飞铁、调速杠杆及各机件间的相互位置保持不变，则喷油泵的供油量不变，柴油机在某一转速下稳定运转；当柴油机负荷减低时，喷油泵供油量大于柴油机的需要量，于是柴油机转速增高，则飞铁的离心力大于调速弹簧的拉力，两者的平衡被破坏，飞铁向外张开，使伸缩轴向右移动，从而使调速杠杆绕杠杆轴向右摆动。此时调速弹簧即被拉伸，喷油泵的调节齿杆向右移动，供油量减少，转速降低，直至飞铁的离心力与调速弹簧的拉力再次达到平衡，这时柴油机就稳定在比负荷减少前略高的某一转速下运转；当柴油机负荷增加时，喷油泵供油量小于柴油机的需要量而引起转速降低，飞铁的离心力小于调速弹簧的拉力，调速弹簧即行收缩，调速杠杆使调节齿杆向左移动，供油量增加，转速回到飞铁的离心力与调速弹簧的拉力再次达到平衡时为止。此时柴油机稳定在比负荷增加前略低的某一转速运转（柴油机调速器操纵手柄位置不变，负荷变化后新的稳定运转点的转速取决于所用调速器的调速率，而不同型号柴油机的调速率是根据不同的使用要求确定的），若要严格回到原来的转速则需调整调速器操纵手柄。

发电用的135柴油机的调速器在其壳体右上方一般还装有一块扇形板的微调机构，如图5-25(c) 所示。当多台柴油发电机组并联工作时，可用此扇形板来调节柴油机调速率。调节时可旋松扇形板腰形孔上的螺母，慢慢转动扇形板至所需调速率的位置并加以固定。

B型喷油泵配套的全制式调速器，具有以下特点。

转速感应组件：感应组件由一对飞锤14、飞锤销13、飞锤支架20、托架15、伸缩轴18和止推轴承16等组成。柴油机工作时，曲轴通过喷油泵凸轮轴上的齿轮带动飞锤和飞锤支架旋转。当柴油机转速变化时，飞锤受离心力作用而向外张开或向内收缩，飞锤通过支架、止推轴承16使伸缩轴18右移或左移，并经杠杆系统传给供油拉杆，而改变供油量。

调速弹簧组件：由调速弹簧5等组成。改变手柄43的位置时，摇杆4随之转动，从而改变调速弹簧的预紧力。采用拉簧作调速器弹簧时，可将拉簧布置在飞锤上方，使调速器长度缩短。操纵手柄的两个极限位置由高、低速限制螺钉39和37加以限制。

调速器后壳29上还装有低速稳定器34，用以防止低速不稳。当柴油机怠速不稳时可将低速稳定器缓慢旋入，直至转速稳定为止。装有低速稳定器后，柴油机空载时，调速器杠杆11已右移到使稳定器弹簧参与工作。但是，稳定器弹簧不能旋入过多，以免空载转速（突然卸载后的最大转速）过高而引起事故。

杠杆机构：由杠杆 11、拉杆弹簧 6、拉杆接头 7 和齿杆连接销 8 等组成。杠杆 11 的支点在下端且固定不变，所以滚轮 12 和拉杆支承块 32 的位移比亦不变。

除上述组件外，B 型喷油泵还有转速计传动轴 28，它与喷油泵凸轮轴相连，另外，调速器还设有紧急停车装置，操纵手柄上装有微量调速手轮 38，用于转速的微量调节。

5.1.3.5 电子调速器

电子调速器在结构和控制原理上与机械式调速器有很大不同，它是将转速和（或）负荷的变化以电子信号的形式传到控制单元，与设定的电压（电流）信号进行比较后再输出一个电子信号给执行机构，执行机构动作拉动供油齿条加油或减油，以达到快速调整发动机转速的目的。电子调速器以电信号控制代替了机械调速器中的旋转飞重等结构，没有使用机械机构，动作灵敏，响应速度快，动态与静态参数精度高；电子调速器无调速器驱动机构，体积小，安装方便，便于实现自动控制。

常见的电子调速器有单脉冲电子调速器和双脉冲电子调速器两种。单脉冲电子调速器是以转速脉冲信号来调节供油量；双脉冲电子调速器是将转速和负荷的两个单脉冲信号叠加起来调节供油量的。双脉冲电子调速器能在负荷一有变化而转速尚未变化之前就开始调整供油量，其调整精度比单脉冲电子调速器高，更能保证供电频率的稳定。

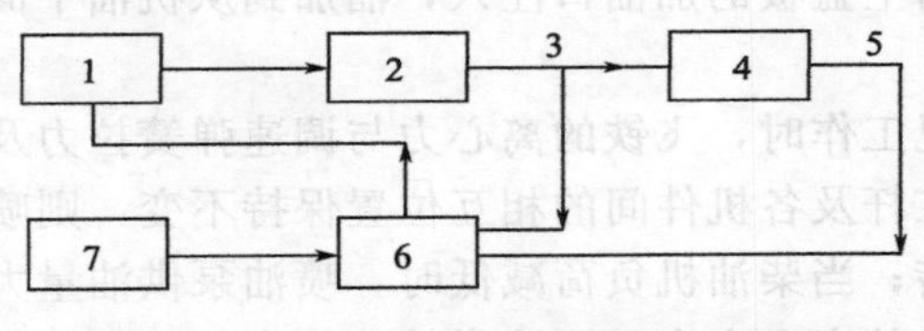

图 5-26 双脉冲电子调速器的基本组成

1—执行机构；2—柴油机；3—转速传感器；4—柴油机负载；5—负荷传感器；6—速度控制单元；7—转速设定电位器

双脉冲电子调速器的基本组成如图 5-26 所示。其主要由执行机构 1、转速传感器 3、负荷传感器 5 和速度控制单元 6 等组成。磁电式转速传感器用于监测柴油机转速的变化，并按比例产生交流电压输出；负荷传感器用于检测柴油机负荷的变化，并按比例转换成直流电压输出；速度控制单元是电子调速器的核心，接受来自转速传感器和负荷传感器的输出电压信号，并按比例转换成直流电压后与转速设定电压进行比较，把比较后的差值作为控制信号送往执行机构，执行机构根据输入的控制信号以电子（液压、气动）方式拉动柴油机的油量控制机构加油或减油。

若柴油机负荷突然增加，负荷传感器的输出电压首先发生变化，此后转速传感器的输出电压也发生相应变化（数值均下降）。上述两种降低的脉冲信号在速度控制单元内与设定的转速电压比较（传感器的负值信号数值小于转速设定电压的正值信号数值），输出正值的电压信号，在执行机构中使输出轴向加油方向转动，增加柴油机的循环供油量。

反之，若柴油机的负荷突然降低，也是负荷传感器的输出电压首先发生变化，此后转速传感器的输出电压也发生相应变化（数值均升高）。上述两种升高的脉冲信号在速度控制单元内与设定的转速电压比较，此时，传感器的负值信号数值大于转速设定电压的正值信号数值，速度控制单元输出负值的电压信号，在执行机构中使输出轴向减油方向转动，降低柴油发动机的循环供油量。

5.1.4 喷油提前角调节装置

喷油提前角是指柴油开始喷入气缸的时刻相对于曲轴上止点的曲轴转角，而供油提前角则是喷油泵开始向气缸供油时的曲轴转角。显然，供油提前角稍大于喷油提前角。由于供油提前角便于检查阅整，所以在生产单位和使用部门采用较多。喷油提前角需要复杂而精密的仪器方能测量，因此只在科研中应用。也就是说，柴油发动机的喷油提前角（供油时间）是通过调整喷油泵的供油提前角来实现的。整体式喷油泵柴油发动机的总供油时间通常以喷油泵第一缸供油提前角为准，调整整个喷油泵供油提前角的方法是改变喷油泵凸轮轴与柴油机曲轴间的相对角位置。为此，喷油泵凸轮轴一端的联轴器通常是做成可调整的。图 5-27 示出了一种联轴器的结构。

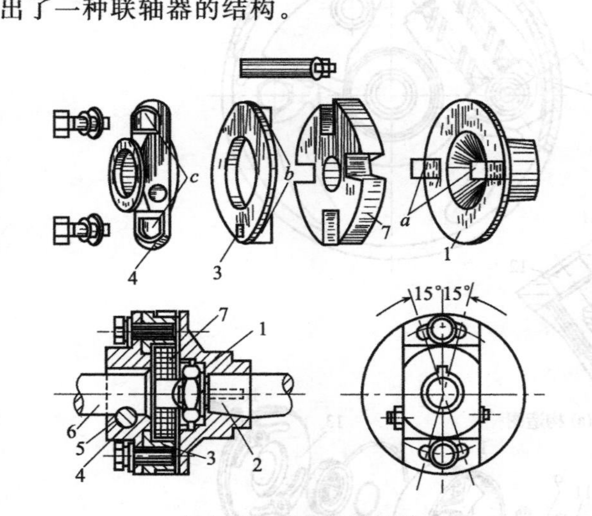

图 5-27 喷油泵联轴器
1—从动凸缘盘；2—喷油泵凸轮轴；3—中间凸缘盘；4—驱动凸缘盘；5—销钉；6—驱动齿轮轴；7—夹布胶木垫盘

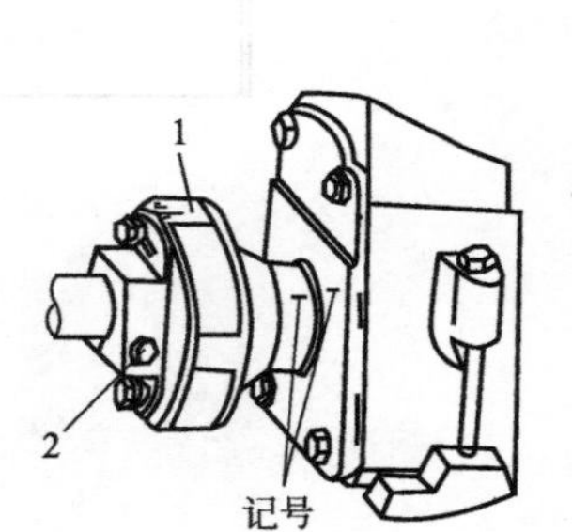

图 5-28 联轴器的调整标记
1—从动凸缘盘；2—连接螺钉

联轴器主要由两个凸缘盘组成：装在驱动齿轮轴 6 上的凸缘盘 4 和装在喷油泵凸轮轴 2 一端的从动凸缘盘 1，两凸缘盘间用螺钉连接。驱动凸缘盘安装螺钉的孔是弧形的长孔。松开固定螺钉可变更两凸缘盘间的相对角位置，从而也就变更了整个喷油泵的供油提前角。

将喷油泵从柴油机上拆下后再重新装回时，可先将喷油泵固定在柴油机机体上的喷油泵托架上，再慢慢转动曲轴，使柴油机第一缸的活塞位于压缩行程上止点前相当于规定的供油提前角的位置，然后使喷油泵凸轮轴上与喷油泵壳体上相应记号对准，如图 5-28 所示。再拧紧联轴器的固定螺钉。

多数柴油发动机是在标定转速和全负荷下通过试验确定在该工况下的最佳喷油提前角的，将喷油泵安装到柴油机上时，即按此喷油提前角调定，而在柴油机工作过程中一般不再变动。显然，当柴油机在其他工况下运转时，这个喷油提前角就不是最有利的。对于转速范围变化比较大的柴油机，为了提高其经济性和动力性，希望柴油机的喷油提前角能随转速的变化自动进行调节，使其保持较有利的数值。因此，在这种柴油机（特别是直接喷射式柴油机）的喷油泵上，往往装有离心式供油提前角自动调节器。

如图 5-29 所示为一种离心式供油提前角自动调节器示意图。调节器装在联轴器和喷油泵之间。前端面有两个方形凸块的驱动盘 5，也就是联轴器的从动盘。在驱动盘的腹板上装有两个销轴 12。两个飞块 7 的一端各有一个圆孔套在此销轴上。两个飞块的另一端则压装有两个销钉 8。每个销钉上松套着一个滚轮内座圈 2 和滚轮 3。调节器的从动盘 1 的毂部用半月键与喷油泵凸轮轴相连。从动盘两臂的弧形侧面与滚轮 3 接触，另一侧面则压在两个弹簧 9 上。弹簧 9 的另一端支在弹簧座圈 11 上。弹簧座圈则由螺钉 10 固定在销轴 12 的端部。从动盘 1 还固定有筒状盘 6，其外圆面与驱动盘的内圆面相配合，以保证驱动盘与从动盘的同心度。整个调节器为一密闭体，内腔充满机油以供润滑。

柴油机工作时，驱动盘 5 连同飞块 7 被曲轴驱动而旋转。飞块在离心力的作用下绕销轴

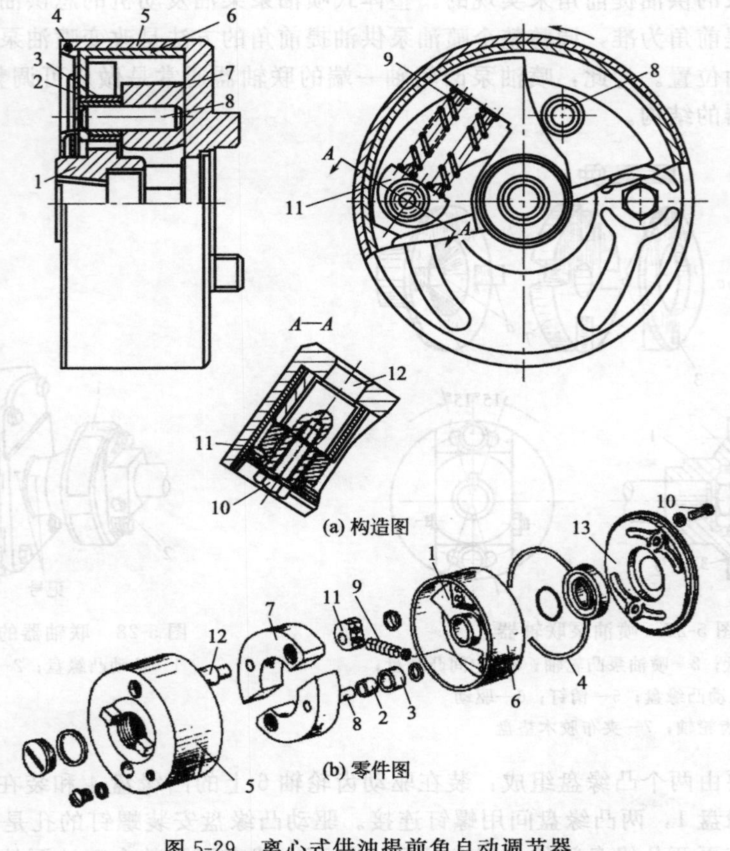

图 5-29 离心式供油提前角自动调节器

1—从动盘；2—内座圈；3—滚轮；4—密封圈；5—驱动盘；6—筒状盘；7—飞块；8—销钉；9—弹簧；10—螺钉；11—弹簧座圈；12—销轴；13—调节器盖

12 转动，其活动端向外摆动。同时，滚轮 3 则迫使从动盘 1 沿箭头方向转动一个角度，直到弹簧 9 的弹力与飞块的离心力相平衡时为止。于是驱动盘与从动盘开始同步旋转。当柴油机转速升高，飞块活动端进一步向外张开，从动盘被迫再沿箭头方向相对于驱动盘转过一定角度，使供油提前角随转速增加而相应增大。反之，曲轴转速降低，飞块离心力减小，从动盘在弹簧 9 的作用下退回一定角度，使供油提前角相应减小。这种离心式供油提前角自动调节器可以保证供油提前角在转速变化时，在 0°～10°范围内自动调节。

5.1.5 其他辅助装置

柴油机燃油供给与调速系统的辅助装置主要包括柴油滤清器、油水分离器、输油泵和燃油箱等。

5.1.5.1 柴油滤清器

各种柴油本身含有一定量的杂质，如灰分、残炭和胶质等。重柴油与轻柴油相比，含杂质更多。柴油在运输和储存过程中，还可能混入更多的尘土和水分，储存越久，由于氧化而生成的胶质也越多。每吨柴油的机械杂质含量可能多达 100～250g，粒度约为 5～50μm。平均粒度为 12μm 的硬质粒子，对柴油机供油系统精密偶件的危害性最大，有可能引起运动阻滞和各缸供油不均匀，并加速其磨损，以致柴油机功率下降、燃油消耗率增加。柴油中的水分还可引起零件锈蚀，胶质有可能使精密偶件卡死，因此对柴油必须进行过滤。除了在柴油注入油箱前必须经过 3～7 天的沉淀处理外，在柴油供给系统中还应设置燃油滤清器。小型单缸柴油机一般为一级滤清，大、中型柴油机多有粗、细两级滤清器。有的在油箱出口还设置沉淀杯以达到多级过滤，确保柴油机使用的燃油清洁。

柴油滤清器的种类很多，粗滤器用来滤除颗粒较大的杂质，这样可减少细滤器过滤的杂质量，避免细滤器被迅速堵塞而缩短使用寿命。细滤器则应能滤去对供油系统有危害的最小粒子，这种粒子的直径约数微米。

柴油滤清器的滤芯采用的材料有金属、毛毡、棉纱和滤纸等，目前，国内外柴油机滤清器使用纸质滤芯的比较广泛。纸质滤芯的使用，可以节省大量的毛毡及棉纱，而且纸质滤芯性能好、重量轻、体积小、成本低。

燃油滤清器主要由滤芯、外壳及滤清器座三部分组成，如图 5-30 所示为 135 系列柴油机燃油滤清器装配剖面图，各机型均通用，唯有溢流阀 8 有两种结构，根据不同机型选用 C0810A 或 C0810B 滤清器。

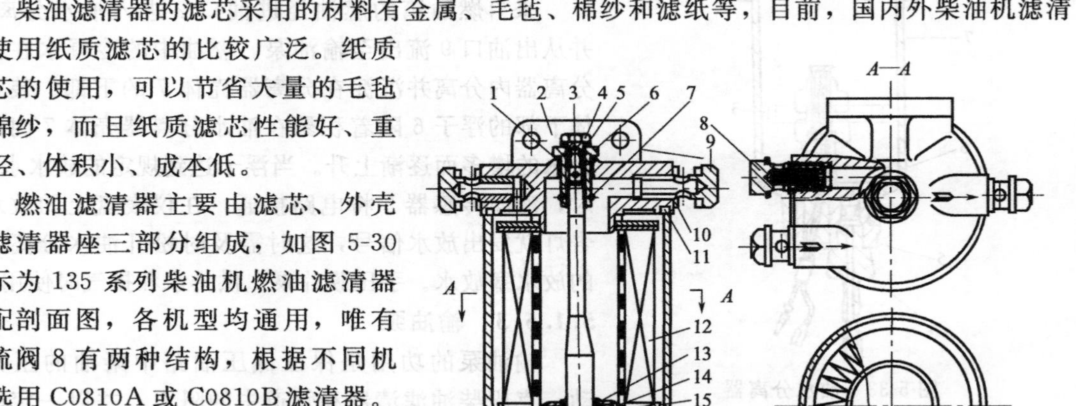

图 5-30　燃油滤清器装配剖面图

1,5—垫圈；2—滤清器座；3—拉杆；4—放气螺钉；6—拉杆螺母；7—卡簧；8—溢流阀；9—油管接头；10,13,17—密封圈；11—密封垫圈；12—滤芯；14—托盘；15—弹簧座；16—壳体；18—弹簧

燃油由输油泵送入燃油滤清器，通过纸质滤芯清除燃油中的杂质后进入滤油筒内腔，再通过滤清器座上的集油腔通向喷油泵。滤清器座上设有回油接头，内装溢流阀，当燃油滤清器内燃油压力超过 78kPa（0.8kgf/cm²）时，多余的燃油由回油接头回至燃油箱。连接低压燃油管路应按座上箭头所指方向，不可接错。滤芯底部的密封垫圈装在弹簧座内，弹簧将密封垫圈紧贴在螺母的底面起密封作用。滤清器座和外壳之间靠拉杆连接，并有橡胶圈密封，滤清器座上端有放气螺塞，在使用中可以松开放气螺塞清除燃油滤清器的空气。

燃油滤清器用两个 M8-6H 螺钉固定在机体或支架上，在使用中如发现供油不通畅，则有滤芯堵塞的可能。此时，应停车放掉燃油，可直接在柴油机上松开拉杆螺母，卸下外壳，取出滤芯（见图 5-31），然后将滤芯浸在汽油或柴油中用毛刷轻轻地洗掉污物（见图 5-32）。如果滤芯破裂或难以清洗，则必须换新，然后按图 5-30 装好，并注入清洁的燃油。

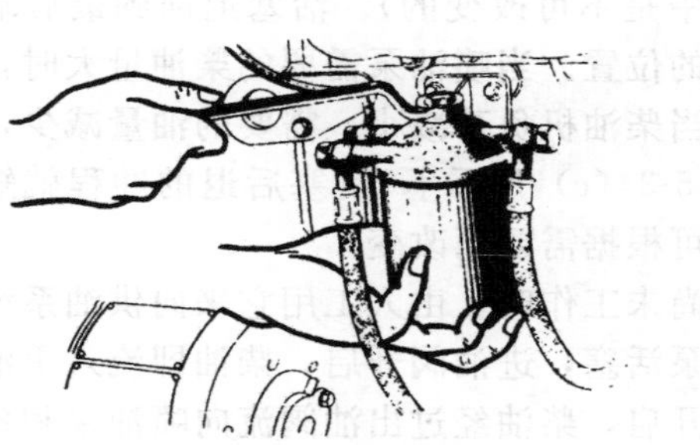

图 5-31　燃油滤清器拆除

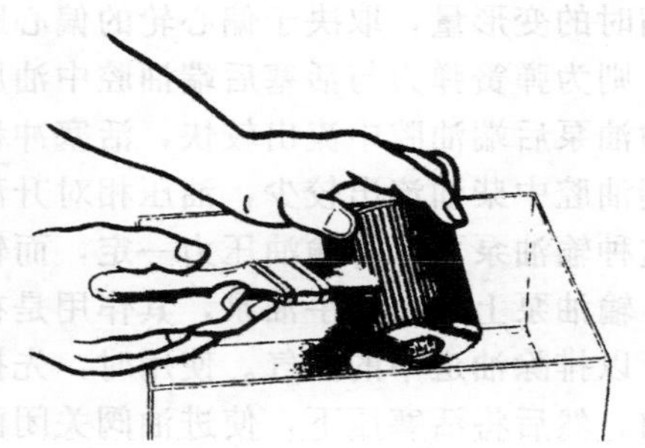

图 5-32　燃油滤芯的清洗

5.1.5.2　油水分离器

为了除去柴油中的水分，有的柴油机（如康明斯C系列），在燃油箱与输油泵之间还装有专门的油水分离装置——油水分离器。其结构如图5-33所示，由分离器壳体7、液面传感器5、浮子6和手压膜片泵1等组成。

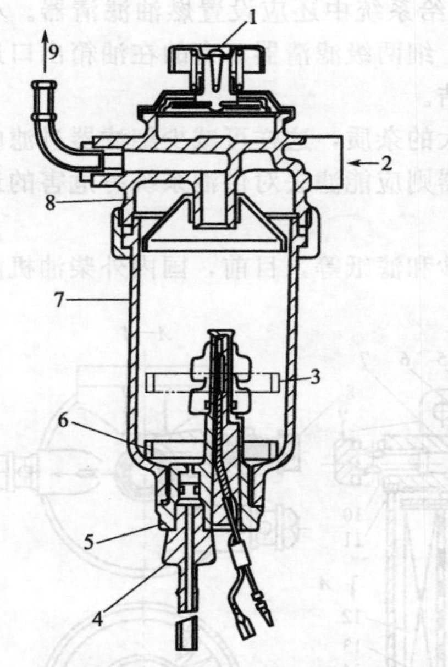

图5-33　油水分离器

1—手压膜片泵；2—进油口；3—放水水位；4—放水塞；5—液面传感器；6—浮子；7—分离器壳体；8—分离器盖；9—出油口

来自燃油箱的燃油经进油口2进入油水分离器，并从出油口9流出至输油泵。燃油中的冷凝水在油水分离器内分离并沉淀在分离器壳体7的下部。装在壳体下部的浮子6随着积聚在油水分离器壳体7内的冷凝水的增多而逐渐上升。当浮子达到规定的放水水位3时，液面传感器5将电路接通，在仪表盘上的放水警告灯就发出放水信号，这时需及时松开油水分离器上的放水塞放水。手压膜片泵1供排水和排气时使用。

5.1.5.3　输油泵

输油泵的功用是保证低压油路中柴油的正常流动，克服柴油滤清器和管道中的阻力，并以一定的压力向喷油泵输送足够的柴油。

柴油机所采用的输油泵有活塞式、内外转子式、滑片式和膜片式等多种。在中小功率柴油机中常用活塞式输油泵，活塞式输油泵又称柱塞式输油泵，其构造及工作原理如图5-34所示。活塞式输油泵主要由活塞10、推杆13、出油阀2和手油泵5等组成。用于推动活塞运动的偏心轮通常设在喷油泵的凸轮轴上，因此输油泵常和喷油泵组装在一起。

柴油机工作时，喷油泵凸轮轴由曲轴驱动旋转，偏心轮15即随之转动。当偏心轮凸起部分最高点向推杆位置转动时［如图5-34(a) 所示］，推杆被推动并使活塞10移动压油，同时压缩活塞弹簧14。由于活塞前端油腔中的柴油压力提高，进油阀6在压力作用下关闭，出油阀2被推开，该油腔中的柴油经出油阀和上出油道11流入活塞靠推杆一端的油腔内。

当偏心轮继续转动，使凸起部分最高点逐渐远离推杆时［如图5-34(b) 所示］，柱塞弹簧推动活塞和推杆回行，这时活塞后端油腔的油压升高而前端油压下降，出油阀关闭，活塞后端油腔中的柴油经上出油道11流向喷油泵。进油阀6被推开，由柴油箱或者柴油滤清器来的柴油，经进油道8流入活塞前端油腔，使油腔充满柴油，至此，活塞式输油泵就完成了一次压油与进油的过程。

由于柴油由输油泵流向喷油泵是依靠弹簧推动活塞而压出的，因此输油压力由弹簧弹力所决定而保持在一定的范围内。活塞往复运动时，当活塞运动到最前端，也即弹簧受到最大压缩时的变形量，取决于偏心轮的偏心距（工作中是不可改变的）。活塞退回到最后端的位置，则为弹簧弹力与活塞后端油腔中油压相等时的位置。当喷油泵需要的柴油量大时，柴油由输油泵后端油腔中流出较快，活塞冲程较长。当柴油机负荷减小，需要的油量减少，活塞后端油腔中柴油流出较少，油压相对升高［如图5-34(c) 所示］，活塞后退的冲程就短。因此这种输油泵可保持输油压力一定，而输油量则可根据需要而改变。

输油泵上还装有手油泵，其作用是在柴油机尚未工作时，由人工用它来向供油系统内压油，以排除油道中的空气。使用时，先提起手油泵活塞，进油阀开启，柴油即流入手油泵油腔内。然后将活塞压下，使进油阀关闭而出油阀开启，柴油经过出油阀流向喷油泵和各油道中去。使用完毕，应将手柄上的螺塞旋紧，以免柴油机工作时，空气进入供油系统中。

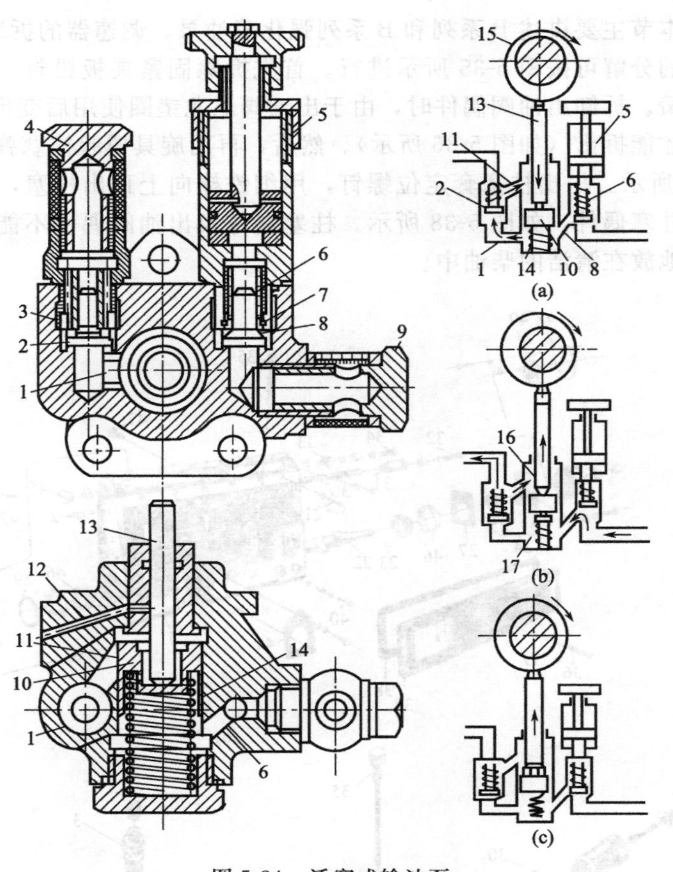

图 5-34 活塞式输油泵

1—下出油道；2—出油阀；3—出油阀弹簧；4—出油接头；5—手油泵；6—进油阀；7—进油阀弹簧；8—进油道；9—进油接头；10—活塞；11—上出油道；12—泄油道；13—推杆；14—活塞弹簧；15—偏心轮；16—后腔；17—前腔

5.1.5.4 燃油箱

燃油箱的功用是储存柴油机工作时所需的柴油。其容量一般可供柴油机连续运转 8～10h。燃油箱通常用薄钢板冲压后焊接而成，内表面镀锌或锡，以防腐蚀生锈。

油箱内部通常用隔板将油箱隔成数格，防止设备工作时振动引起油箱内的柴油剧烈晃动而产生泡沫，影响柴油的正常供给。油箱上部有加油口和油箱盖，加油口内装有铜丝网，以防止颗粒较大的杂质带入油箱内。油箱盖上有通气孔，保持油箱内部与大气相通，防止工作过程中油面下降使油箱内出现真空度，使供油不正常。

在油箱下部有出油管和放油开关，出油管口应高出油箱底平面适当高度，以免箱底沉积的杂质由出油口进入供油系统。油箱底部最低处还应设置放油螺塞，以便清洗油箱时能将油箱底部的沉积物和水分清除干净。在燃油箱上还应设置油尺或油面指示装置，使工作人员能随时观察到燃油箱内存油量的多少，以便及时向燃油箱内添加柴油。

5.2 燃油供给与调速系统的拆装与检查

5.2.1 喷油泵和调速器的拆装及检查

喷油泵、调速器的拆装除普通工具外尚需用专用工具，并保持工作场地、工作台、工具和零件的整洁。本节主要讲述B系列和B系列强化喷油泵、调速器的拆装及检查。

喷油泵零件的分解可按图5-35所示进行。首先拆除固紧夹板铅封，按顺序拆下出油阀紧座及出油阀弹簧。拆卸出油阀偶件时，由于出油阀尼龙垫圈使用后变形卡紧在泵体上，必须使用专用工具才能拆出（如图5-36所示）。然后，再用旋具撬起柱塞弹簧，即可取出弹簧下座，如图5-37所示。松出柱塞套定位螺钉，用细铁棒向上顶出柱塞，就可以从上面连同柱塞套一起拉出柱塞偶件，如图5-38所示。柱塞偶件及出油阀偶件不能碰毛，更不能拆散互换，必须成对地放在清洁的柴油中。

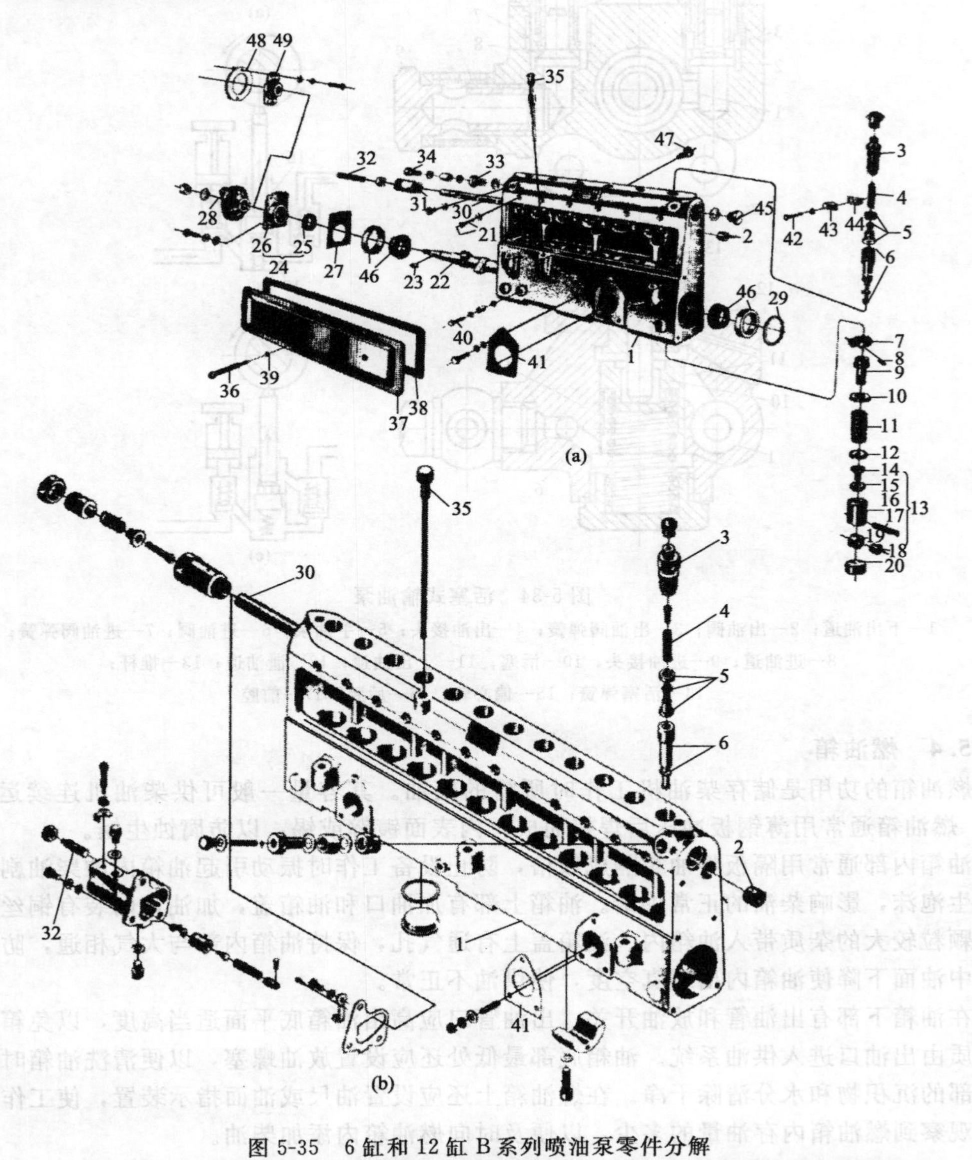

图5-35　6缸和12缸B系列喷油泵零件分解

1—油泵体；2—齿杆套筒；3—出油阀紧座；4—出油阀弹簧；5—出油阀偶件；6—柱塞偶件；7—调节齿轮；8—锁紧螺钉；9—油量控制套筒；10—柱塞弹簧上座；11—柱塞弹簧；12—柱塞弹簧下座；13—滚轮部件；14—定时调节螺钉；15—定时调节螺母；16—滚轮体；17—滚轮销；18—滚轮套筒；19—滚轮；20—闷头；21—套筒定位螺钉；22—凸轮轴；23—半圆键；24—轴盖板部件；25—封油圈；26—轴盖板；27—轴盖板垫片；28—接合器；29—调整垫片；30—调节齿杆；31—调节螺套；32—油量限制螺钉；33—进油管接头；34,40—接头螺钉；35—机油标尺；36—检验板支持螺钉；37—检验板；38—检验板垫片；39—钢丝挡圈；41—输油泵垫片；42—头部带孔螺钉；43—固紧夹板（前）；44—固紧夹板（后）；45—油道闷头；46—单列圆锥滚子轴承；47—齿条定位钉；48—中间接盘；49—调节盘

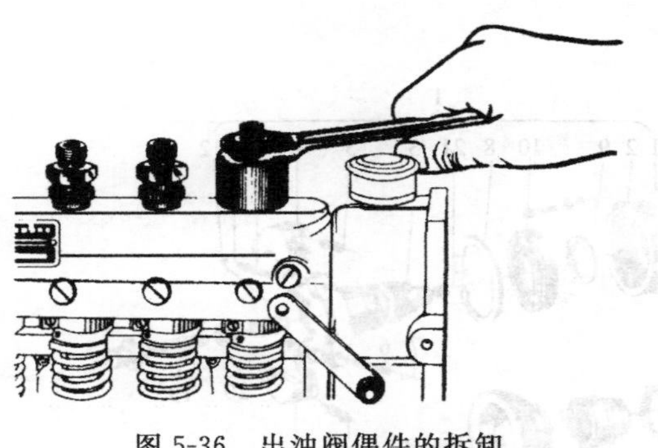
图 5-36 出油阀偶件的拆卸

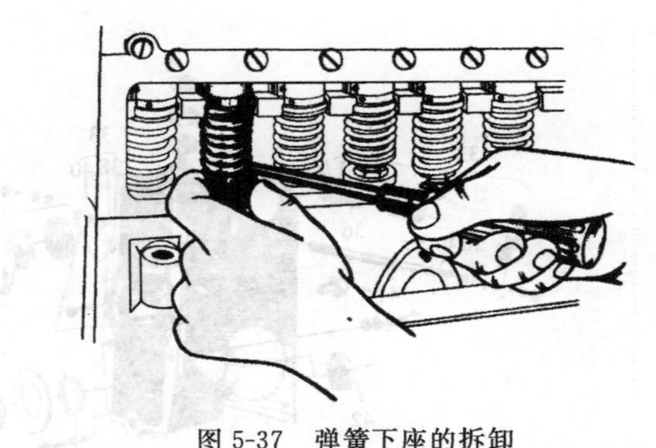
图 5-37 弹簧下座的拆卸

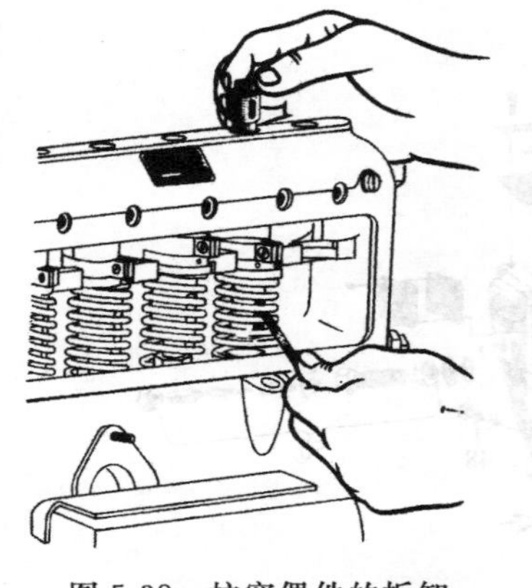
图 5-38 柱塞偶件的拆卸

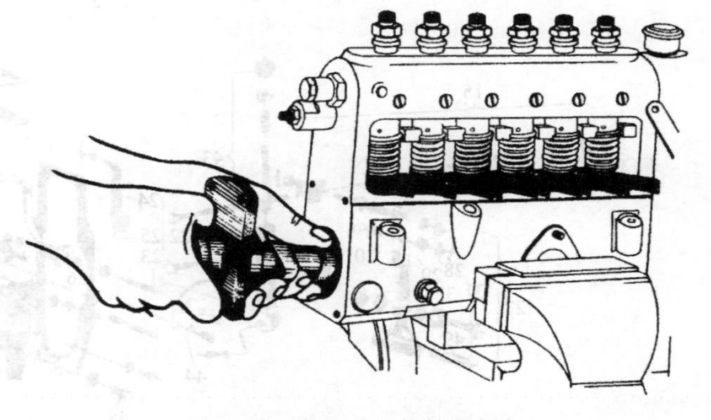
图 5-39 喷油泵凸轮轴的拆卸

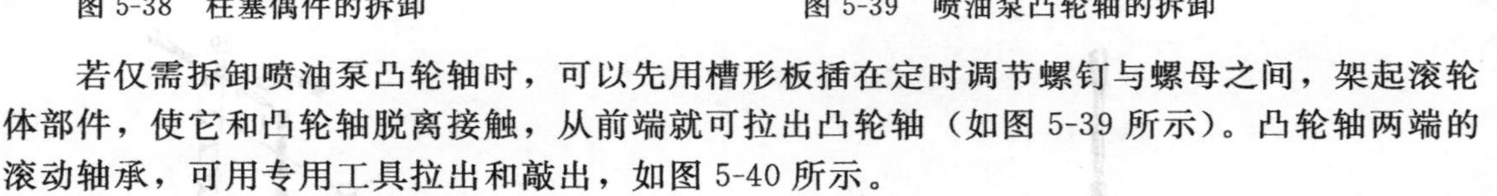
若仅需拆卸喷油泵凸轮轴时，可以先用槽形板插在定时调节螺钉与螺母之间，架起滚轮体部件，使它和凸轮轴脱离接触，从前端就可拉出凸轮轴（如图 5-39 所示）。凸轮轴两端的滚动轴承，可用专用工具拉出和敲出，如图 5-40 所示。

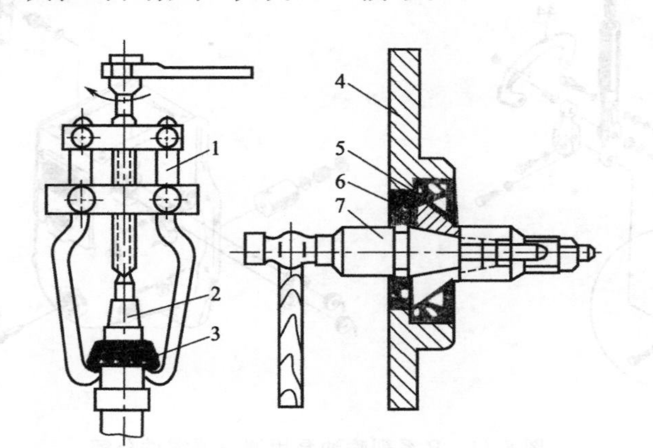

图 5-40 滚动轴承的拆卸

1—拆卸工具；2—喷油泵凸轮轴；3—滚动轴承内圈；4—轴盖板；5—滚动轴承外圈；6，7—拆卸工具

调速器的零件分解可按图 5-41 所示进行。先将操纵手柄放松，取出调速弹簧，松开拉杆销钉上的螺母及后壳固紧螺钉，使调速杠杆部件与拉杆螺钉部件分离，整个调速器后壳连同杠杆部件就可拆下。拆卸拉杆螺钉时应先拆掉齿杆连接销，旋出调速杠杆轴两端的螺塞，推出杠杆轴，调速杠杆即可拆下。

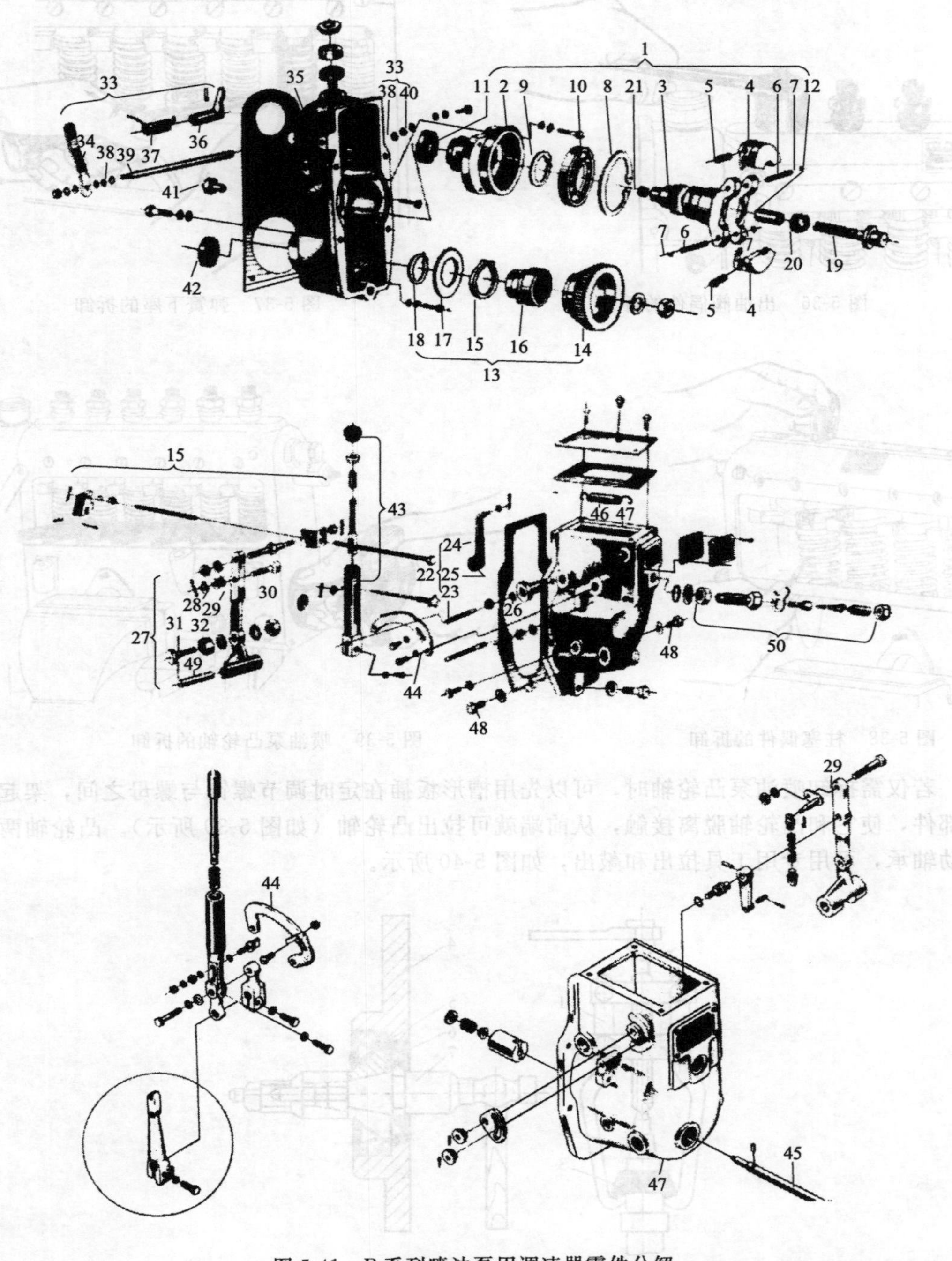

图 5-41 B系列喷油泵用调速器零件分解

1—调速转子部件；2—托架；3—飞铁座架；4—飞铁；5—飞铁衬套；6—飞铁销；7—飞铁销锁环；8—孔用弹性挡圈；9—轴用弹性挡圈；10—108 向心球轴承；11—104 向心球轴承；12—衬套；13—调速齿杆部件；14—调速齿轮；15—缓冲弹簧；16—齿轮轴套；17—挡片；18—轴用弹性挡圈；19—伸缩轴；20—单向推力球轴承；21,26,38,42—封油圈；22—调速操纵杆部件；23—操纵轴；24—调速弹簧摇杆；25—圆锥销；27—调速杠杆部件；28—滑轮；29—调速杠杆；30—滑轮销；31—滚轮销钉；32—滚轮；33—前壳部件；34—停机手柄；35—调速器前壳；36—停车摇臂；37—扭力弹簧；39—停机轴；40—开口挡圈；41—油路导管；43—调节手柄部件；44—扇形齿板；45—拉杆螺钉部件；46—传动轴；47—转速螺套；48—调速弹簧；49—调速器后壳；50—螺塞；

喷油泵和调速器拆卸后，全部零件需清洗并进行检查，其内容及方法如下。

① 对柱塞偶件进行滑动性和径部密封性试验。所谓滑动性试验是将柱塞偶件倾斜 45°，抽出柱塞配合的圆柱面约 1/3，并将柱塞旋转一下，放手后柱塞能无阻滞地自行滑下即为合格（如图 5-42 所示）。柱塞偶件径部密封性试验应在密封试验台上进行。为方便起见，用户也可用简易密封比较法，首先使柱塞斜槽使用段对准回油孔位置，再用手指堵住柱塞套大端面孔及另一只进油孔，然后慢慢地将柱塞推进，当柱塞端面到达回油孔上边缘（即盖没油孔）时观察回油孔，不应有油沫及气泡冒出（如图 5-43 所示），不符合要求为不合格。柱塞偶件长期使用后，表面有严重磨损。斜槽及直槽剥落或锈蚀时应更换。柱塞套上端面如有锈斑出现，可用氧化铬研磨膏在平板上轻轻地研磨修复。

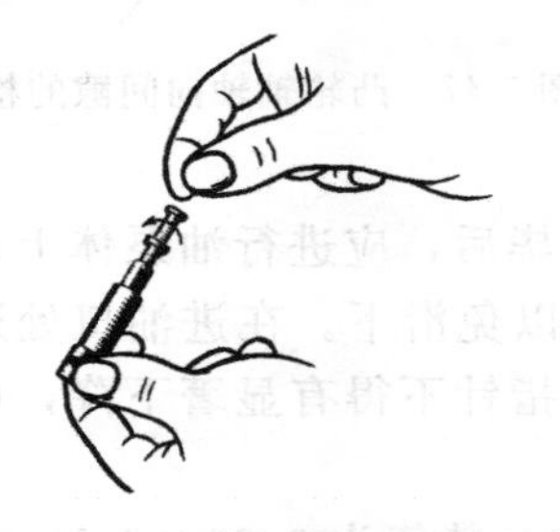

图 5-42 柱塞偶件滑动性试验

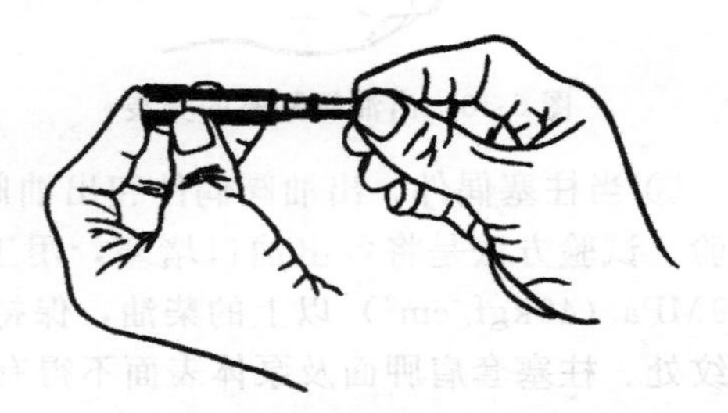

图 5-43 柱塞偶件径部密封试验

② 检查出油阀及出油阀座密封锥面是否有伤痕、下凹及磨损，轻微者可修复，修复方法如图 5-44 所示。先在锥面上涂以氧化铝研磨膏来回旋转研磨，直至达到良好的密封为止。严重者应更换。出油阀偶件尼龙垫圈严重变形时也应更换。

③ 检查喷油泵体安装柱塞偶件的肩胛平面是否有凹陷变形，如有不平整将会影响柱塞套安装的垂直度及肩胛贴合面的密封性，引起柱塞滑动不良和燃油渗漏。

④ 检查喷油泵体的滚轮体孔及凸轮轴凸轮的磨损情况，视严重程度决定是否继续使用或更换。

⑤ 飞铁角及飞铁销孔磨损严重应更换，更换后，两只飞铁的质量相差不应超过 1g。

⑥ 其余零件如磨损严重、缺损、断裂等应予以更换。

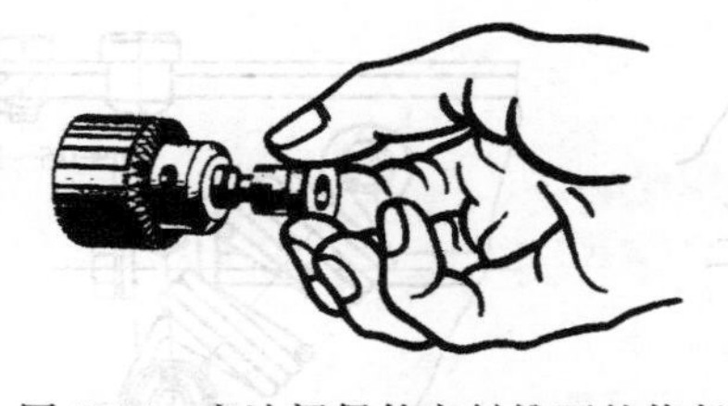

图 5-44 出油阀偶件密封锥面的修复

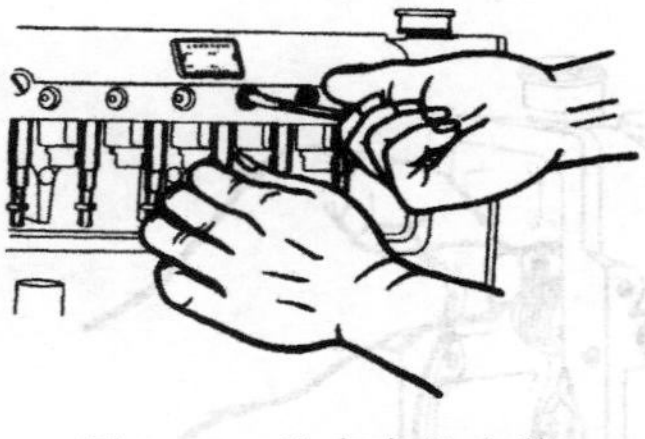

图 5-45 柱塞套的安装

喷油泵、调速器装配前各零部件要清洗干净，并检查柱塞偶件、出油阀偶件型号是否与喷油泵型号对应。装配过程中注意事项如下。

① 装配柱塞偶件时，柱塞的拉出和插入应小心、准确、不可碰毛，柱塞法兰凸块上的“XY”字样应朝外安装。装上柱塞套以后，将定位螺钉对准柱塞套定位螺钉拧紧，此时拉动柱塞套应能上下移动，但不可左右转动，如图 5-45 所示。

② 安装出油阀紧座时，其拧紧力矩为 39～68N·m（4～7kgf·m）。过大会使柱塞套变形，柱塞偶件的滑动性受到影响，故拧紧时应拉动柱塞作上下滑动和左右转动试验，如有阻滞现象可回松出油阀紧座几次，再拧紧到滑动自如为止，如图 5-46 所示。

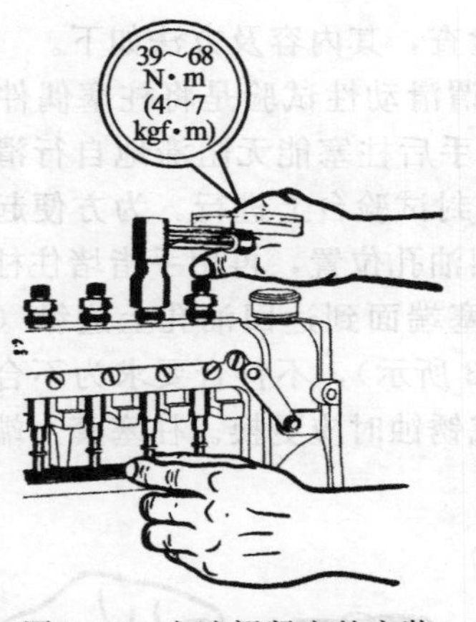

图 5-46　出油阀紧座的安装

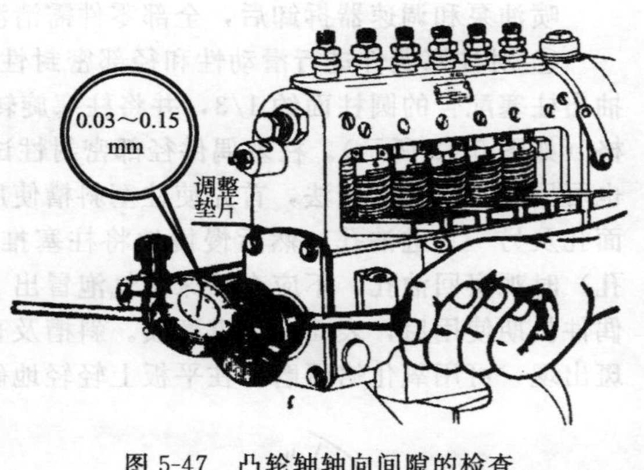

图 5-47　凸轮轴轴向间隙的检查

③ 当柱塞偶件、出油阀偶件和出油阀紧座等安装完毕后，应进行油泵体上部密封性能试验。试验方法是将各出油口堵塞，用工具板托住柱塞以免滑下。在进油口处通入压力为 3.9MPa（$40kgf/cm^2$）以上的柴油，保持 1min，压力表指针不得有显著下降，此时各接头螺纹处、柱塞套肩胛面及泵体表面不得有柴油渗漏。

④ 安装喷油泵凸轮轴后，应检查凸轮轴的轴向间隙，其值为 0.03～0.15mm，检查方法如图 5-47 所示。如达不到可用垫片调整，但两端加入垫片之厚度要求相等，以保证凸轮轴置于中间位置。间隙调整好后，转动凸轮轴，逐次使每缸凸轮在上止点时拉动喷油泵齿杆应活动无阻滞现象，如图 5-48 所示。

⑤ 装配调速器的两飞铁时，注意飞铁销两端的锁环装上后，应用鲤鱼钳紧夹一下（如图 5-49 所示），避免产生飞铁销脱落而飞出的危险。装好后旋转时，飞铁能借其自身的离心力绕飞铁销摆动，不准有任何卡住阻滞现象。

⑥ 喷油泵和调速器总成安装好后，推动调速手柄拉伸弹簧，将调节齿杆置于最大供油位置，使拉杆螺钉与拉杆支承块之间有 0.5～1mm 的距离，如图 5-50 所示。目的是便于检查调节齿杆，使其在最大供油位置时能确保与油量限制螺钉相碰，同时也为了必要时旋出油量限制螺钉，适当增加供油量。但此距离不宜太大，否则调速器起作用的转速将增高。

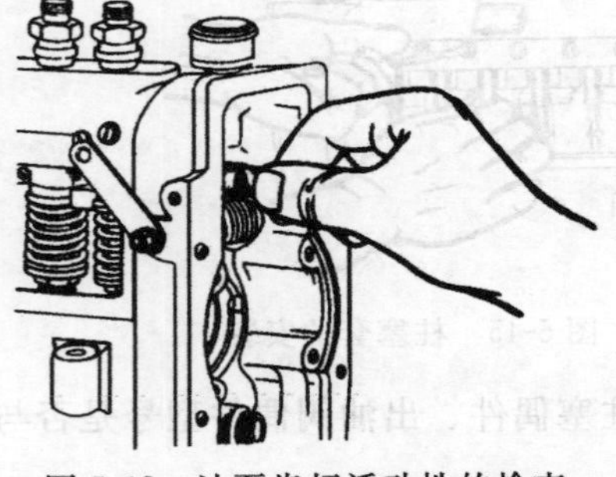

图 5-48　油泵齿杆活动性的检查

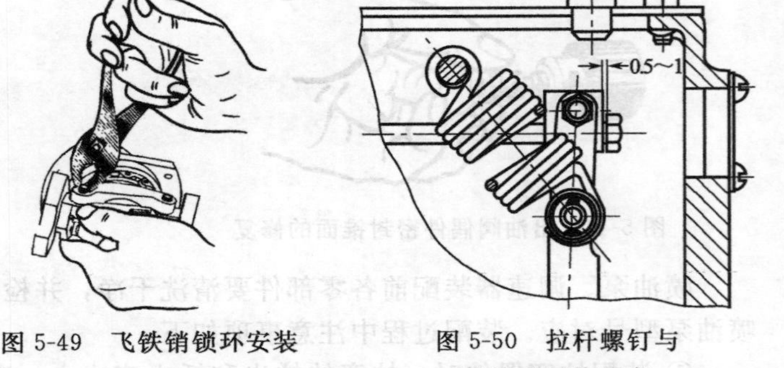

图 5-49　飞铁销锁环安装

图 5-50　拉杆螺钉与拉杆支承块距离

5.2.2　喷油器的拆装和检查

使用时间较长的喷油器，可在喷油器试验台上（详见附录 1）进行喷雾试验，如发现有下列不正常的现象应进行拆检：

① 喷油开启压力低于规定值；

② 喷出燃油不雾化，切断不明显或有滴油现象；

③ 喷孔堵塞、4 个喷孔喷出油雾束不均匀，长短不一；

④ 喷油嘴头部严重积炭。

喷油器的零件分解可按图 5-51 所示进行。先松开调压螺母，旋出调压螺钉，再将喷油器倒夹在台虎钳中，松开喷油器紧帽（如图 5-52 所示）。然后，拆出其余零件在清洁的柴油或汽油中清洗。喷油嘴头部积炭可以用铜丝刷除去（如图 5-53 所示）。如针阀咬住时，用钢丝钳衬垫软布夹住针阀尾端，稍加转动用力拉出（如图 5-54 所示）。针阀锥面污物按图 5-55 所示方向沿铜丝刷表面清除，并用相应大小的钻头或钢丝疏通喷油孔及油路（如图 5-56 和图 5-57 所示）。最后将喷油嘴偶件放在柴油中来回拉动针阀清洗（如图 5-58 所示），使针阀能自由滑动为止。

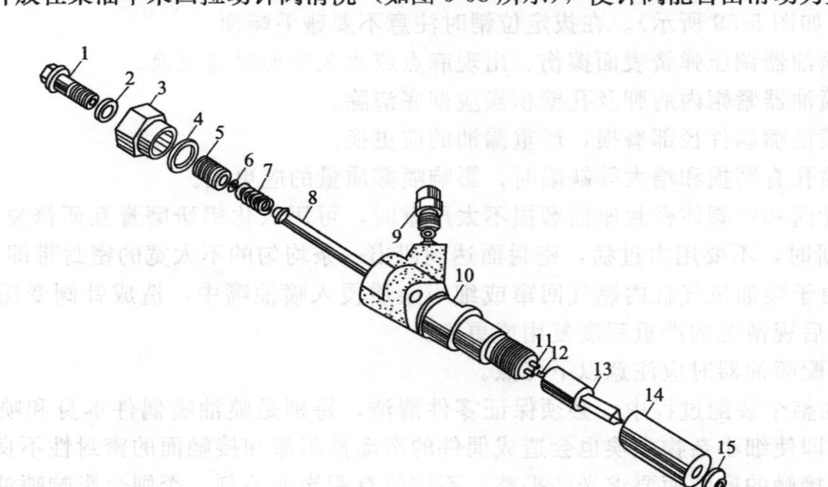

图 5-51　喷油器零件分解

1—回油管接头螺钉；2—垫片；3—调压螺钉紧固螺套；4—垫片；5—调压螺钉；6—弹簧上座；7—调压弹簧；8—顶杆；9—进油管接头；10—喷油器体；11—定位销；12—针阀；13—针阀体；14—喷油器螺母；15—锥形垫圈

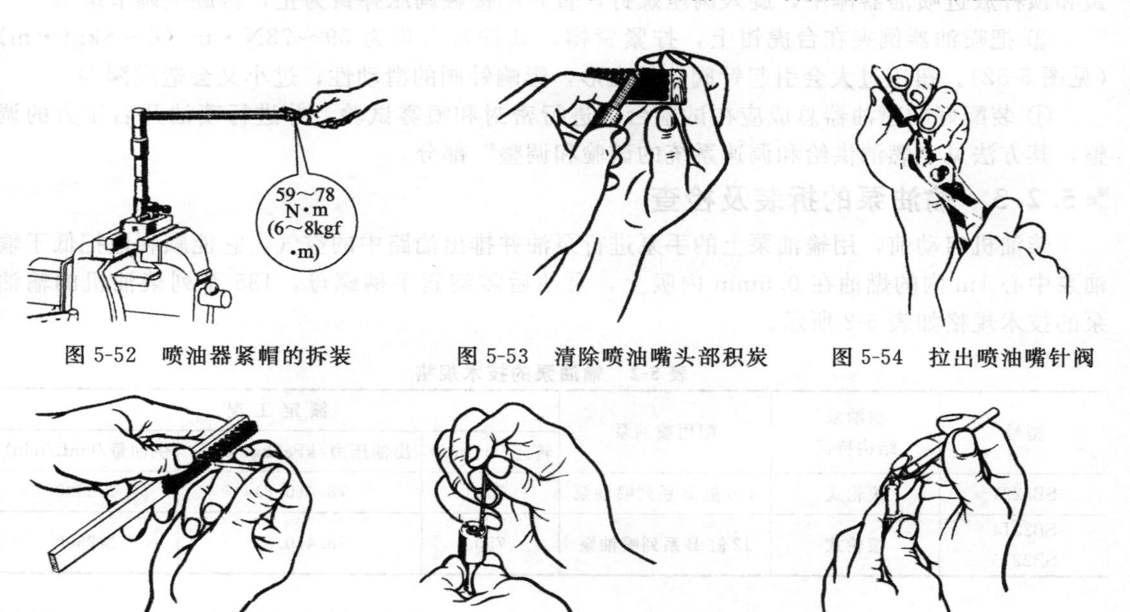

图 5-52　喷油器紧帽的拆装　　图 5-53　清除喷油嘴头部积炭　　图 5-54　拉出喷油嘴针阀

图 5-55　清除针阀污物　　图 5-56　疏通喷油嘴油路　　图 5-57　疏通喷油孔

图 5-58 喷油嘴偶件的清洗

图 5-59 喷油器体接合面的研磨修复

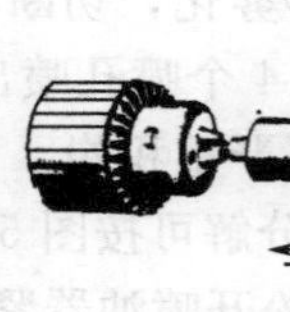

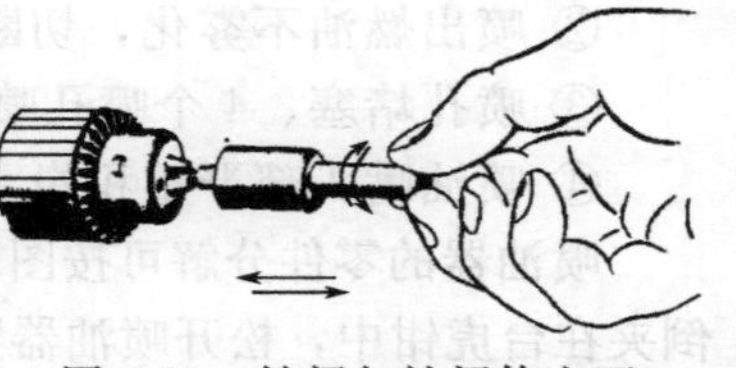

图 5-60 针阀与针阀体座面的研磨修复

喷油器零件清洗后如发现有下列不正常的情况应进行修理或更换。

① 与针阀体结合的喷油器体端面有较小损伤时，可在拔出两只定位销后，在研磨平板上研磨（如图 5-59 所示）。在拔定位销时注意不要碰毛端面。

② 喷油器调压弹簧表面擦伤、出现麻点或永久变形时应更换。

③ 喷油器紧帽内肩胛及孔壁积炭应彻底清除。

④ 喷油嘴偶件径部磨损，严重漏油的应更换。

⑤ 喷孔有磨损和增大等缺陷时，影响喷雾质量的应更换。

⑥ 针阀和针阀体密封座面磨损不太严重时，可用氧化铝研磨膏互研修复（如图 5-60 所示）。互研时，不要用力过猛，密封面达到研出一条均匀的不太宽的密封带即可。

⑦ 由于柴油机气缸内燃气回窜或细小杂质侵入喷油嘴中，造成针阀变黑或卡死，经清洗和互研后视情况的严重程度复用或更换。

在装配喷油器时应注意以下几点。

① 在整个装配过程中，必须保证零件清洁，特别是喷油嘴偶件本身和喷油器体端面等密封处，即使细小杂物尘埃也会造成偶件的滑动性阻滞和接触面的密封性不良。喷油器紧帽和喷油嘴接触的肩胛面要求光洁平整，不许留有积炭或毛刺，否则会影响喷油嘴偶件安装的同轴度和垂直度，从而引起喷油嘴的滑动性不良。

② 装配时，先旋进有滤芯的进油管接头，紧压铜垫圈达到密封不漏油。然后将调压弹簧和顶杆放进喷油器体中，旋入调压螺钉，直到刚接触调压弹簧为止，再旋上调节螺母。

③ 把喷油器倒夹在台虎钳上，拧紧紧帽，其拧紧力矩为 59～78N・m（6～8kgf・m）（见图 5-52）。扭矩过大会引起针阀体的变形，影响针阀的滑动性；过小又会造成漏油。

④ 装配好的喷油器总成应在试验台上进行密封和喷雾试验，并进行喷油开启压力的调整，其方法见“燃油供给和调速系统的试验和调整”部分。

5.2.3 输油泵的拆装及检查

柴油机启动前，用输油泵上的手泵进行泵油并排出油路中的空气，它能顺利地把低于输油泵中心 1m 内的燃油在 0.5min 内吸上，泵油后需旋紧手柄螺母。135 系列柴油机的输油泵的技术规格如表 5-2 所示。

表 5-2 输油泵的技术规格

型号	输油泵结构特征	配用喷油泵	额定工况		
			转速/(r/min)	出油压力/kPa(kgf/cm^2)	供油量/(mL/min)
SB2221	滚轮式	4、6 缸 B 系列喷油泵	750	78.4(0.8)	>2500
SB2214 SB2215	滚轮式	12 缸 B 系列喷油泵	750	78.4(0.8)	>2500

135 系列柴油机 4、6 缸 B 系列和 B 系列强化喷油泵采用滚轮式输油泵，如图 5-61 所示。输油泵的活塞与壳体的配合间隙为 0.005～0.02mm。间隙太大，供油率将下降。滚轮

式输油泵的顶杆与顶杆套也是经配对互研的偶件，间隙太大同样也存在着漏油的弊病。手油泵活塞与手油泵体之间有橡胶密封装置，除非手油泵中的橡胶圈损坏，一般不宜拆动。

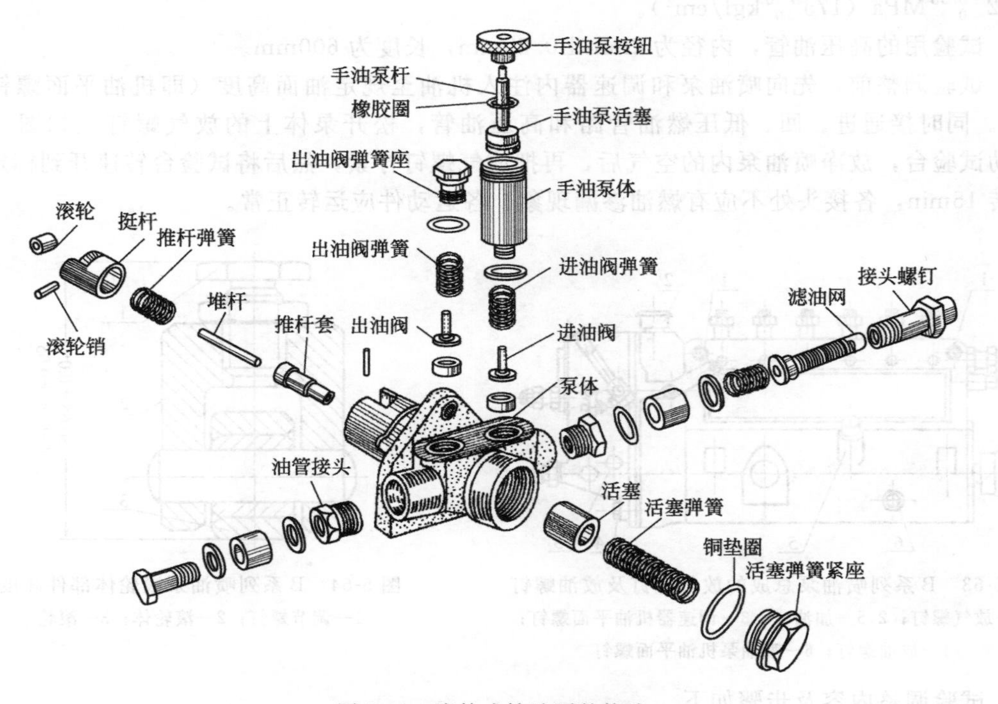

图 5-61　滚轮式输油泵的构造

输油泵经长期使用后，零件应进行检查，注意事项如下。

① 单向阀平面如有磨损、凹陷、麻点等现象，应用研磨膏在平板上研磨（如图 5-62 所示），严重者应换新。

② 壳体上的单向阀座表面磨损严重或不平整时应更换。

③ 顶杆与顶杆套磨损严重以致间隙增大，密封性变差，柴油泄漏严重，则需连同壳体更换，或选配加大尺寸的顶杆，但需经过互研。

④ 进油管接头内的粗滤网芯子，极容易被棉絮状杂物堵塞，影响供油，故应经常注意燃油的清洁及清除滤网芯上的污物。

⑤ 手油泵活塞的橡胶圈损坏时，应及时更换。

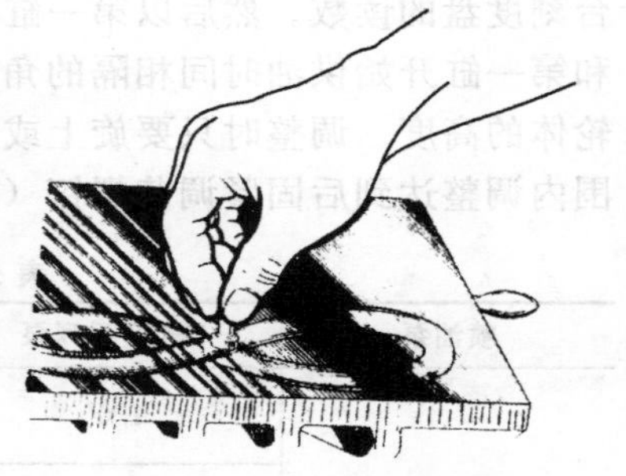

图 5-62　单向阀平面研磨修复

输油泵重新装配后要求输油泵的活塞和顶杆等运动零件，在整个行程中应活动良好，不准有阻滞及卡死现象，压动手油泵应轻便灵活。安装单向阀弹簧时要注意，单向阀弹簧必须准确地嵌在弹簧槽中。

5.3 燃油供给与调速系统的试验和调整

5.3.1 喷油泵和调速器总成的试验和调整

喷油泵和调速器总成的试验一般应在专用的试验台上进行。试验用的柴油为 0 号或 10 号轻柴油（GB 252—87），并必须经过滤清或沉淀。本节主要讲述 B 系列和 B 系列强化喷油泵与调速器总成的试验和调整。

喷油泵试验台上应使用具有相同流量特性的 ZS12SJ1 型标准喷油嘴，其开启压力为 $17.2^{+0.98}_{0}$ MPa（175^{+10}_{0} kgf/cm^2）。

试验用的高压油管，内径为 2mm±0.25mm，长度为 600mm。

试验调整前，先向喷油泵和调速器内注入机油至规定油面高度（即机油平面螺钉的高度）。同时接通进、回、低压燃油管路和高压油管，松开泵体上的放气螺钉（如图 5-63），开动试验台，放净喷油泵内的空气后，再把放气螺钉拧紧，然后将试验台转速开到标定转速运转 15min，各接头处不应有燃油渗漏现象，各运动件应运转正常。

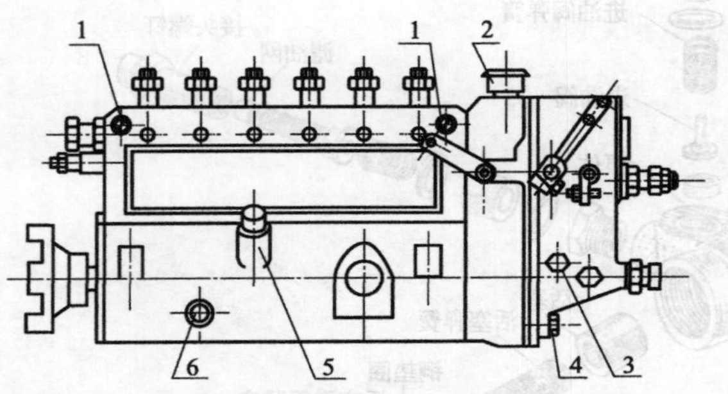

图 5-63　B 系列喷油泵总成的放气螺钉及放油螺钉

1—放气螺钉；2,5—加油口；3—调速器机油平面螺钉；4—放油螺钉；6—喷油泵机油平面螺钉

图 5-64　B 系列喷油泵滚轮体部件高度

1—调节螺钉；2—滚轮体；3—滚轮

试验调整内容及步骤如下。

（1）喷油泵供油时间的调整

① 面对接合器按表 5-3 上规定的凸轮轴转向，慢慢转动凸轮轴，观察与喷油泵第一缸相连接的标准喷油器的回油管孔口，当孔口的油液开始波动的瞬时即停止转动，记录下试验台刻度盘的读数。然后以第一缸为基准，用同样的方法按表 5-3 上的供油顺序测定其他各缸和第一缸开始供油时间相隔的角度，要求与规定角度的偏差不得超过±30′，否则应调整滚轮体的高度。调整时只要旋上或旋下滚轮体上的调节螺钉即可（如图 5-64 所示）。在规定范围内调整达到后固紧调节螺钉（注意：滚轮体部件高度有两种，用于不同机型）。

表 5-3　喷油泵各缸开始供油相隔角度

喷油泵	4 缸 B 系列泵	6 缸 B 系列泵	12 缸 B 系列泵(右)	12 缸 B 系列泵(左)
分泵序号/凸轮轴旋转角度	1/0°	1/0°	1/0°	1/0°
			12/37.5°	4/22.5°
		5/60°	9/60°	9/60°
	3/90°		4/97.5°	8/82.5°
		3/120°	5/120°	5/120°
			8/157.5°	2/142.5°
	4/180°	6/180°	11/180°	11/180°
			2/217.5°	10/202.5°
		2/240°	3/240°	3/240°
	2/270°		10/277.5°	6/262.5°
		4/360°	7/300°	7/300°
			6/337.5°	12/322.5°
凸轮轴转向（从接合器端看）	顺时针	顺时针	顺时针	逆时针

② 调整后检验柱塞与出油阀顶平面的间隙，此间隙应为0.4～1mm。检验时可用厚薄规插入滚轮体上定时调节螺钉与柱塞底平面之间进行测量。

(2) 喷油泵各缸供油量的调整 喷油泵在标定转速和怠速时的供油量，应达到表5-4所规定的数值。否则应按下列方法进行调整：将喷油泵调节齿杆向停止供油的方向拉出，用小旋具松开调节齿轮上的锁紧螺钉，用一根细铁棒插入油量控制套筒的小孔中，轻轻敲击，改变调节齿轮与油量控制套筒的相对位置。如果分泵供油量过多，使它向左转（接合器端）；供油量过少则向右转。调整后仍固紧锁紧螺钉。

表5-4 135基本型柴油机用B系列喷油泵供油量的调整

柴油机型号	燃油系统统代号				标定工况		怠速工况		调速范围	
	喷油泵	调速器	输油泵	喷油器	转速/(r/min)	供油量/(mL/200次)	转速/(r/min)	供油量/(mL/200次)	供油量开始减少转速/(r/min)	停止供油转速/(r/min)
4135G	233G	444	521	761-28F	750	21.5±0.5	250	6～8	≥760	≤800
6135G	229G	436	521	761-28F		20±0.5				
6135G-1	228C	449G	521	761-28I	900	23±0.5			≥910	≤1000
12V135	237G	440	514、515(A)	761-28F		20.5±0.5			≥760	≤800
4135AG	233B	444	521	761-28F	750	28±0.5		7～10		
6135AG	229G	436	521	761-28F		25.5±0.5				
12V135AG	252B	440	514、515(A)	761-28		26±0.5				
12V135AG-1	252C	449	514、515(A)	761-28E	900	24±0.5		6～8	≥910	≤1000
6135JZ	228G	436	521	761-28E	750	32±0.5		6～8	≥760	≤800
6135AJZ	228B	436	521	761-28I		35±0.5		7～10		
12V135JZ	252A	440	514、515(A)	761-28E		33±0.5		7～10		

(3) 调速器停止供油转速（即柴油机最高转速）的调整 将操纵手柄固定在标定转速位置上，使高速限止螺钉与操纵手柄相接触，喷油泵调节齿杆与油量限止螺钉相碰，然后慢慢提高喷油泵凸轮轴的转速到喷油泵供油量开始减少直至停止供油，此时的转速应符合表5-4的规定。否则应调整高速限制螺钉位置以达到要求。

(4) 调速器转速稳定性的检查和调整

① 将操纵手柄固定于标定转速位置，慢慢提高凸轮轴转速，当喷油泵供油量开始减少的瞬间（即调速器的开始作用点），立即保持凸轮轴转速不变，然后仔细观察调节齿轮和调节齿杆，不得有游动现象。

② 当凸轮轴转速为400r/min、250r/min或其他任意转速时，用改变操纵手柄位置的方法，使调节齿杆处于各种不同供油量的位置，此时检查调节齿轮和调节齿杆，使之不得有游动现象。

③ 当柴油机在低速不稳定时，可将低速稳定器缓慢地旋入，直至转速稳定后再固定。出厂的柴油机已调整好，非必要时，用户不要扳动，只有经拆装修理后，才需进行调整，且注意低速稳定器不能旋入太多，以免最低稳定转速过高。

5.3.2 喷油器的试验和调整

喷油器的试验应在专用的试验台上进行（如图5-65所示）。试验台由手压油泵、压力表、油箱和油管等组成。手压油泵的柱塞直径为 9mm，油管内径为 2mm。

图 5-65 喷油器试验台

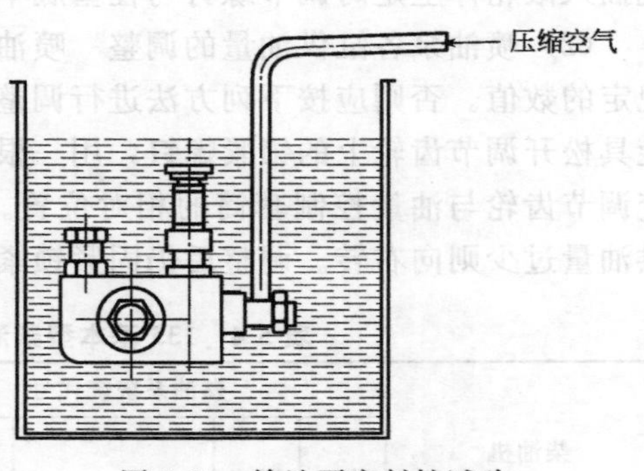

图 5-66 输油泵密封性试验

试验调整内容及步骤如下。

(1) 喷油开启压力的调整 用旋具旋进或旋出喷油器的调节螺钉以调整弹簧的压紧力，达到各型喷油器规定的喷油开启压力，见表 5-5。旋进调节螺钉，喷油开启压力增高，反之则降低，调整后固紧调压螺母。

表 5-5 喷油器和喷油嘴的技术规格

喷油器图号	针阀偶件代号	针阀升程/mm	喷孔数×孔径	喷射压力/MPa(kgf/cm²)	喷射夹角	备注
761-28-000b	3127-10	0.45 ± 0.05	4×0.35	17.2+0.98(175+10)	150°	根据柴油机的型号不同，配用不同规格的喷油器
761-28D-000	3127D-10	$0.30^{+0.05}_{-0.03}$	4×0.37	20.6+0.98(210+10)		
761-28E-000	3127D-10	$0.30^{+0.05}_{-0.03}$	4×0.37	18.6+0.98(191+10)		
761-28F-000	3127D-10	$0.30^{+0.05}_{-0.03}$	4×0.37	17.2+0.98(175+10)		
761-28G-000	3127E-10	$0.30^{+0.05}_{-0.03}$	4×0.35	17.2+0.98(175+10)		
761-28H-000	3127E-10	$0.30^{+0.05}_{-0.03}$	4×0.35	20.6+0.98(210+10)		
761-28I-000	3127E-10	$0.30^{+0.05}_{-0.03}$	4×0.35	18.6+0.98(190+10)		

(2) 喷油嘴座面密封性试验 当试验台上压力表指示值比喷油器喷油开启压力低 2MPa ($20kgf/cm^2$) 时，压动手压油泵，使油压缓慢而均匀地上升。在压油过程中，仔细检查喷油嘴喷孔周围表面被燃油附着的情况。正常的情况允许有轻微湿润但不得有油液积聚的现象。否则要清理喷油嘴，或研磨密封锥面再行试验。

(3) 喷油嘴喷雾试验 以每秒 1～2 次的速度压动手泵进行喷雾试验，其试验结果应符合下列要求。

① 喷出燃油应成雾状，分布均匀且细密，不应有明显的飞溅油粒、连续的油珠或局部浓稀不均匀等现象。

② 喷油开始和终了应明显，并且有特殊清脆的声音。

③ 喷孔口不许有滴油现象，但允许有湿润。

④ 雾束方向的锥角约为 15°～20°。

5.3.3 输油泵的试验

试验内容及步骤如下。

(1) 密封性试验 拧紧手泵，堵住出油口，把输油泵浸在清洁的柴油中（如图 5-66 所示)，以0.3MPa（3kgf/cm^2）的压缩空气通入进油口，观察进出油接头处、活塞弹簧紧座、手泵等结合面的密封情况，不许有冒气泡的现象。顶杆偶件处只允许有少量、细小的气泡溢出。

（2）性能试验

① 将输油泵装在高压油泵试验台上，接好进出油管（内径为6～8mm)。输油泵进油孔中心高出油箱液面的距离为1m。以每秒2～3次的速度上下压动手泵，在0.5min内柴油应从出油口处流出。

② 将手泵拧紧固定，当试验台转速为150r/min时，在0.5min内应能开始供油。标定转速时的供油量符合表5-4规定的范围。

③ 将出油管路关闭，各连接密封处及输油泵外壳不允许有渗漏现象。此时，输油泵出油口压力不能低于0.17MPa（1.7kgf/cm^2）。

5.4 燃油供给与调速系统常见故障检修

柴油机在运行过程中，发生故障的最常见部位就是燃油供给及其调速系统。柴油机燃油供给及其调速系统主要包括喷油泵、喷油器、输油泵和调速器等。无论上述哪个部件出现故障，柴油机就不能正常工作，在外观上表现出一种或几种故障现象。

5.4.1 喷油泵的故障

5.4.1.1 喷油泵柱塞与套筒磨损

柱塞与套筒的磨损主要是柴油中杂质的作用以及高压柴油冲刷所造成。其常见的磨损部位是柱塞顶部与螺旋边的中间部分和套筒的进、出油孔附近。磨损后表面呈阴暗色。柱塞与套筒磨损的具体原因如下。

① 使用的柴油既没有过滤也没有经过沉淀，以致柴油内含杂质较多。

② 柴油滤清器不起滤清作用。因此对于过脏的滤芯在无法洗净时，应更换新件。

③ 柴油牌号选用不对，如气温高时使用了黏度过小的柴油，或气温低时使用了黏度过大的柴油，使柱塞与套筒润滑不良。

④ 柱塞偶件（柱塞与套筒的组合件）在喷油泵体中安装得不垂直，也易使其磨损。造成此原因多系垫片不平或柱塞套筒定位螺钉拧得过紧所引起的。

⑤ 喷油嘴或出油阀卡住在关闭位置。这样在喷油器喷油压力过高的情况下，柱塞仍继续泵油，致使把柱塞顶坏（这时喷油泵柱塞会顶得发响）。

柱塞与套筒磨损后，在压油时，套筒的油孔就关闭不严，部分柴油就会从磨损的沟槽中压回油道（漏油)，使供油压力降低，供油量减少，供油开始时间延迟、切断时间过早。最终导致喷油雾化不良，柴油机常常在空载运转或低负荷时就冒烟，在怠速时容易熄火，甚至因供油压力过低而打不开喷油嘴针阀，无法启动，并且容易使喷油嘴产生积炭和胶黏现象。

由于柱塞与套筒的磨损，往回漏油，使供油量减少，特别在柴油机怠速运转时，由于漏油时间长，漏油数量大，柴油机转速因而下降，而此时喷油泵调速器的作用使油量增加，又提高了转速，此时漏油又减少，柴油机转速便更加提高，调速器便又使油量减少，柴油机转速又随之下降，漏油又增加，柴油机转速更下降，调速器便又使柴油机转速提高，如此反复结果造成柴油机转速忽高忽低。

检查柱塞与套筒的磨损情况可用以下两种方法：①可将喷油器喷油压力调整到200kgf/cm^2，与被检查的一组柱塞偶件相连，用旋具撬动喷油泵弹簧座，做泵油动作，或用启动机带动柴油机，若喷油器不喷油，则说明该柱塞偶件已磨损，需更换。②对于分体式喷油泵而言，先把调速供油手柄放在供油位置，然后提手泵把泵油，若喷油泵喷出的燃油不能打在气缸盖上，说明柱塞与套筒磨损；对于组合式（整体式）喷油泵而言，先把调速供油手柄放在供油位置，然后用旋具敲柱塞弹簧，查看喷油泵的出油情况即可。

5.4.1.2　出油阀磨损

出油阀密封锥面的磨损是由于出油阀在起减压作用时，出油阀弹簧与高压油管中高压油的残余压力，促使阀芯向阀座密封锥面撞击，同时与柴油中杂质（磨料）的作用所造成。减压环带与座孔的磨损主要是柴油中杂质的作用所造成。

出油阀密封锥面磨损后，会使其失去密封性，造成高压油管中不规律地往回漏油，从而使高压油管中的剩余压力降低且不稳定，使供油量减少甚至不供油，使各缸（对多缸机而言）或每缸本身工作不均匀，特别是低速时更为显著。同时还会使喷油时间滞后，这是因为下一次与上一次喷油相比，要有较多的时间，先要提高油管中降低了的剩余压力，再提高到喷油时的压力之故。

减压环带与座孔磨损后，会使两者的配合间隙加大，阀芯在供油过程的升程减小，卸载过程中减压效果降低，因而使喷油间隔内油管中的剩余压力提高，从而使建立喷油器开启压力的时间提前（即喷油时间提前）；与此同时，喷油器的供油量增加，使其断油不干脆，雾化质量下降，形成二次喷射和滴油，柴油机工作粗暴。

出油阀的密封程度可利用输油泵中的手油泵来检查：此时，需使喷油泵的柱塞位于下端位置（该气缸处于进气或排气冲程），使柱塞上方空间与进油道相通，并拆去高压油管，然后用手压动手油泵，若此时出油阀处有油溢出，则说明出油阀密封不严。如果柴油机上没有带输油泵（如 2105 柴油机），可利用柴油自流进入进油道，静等 1min 左右，见出油阀处有无油溢出，若有，说明出油阀密封不严。

如果出油阀有污物垫起而使其密封不严，可用汽油清洗干净后装复使用。如果出油阀锥面因磨损密封不严，则可在锥面上稍涂以氧化铬和机油研磨即可。研磨后，用汽油洗净，经过研磨的表面，需无沟痕和弧线，密封应严密。磨损严重则应更换。如果减压环带磨损过度，则表面成阴暗色，仔细看（或放大）有沟槽，则应更换。

5.4.1.3　喷油泵不供油

喷油泵不供油的原因主要包括以下几个方面。

① 油箱中无油或油开关未打开。

② 柴油滤清器堵塞。

③ 油路中存有大量空气。

④ 喷油泵柱塞弹簧折断。

⑤ 柱塞偶件（柱塞与柱塞套筒）过度磨损。

⑥ 柱塞卡住。

⑦ 柱塞的螺旋槽位置装错。

⑧ 出油阀磨损过度或出油阀有污物垫起。

⑨ 出油阀弹簧折断或弹力减弱。

⑩ 出油阀与柱塞套筒的平面接触不严（如有杂质），导致柴油从接触面的缝隙中泄漏掉，顶不开出油阀而造成喷油泵不供油。

⑪ 出油阀垫破裂。

如果是各缸均不供油，则柴油机根本不能工作。如果是个别缸不供油，则柴油机启动困难，就是启动了，工作也不平稳。

发现此故障后，首先检查柴油箱是否有柴油，油箱开关是否打开，油箱的通气孔是否堵塞。然后，旋开柴油滤清器和喷油泵的放气螺钉，用手油泵泵油或靠柴油的重力自流（视不同的机型而定）。如在放气螺钉处流出的柴油中夹有气泡，说明油路中已有空气漏入，应查明原因，是由于油箱内的柴油不足，还是油管接头松动或油管破裂及各密封垫不严密。排除故障后，继续用手油泵泵油或靠柴油的重力自流，至柴油中不夹气泡为止。然后旋紧放气螺钉及手油泵。如果在用手油泵泵油或靠柴油的重力自流时，觉得来油不畅，说明低压油路有堵塞之处，应检查柴油滤清器及低压油路是否堵塞，如果低压油路中有漏油之处也会引起来油不畅。若经检查均属良好，则故障就在输油泵内部，应拆卸检查。若输油泵也没有问题，则故障在喷油泵上。对组合式喷油泵而言，这时可将喷油泵侧盖卸下，将油门手柄放在停止供油位置，用旋具撬动喷油泵柱塞弹簧座，做泵油动作，检查柱塞弹簧是否折断，柱塞是否卡住。同时，也应检查调节齿圈的螺钉是否松脱，而引起供油量改变。若经检查均属良好，这时需检查柱塞偶件的磨损程度和出油阀的密封性。

5.4.1.4 喷油泵供油量过少

喷油泵供油量过少的主要原因如下。

① 喷油泵内有空气或油管接头松动漏油。

② 进油压力过低。如输油泵供油量不足；喷油泵中回油阀弹簧过弱；柴油滤清器堵塞等都会造成进油压力过低。

③ 柱塞调整得供油量过小（即调节齿圈与齿条相对位置不对），或调节齿圈的锁紧螺钉松动而位移，使供油量过小。

④ 柱塞偶件磨损过度。

⑤ 出油阀密封不严。出油阀密封不严主要是由出油阀过度磨损、有杂质进入油泵内以及出油阀弹簧弹力减弱所致。

⑥ 调速器内限制齿条最大油量的调整螺钉调整过小或油门手柄限制螺钉调整过小。

供油量过少会使柴油机启动困难，功率不足。

发现此故障后，首先检查燃油系统中有无空气和油管接头有无松动漏油现象。若这些方面没有问题，再检查柴油滤清器及低压油路是否堵塞；输油泵供油情况；回油阀弹簧（此弹簧在喷油泵回油管接头处）是否过弱等。经检查，均属良好，可将喷油泵的侧盖卸下，检查调节齿圈的锁紧螺钉是否松脱而位移，或调节的供油量过小。如无此现象，再检查出油阀的密封性、柱塞的磨损程度、最大油量调整螺钉以及油门手柄限制螺钉等。

5.4.1.5 喷油泵供油量过多

喷油泵供油量过多的主要原因在于以下几方面。

① 喷油泵柱塞调整的供油量过大，或是调节齿圈锁紧螺钉松脱而使调节齿圈位移，导致喷油泵供油量过大。

② 调速器内限制齿条最大油量的调整螺钉调整过大或油门手柄限制螺钉调整过大。

③ 调速器中的机油过多，使供油量也会增多，并导致“飞车”。

供油量过多时，会使燃油消耗量增加，燃油燃烧不完全，柴油机排气冒黑烟，燃烧室内严重积炭，加速气缸、活塞和活塞环的磨损，甚至使柴油机出现过热和“敲缸”现象。

根据排烟情况，判断出供油量过多时，可将喷油泵侧盖打开，检查调节齿圈锁紧螺钉是否松脱而使齿圈位移，引起供油量过多。若锁紧螺钉没有松脱，应检查是否在调整时，将供油量调整过大。此时应检查调速器中机油量，限制最大油量调整螺钉及油门手柄的限制螺钉等。值得注意的是，对于组合式的喷油泵而言，调整其各缸的供油量、最大供油量、两缸间的供油间隔以及油门手柄限制螺钉等均应在专用的喷油泵试验台上进行，不能光凭经验自行调整，否则容易导致“飞车”事故的发生。

5.4.1.6 喷油泵供油量不均匀（即指喷油泵供向各缸的油量不一致）

喷油泵供油量不均匀的主要原因有以下几方面。

① 各柱塞和套筒磨损不一致或个别柱塞弹簧折断。

② 个别出油阀关闭不严。

③ 个别调节齿圈安装不当或锁紧螺钉松脱而位移。

④ 各挺柱滚轮或凸轮磨损不一致，使供油不均。

⑤ 喷油泵内混入空气，使个别缸供油不足，造成柴油机工作不平稳。

供油量不均匀会使柴油机工作不平稳，功率下降，排气管周期地间断冒黑烟。

检查方法一般运用断缸法：对单体式喷油泵柴油机而言，把某一缸的手泵把提起，使某一缸不工作，看频率表下降的程度，看各缸不工作时，频率下降是否一致，若不一致就说明各缸喷油泵供油不均匀。对组合式喷油泵而言，比如135系列柴油机，断缸的方法是用一个大旋具把某一缸的柱塞弹簧顶起即可，检查方法与单体式喷油泵是一样的，也就是说看频率表下降的程度，各缸是否一致。

5.4.1.7 供油时间过早或过晚

（1）供油时间过早　供油时间过早的原因：①联轴器的连接盘固定螺钉松动而位移（此原因会使总的供油时间过早）；②喷油泵挺柱上调整螺钉调整不当或走动；③个别出油阀关闭不严。

当供油时间过早时，气缸内发出有节奏的清脆的“当、当”的金属敲缸声，启动困难，柴油机工作不柔和、功率不足、排气冒白烟并有“生油”味，低速时容易停车。

检查时可卸下第一缸高压油管，转动曲轴，注意观察喷油泵上出油阀紧座中的油面，在油面刚刚波动的瞬间，从飞轮上的供油定时刻线和飞轮壳上记号，看柴油机的喷油提前角是否符合规定。若不符合，应重新调整。有必要时再逐缸检查。

（2）供油时间过晚　供油时间过晚的原因：①联轴器的连接盘固定螺钉松动而位移；②喷油泵挺柱上调整螺钉调整不当或走动；③喷油泵驱动齿轮、挺柱、凸轮、柱塞与套筒等磨损过大等。

喷油时间过晚时，柴油机启动困难，启动后气缸内发出低沉不清晰的敲击声，柴油机的转速不能随着油门加大而提高，机温高、功率下降、油耗增加、冒黑烟。其检查方法与检查供油时间过早的方法相同。

5.4.2 调速器的故障

（1）转速不稳　转速不稳的主要原因：①各缸供油量不一致；②喷油嘴喷孔堵塞或滴油；③调速器拉杆横销松动；④柱塞弹簧断裂；⑤出油阀弹簧断裂；⑥飞铁磨损。

（2）怠速转速不能达到　怠速转速不能达到的主要原因：①油门手柄未放到底；②飞锤有轻微卡住；③弹簧座卡住；④调节齿圈和齿条有轻微卡住。

（3）“游车”（调速器拉杆往复幅度大而频繁）“游车”的主要原因：①调速弹簧久用变形；②飞锤销孔磨损松动；③油泵调节齿圈和齿条配合不当；④飞锤张开和收拢距离不一致；⑤齿条销孔和拉杆与拉杆销子配合间隙太大；⑥调速器壳支座上的滚珠轴承孔或喷油泵滚珠轴承座孔松动，使喷油泵凸轮轴游动间隙过大。

（4）飞车　飞车的主要原因：①柴油机转速过高（如改变了限制最高供油量的铅封）；②调速弹簧折断；③齿条和拉杆连接的销子脱落；④拉杆与拉杆连接的销子脱落；⑤飞锤卡住；⑥调速器壳内机油加入过多；⑦（喷油泵）齿条卡住使供油量处最大位；⑧（喷油泵）

柱塞装错使供油量大。

5.4.3 喷油器的故障

5.4.3.1 喷油器的磨损

喷油器（以轴针式为例）经常发生磨损的部位是密封锥面、轴针、导向部分及起雾化作用的锥体（倒锥体）等。

密封锥面（针阀锥面与针阀体锥面）的磨损是由于喷油器弹簧的冲击与柴油中杂质的作用所致。磨损后使锥面密封环带接触面加宽、锥面变形、光洁程度降低，其结果造成喷油嘴滴油，喷孔附近形成积炭，甚至堵塞喷孔。滴油严重的喷油嘴，在工作中还会出现断续的敲击声，柴油机工作不均匀，排气冒黑烟等。

轴针与喷孔配合部分的磨损是由于高压柴油夹带的杂质冲刷所致。磨损后使轴针磨成锥形（靠近喷孔头部磨损大些），喷孔扩大，喷油声音变哑。其结果造成喷雾质量不好，喷油角度改变。使柴油燃烧不完全，柴油机排气冒黑烟，并在喷孔附近、活塞及燃烧室内形成大量的积炭，同时柴油机功率下降。

导向部分的磨损是由于柴油带入杂质的作用所致。磨损后使导向部分磨成锥形（下端磨损大）。其结果使喷油器的回油量增多，供油量减少，喷油压力降低，喷油时间延迟。最终导致柴油机启动困难（因为启动时转速低，柱塞供油时间增长，而大大地增加了回油），不能全负荷工作（因为它得不到全负荷的油量）。由于回油，造成喷油压力降低使喷油雾化不良，滴油和招致积炭，进而造成密封锥面密封不良等后果。起雾化作用的锥体的磨损一般较慢，它的磨损是由于柴油（夹带杂质）的射流冲击所致。因为射流的冲击打在锥体的中部，所以锥体的中部磨损较大，这样便使喷雾锥角增大，柴油射程缩短，而被喷到燃烧室壁上，形成油膜，不能及时完全地燃烧，造成与滴油情况相似的不良后果。

如密封锥面和针阀导向部分用眼睛能察觉出伤痕，说明零件表面已有磨损。针阀导向部分如有暗黄色的伤痕时，表明针阀过热变形而拉毛。当密封锥面仅有轻微磨损时，可研磨修复。当喷孔边缘破碎时，就必须更换。

5.4.3.2 喷油嘴卡住

喷油嘴卡住的主要原因如下。

① 喷油器与气缸盖上的喷油器安装孔间的铜垫不平，密封不严；喷油器安装歪斜，在工作中漏气，使喷油嘴局部温度过高而烧坏。为此，喷油器安装到气缸盖上去时，要注意将固定喷油器的两个螺母分两到三次均匀地拧紧，并拧到规定力矩，不要用力过小或过大。不使喷油器歪斜，紫铜垫圈要平整、完好，更不要漏装以防漏气。但这个密封紫铜垫圈只能安装一个，多装了就改变了喷油嘴装入的深度，使喷射的柴油与空气混合不良，冒黑烟。

② 喷油器没有定期保养和调整喷油压力。

③ 喷油嘴内由于柴油带进来的杂质或积炭而使针阀卡住。

④ 喷油嘴针阀锥面密封不严，渗漏柴油。当其端面因渗漏柴油而潮湿时，就可能引起表面燃烧。燃烧的热量直接影响喷油嘴，从而使喷油嘴烧坏。

⑤ 柴油机的工作温度过高，也能使针阀卡住。

针阀如果在开启状态时卡住，则喷油嘴喷出的柴油就不能雾化，也不能完全燃烧。此时就会有大量冒黑烟现象发生。未燃烧的柴油还会冲到气缸壁上稀释机油，加速其他机件的磨损。如果针阀在关闭状态卡住，喷油泵的供油压力再大，也不能使针阀打开，那么这个气缸就不能工作。总之，不管针阀是在开启状态卡住，还是在关闭状态卡住，都会使柴油机工作不均匀，并使功率显著下降。

针阀在关闭状态卡住时，还会在燃烧系统中产生高压敲击声。这时可根据喷油泵发响的位置，利用停止供油的方法检查，或立即停止运转检查，以免顶坏喷油泵的机件。

喷油嘴卡住后不一定全部报废。有时用较软的物体（如木棒等）除去针阀上的积炭，并用机油进行适当的研磨后，仍可继续使用。若喷油嘴卡住后拔不出来，可将喷油嘴放入盛有柴油的容器内，并将其加热至柴油沸腾开始冒烟时为止。然后将喷油嘴取出，夹在虎钳上用一把鲤鱼钳（钳口应包块铜皮等软物）夹住针阀用力拔，一面拔，一面旋转，反复多次即可将喷油嘴针阀拔出。

如果需更换新的喷油嘴时，应把新的喷油嘴放在80℃的柴油里煮几十分钟，等喷油嘴偶件内的防锈油溶解后，再用清洁柴油清洗。如果只清洗而不煮，就不能完全洗净喷油嘴偶件内的防锈油，工作时容易使针阀积炭、胶结甚至卡住。

5.4.3.3 喷油很少或喷不出油

喷油很少或喷不出油的原因主要在于：①由于柴油不清洁或积炭，使喷油嘴堵塞，而不能喷油，这时应用粗细合适的铜丝疏通喷孔和油道，并用压缩空气吹净；②油路中有空气、燃油系统漏油严重、喷油泵工作不正常等都会引起不喷油或喷油很少；③喷油压力调得过大，针阀与针阀体配合太松，针阀卡住等都会使喷油嘴不喷油。

喷油很少或不喷油对柴油机的影响与前述供油过少或不供油相同。

检查的方法是用启动机启动一下柴油机（对可用手摇启动的柴油机而言，用摇手柄转动曲轴即可），将油门放在供油位置，将手放在高压油管上面或仔细倾听，如高压油管中有脉动或喷油嘴和高压油管内发出的“咣、咣”声音，表示喷油嘴有油喷出；如无脉动或响声，则证明喷油器有故障。

5.4.3.4 喷油质量不好

喷油质量不好包括：喷油嘴雾化不良，喷雾形状不对，不能迅速停止喷油（停止后仍有滴油现象）等。

（1）雾化不良的原因

① 调整喷油压力的弹簧弹力减弱或折断，使喷油压力过低。

② 喷孔磨损、积炭堵塞或烧坏。

③ 针阀与针阀体密封不严。

④ 有积炭将针阀卡住，或由于过热使针阀咬在打开的位置上而雾化不良。

（2）喷雾形状不对的原因

① 喷油嘴的喷孔和轴针磨损不均或喷孔处有积炭。

② 喷油压力过大或过小。

（3）不能迅速停止喷油（滴油）的原因

① 调整喷油压力的弹簧弹力减弱或折断，使喷油压力过低。

② 针阀与针阀体不密封。

③ 针阀被积炭胶住或卡住在打开的位置。

④ 出油阀关闭不严或出油阀减压环磨损。

喷油质量不好使混合气形成不好，燃烧不完全，致使柴油机启动困难、启动后输出功率下降、耗油量增加、转速不稳、柴油漏入曲轴箱中冲稀机油、排气冒黑烟、低速时容易使柴油机停车，有时还产生敲击声。

检查的方法是：在柴油机运转过程中，采用断缸法（用旋具顶起某一缸的柱塞弹簧），如某缸经停止供油后，机器运转无变化，但排黑烟减少，即该缸喷油质量不好。应将该缸喷油器卸下，放在喷油器实验台上进行检查，或将喷油器卸下后，在外面仍接在本柴油机喷油泵的高压油管上，将喷油泵侧盖卸下，用旋具撬动柱塞弹簧座，做泵油动作，检查喷油嘴喷油情况。若喷油质量不好，应将喷油器拆散检查和调整，拆散时应先放在汽油中浸润后拆散，再放在木块上磨去积炭。磨损过大的喷油嘴应更换。

5.4.3.5 喷油压力过高或过低

(1) 喷油压力过高的主要原因

① 调压弹簧压力调整过大。

② 针阀粘在针阀体内。

③ 喷孔堵塞。

(2) 喷油压力过低的原因

① 调压弹簧压力调整过小或折断。

② 调压螺钉松动。

③ 针阀导向部分与针阀体间隙过大或针阀锥面密封不严。

④ 喷油嘴与喷油器体接触面密封不严。

这时应进行相应的调整和修理。喷油器喷油压力在各机说明书中都有明确规定，不应随便调整得过高或过低，否则将造成柴油机各缸工作不均匀、功率下降甚至导致燃烧室及活塞等零件的早期磨损。一般来说，喷油压力如果调整过低将使得喷油的雾化情况大大变坏，柴油消耗量增加，不易启动。即使启动后排气管也会一直冒黑烟，喷油嘴针阀也易积炭。喷油压力调整过高也不好，此时往往易引起机器在工作时产生敲击声，并使功率下降，同时也容易使喷油泵柱塞偶件及喷油器早期磨损，有时还会把高压油管胀裂。

5.4.4 输油泵的故障

输油泵故障的外在表现为供油量不足或不供油。

(1) 故障现象　输油泵供油量不足，将引起柴油机不能在全负荷状态下工作，或者只能在空载情况下运转。输油泵不供油，将导致柴油机不能启动。

(2) 故障原因

① 输油泵进、出油阀关闭不严，进、出油阀弹簧弹力不足或折断等。

② 输油泵活塞磨损过度、活塞卡住、活塞弹簧折断、活塞拉杆卡住等。

③ 进油管接头松动或油箱的油量不足。

④ 手油泵关闭不严而使空气窜入，影响吸油效果（所以手油泵用后应将手柄旋紧）。

⑤ 吸油高度太高（油箱与输油泵的高度相差不能超过 1m）。

⑥ 输油泵进油滤网堵塞。

(3) 处理方法　如果输油泵活塞磨损过度或弹簧折断，应予以更换；如有油污而卡滞，可用汽油清洗后装复使用。塑料进、出油阀磨损过甚或歪斜，与阀座密合不严时，可将进、出油阀与阀座进行研磨，恢复其密封性。若装用新进、出油阀，也应进行研磨。塑料出油阀由于吸进来的硬砂粒粘在阀的平面上而不密封时，可将其放在油石上磨平。出油阀弹簧折断，应予以更换。手油泵活塞（不装橡胶密封圈的）磨损过度时，应予以更换。有一种手油泵在活塞上装有橡胶密封圈，当橡胶密封圈磨损或损坏，也会引起漏气、漏油或停止供油，用手油泵泵油时，感到松动，一点抽力都没有，根本泵不上油来，这时应更换橡胶密封圈。如果密封圈只是磨损，没有损坏，在材料缺乏的情况下，可根据活塞上的槽沟宽度，用约 0.10mm 厚（根据情况选择厚度）的铜皮，剪成一圈，围在活塞槽沟内，再套上旧橡胶密封圈装复使用。

5.5 PT燃油系统及其常见故障检修技能

PT燃油系统是美国康明斯发动机公司（Cummins Engine Company）的专利产品。与一般柴油机的燃油系统相比，PT燃油系统在组成、结构及工作原理上都有其独特之处。目前，国内的柴油发电机组、船用柴油机、中型卡车以及其他工程机械已经大量采用康明斯发动机和PT燃油系统。

5.5.1 PT燃油系统的构造与工作原理

5.5.1.1 PT燃油系统的基本工作原理

PT燃油系统通过改变燃油泵的输油压力（Pressure）和喷油器的进油时间（Time）来改变喷油量，因此，把它命名为“PT燃油系统”或“压力-时间系统”。

由液压原理可知，液体流过孔道的流量与液体的压力、流通的时间及通道的截面积成正比。PT燃油系统即根据这一原理来改变喷油量。该系统的喷油器进油口处设有量孔，其尺寸经过选定后不能改变。燃油流经量孔的时间则主要与柴油发动机的转速有关，随转速升降而变化。因此，改变喷油量主要通过改变喷油器进油压力来达到。

5.5.1.2 PT燃油系统的组成

PT燃油系统的组成如图5-67所示。其中齿轮式输油泵3、稳压器4、柴油滤清器5、断油阀7、节流阀14及调速器6、16等组成一体，并称此组合体为PT燃油泵。一般汽车上只装PTG两极式调速器16，而在工程机械（如发电机组）或负荷变化频繁的汽车上加装的有机械可变转速全程式调速器（MVS）、可变转速全程式调速器（VS）或专用全速调速器（SVS）。当只装PTG两极调速器时，节流阀14与调速手柄（或汽车加速踏板）连接，调节调速手柄（或踩汽车加速踏板）可以使节流阀旋转，从而改变节流阀通过的截面积。若加装MVS、VS或SVS全程式调速器，则节流阀保持全开位置不动，MVS、VS或SVS调速器在PTG调速器不起作用的转速范围内起调速作用。

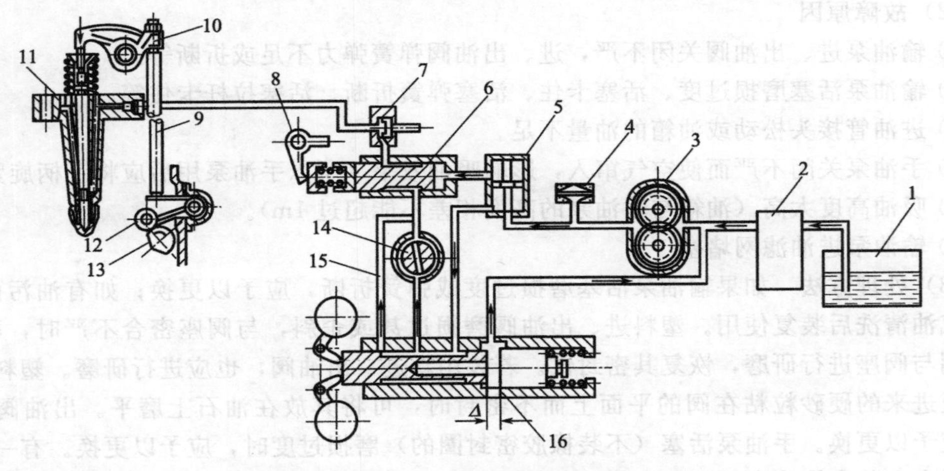

图5-67 PT燃油系统的组成

1—柴油箱；2,5—柴油滤清器；3—齿轮式输油泵；4—稳压器；6—MVS调速器；7—断油阀；8—调速手柄；9—喷油器推杆；10—喷油器摇臂；11—喷油器；12—摆臂；13—喷油凸轮；14—节流阀；15—怠速油道；16—PTG调速器

当发动机工作时，柴油被齿轮式输油泵3从柴油箱1中吸出，经柴油滤清器2滤除燃油中的杂质，再经稳压器4消除燃油压力的脉动后，送入柴油滤清器5。经过滤清的柴油分成

两路，一路进入PTG两极式调速器和节流阀，另一路进入MVS（VS、SVS）全程式调速器。其压力经过调速器和节流阀调节后，经断油阀7供给喷油器11。在喷油器内柴油经计量、增压然后被定时地喷入气缸。多余的柴油经回油管流回柴油箱。喷油器的驱动机构包括喷油凸轮13、摆臂12、喷油器推杆9和喷油器摇臂10。喷油凸轮与配气机构凸轮共轴。电磁式断油阀7用来切断燃油的供给，使柴油机停转。

5.5.1.3 PT燃油泵

PT燃油泵有PT（G型）和PT（H型）两种型式。后者与前者的区别是流量较大，并附有燃油控制阻尼器以控制燃油压力的周期波动。这里主要介绍PT（G型）燃油泵。

PT（G型）燃油泵主要由以下四部分组成。

① 齿轮式输油泵：从柴油箱中将油抽出并加压通过油泵滤网送往调速器。

② 调速器：调节从齿轮式输油泵流出的燃油压力，并控制柴油机的转速。

③ 节流阀：在各种工况下，自动或手动控制流入喷油器的燃油压力（量）。

④ 断油阀：切断燃油供给，使柴油机熄火。

由此可知：PT燃油泵在燃油系统中起供油、调压和调速等作用。即在适当压力下将燃油供入喷油器；在柴油机转速或负荷发生变化时及时调节供油压力，以改变供油量满足工况变化的需要；调节并稳定柴油机转速。PTG-MVS燃油泵的构造如图5-68所示。

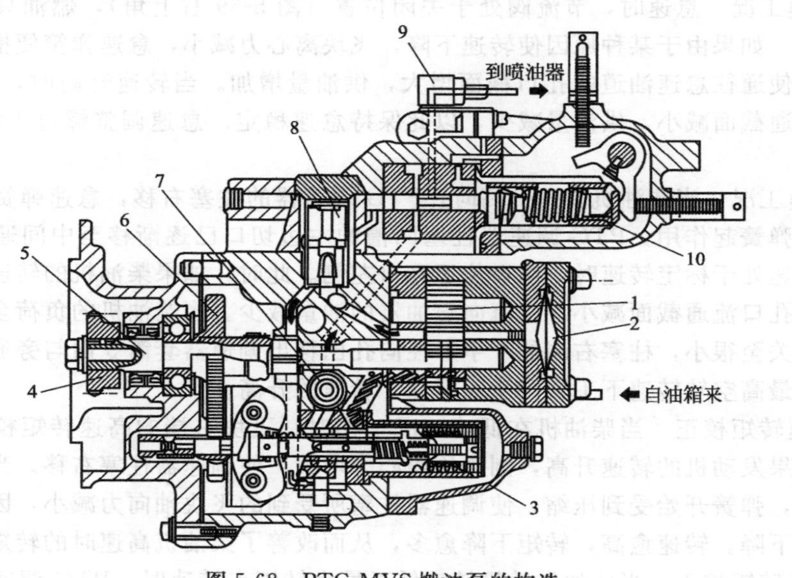

图5-68 PTG-MVS燃油泵的构造

1—输油泵；2—稳压器；3—PTG调速器；4—主轴传动齿轮；5—主轴；6—调速器传动齿轮；7—节流阀；8—柴油滤清器；9—断油阀；10—MVS调速器

（1）PTG两极式调速器　PTG两极式调速器的工作原理如图5-69所示。调速器柱塞6可在调速器套筒5内作轴向移动，也可通过驱动件和传动销使其旋转。柱塞的左端受到飞块离心力的轴向推力，右端则作用有怠速弹簧8与高速弹簧9的弹力。

调速器套筒上有三排油孔，与进油口12相通的为进油孔，中间一排孔通往节流阀，左边一排则通怠速油道15。

在调速器柱塞右端有一轴向油道，并通过径向孔与进油孔相通。柴油机工作时，进入调速器的柴油，少部分经节流阀14或怠速油道15流向喷油器。大部分则通过调速器柱塞的轴向油道推开怠速弹簧柱塞7，经旁通油道11流回齿轮泵的进油口。在飞块3的左端和右端

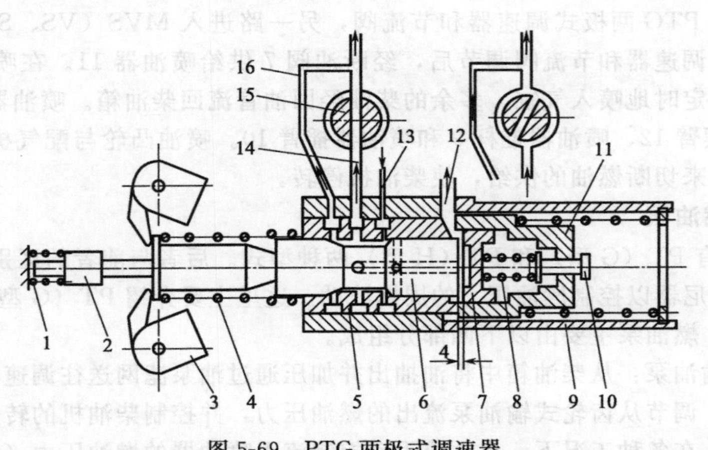

图 5-69 PTG 两极式调速器

1—低速转矩控制弹簧；2—飞块助推柱塞；3—飞块；4—高速转矩控制弹簧；5—调速器套筒；6—调速器柱塞；7—怠速弹簧柱塞（按钮）；8—怠速弹簧；9—高速弹簧；10—怠速调整螺钉；11—旁通油道；12—进油口；13—节流阀通道；14—节流阀；15—怠速油道；16—套筒

分别设有低速转矩控制弹簧 1 和高速转矩控制弹簧 4。PTG 两极式调速器的工作原理如下。

① 怠速工况　怠速时，节流阀处于关闭位置（图 5-69 右上角），燃油只经过怠速油道流往喷油器。如果由于某种原因使转速下降，飞块离心力减小，怠速弹簧便推动调速器柱塞向左移动，使通往怠速油道的孔口截面增大，供油量增加。当转速升高时，PTG 调速器柱塞右移，流通截面减小，供油量减少，以此保持怠速稳定。怠速调整螺钉 10 用于改变怠速的稳定转速。

② 高速工况　当柴油机转速升高时，PTG 调速器的柱塞右移，怠速弹簧被压缩，这时主要由高速弹簧起作用，PTG 调速器柱塞凹槽的左边切口已逐渐移至中间通往节流阀的孔口处。当转速处于标定转速时，切口位于孔口左侧。此时，如果柴油机的转速增高，则柱塞继续右移，孔口流通截面减小，使流向喷油器的油量减少。当柴油机的负荷全部卸去时，则孔口的截面关至很小，柱塞右端的十字形径向孔已移出调速器套筒 5 而与旁通油道 11 相通，柴油机处于最高空转转速下工作，从而限制了转速的升高。

③ 高速转矩校正　当柴油机在低速工况工作时，飞块右端的高速转矩校正弹簧处于自由状态。如果发动机的转速升高，则飞块离心力增大，使调速器柱塞右移。当转速超过最大转矩转速时，弹簧开始受到压缩，使调速器柱塞所受到的飞块轴向力减小，因而燃油压力也减小，转矩下降。转速愈高，转矩下降愈多，从而改善了柴油机高速时的转矩适应性。

④ 低速转矩校正　当柴油发动机转速低于最大转矩点转速时，PTG 调速器的柱塞向左移动，压缩低速转矩校正弹簧，调速器柱塞增加了一个向右的推力，使燃油压力相应增大，供油量增加，柴油机转矩上升，从而减缓了柴油机低速时转矩减小的倾向，提高了低速时转矩的适应性。

（2）节流阀　PT 燃油泵中的节流阀是旋转式柱塞阀，除怠速工况外，燃油从 PTG 调速器至喷油器都要流经节流阀。它用来调节除怠速和最高转速以外各转速的 PT 燃油泵的供油量。怠速和最高转速的供油量由 PTG 调速器自动调节。通过操纵手柄（或踩踏加速踏板）来转动节流阀，以改变节流阀通过断面，达到改变供油压力和 PT 燃油泵供油量的目的。

（3）MVS 及 VS 调速器　在工程机械（如发电机组、推土机用）柴油机上，其 PT 燃油系统的 PT 泵内除了 PTG 两极式调速器外，还装有 MVS 或 VS 全程式调速器。它可使柴油机在使用人员选定的任意转速下稳定运转，以适应工程机械工作时的需要。

① MVS调速器　MVS调速器在PT泵油路中的位置如图5-67和图5-68所示。图5-70为MVS调速器的结构示意图。其柱塞的左侧承受来自输油泵并经柴油滤清器柴油的压力作用，此油压随柴油机转速的变化而变化。柱塞右侧与调速器弹簧柱塞相接触而承受调速弹簧（包括怠速弹簧和调速器弹簧）的弹力。

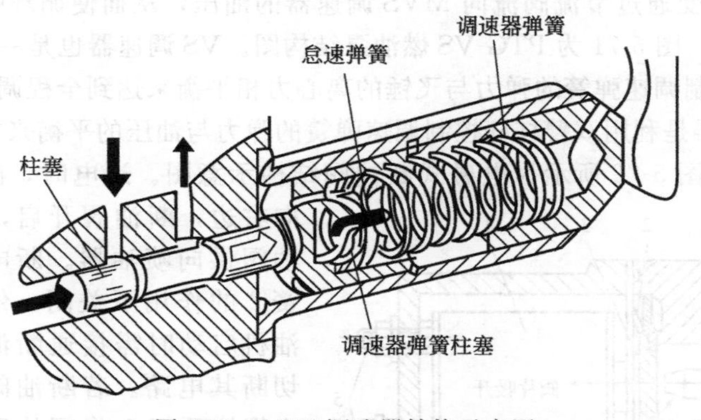

图5-70　MVS调速器结构示意图

当PT泵的调速手柄处于某一位置时，其下的双臂杠杆便使MVS调速弹簧的弹力与柱塞左侧的油压相平衡，使柴油机在该转速下稳定工作。当柴油机的负荷减少而使其转速上升时，则柱塞左侧的油压随之增大，于是柱塞右移，来自节流阀的柴油通道被关小，使PT泵的输出油压下降，喷油泵的循环喷油量也随之减小，以限制柴油机转速的上升；反之，当柴油机的负荷增加而使其转速下降时，则调速弹簧的弹力便大于柱塞左侧的油压，柱塞左移，来自节流阀的柴油通道被开大，使PT泵的输出油压上升，喷油泵的循环喷油量也随之增

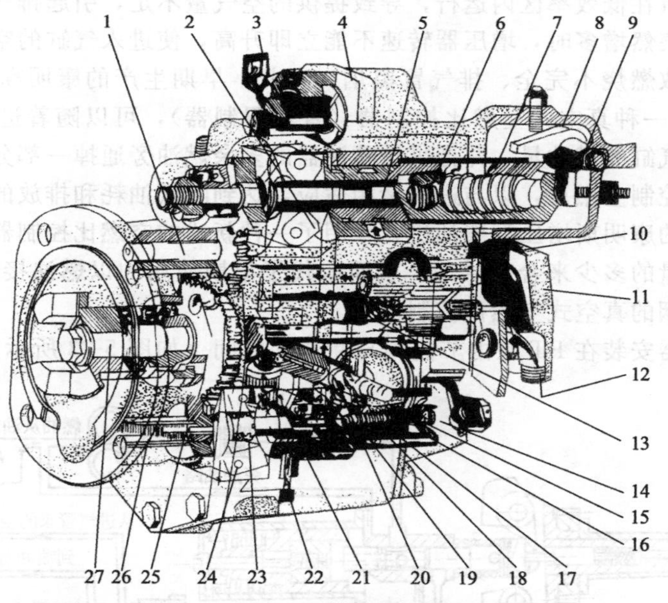

图5-71　PTG-VS燃油泵结构示意图

1—传动齿轮及轴；2—VS调速器飞锤；3—去喷油器的燃油；4—断油阀；5—VS调速器柱塞；6—VS怠速弹簧；7—VS高速弹簧；8—VS调速器；9—VS油门轴；10—齿轮泵；11—脉冲减振器；12—自滤清器来的燃油；13—压力调节阀；14—PTG调速器；15—怠速调整螺钉；16—卡环；17—PTG高速弹簧；18—PTG怠速弹簧；19—压力控制钮；20—节流阀；21—滤清器滤网；22—PTG调速器柱塞；23—高速扭矩弹簧；24—PTG调速器飞锤；25—飞锤柱塞；26—低速扭矩弹簧；27—主轴

大，以限制柴油机转速的下降。改变调速手柄的位置，即改变了调速弹簧的预紧力，柴油机便在另一转速下稳定运转。

在怠速时，调速器弹簧呈自由状态而不起作用，仅由怠速弹簧维持怠速的稳定运转。MVS 调速器设有高速和低速限制螺钉，用以限制调速手柄的极限位置。

PT 泵在附加了 MVS 调速器后，正常工作时节流阀是用螺钉加以固定的。如需调整，则拧动节流阀以改变通过节流阀流向 MVS 调速器的油压，从而使循环喷油量发生变化。

② VS 调速器　图 5-71 为 PTG-VS 燃油泵结构图。VS 调速器也是一种全程式调速器，它是利用双臂杠杆控制调速弹簧的弹力与飞锤的离心力相平衡来达到全程调速的目的。而前面所讲述的 MVS 调速器是利用双臂杠杆控制调速弹簧的弹力与油压的平衡来实现全程调速的。

（4）断油阀　图 5-72 所示为电磁式断油阀结构示意图。通电时，阀片 3 被电磁铁 4 吸向右边，断油阀开启，燃油从进油口经断油阀供向喷油器。断电时，阀片在复位弹簧 2 的作用下关闭，停止供油。因此，柴油机启动时需接通断油阀电路，停机时需切断其电路。若断油阀电路失灵，则可旋入螺纹顶杆 1 将阀片顶开，停机时再将螺纹顶杆旋出即可。

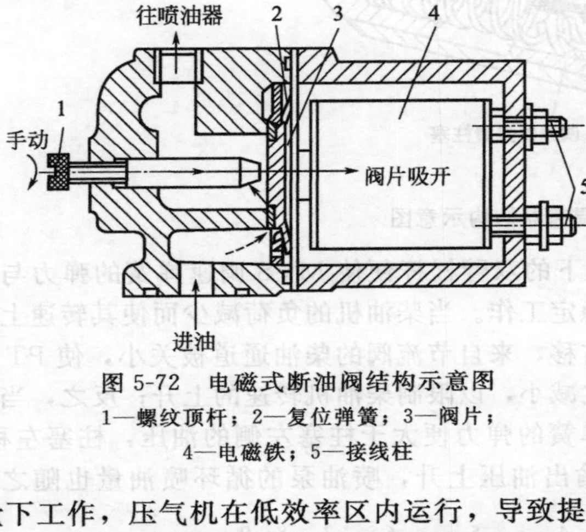

图 5-72　电磁式断油阀结构示意图
1—螺纹顶杆；2—复位弹簧；3—阀片；4—电磁铁；5—接线柱

（5）空燃比控制器（AFC）

柴油机增压后，喷油泵的供油量增大，使其在低速、大负荷或加速工况时容易产生冒黑烟的现象。当其在低速、大负荷工况下运行时，废气涡轮在发动机低排气能量下工作，压气机在低效率区内运行，导致提供的空气量不足，引起排气冒黑烟。当负荷突然增加、供油量突然增多时，增压器转速不能立即升高，使进入气缸的空气量跟不上燃油量的迅速增加，导致燃烧不完全、排气冒黑烟。为此，早期生产的康明斯增压型柴油机，在 PT 泵上还安装了一种真空式空燃比控制器（冒烟限制器），可以随着进入气缸的空气量的多少来改变进入气缸的燃油量，并把供给喷油器的多余燃油旁通掉一部分，使其回流至燃油箱，从而很好地控制空燃比，以与进气量相适应，达到降低油耗和排放的目的。

近年来生产的康明斯增压型柴油机，采用了一种新式的空燃比控制器。它可以随时按照进入气缸内空气量的多少来合理供油，从而取代了早期使用的以燃油接通-切断、余油分流的方式来限制排烟的真空式空燃比控制器。

空燃比控制器安装在 PT 泵内节流阀与断油阀之间（如图 5-73 所示）。在 PTG-AFC 燃

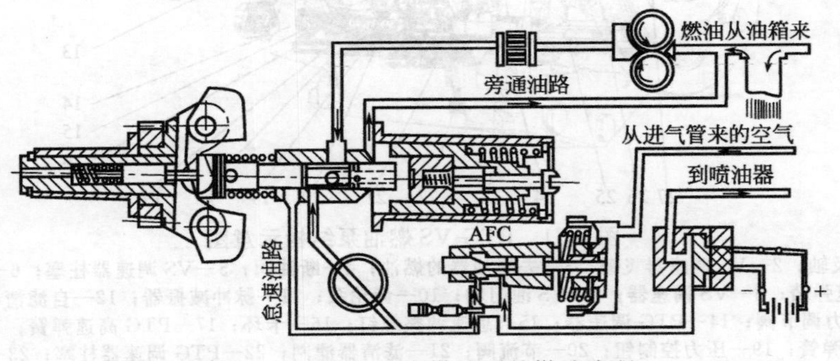

图 5-73　PTG-AFC 燃油泵的燃油流程

油泵中，燃油离开节流阀后先经过AFC装置再到达泵体顶部的断油阀。而在PTG燃油泵中，燃油从节流阀经过一条通道直接流向断油阀。

AFC的结构及工作原理如图5-74所示。燃油在流出调速器并经过节流阀后进入AFC。当没有受到涡轮增压器供给的空气压力时，柱塞13处于上端位置，于是柱塞就关闭了主要的燃油流通回路，由无充气时调节阀6位置控制的第二条通路供给燃油，如图5-74(a)所示。无充气时调节阀直接安装在节流阀盖板里的节流阀轴的上边。

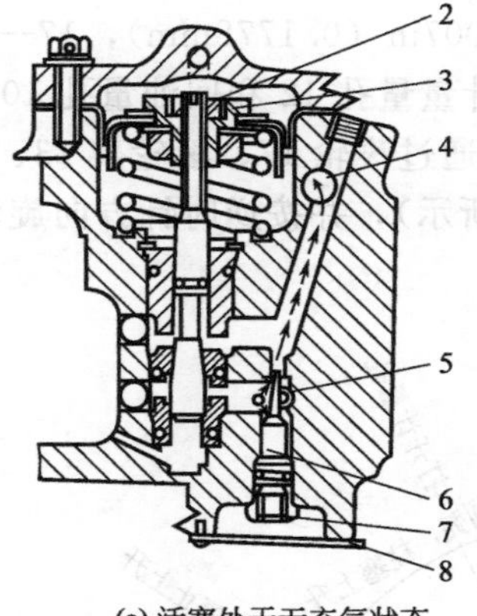

(a) 活塞处于无充气状态

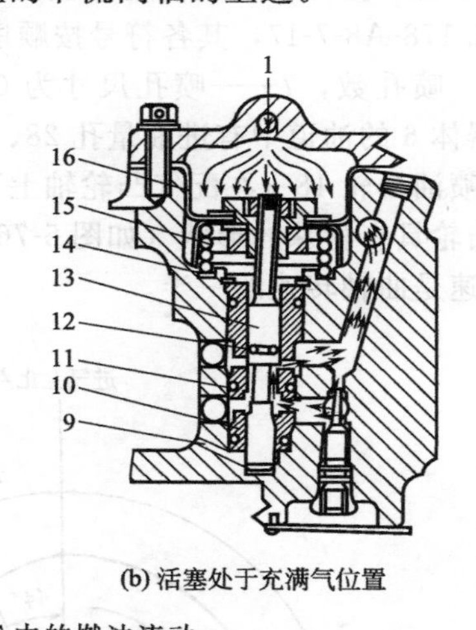

(b) 活塞处于充满气位置

图5-74 AFC内的燃油流动

1—进气歧管空气压力；2—锁紧螺母；3—中心螺栓；4—到断油阀的燃油；5—从节流阀来的燃油；6—无充气时调节阀；7—锁紧螺母；8—节流阀盖板；9—到泵体的通孔；10—柱塞套；11—柱塞套密封；12—柱塞密封；13—AFC柱塞；14—垫片；15—弹簧；16—膜片

当进气歧管压力增加或减小时，AFC柱塞就起作用，使其供给的燃油成比例地增加或减少。当压力增大时，柱塞下降，柱塞与柱塞之间的缝隙增大，燃油流量增加，如图5-74(b)所示。反之，压力减小则柱塞缝隙变小，燃油流量减少。这样就防止了燃油-空气的混合气变得过浓而引起排气过度冒黑烟。AFC柱塞的位置由作用于活塞和膜片的进气歧管空气压力与按比例移动的弹簧的相互作用而定。

5.5.1.4 PT喷油器

PT喷油器分为法兰型和圆筒型两种。法兰型喷油器是用法兰安装在气缸盖上，每个喷油器都装有进回油管；而圆筒型喷油器的进油与回油通道都设在气缸盖或气缸体内，且没有安装法兰，它是靠安装轮或压板压在气缸盖上的，这样既减少了由于管道损坏或漏泄引起的故障，也使柴油机外形布置简单。圆筒型喷油器又可分为PT型、PTB型、PTC型、PTD型和PT-ECON型等。其中PT-ECON型喷油器用于对排气污染要求严的柴油机上。

法兰型和圆筒型喷油器的工作原理基本

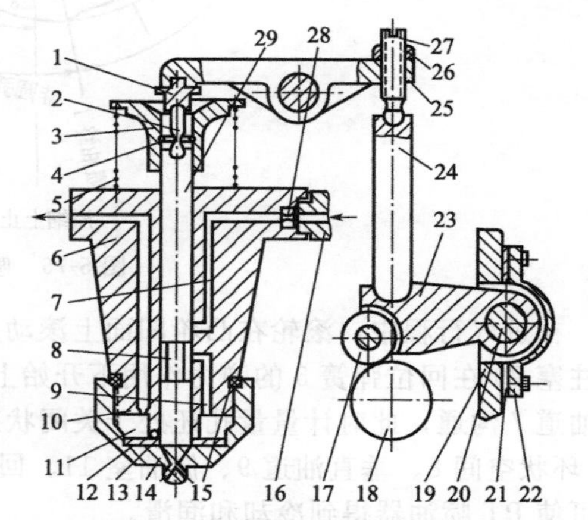

图5-75 PT法兰型喷油器的结构与工作原理图

1—连接块；2—连接杆；3—弹簧座；4—卡环；5—弹簧；6—喷油器体；7—进油道；8—环状空间；9—垂直油道；10—回油量孔；11—储油室；12—计量量孔；13—垫片；14—油嘴；15—密封圈；16—连接管；17—滚轮；18—喷油凸轮；19—发动机机体；20—滚轮架轴；21—调整垫片；22—滚轮架盖；23—滚轮架；24—推杆；25—摇臂；26—锁紧螺母；27—调整螺钉；28—进油量孔；29—柱塞

相似，但在结构上有些差异。现以康明斯 NH-220-CI 型柴油机上的法兰型喷油器为例，说明 PT 喷油器的构造与工作原理。

法兰型喷油器的构造如图 5-75 所示，主要由喷油器体 6、柱塞 29、油嘴 14、弹簧 5 及弹簧座 3 等组成。油嘴 14 下端有 8 个直径为 0.20mm 的喷孔（NH-220-CI 和 N855 型柴油机圆筒型喷油器的孔径为 0.1778mm；NT-855 和 NTA-855 型柴油机圆筒型喷油器的孔径为 0.2032mm；NH-220-CI 型柴油机法兰型喷油器的孔径为 0.20mm）。在柴油机喷油器体上通常标有记号，如 178-A8-7-17，其各符号按顺序的含义分别为：178——喷油器流量，A——80%流量，8——喷孔数，7——喷孔尺寸为 0.007in（0.1778mm），17——喷油角度为 17°喷雾角。喷油器体 6 的油道中有进油量孔 28、计量量孔 12 和回油量孔 10。

柱塞 29 由喷油凸轮 18（在配气凸轮轴上）通过滚轮 17、滚轮架 23、推杆 24 和摇臂 25 等驱动。喷油凸轮具有特殊的形状（如图 5-76 所示），并按逆时针方向旋转（从正时齿轮端方向看），其转速是曲轴转速的一半。

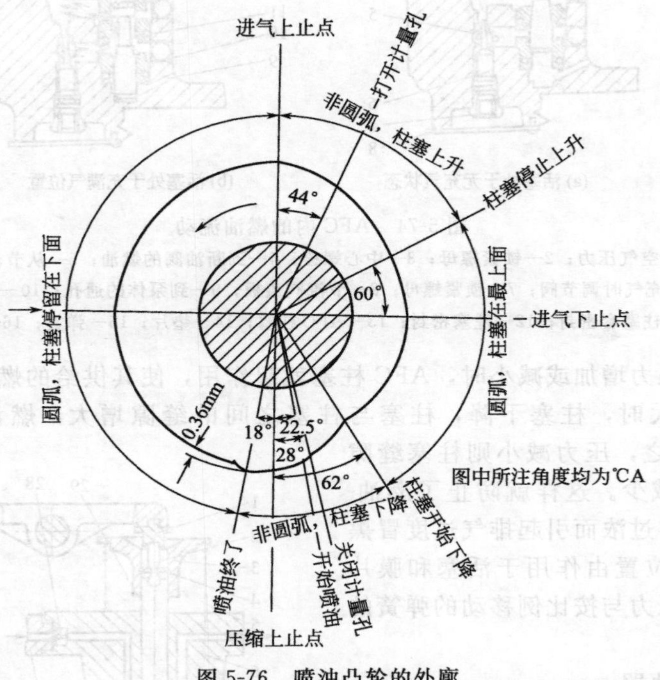

图 5-76 喷油凸轮的外廓

在进气行程中，滚轮在凸轮凹面上滚动并向下移动。当曲轴转到进气行程上止点时，针阀柱塞 29 在回位弹簧 5 的弹力作用下开始上升，针阀柱塞上的环状空间 8 将垂直油道 9 与进油道 7 沟通，此时计量量孔还处于关闭状态。从 PT 泵来的燃油经过进油量孔 28、进油道 7、环状空间 8、垂直油道 9、储油室 11、回油量孔 10 和回油道而流回浮子油箱。燃油的回流可使 PT 喷油器得到冷却和润滑。

曲轴继续转到进气行程上止点后 44℃A 时，柱塞上升到将计量量孔 12 打开的位置。计量量孔打开后，燃油经计量量孔开始进入柱塞下面的锥形空间。

当曲轴转到进气冲程下止点前 60℃A 时，柱塞便停止上升，随后柱塞就停留在最上面的位置，直到压缩冲程上止点前 62℃A 时，滚轮开始沿凸轮曲线上升，柱塞开始下降。到压缩冲程上止点前 28℃A 时，计量量孔关闭。计量量孔的开启时间和 PT 泵的供油压力便确定了喷油器每循环的喷油量。

随后，柱塞继续下行，到压缩上止点前22.5℃A时开始喷油，锥形空间的燃油在柱塞的强压下以很高的压力（约98MPa）呈雾状喷入燃烧室。

柱塞下行到压缩行程上止点后18℃A时，喷油终了。此时，柱塞以强力压向油嘴的锥形底部，使燃油完全喷出。这样就可以防止喷油量改变和残留燃油形成碳化物而存积于油嘴底部，柱塞压向锥形底部的压力可用摇臂上的调整螺钉调整，调整时要防止压坏油嘴。

在柱塞下行到最低位置时，凸轮处于最高位置。其后凸轮凹下0.36mm，柱塞即保持此位置不变直到做功和排气终了。

在滚轮架盖22（图5-75）与发动机机体19之间装有调整垫片21，此垫片用以调整开始喷油的时刻。垫片加厚，则滚轮架23右移，开始喷油的时刻就提前。反之，垫片减少，滚轮架左移，喷油就滞后。

摇臂上的调整螺钉27是用来调整PT喷油器柱塞压向锥形底部的压力。在调整过程中采用扭矩法，即用扭力扳手将螺钉的扭矩调整到规定的数值。调整时，要使所调整的缸的活塞处于压缩上止点后90℃A的位置。

5.5.1.5 PT燃油系统的主要特点

与传统的柱塞式燃油系统相比，PT燃油系统具有以下优点。

① 在柱塞泵燃油系统中，柴油产生高压、定时喷射以及油量调节等均在喷油泵中进行；而在PT燃油系统中，仅油量调节在PT泵中进行，而柴油产生高压和定时喷射则由PT喷油器及其驱动机构来完成。安装PT泵时也无需调整喷油定时。

② PT泵是在较低压力下工作的，其出口压力约为0.8～1.2MPa，并取消了高压油管，不存在因柱塞泵高压系统的压力波动所产生的各种故障。这样，PT燃油系统可以实现很高的喷射压力，使喷雾质量和高速性得以改善。此外，也基本避免了高压漏油的弊病。

③ 在柱塞泵燃油系统中，从喷油泵以高压形式送到喷油器的柴油几乎全部喷射，只有微量柴油从喷油器中泄漏；而在PT燃油供给系统中，从PT喷油器喷射的柴油只占PT泵供油量的20%左右，绝大部分（80%左右）柴油经PT喷油器回流，这部分柴油可对PT喷油器进行冷却和润滑，并把可能存在于油路中的气泡带走。回流的燃油还可把喷油器中的热量直接带回浮子油箱，在气温比较低时，可起到加热油箱中燃油的作用。

④ 由于PT泵的调速器及供油量均靠油压调节，因此在磨损到一定程度内可通过减小旁通油量来自动补偿漏油量，使PT泵的供油量不致下降，从而可减少检修的次数。

⑤ 在PT燃油系统中，所有PT喷油器的供油均由一个PT泵来完成，而且PT喷油器可单独更换，因此不必像柱塞泵那样在试验台上进行供油均匀性的调整。

⑥ PT燃油系统结构紧凑，管路布置简单，整个系统中只有喷油器中有一副精密偶件，精密偶件数比柱塞泵燃油系统大为减少，这一优点在气缸数较多的柴油机上更为明显。

与传统的柱塞式燃油系统相比，PT燃油系统存在的不足之处如下。

① PT燃油系统装有PTG调速器和MVS调速器（或VS调速器），增压柴油机上还装有AFC控制器，故结构上仍比较复杂。

② 由于PT喷油器采用扭矩法调整，若调整不当可能引起燃油雾化不良、排气冒黑烟、功率下降，有时甚至出现针阀把喷油嘴头顶坏，导致喷油器油嘴脱落的现象。

③ PT燃油泵和PT喷油器需在各自专用的试验台上进行调试后方可装机，而PT喷油器在装配时比较麻烦，在使用过程中仍感不便。

5.5.2 PT燃油系统的拆装与调试

5.5.2.1 PT燃油系统的拆装

（1）拆装燃油泵　可按图5-77所示的顺序进行，装配时则按相反顺序进行。

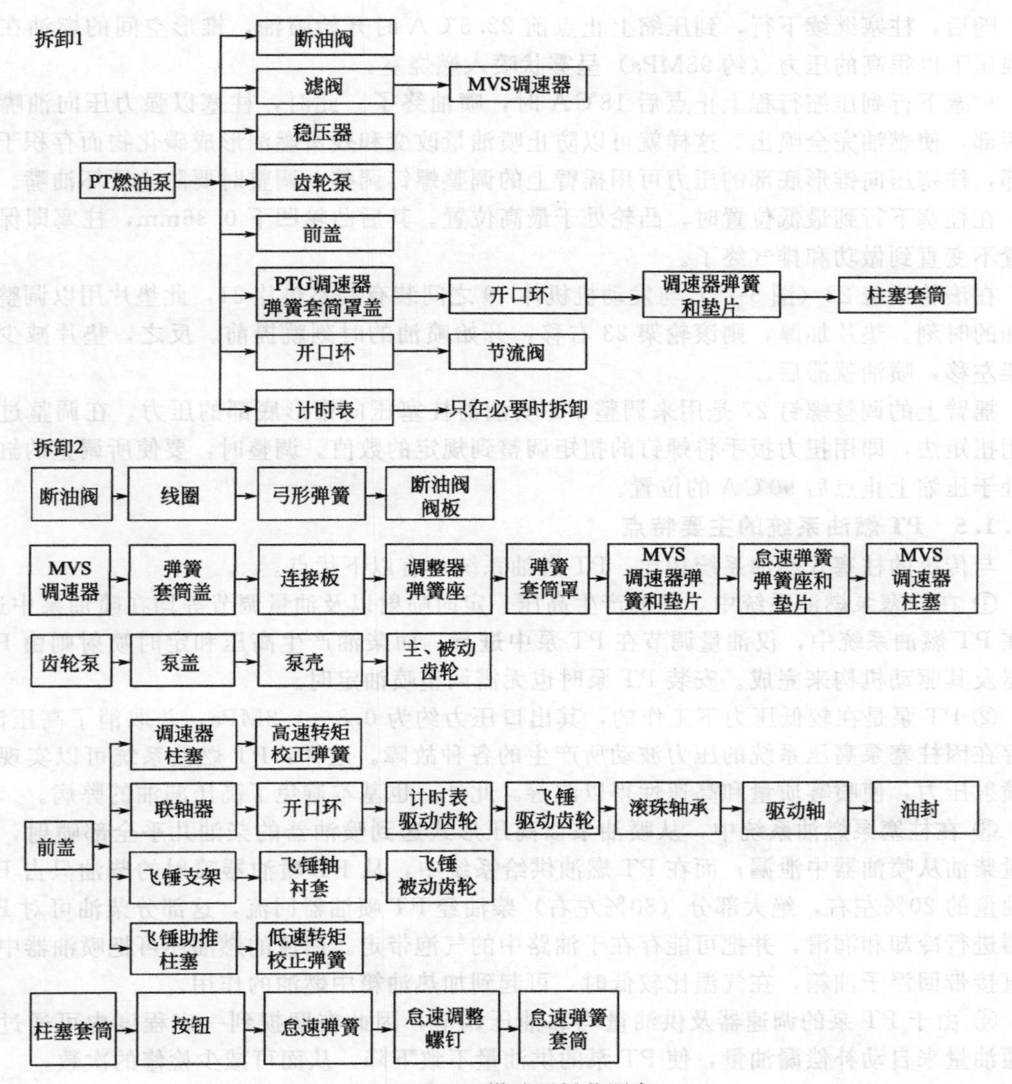

图 5-77 PT 燃油泵拆装顺序

（2）PT 燃油泵拆装 除遵守柱塞式喷油泵的基本要求外，还有以下注意事项。

① 前盖是用定位销定位安装在泵壳上的，用塑料锤轻轻敲击前盖端部使其松脱即可卸下，不可横向敲击前盖或用力撬开，以免损坏定位销处的配合。安装前盖时需压住调速器飞锤，防止助推柱塞脱出，并使计时齿轮与驱动齿轮处于啮合状态。

② 组装燃油泵前，应先检查飞锤助推柱塞对前盖平面的凸出量。PTG 调速器柱塞与怠速弹簧柱塞是选配的，不可随意代换或错装。断油阀的弓形弹簧不可装反。

③ 调速弹簧，高、低速转矩校正弹簧应符合技术要求。

④ 安装稳压器时，应先将 O 形密封圈装入槽中，然后在膜片边缘两侧涂上少量机油后，再装在前盖上。

⑤ 安装滤网时，需将细滤网装在上方，并使有孔的一侧朝下。粗滤网装在下方，有磁铁的一面朝上，锥形弹簧小端朝下。

（3）喷油器拆装时应注意的事项

① 拆装喷油器时应使用专用扳手，不可用普通虎钳直接来夹喷油器体。

② 进油口的进油量孔调节螺塞一般不要拆卸。

③ 喷油器的柱塞与喷油器体是成对选配的，不可随意调换。将其清洗干净并在柴油中浸泡一定时间后，按尺寸和记号将两者组装。在自重作用下，柱塞在喷油器体孔内应能徐徐圆滑落下。筒头拧紧后，柱塞应能被拔出。

④ 所有量孔、调整垫片和密封件均应符合技术要求。

5.5.2.2 PT燃油泵的调试

为保证柴油机技术性能的正常发挥，燃油泵必须在专用试验台上，按PT燃油泵校准数据（见表5-6）进行调试。目前多采用流量计法，具体试验步骤如下。

① 将燃油泵安装到试验台上。燃油泵与驱动盘连接后，用清洁的试验油从燃油泵顶部的塞孔注满泵壳体及齿轮泵的进油孔。连接进油橡胶软管和冷却排油阀软管；检查稳压器是否稳定，以保证齿轮泵工作稳定；将各测量仪表的指针调在零位。

② 试运转。将试验台上的怠速小孔阀、节流阀、泄漏阀关闭，真空调整阀、断油阀和流量调整阀全开。燃油泵的节流阀处于全开位置，MVS调速器的双臂杠杆与高速限制螺钉接触。启动电动机使燃油泵以500r/min转速试运转。如果燃油泵不吸油，应检查进油管路中的阀是否打开、有无漏气现象，或者燃油泵旋转方向反了；试运转5min以上，让空气从油液中排出、油温升高到32～38℃。

③ 检查燃油泵的密封性。在500r/min的转速下，在打开流量调整阀的同时，关闭真空调整阀，真空表读数应为40kPa；将少量轻质润滑脂涂在燃油泵前盖主轴密封装置处的通气孔上，没有被吸入则说明密封良好；检查节流阀的O形密封圈、计时表密封圈孔、MVS调速器双臂杠杆轴及调节螺钉、齿轮泵和壳体之间垫片等处的密封性。观察流量计燃油中有气泡时，则说明上述部分有空气进入燃油泵内。

④ 调节真空度。将试验台上的流量调整阀全开，燃油泵以柴油机的标定转速运转，调节真空调整阀使真空表读数为27kPa。

⑤ 调整流量计。燃油泵以柴油机标定转速运转，调节流量调整阀使流量计的浮子调到规定的数值。

⑥ 调整调速器的断开点转速。节流阀全开，提高燃油泵的转速至燃油压力刚开始下降时为止，检查燃油泵的断开点转速是否在规定值内。若低于规定值，可在调整弹簧与卡环之间增加垫片；反之应取出垫片。装有MVS调速器时，则用高速限制螺钉调整。

⑦ 检查燃油压力点。增加燃油泵转速，当燃油压力下降到276kPa时，检查燃油泵的转速是否在规定值范围内。使燃油泵的转速继续升高，其燃油压力应能降低到零点，否则说明燃油泵内的燃油短路。

⑧ 标定转速与最大转矩点转速时的燃油出口压力的调试。从燃油压力为零开始，降低燃油泵转速至标定转速，检查燃油出口压力是否符合规定值。未装MVS调速器时用增减垫片调整，装用MVS调速器时，用转动节流阀调整螺钉调整；燃油泵转速下降到最大转矩点转速时，检查燃油出口压力是否符合规定值。可用改变助推柱塞伸出量来调整，即增加低速转矩校正弹簧的垫片，使燃油压力上升，反之使燃油压力下降。

⑨ 飞锤助推压力的检查。使燃油泵以800r/min的转速运转，检查燃油出口压力是否符合规定值。调整方法也是用增减低速转矩校正弹簧的垫片。应该注意的是，垫片厚度改变后需重新进行上述第④～⑧项内容的调整。

⑩ 怠速转速及其燃油出口压力的调整。关闭PT泵试验台上的节流阀、泄漏阀和流量调整阀，打开怠速小孔阀，使燃油泵节流阀轴处于怠速位置，使燃油泵怠速运转，检查燃油出口压力是否符合规定值。可用怠速调整螺钉调整。

表 5-6 PT 燃油泵校准数据

序号	泵代号		GR-J053	GR-J028	GR-J012	GR-J021	GR-J048	GR-J045	GR-J069	GR-J077	GR-J036
1	发动机型号		NH-220-CI	NH-220-CI	NH-220-B	NTO-6-B	NRTO-6-B	NRTO-6-B	NTO-6-CI	NTO-6-CI	NH-220-CI
2	标定功率/[(1×735W)/(r/min)]		123/1750 125/1750	165/1800	210/2100	230/2100	230/2100	300/2100	230/2000	210/2000	189/1850
3	最大转矩/[(1×9.8N·m)/(r/min)]		55/1200	76/1100	80/1400	90/1300	90/1500	110/1500	94/1500	85/1500	80/1100
4	真空度/[(1×133Pa)/(r/min)]		203.2/1650	203.2/1700	203.2/2000	203.2/2000	203.2/2000	203.2/2000	203.2/1900	203.2/1900	203.2/1750
5	流量计流量/[(kg/h)/(r/min)]		109/1750	168/1800	193/2100	218/2100	182/2100	218/2100	218/2000	195/2000	173/1850
6	调速器	断开点转速/(r/min)	1770～1790	1810～1840	2110～2130	2110～2130	2130～2160	2120～2150	2020～2040	2040～2060	1860～1880
		28N/cm² 时转速/(r/min)	1920(最大)	2060(最大)	2335(最大)	2350(最大)	2370(最大)	2350(最大)	2250(最大)	2280(最大)	2080(最大)
7	泄漏量/[(mL/min)/(r/min)]		25～70/1750	25～70/1800	35/2100	35/2100	35/2100	35/2100	25～70/2000	25～70/2000	25～70/1850
8	怠速时燃油出口压力/[(1×10N/cm²)/(r/min)]		1.41～1.48/500	1.34～1.55/500	0.70/500	0.70/500	1.05～1.12/500	1.34～1.41/500	1.34～1.41/500	2.11～2.18/500	1.05/500
9	燃油出口压力/[(1×10N/cm²)/(r/min)]		4.71/1750	7.73/1800	9.85/2100	14.76/2100	10.55/2100	12.65/2100	12.65/2000	11.81/2000	8.19/1850
10	检查点燃油出口压力/[(1×10N/cm²)/(r/min)]		2.67～3.09/1200	5.13～5.34/1100	7.56～7.97/1600	8.65～9.20/1300	6.71～7.20/1500	8.44～9.14/1500	9.56～10.12/1500	8.30～8.72/1500	5.04～5.46/1100
11	飞锤助推器	控制压力/[(1×10N/cm²)/(r/min)]	1.27～1.69/800	3.30～3.87/800	2.38～2.80/800	4.04～4.88/800	2.10～2.93/800	2.11～2.81/800	3.37～4.22/800	2.52～3.09/800	3.08～3.64/800
		凸出量/mm	21.5～22.0	23.5～24.0	21.08～21.59	21.84～22.36	21.00～21.80	20.57～21.08	21.5～22.0	21.5～22.0	22.8～23.5
		弹簧(康明斯零件号,色标)	143874,蓝	143847,蓝	143847,蓝	143847,蓝	143847,蓝	143847,蓝	143874,蓝	143874,蓝	143852,红黄
		垫片数	2	6	0	2	0	0	2	2	10
12	齿轮泵尺寸/mm		19.05	19.05	19.05	19.05	19.05	19.05	19.05	19.05	19.05

续表

序号	泵代号		GR-J053	GR-J028	GR-J012	GR-J021	GR-J048	GR-J045	GR-J069	GR-J077	GR-J036
13	怠速弹簧柱塞(康明斯零件号)		141630*67	141632*32	138862*45	141626*12	140418*37	139618*52	141631*25	141631*25	140418*37
14	转矩校正弹簧	康明斯零件号		138780	139584	138782	138782	138780	139584	138780	138768
		色标		褐	蓝-褐	红-蓝	红-蓝	褐	蓝-褐	褐	红
		垫片数/mm×数量		0.51×1	0	0.51×3	0.51×3	0	0	0	0
		自由长度/mm		16.26～16.76	16.26～16.76	16.26～16.76	16.26～16.76	16.26～16.76	16.26～16.76	16.26～16.76	16.26～16.76
		弹簧钢丝直径/mm		1.12	1.30	1.19	1.19	1.12	1.30	1.12	1.12
15	调速器弹簧	康明斯零件号	143853	143254	143252	153236	153236	143252	143252	143252	143253
		色标	红-黄	红-褐	红	绿-蓝	绿-蓝	红	红	红	红-黄
		垫片数/mm×数量	0.51×6	0.51×5 0.25×1	0.51×4	0.51×6	0.51×6	0.51×9	0.51×3 0.25×2	0.51×7	0.51×4
		自由长度/mm	37.77	37.77	37.77	34.59	37.77	37.77	37.77	37.77	37.77
		弹簧钢丝直径/mm	2.03	1.83	2.03	2.18	2.18	2.03	2.03	2.63	2.03
16	调速器飞锤(康明斯零件号)		146437	146437	146437	146437	146437	146437	146437	146437	146437
17	调速器柱塞(康明斯零件号)		可选择169660,169661,169662,169663,169664,169665,169666,169667								
18	MVS调速器	调速器弹簧(康明斯零件号)	109686	109686	0	0	0	0	109687	109687	109687
		色标	蓝	蓝	0	0	0	0	黄	黄	黄
		垫片数/mm×数量	0.51×3	0.51×3	0	0	0	0	0.51×6	0.51×6	0.51×3
19	喷油器(康明斯零件号)		BM-68974	BM-68974	BM-68974	BM-68974	BM-51475	BM-68974	BM-68974	BM-68974	BM-68974
20	喷嘴喷孔尺寸(孔数-孔径×角度)		8-0.007×17	8-0.007×17	8-0.007×17	8-0.007×17	7-0.007×21	8-0.007×17	8-0.007×17	8-0.007×17	8-0.007×17
21	喷油量/(mL/次数)		132/1000	132/1000	132/1000	132/1000	153/800	132/1000	132/1000	132/1000	132/1000

⑪ 节流阀泄漏量的检查。使PT燃油泵试验台上的流量调节阀和怠速小孔阀处于关闭状态，打开节流阀和泄漏阀，当节流阀处于怠速位置时使燃油流入量杯中，泄漏量应符合规定值。PTG调速器用拧动节流阀前限位螺钉来调整泄漏量，而MVS调速器用增减怠速弹簧座外侧的泄漏调整垫片进行调整。

重复进行一次上述③～⑪项内容的检查、调整后，对PT燃油泵的节流阀限制螺钉、MVS调速器的高速限制螺钉、计时表等予以铅封。

5.5.2.3 喷油器的调试

部分PT（D型）喷油器的油量数据见表5-7。

表5-7 部分PT（D型）喷油器的油量数据

序号	喷油器总成号	套筒与柱塞号	套筒参考件号	喷油器嘴头件号	喷油器嘴头（喷孔数-尺寸×角度）	1000次行程的油量/mL	试验台喷油器座量孔/mm(in)	发动机型号
1	BM-87914	3011964	187370	208423	8-0.007×17	131～132	0.508(0.020)	NH-200
2	73502	40063	187326	178186	7-0.06×3	131～132	0.505(0.020)	V-555
3	73786	40063	187326	555021	7-0.0055×5	99～100	0.508(0.020)	V-504
4	40222	3011965	190190	215808	7-0.008×4	162～163	0.508(0.020)	VT-903
5	40253	40178	205458	206572	8-0.011×10	184～185①	0.660(0.026)	KTA-2300
6	40402	40178	205458	3001314	10-0.0085×10	184～185①	0.660(0.026)	KT-1150 KTA-2300
7	40458	40178	205458	3000908	9-0.0085×10	184～185②	0.660(0.026)	KT-1150 KTA-2300
8	3003937	3011965	190190	3003925	8-0.008×18	113～114	0.508(0.020)	NV-855
9	3003941	3011965	190190	3003925	8-0.008×18	177～178	0.508(0.020)	VTA-1710
10	3003946	3011965	190190	3003926	8-0.007×17	113～114	0.508(0.020)	VT-1710
11	3245421	3245422	187370	208423	8-0.007×17	131～132	0.508(0.020)	NH-220
12	3275275	73665	555729	3275266	7-0.006×5	144～145	0.508(0.020)	VT-555
13	3012288	300107	190190	3003925	8-0.008×18	121～122	0.508(0.020)	NTC-350
14	3003940	3011965	190190	3003925	8-0.008×18	177～178②	0.660(0.026)	NTA-855 VTA-1710

① 这些喷油器的油量是在ST-790试验台上以60%行程数测量的。
② 这些喷油器的油量是在ST-790试验台上以80%行程数测量的。

① 把喷油器安装在PT喷油器试验台上，首先检查漏油量是否符合规定。可用柱塞与套筒相互研磨予以保证。

② 喷雾形状的检查。在PT喷油器试验台上用343.4kPa的压力将燃油从喷孔喷出，各油束喷入目标环的相应指示窗口时即表示喷雾角度良好。无专用试验台时可用目测。

③ 喷油量的检查。在PT喷油器试验台上检查喷油量是否符合规定值。可更换进油量孔调节塞，使喷油量符合要求。

5.5.2.4 PT燃油系统的装机调试

（1）燃油泵的调试工作

① 调试前的准备。燃油泵、喷油器已经过试验台调试，柴油机技术状况良好，并已进入热运转状态；燃油泵与驱动装置正确连接，齿轮泵注入清洁燃油；节流阀控制杆与连接杆脱开，以便能自由动作；转速表装到燃油泵计时表驱动轴的连接装置上；检查所用仪表（如

压力表、转速表等）是否正常。

② 怠速调整。从PTG调速器弹簧组件的盖上拧下螺塞。通过旋转怠速调整螺钉调整柴油机的怠速转速（600±20）r/min。怠速调整后拧回螺塞；装有MVS调速器的燃油泵，怠速调整螺钉位于调速器盖上，怠速调整后应拧紧锁紧螺母，以防空气进入。

③ 高速调整。通常经试验台调试的燃油泵装机时，不需高速调整，若需要调整，则仍用增减高速弹簧垫片的方法；调速器断开点转速应比标定转速高20～40r/min，以保证调速器在标定转速前不会起限制作用；柴油机的最高空转转速一般高出标定转速的10%。

（2）喷油器的调试工作

① 调试前的准备。喷油器各零件符合技术要求，并经试验台调试；柴油机技术状况良好，并进入热运转状态。

② 柱塞落座压力调试。此项调试可采用转矩法，冷车时拧入摇臂上的调整螺钉使柱塞下移，在柱塞接触到计量室锥形座后再拧约15°，将残存在座面上的燃油挤净，然后将调整螺钉拧松一圈，再用扭力扳手拧到规定转矩值，并拧紧锁紧螺母；热车时再按上述方法进行校正性调试。

③ 喷油正时调试。喷油正时调试是根据活塞位置与喷油器推杆位置的相互关系，采用专用的正时仪进行的。喷油正时调试的步骤是，转动带轮使1、6缸活塞位于上止点，在活塞行程百分表测量头下面的测杆与正时仪标尺90°刻度线对齐时，将推杆行程百分表调零；逆时针方向转动带轮，在1、6缸记号转到距标尺标定点约10mm处时移动活塞百分表，使其测量头压缩5mm左右，然后将其固定。接着缓慢转动带轮，在活塞行程百分表指针转到最初顺时针转动的位置（上止点）时将百分表调零；继续逆时针转动带轮，当活塞行程百分表测量头下面的测杆与标尺45°刻度线（相应曲轴位于上止点前45°）对准时，顺时针转动带轮，直到活塞行程百分表至规定读数，根据测量的差值，调整摆动式挺杆销轴盖垫片的厚度使喷油正时符合要求。

5.5.3 PT燃油系统常见故障诊断

PT燃油系统常见故障的现象、原因及消除方法，分别见表5-8～表5-11。

表5-8 燃油泵在450r/min时不能吸油的原因及其排除方法

序号	检查项目	原　因	排除方法
1	开口孔	开口孔未正确密封	封住所有开口孔，必要时换用新的密封垫片
2	进油管路	进油接头密封不严或损坏	拧紧进油接头，如损坏则更换之
3	按钮	①按钮脏	消除脏物
		②按钮磨损	更换按钮
4	调速器柱塞	①柱塞脏	消除脏物
		②柱塞磨损	更换柱塞
5	燃油通路	燃油通路堵塞	清洗燃油通路使之畅通
6	调速器组件	组件中零件有故障	检查装配是否正确，各组件是否有故障
7	燃油泵主轴	主轴旋转方向不对	检查并改变主轴旋转方向
8	流量调整阀	阀未开启	打开阀使燃油流入齿轮泵
9	断油阀	阀未开启	打开阀
10	齿轮泵	齿轮泵磨损	更换齿轮泵
11	驱动接盘	未接合上	将驱动接盘接上

表 5-9 燃油泵漏气的原因及其排除方法

序号	检查项目	原　因	排除方法
1	前盖	前盖密封不严	取下前盖更换新的密封圈
2	进油接头	接头密封不严或损坏	拧紧接头,如损坏则更换
3	密封垫	主壳体和弹簧组罩密封不严	更换密封垫
4	计时表	计时表驱动装置密封不严	更换油封
5	节流阀轴	节流阀轴O形圈密封不严	更换O形圈
6	燃油泵壳体	壳体有气孔	更换壳体

表 5-10 节流阀泄漏量过大的原因及其排除方法

序号	检查项目	原　因	排除方法
1	节流阀	节流阀轴刮坏或在节流阀套筒中配合不当	换用加大节流阀轴,必要时研磨到配合恰当
2	调速器柱塞	柱塞在套筒中配合不当	换用下一级加大尺寸,必要时研磨到配合恰当
3	MVS调速器柱塞	经MVS调速器柱塞泄漏	换用下一级加大尺寸,必要时研磨到配合恰当

表 5-11 调速器断开点不能正确调整的原因及其排除方法

序号	检查项目	原　因	排除方法
1	调速器弹簧	调速器弹簧磨损或弹簧型号不对	更换正确的弹簧
2	调速器飞锤	①飞锤松或破裂、飞锤插销或支架破裂	更换新件
		②飞锤型号不符	用正确型号(质量)的飞锤
3	调速器柱塞	①柱塞在套筒中配合不当	重新装配,或研磨或更换
		②柱塞传动销折断	更换传动销
4	调速器套筒	①套筒在壳中位置不对,油路未对准	将壳体在150℃的炉中加热并取下套筒,再重新正确装配
		②套筒没有用销定位好	将油路对准,再装入定位销
5	弹簧组	弹簧组卡环位置不对	卡环应放在槽中
6	密封垫	壳体和齿轮泵之间密封垫泄漏	更换密封垫

第6章 润滑与冷却系统

CHAPTER 6

柴油机许多机件的早期磨损和轴承烧蚀，在很大程度上是由于润滑不良所引起的。加强润滑系统的检修与保养，是延长设备使用寿命和保证其正常工作的重要一环。

柴油机工作时，由于燃料燃烧和运动机件间的摩擦都将产生大量热量，促使机件受到强烈的热，温度升得很高。冷却系统的任务就是强制地将零件所吸收的热量及时散发出去，以保证其温度在适当范围内，从而保证发动机的正常运转。冷却水温度过高，将会造成气缸和进气道温度过高，使进入的新鲜空气因受热而膨胀，减少充气量，使发动机功率下降，油耗增加。冷却系统在使用中，经常出现的情况有：水套和散热器内的水垢增加，散热器破裂漏水，节温器失灵以及水泵机件的损坏等，这些故障都会降低冷却系统的工作效能。因此，必须对冷却系统进行定期维护与检修。

6.1 润滑系统

润滑系统的任务是将洁净的、温度适当的润滑油（机油）以一定的压力送至各摩擦表面进行润滑，使两个摩擦表面之间形成一定的油膜层以避免干摩擦，减小摩擦阻力，减轻机械磨损，降低功率消耗，从而提高柴油机工作的可靠性和耐久性。润滑系统的五大作用如下。

① 减摩：使两零件间形成液体摩擦以降低摩擦因数，减少摩擦功，提高机械效率；减少零件磨损，延长使用寿命。

② 冷却：通过润滑油带走零件所吸收的部分热量，使零件温度不致过高。

③ 清洁：利用循环润滑油冲洗零件表面，带走因零件磨损形成的金属屑等脏物。

④ 密封：利用润滑油膜，提高气缸的密封性。

⑤ 防锈：润滑油附着于零件表面，可防止零件表面与水分、空气及燃气接触而发生氧化和锈蚀，以减少腐蚀性磨损。

此外，润滑油膜还有减轻轴与轴承间和其他零件间冲击负荷的作用。

柴油发动机按机油输送到运动零件摩擦表面的方式不同，主要有三种润滑方式：激溅式润滑、压力式润滑和油雾润滑。

只有小缸径单缸柴油机，采用激溅式润滑而不用机油泵（压力式润滑）。它利用固定在连杆大头盖上特制的油勺，在每次旋转中伸入到油底壳油面下，将机油飞溅起来，以润滑发动机各摩擦表面。其优点是结构简单、消耗功率小、成本低。缺点是润滑不够可靠，机油易起泡，消耗量大。

现代多缸柴油机大多采用以压力循环润滑为主、飞溅润滑和油雾润滑为辅的复合润滑方式。复合润滑方式工作可靠，并可使整个润滑系统结构简化。对于承受负荷较大，相对运动速度较高的摩擦表面，如主轴承、连杆轴承、凸轮轴轴承等机件采用压力润滑。它是利用机油泵的压力，把机油从油底壳经油道和油管送到各运动零件的摩擦表面进行润滑。这种润滑方式，润滑可靠、效果好，并具有很高的清洗和冷却作用。对于用压力送油难以达到、承受负荷不大和相对运动速度较小的摩擦表面，如气缸壁、正时齿轮和凸轮表面等处，则用经轴承间隙处激溅出来的油滴进行润滑。对于气门调整螺钉球头、气门杆顶端与摇臂等处，则利用油雾附着于摩擦表面周围，积多后渗入摩擦部位进行润滑。

柴油机的某些辅助装置（如风扇、水泵、启动机和充电机等），只需定期地向相关部位加注润滑脂即可。

6.1.1 润滑系统构造

现以135系列柴油机润滑系统（如图6-1所示）为例具体说明润滑系统的组成。该机采用湿式油底壳（油底壳中存储润滑油）复合润滑方式。主要运动零部件摩擦副如主轴承、连杆轴承、凸轮轴轴承及正时齿轮等处用强制的压力油润滑；另一部分零部件如活塞、活塞环与气缸壁之间，齿轮系、喷油泵凸轮及调速器等靠飞溅润滑。喷油泵与调速器需要单独加润滑油。另外，水泵、风扇及前支承等处用润滑脂润滑。其润滑系统主要包括：油底壳、机油泵、粗滤器、细滤器、冷却器、主油道、喷油阀、安全阀和调压阀等。

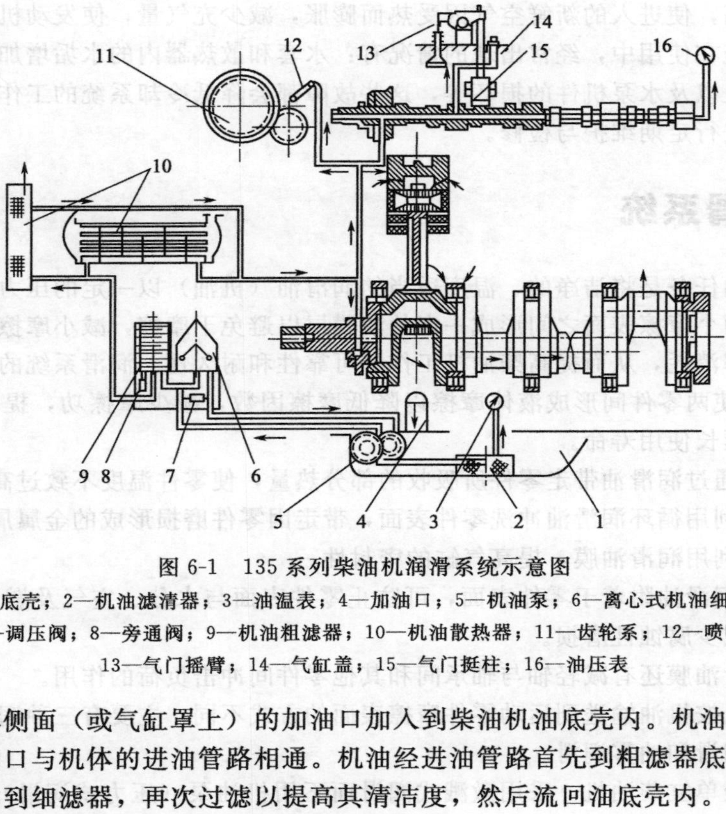

图6-1 135系列柴油机润滑系统示意图

1—油底壳；2—机油滤清器；3—油温表；4—加油口；5—机油泵；6—离心式机油细滤器；7—调压阀；8—旁通阀；9—机油粗滤器；10—机油散热器；11—齿轮系；12—喷嘴；13—气门摇臂；14—气缸盖；15—气门挺柱；16—油压表

机油由机体侧面（或气缸罩上）的加油口加入到柴油机油底壳内。机油经滤油网吸入机油泵，泵的出油口与机体的进油管路相通。机油经进油管路首先到粗滤器底座，由此分成两路，一部分机油到细滤器，再次过滤以提高其清洁度，然后流回油底壳内。而大部分机油经机油冷却器冷却后进入主油道，然后分成以下几路：

① 经喷油阀向各缸活塞顶内腔喷油，冷却活塞并润滑活塞销、活塞销座孔及连杆小头衬套，同时润滑活塞、活塞环与气缸套等处；

② 机油进入主轴承、连杆轴承和凸轮轴轴承，润滑各轴颈后回到油底壳内；

③ 由主油道经机体垂直油道到气缸盖，润滑气门摇臂机构后经气缸盖上推杆孔流回到发动机油底壳内；

④ 经齿轮室喷油阀喷向齿轮系，然后流回油底壳。

机油泵上装有限压阀，用来控制机油泵的出口压力。机体前端的发电机支架上装有安全阀，以便柴油机启动时及时向主油道供给机油，当冷却器堵塞时可确保主油道供油。机体右侧主油道上装有一个调压阀，以控制主油道的油压，使柴油机能正常工作。机油冷却器上还装有机油压力及机油温度传感器。在整个柴油机润滑系统中，油底壳作为机油储存和收集的容器，用两只机油泵来实现机油的循环。

上述湿式油底壳润滑系统，由于设备和布置简单，因此为一般柴油机所采用。另外还有一种干式油底壳（油底壳中润滑油很少）润滑系统，其特点是有专门的机油箱储油，并有两只甚至三只机油泵。其中吸油泵把积存在油底壳中的机油送到机油箱中；压油泵把机油箱中的油泵入各润滑部件中去。干式油底壳可使机油的搅拌和激溅减少，机油不易变质，并能降低柴油机高度，适用于纵横倾斜度要求大和柴油机高度要求特别低的场合（如坦克、飞机和某些工程机械柴油机等）。

6.1.1.1 机油泵

机油泵的作用是供给润滑系统循环油路中具有一定压力和流量的机油，使柴油机得到可靠的润滑。目前柴油机上广泛采用齿轮式和转子式机油泵。

如图6-2所示为柴油机齿轮式机油泵，机油泵通常由高强度铸铁制成，泵体内装有一对外啮合齿轮，齿轮两侧靠前后盖板密封。泵体、泵盖和齿轮的各个齿轮组成了密封的工作腔。为保证机油泵和润滑系统各零部件能安全可靠地工作，在机油泵上设置了限压阀，在柴油机出厂时，阀的压力已调定（一般为0.88～0.98MPa），当机油压力超过了调定值时，打开旁通孔，部分机油流回到油底壳内。这种机油泵的优点是结构简单，工作可靠，制造容易。

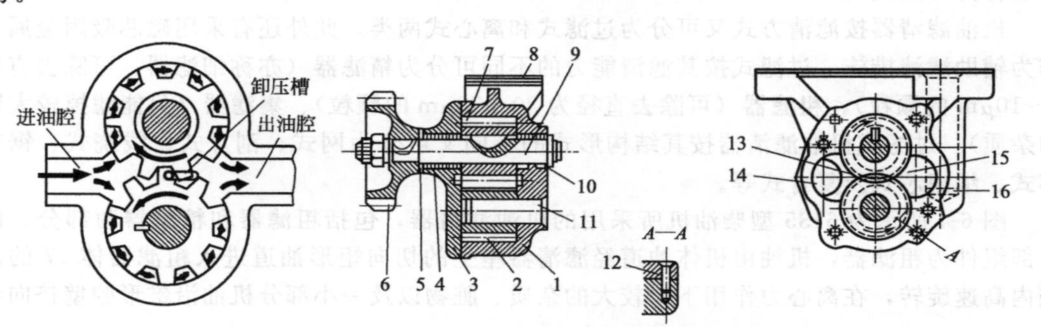

(a) 齿轮式机油泵工作原理　　(b) 齿轮式机油泵结构

图6-2 齿轮式机油泵

1—泵体；2—从动齿轮；3—前盖板；4—前轴承；5—轴承；6—传动齿轮；7—主动齿轮；8—调整垫片；9—主动轴；10—后轴承；11—从动轴；12—定位销；13—低压油腔；14—进油口；15—高压油腔；16—出油口

转子式机油泵的结构如图6-3所示，它主要由两个偏心内啮合的转子7、8及外壳9等组成。内转子用半月键固装在主动轴10上。外转子松套在壳体中，由内转子带动旋转。内外转子均由粉末冶金压制而成。泵体与盖之间用两个定位销定位。盖板与壳体间有耐油纸制

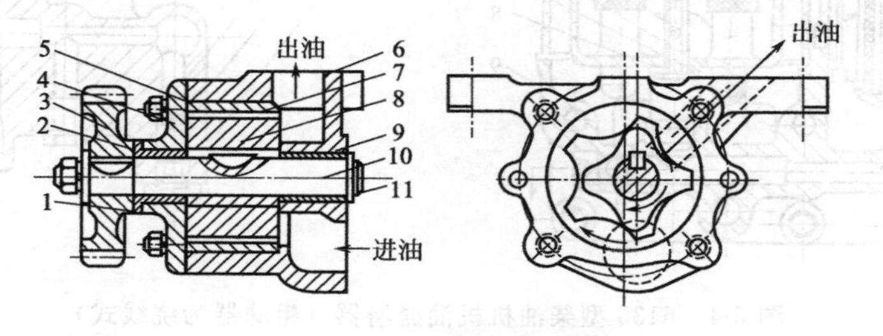

图6-3 转子式机油泵

1—止推轴承；2—轴套；3—传动齿轮；4—盖板；5,6—调整垫片；7—外转子；8—内转子；9—外壳；10—主动轴；11—轴套

的调整垫片，以保证内外转子与壳体之间的端面间隙。主动轴前端用半月键固装着驱动齿轮，由从动轴经中间齿轮驱动。当转子转动时，致使内外转子下方空间容积逐渐增大而吸油，上方空间容积逐渐减小而压油。

转子式机油泵的优点是体积小，重量轻，结构简单紧凑，可高速运转，且运转平稳，噪声小，寿命长。在中小型柴油机上的应用越来越广。其缺点是齿数少时压力脉动较大。

在一些功率较大的柴油机上，为了在柴油机启动前，就将机油送到各摩擦表面以减少干摩擦，特装有预供机油泵。预供机油泵有电动式和手动式两类。电动式通常用齿轮泵，手动式有蝶门式和柱塞式两种，此处不详述。

6.1.1.2 机油滤清器

机油滤清器用来清除机油中的磨屑、尘土等机械杂质和胶状沉淀物，以减少机械零件的磨损，延长机油使用期，防止油路堵塞和烧轴瓦等严重事故。机油滤清器的性能好坏直接影响到柴油机的大修期限和使用寿命。

对机油滤清器的基本要求是滤清效果好，通过阻力小，而这两者是相互矛盾的。为使机油既能得到较好的滤清又不致使通过阻力过大，一般柴油机润滑系统中装有几只滤清器，分别与主油道串联（柴油机全部循环机油都流过它，这种滤清器称为全流式）和并联（这种滤清器称为分流式）。

机油滤清器按滤清方式又可分为过滤式和离心式两类。此外还有采用磁芯吸附金属磨屑作为辅助滤清措施。过滤式按其滤清能力的不同可分为精滤器（亦称细滤器，可除去直径为5～10μm 的颗粒）、粗滤器（可除去直径为 20～30μm 的颗粒）、集滤器（只能滤掉较大颗粒的杂质）。过滤式机油滤清器按其结构形式的不同又可分为网式、刮片式、线绕式、锯末滤芯式、纸滤芯式及复合式等。

图 6-4 所示为 6135 型柴油机所采用的机油滤清器，包括粗滤器和精滤器两部分。图中左部组件为粗滤器，机油由机体油道经滤清器座上的切向矩形油道进入粗滤器体 17 的锥形腔内高速旋转，在离心力作用下，较大的杂质、脏物以及一小部分机油沿锥形腔壁挤向粗滤

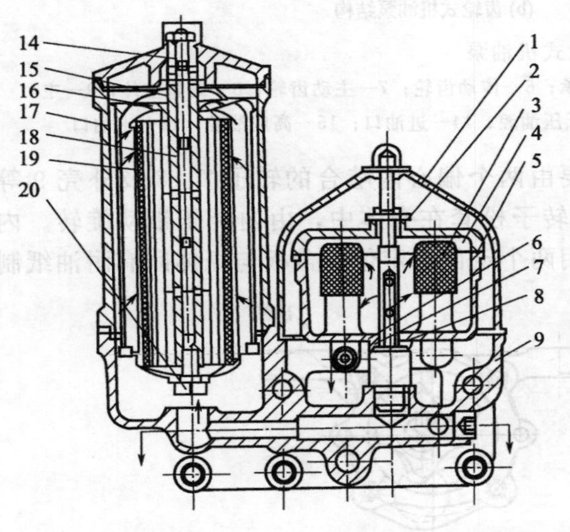

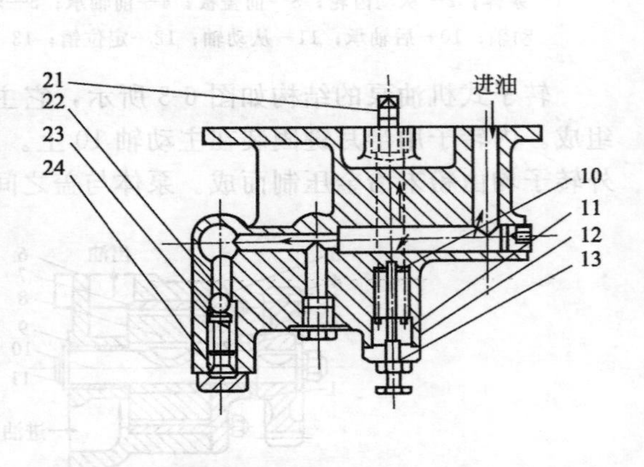

图 6-4　6135 型柴油机机油滤清器（粗滤器为绕线式）

1—转子外壳；2—转子上轴承；3—滤油网；4—转子盖；5—转子体；6—喷嘴；7—转子轴；8—转子下轴承；9—底座；10—减压阀；11—调整弹簧；12—调压螺钉；13—调压阀外体；14—粗滤器盖；15,16—密封圈；17—粗滤器体；18—粗滤器轴；19—粗滤器芯；20—螺钉；21—回油管；22—旁通阀钢球；23—旁通阀弹簧；24—旁通阀紧固螺母

器座下端油路进入精滤器，而大部分在锥形腔体中心部分的清洁机油沿滤清器座的中间油孔进入主油道。这种粗滤器不需滤芯，因而结构简单、维护方便。

精滤器由转子外壳1、转子体5、转子轴7和滤清器底座9等组成。由粗滤器分离出来的带有杂质的机油进入转子，转子上有两个方向相反的喷孔，当柴油机工作时，机油在压力作用下从两个喷孔中喷出，由于喷出机油的反作用力推动转子高速（一般情况下，在5000r/min以上）旋转，在离心力作用下，转子内腔中的机械杂质被分离出来，并被抛向壁面，而干净机油则从喷孔中喷出，然后流回到油底壳。

6.1.1.3 机油散热装置

为了保持机油在适宜的温度范围内工作，柴油机润滑油路一般都装有机油散热装置，用来对机油进行强制冷却。机油散热装置可分为两类：以空气为冷却介质的机油散热器和以水为冷却介质的机油冷却器。

机油散热器一般为管片式（结构与冷却系统水散热器相似），通常装在水散热器的前面或后面。其特点是结构简单，没有冷却水渗入机油中的可能。适合于行驶式柴油机，可利用行驶中的冷风对机油进行有效的冷却。管与片常用导热性好的黄铜制成。

机油冷却器有管式和板翅式两种形式。如图6-5所示为6135型柴油机用管式水冷机油冷却器。散热器芯由带散热片的铜管组成，两端与散热器前后的水管连通。当柴油发电机组工作时，冷却水在管内流动，机油在管外受隔片限制，而成弯曲路线流向出油口，机油中的热量通过散热片传给冷却水带走。

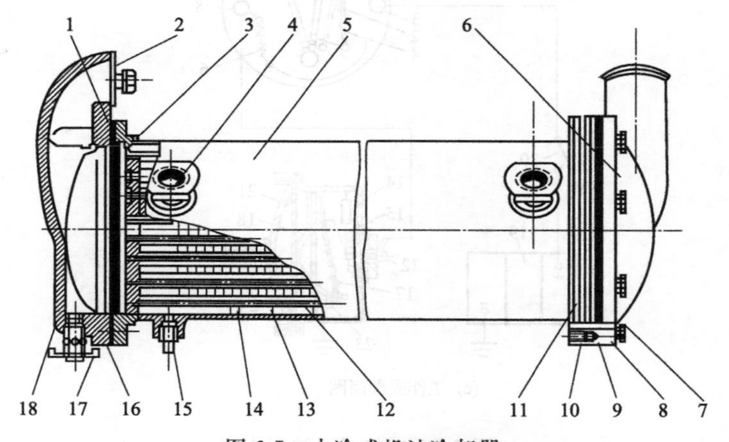

图6-5 水冷式机油冷却器

1—封油圈；2,10,16—垫片；3—滤芯底板；4—接头；5—外壳；6—散热器前盖；7—垫圈；8—螺钉；9—散热器芯法兰；11—外壳法兰；12—散热管；13—隔片；14—散热片；15—方头螺栓；17—放水阀；18—散热器后盖

135型柴油机的机油散热器装在冷却水路中，当机油温度较高时靠冷却水降温，当柴油机启动暖车时，机温较低，则从冷却水中吸热使机油温度得以提高。

6.1.1.4 机油压力表和机油温度表

（1）机油压力表　机油压力表是用来监测柴油机主油道中的机油压力。它有膜片式、管状弹簧式和电热式等几种。前两种是直接作用式，测压灵敏度高，但监测不方便。电热式机油压力表是非电量测试、电量传递和机械显示的仪表。它由机油压力传感器、机油压力表和信息传递的导线组成。机油压力传感器装在气缸体上与主油道相通，机油压力表装在仪表盘上。热电式机油压力表测量灵敏度不高，但监测方便，测量的压力值能达到要求。因此，电热式机油压力表在动力机械上被广泛采用。

电热式机油压力表的构造及作用原理如图6-6所示。闭合电源开关20，传感器中的加热线圈17将双金属片16加热，双金属片受热后向外弯曲，触点副23跳开，切断机油压力表的电路，加热线圈17中断对双金属片16的加热。双金属片受冷后复原，触点副又闭合，机油压力表的电路又被接通，此后电路时通时断。当机油压力表电路接通时，压力表中的加热线圈2加热双金属片4，双金属片4受热后弯曲，其头部钩着指针1的下端边框，使指针摆动指示柴油机润滑系统中的机油压力。

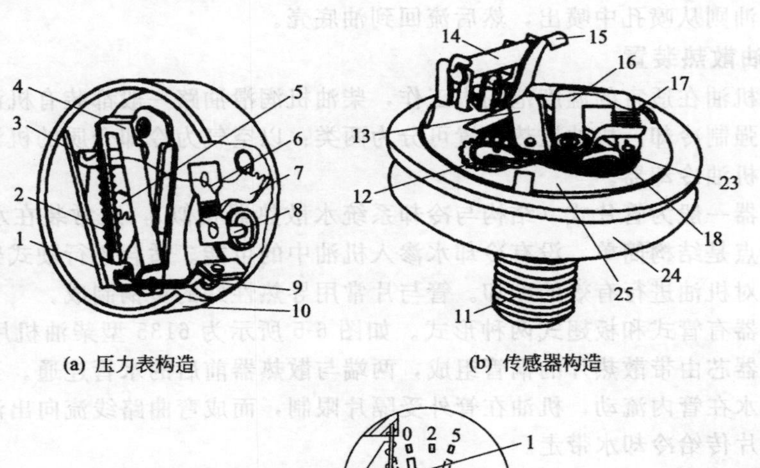

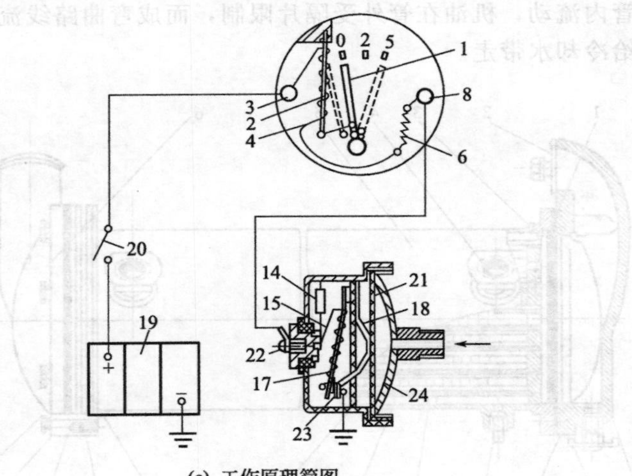

图6-6 电热式机油压力表

1—指针；2,17—加热线圈；3,8,22—接线柱；4,16—双金属片；5,7—调节臂；6—倍流器；9—框钉片；10—表壳
11—螺栓接头；12—调节齿轮；13—压力片；14—炭质电阻；15—导电铜片；18—弹簧片；19—蓄电池；
20—开关；21—平面膜片；23—触点副；24—传感器外壳；25—底板

当发动机尚未运转，闭合开关20时，传感器中的触点副虽然时开时闭，由于其闭合时间短，流过压力表的电流量微小，加热量小，双金属片变形量也很小，不能拉着指针摆动。此时，指针指向零。

当发动机工作后，来自主油道的油压经螺栓接头11传入传感器油腔内，压着平面膜片21拱起，平面油膜顶着弹簧片18弯曲，触点副上升，双金属片受机械力而弯曲。因此，加热线圈17对双金属片16加热较长的时间才能使触点副23张开断电。由于触点副闭合的时间较长，压力表中的加热线圈2对双金属片4加热的时间相应增长，弯曲程度也较大。这时，双金属片的头部钩着指针1的下边框沿，使机油压力表的指针摆动。由于触点副时开时闭，使机油压力表的指针指示某一机油压力位置。

环境温度为20℃±5℃，电压为14V，机油压力在0.2MPa时，误差不超过0.04MPa；机油压力在0.5MPa时，误差不超过0.1MPa。触点副用银镉合金制成，使用寿命为1200～1500h，所以不观察机油压力表时，应将电路关掉。调节齿轮12用于调整触点副的压力，调节臂5和7用于调整指针和表盘的相对位置。

在使用过程中应注意：机油传感器和压力表应配套使用。如308型电热式机油压力表与303型机油压力传感器配套使用。在安装机油压力表时，应使外壳的箭头向上，不能偏过垂直位置30°以上。

（2）机油温度表　机油温度表用于观测柴油机的机油温度，它有热电式和电阻式。热电式机油温度表广泛应用在动力机械的柴油机上。

热电式机油温度表由温度传感器、温度表和传递导线等组成，其构造和作用原理如图6-7所示。闭合电源开关，温度传感器中的加热线圈4加热双金属片3，双金属片受热到一定温度时向外弯曲，使上触点2和下触点1分开，切断机油温度表的电路，当双金属片受冷后又复原，电路又被接通。此后电路时通时断。当电路接通时，温度表中的加热线圈13加热双金属片10，双金属片弯曲后带动指针摆动。

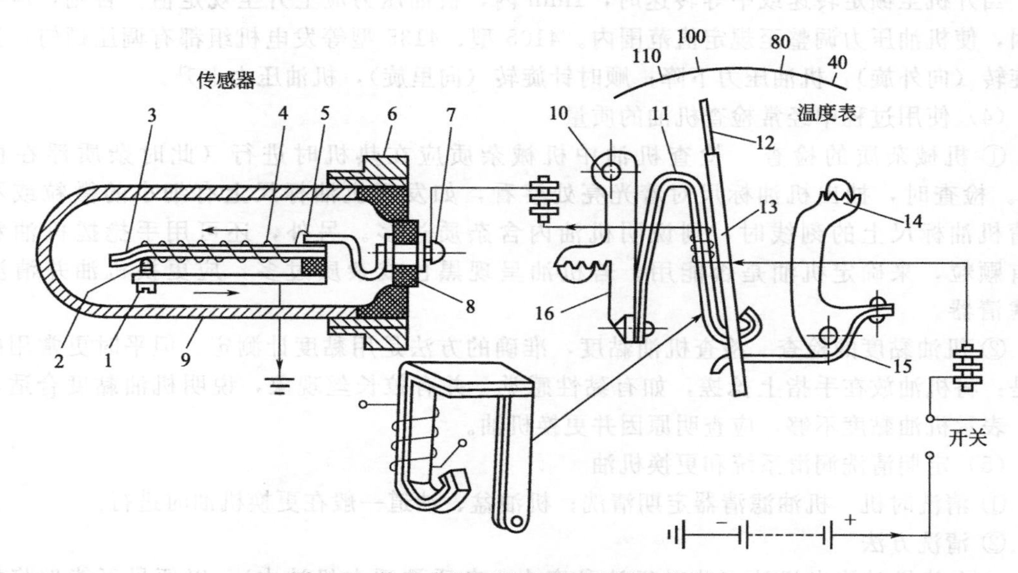

图6-7　热电式机油温度表构造及工作原理

1—下触点；2—上触点；3,10—双金属片；4,13—加热线圈；5—导电铜片；6—螺纹接头；7—接线柱；8—绝缘体；9—壳体；11,16—调整臂；12—指针；14—轴；15—弹簧片

当发动机的机油温度过低时，加热线圈4通电时间长，双金属片调整臂11弯曲大，指针12摆动角度大，指针指向低油温的位置。

当发动机的机油温度过高时，机油通过传感器的壳体9将双金属片3加热到与机油相同的温度，而加热线圈4再加热双金属片3使触点1和2张开，而后电路时通时断。结果，减少了机油温度表通电的时间，加热线圈13加热时间相应缩短，使双金属片调整臂11的弯曲量小，指针摆动角度也小。此时指针12指在高油温的位置。当机油温度超过110℃时，触点副处于常开位置，机油温度表电路处于断电状态，指针指在110℃。

调整臂16和轴14分别调整指针和表盘。在使用时应注意机油温度传感器和机油温度表的配套使用。例如302型机油温度表应与306型机油温度传感器配合使用。

6.1.2 润滑系统的维护与保养

6.1.2.1 润滑系统的维护

（1）选择合适的机油 一般而言，每种柴油机说明书上都规定了机器的润滑油使用种类。在使用过程中应注意这一点，如果在使用过程中，没有说明书上规定的润滑油，可选择相近牌号的润滑油使用。切忌不同牌号的机油混合使用。

（2）机油量要合适 每次开机前均应检查机油油面，保证机油油面高度在规定范围内。

① 油面过低：磨损大，容易烧瓦、拉缸。

② 油面过高：机油窜入气缸；燃烧室积炭；活塞环黏结；排气冒蓝烟。

因此，当曲轴箱机油不足时，应添加至规定的油平面，并找出其缺油原因；当油面过高时，应检查机油中是否有水和燃油漏入，找出原因，加以排除并更换机油。

在添加机油时，要使用带有滤网的清洁漏斗，以防止杂质进入曲轴箱内，影响发电机组的正常工作。

（3）机油压力调整得当 每种柴油机都有各自规定的机油压力，比如4105型和4135型柴油发电机组，其机油压力均为1.5～3kgf/cm²。

当开机至额定转速或中等转速时，1min内，机油压力应上升至规定值。否则，应查明原因，使机油压力调整至规定值范围内。4105型、4135型等发电机组都有调压螺钉，逆时针旋转（向外旋），机油压力下降；顺时针旋转（向里旋），机油压力上升。

（4）使用过程中经常检查机油的质量

① 机械杂质的检查 检查机油中机械杂质应在热机时进行（此时杂质浮在机油中）。检查时，抽出机油标尺对着光亮处察看，如发现机油标尺上有细小的微粒或不能看清机油标尺上的刻线时，则说明机油内含杂质过多。另外，还可用手捻搓机油看是否有颗粒，来确定机油是否能用。若机油呈现黑色或杂质过多，应更换机油并清洗机油滤清器。

② 机油黏度的检查 检查机油黏度，准确的方法是用黏度计测定。但平时更常用的方法是：将机油放在手指上捻搓，如有黏性感觉，并有拉长丝现象，说明机油黏度合适，否则，表示机油黏度不够，应查明原因并更换机油。

（5）定期清洗润滑系统和更换机油

① 清洗时机 机油滤清器定期清洗；机油盆、油道一般在更换机油时进行。

② 清洗方法

a. 在热机时放出机油（此时机油黏度小，杂质漂浮在机油中），以便尽可能地将机油盆、油道、机油滤清器中的杂质清除。

b. 在机油盆中加入混合油（在机油中掺入15%～20%的煤油，或按柴油：机油＝9：1的比例混合），其数量为润滑系统容量的60%～70%为宜。

c. 使柴油机低速运转5～8min，机油压力应在0.5kgf/cm² 以上。

d. 停机，放出混合油。

e. 清洗机油滤清器、滤网、机油散热器及曲轴箱，加入新机油。

6.1.2.2 润滑系统的保养

下面，以135系列柴油机为例，讲述润滑系统及其保养方法。

（1）机油滤清器 135系列柴油机，根据机型配用两种形式的机油滤清器。两种形式的滤清器，除粗滤器分别采用绕线式和刮片式不同外，所用精滤器相同。通过粗滤器的机油经冷却后直接进入主油道润滑；精滤器为分流式，精滤后的机油直接回归油底壳。

滤清性能的好坏，直接影响柴油机的使用性能和寿命。因此，在使用时对机油滤清器的滤清效果应多加注意。基本型柴油机所用机油滤清器的规格如表 6-1 所示。

表 6-1 机油滤清器的规格

用于柴油机型号	4、6 缸直列型	12 缸 V 型
机油粗滤器：		
型式	刮片式或绕线式	刮片式
过滤间隙/mm	0.06～0.10	≤0.10
过滤量/(L/min)	>45	>45
进油压力/kPa(kgf/cm²)	294(3)	294(3)
机油精滤器：		
型式	反作用离心式	
转子转速/(r/min)	≥5500	
进油压力/kPa(kgf/cm²)	≥294(3)	
过滤量/(L/min)	<10	
增压器机油滤清器：		
型式	网格式(仅用于增压柴油机)	
铜丝网规格/(目/in①)	300	

① 1in=25.4mm。

注：表中数据的实验条件：①油温 85℃；②HCA-11 润滑油。

① 绕线式机油滤清器　绕线式机油滤清器的结构如图 6-4 所示。滤芯上有两层用铜丝绕成的过滤网，其过滤间隙≤0.09mm。柴油机每运转 200h 后，应拆洗滤芯。拆洗时，先松开盖子上的 4 个螺母，连盖子一起取出滤芯，再松开底面轴上的螺钉，拿下滤芯放在煤油或柴油内清洗（如图 6-8 所示），然后用压缩空气吹净。重装时，内外滤芯两端面需平整，以保证密封，粗滤器轴旋入盖中螺孔应拧到底。

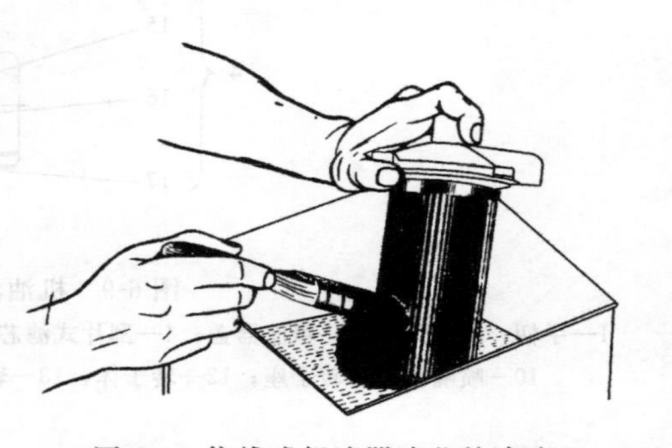

图 6-8　绕线式粗滤器滤芯的清洗

② 刮片式机油滤清器　刮片式机油滤清器的结构如图 6-9 所示。滤芯由薄钢片冲制的滤片装配而成，滤片之间的过滤间隙为0.06～0.10mm。

当柴油机启动前或连续工作 4h 后，应顺着滤清器盖上箭头所指的方向转动手柄 2～3 圈。此时由于滤芯的转动，装于定位轴上的刮片即刮下滤片外表面的污垢。在柴油机每工作 200h 后，应拆洗滤芯，将滤芯放在柴油中，转动手柄刮下污垢（如图 6-10 所示）。如积垢过多，可以松开轴下端的螺母，依次拆出滤片，浸入柴油中逐片清洗，但必须小心保持滤片平整不得碰毛，然后严格按次序及片数装配，否则会影响滤清效果。装好后要注意滤芯两端面的密封性，转动手柄应旋转自如。

③ 机油精滤器　机油精滤器亦称离心式机油滤清器，结构如图 6-4 和图 6-9 所示。当采用 HCA-11 润滑油，油温为 85℃、进油压力为 294kPa（3kgf/cm²）时，精滤器转子的转速应在 5500r/min 以上。由于转子的高速旋转，使机油中的细小杂质因离心力的作用而分离，并汇集到转子体的内壁上，经过滤清的机油通过回油孔直接流回油底壳，以此重复循环对整个系统的机油达到滤清的目的。

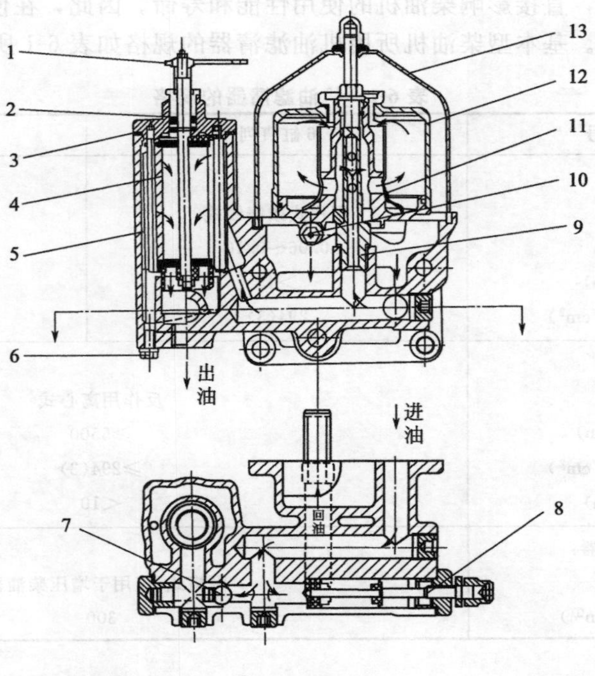

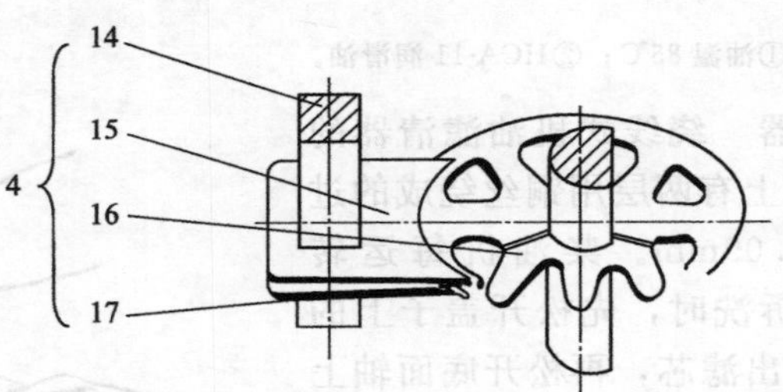

图 6-9　机油滤清器（粗滤器为刮片式）

1—手柄；2—转轴；3—粗滤器盖；4—刮片式滤芯；5—底座；6—放油螺钉；7—旁通阀；8—调压阀；9—转子轴；10—喷嘴；11—转子座；12—转子体；13—转子罩壳；14—定位轴；15—刮片；16—滤片垫；17—滤片

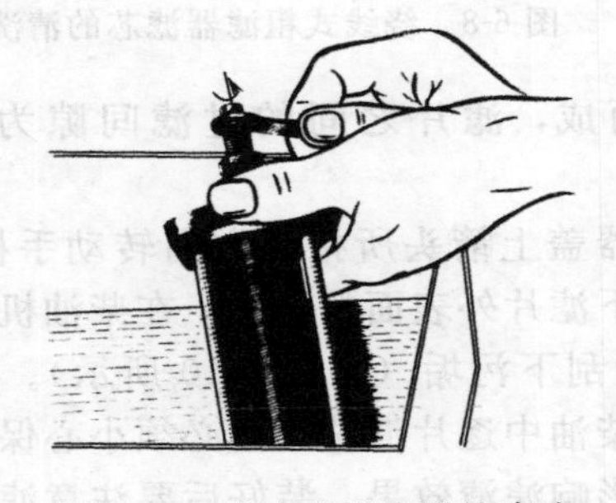

图 6-10　刮片式粗滤器的清洗

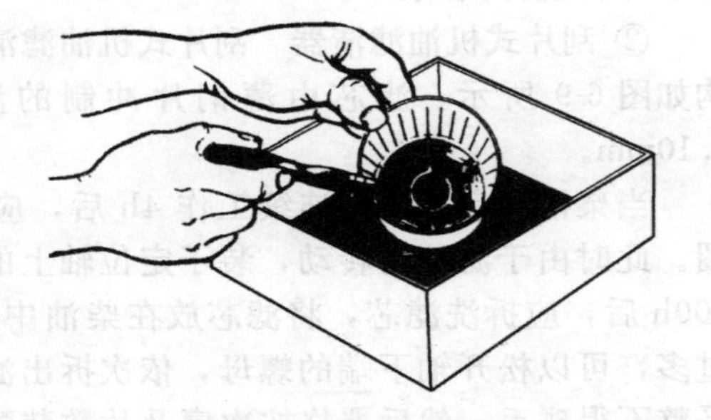

图 6-11　转子的清洗

柴油机每运转 200h 后，应拆洗精滤器。先松开转子罩壳上的螺母，取下罩壳，然后卸去转子上端的螺母，取出转子。拆下转子体之后，将所拆零件浸在柴油或煤油中用毛刷即可清除转子内的污物（如图 6-11 所示）。两个喷嘴如无必要清洗时则不要随意拆卸。

精滤器的装配按拆卸的相反程序进行，但需注意以下几点。

a. 各种零件应清洗干净，喷嘴中的喷孔应畅通。

b. 转子上、下两个轴承的配合间隙为 0.045～0.094mm，必要时应进行测量。

c. 转子体与转子座应对准定位企口装配（如图 6-12 所示）。

d. 拧紧螺母时，用力必须缓慢、均匀。密封圈要放平整。装好后，转子体在转子轴上应旋转灵活。

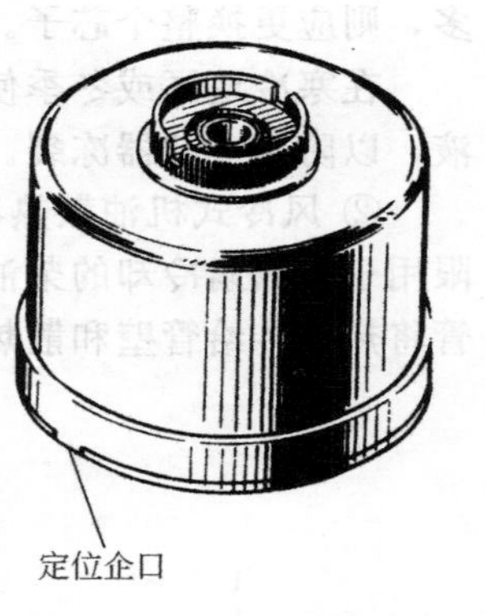

图 6-12 转子体与转子座的定位企口

④ 增压器用的机油滤清器　增压型柴油机的涡轮增压器是处在高转速下工作的部件，对其润滑精度要求较高。因此，在机油冷却器后加接了一只网格式滤清器，单独作为增压器润滑油的滤清。机油通过的网格为每英寸 300 目的铜丝布，可进一步滤清机油中的杂质，以保证涡轮增压器转子轴承等零件的可靠润滑。柴油机每工作 200h 后，应松开滤清器壳底的紧固螺母，放掉污油和沉淀物，拆下外壳和滤芯，放在柴油或煤油中进行清洗，然后用压缩空气吹净。在滤清器的盖上标有进出油管连接的箭头标记。

⑤ 调压阀和旁通阀　在机油滤清器底座上均装有调压阀和旁通阀。调压阀的作用是调整机油压力，防止柴油机工作时的机油压力过高或过低。柴油发动机出厂时，机油压力按规定的数据已调整好。如果调压阀经过拆装，则柴油机开车后应立即进行调整。

旁通阀的作用是当机油粗滤器一旦发生阻塞时，机油可不经滤清直接由旁通阀门流至主油道，以保证柴油机仍能工作，此阀不需作任何调整。

调压阀和旁通阀一般不需拆洗。如污物过多而必须拆洗时，应检查调压阀座面接触是否良好，否则由于泄漏机油增加而引起油压下降。如座面接触不良，则应予以研磨修理。

（2）机油冷却器　135 系列柴油机的机油冷却器，有水冷式和风冷式两种，按柴油机用途的不同可分别选用，风冷式机油冷却器只限用于带风扇冷却的柴油机上。

① 水冷式机油冷却器　水冷式机油冷却器为圆筒形，内部有黄铜管、散热片和隔片组成的芯子。水在芯子的管内流动；油在芯子与外壳的夹层间流动。水冷式机油冷却器的基本结构如图 6-5 所示。135 系列基本型柴油机所用水冷式机油冷却器现有 5 种不同规格，其主要差别见表 6-2。

表 6-2　水冷式机油冷却器主要技术规格

柴油机型号	4135G、4135AG	6135G、6135AG、6135G-1	6135JZ、6135AZG	12V135	12V135AG、12V135JZ、12V135AG-1
型式	管片式				
芯子外径/mm	126		126	154	
冷却管数	120		220	190	
芯子长度/mm	380		470	390	520
隔片数	21		9	11	15
散热片数	无	26	无	36	48
总散热面积/m^2	1.3	1.62		2.29	3.03

根据机型和功率不同，配用不同规格的水冷式机油冷却器，在购买配件时应注意与使用机型相配。

机油冷却器应定期清洗，在重装时，应使封油圈保持平整和位置正确。老化或发黏了的封油圈应换新，否则会造成油水混合，导致柴油机故障。保养时还要检查冷却器芯子是否脱焊、烂穿，必要时可进行焊补或把个别管子两端孔口闷死再继续使用。如果冷却铜管损坏较多，则应更换整个芯子。

在寒冷地区或冬季使用柴油机时，应注意停车后及时放掉其中的冷却水或采用防冻冷却液，以防止冷却器冻裂。

② 风冷式机油散热器　风冷式机油散热器采用铜制的管片式结构，如图 6-13 所示。它限用于带风扇冷却的柴油机上，安装在冷却水的水散热器后面。柴油机工作时，机油流经铜管将热量传给管壁和散热片，最后借风扇鼓风将热量带走。其维护保养方法同“水散热器”。

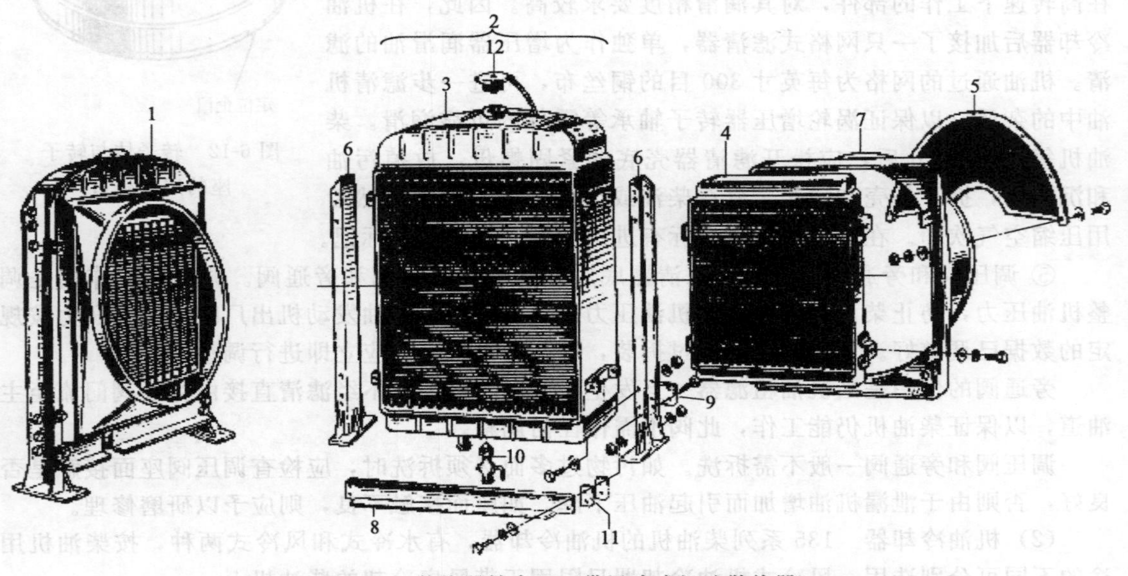

图 6-13　散热器结合组（带风冷式机油散热器）

1—散热器总成；2—水散热器；3—水散热器芯子；4—风冷式机油散热器；5—风扇防护罩；6—支架；7—导风罩；8—前横挡；9—后横挡；10—放水阀；11—垫板；12—压力盖

用于 4、6 缸直列型柴油机的风冷式机油散热器，有两种规格（见表 6-3）。12 缸 V 型柴油机无风冷式机油散热器。

表 6-3　风冷式机油散热器

柴油机型号	4 缸直列型	6 缸直列型
型式	管片式	管片式
总散热面积/m^2	5.51	7.78
机油容量/L	1.41	1.82

（3）油底壳　135 系列柴油机均采用湿式油底壳作储存机油用。在 4、6、12 缸基本型柴油机的油底壳内，均设有油池和挡油板，可满足柴油机在纵倾≤15°时正常工作。油底壳的基本结构如图 6-14 所示。

柴油机工作时，润滑系统工作状况分别用油温表、压力表及机油标尺等进行监视。为此，在油底壳上装有油温表接头和指示机油平面位置图的机油标尺。在油底壳的侧面或底部还装有放油螺塞，以便放去污油。

由于油底壳形状及要求储存机油容量的不同，因此各种油底壳所采用的机油标尺也不相同。在柴油机基本保持水平状态下，标尺上的刻线“静满”表示柴油机启动前应有的机油平面；“动满”表示柴油机运转时应保持的机油平面；“险”表示柴油机应立即添加机油的最低

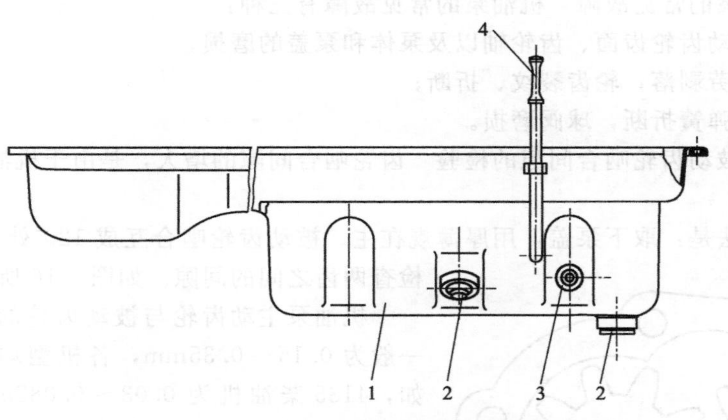

图 6-14 6缸基本型柴油机油底壳结合组

1—油底壳；2—放油塞；3—油温表接头；4—机油标尺

位置。因此，在柴油机工作时，应经常用机油标尺检查油底壳内的机油平面位置，以防油面过低或过高，致使发动机产生故障。

6.1.3 机油泵检修技能

6.1.3.1 机油泵的检验与修理

润滑系统是否能保证柴油机工作时有良好的润滑条件，虽然与油道是否畅通，滤清器是否发挥作用等因素有关，但最主要的、起决定作用的是机油泵的性能是否良好。因此，在柴油机维修时，应对机油泵进行检验与修理。135 系列直列型 4135、6135 柴油机的机油泵结构如图 6-15 所示。

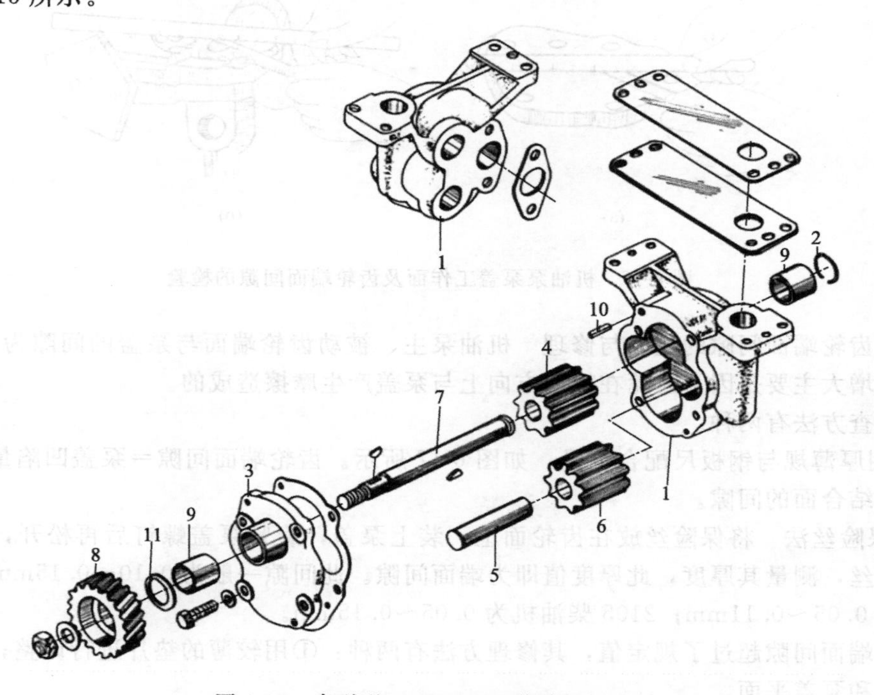

图 6-15 直列型 4135、6135 柴油机机油泵

1—机油泵体；2—钢丝挡圈；3—机油泵盖；4—主动齿轮；5—从动轴；6—从动齿轮（被动齿轮）7—主动轴；8—传动齿轮；9—衬套；10—圆柱销；11—推力轴承

（1）机油泵的常见故障　机油泵的常见故障有三种：

① 主、被动齿轮齿面、齿轮轴以及泵体和泵盖的磨损；

② 齿面疲劳剥落，轮齿裂纹、折断；

③ 限压阀弹簧折断，球阀磨损。

（2）主、被动齿轮啮合间隙的检验　齿轮啮合间隙的增大，是由于机油泵齿轮牙齿相互摩擦造成的。

其检查方法是：取下泵盖，用厚薄规在主、被动齿轮啮合互成120°处分三点进行测量，检查两齿之间的间隙。如图6-16所示。

图6-16　主、被动齿轮啮合间隙的检查
1—机油泵壳；2—厚薄规

机油泵主动齿轮与被动齿轮的啮合间隙正常值一般为0.15～0.35mm，各机型均有明确规定，例如，4135柴油机为0.03～0.082mm，最大不超过0.15mm，2105柴油机为0.10～0.20mm，最大不超过0.30mm。如果齿轮啮合间隙超过最大允许限度应成对更换新齿轮。

（3）机油泵泵盖工作面的检验与修理　机油泵泵盖工作面经磨损后会产生凹陷，此凹陷不能超过0.05mm，其检查方法是：用厚薄规与钢板尺配合测量，如图6-17(a)所示。把钢板尺侧立于泵盖工作面上，然后用厚薄规测量泵盖工作面与钢板尺之间的间隙。若超过规定值，将机油泵泵盖放在玻璃板或平板上用气门砂磨平即可。

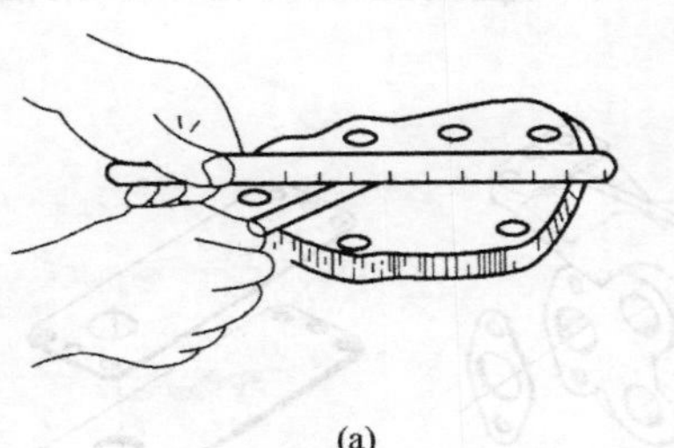

(a)

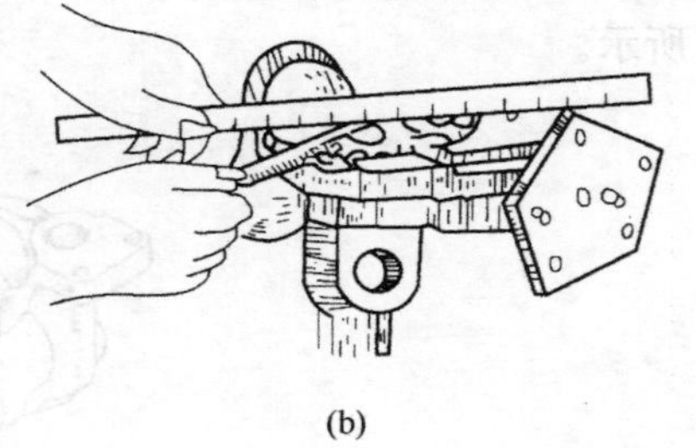

(b)

图6-17　机油泵泵盖工作面及齿轮端面间隙的检验

（4）齿轮端面间隙的检验与修理　机油泵主、被动齿轮端面与泵盖的间隙为端面间隙。端面间隙增大主要是因为齿轮在轴向方向上与泵盖产生摩擦造成的。

其检查方法有两种。

① 用厚薄规与钢板尺配合测量　如图6-17所示。齿轮端面间隙＝泵盖凹陷量＋齿轮端面到泵体结合面的间隙。

② 保险丝法　将保险丝放在齿轮面上，装上泵盖，旋紧泵盖螺钉后再松开，取出被压扁的保险丝，测量其厚度，此厚度值即为端面间隙。此间隙一般为0.10～0.15mm，如4135柴油机为0.05～0.11mm；2105柴油机为0.05～0.15mm。

如果端面间隙超过了规定值，其修理方法有两种：①用较薄的垫片进行调整；②研磨泵体结合面和泵盖平面。

（5）齿顶间隙的检验　机油泵齿轮顶端与泵壳内壁的间隙称为齿顶间隙。齿顶间隙增大的原因有二：①机油泵轴与轴套的间隙过大；②被动齿轮中心孔与轴销间隙过大。致使齿轮顶端与泵盖内壁发生摩擦而造成齿顶间隙过大。

其检验方法是：用厚薄规插在齿轮顶面与泵壳内壁之间进行测量，如图 6-18 所示。齿顶间隙一般为 0.05～0.15mm，最大不超过 0.50mm，如 4135 柴油机为 0.15～0.27mm；2105 柴油机为 0.03～0.15mm。

图 6-18 齿顶与泵壳内壁间隙的检查

若超过规定允许值，应更换齿轮或泵体。

(6) 主动轴与衬套之间间隙的检验与修理 其检验方法是：将泵壳固定，用千分表的触点靠近主动轴测量。一般正常间隙为 0.03～0.15mm，如 4135 为 0.039～0.078mm，最大不得超过 0.15mm。如果超过允许值，应进行修理，其修理方法有两种。

① 衬套与轴的间隙过大，更换衬套，按轴的尺寸铰孔。

② 轴的磨损，其失圆度及锥形度＞0.02mm 时，应电镀加粗，而后磨至标准尺寸，重新配制衬套。

(7) 限压装置的检验与修理 其常见故障有：球阀与座磨损，弹簧折断或失去弹性。

球阀与座磨损后，通常是更换新球阀，新球阀装入后再用铜棒轻击数次，使之与座紧密配合。若弹簧折断或失去弹性，则应更换新件。

6.1.3.2 机油泵的装配与试验

(1) 机油泵的装配

① 在泵轴上涂以适量机油，将主动齿轮装在泵轴上，然后再装被动齿轮。主、被动齿轮装好后，转动泵轴时，它们应能灵活地啮合旋转。

② 装泵盖时，必须注意调整其间隙，若泵盖已经过研磨，则更要重视垫片厚度的调整，保证其间隙适当。

③ 将传动齿轮装在轴上后，一定要确实将横销铆好。

④ 装好后，应检查各种螺丝是否上紧，并将限压阀装好。

(2) 机油泵的试验 其试验方法是：将进、出油孔都浸入机油盆中，待灌满机油后，用拇指堵住出油孔，另一手转动齿轮，以拇指感到有一定压力为好。否则，应查明原因，重新修配。

(3) 装入机体 机油泵装入机体时，应注意以下几点。

① 装机前，将机油泵灌满机油，以防泵内有空气，使机油泵不泵油而烧瓦。

② 油泵与机体间的垫片应垫好，以防漏油。

③ 汽油机机油泵与分电器有传动关系时，应正常啮合，以免点火时间错乱。

④ 进行压力试验及调整。

6.1.4 润滑系统常见故障检修技能

润滑系统的常见故障有：机油压力过低、机油压力过高、机油消耗量过大、机油油面增高以及机油泵噪声等。下面分别加以讲述。

6.1.4.1 机油压力过低

(1) 现象

① 机油表无指示或指示低于规定值。一般发电机组机油压力的正常范围为 0.15～0.4MPa（1.5～4kgf/cm²）。

② 刚启动机器时机油压力表指示正常，然后下降，甚至为零。

（2）原因

① 机油量不足。

② 机油黏度过小（牌号低、温度高、混入燃油或水）。

③ 限压阀调整不当，弹簧变软。

④ 机油压力表与感压塞失效。

⑤ 机油集滤器滤网及机油管路等处堵塞。

⑥ 润滑油道有漏油处。

⑦ 机油泵泵油能力差：机油泵主、被动齿轮磨损使二者之间的间隙过大，或齿轮与泵盖间隙过大。

⑧ 各轴承间隙过大（曲轴、连杆和凸轮轴等处的轴承）。

（3）排除方法

① 检查机油的数量与质量　发现机油压力过低时，应首先停止柴油机工作，等待3～5min后，抽出机油量尺检查机油的数量与质量。

油量不足应添加与机油盆中的机油牌号相同的机油。若机油黏度小，油平面升高，有生油味，则为机油中混入了燃油；若机油颜色呈乳白色，则为机油中渗入了水分，应检查排除漏油或漏水的故障，并按规定更换机油。

由于季节的变化，没有及时更换相应牌号的机油，或添加的机油牌号与机油盆中的机油牌号不一致时，亦会使柴油机的机油压力降低。

在使用过程中，如果柴油机过热，则应考虑机油压力降低可能是机油温度过高致使机油变稀引起的。在这种情况下，排除致使柴油机温度过高的故障，等机油冷却后再启动发电机组，机油压力便可正常。

② 调整限压阀，查看限压阀弹簧　首先调整限压阀，若能调整至正常压力，则为限压阀调整不当；若调整限压阀无效，则查看限压阀弹簧的弹性是否减弱。

③ 检查机油压力表与感压塞　检查机油压力表可用新旧对比法，将原来的机油压力表拆下，装上一只新机油压力表进行对比判断。

检查感压塞的方法是：将感压塞从缸体上拆下，用破布堵住塞孔，短暂地发动机器，若机油从油道中喷出很足，并没有气泡，则说明感压塞失效。若机油从油道中喷出不足，并有气泡产生，则说明机油压力过低可能是机油管道不畅引起的。

④ 检查机油集滤器、机油泵及各油道　拆下机油滤清器，转动曲轴，观察机油泵出油孔道，出油不多或不出油，则可能是机油泵不泵油或集滤器堵塞，应检查修理机油泵或清洗集滤器。

拆下油底壳，检查机油集滤器是否有油污堵塞，或者机油泵是否磨损过甚而使泵油压力不足。如果从油道中喷出来的润滑油夹有气泡，则说明机油泵及油泵进油连接管接头破裂或者接头松动等。

⑤ 检查各轴承间隙　若曲轴、连杆和凸轮轴等处的轴承间隙过大，在刚开始发动机器时，由于机油的黏度较大，机油不易流失，机油压力可达到正常值。但是，当机器走热后，机油黏度变稀，机油从轴瓦两侧被挤走，从而使机油压力降低。

6.1.4.2　机油压力过高

（1）现象　机油压力表指示超过规定值，发动机功率下降。

（2）原因

① 机油黏度过大。

② 限压阀调整不当或弹簧太硬。

③ 机油滤清器堵塞而旁通阀顶不开。

④ 各轴承间隙过小。

⑤ 机油压力表以后的机油管道堵塞。

(3) 排除方法

① 检查机油的黏度 将机油标尺从曲轴箱中取出，滴几滴机油在手指上，用手指捻揉感觉机油的黏度是否过大。当黏度过大时，可能是机油的牌号不对，应更换适当牌号的机油。

② 检查限压阀弹簧和旁通阀弹簧 看是否压得过紧，或弹力过强顶不开。对此应及时调整、清洗或更换。

③ 检查各轴承间隙及缸体内各机油管道 对于新维修的发动机，则应检查各轴承是否装配得过紧，缸体内通向曲轴轴承的油道是否堵塞。若堵塞，最容易导致烧瓦事故。

6.1.4.3 机油消耗量过大

机油在正常使用中，为保证活塞、活塞环与气缸壁间有良好的润滑，采用喷溅法使气缸壁上黏附一层机油。由于活塞环刮油有限，残留在气缸壁上的机油在高温燃气作用下，有的被燃烧，有的随废气一并排出或在缸内机件上形成积炭。当发动机工作温度过高时，还有部分机油蒸发汽化而被排到曲轴箱外或被吸入气缸。当发动机技术状况良好时，这些正常的消耗是比较少的，但是当发动机的技术状况随使用时间的延长而变差时，其机油消耗量随之增加。机油消耗增加量越大，标志着发动机的性能下降得越严重。

(1) 现象

① 机油面每天有显著下降。

② 排气冒蓝烟。

(2) 原因

① 有漏油之处：如曲轴后轴承油封漏油、正时齿轮盖油封损坏或装置不当而漏油、凸轮轴后端盖密封不严以及其他衬垫损坏或油管接头松动破裂而漏油等。

② 废气涡轮增压器的压气机叶轮轴密封圈失效。

③ 气门导管密封帽损坏，或进气门杆部与导管配合间隙过大。

④ 活塞、活塞环与气缸壁磨损过甚，使其相互间的配合间隙增大，导致机油窜入燃烧室参与燃烧。

⑤ 活塞环安装不正确：活塞环对口或卡死在环槽内使其失去弹性；扭曲环或锥形环装反使其向燃烧室泵油。

(3) 排除方法

① 查看漏机油处：若有机油从飞轮边缘或油底壳后端向外滴油时，则为曲轴后油封漏油；若机油从凸轮轴后端盖处顺缸体向外流油，说明凸轮轴后端盖处密封不严而漏油；若机油从曲轴带轮甩出，说明正时齿轮盖垫片损坏或装置不当而漏油；若其他各衬垫或油管接头松动破裂而漏油时，从外表可以看出有漏油的痕迹，应检查各连接螺丝或油管接头是否松动及衬垫是否破裂等。

② 若排气冒蓝烟，说明机油被吸入气缸燃烧后排出。应首先检查进气管中有无机油，若有机油则说明废气涡轮增压器的压气机叶轮轴密封圈失效，机油顺轴流入进气道，应更换密封圈；若进气管内干燥、无机油，应检查气门导管密封帽是否完好，进气门杆部与导管配合间隙是否过大，并给予更换检修。

若以上情况均良好，再拆下缸盖和油底壳，对气缸、活塞、活塞环进行全面的检查与测量，查看活塞、活塞环与气缸壁的磨损及其装配间隙是否过大以及活塞环安装是否正确，达到排除故障的目的。

6.1.4.4 机油油面增高

（1）现象

① 排气冒蓝烟。

② 溅油声音大。

③ 柴油机运转无力。

（2）原因

① 燃油漏入机油盆：柴油机喷油泵柱塞副磨损过大、喷油器针阀关闭不严或针阀卡死在开启位置；活塞、活塞环与气缸之间的配合间隙过大，使燃油沿缸壁下漏到油底壳。

② 水渗入机油盆：气缸垫冲坏；与水套相通的气缸壁产生裂纹；湿式缸套与缸体间的橡胶密封圈未安装正确或损坏。

（3）排除方法　首先抽出机油标尺检查机油是否过稀。若发现机油油面增高并且很稀时，应进一步查找原因，看是否有水或燃油漏入而冲淡机油，引起过稀。其检查方法如下。

抽出机油标尺，滴几滴机油在纸上观察机油颜色并闻气味。如机油呈乳黄色，且无其他气味，说明是水进入了曲轴箱，应检查气缸垫是否冲坏，缸体水道是否有裂纹，湿式缸套与缸体间的橡胶密封圈是否安装正确或损坏。

如果闻到机油中有燃油味，应启动发动机观察其是否运转良好，若启动柴油机后排气管冒黑烟，则应检查喷油器的针阀是否正常关闭，若有滴漏，应予以维修。若发动机在正常工作温度下动力不足，则应检查喷油泵柱塞副是否下漏柴油，活塞、活塞环与气缸之间的配合间隙是否过大，并进行更换或检修。

以上检查维修完毕后，必须将旧机油放出，并清洗润滑系统，再重新加入规定量的合适牌号的新机油。

6.1.4.5 机油泵噪声

（1）现象　柴油机运转时，机油泵装置处有噪声传出。

（2）原因　机油泵主动齿轮和被动齿轮磨损过甚或间隙不当。

（3）检查与排除　机油泵如有噪声，应在柴油机运转到达正常温度后进行检查。用旋具头触在机油泵的附近，木柄贴在耳边，反复变换柴油机转速。若听到特别异响并振动很大，就说明机油泵有噪声。若响声不大且均匀时，则属正常。机油泵经长期使用，齿轮磨损过大，不但有噪声，同时从机油表的读数中可以观察出来，一般而言，这时机油压力表的读数偏低。

6.2 冷却系统

柴油机工作时，高温燃气及摩擦生成的热会使气缸（盖）、活塞和气门等零部件的温度升高。如不采取适当的冷却措施，将会使这些零件的温度过高。受热零件的机械强度和刚度会显著降低，相互间的正常配合间隙会被破坏。润滑油也会因温度升高而变稀，失去应有的润滑作用，加剧零件的磨损和变形，严重时配合件可能会卡死或损坏。柴油机过热，会导致充气系数降低，燃烧不正常，功率下降，耗油量增加等。如柴油机温度过低，则混合气形成不良，造成工作粗暴、散热损失大、功率下降、油耗增加、机油黏度大、零件磨损加剧等，导致柴油机使用寿命缩短。实践表明，柴油机经常在冷却水温为40～50℃条件下使用时，其零件磨损要比正常温度下运转时大好几倍，因此柴油机也不应冷却过度。柴油机冷却系统的作用是保证发动机在最适宜的温度范围内工作。对于水冷式柴油机，缸壁水套中适宜的温度为80～90℃，对于风冷式柴油机，缸壁适宜温度为160～200℃。

6.2.1 冷却系统构造

根据冷却介质的不同，柴油机冷却系统可分为水冷式和风冷式两种。

6.2.1.1 水冷式冷却系统构造

水冷却方式是用水作为冷却介质，将柴油机受热零件的热量传递出去。这种冷却方式具有冷却比较均匀、可使柴油机稳定在最有利的水温下工作、运转时噪声小等优点，所以目前绝大多数柴油机采用的是水冷式冷却系统。根据冷却水在柴油机中进行循环的方法不同，可分为自然循环冷却和强制循环冷却两类。

自然循环冷却是利用水的密度随温度变化的特性，以产生自然对流，使冷却水在冷却系统中循环流动。其优点是结构简单，维护方便；缺点是水循环缓慢，冷却不均匀，柴油机下部水温低，上部水温高，局部地方由于冷却水循环强度不够而可能产生过热现象。并且自然循环冷却系统要求水箱容量较大，故只在小型柴油机上采用。自然循环冷却可分为蒸发式、冷凝器式和热流式三种。

而强制循环冷却是利用水泵使水在柴油机中循环流动。强制循环冷却系统可分为开式和闭式两种。在开式强制循环冷却系统中，冷却介质直接与大气相通，冷却系统内的蒸汽压力总保持为外界大气压，其消耗水量比较多。而在闭式强制循环冷却系统中，水箱盖上安装了一个空气-蒸汽阀，冷却介质与外界大气不直接相通，水在密闭系统内循环，冷却系统的蒸汽压力稍高于大气压力，水的沸点可以提高到100℃以上。其优点是可提高柴油机的进、出水口水温，使冷却水温差小，能稳定柴油机工作温度和提高其经济性；与此同时，还能提高散热器的平均温度，从而缩小散热面积，减少水的消耗量，并可缩短机油预热时间。其缺点是冷却系统零部件的耐压要求较高。这种冷却方式目前应用最为广泛。

图6-19为135系列柴油发动机闭式强制循环水冷却系统示意图。柴油发动机的气缸体和气缸盖中都铸造有水套。冷却液经水泵5加压后，经分水管10进入机体水套9内，冷却液在流动的同时吸收气缸壁的热量并使自身的温度升高，然后流入气缸盖水套7，在此吸热升温后经节温器6及散热器进水管进入散热器2中。与此同时，由于风扇4的旋转抽吸，空气从散热器芯吹过，流经散热器芯的冷却液热量不断地散发到大气中去，使水温降低。冷却后的水流到散热器2底部后，又经水泵5加压后再一次流入缸体水套中，如此不断地循环，柴油机就不断地得到冷却。当水温高于节温器的开启温度时，回水进入散热水箱进行冷却，完成水循环，这种循环通常称为大循环；当水温低于节温器开启温度时，回水便直接流入水泵进行循环，这种循环通常称为小循环。

柴油发动机转速升高，水泵和风扇的转速也随之升高，则冷却液的循环加快，扇风量加大，散热能力就增强。为了使多缸机前后各缸冷却均匀，一般柴油机在缸体水套中设置有分水管或铸出配水室。分水管是一根金属管，沿纵向开有若干个出水孔，离水泵愈远处，出水孔愈大，这样就可以使前后各缸的冷却强度相近，整机冷却均匀。

水冷系统还设置有水温传感器和水温表8。水温传感器一般安装在气缸盖出水管处，将出水管处的水温传给水温表。操作人员可借助水温表随时了解冷却系统的工作情况。

为了防止和减轻冷却水中的杂质对发动机的腐蚀作用，某些柴油机（如康明斯N855型和卡特彼勒3400系列柴油机）在冷却系统中还设有防腐装置。在防腐装置的外壳中装有用镁板夹紧着包有离子交换树脂的零件。其作用是由金属镁作为化学反应的金属离子的来源，当冷却水流经防腐装置的内腔时，水中的碳酸根离子便和金属离子形成碳酸镁而沉淀，在该

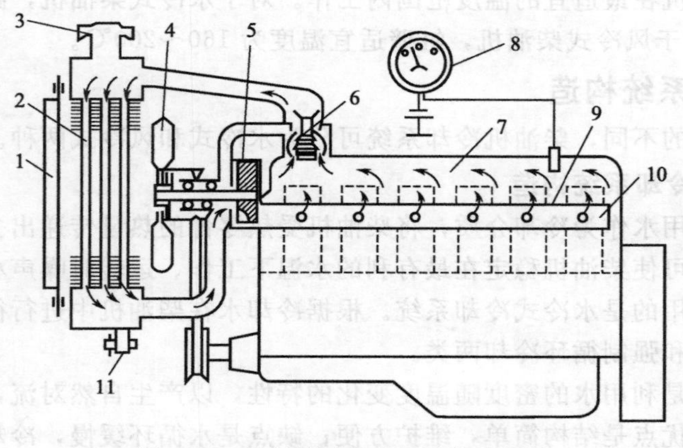

图 6-19 强制循环水冷却系统示意图

1—百叶窗；2—散热器；3—散热器盖（水箱盖）；4—风扇；5—水泵；6—节温器；
7—气缸盖水套；8—水温表；9—机体水套；10—分水管；11—放水阀

装置中被滤去，从而减小了冷却水对发动机水套及冷却系统各部件的腐蚀。

(1) 散热器 散热器的作用是将冷却水所携带的热量散入大气以降低冷却水的温度。散热器必须有足够的散热面积，并用导热性好的材料制造，其构造如图 6-20(a) 所示，它由上水箱（有的带有空气-蒸汽阀）、芯部和下水箱三部分组成。上、下水箱用来存放冷却水，上水箱顶部开有注入冷却水的加水口，用水箱盖封闭。柴油机水套中的热水从气缸盖上的出水口流进上水箱，经散热器芯子冷却后流到下水箱，再经下水箱的出水管被吸入水泵。

散热器芯部构造常用的有管片式和管带式两种。管片式的芯部构造如图 6-20(b) 所示，它由许多扁形水管焊在多层散热片上构成。其芯部的散热面积大、对气流的阻力小、结构刚度好、承压能力强、不易破裂，所以目前被广泛采用。其缺点是制造工艺比较复杂。管带式芯部的构造如图 6-20(c) 所示，它由波纹状散热带 8 与扁管 9 相间排列组合而成。带上开有缝槽 10，可以破坏气流附面层以增加传热效果。该型芯部的刚度不如管片式好，但制造工艺简单，便于大量生产，其应用有逐渐增多之势。

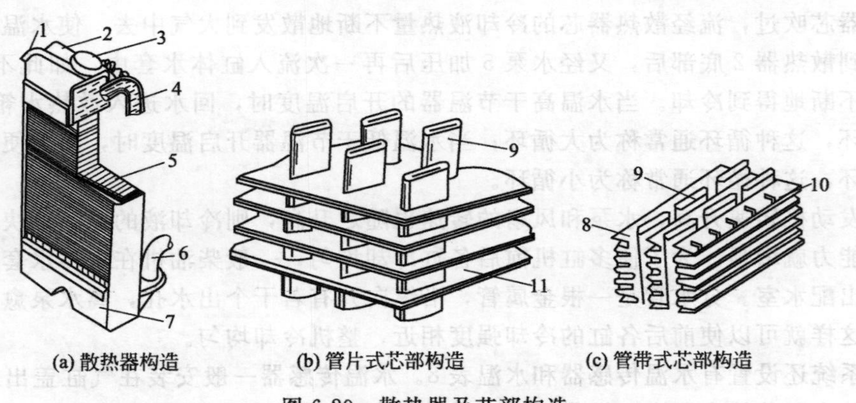

图 6-20 散热器及芯部构造

1—溢水管；2—上水箱；3—水箱盖；4—进水管；5—散热器芯；6—出水管；7—下水箱；
8—散热带；9—冷却扁管；10—缝槽；11—散热片

散热器芯子多用黄铜制造。黄铜具有较好的导热和耐腐蚀性能，易于成形，有足够的强度且便于焊修。为了节约铜，近年来，铝合金散热器也有一定发展。

闭式强制循环冷却系统是一个封闭的系统，提高系统的蒸汽压力后，可以提高冷却水的沸点。由于冷却水温和外界气温温差加大，因而也就提高了整个冷却系统的散热能力。但如果冷却系统内蒸汽压力过大，就可能使散热器芯的焊缝或水管破裂。当冷却系统中的水蒸气凝结时，会使系统中的蒸汽压力低于外界大气压力，如果这个压力过低，散热器芯部就可能被外界大气压压坏。因此闭式冷却系统的水箱盖上装有空气-蒸汽阀，其结构及工作原理如图6-21所示。当冷却系统内蒸汽压力低于大气压力0.01～0.02MPa时，在压差作用下，空气阀3便克服弹簧的预紧力而开启，如图6-21(a) 所示。空气从蒸汽引出管5经空气阀进入上水箱，使冷却系统的压力升高。当冷却系统内蒸汽压力超过大气压力0.02～0.03MPa时，蒸汽阀弹簧2被压缩，蒸汽阀1便开启，如图6-21(b) 所示，此时将从蒸汽引出管5中放出一部分蒸汽，使冷却系统的压力下降。此时，冷却水的沸点可提高到108℃左右，减少了冷却水的消耗。

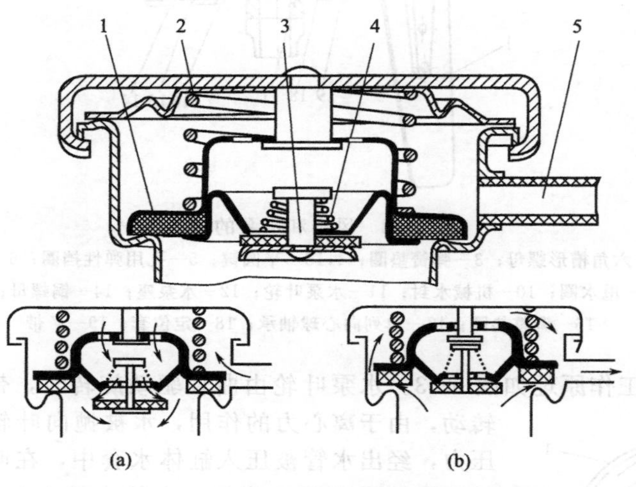

图6-21　空气-蒸汽阀结构及工作原理示意图

1—蒸汽阀；2—蒸汽阀弹簧；3—空气阀；4—空气阀弹簧；5—蒸汽引出管

空气-蒸汽阀一般安装在散热器盖上，有的柴油机则安装在散热器上储水箱的侧面。当柴油发动机过热时，如需打开闭式强制循环冷却系统的散热器盖，应将其慢慢旋开，使冷却系统内的压力逐渐降低，以免蒸汽和热水喷出伤人。如果要旋松放水开关放出冷却水时，也需先打开散热器盖，才能将水放尽。

(2) 风扇　风扇的功用是增大流经散热器芯部空气的流速，提高散热器的散热能力。水冷系统的风扇要求足够的风量，适度的风压，功率消耗少，效率高，噪声低以及工艺简单。在水冷系统中常用的是轴流式风扇，这种形式的风扇结构简单，布置方便，低压头时风量大，效率高。它一般装在散热器芯部后面，利用吸风来冷却芯部。

风扇的构造如图6-22所示。在固定于带轮7上的风扇支架上，铆着用薄钢板冲制成的风扇叶片。风扇的扇风量主要与风扇直径、转速、叶片形状、叶片安装角及叶片数目有关。叶片大多用薄钢板冲压制成，断面形状多为弧形。但也可用塑料或铝合金铸成翼形断面的整体式风扇，虽然制造工艺较复杂，但效率高，功率消耗小。在有些发动机上，冷却风扇的冲压叶片端部弯曲，以增加扇风量。叶片应安装得与风扇旋转平面成30°～60°倾斜角。叶片数目通常为4片或6片。有的将叶片间夹角做成不等，以减小旋转时产生的振动和噪声。风扇外围装设护风圈，可适当提高风扇的工作效率。

(3) 水泵　水泵的作用是提高冷却水压力，使水在冷却系统内加速循环。柴油机上广泛

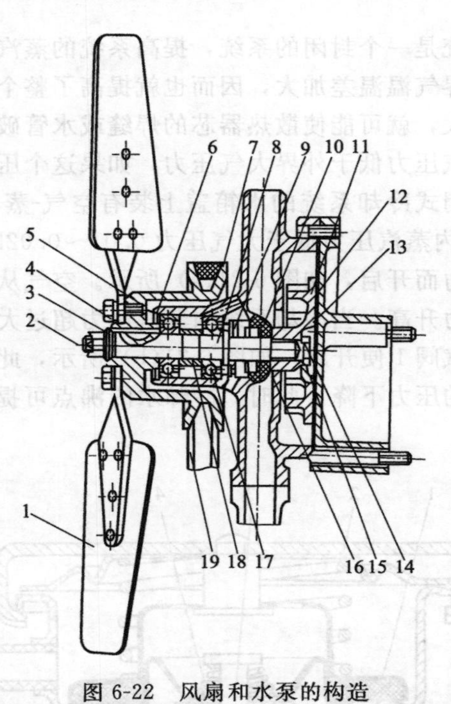

图 6-22 风扇和水泵的构造

1—风扇叶片；2—六角槽形螺母；3—弹簧垫圈；4,13—半圆键；5—孔用弹性挡圈；6—水泵体；7—带轮；8—水泵轴；9—甩水圈；10—机械水封；11—水泵叶轮；12—水泵座；14—铜螺母；15—耐磨垫圈；16—调整垫圈；17—单列向心球轴承；18—定位套；19—V带

采用离心式水泵，工作原理如图 6-23。水泵叶轮由曲轴驱动旋转时，带动水泵中的水一起转动，由于离心力的作用，水被抛向叶轮边缘并产生一定的压力，经出水管被压入缸体水套中，在叶轮中心处，由于水被甩向外缘而压力降低，水箱中的水经进水管被吸入泵中，再被叶轮甩出。水泵叶轮一般有 6～8 个轮叶，轮叶形状有径向直叶片的，其构造简单；有曲线形叶片的，其泵水效率高。离心式水泵的主要特点是结构简单、外形尺寸小、工作可靠、制造容易以及当水泵由于故障而停止转动时，冷却水仍可进行自然循环。

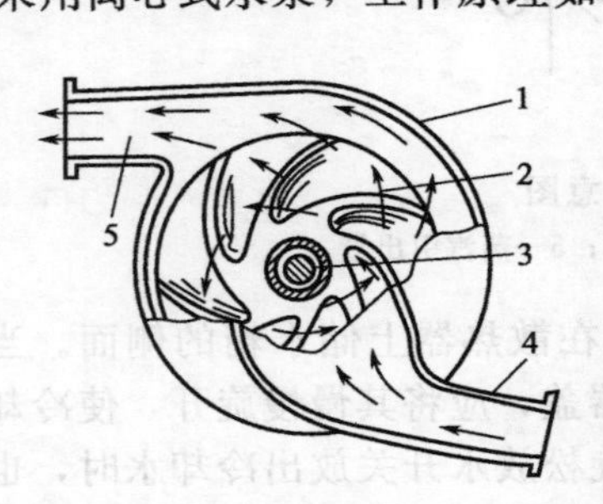

图 6-23 离心式水泵工作原理

1—水泵体；2—叶轮；3—水泵轴；4—进水管；5—出水管

图 6-24 所示为 4135、6135 型柴油机水泵结构。水泵轴支承在两个滚珠轴承上，一端装驱动带轮，另一端装水泵叶轮。泵轴和水道用水封进行密封。

（4）冷却强度调节装置 冷却系统的散热能力是按照发动机常用工况和气温较高的情况下能保证可靠冷却而设计的。但使用条件（如转速、负荷和气温等）变化时，必须改变散热器的散热能力，使需要从冷却系统散走的热量与冷却系统的散热能力相协调。

可通过改变流经散热器芯部冷却水的循环流量或冷却空气流量的方法来调节其冷却强度，以保证发动机在最佳温度状况下工作。

① 改变流经散热器芯部冷却水的循环流量 冷却水将高温零件的热量带走后，并在流经散热器时，将热量散入大气。若减少流经散热器水量，则会使散热量减少，整个冷却系统的温度将会提高。流经散热器的水量，由装在气缸盖出水口附近水道中的节温器来调节。节温器有膨胀筒式和蜡式两种。

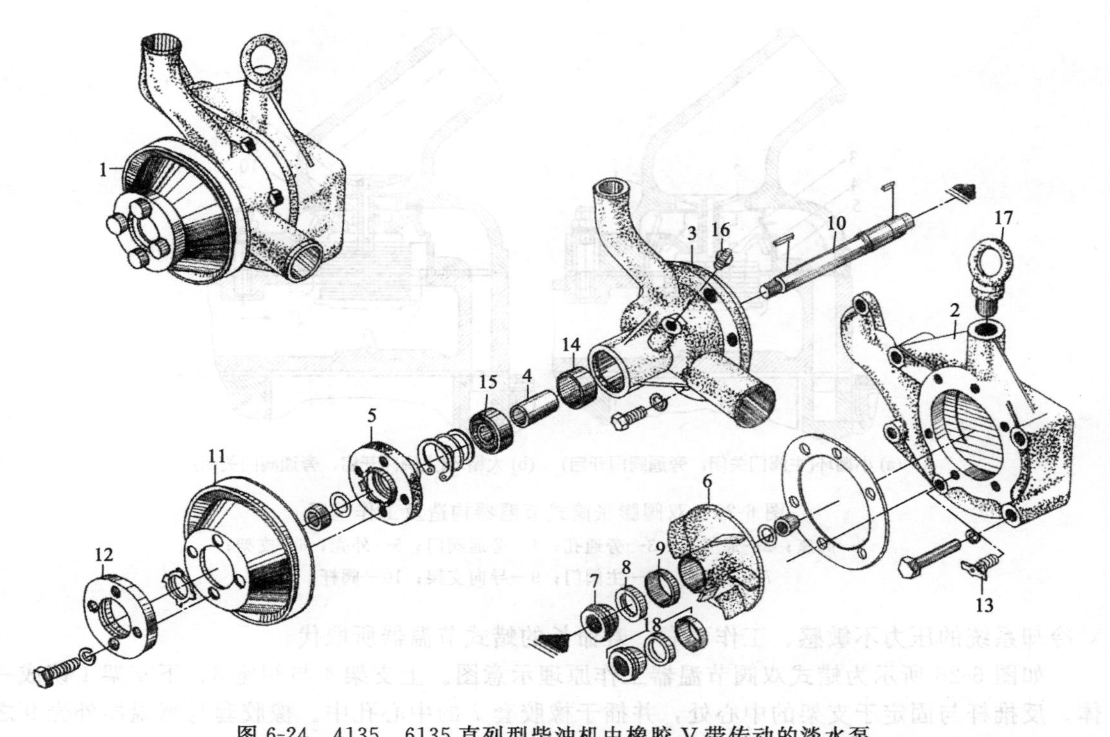

图 6-24 4135、6135 直列型柴油机由橡胶 V 带传动的淡水泵

1—淡水泵总成；2—涡流壳；3—水泵体；4—轴套；5—接盘；6—叶轮；7—水封体；8—O 形陶瓷杯；9—O 形衬圈；10—水泵轴；11—皮带盘；12—风扇接盘；13—放水阀；14—160504 单列向心球轴承；15—160304 单列向心球轴承；16—直通式压注油杯；17—吊环螺钉；18—水封圈装配部件

双阀膨胀筒式节温器的构造及工作情况如图 6-25 所示。弹性折叠式的密闭圆筒用黄铜制成，是温度感应件，筒内装有低沸点的易挥发液体（通常是由 1/3 的乙醇和 2/3 的水溶液混合而成），其蒸汽压力随温度而变。温度高时，其蒸汽压力大，弹性膨胀圆筒伸长得多。圆筒伸长时，焊在它上面的旁通阀门和主阀门也随之上移，使旁通孔逐渐关小，顶部通道逐渐开大，当旁通孔全部关闭时，主阀开度达到最大［如图 6-25(b) 所示］。主阀关闭时，旁通孔全部开启［如图 6-25(a) 所示］。

当冷却水温度低于 70℃时［如图 6-25(a) 所示］，节温器主阀关闭，旁通孔开启。冷却水不能流入散热器，只能经节温器旁通孔进入回水管流回水泵，再由水泵压入分水管流到水套中去。这种冷却水在水泵和水套之间的循环称为小循环。由于冷却水不流经散热器，而防止了柴油机过冷，同时也可使冷态的柴油机很快被加热。

当水温超过 70℃后［如图 6-25(b) 所示］，弹性膨胀筒内的蒸汽压力使筒伸长，主阀逐渐开启，侧孔逐渐关闭。一部分冷却水经主阀注入散热器散走热量，另一部分冷却水进行小循环。当水温超过 80℃后，侧孔全部关闭，冷却水全部流经散热器，然后进入水泵，由水泵压入水套冷却高温零件。冷却水流经散热器后进入水泵的循环称为大循环。此时高温零件的热量被冷却水带走并通过散热器散出，柴油机不会过热。

主阀门顶上有一小圆孔，称为通气孔，是用来将阀门上面的出水管内腔与发动机水套相连通，使在加注冷却水时，水套内的空气可以通过小孔排出，以保证水能充满水套中。

由于膨胀筒式节温器阀门的开启是靠筒中易挥发液体形成的蒸汽压力的作用，故对冷却系统中的工作压力较敏感、工作可靠性差、使用寿命短、制造工艺也较复杂，故现在逐渐被

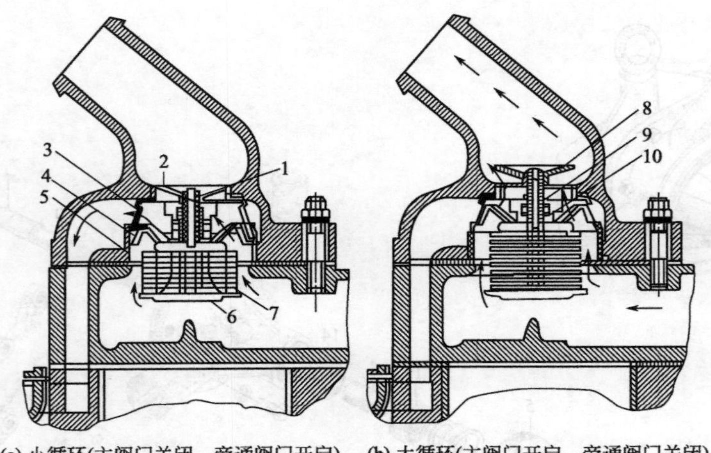

(a) 小循环(主阀门关闭，旁通阀门开启)　(b) 大循环(主阀门开启，旁通阀门关闭)

图 6-25　双阀膨胀筒式节温器构造及工作情况

1—阀座；2—通气孔；3—旁通孔；4—旁通阀门；5—外壳；6—支架；7—膨胀筒；8—主阀门；9—导向支架；10—阀杆

对冷却系统的压力不敏感、工作可靠、寿命长的蜡式节温器所取代。

如图 6-26 所示为蜡式双阀节温器工作原理示意图。上支架 4 与阀座 3、下支架 1 铆成一体。反推杆与固定于支架的中心处，并插于橡胶套 7 的中心孔中。橡胶套与感温器外壳 9 之间形成的腔体内装有石蜡。为防止石蜡流出，感温器外壳上端向内卷边，并通过上盖与密封垫将橡胶套压紧在外壳的台肩面上。

在常温时，石蜡呈固态，当水温低于 76℃时，弹簧 2 将主阀门 6 压紧在阀座 3 上，主阀门完全关闭，同时将副阀门 11 向上带动离开副阀门座，使副阀门开启，此时冷却水进行小循环［如图 6-26(a) 所示］。当水温升高时，石蜡逐渐变成液态，体积膨胀，迫使橡胶套收缩，而对反推杆 5 锥状端头产生向上的举力，固定的反推杆就对橡胶套和感温器外壳产生一个下推力。当发动机的水温达 76℃时，反推杆对感温器外壳的下推力克服弹簧张力使主阀门开始打开。水温超过 86℃时，主阀门全开，而副阀门完全关闭，冷却水进行大循环［如图 6-26(b) 所示］。

② 改变流经散热器芯部的冷却空气流量　可在散热器前安装百叶窗或挡风帘以部分或全部遮蔽散热器芯子。百叶窗可由操作人员用手柄来操纵，也可由调温器自动控制百叶窗的开度。

近年来在风扇驱动中常安装自动离合器，通过感温元件，根据发动机的水温来自动调节风扇转速，改变风量，从而自动调节冷却强度。这样，既控制了发动机的工作温度，减少了风扇的功率消耗，又降低了发动机的噪声。

6.2.1.2　风冷式冷却系统构造

风冷式冷却系统采用空气作为冷却介质。故又称空气冷却，由风扇产生的高速运动的空气直接将高温零件的热量带走，使柴油机在最适宜的温度下工作。在气缸和气缸盖外壁都布置了散热片，用以增加散热面积，还布置了导风罩、导流板，用以合理地分配冷却空气和提高空气利用率，使冷却效果更有效和均匀。风冷系统主要由散热片、风扇、导风罩和导流板等组成。与水冷系统相比，风冷系统具有零件少、结构简单、整机重量较轻、使用维修比较方便和对地区环境变化（如缺水、严寒和酷热等）适应性好等优点；但风冷系统也有噪声较大、热负荷较高、风扇消耗功率较大和充气系数较低等缺点。

（1）风冷系统的布置　根据柴油机气缸的排列、风扇类型和安装位置，风冷系统的布置常有以下几种。

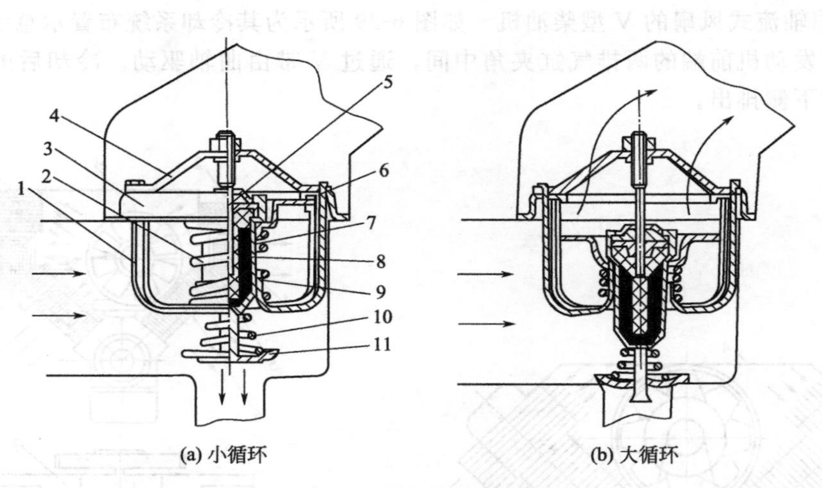

(a) 小循环　　(b) 大循环

图 6-26　蜡式双阀节温器

1—下支架；2,10—弹簧；3—阀座；4—上支架；5—反推杆；6—主阀门；7—橡胶套；8—石蜡；9—感温器外壳；11—副阀门

① 采用离心式风扇的单缸柴油机　如图 6-27 所示为其冷却系统布置示意图。单缸柴油机的离心式风扇 2 往往与飞轮 3 铸在一起，布置在柴油机后端，由曲轴直接驱动。空气由进风口 1 轴向吸入，从风扇蜗壳 7 流出的气流由导风罩 4 引向气缸 5 和气缸盖 6 进行冷却。这种布置结构简单、紧凑，没有专门的风扇驱动机构，冷却气流转弯少，流动阻力较小。小型风冷柴油机多采用这种布置形式。

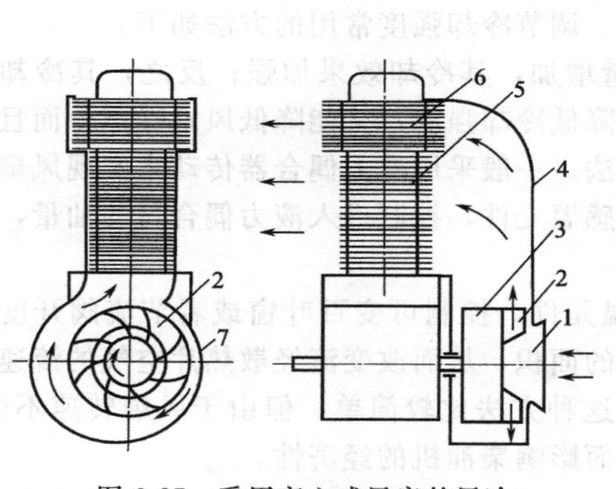

图 6-27　采用离心式风扇的风冷单缸机冷却系统示意图

1—进风口；2—离心式风扇；3—飞轮；4—导风罩；5—气缸；6—气缸盖；7—风扇蜗壳

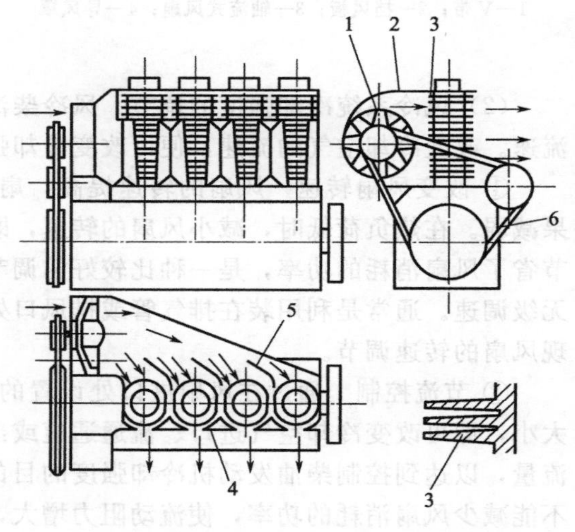

图 6-28　采用轴流式风扇的直列四缸风冷发动机冷却系统示意图

1—轴流式风扇；2—导风罩；3—散热片；4—气缸导流罩；5—分流板；6—V 带

② 采用轴流式风扇的直列式多缸柴油机　图 6-28 所示为其冷却系统布置示意图。轴流式风扇 1 通过 V 带 6 由曲轴驱动，风扇布置在柴油机前端。空气轴向流动，由风扇吸入并压进由导风罩 2 组成的风室中，分别冷却各个气缸后经分流板 5 流出。设置分流板是为了合理地组织空气流动的路线，以达到提高冷却效果和使各缸冷却较均匀的目的。

③ 采用轴流式风扇的V型柴油机　如图6-29所示为其冷却系统布置示意图。轴流式风扇3布置在发动机前端的两排气缸夹角中间，通过V带由曲轴驱动。冷却后的空气分别由两排气缸的下侧排出。

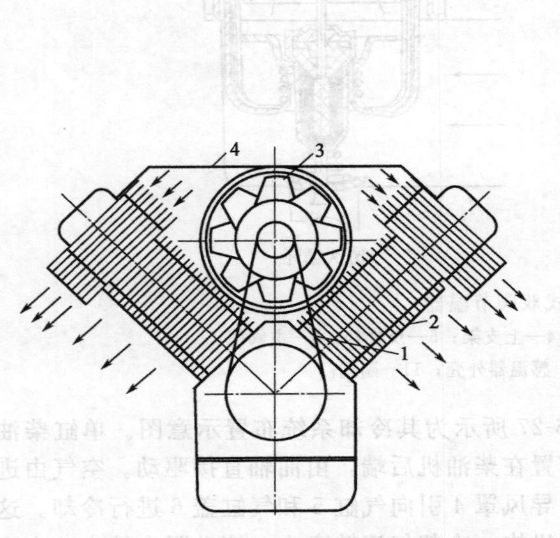

图6-29　采用轴流式风扇的V型风冷发动机冷却系统示意图

1—V带；2—挡风板；3—轴流式风扇；4—导风罩

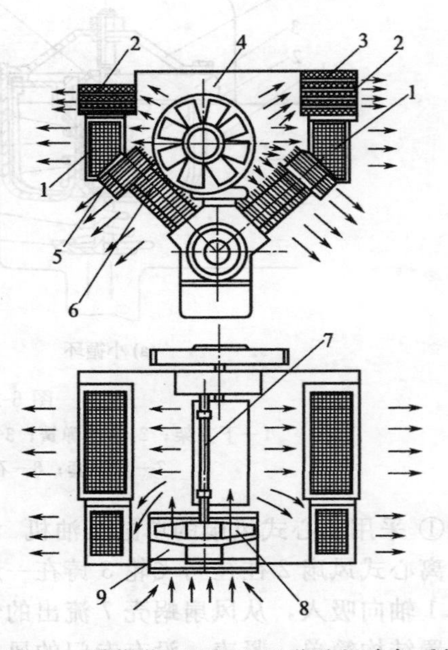

图6-30　道依茨BF8L413F柴油机冷却系统

1—机油散热器；2—中冷器；3—液力变扭器油散热器；4—风室；5—气缸盖；6—气缸；7—风扇驱动轴；8—动叶轮；9—静叶轮

(2) 风冷系统冷却强度的调节　风冷柴油发动机的冷却强度取决于流经其散热片的空气流速。改变冷却空气的流速，便可改变冷却强度。调节冷却强度常用的方法如下。

① 改变风扇转速　风扇的转速提高，扇风量增加，其冷却效果加强；反之，其冷却效果减弱。在热负荷低时，减小风扇的转速，既能降低冷却强度，又能降低风扇噪声，而且还节省了风扇消耗的功率，是一种比较好的调节方法。一般采用液力偶合器传动来实现风扇的无级调速。通常是利用装在排气管或排风口处的感温元件，控制进入液力偶合器的油量，实现风扇的转速调节。

② 节流控制　通过在风扇进口处设置的感温元件，控制可变百叶窗或者节流阀开度的大小，即可改变冷却空气进口、流通通道或出口的面积，从而改变流经散热片空气的流速和流量，以达到控制柴油发动机冷却强度的目的。这种方法比较简单，但由于风扇转速不变，不能减少风扇消耗的功率，使流动阻力增大，从而影响柴油机的经济性。

(3) 道依茨(Deutz) BF8L413F风冷柴油机冷却系统　虽然现代柴油机以水冷式为主，但风冷式在小功率柴油机上使用较广泛，工程机械（如发电用）上应用较大功率的风冷柴油机也有应用实例。比如我国引进生产的道依茨BF8L413F风冷柴油发电机组就是一例。

该机为V型8缸涡轮增压的四冲程柴油机，2500 r/min时最大输出功率为235.4kW。增压后的空气经过中间冷却。由于热负荷较高，润滑油也由机油散热器进行冷却。

轴流式风扇布置在柴油机前端的V形夹角之间，由曲轴功率输出端通过齿轮系统、弹性联轴器及液力偶合器驱动，道依茨BF8L413F柴油机冷却系统如图6-30所示。轴流式风扇的动叶轮8将空气压入导流罩组成的风室4中，一部分空气流经气缸和气缸盖上的散热片，冷却左、右两排气缸，另一部分空气流经中冷器 2、机油散热器 1 和液力变扭器油散热器 3，以冷却从增压器出来的空气以及柴油机润滑系统的润滑油和传动系统中的液力变扭器油。

该机冷却风扇的结构如图 6-31 所示。在动叶轮 9 前设置了导流用的静叶轮 1，动叶轮有八个叶片，静叶轮有 21 个叶片，静叶轮叶片与风扇外圈 8 压配。静叶轮的轮毂内安装有液力偶合器，液力偶合器的传动介质是柴油机的润滑油。在泵轮 3 前端，安装有离心式机油滤清器外壳 5，从主油道引出的润滑油由进油口 4 进入壳内，油在壳中被带着旋转，其中的杂质在离心力的作用下积附在外壳壁上，清洁的润滑油从泵轮上的六个进油孔 6 进入液力偶合器中。涡轮和风扇动叶轮安装在从动轴 7 上，泵轮由风扇驱动轴 12 驱动时，风扇叶轮便由涡轮带动，使其同向旋转。流到液力偶合器外面的油，经回油孔 2 返回油底壳中。

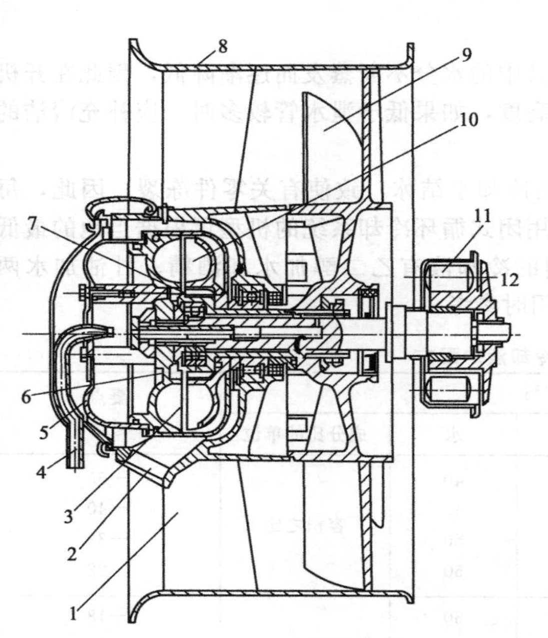

图 6-31　冷却风扇

1—静叶轮；2—回油孔；3—泵轮；4—进油口；5—机油滤清器外壳；6—进油孔；7—从动轴；8—风扇外圈；9—风扇动叶轮；10—涡轮；11—弹性联轴器；12—风扇驱动轴

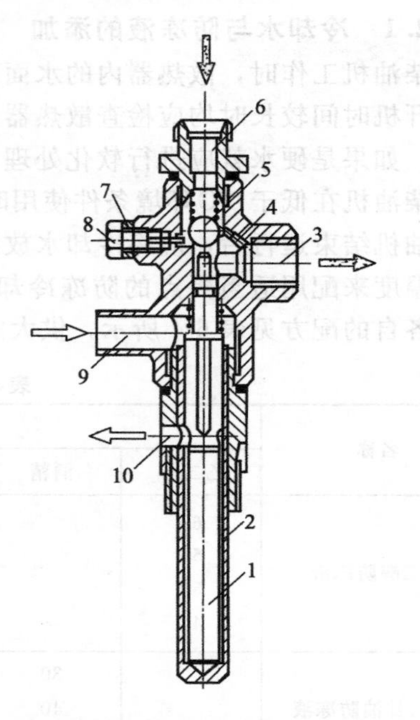

图 6-32　节温器油阀的构造

1—纯铜芯杆；2—阀体；3—至液力偶合器出油口；4—旁通油路；5—单向阀；6—进油口；7—调整垫片；8—调整螺钉；9—进气孔；10—出气孔

柴油机在标定工况 2500r/min、235.4kW 工作时，风扇的转速为 5000～5500r/min，压风量约为 14500m^3/min，每小时消耗的功率为 15kW 左右。

该机的冷却强度是通过改变风扇的转速来调节的。改变从进油口 4 进入的油量便可改变风扇（涡轮）的转速。利用装在排气管中的节温器油阀来控制进入液力偶合器的油量。节温器油阀的构造如图 6-32 所示。在阀体 2 中装有膨胀系数较大的纯铜芯杆 1，芯杆受热后伸长，顶开上部的单向阀 5，使从主油道来的润滑油进入进油口 6，从出油口 3 流出进入液力偶合器中。排气温度越高，球阀被芯杆顶开的开度越大，流入液力偶合器中的润滑油也越多，风扇的转速也就越高，从而使柴油机的冷却效果加强。芯杆中部开有冷却用的纵向直槽，风室中的空气由进气孔 9 引入，通过纵向槽冷却芯杆，冷却后的空气从出气孔 10 流出。冷却芯杆的目的是为了提高节温器油阀的灵敏度，使其在排气温度下降后能够很快地收缩，及时地降低柴油机的冷却强度。在吹风冷却芯杆后，排气温度每上升 100℃，芯杆伸长量增加 0.07mm。

为了保证在启动和怠速运转时柴油机也可以得到适当冷却，在出油口 3 和球阀上部的油腔间，开有旁通油路 4，以保证在排气温度不足以使球阀开启时，也有少量的润滑油进入液力偶合器，维持风扇以较低的转速旋转。

当柴油发动机在固定工况下工作，不需要自动调节冷却强度时，可以减薄或取消调整垫片 7，拧进调整螺钉 8，使球阀固定在某一开度，风扇的转速可基本保持不变。

在气缸盖进风侧，装有温度报警传感器，当此处温度超过 210℃时，发出报警信号，表示柴油机过热，此时应降低柴油机负荷，以免发生故障。

6.2.2 冷却系统的维护与保养

6.2.2.1 冷却水与防冻液的添加

柴油机工作时，散热器内的水面高度会因其中的水分不断蒸发而逐渐降低，因此在开机前和开机时间较长时均应检查散热器内的水面高度，如果低于泄水管较多时，应补充清洁的软水。如果是硬水就应进行软化处理。

柴油机在低于 0℃环境条件使用时，应严防冷却水结冰，致使有关零件冻裂。因此，每当柴油机结束运行后，应将冷却水放净。对采用闭式循环冷却系统的机型可根据当地的最低环境温度来配用适当凝点的防冻冷却液，常用的冷却液有乙二醇加水和酒精、甘油加水两种。各自的配方见表 6-4 所示，供大家需要使用时参考。

表 6-4 防冻冷却液的配方

名称	成分/%					凝点(≤)/℃
	乙二醇	酒精	甘油	水	成分比的单位	
乙二醇防冻液	60 55 50 40			40 45 50 60	容积之比	−55 −40 −32 −22
酒精、甘油防冻液		30 40 42	10 15 15	60 45 43	质量之比	−18 −26 −32

在配用易燃的防冻冷却液时，因乙二醇、酒精（乙醇）和甘油等都是易燃品，应注意防火安全。柴油机在使用防冻冷却液以前，对其冷却系统内的污物应进行清洗，防止产生新的化学沉淀物，以免影响冷却效果。凡使用防冻冷却液的柴油机，就不必每次停车后放出冷却液，但需定期补充和检查其成分。

注意：千万不能使用 100%的防冻液作为冷却液。

如果柴油机冷却系统内的水垢和污物过多，可以用清洗液进行清洗。清洗液可由水、苏打（Na_2CO_3）和水玻璃（Na_2SiO_3）配制而成，即在每升水中加入 40g 苏打和 10g 水玻璃。清洗时，把清洗液灌入柴油机冷却水腔，开车运转到出水温度大于 60℃，继续运转 2h 左右停车，然后放出清洗液。待柴油机冷却后，用清洁的淡水冲洗两次，排净后再灌入冷却水开车运转，使出水温度达到 75℃以上，停车放掉污水，最后灌入新的冷却水。

6.2.2.2 硬水的软化

用于柴油机的冷却水，应当是清洁的软水。软水是指含矿物质很少的水，如雨水、雪水等。但是平常用的往往是河水、湖水、井水和自来水等，这些水在没有经过软化处理之前，除了含有泥沙和其他杂质外，还含有大量的矿物质，这种水通常叫作“硬水”。硬水在气缸中受热后，矿物质就会在水套壁上结成水垢。水垢的传热能力很差，其热导率低于黄铜 50 倍，低于铸铁 20～30 倍。因此，气缸和气缸盖的热量就不能顺利传给冷却水，这样就容易使机器过热，甚至烧掉润滑油，加速气缸和活塞连杆组等机件的磨损，从而降低柴油机的功率。另外，水垢过多，还能阻塞水管和气缸水道，使冷却水循环困难。因此，河水、湖水、井水和自来水等最好进行软化处理后再使用。

常见的硬水软化方法有以下几种。

（1）蒸馏法　蒸馏法就是将硬水煮沸，但在燃料缺乏的地区实施起来就有一定的困难。

（2）草木灰软化法　原理：草木灰中的碳酸钾与硬水中的碳酸氢钙起化学反应，产生不溶于水的碳酸氢钾和碳酸钙，而使硬水软化。

$$K_2CO_3 + Ca(HCO_3)_2 \longrightarrow 2KHCO_3 \downarrow + CaCO_3 \downarrow$$

① 灰袋法　将过筛的草木灰装入布袋中，通常，放入冷却水池或水箱中的草木灰的数量为：1L 水用 4g 草木灰。

② 草木灰浸出液法　在木桶中加入一份重量的草木灰和九份重量的水，搅拌数次，每隔 20min 搅拌一次，然后沉淀 15h 即可使用，在硬水软化时，浸出液的用量为：100L 硬水用 4L 浸出液。

（3）硝酸铵软化法　原理：硝酸铵和硬水中的碳酸氢钙起化学反应，生成溶于水的碳酸氢铵和硝酸钙，而使硬水软化。

$$2NH_4NO_3 + Ca(HCO_3)_2 \longrightarrow 2NH_4HCO_3 + Ca(NO_3)_2$$

用硝酸铵软化硬水，不仅可以防止水垢，而且能溶解已形成的水垢。

使用方法：将硝酸铵晶体溶解成硝酸铵溶液，然后加入到冷却水中，每千克的硬水加入 3～4g 硝酸铵。一般发动机每工作 4～5 天，需更换同样处理的新冷却水。

（4）烧碱软化法　原理：烧碱与硬水中的碳酸氢钙起化学反应，生成溶于水的碳酸钠和不溶于水的碳酸钙而使硬水软化。大约每 10L 水加 6.6g 烧碱（苛性钠）。

$$2NaOH + 2Ca(HCO_3)_2 \longrightarrow Na_2CO_3 + 3H_2O + CO_2 \uparrow + 2CaCO_3 \downarrow$$

（5）离子交换法　离子交换法通常用的是离子交换树脂。离子交换树脂是一种不溶性的高分子化合物，它是由交换剂本体和交换基团两部分组成的。交换剂本体是由高分子化合物和交联剂组成的高分子共聚物。交联剂的作用是使高分子化合物组成网状的固体。交换基团是连接在交换剂本体上的原子团。其中含有起交换作用的阴离子和阳离子。如果交换基团中含有可交换的阴离子，则称为阴离子交换树脂，简称阴树脂；如果交换基团中含有可交换的阳离子，则称为阳离子交换树脂，简称阳树脂。

常用的阳离子交换树脂是苯乙烯系离子交换树脂。如国产 732 号苯乙烯磺酸基阳离子交换树脂。它的本体由苯乙烯高分子聚合物和交联剂二乙烯苯组成，用 R—表示；它的交换基团是磺酸基（$—SO_3H$），其中 H^+ 是能与其他阳离子发生交换的离子，其结构简式为：$R—SO_3H$。

常用的阴离子交换树脂也是以苯乙烯作骨架。例如，国产的 711 号苯乙烯季胺阴离子交换树脂，它的交换剂本体也是用苯乙烯和交联剂二乙烯苯聚合而成。它的交换基团是季胺基（$\equiv NCl$），用碱处理后成为氢氧型阴树脂（$\equiv NOH$），其中 OH^- 是能与其他阴离子发生交换的离子。其结构简式为：$R\equiv NOH$。

假设硬水中含有 Ca^{2+}、K^+、SO_4^{2-}、NO_3^-，当其通过阳树脂时发生的交换反应为：

$$2R-SO_3H + Ca^{2+} \longrightarrow (R-SO_3)_2Ca + 2H^+;$$

$$R-SO_3H + K^+ \longrightarrow R-SO_3K + H^+$$

当其通过阴树脂时，发生的交换反应为：

$$2R\equiv NOH+SO_4^{2-}\longrightarrow(R\equiv N)_2SO_4+2OH^-;$$

$$R\equiv NOH+NO_3^-\longrightarrow R\equiv NNO_3+OH^-$$

被交换下来的 H^+ 和 OH^- 结合生成 H_2O：

$$H^++OH^-\longrightarrow H_2O$$

由于发生了上述交换反应，则流出树脂的水是软水。

注意：绝不允许采用海水直接冷却柴油机。

6.2.2.3 水垢的清除

如果冷却系统中已经形成水垢，将严重影响柴油机的冷却效果，应及时地进行清除。其清洗方法有两种。

（1）用酸碱清洗剂清除　清洗剂的配制与使用方法见表 6-5 所示。对于铝合金气缸盖的发动机，不能用酸碱性较大的清洗剂，仅可用表 6-5 中的第四种清洗剂。

表 6-5　清洗剂成分及使用方法

类别	溶液成分	使用方法
1	苛性钠(烧碱) 750g 煤油 150g 水 10L	将溶液过滤后加入冷却系统中，停留 10～12h 后，发动机器在怠速运转 10～20min，直到溶液有沸腾现象为止，然后放出溶液，用清水冲洗
2	碳酸钠 1000g 煤油 500g 水 10L	
3	2%～5%盐酸溶液	加入后怠速运转 1h，然后放出。先用碱水冲洗，后用清水冲洗
4	水玻璃 15g 液态肥皂 2g 水 10L	加入后，发动机器至正常温度，保持 1h 后放出，再用清水冲洗

（2）用压力水冲洗

在缺少酸碱清洗剂的情况下，亦可使用有压力的清水来冲洗，但冲水压力不能超过 $3kgf/cm^2$。其步骤如下。

① 放出冷却水箱的冷却水，拆下散热器进、出水管，气缸盖出水管，节温器，然后装回气缸盖出水管。

② 用压力不超过 $3kgf/cm^2$ 的清水从气缸盖出水管灌进，冲洗水套，将积垢排除，直至水泵流出水不浑浊为止。

③ 从散热器出水管处将水冲入，排除水垢，直至加水口流出不浑浊水为止。

6.2.2.4 风扇皮带松紧度的检查与调整

水冷却系统的风扇和水泵经常装在同一轴上，由曲轴带轮通过 V 带驱动，利用发电机带轮作为张紧轮。当柴油机工作时，橡胶 V 带应保持一定的张紧程度。正常情况下，在橡胶 V 带中段加 29～49N（3～5kgf）的压力，胶带应能按下 10～20mm 距离。过紧将引起充电发电机、风扇和水泵上的轴承磨损加剧；太松则会使所驱动的附件达不到需要的转速，导致充电发电机电压下降，风扇风量和水泵流量降低，从而影响柴油机的正常运转，故应定期对橡胶 V 带张紧力进行检查和调整。

135 系列 4、6 缸直列基本型柴油机橡胶 V 带的张紧力可凭借改变充电发电机的支架位置进行调整（如图 6-33 所示）。若不符合要求，可旋松充电发电机支架上的固定螺钉，向外移动发电机，皮带变紧，反之则变松。调好后，将固定螺钉旋紧，再复查一遍，如不符合要求，应重新调整，直至完全合格为止。

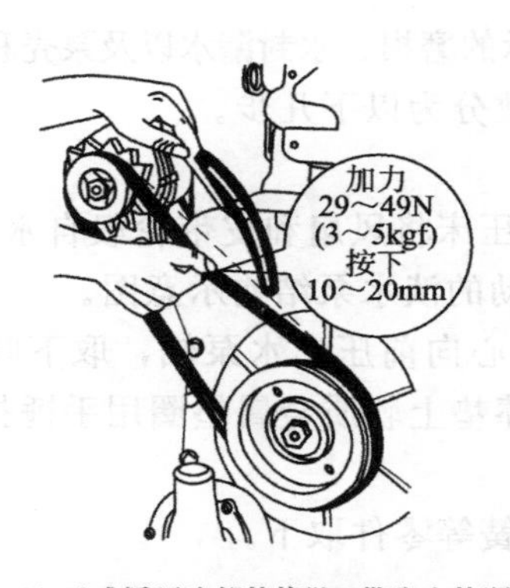

(a) 开式循环冷却的橡胶V带张力的调整

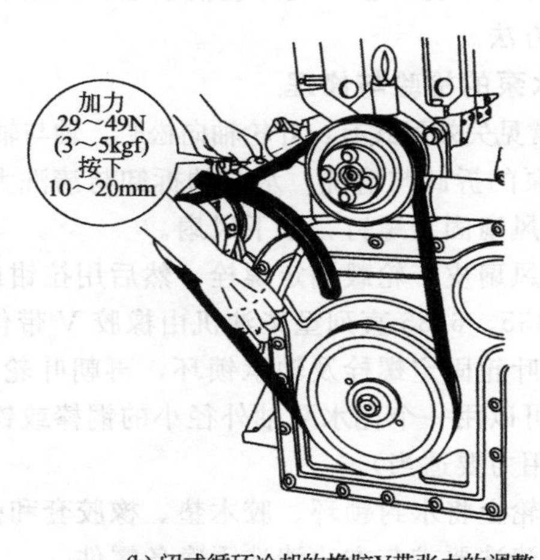

(b) 闭式循环冷却的橡胶V带张力的调整

图 6-33　直列基本型柴油机橡胶 V 带张力的调整

135 系列 12 缸 V 型柴油机橡胶 V 带张紧力是利用风扇架上的调节螺钉改变风扇轴在座架上的位置进行调整，如图 6-34 所示。

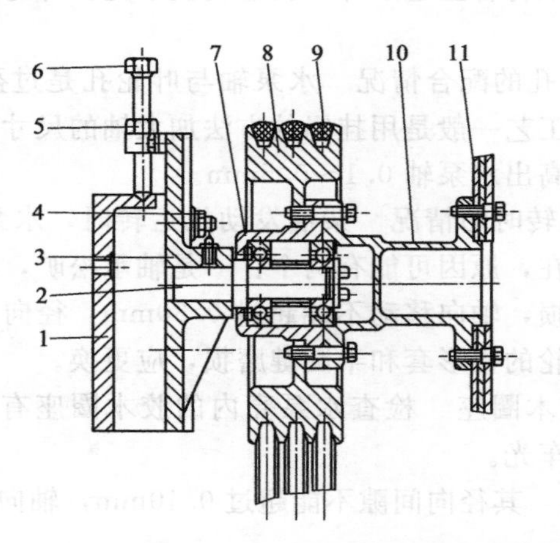

图 6-34　12 缸 V 型柴油机闭式循环冷却的橡胶 V 带张力调整装置

1—座架；2—风扇轴；3—调节支架；4—调节支架锁紧螺母；5—拧紧螺母；6—调节螺钉；7—前轴套；8—皮带盘；9—橡胶 V 带；10—后轴套；11—风扇

正确使用和张紧橡胶 V 带，对延长橡胶 V 带的使用寿命有利，一般使用期限不少于 3500h。当橡胶 V 带出现剥离分层和因伸长量过大无法达到规定的张紧度时应立即更换新的橡胶 V 带。在购买和调换橡胶 V 带时，应注意新带的型号和长度与原用的橡胶 V 带一样。如一组采用相同两根以上的橡胶 V 带，还应挑选实际长度相差不多的为一组，否则会因每根橡胶 V 带的张力不均而容易损坏。

6.2.2.5　及时向轴承添加润滑油脂

在发电机组中修、大修及水泵、风扇等处轴承润滑油脂不足时，应及时向水泵、风扇等处轴承注入润滑油脂（黄油），以减少轴承的磨损。

6.2.3 冷却系统主要机件检修技能

水冷式冷却系统的主要机件包括水泵、风扇、散热器及节温器等，下面分别讲解它们的检验与修理方法。

6.2.3.1 水泵的检验与修理

水泵的常见失效形式有：叶轮轴向松旷、轴与轴承的磨损、水封漏水以及泵壳和叶轮破裂等。

（1）水泵的拆卸与清洗　水泵的拆卸与清洗大致分为以下几步。

① 拆下风扇固定螺钉，取下风扇。

② 拆下风扇皮带轮毂固定螺栓，然后用拉钳或压床将风扇和皮带轮毂自水泵轴上取下。图 6-24 是 4135、6135 直列型柴油机由橡胶 V 带传动的淡水泵结构示意图。

③ 拆下叶轮固定螺栓及轴承锁环，再朝叶轮中心向前压出水泵轴，取下叶轮（如果没有压床，也可以用一个比水泵轴外径小的铜棒或铁棒垫上软质金属垫圈用手锤打出，但这时候要注意：用力要适当）。

④ 从叶轮上将水封锁环、胶木垫、橡胶套和弹簧等零件取下。

⑤ 按照清洗要求与方法清洗干净各零件。

（2）水泵的检验与修理　水泵的检验与修理的内容包括以下六个方面。

① 检查泵壳与叶轮　泵壳不能有严重裂纹，其裂纹长度不能超过 30mm，而且不能延伸到轴承座孔的边缘。若符合上述条件，可用黄铜合金焊条焊修。焊修前还要对泵壳进行预热，以防焊接后变形。若不符合上述条件，就应更换泵壳。叶轮只允许损坏一片，损坏两片以上的也必须更换。

② 检查水泵轴与叶轮孔的配合情况　水泵轴与叶轮孔是过盈配合，若叶轮与轴配合松旷，应进行修理，其修理工艺一般是用挂锡的方法加大轴的尺寸。其具体技术要求是：叶轮装在轴上后，叶轮端面应高出水泵轴 0.1～0.5mm。

③ 查看水泵皮带盘运转时的情况　柴油发动机运转时，水泵皮带盘不能有严重的摇摆现象。如果有上述现象存在，原因可能有两个：一是轴承松旷，二是皮带盘和锥形套、半圆键磨损。水泵轴与轴承磨损，轴向移动不能超过 0.30mm，径向移动不能超过 0.05mm，否则应更换新轴承。如果带轮的锥形套和半圆键磨损，应更换。

④ 检查水泵壳内的胶木圈座　检查水泵壳内的胶木圈座有没有斑点或磨痕，如果有，可以用锉刀锉光或用车床车光。

⑤ 检查轴承磨损情况　其径向间隙不能超过 0.10mm，轴向间隙不能超过 0.30mm，否则应更换新轴承。

⑥ 检查水封　如胶木垫磨损起槽、弹簧弹力过软、橡胶套胀大破损等均应更换新件。如胶木垫磨损不严重，可以调面或磨平后再用。

（3）水泵的总装与修复后的质量检查　总装与拆卸的步骤刚好相反。装配时，一定要旋紧皮带盘与水泵轴的紧固螺母，其扭矩一般为 5～10kgf·m（1kgf＝9.80665N）。装配好后，水泵应转动灵活，而且应没有任何渗漏现象。

6.2.3.2 风扇的检验与修理

对于一般使用维护人员来讲，主要注意三个方面的问题。

① 查看风扇梗部有无裂纹，如果有裂纹，应更换或焊修。焊修时应注意，要切实焊修牢固。

② 查看叶片有无松动现象，若有可用重铆叶片的方法修复。

③ 检查风扇叶片的倾斜角，一般而言，风扇叶片的倾斜角为 40°～45°，而且，每扇叶片的倾斜度应相等。否则，应进行冷压校正。

风扇修理后，为保证风扇运转平稳，必须进行静平衡试验。其方法是：将叶轮（叶片和架）固定在专用轴上，放在刀形铁上进行检验（如图 6-35 所示）。检查时，用手轻轻拨动叶片，使带轴的叶轮在刀形铁上转动，待自动停止后，将位于最下面的叶轮做上记号。这样重复几次，如果每次居于下部位置的是同一叶片，则说明该叶片与其他叶片相比要重一些，可用砂轮将其端面或后侧金属磨去少许，使之达到静平衡。风扇叶片的质量差，一般不超过5～10g，带轴的叶轮在刀形铁上转动时，每次停止位于下部位置的叶片可为任意一片，则说明风扇叶片达到了静平衡要求。

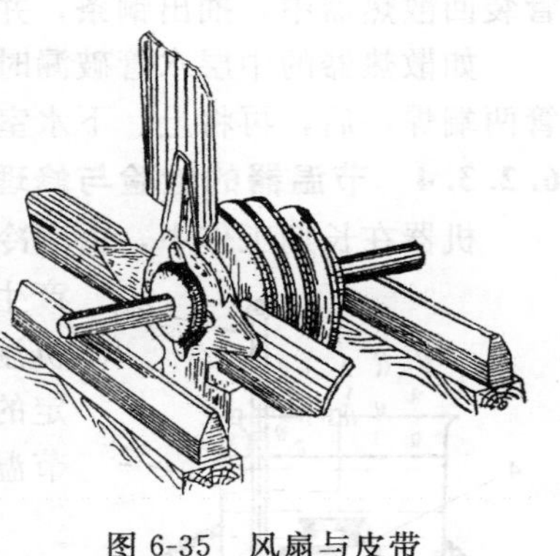

图 6-35　风扇与皮带轮毂的静平衡检查

6.2.3.3　散热器的检验与修理

散热器的主要失效形式是漏水。

其主要原因在于：在工作中，风扇叶片折断或倾斜，打坏散热器水管；散热器在支架上固定不牢，工作中受较大振动，使散热器受到损伤；在冬季，散热器水管内因有存水而冻裂；冷却水中的杂质在散热器水管中形成水垢，使管壁遭到腐蚀而破裂等。

（1）漏水的检查　一般来说，散热器经过清洗后，再进行漏水检查。检查时，可采用下面两种方法。

① 将散热器进、出水口堵塞，从溢水管或放水塞部分安装一个接头，打入 0.15～0.30kgf/cm^2 的压缩空气，将散热器放入水池中。若有冒气泡的地方，即为破漏之处。

② 用灌水的方法检查。检查时，把散热器的进、出水口堵塞，从加水口灌满水后，观察是否漏水，为了便于发现细小裂缝，可以向散热器内施加一定压力或使散热器稍加振动，然后仔细观察，破漏处便有水渗出。

（2）焊修散热器　散热器的焊修通常采用锡焊的方法。施焊前先将焊处的油污擦净，再用刮刀刮出新的金属层，然后适当加热，烙铁烧热后在氧化锌溶液中浸一下，再粘以焊锡。粘好后再把焊缝修平，用热水将焊缝周围的氧化锌洗净，防止腐蚀。

① 上、下水室的焊修　上、下水室破漏不大时，可以直接用焊锡修，如破漏较大时，用紫铜皮焊补。焊补时将铜皮的一面及破漏处先涂上一层焊锡，把铜皮放在漏水处，再用烙铁于外部加热，使焊锡熔化，将其周围焊牢。

② 散热器水管的焊修　若是散热器外层水管破裂且破口不大时，可将水管附近的散热片用尖嘴钳撕去少许，直接用焊锡补焊。如果破口很大或者中层水管漏水时，则应根据具体情况，分别采用卡管、堵管、接管和换管的方法灵活处理。但是卡管和堵管的数量不得超过总管数的 10%，以免影响散热器的散热效果。

a. 卡管：当散热器的外层水管破口较大，或者破漏在水管背面时，可用卡管的方法焊修。其方法是：将破漏水管附近的散热片撕去，剪去一段破漏水管，再将下端水管的断口处和上端水管靠近上水室的位置焊死。

b. 补管：外水管的破口较大，用焊锡填焊不能修复时，则用补管焊修。补管时，将选好的薄铜皮其一面和破漏处分别镀一层薄焊锡，把薄铜皮紧贴在破漏处，用加热的烙铁将其边缘焊牢。

c. 换管：使上、下水室及破裂水管两端脱焊，并将内部整形，用一根铜质扁条（其截面稍小于水管孔径而稍长于水管），加热至暗红色插入破水管内，使水管与散热片脱焊，用平口钳夹住水管端部和铜条，顺着散热片翻口的方向抽出，然后再将铜条插入新水管，将水管装回散热器中，抽出铜条，并用焊锡分别将新水管两端及上、下水室焊牢。

如散热器的中层水管破漏时，则需将上、下水室用喷灯火焰加热脱焊后拆除，将破漏水管两端焊好后，再将上、下水室焊复。

6.2.3.4 节温器的检验与修理

机器在长期工作中，由于冷却水对节温器的腐蚀作用，或者因为其他原因，会使节温器产生故障而失灵，不能自动控制进入散热器的冷却水量，造成机温过高。一般来说，节温器在10min内不能将水温控制到规定的数值的话，就说明节温器已经损坏。下面就介绍一下检验节温器的方法。

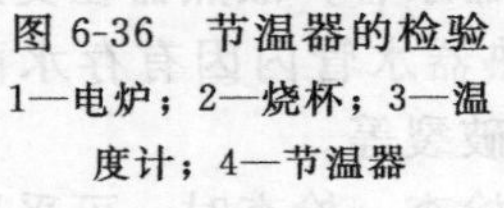

图 6-36 节温器的检验
1—电炉；2—烧杯；3—温度计；4—节温器

其检验方法如图6-36所示，将节温器清洗干净放入盛有水的杯中，此时，要注意的是不能把节温器放入杯底。在烧杯中再放一只温度计，逐渐加温。用温度计测量水在阀门开始开启时的温度以及节温器完全开放时的温度。好的节温器，阀门在68～72℃时开始开启；在80～83℃时应完全开启，而且主阀门开启的高度不应低于规定值。如果不符合上述要求，则说明节温器失效，应查明原因，予以更换或修复。

各机型使用的节温器主阀门的初开温度与全开温度出厂时均有规定，虽然数值不完全相等，但一般来说是相差不多的。节温器的主阀门初开、全开规定温度数若查不到时，可根据测量时的初开温度来确定全开温度数值。例如某机器节温器主阀门初开温度为65.5℃，那么，其全开温度应为82.5℃。因主阀门全开与初开温度之差值一般是13～17℃。各种节温器的主阀门开放温度如较规定值超出或低于17℃时，应重初换新品。

节温器的衬垫，如有损坏，应更换新品。节温器的折叠式膨胀筒如破裂或腐蚀破漏，一般应更换。但在没有配件的情况下，可对碰撞、裂缝而渗漏的节温器进行修复。其修复方法是：先将渗漏处用锡焊修补好，然后再在膨胀筒上方用注射器注入酒精或乙醚20cm^3，再将节温器放入热水中，待酒精膨胀后排除空气，接着用焊锡将注射处焊牢封闭，施焊时动作要快，以防酒精蒸发。

6.2.4 冷却系统常见故障检修技能

柴油机在工作中，冷却系统常发生的故障有三种：机体温度过高、异常响声和漏水。

6.2.4.1 柴油机温度过高

(1) 现象

① 水温表指示超过规定值（柴油机正常水温≤90℃）；

② 散热器内的冷却水很烫，甚至沸腾；

③ 柴油机功率下降；

④ 柴油机不易熄火。

(2) 原因 柴油机温度过高的原因很多，涉及很多系统，其原因主要有：

① 漏水或冷却水太少；

② 风扇皮带过松；

③ 风扇叶片角度安装不正确或风扇叶片损坏；

④ 水泵磨损、漏水或其泵水能力降低；

⑤ 柴油机在低速超负荷下长期运转；

⑥ 喷油时间过晚；

⑦ 节温器失灵（主阀打不开）；

⑧ 分水管堵塞；

⑨ 水套内沉积水垢太多，散热不良。

（3）排除方法

① 首先检查柴油机是否有漏水之处和水箱是否缺水，然后检查其风扇皮带的松紧度，如果风扇皮带不松，则检查风扇叶片角度安装是否正确、风扇叶片是否损坏以及水泵的磨损情况及泵水能力。

② 检查柴油机是否在低速超负荷下长期运转，其喷油时间是否过晚，柴油机的喷油时间过晚的突出特点是：排气声音大，尾气冒黑烟，机器运转无力，功率明显下降。

③ 检查柴油机节温器是否失灵。节温器失灵的特点是：柴油机内部的冷却水温度高，而散热器内的水温低。这时可将节温器从柴油机中取出，然后再启动发动机，若柴油机水温正常，可判定为节温器失效。若水箱管道有部分堵塞，也会使柴油机水温上升过快。

④ 如果散热器冷却水套内水垢沉积太多或分水管不起分水作用，用手摸气缸体则有冷热不均的现象。

6.2.4.2 异常响声

（1）现象　柴油机工作时，水泵、风扇等处有异常响声。

（2）原因

① 风扇叶片碰击散热器；

② 风扇固定螺钉松动；

③ 风扇皮带轮毂或叶轮与水泵轴配合松旷；

④ 水泵轴与水泵壳轴承座配合松旷。

（3）排除方法

① 检查散热器风扇窗与风扇的间隙是否一致，不一致时，松开散热器固定螺钉进行调整。如因风扇叶片变形等原因碰擦其他地方，应查明原因后再排除。

② 若响声发生在水泵内，则应拆下水泵，查明原因进行修复。

6.2.4.3 漏水

（1）现象

① 散热器或柴油机下部有水滴漏；

② 机器工作时风扇向四周甩水；

③ 散热器内水面迅速下降，机温升高较快。

（2）原因

① 散热器破漏；

② 散热器进出水管的橡胶管破裂或夹子螺钉松动；

③ 放水开关关闭不严；

④ 水封损坏、泵壳破裂或与缸体间的垫片损坏。

（3）排除方法　一般而言，柴油机的漏水故障可通过眼睛观察发现故障所产生的部位。若水从橡胶管接头处流出，则一定是橡胶管破裂或接头夹子未上紧，这时，可用旋具将橡胶管接头夹子螺钉拧紧，如果接头夹子损坏，则需更换。如果没有夹子，可暂时用铁丝或粗铜丝绑紧使用。橡胶管损坏，则应更换，也可临时用胶布把破裂之处包扎起来使用。在更换橡胶管的时候，为了便于插入，可在橡胶管口内涂少量黄油。

如果水从水泵下部流出，一般是水泵的水封损坏或放水开关关闭不严，应根据各种机器的结构特点，灵活处理。

第7章 启动系统

CHAPTER 7

柴油发动机借助于外力由静止状态转入工作状态的全过程称为柴油机的启动过程。完成启动过程所需要的一系列装置称为启动系统或启动装置。它的作用是提供启动能量，驱使曲轴旋转，可靠地实现柴油机启动。

柴油机启动系统的工作性能主要是指能否迅速、方便、可靠地启动；低温条件下能否顺利启动；启动后能否很快过渡到正常运转；启动磨损占柴油机总磨损量的百分数以及启动所消耗的功率等。这些性能对柴油机工作的可靠性、使用方便性、耐久性和燃料经济性等有很大影响。在启动系统中，动力驱动装置用于克服柴油机的启动阻力，启动辅助装置是为了使柴油机启动轻便、迅速和可靠。

柴油机启动时，启动动力装置所产生的启动力矩必须能克服启动阻力矩（包括各运动件的摩擦力矩，驱动附件所需力矩和压缩气缸内气体的阻力矩等）。启动阻力矩主要与柴油机结构尺寸、温度状态及润滑油的黏度等有关。柴油机的气缸工作容积大、压缩比高时，阻力矩大；机油黏度大，阻力矩也大。

为保证柴油机顺利启动的最低转速称为启动转速。启动时，启动动力装置还必须将曲轴加速到启动转速。启动转速的大小随柴油机型式的不同而不同。对于柴油发动机，为了保证柴油雾化良好和压缩终了时的空气温度高于柴油的自燃温度，要求有较高的启动转速，一般为 150～300r/min。

柴油发电机组的启动方法通常有以下四种。

（1）人力启动　小功率柴油机广泛采用人力启动，这是最简单的启动方法。常用的人力启动装置有拉绳启动和手摇启动。

小型移动式柴油机（1～3kW）广泛采用拉绳启动。启动绳轮装在飞轮端，或在飞轮上设有绳索槽，绳轮的边缘开有斜口。启动时，将绳索的一头打成结钩在绳轮边缘的斜口上，并在绳轮上按曲轴工作时的旋转方向绕 2～3 圈，拉动后，绳索自动脱离启动绳轮。

手摇启动一般用于 3～12kW 的小型柴油发动机。手摇启动装置利用手摇把直接转动曲轴，使柴油机启动。这种方法比较可靠，但劳动强度大，且操作不便。手摇启动的小型柴油发动机通常设有减压机构，以减小开始摇转曲轴时的阻力，减压可以用顶起进气门、排气门或在气缸顶上设一个减压阀的方法来达到。功率大于 12kW 的柴油发动机，难以用手摇启动的方法启动，所以也没有手摇装置。

（2）电动机启动　直流电动机启动广泛应用于各种车用发动机和中小功率的柴油发电机组。这种启动方法是用铅酸蓄电池供给直流电源，由专用的直流启动电动机拖动柴油机曲轴旋转，将柴油机发动。这种启动系统具有结构紧凑、操作方便，并可远距离操作等优点。其主要缺点是启动时要求供给的启动电流较大（一般为 200A 以上），铅酸蓄电池容量受限，使用寿命较短，重量大，耐振性差，环境温度低时放电能力会急剧下降，致使电动机输出功率减小等。GB/T 1147.2 中小功率内燃机 第 2 部分：试验方法中规定，启动电机每次连续工作时间不应超过 10s，每次启动的间隔时间不少于 2min，否则有可能将直流启动电机烧坏。

（3）压缩空气启动　缸径超过 150mm 的大、中型柴油机常用压缩空气启动。目前主要采用将高压空气经启动控制阀通向凸轮轴控制的空气分配器，再由空气分配器按柴油机工作顺序，在做功冲程中将高压空气供给到各缸的启动阀，使启动阀开启，压缩空气流入气缸，推动活塞、转动曲轴达到一定转速后，停止供气，操纵喷油泵供油，柴油机就被启动。储气瓶输出空气压力对低速柴油机为2～3MPa，对高速柴油机为2.5～10MPa。此启动方法的优点是启动力矩大，可在低温下保证迅速、顺利地启动柴油机，缺点是结构复杂、成本高。康明斯KTA-2300C型柴油机采用另一种压缩空气启动方法，它利用高压空气驱动叶片转子式马达，通过惯性传动装置带动柴油机飞轮旋转。

（4）用小型汽油机启动　某些经常在野外、严寒等困难条件下工作的大、中型工程机械及拖拉机柴油机，有时采用专门设计的小型汽油机作为启动机。先用人力启动汽油机，再用汽油机通过传动机构启动柴油机。启动机的冷却系统与主机相通，启动机发动后，可对主机冷却水进行预热；启动机的排气管接到主机进气管中，可对主机进气进行预热。此法可保证柴油机在较低环境温度下可靠地启动，且启动的时间和次数不受限制，有足够的启动功率，适用于条件恶劣的环境下工作。但其传动机构较复杂，操作不方便，柴

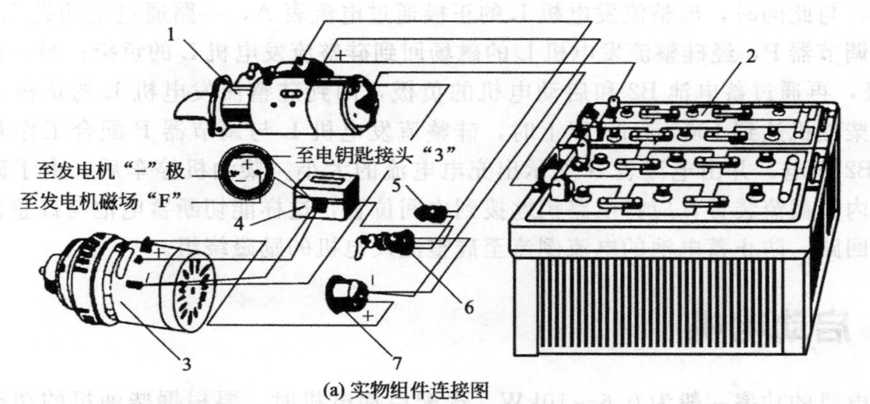

(a) 实物组件连接图

1—启动电机D；2—蓄电池B；3—硅整流发电机L；4—调节器P；5—启动按钮KC；6—电钥匙(电锁)JK；7—充电电流表A

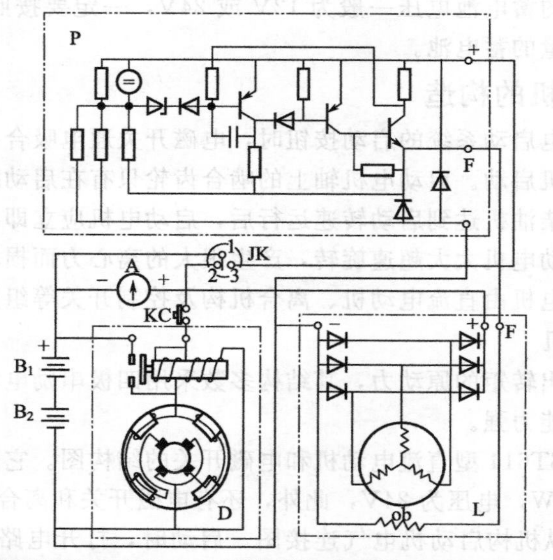

(b) 接线原理图(电路电压为24V双线制，即启动电源的正负极均与机壳绝缘)

图7-1　12V135G型柴油机启动充电系统的实物组件和线路原理图

油机总重及体积也增大，机动性差。

对于不同类型的柴油机，GB/T 1147.1—2007 中小功率内燃机 第 1 部分：通用技术条件的规定，不采取特殊措施，柴油机能顺利启动的最低温度为：电启动及压缩空气启动的应急发电机组及固定用柴油机不低于 0℃；人力启动的柴油机不低于 5℃。

以上四种常用的启动方法，在柴油发电机组中应用最为普遍的是电动机启动系统。本章着重介绍电动机启动系统。

柴油机的启动系统主要由启动电机、蓄电池、充电发电机、调节器、照明设备、各种仪表和信号装置等组成。本章主要介绍直流电动机、蓄电池、充电发电机、调节器及柴油机的指示仪表。如图 7-1 所示为 12V135G 型柴油机启动系统图。

当电钥匙（电锁）JK 拨向“右”位并按下启动按钮 KC 时，启动电机 D 的电磁铁线圈接通，电磁开关吸合，蓄电池 B1 的正极通过启动电机 D 的定子和转子绕组与蓄电池 B2 的负极构成回路。在电磁开关吸合时，启动电机的齿轮即被推出与柴油机启动齿圈啮合，带动曲轴旋转而使柴油机启动。柴油机启动后，应立即将电钥匙拨向“左”位，切断启动控制回路的电源，与此同时，硅整流发电机 L 的正极通过电流表 A，一路通过电钥匙 JK 和硅整流发电机的调节器 P，经硅整流发电机 L 的磁场回到硅整流发电机 L 的负极；另一路经蓄电池 B1 的正极，再通过蓄电池 B2 和启动电机的负极，回到硅整流发电机 L 的负极，构成充电回路。当柴油机达到 1000r/min 以上时，硅整流发电机 L 与调节器 P 配合工作开始向蓄电池 B1 和 B2 充电，并由电流表 A 显示出充电电流的大小。柴油机停车后，由于硅整流发电机调节器内无截流装置，应将电路钥匙拨到中间位置，这样能切断蓄电池与硅整流发电机励磁绕组的回路，防止蓄电池的电流倒流至硅整流发电机的励磁绕组。

7.1 启动电机

启动电机的功率一般为 0.6～10kW，选配启动电机时，要根据柴油机的功率等级、启动转矩等因素选用相应功率等级的启动电机，柴油发动机说明书中均规定了应选用的启动电机型号。要求启动用的蓄电池电压一般为 12V 或 24V，一定要按照启动电机的要求配备相应等级电压和一定容量的蓄电池。

7.1.1 启动电机的构造

当操作人员按下电启动系统的启动按钮时，电磁开关通电吸合，控制启动电机和齿轮啮入飞轮齿圈带动柴油机启动。启动电机轴上的啮合齿轮只有在启动时才与柴油机曲轴上的飞轮齿圈相啮合，而当柴油机达到启动转速运行后，启动电机应立即与曲轴分离。否则当柴油机转速升高，会使启动电机大大超速旋转，产生很大的离心力而损坏。因此，启动电机必须安装离合机构。启动电机由直流电动机、离合机构及控制开关等组成。

7.1.1.1 直流电动机

直流电动机是输出转矩的原动力，其结构多数采用四极串励电动机。这种电动机在低速时输出转矩大，过载能力强。

如图 7-2 所示为 ST614 型直流电动机和电磁开关的结构图。它由串励式直流电动机作启动机，其功率为 5.3kW，电压为 24V，此外，还有电磁开关和离合机构等部件。

图 7-3 为电磁操纵机构启动机电气连接图。启动时，打开电路锁钥（即电路开关），然后按下启动按钮 4，电路接通，于是电流通入牵引电磁铁的两个线圈，即牵引电磁铁线圈和保持线圈，两个线圈产生同一方向的磁场吸力，吸引铁芯左移，并带动驱动杠杆 8 摆动，使

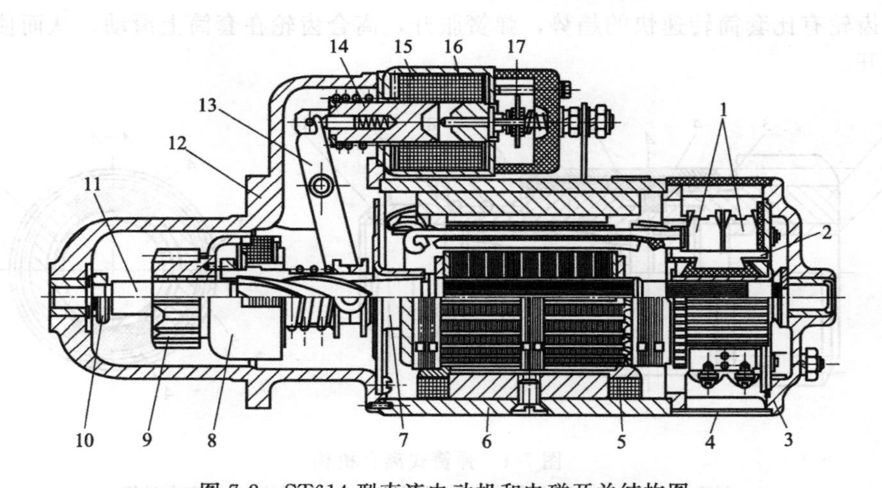

图 7-2 ST614 型直流电动机和电磁开关结构图

1—电刷；2—换向片；3—前端盖；4—换向器罩；5—磁极线圈；6—机壳；7—啮合器滑套止盖；8—摩擦片啮合机构；9—啮合齿轮；10—螺母；11—启动机轴；12—后端盖；13—驱动杠杆；14—牵引铁芯；15—牵引继电器线圈；16—保持线圈；17—启动开关接触盘

启动机的齿轮与飞轮齿圈进行啮合。铁芯1继续向左移，于是，启动开关5触点闭合，启动直流电动机电路接通，直流电动机开始运转工作，同时启动开关使与之并联的牵引继电器线圈短路，牵引继电器由保持线圈所产生的磁场吸力保持铁芯位置不动。

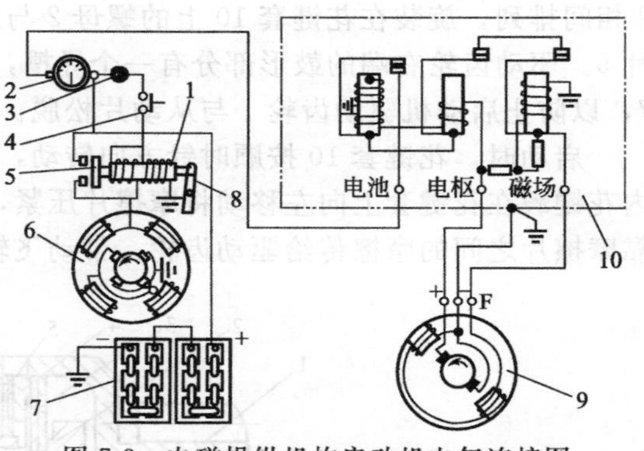

图 7-3 电磁操纵机构启动机电气连接图

1—牵引继电器铁芯；2—电流表；3—电路锁钥；4—启动按钮；5—启动开关；6—启动机；7—蓄电池组；8—启动驱动杠杆；9—发电机；10—发电机调节器

启动后，应及时松开启动按钮，使其回到断开位置，并转动电路锁钥，切断电源，以防启动按钮卡住，电路切不断，牵引继电器继续通电。此时，由于电路已切断，保持线圈磁场消失，在复位弹簧的作用下，铁芯右移复原位，直流电动机断电停转。同时，齿轮驱动杠杆也在复位弹簧的作用下，使齿轮退出啮合。

7.1.1.2 离合机构

离合机构的作用是将电枢的转矩通过启动齿轮传到飞轮齿圈上，电动机的动力能传递给曲轴，以启动柴油机。启动后，电动机与柴油机自动分离，以保护启动电机不致损坏。离合机构主要有弹簧式和摩擦片式两种。中小功率柴油机的启动机离合机构大多采用弹簧式，大功率柴油机的启动机大多采用摩擦片式离合机构。

（1）弹簧式离合机构　目前4135型和6135型柴油机配用的ST614型启动机采用弹簧式离合机构。弹簧式离合机构较简单，套装在启动机电枢轴上，其结构如图7-4所示。驱动齿轮的右端活套在花键套筒左端的外圆上，两个扇形块装入齿轮右端相应缺口中并伸入花键套筒左端的环槽内，这样齿轮和花键套筒可一起作轴向移动，两者可相对滑转。离合弹簧在自由状态下的内径小于齿轮和套筒相应外圆面的直径，安装时紧套在外圆面上，启动时，启动机带动花键套筒旋转，有使离合弹簧收缩的趋势，由于离合弹簧被紧箍在相应外圆面上，于是，启动机扭矩靠弹簧与外圆面的摩擦传给驱动齿轮，从而带动飞轮齿圈转动。当柴油机启动后，齿轮有比套筒转速快的趋势，弹簧胀开，离合齿轮在套筒上滑动，从而使齿轮与飞轮齿圈脱开。

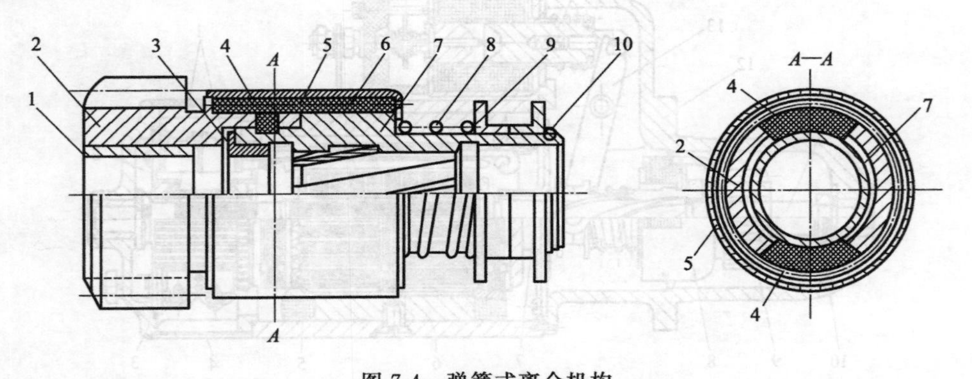

图 7-4　弹簧式离合机构

1—衬套；2—启动机驱动齿轮；3—限位套；4—扇形块；5—离合弹簧；6—护套；7—花键套筒；8—弹簧；9—滑套；10—卡环

(2) 摩擦片式离合机构　摩擦片式离合机构的结构如图 7-5 所示。这种离合机构的内花键毂 9 装在具有右旋外花键套上，主动片 8 套在内花键毂 9 的导槽中，而从动片 6 与主动片 8 相间排列，旋装在花键套 10 上的螺母 2 与摩擦片之间，装有弹性垫圈 3、压环 4 和调整垫片 5。驱动齿轮右端的鼓形部分有一个导槽，从动片齿形凸缘装入此导槽之中，最后装卡环 7，以防止启动机驱动齿轮 1 与从动片松脱。离合机构装好后摩擦片之间无压紧力。

启动时，花键套 10 按顺时针方向转动，靠内花键毂 9 与花键套 10 之间的右旋花键，使内花键毂在花键套上向左移动将摩擦片压紧，从而使离合机构处于接合状态，启动机的扭矩靠摩擦片之间的摩擦传给驱动齿轮，带动飞轮齿圈转动。发动机启动后，驱动齿轮相对于花

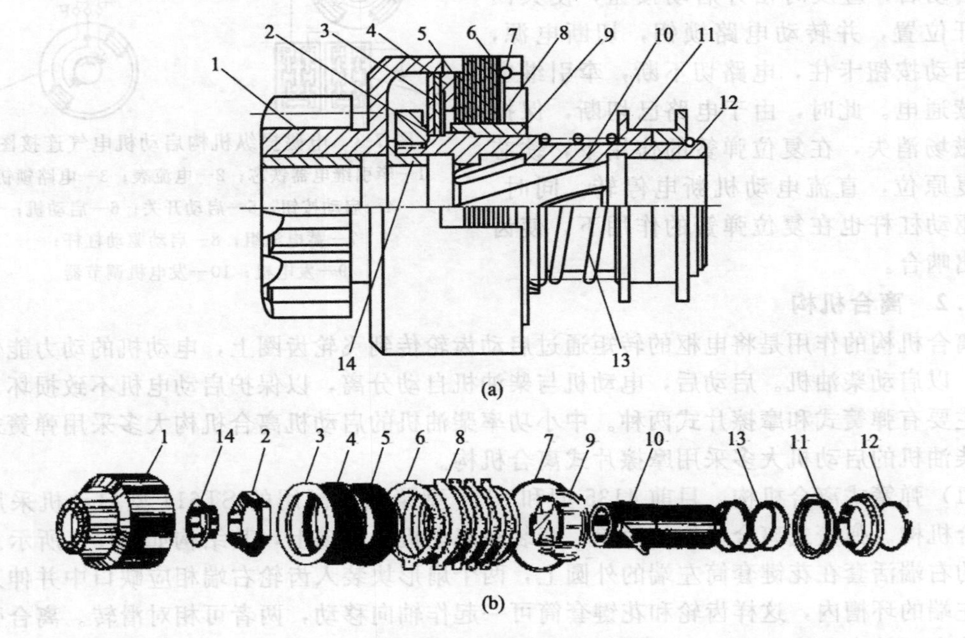

图 7-5　摩擦片式离合机构

1—启动机驱动齿轮；2—螺母；3—弹性垫圈；4—压环；5—调整垫片；6—从动片；7,12—卡环；8—主动片；9—内花键毂；10—花键套；11—滑套；13—弹簧；14—限位套

键套转速加快，内花键毂在花键套上右移，于是摩擦片便松开，离合机构处于分离状态。

该离合机构摩擦力矩的调整依靠调整垫片5，以改变内花键毂端部与弹性垫圈之间的间隙，控制弹性垫圈的变形量，从而调整离合机构所能传递的最大摩擦力矩。

7.1.1.3 电磁式启动开关

电启动系统主要有电磁式和机械式两种控制开关。其中电磁开关是利用电磁的吸力带动拨叉进行启动的，其构造与线路连接如图7-6所示。

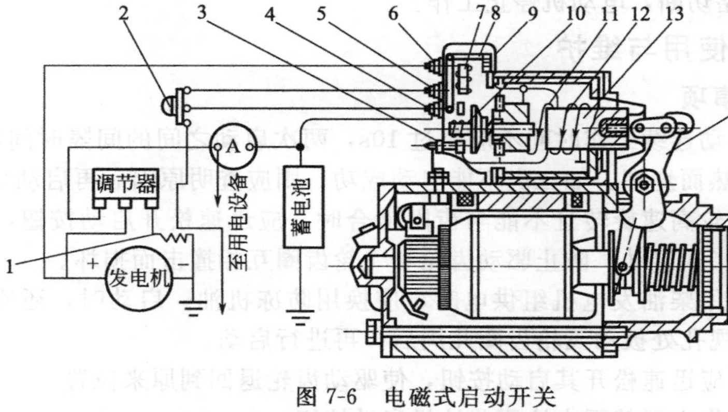

图7-6 电磁式启动开关

1—发电机励磁线圈；2—开关；3～6—接线柱；7—吸铁线圈；8—动触点；9—静触点；10—复位弹簧；11—吸引线圈（粗线圈）；12—保持线圈（细线圈）；13—活动铁芯；14—拨叉；15—启动齿轮

启动柴油机时，按下开关2，此时电路为：蓄电池→开关2→接线柱5→吸铁线圈7→接线柱6→发电机→搭铁→蓄电池。流经吸铁线圈7的电流使铁芯磁化产生吸力，将动触点8吸下与静触点9闭合。此时流经启动开关的电路为：蓄电池→接线柱4→动触点8→静触点9→保持线圈12；吸引线圈11→接线柱3→启动机线路（见图7-7，启动电机的线路为：接通开关后，蓄电池的电流如箭头所示经励磁线圈6、电刷3、整流子2、电枢线圈1、整流子2和电刷架4经接地线流回蓄电池负极）→搭铁→蓄电池。

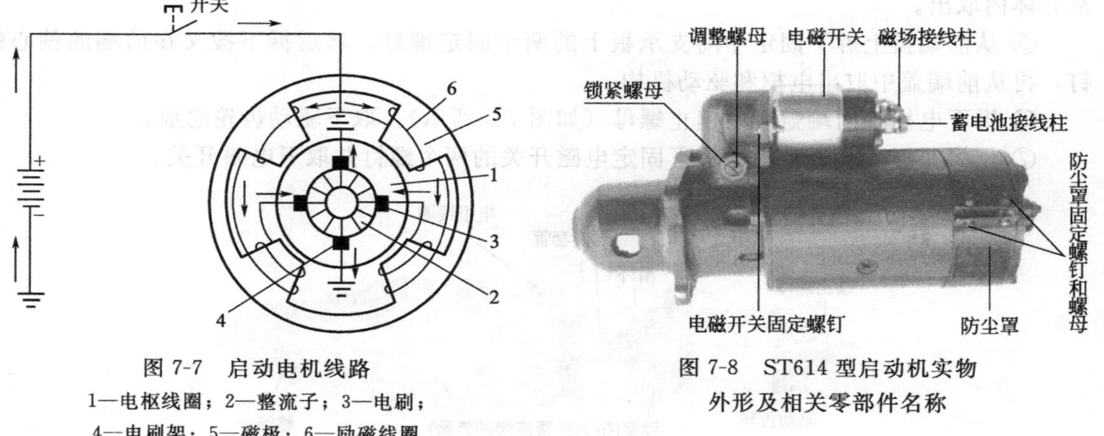

图7-7 启动电机线路

1—电枢线圈；2—整流子；3—电刷；4—电刷架；5—磁极；6—励磁线圈

图7-8 ST614型启动机实物外形及相关零部件名称

此时，电流虽流经直流电动机，但由于电流很小不能使电动机旋转；而流过吸引线圈和保持线圈的电流方向一致，所产生的磁通方向也一致，因而合成较强的磁力将活动铁芯13吸向左方，并带动拨叉14使启动齿轮15与飞轮齿圈啮合。与此同时，推动铜片向左压缩复位弹簧10。当活动铁芯移到左边极端位置时，铜片将接线柱3和接线柱4间的电路接通。

此时，大量电流流入直流电动机线路，电动机旋转，进入启动状态。

启动后，松开开关 2，吸铁线圈 7 中的电流被切断，铁芯推动吸力，动触点 8 跳开，切断经动触点 8 和静触点 9 流过保持线圈和吸引线圈的电流。此时开关中的电路：蓄电池→接线柱 4→铜片→接线柱 3→吸引线圈 11→保持线圈 12→搭铁→蓄电池。

由于吸引线圈和保持线圈中的电流方向相反，它们所产生的磁通方向也相反，磁力互相抵消，对活动铁芯产生吸力，活动铁芯在复位弹簧作用下带动启动齿轮回到原位，将接线柱 3 和接线柱 4 间的电路切断，电动机停止工作。

7.1.2　启动机使用与维护

7.1.2.1　使用注意事项

① 柴油机每次启动连续工作时间不应超过 10s，两次启动之间的间隔时间应在 2min 以上，防止电枢线圈过热而烧坏。如三次不能启动成功，则应查明原因后再启动。

② 当听到驱动齿轮高速旋转且不能与齿圈啮合时，应迅速松开启动按钮，待启动机停止工作后，再进行第二次启动，防止驱动齿轮和飞轮齿圈互相撞击而损坏。

③ 在寒冷地区使用柴油发电机组供电时，应换用防冻机油；启动时，还应用“一”字长柄螺丝刀在飞轮检视孔处扳动飞轮齿圈几周后，再进行启动。

④ 机组启动后，应迅速松开其启动按钮，使驱动齿轮退回到原来位置。

⑤ 机组在正常工作中严禁再次按压柴油机启动按钮。

⑥ 应定期在启动机前、后盖衬套内添加润滑脂，防止发生干摩擦损坏轴与衬套。

7.1.2.2　拆卸步骤

柴油发电机组配用的最常见启动机型号为 ST614，其实物外形及相关零部件名称如图 7-8所示。下面以 ST614 型启动机为例，介绍其拆卸步骤。

① 将启动机外部的油污擦净，用螺丝刀和开口扳手拆下后端盖上的防尘罩。

② 拆卸连接励磁线圈与电刷架铜条的固定螺钉并取出全部电刷。

③ 拆卸连接启动机前、后端盖的两根长螺栓，并取下后端盖。

④ 用梅花扳手拆卸启动机壳体上与电磁开关的连接铜条，然后将前端盖连同电枢一起从壳体内取出。

⑤ 从前端盖上拆下固定中间支承板上的两个固定螺钉，然后拆下拨叉在前端的偏心螺钉，再从前端盖中取出电枢和驱动机构。

⑥ 拆下电枢轴前端盖上的锁止螺母（如图 7-9 所示），取下驱动齿轮总成。

⑦ 用梅花扳手或开口扳手拆下固定电磁开关的两个螺钉并取下电磁开关。

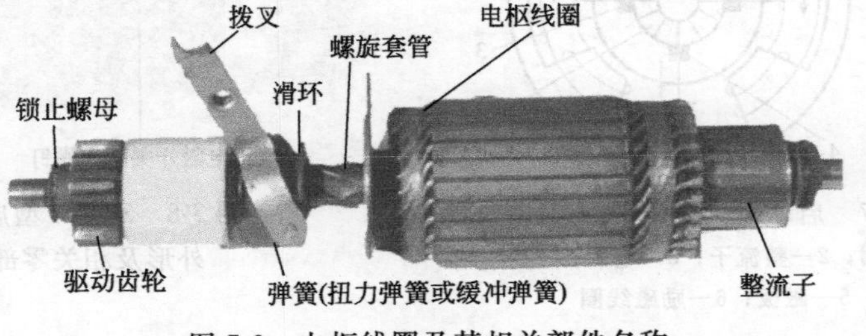

图 7-9　电枢线圈及其相关部件名称

7.1.2.3　主要部件的检验

(1) 电刷和电刷架的检验　电刷高度一般为 20mm 左右。若磨损量超过原高度的 1/2，则应更换同型号新电刷，更换新电刷后，要保证电刷工作面与整流子的接触面积达到 75%

以上，而且在电刷架内不允许有卡滞现象。若接触面不符合技术要求，可用“0”号细砂纸垫在整流子表面对电刷工作面进行研磨，磨成圆弧状接触面。电刷导线的固定螺钉要拧紧，不允许有松动现象。电刷弹簧的压力应为（1.3±0.25）kgf/cm^2；否则，应更换或调整电刷弹簧。电刷架在后端盖上要安装固定好，不允许有松动现象。

（2）电枢的检验

① 电枢线圈及其相关部件实物外形如图7-9所示。电枢线圈若出现短路、断路和轴搭铁现象时，可用万用表电阻挡进行检测。

② 整流子表面应无烧损、划伤、凹坑和云母片凸起等缺陷。对整流子表面上的污物应用柴油或汽油将其清洗干净，对于松脱的接头要用锡焊重新焊牢。若整流子表面出现较严重的烧损、磨损和划伤，并造成表面不光滑或失圆时，可根据具体情况修复或更换。

③ 电枢两端轴颈与轴承衬套的配合间隙应控制在0.04～0.15mm范围内。若测量出的间隙值超过0.15mm时，则应更换新衬套。

（3）磁场线圈的检验

① 磁场线圈实物图如图7-10所示。磁场线圈若出现短路、断路和搭铁现象时，可用万用表电阻挡进行检测。

② 若磁极铁芯、线圈出现松动或因其他原因造成损坏后，可将旧绝缘稍加处理，用布带重新包好，再进行绝缘处理即可。

图7-10 磁场线圈实物图

③ 在检查中，若发现有断路或短路线圈时，则一般要更换新线圈或重新绕制。

（4）后端盖的检验　在后端盖的4个电刷架中有两个与盖体绝缘，另外两个与盖体搭铁，相邻两个电刷架之间的绝缘值应大于0.5MΩ。若绝缘值过小，则应查明原因。

（5）驱动机构的检验　驱动机构的相关部件参见图7-9。驱动机构一般应检查拨叉是否损坏，扭力弹簧是否存在折断、裂纹和弹力下降，驱动齿轮的齿牙是否损坏及在轴上转动是否灵活等。

（6）电磁开关（或磁力开关）的检验

① 电磁开关的拆卸　用一把20W左右的电烙铁焊开电磁开关的两个焊点，拧下固定螺钉，取出活动触头（电磁开关及其相关部件名称如图7-11所示）。

② 电磁开关的检验　电磁开关的活动触头和两个静触头的表面应光滑平整，无烧损现象，若有烧损和不平时，可用细砂纸磨平。两个静触头的高度要一致，防止出现接触不良现象。

用万用表电阻挡检查吸拉线圈和保持线圈是否有断路或短路现象，在正常情况下，吸拉线圈（外层较粗的导线）的电阻值应在0.6～0.8Ω之间，保持线圈（内层较细的导线）的电阻值应在0.8～1.0Ω之间。若测量的电阻值过大或过小，则应查明原因。

7.1.2.4 装配注意事项及其试验方法

（1）启动机的装配　启动机的装配步骤要按拆卸时相反的顺序进行，注意事项如下。

① 各衬套、电枢轴颈、键槽等摩擦部位要涂少量润滑脂。各种垫片不要遗漏，并按顺序装配好。

② 外壳与前、后端盖结合时，要找准定位孔后再装配两根长螺栓并拧紧。

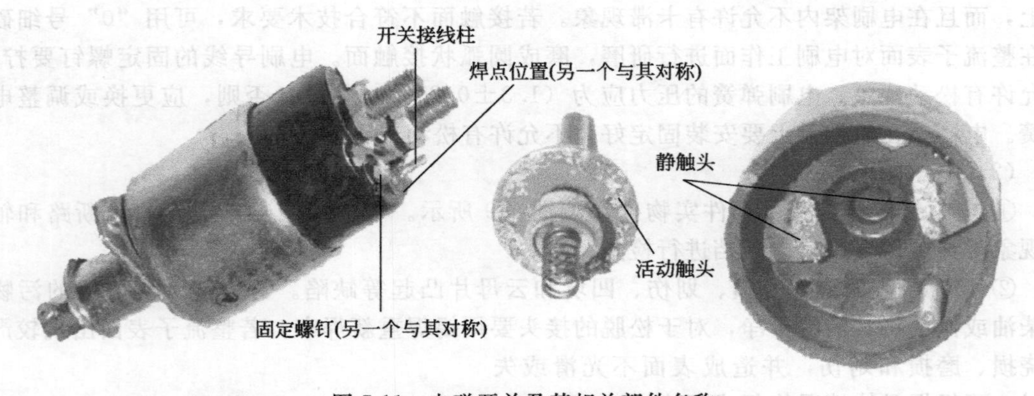

图 7-11　电磁开关及其相关部件名称

③ 在装配电磁开关时，一定要按技术要求装配衔铁，装配衔铁后，要用手拉动，以确定是否装牢。衔铁拉杆与拨叉安装正确无误后，再安装电磁开关并拧紧两个固定螺钉。

④ 带有绝缘套的电刷，要按技术要求安装在绝缘电刷架内。

⑤ 启动机装复后，用螺丝刀拨动驱动齿轮时，应转动灵活，无卡滞现象。若电枢的轴向间隙过小或过大时，可用改变轴的前、后端盖垫片厚度的方法进行调整。

⑥ 启动机装配完毕后，还应检查和调整启动机齿轮与锁紧螺母的间隙。检查时，将衔铁推到底，这时驱动齿轮与锁紧螺母之间的间隙应该在 1.5～2.5mm 的范围内，当其间隙值过大时，则会导致驱动齿轮不能完全与飞轮齿圈结合；当其间隙值过小时，则会损坏启动机端盖。若间隙值不符合技术要求，可通过调整启动机上的调整螺钉来达到要求，调整后要拧紧锁紧螺母（如图 7-8 所示）。

（2）启动机的试验　启动机装配完毕后，一般应在柴油机上进行试验。试验时，要用电量充足的蓄电池，试验合格的启动机应满足下列条件。

① 柴油机启动时，启动机的动力应很足，而且无异常杂声。

② 电刷与整流子处应无强烈的火花。

③ 启动时，不允许驱动齿轮出现高速旋转和齿轮撞击飞轮齿圈的金属响声。

7.1.3　启动机常见故障检修

7.1.3.1　启动机不转动的故障

按照柴油机的启动步骤合上接地开关，打开电启动钥匙，按压启动按钮，启动机不转动的故障一般有两种情况：一种是能听到电磁开关吸合的动作响声，但启动机不转动；另一种就是电磁开关不吸合，启动机不转动。前者产生的原因可能是由于蓄电池电量不足、启动线路接触不良或启动机本身故障所致。后者除了上述因素以外，可能还与启动开关电路、电磁开关或直流电动机的故障有关。其检查判断方法如下。

① 检查蓄电池接线柱、启动线路、直流电动机电刷部位和电磁开关等部件，在启动柴油机时有无冒烟、异常发热和不正常响声等现象。若有异常现象，则应重点检查该部件的工作情况。

② 检查启动保险有无熔断。

③ 检查启动线路的各个接头部位是否紧固，如蓄电池接线柱、电磁开关接线柱和启动开关接线柱等。

④ 用万用表直流电压挡检查蓄电池在启动柴油机前和启动柴油机过程中的电压降。若在启动前测得的电压小于12.5V，则说明蓄电池的电量不足；若测得的电压大于12.5V，而

在启动时的电压下降在 1.5V 以上时，则说明蓄电池存电不足。

⑤ 检查启动电路是否存在故障。其检查方法是用中号螺丝刀将电磁开关的蓄电池接线柱和开关接线柱短路（如图 7-12 所示），若短路后电磁开关吸合且启动机运转正常，则说明在电磁开关以外的启动线路有故障，如启动钥匙开关或启动按钮接触不良、线路接头接触不良等。若短路后电磁开关仍不吸合，则说明电磁开关或启动机内部可能有断路故障。

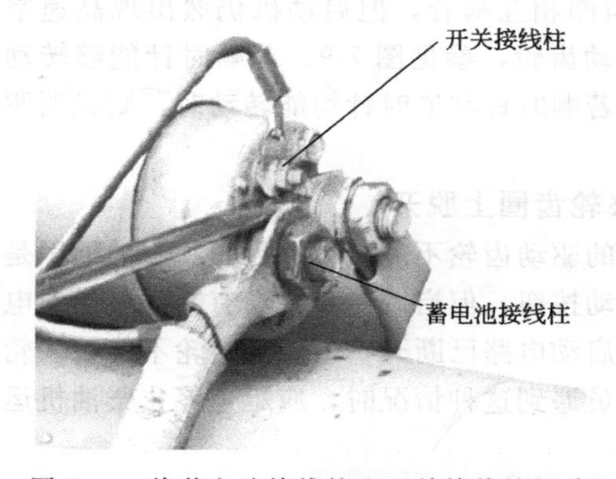

图 7-12 将蓄电池接线柱和开关接线柱短路

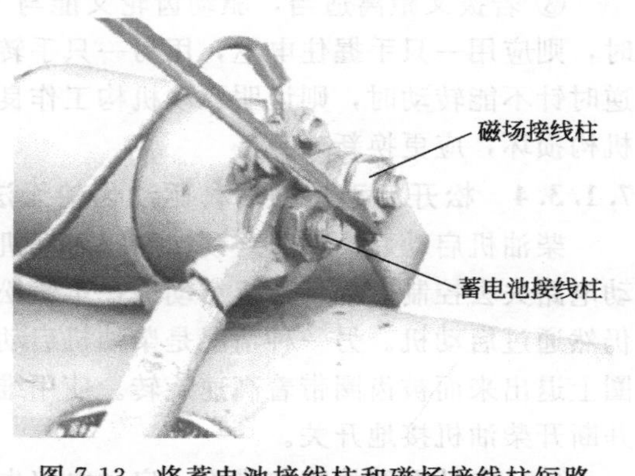

图 7-13 将蓄电池接线柱和磁场接线柱短路

⑥ 用螺丝刀再将蓄电池接线柱和磁场接线柱短路（如图 7-13 所示），若启动机正常运转，则说明电磁开关内部有故障，应拆下电磁开关检查电磁开关内部的活动触头和两个静触头的烧损情况及磁力线圈是否烧损等。如果启动机仍不运转且在短路时无火花出现，则说明启动机内部出现断路故障。若有火花出现，则说明启动机内部出现短路现象，应将启动机拆下后进行修理。

7.1.3.2 启动机运转无力的故障

柴油机启动时，曲轴时转时不转或转动较慢，使柴油机不能进入到自行运转状态。造成这种故障主要是由于蓄电池电量不足、启动阻力过大或电磁开关内部活动触头和静触头烧损后出现接触不良等所致。其检查方法如下。

① 检查蓄电池的电量是否充足。

② 检查电刷与整流子（或换向器）的接触情况。在正常情况下，电刷底部表面与换向器的接触面应在 85%以上。若不符合技术要求，则应更换新电刷。

③ 检查整流子（或换向器）是否有烧损、划伤、凹坑等现象。若整流子表面污物比较多，则用柴油或汽油清洗干净。若有严重烧损、磨损和划伤，造成表面不光滑或失圆时，可视情修理或更换。修理时，可用车床车削加工整流子，并用细砂布抛光。

④ 检查电磁开关内部的活动触头和两个静触头的工作表面，若活动触头和静触头有烧损现象而导致启动机运转无力时，可用细砂纸将活动触头和静触头磨平。

7.1.3.3 启动机驱动齿轮高速旋转且不能与飞轮齿圈啮合

柴油机在启动时，能听到电磁开关吸合的动作响声和驱动齿轮的高速旋转声，但柴油机飞轮不转动。这种故障一般是由于驱动齿轮和飞轮齿圈没有啮合或启动机驱动齿轮打滑所造成的。其检修方法如下。

① 若遇到这种故障，应再进行第二次甚至第三次启动。若不能排除故障，则应用平口螺丝刀调整启动机电磁开关左下端的调整螺钉，使驱动齿轮与飞轮齿圈相啮合。若经过上述调整，故障仍未被排除，则应拆卸启动机，对飞轮齿圈、启动机内部的驱动齿轮等零件进行检查。

② 若经过检查，启动机的驱动齿轮和飞轮齿圈质量完好，而且在启动时两者不能够啮合在一起，启动机仍然出现空转且有一种金属碰撞响声，则应对启动机进行分解。若分解后发现拨叉两凸块之间的距离过大而导致驱动机构无法拨动到位时，则应用手按压以减小两凸块之间的距离。若凸块磨损严重或一边的凸块损坏时，则可用焊修的方法进行处理。

③ 若拨叉距离适当，驱动齿轮又能与飞轮齿圈相互啮合，但启动机仍然出现高速空转时，则应用一只手握住电枢，用另一只手转动驱动齿轮，参见图 7-9。若顺时针能够转动而逆时针不能转动时，则说明驱动机构工作良好；若顺时针和逆时针均能转动时，则说明驱动机构损坏，应更换新件。

7.1.3.4 松开启动按钮后，驱动齿轮无法从飞轮齿圈上脱开

柴油机启动后，松开启动按钮，启动机内部的驱动齿轮不能与飞轮齿圈脱开的原因是启动电路失去控制，如柴油机启动后，虽然松开启动按钮，但启动电路并没有断开，导致电流仍然通过启动机。另一种情况是柴油机启动后，启动电路已断开，但驱动齿轮不能从飞轮齿圈上退出来而被齿圈带着高速旋转。使用维护人员遇到这种情况时，应迅速停止柴油机运转并断开柴油机接地开关。

（1）启动电路故障与排除　启动电路失去控制一般是指各种开关失去控制，如启动电锁损坏或电磁开关内部的活动触头和两个静触头由于启动时间过长而烧结在一起等。

若怀疑启动电锁损坏时，可用万用表电阻挡 $R\times1$ 挡进行检查。其方法是：用万用表测量电锁两个接头之间的电阻值。若用钥匙打开和关闭电锁时，两个接头的电阻值不变且很小，则说明启动电锁损坏。

若启动按钮工作正常，则用万用表的电阻挡 $R\times1$ 挡测量电磁开关的蓄电池接线柱和磁场接线柱的阻值。若测得的电阻值很小，则说明电磁开关内部的活动触头与两个静触头烧结在一起，应按如图 7-11 所示的方法拆卸电磁开关，然后用细砂纸将活动触头和静触头磨平，装配后，故障即被排除。

（2）启动机机械故障与排除　启动机内部的驱动齿轮不能与飞轮齿圈脱开的机械故障有：①启动机装配不正确，如拨叉安装在移动衬套外围，使驱动齿轮与飞轮齿圈的间隙过小；②驱动机构的回位弹簧折断或弹力过小。其检验方法是：用“一”字螺丝刀撬动驱动齿轮向前端移动，迅速拔出螺丝刀，驱动齿轮应能自动回位。若回位较慢或不能回位时，应更换回位弹簧。

7.2 硅整流发电机及其调节器

蓄电池充电发电机有直流发电机和硅整流发电机两种，目前柴油机上应用较广泛的是硅整流发电机。当柴油机工作时，硅整流发电机经 6 只硅二极管三相全波整流后，与配套的充电发电机调节器配合使用给蓄电池充电。

7.2.1 硅整流发电机的构造与工作原理

7.2.1.1 硅整流发电机的构造

硅整流发电机与并励直流发电机相比具有体积小、重量轻、结构简单、维修方便、使用寿命长、柴油机低速时充电性能好、相匹配的调节器结构简单等优点。硅整流发电机主要由定子、转子、外壳及硅整流器四部分组成，如图 7-14 所示。

（1）转子　转子是发电机的磁场部分，它由励磁线圈、磁极和集电环组成。磁极形状像

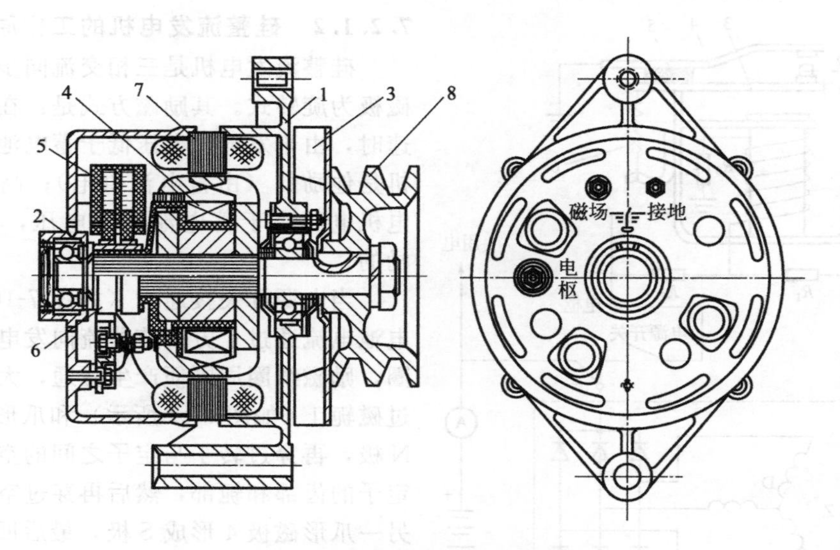

图 7-14　硅整流交流发电机构造

1—前端盖；2—后端盖；3—风扇；4—励磁线圈；5—电刷架；6—滑环；7—定子；8—带轮

爪子，故称为爪极。每一爪极上沿圆周均布数个（4、5、6 或 7 个）鸟嘴形极爪。爪极用低碳钢板冲制而成，或用精密铸造铸成。每台发电机有两个爪极，它们相互嵌入，如图 7-15 所示。爪极中间放入励磁线圈，然后压装在转子轴上，当线圈通电后爪极即成为磁极。

转子上的集电环（滑环）是由两个彼此绝缘且与轴绝缘的铜环组成。励磁线圈的两个端头分别接在两个集电环上，两个集电环与装在刷架（与壳体绝缘）上的两个电刷相接触，以便将发电机输出的经整流后的电流部分引入励磁线圈中。

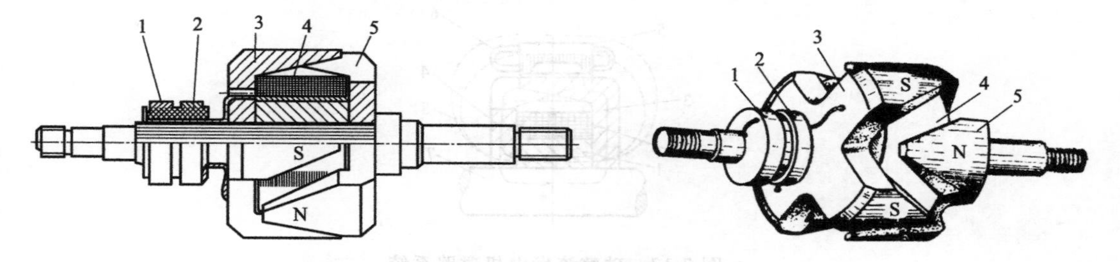

图 7-15　转子断面与形状

1,2—集电环；3,5—磁极；4—励磁线圈

（2）定子　定子由冲有凹槽的硅钢片叠成，定子槽内嵌入三相绕组，各相线圈一端连在一起，另一端的引出分别与元件板上的硅二极管和端盖上的硅二极管相连在一起，从而使它们之间的连接方式为星形连接（如图 7-16 所示）。

（3）前后端盖　前后端盖均用铝合金铸成形以防漏磁，两端盖轴承座处镶有钢套，以增加其耐磨性，轴承座孔中装有滚动轴承。

（4）整流装置　整流装置通常由六只硅整流二极管组成的三相桥式全波整流电路。其中三只外壳为负极的二极管装在后端盖上，三只外壳为正极的二极管则装在一块整体的元件板上。元件板也用铝合金压铸而成，与后端盖绝缘。从元件板引一接线柱（电枢接线柱）至发电机外部作为正极，而发电机外壳作为负极。直流电流从发电机的电枢接线柱输出，经用电设备后至柴油机机体，然后到发电机外壳，形成回路。

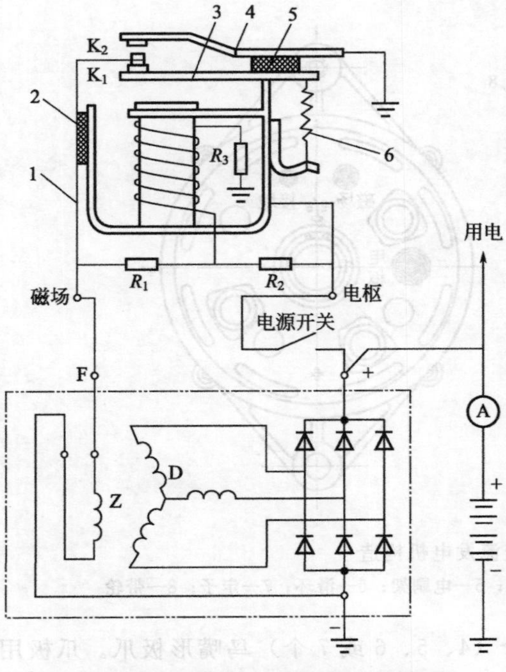

7.2.1.2 硅整流发电机的工作原理

硅整流发电机是三相交流同步发电机，其磁极为旋转式。其励磁方式是：在启动和低转速时，由于发电机电压低于蓄电池电压，发电机是他励的（由蓄电池供电）；高转速时，发电机电压高于蓄电池充电电压，发电机是自励的。

当电源开关接通时（如图 7-16 所示），蓄电池电流通过上方调节器流向发电机的励磁线圈，励磁线圈周围便产生磁通，大部分磁通通过磁轭 1（如图 7-17 所示）和爪形磁极 3 形成 N 极，再穿过转子与定子之间的空气隙，经过定子的齿部和轭部，然后再穿过空气隙，进入另一爪形磁极 4 形成 S 极，最后回到磁轭，形成磁回路。另有少部分磁通在定子旁边的空气隙中及 N 与 S 极之间通过，这部分称为漏磁通。

图 7-16 硅整流发电机与调节器线路

1—固定触点支架；2,5—绝缘板；3—下动触点臂；4—上动触点臂；6—弹簧

当转子磁极在定子内旋转时，转子的 N 极和 S 极在定子内交替通过，使定子绕组切割磁力线而产生交流感应电动势。三相绕组所产生的交流电动势相位差为 120°，所发出的三相交流电经六只二极管三相全波整流后，即可在发电机正负接线柱之间获得直流电。

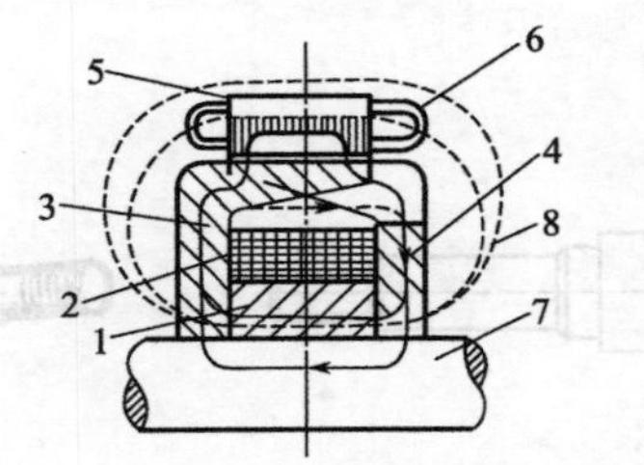

图 7-17 硅整流发电机磁路系统

1—磁轭；2—励磁绕组；3,4—爪形磁极；5—定子；6—定子三相绕组；7—轴；8—漏磁

7.2.1.3 硅整流发电机的输出特性（负载特性）

当保持硅整流发电机的输出电压一定时（对 12V 发电机规定为 14V，对 24V 发电机规定为 28V），调整其输出电流与转速，就可得到输出特性曲线，当转速 n 达到一定值后，发电机的输出电流 I 不再继续上升，而趋于某一固定值，此值称之为限流值或最大输出电流值。所以硅整流发电机有一种自身限制电流的性能，这是硅整流发电机最重要的特性。

7.2.2 硅整流发电机调节器工作原理

硅整流发电机由柴油发动机带动，其转速随柴油机的转速在一个很大的范围内变动。发电机的转速高，其发出的电压高；转速低，其发出的电压也低，为了保持发电机的端电压的基本稳定，必须设置电压调节器。

硅整流发电机电压调节器可分为电磁振动触点式电压调节器、晶体管电压调节器和集成

电路电压调节器三种。其中，电磁振动触点式调节器按触点对数分有一对触点振动工作的单级式和两对触点交替振动工作的双级式两种。目前，双级电磁振动式电压调节器和晶体管电压调节器应用最为广泛。

7.2.2.1 双级电磁振动式电压调节器

如图 7-16 所示的上部为双级电磁振动式电压调节器。它具有两对触点，中间触点是固定的，下动触点 K_1 常闭，称为低速触点，上动触点 K_2 常开，称为高速触点。调节器设有三个电阻：附加电阻 R_1、助振电阻 R_2 和温度补偿电阻 R_3。

电压调节器的固定触点通过支架 1 和磁场接线柱与发电机转子中的励磁线圈相连。下动触点臂 3 则通过支架 1 和电枢接线柱及发电机正极接线柱相通。绕在铁芯上的线圈一端搭铁，另一端则通过电阻与电枢接线柱相连。现按照发电机不同情况说明其工作原理。

闭合电源开关，当发电机转速较低，发电机电压低于蓄电池电压时，蓄电池的电流同时流经电压调节器线圈和励磁线圈。流经电压调节器线圈的电路为：蓄电池正极→电流表→电源开关→电压调节器电枢接线柱→R_2→电压调节器线圈→R_3→搭铁→蓄电池负极。

电流流入电压调节器线圈产生一定的电磁吸力，但不能克服弹簧张力，故低速触点 K_1 仍闭合。这时流经励磁线圈电流的电路为：蓄电池正极→电流表→电源开关→调节器电枢接线柱→框架→下动触点 K_1→固定触点支架 1→电压调节器磁场接线柱→发电机 F 接线柱→电刷和滑环→励磁线圈→滑环和电刷→发电机负极→搭铁→蓄电池负极。

当硅整流发电机转速升高，发电机电压高于蓄电池电压时，发电机向用电设备和蓄电池供电。同时向励磁线圈和调节器线圈供电，其电路有三条：

① 发电机定子线圈→硅二极管及元件板→电源开关→电压调节器电枢接线柱→下动触点 K_1 及支架 1→电压调节器磁场接线柱→发电机 F 接线柱→电刷和滑环→励磁线圈→滑环和电刷→整流端盖和硅二极管→定子线圈。

② 发电机定子线圈→硅二极管及元件板→电源开关→电压调节器电枢接线柱→电阻 R_2→电压调节器线圈和电阻 R_3→搭铁→整流端盖和硅二极管→定子线圈。

③ 充电电路和用电设备电路：定子线圈→硅二极管与元件板→“+”接线柱→用电设备或电流表与蓄电池（充电）→搭铁→整流端盖和硅二极管→定子线圈。

当硅整流发电机转速继续升高，发电机电压达到额定值时，调节器线圈的电压增高，电流增大，电磁吸力加强，铁芯的磁力将下动触点吸下，使触点 K_1 打开，磁场线圈电路不经框架，而经电阻 R_2 与 R_1，由于电路中串入 R_2 和 R_1，使励磁电流减小，磁场减弱，发电机输出电压随之下降。这时的励磁线路为：发电机正极→电源开关→电枢接线柱→电阻 R_2→电阻 R_3→磁场接线柱→励磁线圈→发电机负极。

发电机电压降低后，通过调压器线圈的电流减小，铁芯吸力减弱，触点 K_1 在弹簧 6 作用下重新闭合。励磁电流增加，电压又升高，使触点 K_1 再次打开。如此反复开闭，从而使发电机的电压维持在规定范围内。

发电机转速再增高使电压超过允许值时，由于铁芯吸力继续增大，将下动触点臂吸得更低，并带动上动触点臂 4 下移与固定触点相碰，触点 K_2 闭合，这时励磁电路被短路，励磁电流直接通过触点 K_2 和上动触点臂而搭铁，励磁线圈中电流剧降，发电机靠剩磁发电。因此电压也迅速下降。同时由于电压下降，铁芯吸力随之减小，触点 K_2 又分开，电压又回升，如此不断反复，高速触点 K_2 振动，使发电机电压保持稳定。

由于触点式电压调节器在触点分开时触点之间会产生电火花，以及其机械装置的固有缺点，目前已逐渐被晶体管电压调节器所代替。

7.2.2.2 晶体管电压调节器

晶体管节压器的工作原理主要是利用晶体管的开关特性，并用稳压管使三极管导通和截止，即利用晶体管的开关电路来控制充电发电机的励磁电流，以达到稳定充电发电机的输出电压。图 7-18 是 12V135 型柴油机上使用的与 JF1000N 型交流发电机相匹配的 JFT207A 型晶体管调节器的电路原理图。其工作过程如下。

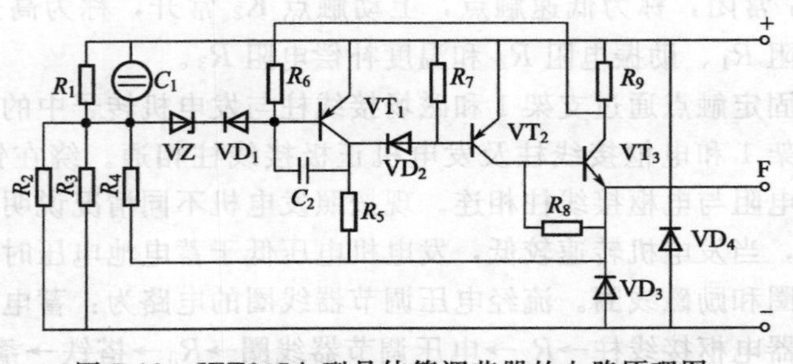

图 7-18 JFT207A 型晶体管调节器的电路原理图

当发电机因转速升高其输出电压超过规定值时，电压敏感电路中的稳压管 VZ 击穿，开关电路前级晶体管 VT_1 导通而将后级以复合形成的晶体管 VT_2、VT_3 截止，隔断了作为 VT_3 负载的发电机磁场电流，使发电机输出电压随之下降。输出电压下降又使已处于击穿状态的 VZ 截止，同时 VT_1 也会因失去基极电流而截止，VT_2、VT_3 重新导通，接通发电机的磁场电流，使发电机的输出电压再次上升。如此反复使调节器起到控制和稳定发电机输出电压的作用。线路中的其他元件分别起稳定、补偿和保护的作用，以提高调节器性能与可靠性。

电压调节器一般作为柴油机的随机附件由用户自行安装，安装时必须垂直，其接线柱向下，以达到防滴作用。使用时应注意，要与相应型号的充电发电机配合使用。接线应正确可靠，绝缘应完好，否则将导致电压调节器烧坏。一般情况下，不要随便打开调节器盖，如有故障应由专业人员检查和修理。

7.2.3 硅整流发电机检修技能

7.2.3.1 使用维护注意事项

① 硅整流发电机必须与专用的调节器配合使用，其搭铁极性要与蓄电池组的搭铁极性一致；否则，会损坏硅二极管。

② 硅整流发电机在使用中严禁将电枢和磁场接线柱短路；否则，将损坏硅二极管和调节器，严重时，还会损坏充电电流表。

③ 不允许采用将电枢接线柱和外壳搭铁试火的方法检查发电机是否发电；否则，会损坏硅二极管。

④ 硅整流发电机工作 500h 后，应更换轴承润滑脂。

⑤ 经常保持硅整流发电机干燥、清洁，并紧固各个导线接头。

7.2.3.2 拆卸步骤

① 用螺丝刀拆卸电刷护盖（铭牌处）的固定螺钉，拆卸电刷架固定螺钉，取出电刷及附属部件，如图 7-19 所示。

② 将硅整流发电机固定在台虎钳上，用套筒扳手拧下带轮的紧固螺母，取下带轮、风扇和半圆键。

③ 用套筒扳手拆卸前端盖与后端盖的三只连接螺钉。

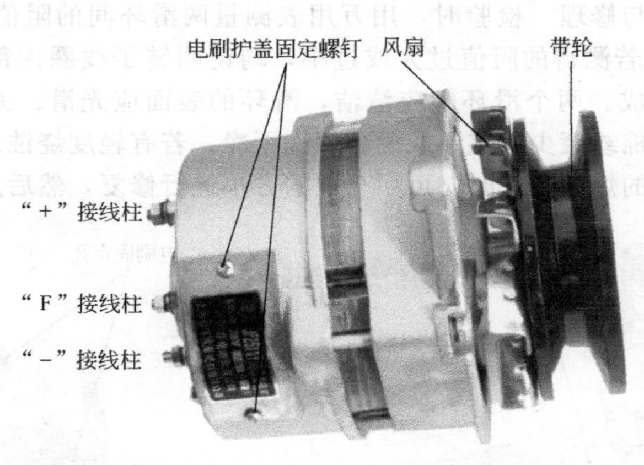

图 7-19 硅整流发电机实物外形及其相关零部件名称

④ 用木棒敲击前端盖边缘，取下前端盖和转子。

⑤ 用钳子或套筒扳手拆卸定子三相绕组引出线与三对二极管连接线头的三个固定螺钉，使定子与后端盖分离，如图 7-20 所示。

⑥ 从后端盖内拆下整流元件板，如图 7-21 所示。

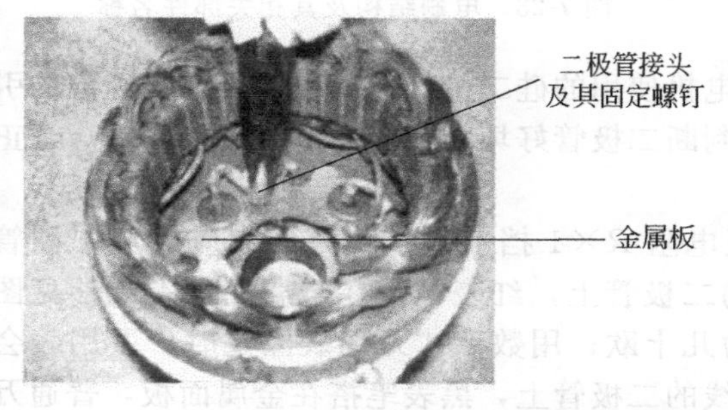

图 7-20 拆卸定子三相绕组与二极管固定螺钉

图 7-21 从后端盖内拆下整流元件板

7.2.3.3 装配注意事项

装配时按分解的相反顺序进行。其注意事项如下。

① 装配定子绕组引出的三个接头与硅二极管的三个接头时，螺钉要固紧，而且在装配过程中不要碰坏定子绝缘层。

② 装配前、后端盖时，要按原来的定位记号进行装配。装配后，若转子有“扫膛”或卡滞现象时，应拆松三根固定螺钉，然后边转动转子边用橡皮锤敲击端盖边缘，直到转子与定子不再摩擦为止，再用套筒扳手均匀地拧紧固定螺钉。

③ 装配电刷及附属零件时，要保证电刷与整流子的接触面符合要求，在装配过程中，要轻拿轻放，防止把电刷及附属零件弄坏。

④ 硅整流发电机装配完毕后，应用万用表测量各极柱间的阻值。正常情况下，“F”与“+”之间的阻值一般在 50～70Ω 之间，“F”与“-”之间的阻值在 20Ω 左右，“+”与“-”之间的阻值在 40～50Ω 之间；反向测量的阻值一般在 1kΩ 以上。

7.2.3.4 主要部件的检验与修理

（1）定子的检验与修理　检验时，应用万用表测量定子线圈各线头间的阻值。三个线头间的阻值应相等，线圈与铁芯之间的阻值应为无穷大。若定子线圈内部有短路、断路或搭铁现象时，应重新绕制或更换定子总成。

（2）转子的检验与修理　检验时，用万用表测量两滑环间的阻值，如图 7-22 所示。其阻值应在 20Ω 左右。若测得的阻值过大或过小，均说明转子线圈内部有故障。应拆卸后修复或直接更换转子总成。两个滑环间应清洁，滑环的表面应光滑、无烧蚀和磨损不均等现象。表面的污物可用棉纱蘸少量汽油或酒精擦洗干净。若有轻度烧蚀或磨损时，可用细砂布磨平，表面有较严重的烧蚀现象时，可用车削的方法进行修复，然后用细砂布磨光即可。

图 7-22　转子结构及其相关零部件名称

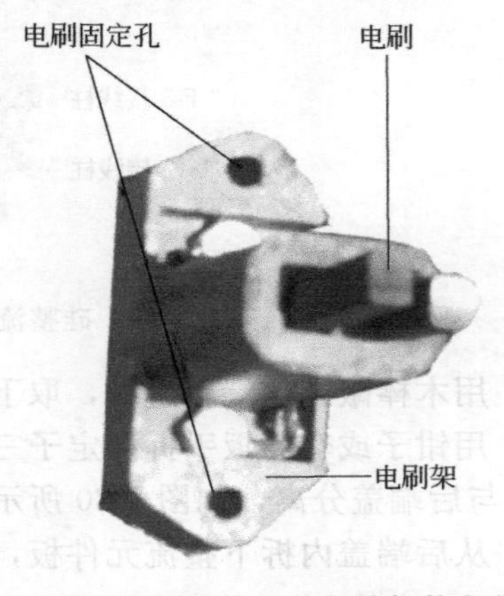
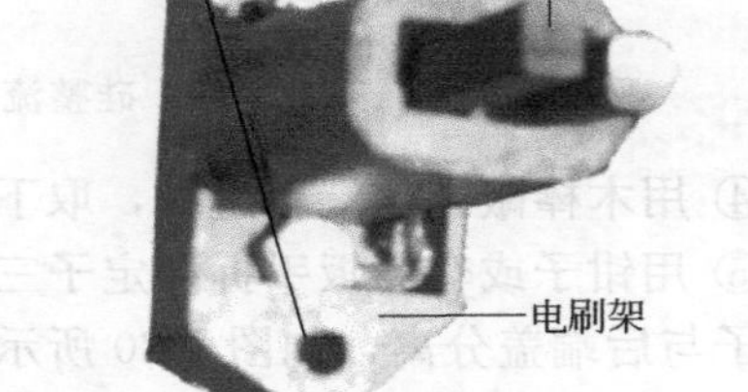

图 7-23　电刷结构及其相关部件名称

（3）硅整流元件的检验与修理　硅整流发电机使用的硅二极管有两种，有红色标记的引线是正极线，有黑色标记的引线是负极线。在判断二极管好坏之前，一般要用电烙铁焊开正极一端或负极一端，然后用万用表进行检测。

其检验方法是：将万用表的转换开关拨至电阻 $R\times1$ 挡（数字式万用表应拨至二极管挡），测量时，用黑表笔搭在有红色标记引线的二极管上，红表笔搭在金属面板上（参见图 7-20）。用普通万用表测试时，表针的指示应为几十欧；用数字式万用表测试时，万用表会发出蜂鸣声。然后将红表笔搭在有红色标记引线的二极管上，黑表笔搭在金属面板，普通万用表和数字万用表的指示值在 10kΩ 以上时，说明硅二极管工作正常。若测得的正、反向电阻值都较大时，则说明二极管内部开路。如果测得正、反向电阻值都很小，则可判断二极管内部短路。无论二极管内部发生短路或开路都应更换新的二极管。

（4）电刷装置部件的修理　电刷架应无变形和破裂之处，电刷弹簧的压力要符合技术要求，电刷与整流子的接触面积应在 85%以上。电刷装置部件的实物外形如图 7-23 所示。

7.2.3.5　常见故障检修

（1）不发电或充电电流过小　硅整流交流发电机不发电的故障一般是由于励磁线圈开路或短路、二极管击穿短路、发电机磁场接线柱与调节器之间的连接线出现接线错误或线路接触不良所致。充电电流太小一般是由于调节器弹簧调整不当、个别二极管引线脱焊断开使电枢线圈一相或两相开路、电刷与滑环接触不良等所造成的。其检查方法如下。

① 检查硅整流发电机的外部接线柱与调节器各接线柱间的连线是否有接错现象。如果有，则应纠正。若接线正确，则检查调节器附加电阻和内部线包是否损坏，附加电阻和内部线包在调节器中的位置如图 7-24 和图 7-25 所示。

② 用万用表电阻挡测量发电机各接线柱间的阻值，以此来判断发电机内部线路是否有开路或短路等故障。其测量方法是：先把发电机各个接线柱上的接线拆下来，再用万用表分别测量“F”与“－”两个接线柱之间的阻值和“＋”与“－”、“＋”与“F”之间的正、反向阻值（参见图 7-19）。根据测量结果判断发电机内部工作情况。

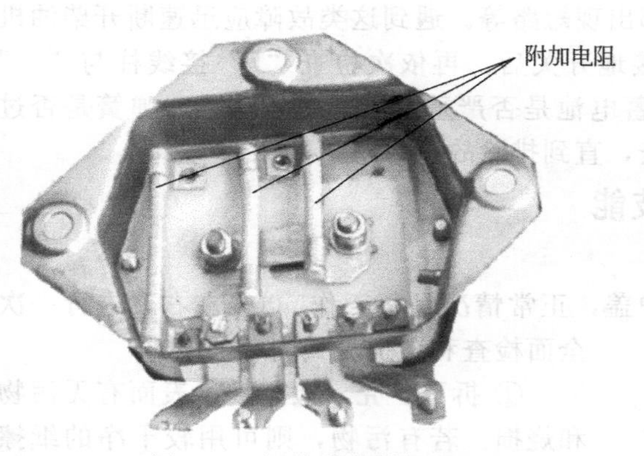

图 7-24 调节器的附加电阻

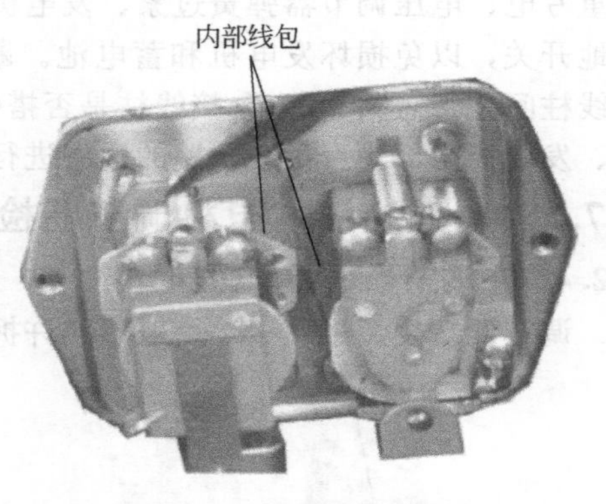

图 7-25 调节器的内部线包

a. 用万用表的表笔分别搭接“F”接线柱与“－”接线柱。对于 JF-350W 28V 硅整流发电机的电阻值应在 60 ～100Ω 范围内。若测得的电阻值大于 100Ω，则说明电刷与滑环接触不良或有开路。在正常情况下，电刷与滑环的接触面积应在 85%以上，而且弹簧要有一定压力。若阻值过小，则可能为励磁线圈内部有短路或“F”接线柱搭铁。在这种情况下，应先检查“F”接线柱确无搭铁现象后，再检查励磁线圈是否损坏。

b. 测量“＋”与“－”两接线柱之间的正向阻值。其方法是：用黑表笔搭接“＋”接线柱，用红表笔搭接“－”接线柱。然后用黑表笔搭接“－”接线柱，用红表笔搭接“＋”接线柱，以测量其反向阻值。若测得正、反向阻值都较小时，则可能为硅二极管击穿或短路、电枢线圈与铁芯或端盖发生短路等。反之，若测得正、反向的阻值都很大时，则可能是硅二极管或发电机电枢线圈开路。如果测得的阻值接近正常值，但发电机发出的电流仍较小时，则可能是个别硅二极管开路或接触不良。

c. 测量“＋”接线柱与“F”接线柱之间正向阻值的方法：用万用表黑表笔搭接“＋”接线柱，红表笔搭接“F”接线柱。而后用万用表黑表笔搭接“F”接线柱，用红表笔搭接“＋”接线柱，以测量其反向阻值。若测量出的正向阻值较小，反向阻值很大时，说明发电机内部工作良好。若测量出的正、反向电阻值都很小时，说明二极管击穿或“＋”接线柱与“F”接线柱之间有短路之处。

d. 拆卸硅整流发电机，用观察法检查电枢绕组、定子绕组或硅二极管是否有明显的烧损或脱焊现象。若有，则应更换绕组或重新焊接脱焊处。

(2) 充电电流不稳　硅整流交流发电机充电电流不稳的故障一般是由于充电线路接触不良、发电机电刷与滑环接触不良或硅二极管的接点有脱焊现象所造成。其检查方法如下。

先检查发电机上部各接线柱是否牢固。若有松动或接触不良时，应紧固。当各接线柱紧固后，充电电流仍不稳定时，应拆下“F”接线柱上的接线，然后用万用表直流电压挡测量“＋”极与发电机壳体之间的空载电压。

若在测量过程中发现指针式万用表的指针来回摆动（数字式万用表的测量数据来回跳动），则可能是硅整流发电机电刷与滑环之间接触不良，在这种情况下，应首先检查电刷上部弹簧的压力、电刷架是否松动、电刷与滑环的接触面积或滑环是否过脏等。若在检查中未发现这部分存在故障隐患时，应拆卸硅整流发电机，对硅二极管的接点、转子绕组及定子绕组进行检查，直到排除故障为止。

(3) 充电电流过大　充电电流过大是指超过硅整流发电机的额定电流值。产生这种故障的原因一般是发电机“F”接线柱与“＋”接线柱间出现短路、“＋”接线柱搭铁、蓄电池严重亏电、电压调节器弹簧过紧、发电机内部出现短路等。遇到这类故障应迅速断开柴油机接地开关，以免损坏发电机和蓄电池。断开接地开关后，再依次检查“F”接线柱与“＋”接线柱间是否短路、“＋”接线柱是否搭铁、蓄电池是否严重亏电、电压调节器弹簧是否过紧、发电机内部是否出现短路的顺序进行检查，直到排除故障为止。

7.2.4 硅整流发电机调节器检修技能

7.2.4.1 调节器的维护保养

调节器在使用过程中，一般不允许拆卸护盖，正常情况是每工作500h左右，进行一次全面检查和维护。其内容如下。

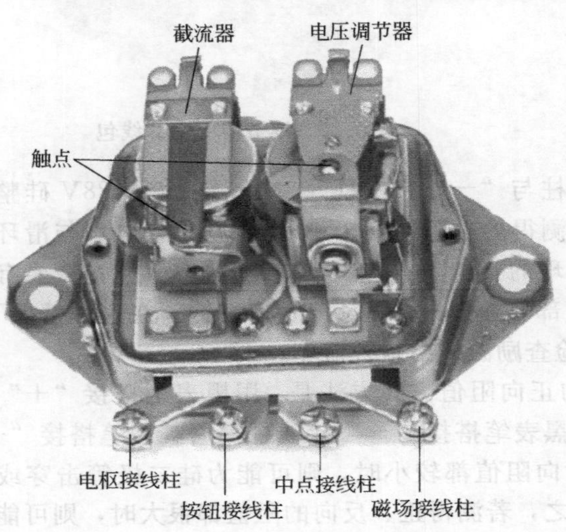

图7-26 FT221型硅整流发电机调节器实物及其相关零部件名称

① 拆下护壳，检查触点表面有无污物和烧损。若有污物，则可用较干净的纸擦拭触点表面。若触点出现烧蚀或平面不平而导致接触不良时，可用“00”号砂纸或砂条磨平，最后再用干净的纸擦净。

② 检查各接头的牢固程度；测量固定电阻和各线圈的阻值；若有损坏，应及时修复或更换新件

③ 检查各触点间隙和气隙（FT221型硅整流发电机调节器实物图和相关触点的间隙如图7-26和图7-27所示），若不符合要求，应进行调整。

④ 调节器经维护保养后，在启动柴油机时，要注意观察充电电流表指针的指示情况。若柴油机在中等转速以上运转时，电流表的指针仍指向“－”的一边，则说明截流器的触点未断开，应迅速断开接地开关；否则，会损坏蓄电池、调节器和充电发电机等。若柴油机启动至额定转速后，电流表的指针仍指向“0”处，则说明在调整时未严格按照技术要求进行调整，应重新进行检查与调整。

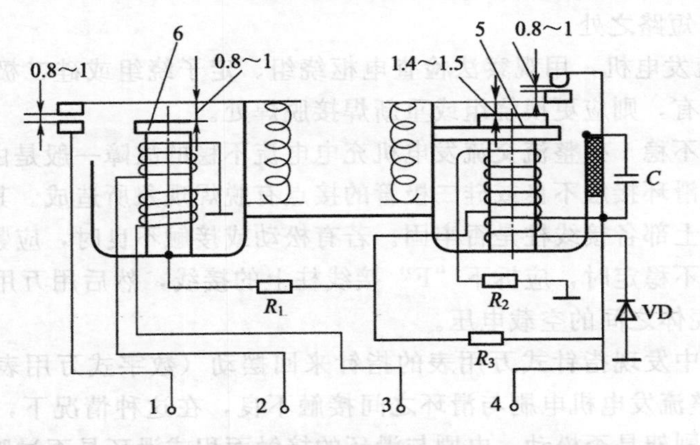

图7-27 FT121和FT221型硅整流发电机调节器内部结构

1—电枢接线柱；2—按钮接线柱；3—中点接线柱；4—磁场接线柱；5—电压调节器；6—截流器

7.2.4.2 调节器常见故障检修

调节器在使用过程中的常见故障有触点烧损、电阻烧断、线圈接头脱焊和线圈短路或断路等。

(1) 触点烧损的检修方法　触点烧损不严重时，可用细锉、白金砂条及“00”号砂纸修磨。使用锉刀修磨时，锉刀要压平，防止将触点锉斜。使用砂条或砂纸修磨时，要将其插入两触点结合面处，在动触点上稍加一点压力，然后抽出砂条或砂纸，这样重复抽出多次，触点就可磨平。磨平后的触点要用“00”号砂纸按上述方法进行拉磨，然后再用干净的纸片擦净即可。若触点烧损严重或有深坑时，应更换触点或直接更换调节器。

(2) 固定电阻和线圈损坏的检修方法　调节器背面的固定电阻（参见图7-24）开路或短路损坏后，在一般情况下，要更换同规格、同功率的新电阻；条件许可时，也可从旧调节器上拆卸。

线圈接头出现脱焊现象时，可用电烙铁重新焊牢。若线圈内部出现烧损时，则可按同规格、同直径的导线按拆卸的匝数进行绕制，也可从同型号的旧调节器上进行拆卸，然后用电烙铁把接头焊牢即可。

7.3 蓄电池

蓄电池是启动电动机运行的电力供应设备，柴油机启动时，要求蓄电池能在短时间内向启动电动机供给低压大电流（200～600A）。柴油机工作后，发电机可向用电设备供电，并同时向蓄电池充电。柴油机在低速或停车时，发电机输出电压不足或停止工作，蓄电池又可向柴油机的电气设备供给所需电流。

柴油机常用蓄电池的电压有6V、12V和24V三种。6V、12V蓄电池用于小型柴油机的启动及其照明设备的用电。多缸柴油机通常采用24V蓄电池，有的直接装24V蓄电池，有的用两只12V蓄电池串联起来使用。

普通铅蓄电池具有价格低廉、供电可靠和电压稳定等优点，因此，广泛应用于通信、交通和工农业生产等部门。但是普通铅蓄电池在使用过程中，需要经常添加电解液，而且还会产生腐蚀性气体，污染环境，损伤人体和设备。

阀控式铅蓄电池具有密封性好、无泄漏和无污染等特点，能够保证人体和各种电气设备的安全，在使用过程中不需添加电解液，其使用越来越普遍。

本节着重讲述普通铅蓄电池的构造与工作原理、蓄电池的电压与电容量、铅蓄电池的型号、阀控式密封铅蓄电池的结构以及蓄电池的日常维护与检查。

7.3.1 普通铅蓄电池的构造与工作原理

7.3.1.1 普通铅蓄电池的构造

普通铅蓄电池与其他蓄电池一样，主要由电极（正负极板）、电解液、隔板、电池槽和其他一些零件如端子、连接条及排气栓等组成，如图7-28所示。

(1) 电极　电极又称极板，极板有正极板和负极板之分，由活性物质和板栅两部分构成。正、负极的活性物质分别是棕褐色的二氧化铅（PbO_2）和灰色的海绵状铅（Pb）。极板依其结构可分为涂膏式、管式和化成式（又称化成式极板或普兰特式极板）。

极板在蓄电池中的作用有两个：一是发生电化学反应，实现化学能与电能之间的相互转换；二是传导电流。

板栅在极板中的作用也有两个：一是作活性物质的载体，因为活性物质呈粉末状，必须有板栅作载体才能成形；二是实现极板传导电流的作用，即依靠其栅格将电极上产生的电流传送到外电路，或将外加电源传入的电流传递给极板上的活性物质。为了有效地保持住活性物质，常常将板栅做成具有截面积大小不同的横、竖筋条的栅栏状，使活性物质固定在栅栏

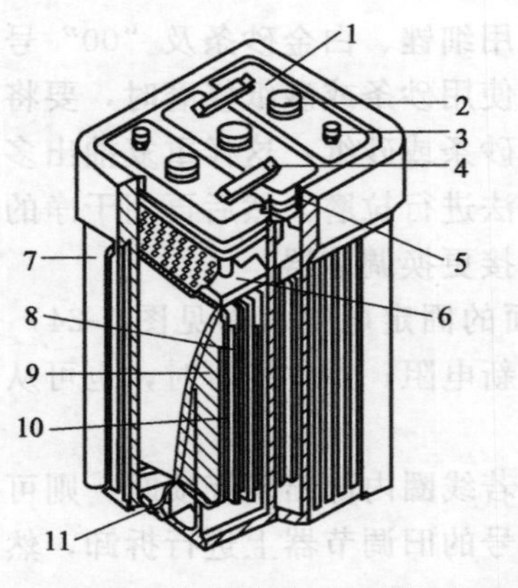

图 7-28　铅蓄电池的构造（外部连接方式）
1—电池盖；2—排气栓；3—极柱；4—连接条；5—封口胶；6—汇流排；7—电池槽；8—正极板；9—负极板；10—隔板；11—鞍子

中，并具有较大的接触面积，如图 7-29 所示。

常用的板栅材料有铅锑合金、铅锑砷合金、铅锑砷锡合金、铅钙合金、铅钙锡合金、铅锶合金、铅锑镉合金、铅锑砷铜锡硫（硒）合金和镀铅铜等。普通铅蓄电池采用铅锑系列合金作板栅，其电池的自放电比较严重；阀控式密封铅蓄电池采用无锑或低锑合金板栅，其目的是减少电池的自放电，以减少电池内水分的损失。

将若干片正或负极板在极耳部焊接成正或负极板组，以增大电池的容量，极板片数越多，电池容量越大。通常负极板组的极板片数比正极板组的要多一片。组装时，正、负极板交错排列，使每片正极板都夹在两片负极板之间，目的是使正极板两面都均匀地起电化学反应，产生相同的膨胀和收缩，减少极板弯曲的机会，以延长电池的寿命。如图 7-30所示。

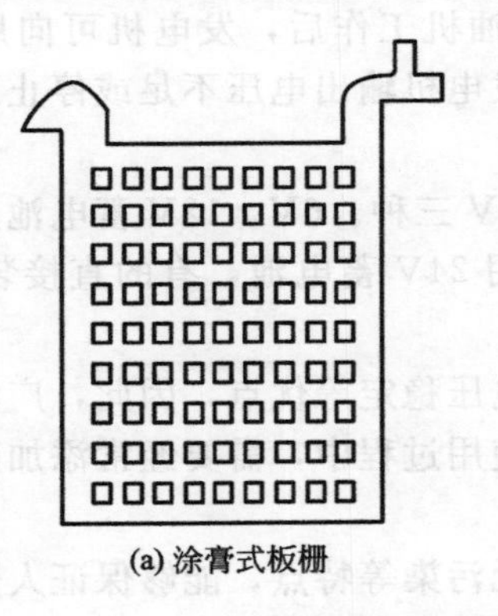

(a) 涂膏式板栅

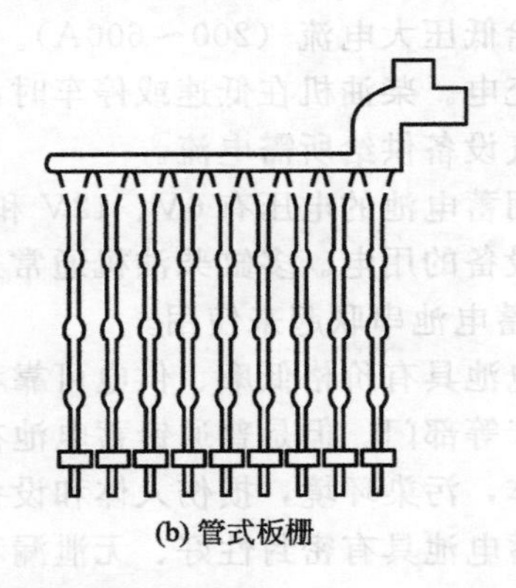

(b) 管式板栅

图 7-29　涂膏式与管式极板的板栅

(2) 电解液　电解液在电池中的作用有三个：一是与电极活性物质表面形成界面双电层，建立起相应的电极电位；二是参与电极上的电化学反应；三是起离子导电的作用。

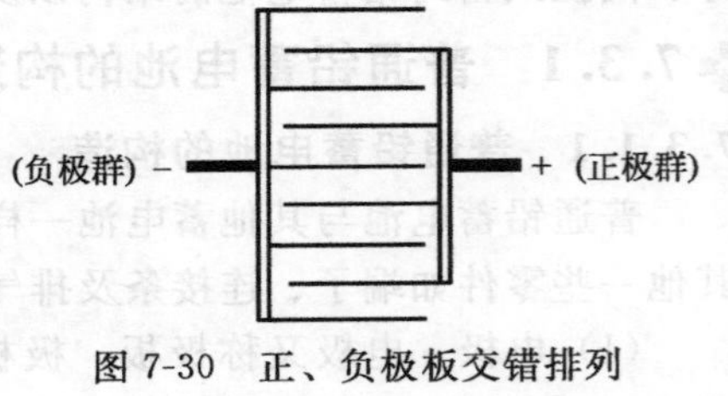

图 7-30　正、负极板交错排列

铅蓄电池的电解液是用纯度在化学纯以上的浓硫酸和纯水配制而成的稀硫酸溶液，其浓度用 15℃时的密度来表示。铅蓄电池的电解液密度范围的选择，不仅与电池的结构和用途有关，而且与硫酸溶液的凝固点、电阻率等性质有关。

① 硫酸溶液的特性　纯的浓硫酸是无色透明的油状液体，15℃时的密度是 1.8384kg/L，它能以任意比例溶于水中，与水混合时释放出大量的热，具有极强的吸水性和脱水性。铅蓄电池的电解液就是用纯的浓硫酸与纯水配制成的稀硫酸溶液。

a. 硫酸溶液的凝固点。硫酸溶液的凝固点随其浓度的不同而不同，如果将 15℃时密度各不相同的硫酸溶液冷却，可测得其凝固温度，并绘制成凝固点曲线如图 7-31 所示。由图可见，密度为 1.290kg/L（15℃）的稀硫酸具有最低的凝固点，约为−72℃。启动用铅蓄电池在充足电时的电解液密度为 1.28～1.30kg/L（15℃），可以保证电解液即使在野外严寒气候下使用也不凝固。但是，当蓄电池放完电后，其电解液密度可低于1.15kg/L（15℃），所以放完电的电池应避免在－10℃以下的低温中放置，并应立即对电池充电，以免电解液冻结。

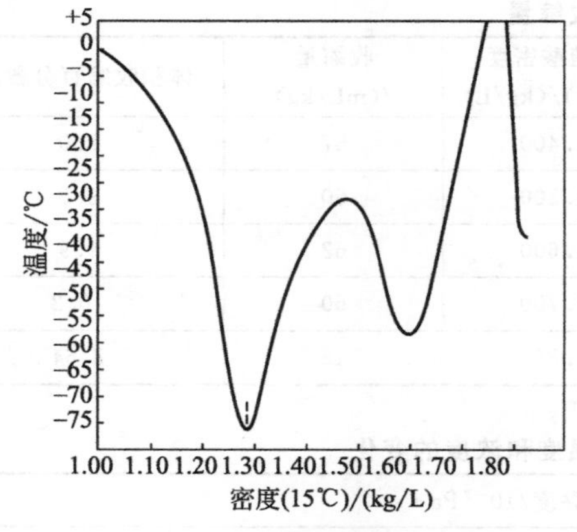

图 7-31 硫酸溶液的凝固特性

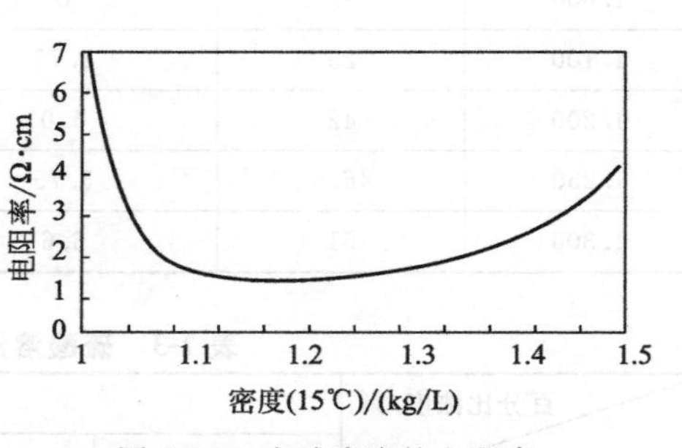

图 7-32 硫酸溶液的电阻率

b. 硫酸溶液的电阻率。作为铅蓄电池的电解液，应具有良好的导电性能，使蓄电池的内阻较小。硫酸溶液的导电特性，可用电阻率来衡量，而其电阻率的大小，随温度和密度的不同而有所不同，如表7-1和图7-32所示。由图可见，当硫酸溶液的密度在1.15～1.30kg/L（15℃）之间时，电阻较小，其导电性能良好，所以，铅蓄电池都采用此密度范围内的电解液。当其密度为1.20kg/L（15℃）时，电阻率最小。由于固定用防酸隔爆式铅蓄电池的电解液量较多，为了减小电池的内阻，可采用密度接近于1.20kg/L的电解液，所以选用密度为1.20～1.22kg/L（15℃）的电解液。

表 7-1 各种密度的硫酸溶液的电阻率

密度（15℃）/(kg/L)	电阻率/(Ω·cm)	温度系数/(Ω·cm/℃)	密度（15℃）/(kg/L)	电阻率/(Ω·cm)	温度系数/(Ω·cm/℃)
1.10	1.90	0.0136	1.50	2.64	0.021
1.15	1.50	0.0146	1.55	3.30	0.023
1.20	1.36	0.0158	1.60	4.24	0.025
1.25	1.38	0.0168	1.65	5.58	0.027
1.30	1.46	0.0177	1.70	7.64	0.030
1.35	1.61	0.0186	1.75	9.78	0.036
1.40	1.85	0.0194	1.80	9.96	0.065
1.45	2.18	0.0202			

c. 硫酸溶液的收缩性。浓硫酸与水配制成稀硫酸时，配成的稀硫酸的体积比原浓硫酸和水的体积之和要小。这是由于硫酸分子和水分子的体积相差很大的缘故引起的。其收缩量随配制的稀硫酸的密度大小而异，当稀硫酸的密度小于1.600kg/L（15℃）时，收缩量随密度的增加而增加；当稀硫酸的密度高于1.600kg/L（15℃）时，收缩量随密度的增加反而减小。如表7-2所示。

d. 硫酸溶液的黏度。硫酸溶液的黏度与温度和浓度有关，温度越低、浓度越高，则其黏度越大。浓度较高的硫酸溶液，虽然可以提供较多的离子，但由于黏度的增加，反而影响离子的扩散，所以铅蓄电池的电解液浓度并非越高越好，过高反而降低电池容量。同样，温度太低，电解液的黏度太大，影响电解液向活性物质微孔内扩散，使放电容量降低。硫酸溶液在各种温度下的黏度如表 7-3 所示。

表 7-2　硫酸的收缩量

稀硫酸密度 (15℃)/(kg/L)	收缩量 /(mL/kg)	体积收缩百分数/%	稀硫酸密度 (15℃)/(kg/L)	收缩量 /(mL/kg)	体积收缩百分数/%
1.000	0	0	1.400	57	8.0
1.100	25	2.75	1.500	60	9.0
1.200	42	5.0	1.600	62	9.9
1.250	46.5	5.75	1.700	60	10.2
1.300	51	6.6	1.800	48	8.64

表 7-3　硫酸溶液的黏度随温度和浓度的变化

百分比浓度/% \ 温度/℃	黏度/10^{-3}Pa·s				
	10%	20%	30%	40%	50%
30	0.976	1.225	1.596	2.16	3.07
25	1.091	1.371	1.784	2.41	3.40
20	1.228	1.545	2.006	2.70	3.79
10	1.595	2.010	2.600	3.48	4.86
0	2.160	2.710	3.520	4.70	6.52
−10	—	3.820	4.950	6.60	9.15
−20	—	—	7.490	9.89	13.60
−30	—	—	12.20	16.00	21.70
−40	—			28.80	
−50	—			59.50	

② 电解液的纯度与浓度

a. 电解液的纯度。普通铅蓄电池在启用时，都必须由使用者配制合适浓度（用密度表示）的电解液。阀控式密封铅蓄电池的电解液在生产过程中已经加入电池当中，使用者购回电池后可直接将其投入使用，而不必灌注电解液和初次充电。

普通铅蓄电池用的硫酸电解液，必须使用规定纯度的浓硫酸和纯水来配制。因为使用含有杂质的电解液，不但会引起自放电，而且会引起极板腐蚀，使电池的放电容量下降，并缩短其使用寿命。

化学试剂的纯度按其所含杂质量的多少，分为工业纯、化学纯、分析纯和光谱纯等。工业纯的硫酸杂质含量较高，从外观看呈现一定的颜色，不能用于配制铅蓄电池的电解液。用于配制铅蓄电池电解液的浓硫酸的纯度，至少应达到化学纯。分析纯和光谱纯的浓硫酸的纯度更高，但其价格也相应增加。

配制电解液用的水必须用蒸馏水或纯水。在实际工作中常用其电阻率来表示纯度，铅蓄电池用水的电阻率要求大于 100kΩ·cm。

b. 电解液的浓度。铅蓄电池电解液的通常用 15℃时的密度来表示。对于不同用途的蓄电池，电解液的密度也各不相同。对于防酸隔爆式铅蓄电池来说，其体积和重量无严格限制，可以容纳较多的电解液，使放电时密度变化较小，因此可以采用较稀而且电阻率最低的电解液。对于柴油发电机组和汽车等启动用蓄电池来说，体积和重量都有限制，必须采用较浓的电解液，以防止放电结束时电解液密度过低使低温时电解液发生凝固。对于阀控式密封铅蓄电池来说，由于采用贫液式结构，必须采用较高浓度的电解液。不同用途的铅蓄电池所用电解液的密度（充足电后应达到的密度）范围列于表7-4中。

表7-4 铅蓄电池电解液密度

铅蓄电池用途		电解液密度(15℃)/(kg/L)	铅蓄电池用途	电解液密度(15℃)/(kg/L)
固定用	防酸隔爆式	1.200～1.220	蓄电池车用	1.230～1.280
	阀控密封式	1.290～1.300		
启动用(寒带)		1.280～1.300	航空用	1.275～1.285
启动用(热带)		1.220～1.240	携带用	1.235～1.245

（3）隔板（膜） 隔板（膜）的作用是防止正、负极因直接接触而短路，同时要允许电解液中的离子顺利通过。组装时将隔板（膜）置于正负极板之间。

用作隔板（膜）的材料必须满足以下要求。

① 化学性能稳定 隔板（膜）材料必须有良好的耐酸性和抗氧化性，因为隔板（膜）始终浸泡在具有相当浓度的硫酸溶液中，与正极相接触的一侧，还要受到正极活性物质以及充电时产生的氧气的氧化。

② 具有一定的机械强度 极板活性物质因电化学反应会在铅和二氧化铅与硫酸铅之间发生变化，而硫酸铅的体积大于铅和二氧化铅，所以在充、放电过程中极板的体积有所变化，若维护不好，极板会发生变形。由于隔板（膜）处于正、负极板之间，而且与极板紧密接触，所以必须有一定的机械强度才不会因为破损而导致电池短路。

③ 不含有对极板和电解液有害的杂质 隔板（膜）中有害的杂质可能会引起电池的自放电，提高隔板（膜）的质量是减少电池自放电的重要环节之一。

④ 微孔多而均匀 隔板（膜）的微孔主要是保证硫酸电离出的H^+和SO_4^{2-}能顺利地通过隔板（膜），并到达正、负极与极板上的活性物质起电化学反应。隔板（膜）的微孔大小应能阻止脱落的活性物质通过，以免引起电池短路。

⑤ 电阻小 隔板（膜）的电阻是构成电池内阻的一部分，为了减小电池的内阻，隔板（膜）的电阻必须要小。

具有以上性能的材料就可以用于制作隔板（膜）。早期采用的木隔板具有多孔性和成本低的优点，但其机械强度低且耐酸性差，现已被淘汰；20世纪70年代至90年代初期，主要采用微孔橡胶隔板；之后相继出现了PP（聚丙烯）隔板、PE（聚乙烯）隔板和超细玻璃纤维隔膜及其他们的复合隔膜。

（4）电池槽及盖 电池槽的作用是用来盛装电解液、极板、隔板（膜）和附件等。

用于电池槽的材料必须具有耐腐蚀、耐振动和耐高低温等性能。用作电池槽的材料有多种，根据材料的不同可分为玻璃槽、衬铅木槽、硬橡胶槽和塑料槽等。早期的启动用铅蓄电池主要用硬橡胶槽，中小容量的固定用铅蓄电池多用玻璃槽，大容量的则用衬铅木槽。20世纪60年代以后，塑料工业发展迅速，启动用电池的电池槽逐渐用PP（聚丙烯）、PE（聚乙烯）、PPE（聚丙烯和聚乙烯共聚物）代替，固定用电池则用改性聚苯乙烯（AS）代替。阀控式密封铅蓄电池的电池槽材料采用的是强度大而不易发生变形的合成树脂材料，以前曾用过SAN，目前主要采用ABS、PP和PVC等材料。

电池槽的结构也根据电池的用途和特性而有所不同。比如普通铅蓄电池的电池槽结构有只装一只电池的单一槽和装多只电池的复合槽两种，前者用于单体电池（如固定用防酸隔爆式铅蓄电池），后者用于串联电池组（如启动用铅蓄电池）。

电池盖上有正负极柱、排气装置、注液孔等。如启动用铅蓄电池的排气装置就设置在注液孔盖上；防酸隔爆式铅蓄电池的排气装置为防酸隔爆帽；阀控式密封铅蓄电池的排气装置是一单向排气阀。

（5）附件

① 支撑物　普通铅蓄电池内的铅弹簧或塑料弹簧等支撑物，起着防止极板在使用过程中发生弯曲变形的作用。

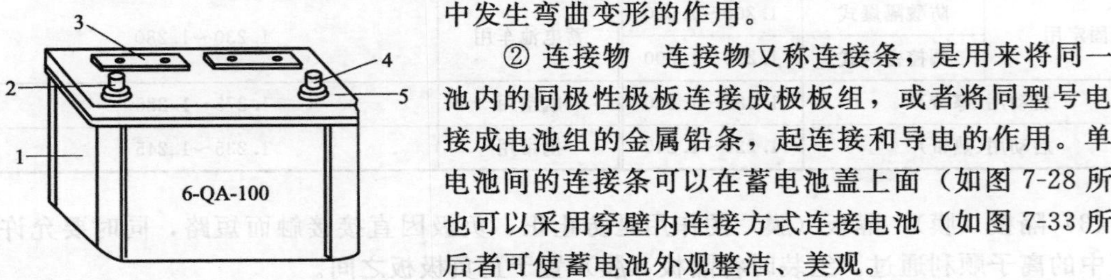

图 7-33　铅蓄电池结构
（穿壁内连接方式）
1—电池槽；2—负极柱；3—防酸片；4—正极柱；5—电池盖

② 连接物　连接物又称连接条，是用来将同一蓄电池内的同极性极板连接成极板组，或者将同型号电池连接成电池组的金属铅条，起连接和导电的作用。单体蓄电池间的连接条可以在蓄电池盖上面（如图 7-28 所示），也可以采用穿壁内连接方式连接电池（如图 7-33 所示），后者可使蓄电池外观整洁、美观。

③ 绝缘物　在安装固定用铅蓄电池组的时候，为了防止电池漏电，在蓄电池和木架之间，以及木架和地面之间要放置绝缘物，一般为玻璃或瓷质（表面上釉）的绝缘垫脚。为使电池平稳，还需加软橡胶垫圈。这些绝缘物应经常清洗，保持清洁，不让酸液及灰尘附着，以免引起蓄电池漏电。

7.3.1.2 普通铅蓄电池的工作原理

经长期的实践证明，“双极硫酸盐化理论”是最能说明铅蓄电池工作原理的学说。该理论可以描述为：铅蓄电池在放电时，正、负极的活性物质均变成硫酸铅（$PbSO_4$），充电后又恢复到原来的状态，即正极转变成二氧化铅（PbO_2），负极转变成海绵状铅（Pb）。

（1）放电过程　当铅蓄电池接上负载时，外电路便有电流通过。图 7-34 表明了放电过程中两极发生的电化学反应。有关的电化学反应为：

① 负极反应　$Pb - 2e + SO_4^{2-} \longrightarrow PbSO_4$

② 正极反应　$PbO_2 + 2e + 4H^+ + SO_4^{2-} \longrightarrow PbSO_4 + 2H_2O$

③ 电池反应　$Pb + 4H^+ + 2SO_4^{2-} + PbO_2 \longrightarrow 2PbSO_4 + 2H_2O$

或　$\underset{负极}{Pb} + \underset{电解液}{2H_2SO_4} + \underset{正极}{PbO_2} \longrightarrow \underset{负极}{PbSO_4} + \underset{电解液}{2H_2O} + \underset{正极}{PbSO_4}$

从上述电池反应可以看出，铅蓄电池在放电过程中两极都生成了硫酸铅，随着放电的不断进行，硫酸逐渐被消耗，同时生成水，使电解液的浓度（密度）降低。因此，电解液密度的高低反映了铅蓄电池放电的程度。对富液式铅蓄电池来说，密度可以作为电池放电终了的标志之一。通常，当电解液密度下降到 1.15～1.17kg/L 左右时，应停止放电，否则蓄电池会因过量放电而遭到损坏。

（2）充电过程　当铅蓄电池接上充电器时，外电路便有充电电流通过。图 7-35 表明了充电过程中两极发生的电化学反应。有关的电极反应为：

① 负极反应

$$PbSO_4 + 2e \longrightarrow Pb + SO_4^{2-}$$

② 正极反应

$$PbSO_4 - 2e + 2H_2O \longrightarrow PbO_2 + 4H^+ + SO_4^{2-}$$

③ 电池反应

$$2PbSO_4+2H_2O \longrightarrow Pb+4H^++2SO_4^{2-}+PbO_2$$

或 $PbSO_4+2H_2O+PbSO_4 \longrightarrow Pb+2H_2SO_4+PbO_2$

负极　电解液　正极　负极　电解液　正极

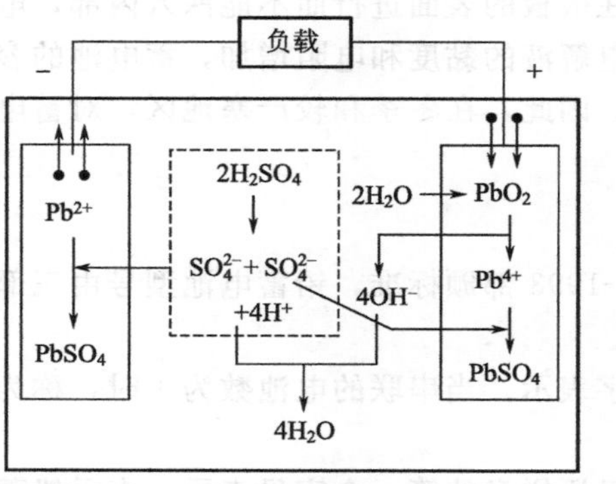

图 7-34　放电过程中的电化学反应示意图

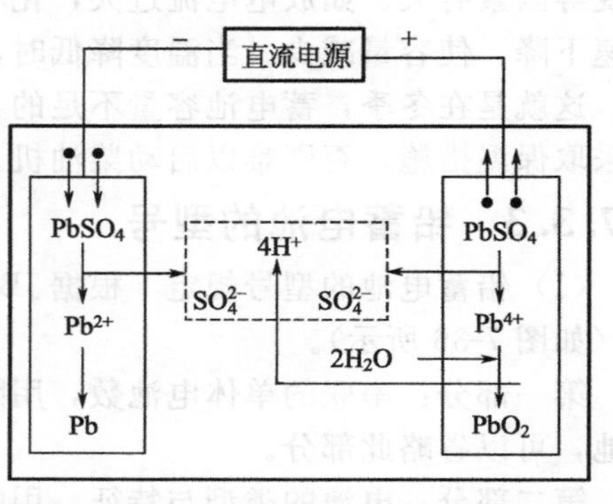

图 7-35　充电过程中的电化学反应示意图

从电极反应和电池反应可以看出，铅蓄电池的充电反应恰好是其放电反应的逆反应，即充电后极板上的活性物质和电解液的密度都恢复到原来的状态。所以，在充电过程中，电解液的密度会逐渐升高。对富液式铅蓄电池来说，可以通过电解液密度的大小来判断电池的荷电程度，也可以用其密度值作为充电终了的标志，例如启动用铅蓄电池充电终了的密度 $d_{15}=1.28\sim1.30$，固定用防酸隔爆式铅蓄电池充电终了的密度 $d_{15}=1.20\sim1.22$。

④ 充电后期分解水的反应　铅蓄电池在充电过程中还伴随有电解水反应，其化学反应式如下：

负　极　　$2H^++2e = H_2\uparrow$

正　极　　$H_2O-2e = 2H^++1/2O_2\uparrow$

总反应　　$H_2O = H_2\uparrow+1/2O_2\uparrow$

这种反应在铅蓄电池充电初期是很微弱的，但当单体电池的端电压达到 2.3V/只时，水的电解开始逐渐成为主要反应。这是因为端电压达 2.3V/只时，正、负极板上的活性物质已大部分恢复，硫酸铅的量逐渐减少，使充电电流用于活性物质恢复的部分越来越少，而用于电解水的部分越来越多。对于富液式铅蓄电池来说，此时可观察到有大量气泡逸出，并且冒气越来越激烈，因此可用充电末期电池冒气的程度作为充电终了的标志之一。但对于阀控式密封铅蓄电池来说，因其是密封结构，充电后期为恒压充电（恒定电压在 2.3V/只左右），充电电流很小，而且正极析出的氧气能在负极被吸收，所以不能观察到冒气现象。

7.3.2　蓄电池的电压和电容量

（1）电压　蓄电池每单格的名义电压通常为 2V，而实际电压随充电和放电情况而定。随着放电过程的进行，电压将缓慢下降。当电压降到 1.7V 时，不应再继续放电，否则电压将急剧下降，影响蓄电池的使用寿命。

（2）容量　蓄电池的容量表示其输出电量的能力，单位为 A·h。蓄电池额定容量是指电解液温度为 30℃±2℃时，在允许放电范围内，以一定值的电流连续放电 10h，单格电压降到 1.7V 时所输出的电量。以 Q 表示容量（单位为 A·h），I 表示放电电流值，T 表示放电时间，则

$$Q=IT$$

如 3-Q-126 型蓄电池的额定电容量为 126A·h，它在电解液平均温度为 30℃时，可以 12.6A 的电流供电，能连续放电 10h。

在实际使用中，蓄电池的容量不是一个定值。影响放电容量的因素很多，除了蓄电池的结构、极板的数量和面积、隔板的材料等外，还与放电、充电电流的大小、电解液的浓度和温度等因素有关。如放电电流过大，化学反应只在极板的表面进行而不能深入内部，电压便迅速下降，使容量减少。当温度降低时，会导致电解液的黏度和电阻增加，蓄电池的容量减少。这就是在冬季，蓄电池容量不足的重要原因。因此，在冬季和较严寒地区，对蓄电池必须采取保温措施，否则难以启动柴油机。

7.3.3 铅蓄电池的型号

（1）铅蓄电池的型号规定　根据 JB/T 2599—1993 部颁标准，铅蓄电池型号由三部分组成（如图 7-36 所示）。

第一部分：串联的单体电池数，用阿拉伯数字表示。当串联的电池数为 1 时，称为单体电池，可以省略此部分。

第二部分：电池的类型与特征，用关键字的汉语拼音的第一个字母表示。表示铅蓄电池类型与特征的关键字及其含义如表 7-5 所示。

表 7-5　铅蓄电池类型与特征的关键字及其含义

类型			特征		
关键字	字母	含义	关键字	字母	含义
起	Q	启动用	干	A	干荷电式
固	G	固定用	防	F	防酸式
电	D	电池车用	阀、密	FM	阀控密闭式
内	N	内燃机车用	无	W	无需维护
铁	T	铁路客车用	胶	J	胶体电液
摩	M	摩托车用	带	D	带液式
矿、酸	KS	矿灯酸性	激	J	激活式
舰船	JC	舰船用	气	Q	气密式
标	B	航标灯用	湿	H	湿荷电式
坦克	TK	坦克用	半	B	半密闭式
闪	S	闪光灯用	液	Y	液密式

表 7-5 中电池的类型是按产品的用途进行分类的，这是电池型号中必须加以表示的部分。而电池的特征是型号的附加部分，只有当同类型用途的电池产品中具有某种特征而型号又必须加以区别时采用。这是因为同一用途的蓄电池可以采用不同结构的极板，或者出厂时电池极板的荷电状态不同，或者电池的密封方式不同等，所以有必要加以区别。

第三部分：电池的额定容量。

串联的单体电池数 → 电池的类型与特征 → 额定容量

图 7-36　铅蓄电池型号的组成部分

（2）铅蓄电池的型号举例

① GF-100：表示固定用防酸隔爆式铅蓄电池，额定容量为 100A·h。

② 6-Q-150：表示6只单体电池串联（12V）的启动用铅蓄电池组，额定容量为150A·h。

③ 3-QA-120：表示3只单体电池串联（6V）的启动用干荷电式铅蓄电池组，额定容量为120A·h。

④ GM-1000：表示固定用阀控式密封铅蓄电池，额定容量为1000A·h。

⑤ 2-N-360：表示2只单体电池串联（4V）的内燃机车用铅蓄电池组，额定容量为360A·h。

⑥ T-450：表示铁路客车用铅蓄电池，额定容量为450A·h。

⑦ D-360：表示电瓶车用（牵引用）铅蓄电池，额定容量为360A·h。

⑧ 3-M-120：表示3只单体电池串联（6V）的摩托车用铅蓄电池组，额定容量为120A·h。

7.3.4 阀控式密封铅蓄电池的结构

阀控式密封铅蓄电池与其他蓄电池一样，其主要部件有正负极板、电解液、隔板、电池槽和其他一些零件，如端子、连接条及排气栓等。由于这类电池要达到密封的要求，即充电过程中不能有大量的气体产生，只允许有极少量的内部消耗不完的气体排出，所以其结构与一般的（富液式或排气式）的铅蓄电池的结构有很大的不同，如表7-6所示。

表7-6 阀控式密封铅蓄电池与普通富液式铅蓄电池的结构比较

电池种类 / 组成部分	富液式铅蓄电池	阀控式密封铅蓄电池
电极	铅锑合金板栅	无锑或低锑合金板栅
电解液	富液式	贫液式或胶体式
隔膜	微孔橡胶、PP、PE	超细玻璃纤维隔膜
容器	无机或有机玻璃、塑料、硬橡胶等	SAN、ABS、PP和PVC
排气栓	排气式或防酸隔爆帽	安全阀

7.3.4.1 电极

阀控式密封铅蓄电池采用无锑或低锑合金作板栅，其目的是减少电池的自放电，以减少电池内水分的损失。常用的板栅材料有铅钙合金、铅钙锡合金、铅锶合金、铅锑镉合金、铅锑砷铜锡硫（硒）合金和镀铅铜等，这些板栅材料中不含或只含极少量的锑，使阀控式密封铅蓄电池的自放电远低于普通铅蓄电池。

7.3.4.2 电解液

在阀控式密封铅蓄电池中，电解液处于不流动的状态，即电解液全部被极板上的活性物质和隔膜所吸附，其电解液的饱和程度为60%～90%。低于60%的饱和度，说明阀控式密封铅蓄电池失水严重，极板上的活性物质不能与电解液充分接触；高于90%的饱和度，则电池正极氧气的扩散通道被电解液堵塞，不利于氧气向负极扩散。

由于阀控式密封铅蓄电池是贫电解液结构，因此其电解液密度比普通铅蓄电池的密度要高，其浓度范围是1.29～1.30kg/L，而普通蓄电池的密度范围在1.20～1.30kg/L之间。

7.3.4.3 隔膜

阀控式密封铅蓄电池的隔膜除了满足作为隔膜材料的一般要求外，还必须有很强的储液能力才能使电解液处于不流动的状态。目前采用的超细玻璃纤维隔膜具有储液能力强和孔隙率高（>90%）的优点。它一方面能储存大量的电解液，另一方面有利于透过氧气。这种隔膜中存在着两种结构的孔，一种是平行于隔膜平面的小孔，能吸储电解液；另一种是垂直于隔膜平面的大孔，是氧气对流的通道。

7.3.4.4 电池槽

（1）电池槽的材料　对于阀控式密封铅蓄电池来说，电池槽的材料除了具有耐腐蚀、耐振动和耐高低温等性能以外，还必须具有强度高和不易变形的特点，并采用特殊的结构。这是因为电池的贫电解液结构要求用紧装配方式来组装电池，以利于极板和电解液的充分接触，而紧装配方式会给电池槽带来较大的压力，所以电池的容量越大，电池槽承受的压力也就越大；此外电池的密封结构所带来的内压力在使用过程中会发生较大的变化，使电池处于加压或减压状态。

阀控式密封铅蓄电池的电池槽材料采用的是强度大而不易发生变形的合成树脂材料，以前曾用过 SAN，目前主要采用 ABS、PP 和 PVC 等材料。

SAN：由聚苯乙烯-丙烯腈聚合而成的树脂。这种材料的缺点是水保持和氧气保持性能都很差，即电池的水蒸气泄漏和氧气渗漏都很严重。

ABS：丙烯腈、丁乙烯、苯乙烯的共聚物。具有硬度大、热变形温度高和电阻率大等优点。但水蒸气泄漏严重，仅稍好于 SAN 材料，而且氧气渗漏比 SAN 还严重。

PP：聚丙烯。它是塑料中耐温最高的一种，温度高达 150℃也不变形，低温脆化温度为 $-10 \sim -25$℃。其熔点为 164～170℃，击穿电压高，介电常数高达 2.6×10^{6}V/m，水蒸气的保持性能优于 SAN、ABS 及 PVC 材料。但氧气保持能力最差、硬度小。

PVC：聚氯乙烯烧结物。优点是绝缘性能好、硬度大于 PP 材料，吸水性比较小，氧气保持能力优于上述三种材料及水保持能力较好（仅次于 PP 材料）等。但其硬度较差，热变形温度较低。

（2）电池槽的结构　对于阀控式密封铅蓄电池来说，由于其紧装配方式和内压力的原因，电池槽采用加厚的槽壁，并在短侧面上安装加强筋，以此来对抗极板面上的压力。此外电池内壁安装的筋条还可形成氧气在极群外部的绕行通道，提高氧气扩散到负极的能力，起到改善电池内部氧循环性能的作用。

固定用阀控式密封铅蓄电池有单一槽和复合槽两种结构。小容量电池采用的是单一槽结构，而大容量电池则采用复合槽结构（如图 7-37 所示），如容量为 1000A·h 的电池分成两格［如图 7-37(a) 所示］，容量为 2000～3000A·h 的电池分为四格［如图 7-37(b) 所示］。因大容量电池的电池槽壁需加厚才能承受紧装配方式和内压力所带来的压力，但槽壁太厚不利于电池散热，所以需采用多格的复合槽结构。大容量电池有高型和矮型之分，但由于矮型结构的电解液分层现象不明显，且具有优良的氧复合性能，所以采用等宽等深的矮型槽。若单体电池采用复合槽结构，则其串联组合方式如图 7-38 所示。

7.3.4.5 安全阀

阀控式密封铅蓄电池的安全阀又称节流阀，其作用有两个：一是当电池中积聚的气体压力达到安全阀的开启压力时，阀门打开以排出电池内的多余气体，减小电池内压；二是单向排气，即不允许空气中的气体进入电池内部，以免引起电池的自放电。

安全阀主要有帽式、伞式和柱式三种结构形式，如图 7-39 所示。安全阀帽罩的材料采用的是耐酸、耐臭氧的橡胶，如丁苯橡胶、异乙烯乙二烯共聚物和氯丁橡胶等。这三种安全阀的可靠性是：柱式大于伞式和帽式，而伞式大于帽式。

安全阀开闭动作是在规定的压力条件下进行的，该规定的安全阀开启和关闭的压力分别称为开阀压和闭阀压。开阀压的大小必须适中，开阀压太高易使电池内部积聚的气体压力过大，而过高的内压力会导致电池外壳膨胀或破裂，影响电池的安全运行；若开阀压太低，安全阀开启频繁，使电池内水分损失严重，并因失水而失效。闭阀压的作用是让安全阀及时关闭，以防止空气中的氧气进入电池，引起电池负极的自放电。生产厂家不同，阀控式密封铅蓄电池的开阀压与闭阀压也不同，各生产厂家在产品出厂时已设定。

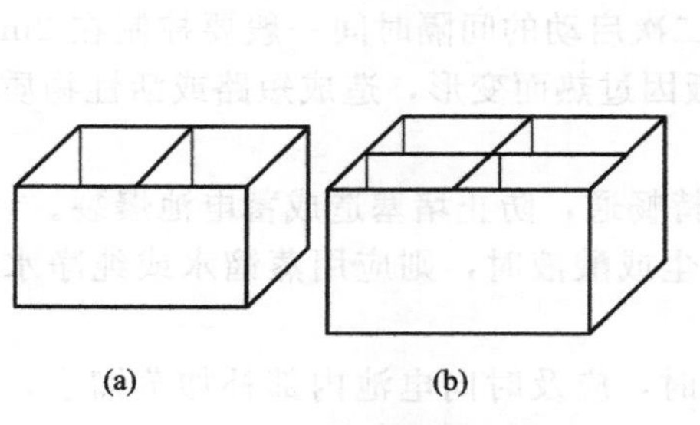

图 7-37 复合电池槽示意图

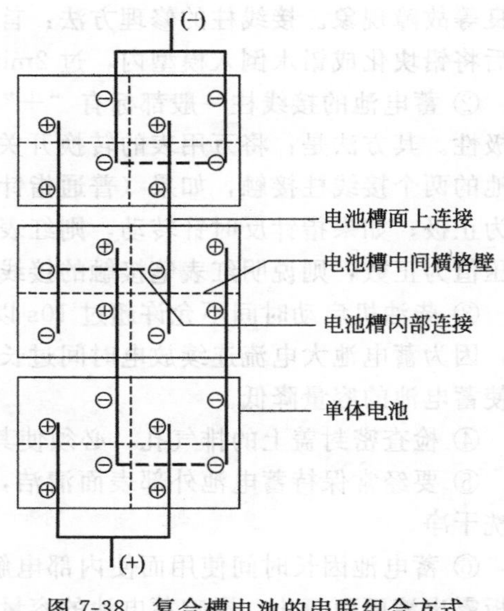

图 7-38 复合槽电池的串联组合方式

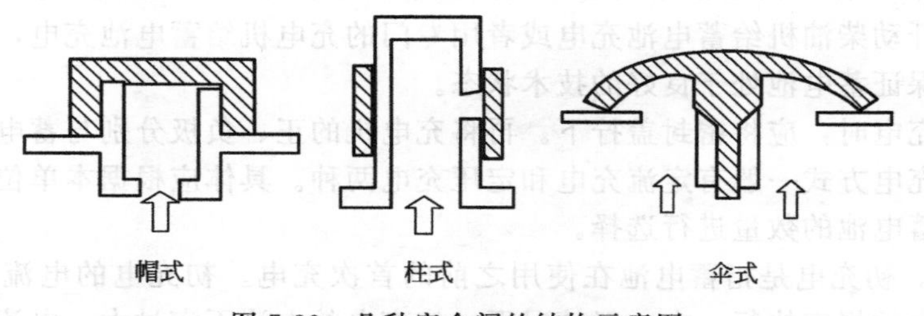

图 7-39 几种安全阀的结构示意图

7.3.4.6 紧装配方式

阀控式密封铅蓄电池的电解液处于贫液状态，即大部分电解液被吸附在超细玻璃纤维隔膜中，其余的被极板所吸收。为了保证氧气能顺利扩散到负极，要求隔膜和极板活性物质不能被电解液所饱和，否则会阻碍氧气经过隔膜的通道，影响氧气在负极上的还原。为了使电化学反应能正常进行，必须使极板上的活性物质与电解液充分接触，而贫电解液结构的电池只有采取紧装配的组装方式，才能达到此目的。

采用紧装配的组装方式有三个优点：一是使隔膜与极板紧密接触，有利于活性物质与电解液的充分接触；二是保持住极板上的活性物质，特别是减少正极活性物质的脱落；三是防止正极在充电后期析出的氧气沿着极板表面上窜到电池顶部，使氧气充分地扩散到负极被吸收，以减少水分的损失。

小容量阀控式密封铅蓄电池通常制成电池组，为内连接方式，安全阀上面有一盖子通过几个点与电池壳相连，留下的缝隙为气体逸出通道。所以在阀控式密封铅蓄电池盖上没有连接条和安全阀，只有正、负极柱。

7.3.5 蓄电池的日常维护与检查

7.3.5.1 蓄电池的维护

① 蓄电池在使用时，应安装牢固，接线卡子与蓄电池接线柱要接触良好。为避免接线柱发生氧化现象，接线卡子与蓄电池接线柱紧固后，一般要在其外表涂一薄层黄油。

蓄电池接线柱经过长期的磨损、烧损后，会使接线柱变细变小，导致卡子与接线柱接触不良等故障现象。接线柱的修理方法：首先做一个与接线柱大小相当的模型放在接线柱上，然后将铅块化成铅水倒入模型内，过 2min 后取下模型即可。

② 蓄电池的接线柱一般都标有“+”或“−”，若没有标记时，可用万用表测量蓄电池的极性。其方法是：将万用表的转换开关拨到直流电压 50V 挡，然后用两根表笔分别与蓄电池的两个接线柱接触，如果（普通指针式万用表）指针顺时针转动，则红表笔接触的接线柱为正极；如果指针反时针转动，则红表笔接触的接线柱为负极。若用数字式万用表测量的电压值为正数，则说明红表笔接触的接线柱为正极，黑表笔接触的接线柱为负极。

③ 柴油机启动时间不允许超过 10s 以上，第二次启动的间隔时间一般要控制在 2min 以上，因为蓄电池大电流连续放电时间过长会使极板因过热而变形，造成短路或活性物质脱落而使蓄电池的容量降低。

④ 检查密封盖上的排气孔，必须使其随时保持畅通，防止堵塞造成蓄电池爆裂。

⑤ 要经常保持蓄电池外部表面清洁，若有灰尘或酸液时，则应用蒸馏水或纯净水及时擦洗干净。

⑥ 蓄电池因长时间使用而使内部电解液缺少时，应及时向电池内部补加蒸馏水，防止极板露出液面而氧化，影响蓄电池的容量，切勿补加电解液或硫酸。

⑦ 柴油机在工作中由硅整流发电机及其调节器给蓄电池充电，但当柴油机长时间不工作时，应定期开动柴油机给蓄电池充电或者用专门的充电机给蓄电池充电，应对新蓄电池进行初充电，以保证蓄电池处于良好的技术状态。

蓄电池在充电时，应将密封盖拧下。再将充电机的正、负极分别与蓄电池的正、负极相接。蓄电池的充电方式一般有定流充电和定压充电两种。具体应根据本单位使用充电机的技术性能和充电蓄电池的数量进行选择。

a. 初充电。初充电是指蓄电池在使用之前的首次充电。初充电的电流和时间应严格按制造厂说明书中的规定执行。在一般情况下，初充电的电流不宜过大。电流过大，会使电解液的温度上升过高，损害极板与隔板，并影响活性物质的形成过程。当环境温度过高时，充电电流应适当减小。

b. 普通充电。普通充电是指蓄电池使用后的再次充电。在充电前应全面检查单格蓄电池的电压和电解液密度，液面低于规定标准时，应及时添加蒸馏水后再进行充电。

普通充电的电流要分两个阶段进行：第一阶段的充电电流应为蓄电池容量的 1/10，历时 10～12h，当电解液冒出大量气泡，并且充到单格电池的电压为 2.3～2.4V 时，再按第二阶段的充电电流继续充电。第二阶段的充电电流应为第一阶段充电电流的 1/2，历时 4～6h，当各个单格电池的电压达到 2.6～2.7V，并且在 2h 内电解液的密度和电压不再变化，并有大量的气泡冒出时，说明蓄电池已充足电。

7.3.5.2 蓄电池的检查

（1）电解液高度的检查　要定期检查蓄电池内部电解液的高度。其检查方法是，用清洁竹片或木棍插入单格电池内并与多孔极板接触，然后取出竹片或木棍，观察电解液的高度。在正常情况下，电解液的液面高度应高出极板 10～15mm。

（2）电解液密度的检查　电解液密度的检查方法：首先将密度计橡胶管插入蓄电池中，然后用手压缩橡胶球，放松后，电解液被吸入玻璃管中，密度计刚刚浮起而上端又不被顶住即可，此时，密度计上与液面对齐的刻度所指示的数据就是电解液的密度。

（3）蓄电池端电压的检查　检查蓄电池整体性能状态，一般用高率放电计来测量蓄电池在大电流放电状态下的端电压。检查时，将带有红色胶皮的触针紧压在蓄电池的正极接线柱上，另一端的触针紧压在负极接线柱上。在 3s 内保持稳定不变的电压值就是被测蓄电池的充、放电程度。

正常充足电的蓄电池，用高率放电计测得的电压应能稳定在10.5V以上，每个单格电池的电压应能稳定在1.75～1.85V。若测得的某个单格电压小于这个数值，则说明该单格的放电程度减弱。若3s内该单格的电压快速下降或某一单格电压比其他单格低0.2V以上时，则说明该单格已损坏。

(4) 电解液密度的调整　电解液的密度应根据不同季节，适当作一些调整。冬季环境温度较低，为了防止蓄电池冻坏，应适当提高电解液密度，夏季的环境温度较高，为了减少电解液对极板和隔板的腐蚀程度，又要适当降低电解液密度。在冬季，蓄电池电解液的密度一般调在1.270kg/L或1.280kg/L；在夏季，蓄电池电解液的密度一般要调在1.240kg/L。其调整步骤如下。

① 按正常充电方法进行充电。

② 电解液的调整。夏季使用时，应向蓄电池内部加入蒸馏水，使电解液的密度下降。在冬季，应向蓄电池内部加入一定密度的电解液，使蓄电池内部的电解液密度升高。

电解液的配制应在耐酸的玻璃、瓷质或硬橡胶容器内进行。根据不同的季节和室外的环境温度所要求的密度确定硫酸和蒸馏水的质量。配制时，必须将蒸馏水倒入容器内，然后将硫酸缓慢注入蒸馏水中，并用玻璃棒不停地进行搅拌。在配制过程中，一定要做好个人防护，并要注意操作方法，绝对不能将蒸馏水倒入硫酸中，以免硫酸飞溅伤人。

③ 蓄电池充电完毕后，应测量电解液的密度。若不符合要求，应调整至合格为止。

7.4 启动系统辅助装置

3～12kW手摇启动的小型柴油机通常设有减压机构，以减小开始摇转曲轴时的阻力；环境温度较低时，柴油机较难启动，通常在其辅助燃烧室中装设电预热装置，以便柴油在燃烧室内容易雾化形成可燃混合气；为了指示蓄电池放电或充电电流的大小，并观察发电机和调节器是否有故障，通常在启动系统中设置有电流表。

7.4.1 减压机构

柴油机减压机构的作用是使气门不受凸轮和气门弹簧的控制而进行启动，气缸内的压力不会因压缩而升高，从而减小启动时气缸内的压缩阻力。

柴油机的减压机构是用凸轮将配气机构推杆顶起，使进气门处于开启状态，如图7-40所示。此机构在进气门挺柱的上部有一个切槽，切槽内装有一个切边圆柱体的减压轴，对四缸机而言，减压轴形状，第一、二缸为单面切边，第三、四缸为两面切边，通过减压轴臂可操纵减压轴位置转换。当切边平面朝上时，挺柱处于正常工作位置，减压轴不起作用；当减压轴圆柱面转到上面时，圆柱面将挺柱抬起，使进气门打开，与进气凸轮表面脱离开，气缸内不再产生压缩，从而达到减压目的，实现减压启动。

7.4.2 预热装置

众所周知，柴油机是靠高温高压使柴油自燃的，因此，柴油机启动时，气缸内温度的高低，对启动柴油机影响很大，尤其在环境温度低的情况下，影响更大。所以用直流电动机启动的柴油机，通常在辅助燃烧室中装设电预热装置，以便柴油在燃烧室内容易雾化形成可燃混合气。电热塞的结构和电路如图7-41所示。

一般在采用涡流式或预燃式燃烧室的柴油机中装有电热塞，以便在启动时对燃烧室内的空气进行预热。螺旋形的电阻丝一端焊于中心螺杆上，另一端焊在耐高温不锈钢制造的发热缸套底部，在钢套内装有具有一定绝缘性能、导热好和耐高温的氧化铝填充剂。各电热塞中

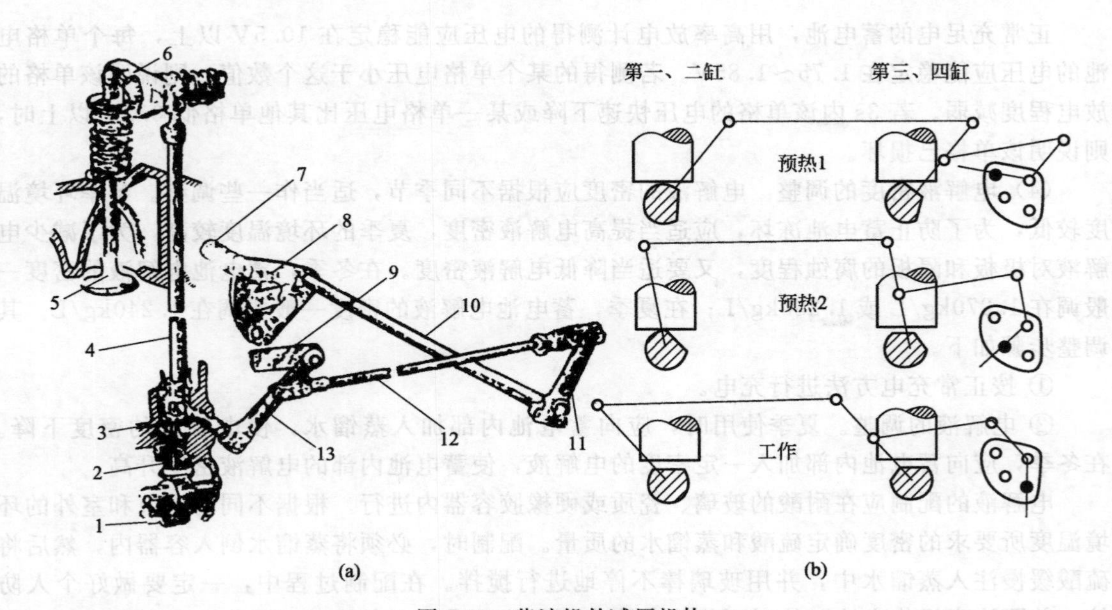

图 7-40 柴油机的减压机构

1—凸轮；2—挺柱；3—减压轴；4—推杆；5—进气门；6—摇臂；7—手柄；8—扇形板；9—联动杆；10—小轴；11,13—臂；12—拉杆

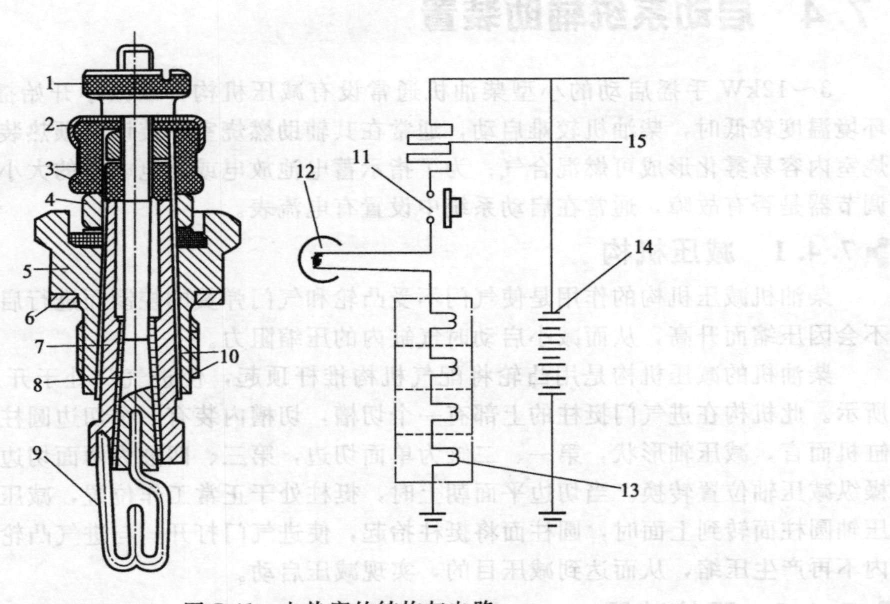

图 7-41 电热塞的结构与电路

1—压紧螺母；2—中心杆接触片；3—绝缘套；4—套杆压紧螺母；5—壳体；6—垫片；7—套杆；8—中心杆；9—电热丝；10—绝缘材料；11—按钮；12—指示塞；13—电热塞；14—蓄电池；15—附加电阻

心螺杆用导线并联，并连接到蓄电池上。在柴油机启动以前，先用专用的开关接通电热塞电路，很快发热的钢套使气缸内的空气温度升高，从而提高了压缩终了时的空气温度，使喷入气缸内的柴油着火容易。

柴油发动机启动时，按下加热按钮（图 7-41 中的11），蓄电池通过附加电阻给电热塞供电，使气缸内的空气温度升高。在加热时，通过指示塞显示。

7.4.3 电流表

电流表指示蓄电池放电或充电电流的大小，并可观察发电机和调节器是否有故障。电流表的一端接蓄电池，另一端接发电机的调节器及用电设备。电流表的结构形式有固定永久磁铁电磁式和活动永久磁铁电磁式等。

（1）固定永久磁铁电磁式电流表　固定永久磁铁电磁式电流表用于30A以下的电流测量，其结构如图7-42所示。黄铜导电板1用两个螺钉（兼作蓄电池和调节器的接线柱）固定在绝缘底板上。永久磁铁4装在黄铜导电板的底部，在它们之间装有磁分路片3。轴8装在底座5的轴承7中，铝质的指针2、软钢片的衔铁6和轴固成一体，可在轴承中摆动。

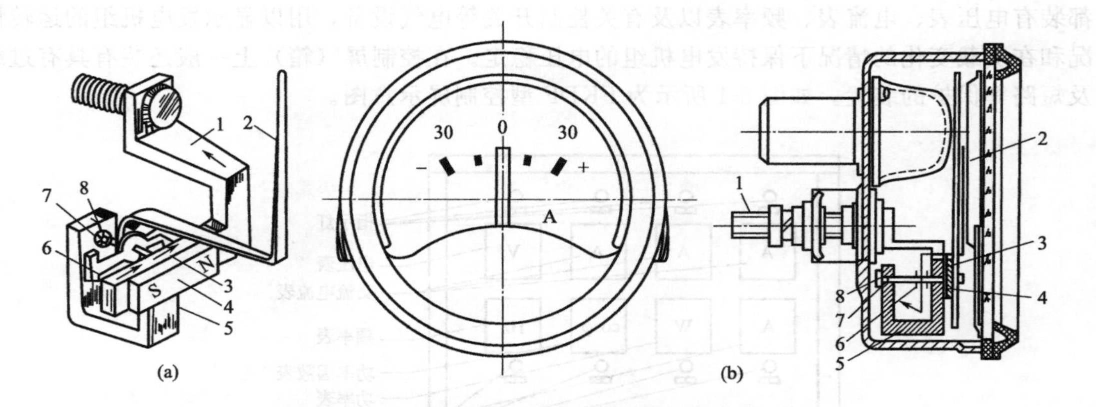

图7-42　固定永久磁铁电磁式电流表结构

1—黄铜导电板；2—指针；3—磁分路片；4—永久磁铁；5—底座；6—衔铁；7—轴承；8—轴

黄铜导电板有电流通过时，在黄铜导电板周围产生电磁场，使衔铁转动，永久磁铁4也产生一个磁场阻止衔铁转动。当流过黄铜导电板的电流变化时，电磁场强度也产生变化，而永久磁铁产生的磁场强度不变。流过黄铜导电板的电流越大，电磁场强度越强，衔铁带动指针摆动的角度越大。反之，摆动的角度越小。没有电流流过黄铜导电板时，衔铁在永久磁铁磁场力的作用下，与永久磁铁成直线位置，指针处于初始零点位置不动。如果流过黄铜导电板的电流方向相反，则指针转动方向即相反。

（2）活动永久磁铁电流表　活动永久磁铁电流表用于大功率马达启动系统的柴油机装置上。电流表的工作原理如图7-43所示，来自蓄电池的电流I分成两路：一路是分流器3中的电流I_2；一路是电流表线圈2中的电流I_1。永久磁铁4安装在固定不动的电流表线圈2的内部，永久磁铁4和指针1固定在轴上，组成了绕轴旋转的部件。电流表线圈产生的磁力和永久磁铁产生的磁力作用相反，推动永久磁铁和指针旋转，指针的转角与电流成正比。

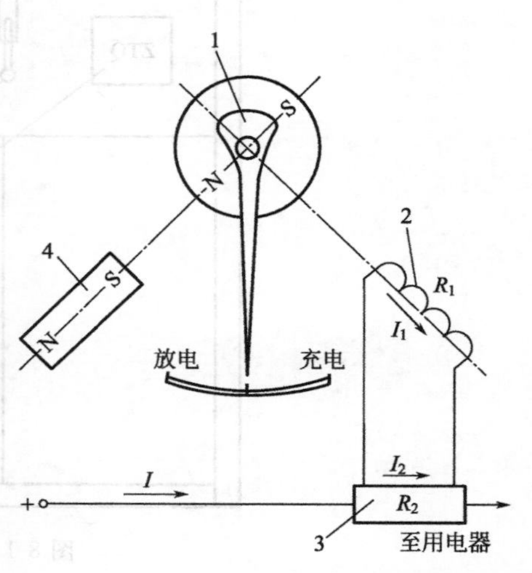

图7-43　活动永久磁铁电流表工作原理图

I_1，R_1—电流表线圈电流、电阻；

I_2，R_2—分流器电流、电阻；

1—指针；2—电流表线圈；

3—分流器；4—永久磁铁

第8章 控制屏（箱）

CHAPTER 8

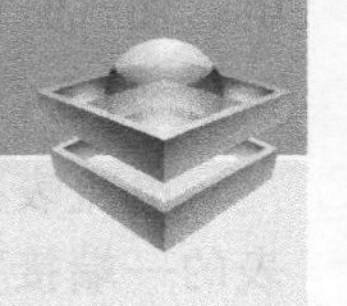

控制屏主要用于容量较大（75～1000kW）的固定式柴油发电机组，控制箱主要用于容量较小（1～250kW）的柴油发电机组。控制屏一般自成一体与发电机组并排放置，控制箱一般与发电机组安装在同一个机座上，位于交流同步发电机的上方。控制屏（箱）的主要用途是将发电机组输出的电能经由控制屏（箱）配电给用户负载或用电设备。在控制屏上一般都装有电压表、电流表、频率表以及有关控制开关等电气设备，用以显示发电机组的运转情况和在负载变化的情况下保持发电机组的电压稳定。在控制屏（箱）上一般还装有具有过载及短路等保护的装置。如图 8-1 所示为 FKDF 型控制屏示意图。

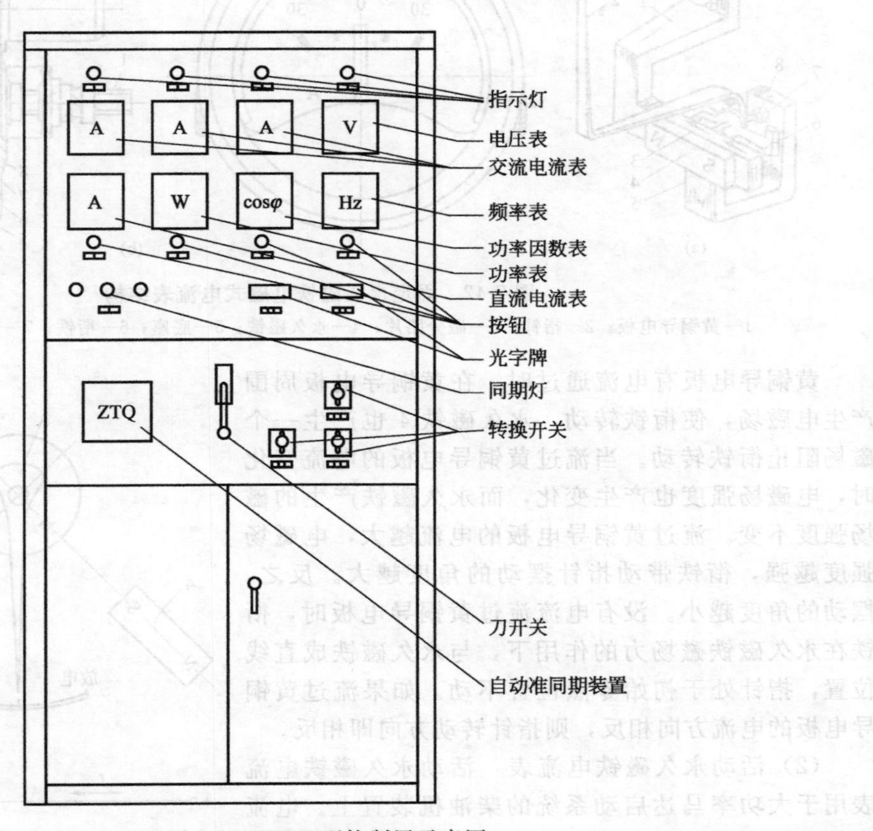

图 8-1　FKDF 型控制屏示意图

8.1　控制屏（箱）结构及其工作原理

8.1.1　常见型号控制屏结构及其工作原理

发电机控制屏型号很多，但它们的作用和结构大同小异，下面以 FKDF 型封闭式低压发电机控制屏和 BFK-29 型控制屏为例来说明其结构与工作原理。

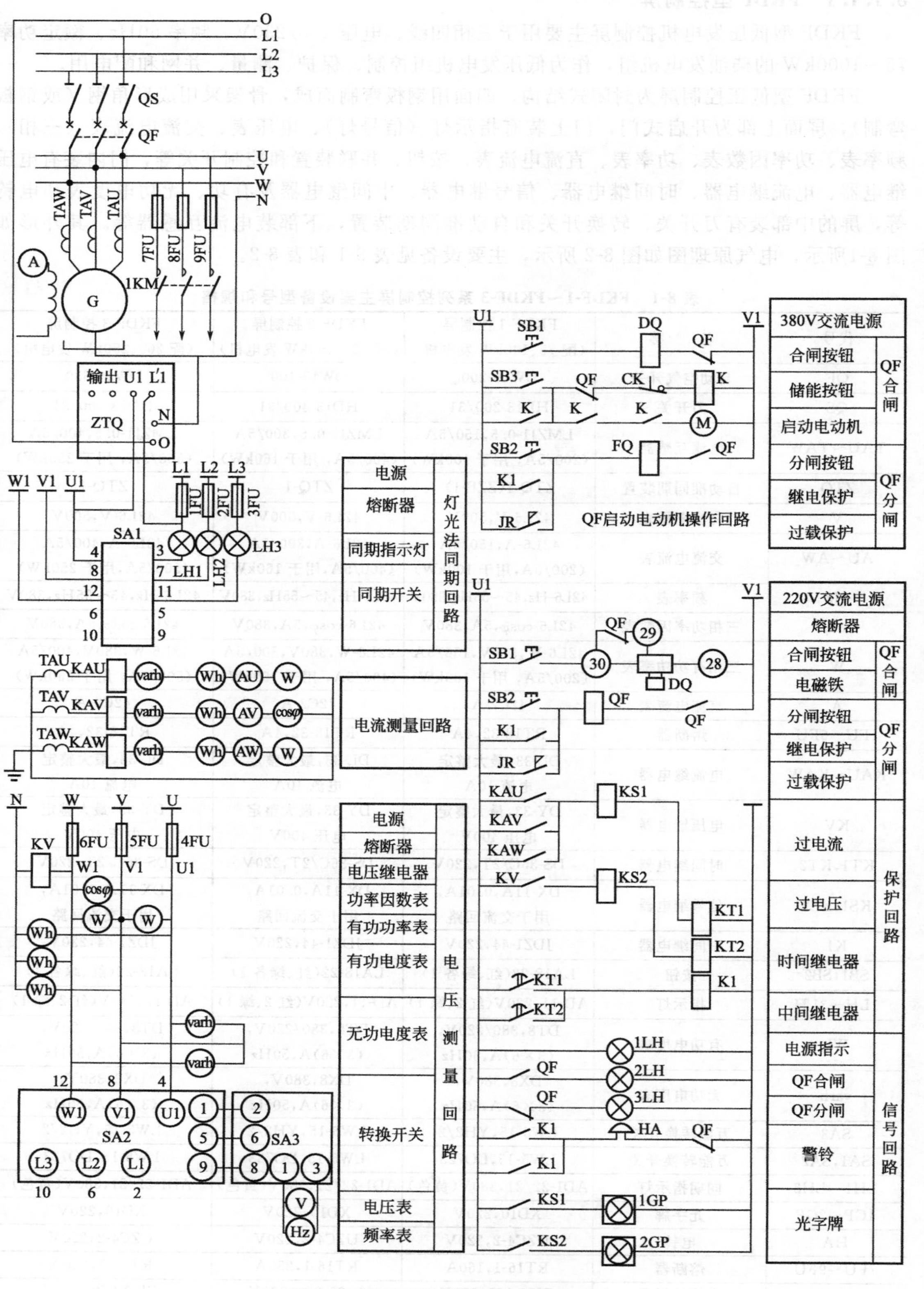

图 8-2　FKDF 型控制屏电气原理电路

8.1.1.1 FKDF 型控制屏

FKDF 型低压发电机控制屏主要用于三相四线、电压 400/230V、频率 50Hz、额定功率 75～1000kW 的柴油发电机组，作为低压发电机组控制、保护、测量、并网和配电用。

FKDF 型低压控制屏为封闭式结构，四面用钢板弯制而成，骨架采用成形角钢（或钢板弯制），屏面上部为开启式门，门上装有指示灯（信号灯）、电压表、交流电流表（三相）、频率表、功率因数表、功率表、直流电流表、按钮、并联装置和控制开关等，门内装有电压继电器、电流继电器、时间继电器、信号继电器、中间继电器及有功、无功电度表和电铃等，屏的中部装有刀开关、转换开关和自动准同期装置，下部装电流互感器等。其外形如图 8-1所示，电气原理图如图 8-2 所示，主要设备见表 8-1 和表 8-2。

表 8-1 FKDF-1～FKDF-3 系列控制屏主要设备型号和规格

代号	名　称	FKDF-1 控制屏（配 75、100kW 发电机）	FKDF-2 控制屏（配 120、160kW 发电机）	FKDF-3 控制屏（配 200、250kW 发电机）
QF	自动空气开关	DW15-200	DW15-400	DW15-630
QS	刀开关	HD13-200/31	HD13-400/31	HD13-600/31
TAU～TAW	电流互感器	LMZJ1-0.5,150/5A（200/5A，用于 100kW）	LMZJ1-0.5,300/5A（400/5A，用于 160kW）	LMZJ1-0.5,400/5A（500/5A，用于 250kW）
ZTQ	自动准同期装置	ZTQ-1(ZZB-1)	ZTQ-1	ZTQ-1
V	交流电压表	42L6-V,500V	42L6-V,500V	42L6-V,500V
AU～AW	交流电流表	42L6-A,150/5A（200/5A,用于 100kW）	42L6-A,300/5A（400/5A,用于 160kW）	42L6-A,400/5A（500/5A,用于 250kW）
Hz	频率表	42L6-Hz,45～55Hz,380V	42L6-Hz,45～55Hz,380V	42L6-Hz,45～55Hz,380V
$\cos\varphi$	三相功率因数表	42L6-$\cos\varphi$,5A,380V	42L6-$\cos\varphi$,5A,380V	42L6-$\cos\varphi$,5A,380V
W	三相有功功率表	42L6-W,380V,150/5A（200/5A，用于 100kW）	42L6-W,380V,300/5A（400/5A，用于 160kW）	42L6-W,380V,400/5A（500/5A，用于 250kW）
A	直流电流表	42C2-A	42C2-A	42C2-A
1FU～6FU	熔断器	RT18-32,4A	RT18-32,4A	RT18-32,4A
KAU～KAW	电流继电器	DL-33,最大整定电流 10A	DL-33,最大整定电流 10A	DL-33,最大整定电流 10A
KV	电压继电器	DY-33,最大整定电压 400V	DY-33,最大整定电压 400V	DY-33,最大整定电压 400V
KT1,KT2	时间继电器	DS-36C/2T,220V	DS-36C/2T,220V	DS-36C/2T,220V
KS1,KS2	信号继电器	DX-11A,0.01A,用于交流回路	DX-11A,0.01A,用于交流回路	DX-11A,0.01A,用于交流回路
K1	中间继电器	JDZ1-44,220V	JDZ1-44,220V	JDZ1-44,220V
SB1,SB2	按钮	LA18-22(红、绿各 1)	LA18-22(红、绿各 1)	LA18-22(红、绿各 1)
1LH～3LH	指示灯	AD-11,220V(红 2、绿 1)	AD-11,220V(红 2、绿 1)	AD-11,380V(红 2、绿 1)
Wh	有功电度表	DT8,380/220V,(3×6)A,50Hz	DT8,380/220V,(3×6)A,50Hz	DT8,380/220V,(3×6)A,50Hz
varh	无功电度表	DX8,380V,(3×6)A,50Hz	DX8,380V,(3×6)A,50Hz	DX8,380V,(3×6)A,50Hz
SA3	万能转换开关	LW5-15,YH2/2	LW5-15,YH2/2	LW5-15,YH2/2
SA1,SA2	万能转换开关	LW5-15,DO723	LW5-15,DO723	LW5-15,DO723
LH1～LH3	同期指示灯	AD1-22/21,380V(黄色)	AD1-22/21,380V(黄色)	AD1-22/21,380V(黄色)
1GP～2GP	光字牌	XD10,220V	XD10,220V	XD10,220V
HA	电铃	UZC4-2,220V	UZC4-2,220V	UZC4-2,220V
7FU～9FU	熔断器	RT16-1,160A	RT16-1,250A	RT16-1,250A
1KM	交流接触器	CJ20-160,220V	CJ20-250,220V	CJ20-250,220V

表 8-2 FKDF-4～FKDF-6 系列控制屏主要设备型号和规格

代号	名称	FKDF-4 控制屏（配 320、400kW 发电机）	FKDF-5 控制屏（配 500、630kW 发电机）	FKDF-6 控制屏（配 800、1000kW 发电机）
QF	自动空气开关	DW15-1000/3	DW15-1600/3	DW15-2500/3
QS	刀开关	HD13-1000/318	HD13-1500/318	HD13-2500/318
TAU～TAW	电流互感器	LMZJ1-0.5,600/5A（800/5A,用于 400kW）	LMZJ1-0.5,1000/5A（1500/5A,用于 630kW）	LMZJ1-0.5,1500/5A（2000/5A,用于 1000kW）
ZTQ	自动准同期装置	ZTQ-1	ZTQ-1	ZTQ-1
V	交流电压表	42L6-V,500V	42L6-V,500V	42L6-V,500V
AU～AW	交流电流表	42L6-A,600/5A（800/5A,用于 400kW）	42L6-A,1000/5A（1500/5A,用于 630kW）	42L6-A,1500/5A（2000/5A,用于 1000kW）
Hz	频率表	42L6-Hz,45～55Hz,380V	42L6-Hz,45～55Hz,380V	42L6-Hz,45～55Hz,380V
cosφ	三相功率因数表	42L6-cosφ,5A, 380V	42L6-cosφ,5A,380V	42L6-cosφ,5A,380V
W	三相有功功率表	42L6-W,380V,600/5A（800/5A,用于 400kW）	42L6-W,380V,1000/5A（1500/5A,用于 630kW）	42L6-W,380V,1500/5A（2000/5A,用于 1000kW）
A	直流电流表	42C2-A	42C2-A	42C2-A
1FU～6FU	熔断器	RT18-32,4A	RT18-32,4A	RT18-32,4A
KAU～KAW	电流继电器	DL-33,最大整定电流 10A	DL-33,最大整定电流 10A	DL-33,最大整定电流 10A
KV	电压继电器	DY-33,最大整定电压 400V	DY-33,最大整定电压 400V	DY-33,最大整定电压 400V
KT1,KT2	时间继电器	DS-36C/2T,220V	DS-36C/2T,220V	DS-36C/2T,220V
KS1,KS2	信号继电器	DX-11A,0.01A,用于交流回路	DX-11A,0.01A,用于交流回路	DX-11A,0.01A,用于交流回路
K1	中间继电器	JDZ1-44,220V	JDZ1-44,220V	JDZ1-44,220V
SB1,SB2	按钮	LA18-22(红、绿、黄各 1)	LA18-22(红、绿、黄各 1)	LA18-22(红、绿、黄各 1)
1LH～3LH	指示灯	AD-11,220V（红 2、绿 1、黄 1）	AD-11,220V（红 2、绿 1、黄 1）	AD-11,380V（红 2、绿 1、黄 1）
Wh	有功电度表	DT8,380/220V,(3×6)A,50Hz	DT8,380/220V,(3×6)A ,50Hz	DT8,380/220V,(3×6)A,50Hz
varh	无功电度表	DX8,380V,(3×6)A,50Hz	DX8,380V,(3×6)A ,50Hz	DX8,380V,(3×6)A,50Hz
SA3	万能转换开关	LW5-15,YH2/2	LW5-15,YH2/2	LW5-15,YH2/2
SA1,SA2	万能转换开关	LW5-15,DO723	LW5-15,DO723	LW5-15,DO723
LH1～LH3	同期指示灯	AD1-22/21(黄色)	AD1-22/21,380V (黄色)	AD1-22/21,380V(黄色)
1GP～2GP	光字牌	XD10,220V	XD10,220V	XD10,220V
HA	电铃	UZC4-2,220V	UZC4-2,220V	UZC4-2,220V
7FU～9FU	熔断器	RT16-2,400A	RT16-1,400A	RT16-1,400A
1KM	交流接触器	CJ20-400,220V	CJ20-400,220V	CJ20-400,220V

8.1.1.2 BFK-29 型控制屏

BFK-29 型控制屏是福州发电设备厂为其 64～250kW 柴油发电机组而设计的，（其外形尺寸与普通配电屏一样便于与配电屏组合使用）。其原理如图 8-3 所示。控制屏能完成机组的控制及电能输出，能监视操作同步发电机的运行情况。对电机的电流、电压、功

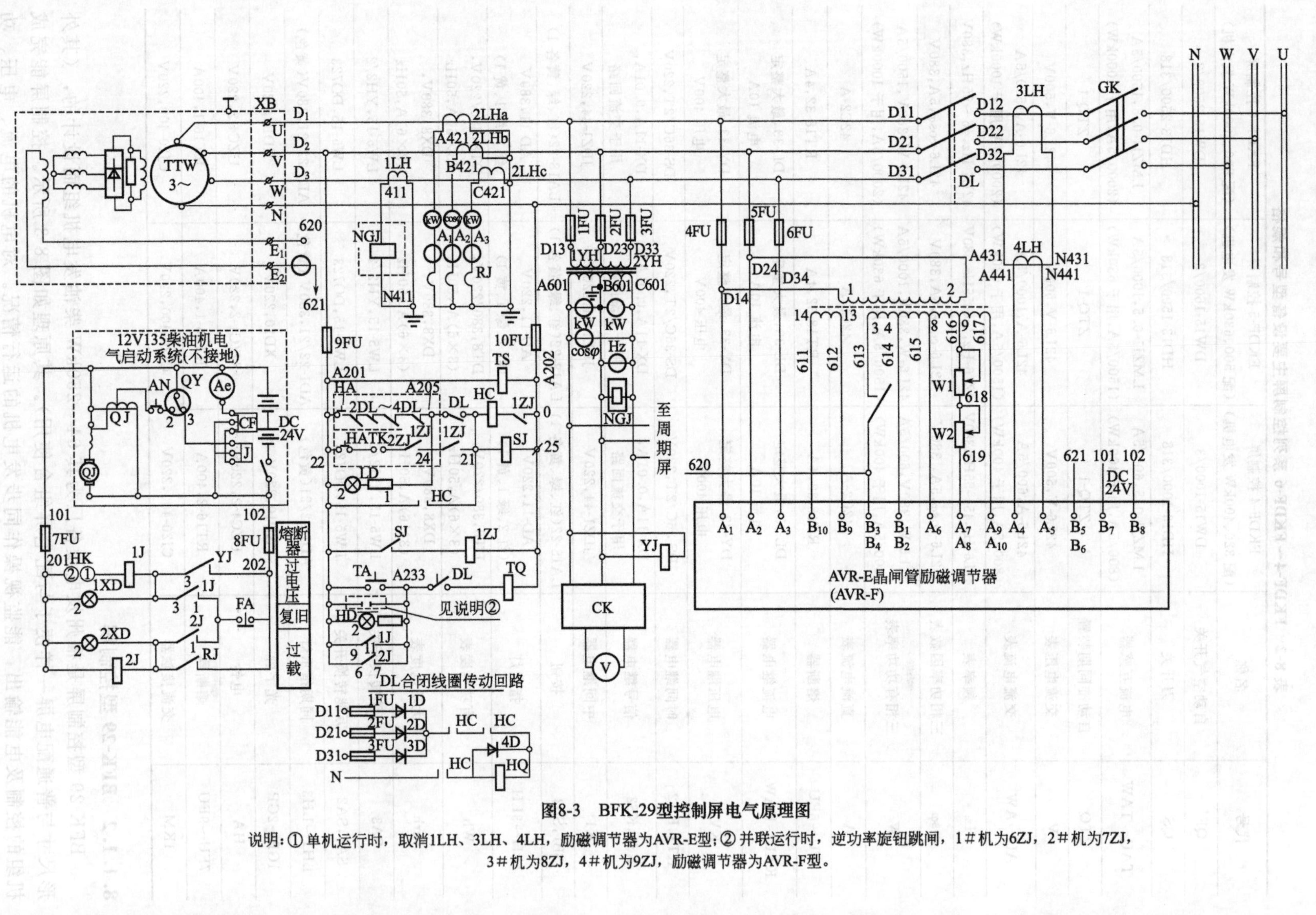

图8-3 BFK-29型控制屏电气原理图

说明：① 单机运行时，取消1LH、3LH、4LH，励磁调节器为AVR-E型；② 并联运行时，逆功率旋钮跳闸，1＃机为6ZJ，2＃机为7ZJ，3＃机为8ZJ，4＃机为9ZJ，励磁调节器为AVR-F型。

率因数和功率等变化进行测量。面板上还装有AVR晶闸管励磁调节器实现发电机电压的自动调节，当自动损坏时还能用手动实现发电机电压的调节，从而保证机组的正常运行。

（1）主回路　当发电机组开始发电时，在发电机出线端U、V、W、N就有400V电压经电缆线接入控制屏、内部导线或母线排，穿过2LHa～2LHc电流互感器接自动空气开关（DL），再经过隔离开关GK向电网用电设备供电。

（2）测量监视电路　由电压互感器1YH、2YH提供测量电压100V，分别接功率表、功率因数表、电压继电器NGJ、频率表及经过万能转换开关CK接至电压表。电流互感器二次线圈串接电流表、功率表及功率因数表提供所需的测量电流。

（3）合闸回路　当操作合闸回路时，电由母线引入V相及中性线N，电路经9FU、10FU加入控制回路。按下合闸按钮HA→DL常闭触头→HC→1ZJ常闭触点，当HC接通时，三相零序整流电路经DL主触头接通自动开关合闸线圈得电，自动开关接通后由机械自锁。这时另一路经HC常开触头进行自锁，同时SJ时间继电器得电经0.5s延时，中间继电器1ZJ动作，由1ZJ常闭触点切断电源，使HC失电，完成合闸过程。当DL合闸后由DL常开触点将自动开关分励脱扣线圈处于准备脱扣状态。TS是失压脱扣线圈，进行失压保护。

（4）励磁回路　励磁回路由电源变压器、AVR-E晶闸管励磁调节器、熔断器以及电流互感器（特制）等组成。

（5）保护回路

① 由自动开关进行过载及短路保护；②YJ进行过电压保护。保护回路控制电源由24V蓄电池提供。各保护元件接点接通中间继电器1J、2J，使自动开关分离脱扣线圈得电，断开主回路，达到保护发电机组的目的。FA是动作后信号复归按钮。

（6）并联电路　本控制屏还能与并车屏或同期箱相连接，可与同类机组进行并联，也可与电网进行并列运行。这时需将过电压保护回路退出运行，逆功率继电器投入运行，能起到逆功率时断开逆功率机组的保护作用。

8.1.2 常见型号控制箱结构及其工作原理

控制箱主要用于移动式或容量较小的发电机组的控制、测量、保护和送配电，一般为封闭式金属结构，用优质钢板冲压、焊接而成。控制箱通常经减振器安装在发电机背上，与发电机组成一体。如图8-4所示为KXDF型发电机组控制箱，面板上装有电流表、电压表、频率表、功率表、电压转换开关、输出指示灯、自动空气开关和交直流插座等，可方便地监测发电机组运行情况并进行操作。控制箱侧面还装有磁场变阻器，供调节发电机组的电压或无功功率。控制箱面板上设置仪表的多少随发电机组容量和用户要求不同而不同。发电机组的励磁方式不同，用于调节发电机电压的设备也不同，除磁场变阻器外，有的用电抗器，电压调整率高的则用自动励磁调节器（AVR）。

为了满足柴油发电机组的并联运行和监测柴油机的运行情况，有的控制箱还设置有调差装置、灯光同步指示器、同步电压表、水温表、油温表、油压表、蓄电池充电电流表、电门开关、启动按钮等，如图8-5所示为PF13-75型控制箱外形图。

柴油发电机组的控制箱电路，不同厂家的产品不完全一致，但一般大同小异，归纳起来有以下两种类型。

8.1.2.1 单机运行的小型三相发电机组控制箱电路

（1）XFK-13型控制箱　XFK-13型控制箱为一体化柴油发电机组配套设计，它装在柴油机的尾部，同步发电机的上端。其电气原理如图8-6所示，主要设备型号与规格见表8-3。

箱内设置的有 AVR 晶闸管自动电压调节器，使发电机的输出电压保持在 380～400V（±2.5%）之间。自动空气开关 QF 起着输送电能和短路保护的作用。用户将三根主电缆 L1、L2、L3 接在自动空气开关 QF 的输出端，N 线接在控制箱后面的接线柱上，当机组发电后用手动合闸即可。TAu～TAw 是电流互感器，通过 SA1 电流换相开关能分别测量发电机输出的三相电流。V 为交流电压表，三相电压通过 SA2 电压换相开关接至仪表，转动开关就能显示发电机输出的线电压。Hz 为频率表，用于测量机组的输出频率。A 为励磁电流表，用以观察励磁电流的变化情况，当励磁电流超过 2.5A 时（不包括瞬时值）就必须停机检查。变压器 TC 是提供 AVR 励磁调节器电源的，它分别是自动励磁回路电源、同步电源、起励电源、手动电源及低速保护电源。FU1～FU5 均为熔断器，起着控制回路短路保护的作用。RP1 和 RP2 是手动电压调整瓷盘变阻器，当 AVR 损坏的情况下，用手动发电时可作电压调整之用。

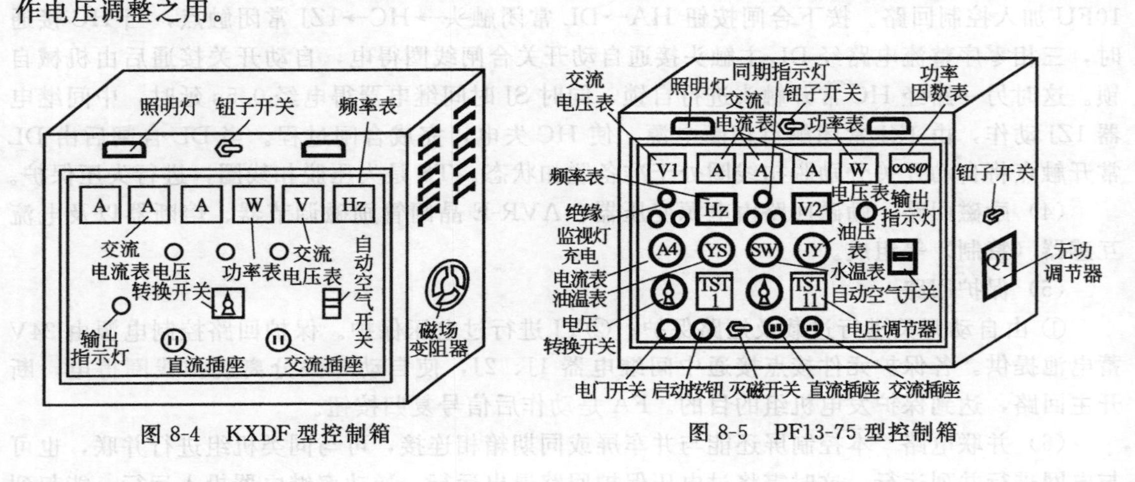

图 8-4　KXDF 型控制箱　　　图 8-5　PF13-75 型控制箱

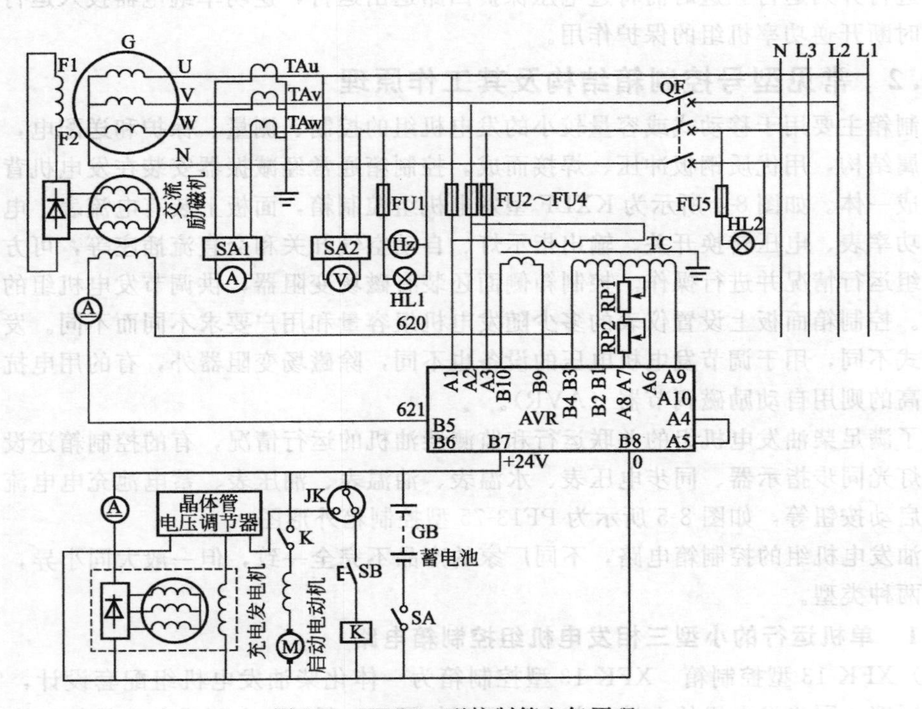

图 8-6　XFK-13 型控制箱电气原理

表 8-3 XFK-13 型控制箱主要设备型号与规格

代 号	名 称	型号、规格
TC	励磁电源变压器	ZNC-6
AVR	励磁调节器	
RP1，RP2	瓷盘变阻器	BC1-100/2，2×75Ω
SA2	电压转换开关	LW5-15/YH2
SA1	电流转换开关	LW5-15/LH3
HL1，HL2	信号灯	XD7-220
Hz	频率表	6L2-Hz，220V，45～55Hz
V	交流电压表	6L2-V，0～500V
A	直流电流表	6C2-A，0～5A
FU1～FU5	熔断器	RL1-15/6A
QF	自动空气开关	DZ10-600/330
A	交流电流表	6L2-A
TAu～TAw	电流互感器	LM-0.5

（2）KXDF 系列控制箱　如图 8-7 所示为 KXDF 系列低压发电机控制箱电路，其主要

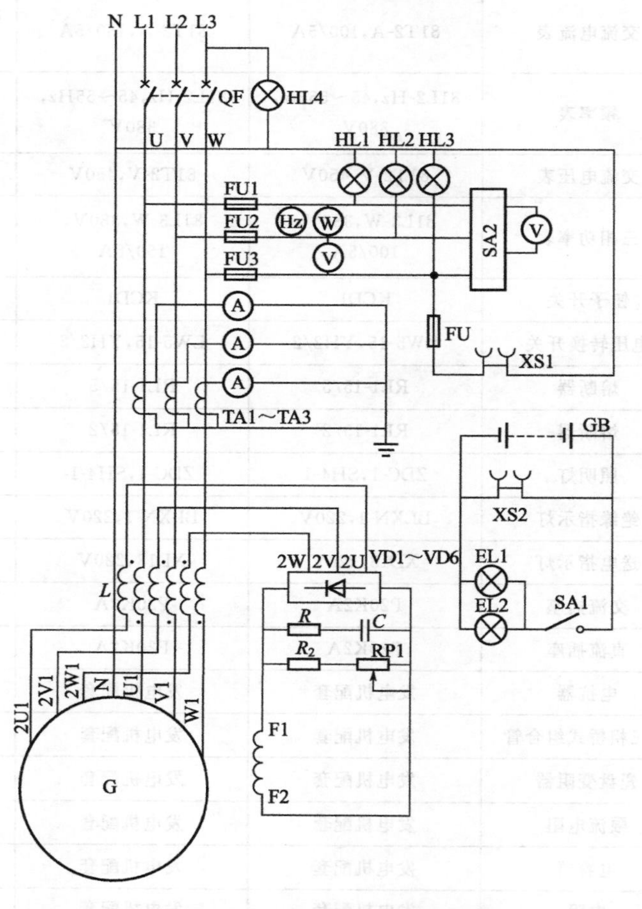

图 8-7 KXDF 系列低压发电机控制箱电路

元器件型号与规格见表 8-4 所示，其中三相交流电主要经自动空气开关 QF 接线柱（容量较大的则直接由 QF 输出端引出）输出，另外还有 220V 交流插座 XS1 和 24V 直流插座 XS2。直流插座和照明灯由蓄电池供电。为了监测发电机组的绝缘情况，配有 3 只绝缘指示灯（HL1～HL3）。从图 8-7 可以看出，发电机采用电抗变流复合式相复励励磁。发电机输出电压可由装在控制箱内的磁场变阻器 RP1 进行调节。另外有 6 只电工测量仪表（3 只电流表、1 只电压表、1 只频率表、1 只功率表）用于监测发电机组的运行状况。

表 8-4　KXDF 系列控制屏主要设备型号与规格

代号	名　称	KXDF-1（配 30、40、50kW 发电机）	KXDF-2（配 64、75kW 发电机）	KXDF-3 控制箱（配 90、100、120kW 发电机）
QF	自动空气开关	DZ10-100/330,60A（用于 30kW）	DZ10-250/330,120A(用于 64kW)	DZ10-250/330,170A(用于 90kW)
QF	自动空气开关	DZ10-100/330,80A（用于 40kW）	DZ10-250/330,140A（用于 75kW）	DZ10-250/330,200A（用于 100kW）
QF	自动空气开关	DZ10-100/330,100A（用于 50kW）		DZ10-250/330,250A（用于 120kW）
TA1～TA3	电流互感器	LM-0.5,100/5A	LM-0.5,150/5A	LM-0.5,200/5A(300/5A)(用于 120kW)
A	交流电流表	81T2-A,100/5A	81T2-A,150/5A	81T2-A,200/5A(300/5A)（用于 120kW）
Hz	频率表	81L2-Hz,45～55Hz,380V	81L2-Hz,45～55Hz,380V	81L2-Hz,45～55Hz,380V
V	交流电压表	81T2-V,450V	81T2-V,450V	81T2-V,450V
W	三相功率表	81L3-W,380V,100/5A	81L3-W,380V,150/5A	81L3-W,380V,200/5A(300/5A)(用于 120kW)
SA1	钮子开关	KCD1	KCD1	KCD1
SA2	电压转换开关	LW5-15,YH2/2	LW5-15,YH2/2	LW5-15,YH2/2
FU	熔断器	RL1-15/5	RL1-15/5	RL1-15/5
FU1～FU3	熔断器	RL1-15/2	RL1-15/2	RL1-15/2
EL1,EL2	照明灯	ZDC-1,SH4-1	ZDC-1,SH4-1	ZDC-1,SH4-1
HL1～HL3	绝缘指示灯	BLXN-1,220V	BLXN-1,220V	BLXN-1,220V
HL4	送电指示灯	XD13,220V	XD13,220V	XD13,220V
XS1	交流插座	P20K2A	P20K2A	P20K2A
XS2	直流插座	P20K2A	P20K2A	P20K2A
L	电抗器	发电机配套	发电机配套	发电机配套
UCL	硅三相桥式组合管	发电机配套	发电机配套	发电机配套
RP1	瓷盘变阻器	发电机配套	发电机配套	发电机配套
R_2	限流电阻	发电机配套	发电机配套	发电机配套
C	电容器	发电机配套	发电机配套	发电机配套
R	电阻	发电机配套	发电机配套	发电机配套

（3）PF16-50 型控制箱　如图 8-8 所示为 PF16-50 型控制箱电路，其主要元器件型号与规格见表 8-5。

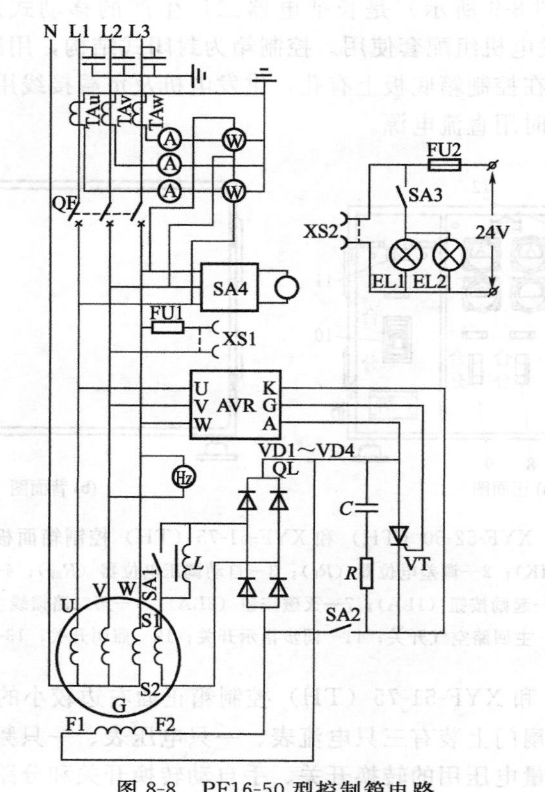

图 8-8　PF16-50 型控制箱电路

表 8-5　PF16-50 型控制箱主要设备型号与规格

代　号	名　　称	型号、规格
A	交流电流表	81T2-A,150/5A
V	交流电压表	81T2-V,450V
Hz	频率表	81L2-Hz,45～55Hz,380V
W	三相功率表	81L3-W,380V,150/5A
QF	自动空气开关	DZ10-100/330,100A
TAu～TAw	电流互感器	LM-0.5,150/5A
SA1,SA2	组合开关	HZ10-03
SA4	电压转换开关	
EL1,EL2	照明灯	ZDC-1
	灯泡	6CP,24V,10W
XS1,XS2	插座	P20K2A
AVR	励磁调节器	TST1
L	可调电抗器	
QL	硅整流器	ZP,50A/800V
VT	晶闸管	KP,30A/900V
C	电容器	CZML,0.47μF,630V
R	电阻	RXYC,7.5W,100Ω

8.1.2.2 并列运行的小型三相发电机控制箱电路

(1) XYF-52-50（TH）和 XYF-51-75（TH）控制箱　XYF-52-50（TH）和 XYF-51-75（TH）控制箱（如图 8-9 所示）是长征电器二厂生产的移动式发电机控制箱，分别与 50GF1 和 75GF1 柴油发电机组配套使用。控制箱为封闭式结构，用四只 E-40 减振器安装在柴油发电机组支架上。在控制箱底板上有孔，供发电机及负载接线用。照明采用交、直流两用电源，当机组不发电时用直流电源。

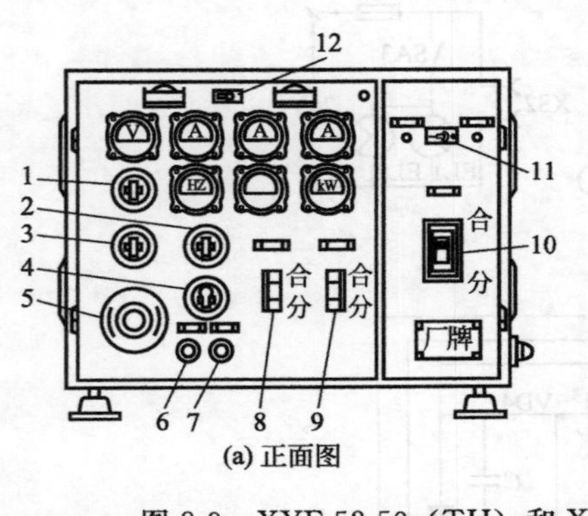

(a) 正面图

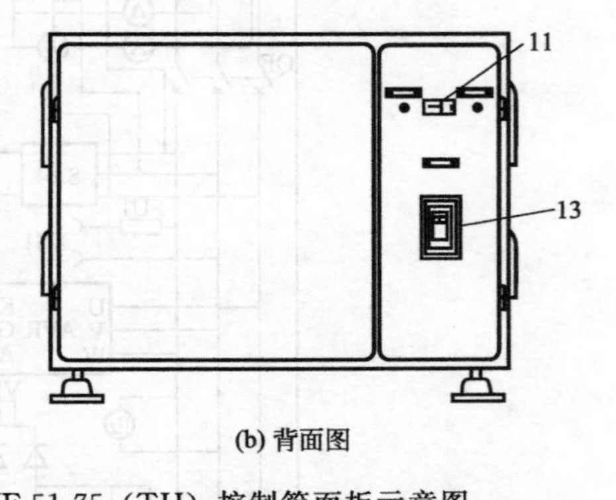

(b) 背面图

图 8-9　XYF-52-50（TH）和 XYF-51-75（TH）控制箱面板示意图

1—测量电压转换开关（1HK）；2—调差电位器（R_b）；3—自动调压电位器（R_{2b}）；4—转换开关（2HK）；5—手动调压电位器（R_{1b}）；6—起励按钮（1LA）；7—灭磁按钮（2LA）；8—第二路馈线空气开关；9—第一路馈线空气开关；10—主回路空气开关；11—同步指示开关；12—照明开关；13—并列空气开关

XYF-52-50（TH）和 XYF-51-75（TH）控制箱正面右边较小的一扇门上装有主回路空气开关，左面较大的一扇门上装有三只电流表、一只电压表、一只频率表、一只功率表、一只功率因数表，还有测量电压用的转换开关、手自动转换开关和分路空气开关等，用以监视柴油发电机组的运行情况，空气开关是作为发电机保护及输送电用的，调压电位器是用来调节发电机的励磁，调差电位器是在机组并联运行时调节无功电流用，在控制箱背面小门上装有并列空气开关，以备并列运行时使用。

老式 4135 柴油发电机组使用的就是 XYF-52-50（TH）控制箱。其电气原理如图 8-10 所示，图中符号名称和规格列于表 8-6 中。该配电箱与 4135 柴油机驱动的 72-84-50D2/T2 型交流发电机配套，目前仍有部分用户使用这种控制箱，下面叙述该控制箱的工作原理。

① 输出电路　当由本机供电时，将输出开关 1ZK 接通（如图 8-10 所示），再接通分路输出开关 3ZK 和 4ZK。此时，本机所发出的三相交流电便经由电流互感器 1LH→输出开关 1ZK→2ZK 送往负载。如果由市电供电或并车使用时，应将发电机组输出开关 1ZK 断开，然后接通市电或并车输入开关 2ZK 和分路开关 3ZK 和 4ZK。此时，市电或另一机组电源便经市电输入开关 2ZK→输出开关送往负载。

② 调压电路　调压电路包括手动调压电路和自动调压电路两部分。

手动调压时，将手动/自动转换开关扳向“手动”位置。此时，手动/自动转换开关的触头 2HK-2、2HK-3 断开，2HK-1、2HK-4、2HK-5 接通，励磁机的励磁电流便经励磁机的正电刷→接线柱 S_1→接线柱 F_1→励磁机的励磁绕组→接线柱 F_2→触头 2HK-1→电位器 R_{1b}→接线柱 S_2→励磁机的负电刷。当改变 R_{1b} 的阻值时，励磁机的励磁电流和电压将随之改变，从而使交流同步发电机的输出电压改变。

自动调压时，将手动/自动转换开关扳向自动位置。此时，手动/自动转换开关的触头

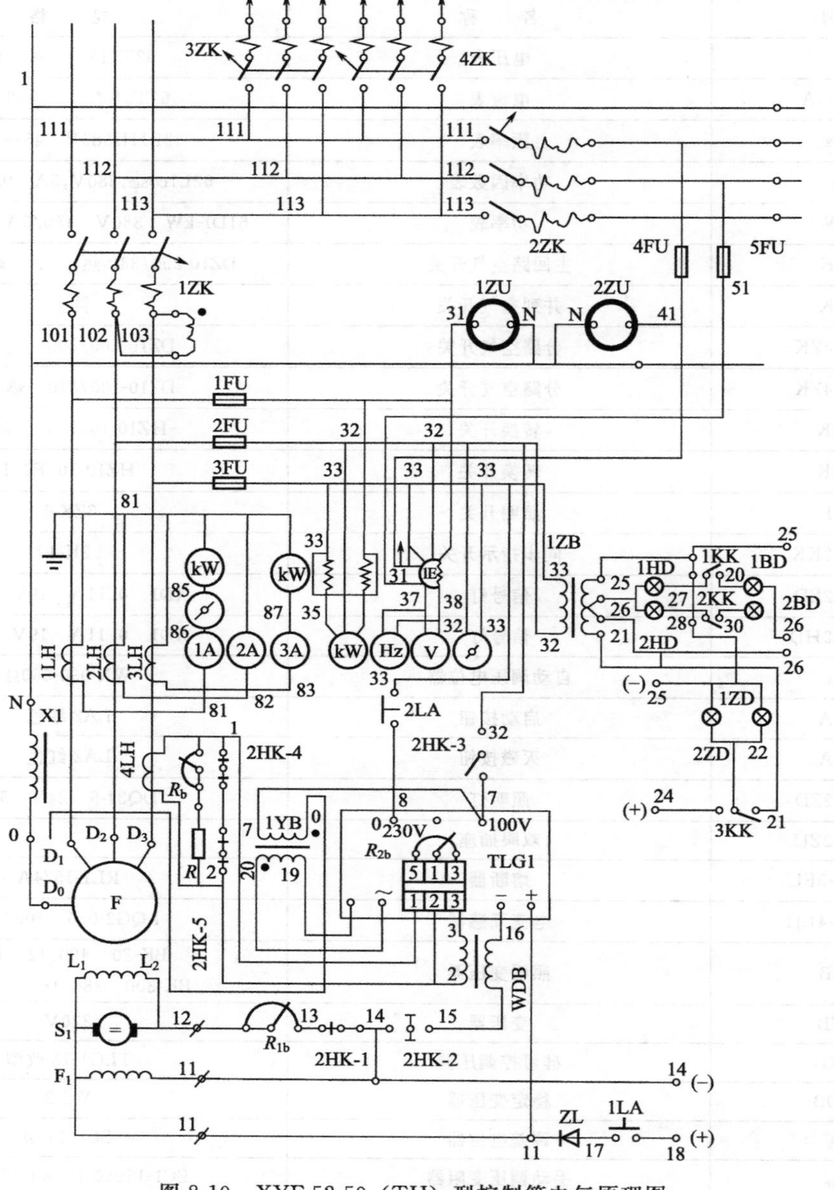

图 8-10 XYF-52-50（TH）型控制箱电气原理图

2HK-1、2HK-5 断开，2HK-2、2HK-3、2HK-4 接通，电位器 R_{1b} 被开路，R 被短路，TLG1 自动电压调节器被串接在励磁机的励磁电路中。励磁电流便从励磁机的正电刷→接线柱 S_1→接线柱 F_1→励磁机的励磁绕组→接线柱 F_2→触点 2HK-2→稳定变压器 WDB 初级→TLG1 调节器（−）→TLG1 调节器（+）→接线柱 F_1。1YB 为功率变压器，初级 380V 电源经 1YB 降压后次级电压为 230V；调节 R_{2b} 阻值即可改变直流励磁机励磁电压，从而改变励磁机输出电压，交流同步发电机输出电压亦随之改变。

③ 并联供电电路　当柴油发电机组需要停机，而用电设备又需要机组供电时，则在换电过程中要由两台以上机组并联向用电设备供电。为保证并车的可靠进行，配电箱内装有并联供电电路。它由同步指示灯电路和无功功率补偿（调差）电路两部分组成。

表 8-6 XYF-52-50（TH）控制箱电气原理图中符号名称和规格

符号	名　称	规　格
V	电压表	62T51V　0～460V
1A～3A	电流表	62T51-A　0～150/5A
Hz	频率表	62L1Hz380V　45～55Hz
φ	功率因数表	62L1cosφ,380V,5A　0.5-1-0.5
kW	功率表	61D1-kW　380V　150/5A　0～100kW
1ZK	主回路空气开关	DZ10-250/330 热 100A　瞬 3～10 倍
2ZK	并列空气开关	同上
3ZK、4ZK	分路空气开关	DZ10-100/300　热 60A
3ZK、4ZK	分路空气开关	DZ10-100/330　热 80A
1HK	转换开关	HZ10-10/E7(后接线)
2HK	转换开关	HZ10-10/E931
3KK	照明开关	2ZK-1
1KK、2KK	同步指示开关	2K-1
1BD、2BD	信号灯	XD1　0.11A　19V　白色
1HD、2HD	信号灯	XD1　0.11A　19V　红色
R_{2b}	自动调压电位器	WX-030-560Ω
1LA	启动按钮	LA2 绿色
2LA	灭磁按钮	LA2 红色
1ZD、2ZD	照明灯	DQ24-5　24V　5W
1ZU、2ZU	双眼插座	
1FU～5FU	熔断器	RL1-15/4A
1LH～4LH	电流互感器	LQG2-0.5　200/5A
1ZB	照明变压器	BK-20　400/12　12V BK-300　380/160、180、200
1YB	变压器	220V
TLG1	硅可控调压器	TLG1-13 改型
WDB	稳定变压器	W2-2
R_b	调差电位器	BC1-251Ω
R_{1b}	手动调压变阻器	BC1-150(0-15-90Ω)2.2-1A
R	板形电阻	0.13Ω,5%,5A(定子反馈用)
ZL	硅二极管	2CZ-10/200V(带散热器)

a. 同步指示灯电路。两台柴油发电机组并联向一个负载供电时必须同时具备下列四个条件：输出电压大小相等、相位相同、频率一致、三相电的相序相同。同步指示灯用来观察将要并联供电两台机组的电压相位是否相同，并能看到它们频率的相差程度。同步指示灯电路主要由 1KK、2KK、1BD 和 2BD 等组成。

b. 无功功率补偿电路。无功功率补偿电路是用来平衡相并联的两台柴油发电机组的无功功率使之均衡分配，它主要由电流互感器 4LH 和开关 2HK-5、2HK-4 等组成。改变可变电阻器 R_b 的阻值，可改变本机承担的无功功率。

如果无功功率补偿电路的导线接错将会产生相反的作用，导致发电机组输出的无功电流增大，机组温度升高，甚至烧坏电机绕组。导线连接是否正确，可用下述方法检验：给机组单独接一个功率因数约为0.8（滞后）的感性负载，转动 R_b 的旋钮，当有效阻值增加时，发电机的输出电压降低，则证明导线连接正确；如果电压反而升高，则应将电流互感器两端的接线互换。为避免4LH的次级出现高压伤人，应先将手动/自动转换开关转至自动或手动位置，并切断负载，使互感器无输入信号，然后再换接导线。

④ 照明灯电路　本配电箱的照明灯可以选用直流电源或交流电源。将交流/直流照明选择开关扳至“直流”位置时，照明灯便由蓄电池或充电发电机供电，再接通照明开关，照明灯便亮。此时直流电流由接线排上24号线→3KK照明开关→1ZD、2ZD→25号线搭铁至电源负极。

将交流/直流照明开关扳至“交流”位置时，照明灯便由市电或发电机电源经由变压器1ZB供电。为安全起见，通过照明变压器将交流电变为24V。照明变压器的初级绕组经熔断器2FU、3FU并接在同步发电机的B相和C相。接通照明开关时，照明灯便亮。此时，照明变压器次级绕组的电流由接点25→1ZD、2ZD→交/直流照明选择开关3KK→21号接点→照明变压器次级21号接线。

⑤ 仪表指示电路　主要包括电流表、电压表、频率表、功率表和功率因数表五种电路。

a. 电流表电路。三个交流电流表分别串接在1LH、2LH、3LH的次级回路内，电流互感器的初级串接在输出电路中，这样接通负载时就能指示出各火线输出电流的大小。电流互感器为LQG2-0.5型，电流变比为200/5A。

b. 电压表电路。当本发电机发电时，转动电压表转换开关便可检查各火线间的电压。如将开关扳至AB位置时，电压表便经过此开关并接在火线 D_1、D_2 之间，以检查火线 D_1、D_2 间的电压。这时电流由发电机端线 D_1→熔断器1FU、接点31→1HK→第三层从动片→接点38→电压表V→接点37→第一层从动片→接点2→接点32→熔断器2FU→接点102→发电机端线 D_2。当开关扳至BC及CA位置时，情况与上述类似，发电机输出电压 D_2D_3 及 D_3D_1 将分别加到电压表上，此时电压表的读数分别为 D_2D_3 及 D_3D_1 的线电压值。

c. 频率表电路。频率表并接在电压表选择开关的出端接点38和接点37上，因而可指示出本发电机输出的交流电的频率。

d. 功率表电路。功率表电路由功率表及其变换器组成，功率表的电流线圈分别与电流表1A、3A一起串入1LH、3LH的次级回路，电压线圈的A、C两线圈电压由发电机组A、C相电压经功率变换器降压后获得，而B相线圈直接外加B相电压。

e. 功率因数表电路。功率因数表的电流线圈串在1LH的次级回路中，而其电压线圈加在发电机B、C相电压之间。

(2) PF13-75型控制箱　如图8-11所示为PF13-75型控制箱电路，主要增加了并列运行部分和相关监视仪表，其主要元器件型号与规格见表8-7。

表8-7　PF13-75型控制箱电路主要元器件型号与规格

代号	名　称	型号与规格
A	交流电流表	81T2A,200/5A
V1	交流电压表	81T2-V,450V
V2	同步表	
Hz	频率表	81L2-Hz,220V,45～55Hz
$\cos\varphi$	功率因数表	81L10-$\cos\varphi$,5A,380V

续表

代号	名　称	型号与规格
W	三相功率表	81L3-W,200/5A,380V
A	直流电流表	81C1-A,30A
LH4～LH6	绝缘监视灯	BLXN-1,220V
LH7～LH9	同期指示灯	ZDC-1,380V
ZL	硅整流器	ZP,30A/800V
VT1,VT2	晶闸管	KP,50A/900V
QF	空气开关	DZ10-250/330,140A
L	电抗器	
TST	励磁调节器	TST1、TST2
QT	无功调节器	
YW	油温表	302-T32u,24V
SW	水温表	302-T32,24V
JY	油压表	308T32,24V
TA1～TA4	电流互感器	LM-0.5,200/5A
LH1	信号灯	XD7,380V,红色
XS1,XS2	插座	P20K,2A
FU1～FU5	熔断器	RL1-15,380V,4A,15A
YK	钥匙开关	JK421
SB	启动按钮	JK260
SA1	电压转换开关	HZ10-03
SA5	灭磁开关	
SA7	组合开关	HZ10-10/E185
LH2,LH3	小插口灯	24V,10W

（3）XFK-7A 型控制箱　XFK-7A 型控制箱其控制方式适用于单机运行或手动方式进行的两台以上机组并列运行。通常由 TFE 系列同步发电机、国产 135 系列柴油机以及相关仪表组成一体化机组。XFK-7A 型控制箱电路原理如图 8-12 所示。

运行时，将主电缆接在自动空气开关 Q 的输出端下部 L1、L2 和 L3 处，N 线接在箱后接线柱上。箱内装有与机组功率相对应的电流互感器，其中 TA1～TA3 为面板上的电流表和功率表提供电流量。TFE 系列同步发电机每相出线有两条电缆线，其中一条穿过互感器，所以互感器变比只需额定电流的一半，例如，250kW 机组原选用 600/5A，而在本控制箱只需选 300/5A。TA4～TA6 为发电机复励装置提供电流，电流互感器输出电流经三相整流后把直流电输入复励绕组，这个复励电流随发电机电流增加而增大，起补偿作用，这样大大提高了同步发电机稳态和瞬态电压调整率，缩短了电压恢复时间。AVR 自动电压调节器装在控制箱后板上，其调整电压的电位器装在面板上，可以调节发电机输出电压的大小。

TA7 是为柴油发电机组并联时所设的电流互感器，它接入 AVR 自动电压调节器，当两台机组并列运行时起着抑制无功电流的作用，从而使两台机组输出的无功功率保持在分配差

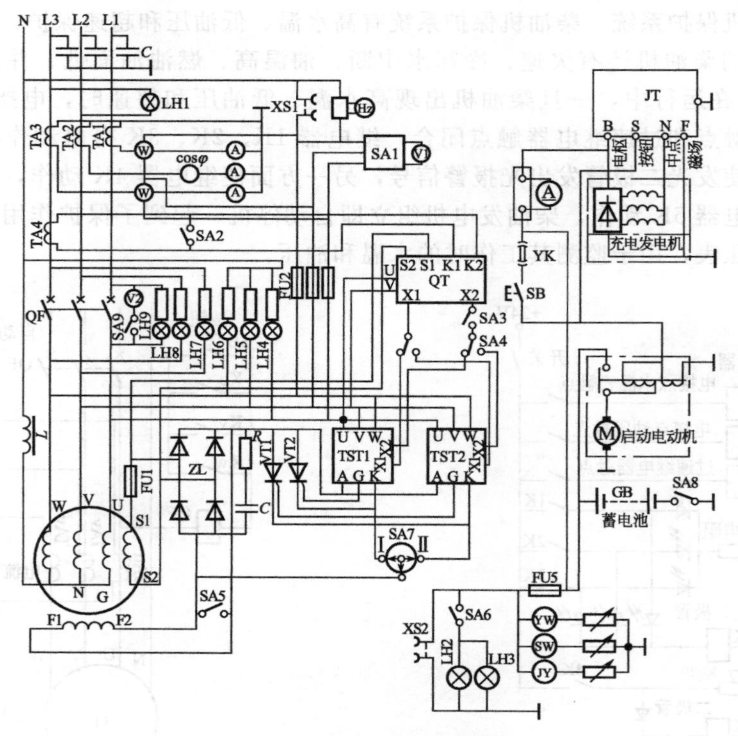

图 8-11 PF13-75 型控制箱电路

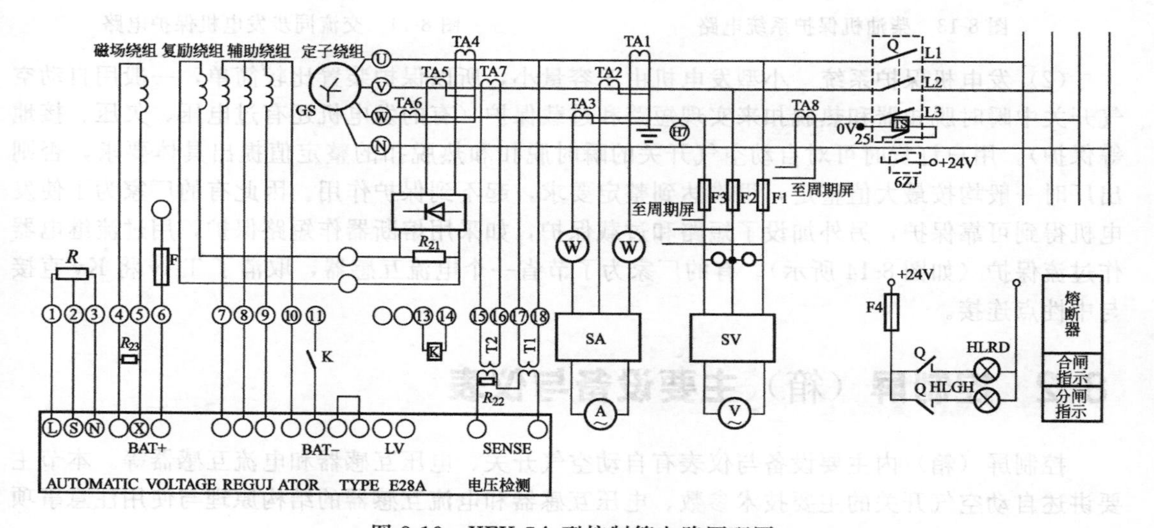

图 8-12 XFK-7A 型控制箱电路原理图

说明：发电机转子部分图中未画出；并联运行时，逆功率旋钮跳闸，

1＃机为 6ZJ，2＃机为 7ZJ，3＃机为 8ZJ，并应短路 15、16 端子。

度内。TA8 为周期屏内逆功率继电器而设，它提供继电器线圈所需电流。Q 是主开关（DZ10/334 型，带分励脱扣器），专为并联时机组逆功率时切断开关，保护机组不因逆功率而损坏。其操作电源由机组启动用蓄电池提供。

8.1.3 机组保护系统

机组保护系统分为柴油机与发电机保护系统两部分。

（1）柴油机保护系统　柴油机保护系统有高水温、低油压和超速保护，其典型电路如图8-13所示（有的柴油机还有欠速、冷却水中断、油温高、燃油油面低、并列机组逆功率保护等）。当机组在运行中，一旦柴油机出现高水温、低油压和超速时，电接点水温表触点、电接点油压表触点和过速继电器触点闭合，继电器1K、2K、3K得电动作，使其常开触点闭合，一方面使发光二极管发出光报警信号，另一方面使继电器4K动作，喇叭发出声报警信号，同时继电器5K动作，柴油发电机组立即自动停机，起到了保护作用。有的柴油机设有水温表和油压表，用于监测其工作时的水温和油压。

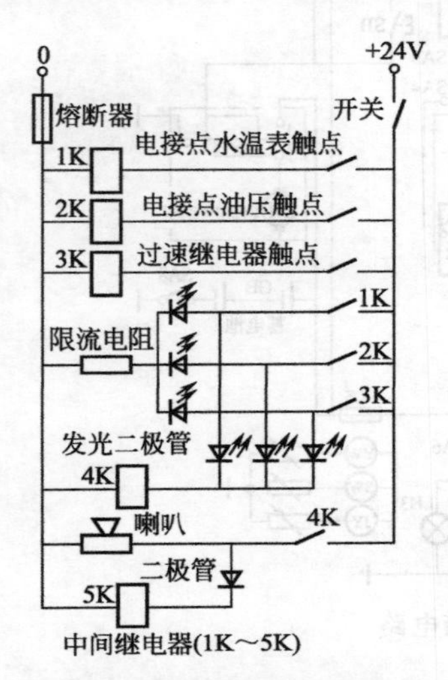

图8-13　柴油机保护系统电路

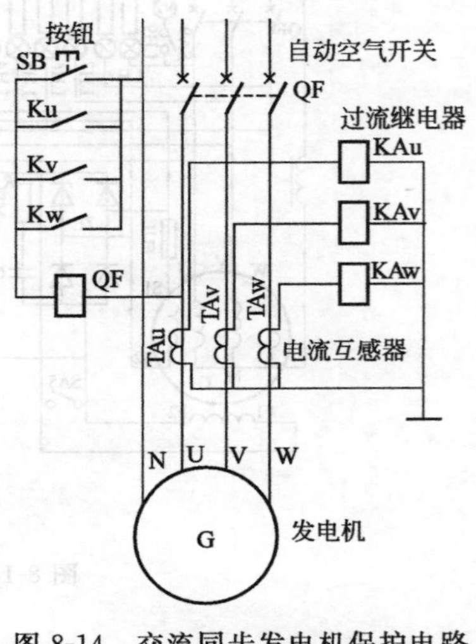

图8-14　交流同步发电机保护电路

（2）发电机保护系统　小型发电机由于容量小，所以保护装置比较简单，一般用自动空气开关中瞬时脱扣器和热脱扣来实现短路和过载保护（有的发电机还有过电压、欠压、接地等保护）。用户订货时可对自动空气开关的瞬时脱扣和热脱扣的整定值提出具体要求，否则出厂时一般均按最大值整定，很难达到整定要求，起不到保护作用。因此有的厂家为了使发电机得到可靠保护，另外加设了短路和过载保护，如采用熔断器作短路保护，用过流继电器作过流保护（如图8-14所示）。有的厂家为了节省一个电流互感器，取消了TAv将Kv直接与中性点连接。

8.2　控制屏（箱）主要设备与仪表

控制屏（箱）内主要设备与仪表有自动空气开关、电压互感器和电流互感器等。本节主要讲述自动空气开关的主要技术参数、电压互感器和电流互感器的结构原理与使用注意事项以及主要测量仪表的选用、接法与读数。

8.2.1　自动空气开关

自动空气开关适用于交流50Hz或60Hz及以下，或直流220V及以下不频繁通、断的线路，具有过负载及短路保护功能，用以保护发电机不因过负荷及短路而损坏。

小型柴油发电机组控制箱常用DZ10系列塑料外壳的自动空气开关。它由绝缘基座与盖、灭弧室、触头、操作机构及脱扣器等部分组成，除手柄及板前接线的接线头露出外，其余部分均安装在塑料压制的壳内。采用四连杆操作机构，能快速闭合和断开，使触头分、合时间与操作速度无关。脱扣器分为复式、电磁式、热脱扣和无脱扣4种。DZ10系列自动空气开关脱扣器瞬时动作电流整定值及延时特性见表 8-8。

表 8-8　DZ10 系列自动空气开关脱扣器瞬时动作电流整定值及延时特性

型号	复式脱扣器		电磁脱扣器	
	额定电流 I_n/A	瞬时动作额定电流/A	额定电流 I_n/A	瞬时动作整定电流/A
DZ10-100	15,20,25,30,40,50,60,80,100	$10I_n$	15,20,25,30,40,50	$10I_n$
			100	$(6\sim10)I_n$
DZ10-250	100	$(5\sim10)I_n$	250	$(2\sim7)I_n$
	120	$(4\sim10)I_n$		$(2.5\sim8)I_n$
	140,170,200,250	$(3\sim6)I_n$ 或 $>(6\sim10)I_n$		$(3\sim6)I_n$ 或 $>(6\sim10)I_n$
DZ10-600	200,250,300,350,400,500,600	$(3\sim10)I_n$	400	$(2\sim7)I_n$、$(2.5\sim8)I_n$ 或 $(3\sim10)I_n$
			600	$(2\sim7)I_n$、$(2.5\sim8)I_n$ 或 $(3\sim10)I_n$

注：延时特性：脱扣器额定电流 $1.1I_n$ 时，DZ10-100、DZ10-250 大于 2h；DZ10-600 大于 3h；脱扣器额定电流 $1.45I_n$ 时，DZ10-100、DZ10-250、DZ10-600 小于 1h。

发电机控制屏还常用 DW15 型自动空气开关，该自动空气开关适用于交流 50Hz、额定电流 100～4000A、额定工作电压 380～1140V 不频繁通、断线路。开关本身具有过负载、短路和欠电压保护，用以保护发电机不因过负载及短路而损坏。开关的触头装置、灭弧装置和操作机构安装在铁制框架上（630A 及以下则安装在绝缘板上），开关内装有分励脱扣器、欠压脱扣器、过电流脱扣器、速饱和电流互感器（或电流、电压变换器）、热断电器（或半导体脱扣器）。过电流脱扣器有热-电磁式、电子式、电磁式三种，热-电磁式长延时过电流脱扣器由速饱和电流互感器、双金属片式热继电器和分励脱扣器组成，过载时热继电器触头闭合，使分励脱扣器动作，分断断路器。电热式瞬时过电流脱扣器由拍合式电磁铁组成，主回路母线穿过铁芯，发生短路时拍合式电磁铁动作，使断路器断路。电子式脱扣器由电流、电压变换器和半导体脱扣器组成，有 DT1 和 DT3 两种，DT1 由分立元件组成，DT3 由集成电路组成。该开关有手动操作和电动操作两种，电动操作又分为电磁铁操作（630A 及以下）和电动机操作（1000A 及以上），其控制电路见图 8-2。该系列自动空气开关技术数据见表 8-9，过电流脱扣器动作电流整定值见表 8-10。

表 8-9　DW15 系列自动空气开关技术数据

型号		DW15-200	DW15-400	DW15-630	DW15-1000	DW15-1600	DW15-2500	DW15-4000
额定工作电压/V		380,660,1140			380	380	380	380
壳架等级额定电流/A		200	400	630	1000	1600	2500	4000
额定电流/A	热电磁式	100 160 200	315 400	315 400 630	630 800 1000	1600	1600 2000 2500	2500 3000 4000
	电子式	100 200	200 400	315 400 630	630 800 1000	1600	1600 2000 2500	2500 3000 4000
额定短路分断能力(P-2)/kA	380V	20	25	30	40	40		
	660V	10	15	20				
	1140V		10	12				

续表

型号		DW15-200	DW15-400	DW15-630	DW15-1000	DW15-1600	DW15-2500	DW15-4000
额定短路分断能力(P-1)/kA	380V	50	50	50			60	80
额定短路短延时分断能力/kA	380V	5 (延时 0.2s)	8 (延时 0.2s)	12.6 (延时 0.2s)	30 (延时 0.4s)	30 (延时 0.4s)	40 (延时 0.4s)	60 (延时 0.4s)
	660V	5 (延时 0.2s)	8 (延时 0.2s)	10 (延时 0.2s)				
最小额定短路接通能力(峰值)/kA		40	50	60	84	84	126	168

表 8-10　过电流脱扣器种类及动作电流整定值

壳架等级额定电流/A	额定电流 I_n/A	选择型过电流脱扣器			非选择型过电流脱扣器				
		电子式			电子式		热电磁式		电磁式
		长延时	短延时	瞬时	长延时	瞬时	长延时	瞬时	瞬时
200～630	100～630	(0.4～1)I_n	(3～10)I_n	(10～20)I_n	(0.4～1)I_n	(3～10)I_n	(0.64～1)I_n	$10I_n$ 不可调式	—
					(0.4～1)I_n	(8～15)I_n	(0.64～1)I_n	$12I_n$ 不可调式	
1000～1600	630～1600	(0.7～1)I_n	(3～10)I_n	(10～20)I_n			(0.7～1)I_n	(3～6)I_n	(1～3)I_n
2500～4000	2000～4000		(3～6)I_n	(7～14)I_n	—				

选用自动空气开关时必须注意以下两点。

（1）正确选用脱扣器的额定电流　如型号为 DZ10-100 的自动空气开关，其主触头允许长期通过 100A 额定电流，但其脱扣器的额定电流（即热脱扣器额定电流）则有 15A、25A、30A、40A、50A、60A、80A、100A 等几种，具体选择哪种合适，就要根据发电机的容量而定。如配用的发电机为 30kW，定子额定电流为 54.1A，则选用的脱扣器额定电流应为 60A，使其尽量接近并略大于定子额定电流。若选择得电流太大（如选用 80A），如发电机长期过载，而热脱扣器不会动作，则自动空气开关起不到过载保护作用。相反，若脱扣器额定电流选用 40A，则发电机额定运行达 1h 左右，脱扣器便发生动作，使自动空气开关跳闸，造成误停电。所以，在订货时应写明脱扣器额定电流，若未明确提出要求，出厂时一般按最大额定电流整定，直接在商店购买的自动空气开关一般不能满足要求，必要时要另加过流保护装置。

（2）正确选用瞬时动作额定电流　瞬时动作额定电流是根据短路计算结果来选用的，其整定值最好由开关厂整定，因此，订货时也必须向厂家提出要求，否则出厂时一般按最大值整定，所以，直接向商店购买的自动空气开关的瞬时动作额定电流一般不能满足要求，必要时另外加短路保护装置。

8.2.2　电压互感器和电流互感器

（1）电压互感器　电压互感器的结构和普通变压器相似，主要由硅钢叠成的铁芯和绕在铁芯外边的两个绕组组成，它将高电压变成低电压。如图 8-15 所示为单相电压互感器结构原理及其外形示意图。其中绕组 W_1 为主绕组，与被测量电压连接。W_2 为副绕组，为仪表、继电器提供 100V 的电压。因为流过副绕组的电流很小，相当于工作在空载状态的变压器，所以，电压互感器可视为理想变压器。由于变压器工作于空载状态，内阻抗压降很小。主绕组侧电压 U_1 与副绕组侧电压 U_2 的比值称为电压互感器的变比。因为电压互感器是将高压变低压，当电压互感器绕组绝缘击穿时，在副绕组侧会出现高电压，为了安全起见，电压互感器副绕组回路和它的外壳均需接地。

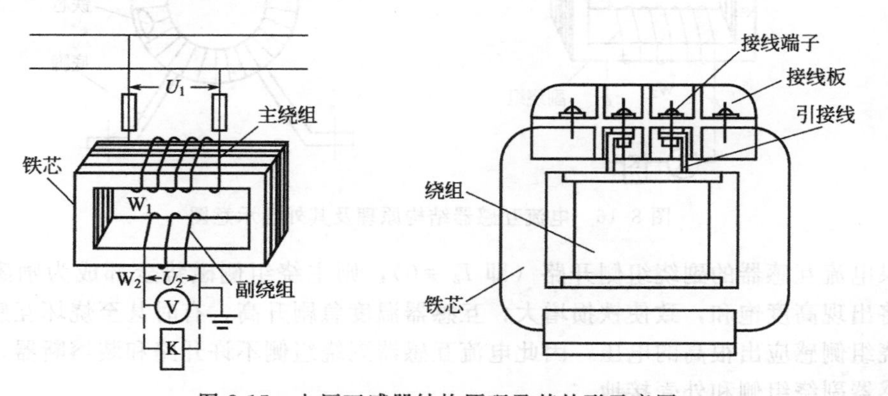

图 8-15　电压互感器结构原理及其外形示意图

选用电压互感器时应注意以下几点。

① 电压互感器的工作电压应等于或小于互感器的额定电压。

② 电压互感器的额定容量应大于负载的最大容量，以保证其具有相应的准确度。电压互感器在不同准确度时的额定容量见表 8-11。用于计费用的电度表应采用准确度为 0.5 级的电压互感器，用于一般测量仪表和继电器应采用准确度为 1 级的电压互感器，用于估计被测数值的测量仪表（如电压表）可采用准确度为 3 级的电压互感器。

表 8-11　电压互感器主要技术参数

<table>
<tr><th rowspan="2">型　　号</th><th colspan="2">额定电压/V</th><th colspan="3">额定容量/V・A</th><th rowspan="2">最大容量/V・A</th></tr>
<tr><th>主绕组</th><th>副绕组</th><th>0.5 级</th><th>1 级</th><th>3 级</th></tr>
<tr><td>JDG-0.5</td><td>220</td><td rowspan="3">100</td><td>25</td><td>40</td><td>100</td><td>200</td></tr>
<tr><td>JDG1-0.5</td><td>380</td><td rowspan="2">15</td><td rowspan="2">25</td><td rowspan="2">50</td><td>120</td></tr>
<tr><td>JDG4-0.5</td><td>500</td><td>100</td></tr>
</table>

③ 电压互感器、继电器和测量仪表的接线应注意相别、极性，确保测量仪表的读数和继电保护动作准确。

④ 电压互感器副方负载的各电压线圈应并联连接，电压互感器副绕组不允许短路。

⑤ 电压互感器的副方接线，对于中性点不接地的小型发电机组而言，为了节省一只互感器，一般可采用 V-V 接线方式。有同期要求电压互感器副方采用 B 相接地时，当电压互感器副方熔断器熔断，电压互感器副绕组将失去 B 相接地点。为了实现保护接地，应在副方中点装设击穿保护器。

（2）电流互感器　电流互感器结构和电压互感器相似，也由两个绕组和铁芯组成。主绕组 W_1 与电路串联，副绕组 W_2 与电流表 A、电流继电器 K 等串联。如图 8-16 所示为电流互感器结构原理及其外形示意图。电流互感器的作用是将大电流变成小电流供给仪表、电流继电器等使用，因此，副绕组侧的阻抗非常小，所以，电流互感器实质上是个工作于短路状态的变压器，激励电流非常小。主绕组侧电流 I_1 与副绕组侧电流 I_2 的比值称为电流互感器的变比。

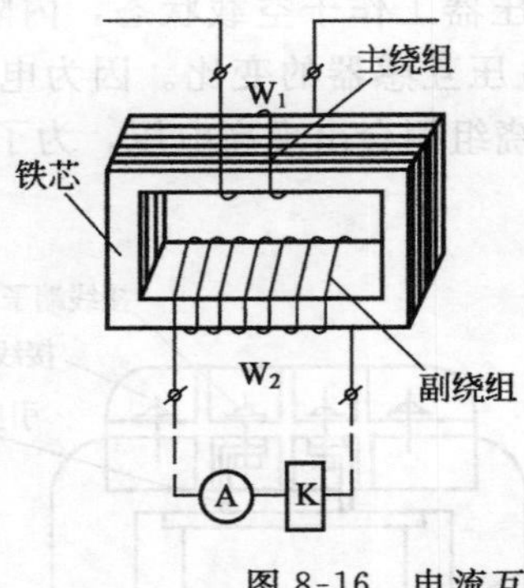

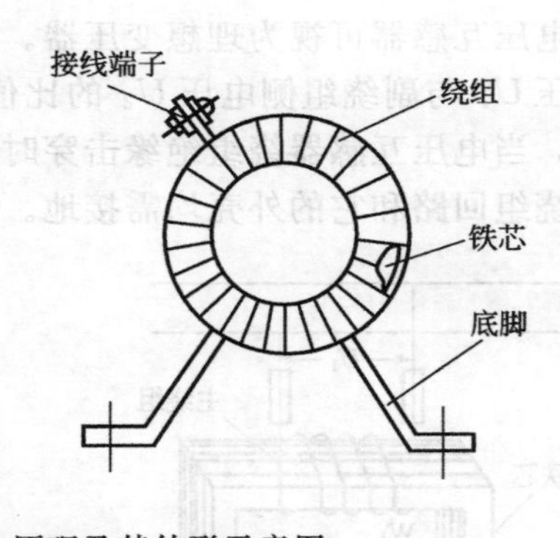

图 8-16 电流互感器结构原理及其外形示意图

如果电流互感器的副绕组侧开路（即 $I_2=0$），则主绕组侧磁势全部成为励磁磁势，铁芯磁路将出现高度饱和，致使铁损增大，互感器温度急剧升高，有时甚至烧坏互感器，同时会在副绕组侧感应出很高的电压，因此电流互感器副绕组侧不许开路和装熔断器，并且需将电流互感器副绕组侧和外壳接地。

选用电流互感器时应注意以下几点。

① 电流互感器的正确选择。一般来说，用于计费用的电度表的电流互感器的准确度应采用 0.5 级电流互感器，对于非重要回路的测量仪表可使用 3 级电流互感器。

② 电流互感的准确度与其使用容量有关，为此必须使其使用容量小于或等于其额定容量，即电流互感器二次侧工作电流应小于或等于额定二次侧电流，二次侧负载（取三相中最大的一相）应小于或等于额定二次侧负载。当计算出的一次侧负载大于二次侧负载时，可采用两个型号、变比相同的电流互感器顺向串联使用，其二次侧负载可增加 1 倍。发电机组常用 LQC-0.5、LM-0.5 型电流互感器的主要技术参数见表 8-12。

表 8-12 LQC-0.5、LM-0.5 型电流互感器主要技术参数

型号	额定一次侧电流/A	额定二次侧电流/A	额定二次侧负载/Ω		
			0.5 级	1 级	3 级
LQG-0.5	5,10,15,20,30,40,50,75,100,150,200,300,400,600,750,800	5	0.4	0.6	
LM-0.5	75,100,150,200	5			0.2
	300,400,600			0.2	
	800	5			0.8
	1000,1500	5		0.8	
	2000,3000	5		0.8	

③ 电流互感器接线极性要正确，否则将使测量仪表读数不正确，并使相应的继电保护发生误动作。

④ 电流互感器二次侧负载的各电流线圈应采用串联连接，不能采用并联连接，因为只有串联连接流过各线圈的电流才是相等的，才能正确反映流过电路的电流。

(3) 互感器的极性及其判别　电压互感器和电流互感器的极性表示其主、副绕组的相对绕法关系，如果绕向相同，则两个绕组的头（或尾）称为同极性。仪表用互感器是按减极性标注的，即当主绕组和副绕组同时由同极性端子通入电流时，电流在铁芯中产生的磁通方向相同，如图 8-17 所示，用 L_1 和 K_1（或用·）表示主、副绕组同极性端子。当电流从主绕

组端子 L_1 流入时，在副绕组中感应的电流应从同极性端子 K_1 流出。根据这一原理，可判别出互感器绕组的极性，如图 8-18 所示。在互感器的主绕组侧接上直流电源和开关，在副绕组侧使其与万用表的直流 mA 挡连接，并假设互感器的极性如图 8-18 所示。当合上开关的瞬间，如果万用表指针向正方向（即向右）偏转，则说明假定的极性是正确的；当合上开关的瞬间，如果万用表指针向负方向（即向左）偏转，则说明假定的极性是错误的。

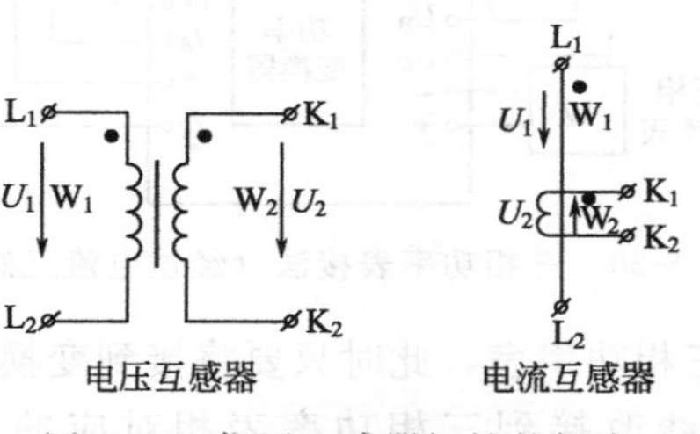

图 8-17　仪用互感器极性的标注

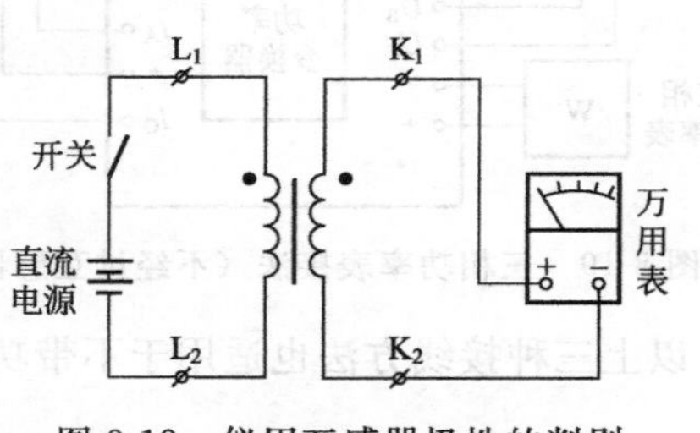

图 8-18　仪用互感器极性的判别

8.2.3　主要测量仪表的选用、接法与读数

（1）测量仪表的配置和选用　发电机组电气测量仪表的配置应能满足对机组各种电气运行参数进行观测和监视，以保证机组的安全、经济运行。但是否每台机组不管容量大小和使用要求，都要配足电气测量仪表呢？这倒不一定。具体配置哪些仪表，应根据实际使用情况进行考虑。如有的机组，柴油机表盘上已配有转速表，且该机组不需并列运行，就无需配频率表；有的机组观测和监视定子运行情况的仪表配得较全（如配置了电压表、电流表、功率表、功率因数表、频率表等），能确保发电机在额定电压、电流、功率和功率因数内运行，发电机的励磁电流不会超过额定值，就可不配直流电流表；有的机组主要是为了确保运行安全，对功率的观测无关紧要，也可不装功率表。但为了确保发电机安全运行，必须确保发电机不过压，定、转子不过流，一般来说配置交流电压表、交流电流表和直流电流表是必要的。

选用电气测量仪表时应注意以下两点。

① 电气测量仪表准确度的选用　为了保证测量的准确性，最好能选用准确度较高的仪表，但由于用于机组控制箱的仪表表面较小，使用条件较差，所以一般不用精确度较高的仪表，GB10234—88 交流移动电站用控制屏通用技术条件要求，监测频率表准确度等级应不低于 5.0 级，其他监测仪表准确度等级应不低于 2.5 级。

② 电气测量仪表量程的选用　电气测量仪表量程的选择应使发电机在额定运行时，仪表指针指示在量程的 2/3 刻度左右。若指针指示低于此刻度，表示仪表量程选择过大，仪表误差增大；若指针指示高于此刻度，则表示仪表量程选择过小，测量裕度很小，有时不能满足机组运行要求。

（2）三相功率表的接法　用于测量三相发电机输出功率的三相功率表，一般均带功率变换器，其接线方法通常有以下三种。

① 接入三相功率表的三相电压和电流均未经互感器，而直接接到功率变换器上，三相功率经变换器变换后再接到功率表进行读数，如图 8-19 所示。这种接法通常用于测量电压 400V、电流 5A 以下的小功率。

② 接入三相功率表的三相电压未经电压互感器，而直接接到功率变换器，但电流侧经过电流互感器再接至功率变换器，如图 8-20 所示。这种接法通常用于测量 400V、电流 5A 以上的大功率。

③ 接入三相功率表的三相电压和电流均经互感器，再接至功率变换器，如图 8-21 所

示。这种接法只要配上不同变比的电压、电流互感器，可测任何电压、电流下的功率。

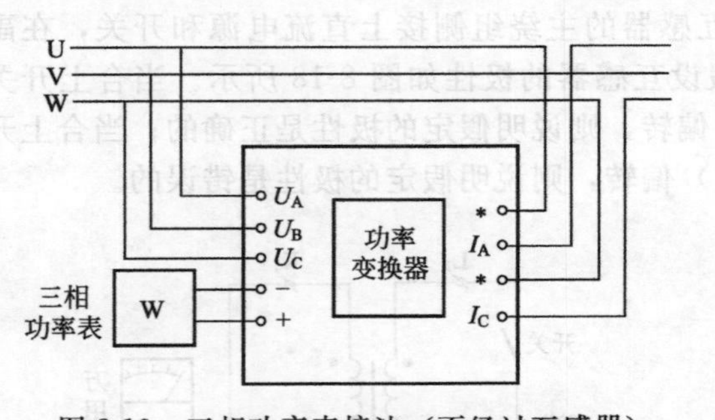

图 8-19　三相功率表接法（不经过互感器）

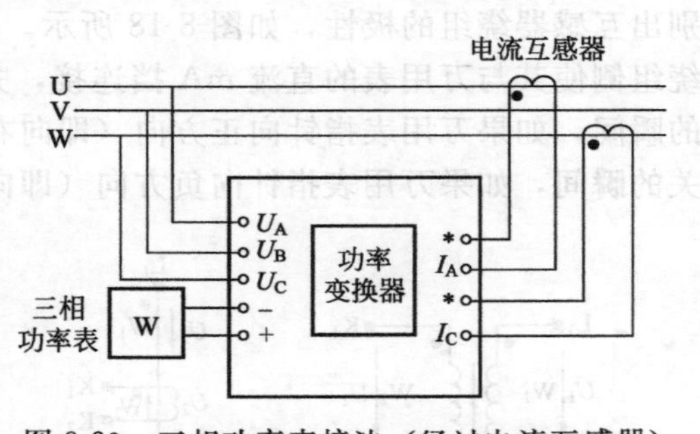

图 8-20　三相功率表接法（经过电流互感器）

以上三种接线方法也适用于不带功率变换器的三相功率表，此时只要将接到变换器各端子的接线改接到三相功率表相对应的端子上即可。

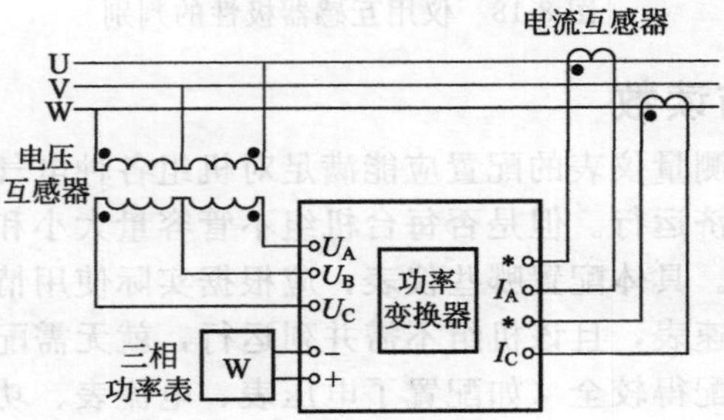

图 8-21　三相功率表接法（经过电流、电压互感器）

为确保功率表读数正确和安全使用，三相功率表接线应注意以下两点。

① 当未通过互感器直接接线时，通过被测量电路的电压和电流必须小于功率表上标明的额定电压和额定电流；当通过互感器接线时，则要注意三相功率表上标明的电压、电流变比要与配用的电压互感器、电流互感器变比一致。

② 要注意接线的相别、相序和极性，切勿接错，否则三相功率表读数不正确，甚至使功率表指针反转，读不出读数。

(3) 电流表变比与电流互感器变比不一致时的使用　量程较小的交流电流表（如 20A 以下）一般为直读仪表，即将要测量的交流电流直接通入电流表的线圈，在表上直接读出电流值。但量程较大的交流电流表（如 20A 以上），由于电流表的电流大，仪表的线圈要用较大线径的导线绕制，制作起来较困难，所以较大的电流通常不直接通入仪表线圈，而是经过电流互感器，将大电流变成小电流后再接入电流表线圈。此时通入电流表的电流不是实际的负载电流，而是缩小了一定倍数的电流。为了能直接读出负载电流，电流表的刻度就必须放大，这个放大倍数就是电流表的变比。如配用的电流互感器的变比为 200/5（即将负载电流缩小 40 倍），为了不需换算，就能在表面上显示出通过负载的实际电流，此时电流表的变比也必须是 200/5（即将通过电流表的电流放大 40 倍）。所以选用电流表时，必须使其变比与电流互感器的变比相同。

有时购不到与所配用的电流互感器变比一致的电流表（或用其他变比的电流表），这时就要对电流表的读数进行换算。例如，有一只电流表的变比为 300/5，而配用的电流互感器的变比为 200/5。电流表变比为 300/5，即表示当电流表线圈流过 5A 电流时刻度的指示为 300A。电流互感器变比为 200/5，即表示当电流表线圈流过 5A 电流时，流过电流互感器一次侧的负载电流为 200A，但仪表的读数是 300A，因此，应把电流表读数乘以 200/300 才是流过负载电流的实际电流。若电流表的读数为 150A，则流过负载的实际电流＝150×200/300＝100A。

(4) 功率表上变比与互感器变比不一致时的功率表读数的换算　与互感器匹配使用的功率表，其表盘是根据功率表上标明的电压变比、电流变比进行刻度的，而这个电压变比和电流变比是根据用户提出的该功率表所配用的电压互感器、电流互感器的变比来确定的。因此，当功率表上标明的电压变比、电流变比与配用的电压互感器和电流互感器变比一致时，就可从表面上直接读数，无需换算。但有时用户一时找不到与电压互感器、电流互感器变比相符合的仪表，这时可换算读数。例如，有一功率表，其电压为380V，电流变比为150/5，配用的电压互感器变比为380/100，电流互感器变比为100/5。而仪表要求的电压互感器的变比为380/380（即无需电压互感器），功率表电压线圈接到电压互感器二次侧后，读数需乘一个系数（电压变比修正系数）K_V，K_V=实际电压互感器变比/仪表要求的电压互感器变比=(380/100)/(380/380)=3.8。同样，功率表电流线圈接到电流互感器二次侧后，读数也需乘一个系数（电流变比修正系数）K_I，K_I=实际电流互感器变比/仪表要求的电流互感器变比=(100/5)/(150/5)=2/3。所以，功率表的实际读数=功率表的读数×K_V×K_I=功率表读数×3.8×(2/3)。

为确保功率表的电压线圈和电流线圈不因过压或过流而烧毁，代用的功率表要求电压互感器的变比必须小于实际使用电压互感器的变比，而电流互感器的变比则必须大于实际使用电流互感器的变比。

（5）直流电流表和分流器不匹配时读数的换算　量程较小的直流电流表（如10A及以下）一般为直读仪表，表上直读出电流值。但量程较大的直流电流表（如10A以上），其仪表电路通常并联有一个分流器（分流器实际上是一个数值已知的小电阻，大部分被测电流通过它）。大量程直流电流表实质上是毫伏表，被测电流在分流器上产生毫伏级电压，然后将毫伏数送至毫伏表测量，并以电流值进行刻度。当电流表上标明的毫伏值与分流器上标明的毫伏值一致时，说明电流表和分流器匹配，此时可从电流表上直接读出电流值。若它们所标明的毫伏值不一致，说明不匹配，此时必须对电流表的读数进行换算。例如，有一只150A的直流电流表，表上标明75mV，因买不到150A、75mV分流器，用一只150A、45mV的分流器代替。本来当通过150A电流时，在分流器上应产生75mV电压，电流表的指针应指在150A的刻度上。但用了150A、45mV分流器后，当分流器通过150A电流时，只产生45mV电压，电流表的指针只能指在90A的刻度上，比原来少了60A，产生了读数误差。为确保读数正确，必须乘以一个系数（分流比修正系数）K，K=直流电流表标明毫伏数/分流器标明毫伏数=75mV/45mV=5/3，所以，直流电流表的实际读数=直流电流表读数×K=90×(5/3)=150A。

8.3 控制屏（箱）的使用与维修

8.3.1 控制屏（箱）的使用与维护

机组控制屏（箱）的结构及所装设备不同，其使用方法与维护内容也有所不同。下面以PF13-75型控制箱（如图8-11所示）为例简要说明控制屏（箱）的使用与维护。

（1）控制屏（箱）的使用

① 用钥匙开启电门开关YK，按启动按钮SB，启动柴油机。

② 增加柴油机转速，当柴油机转速升至接近额定值时，发电机即可自行发电。发电机电压可通过励磁调节器TST1（或TST2）的整定电位器进行调节。当柴油机运转而发电机不发电时，可将灭磁开关SA5接通。

③ 发电机三相电压可通过转换开关SA1和电压表V1进行测量。

④ 发电机的绝缘情况，可通过“绝缘监视”灯LH4～LH6进行监视，当某相对地短路时相应的绝缘监视灯不亮。

⑤ 接通自动空气开关，输出（或合闸）指示灯HL1亮，表示机组已向负荷供电。

⑥ 柴油机工作情况由油温表YW、机油压力表JY、水温表SW、频率表Hz和充电电流

表A进行监测。发电机工作情况由电压表V1、电流表A、频率表Hz、功率表W、功率因数表$\cos\varphi$进行监测。

⑦ 发电机单机运行时，应将SA3置于“单机”位置，将同步表V2开关SA9置于“断开”位置，将励磁调节器SA7置于所需位置。当SA7置于位置“Ⅰ”，AVR1投入工作；置于位置“Ⅱ”时，AVR2投入工作；置于位置“Ⅰ+Ⅱ”，两个励磁调节器并列控制发电机工作，互为失控过压保护，确保机组“单机”运行时的可靠性。

⑧ 发电机并列运行时，应将SA3置于“并列”位置，将SA9置于“接通”位置，将SA7置于“Ⅰ”或“Ⅱ”位置，但不能置于“Ⅰ+Ⅱ”，否则不起并列运行的控制作用。

⑨ 两台并列运行的发电机组应分别调整其可调调速整定位置，使机组在额定有功功率下，调速率皆为−3%（Ⅲ类电站）或−5%（Ⅳ类电站）。没有可调调速装置的柴油机，应配对优选柴油机，使其调速率尽量一致。

⑩ 两台并列运行的柴油发电机组应分别整定无功调节器QT的调差电阻，使柴油发电机组在额定功率因数0.8滞后的额定负载下，其电压下降值为额定电压的−3%（Ⅲ类电站）或−5%（Ⅳ类电站）。

⑪ 发电机组并列运行时，必须满足相序一致、电压一致、频率一致，并按并列操作方法进行操作。

⑫ 发电机组运行后的负载转移。当一台发电机与另一台（或几台）发电机并列运行后，必须进行负载转移。有功功率转移是调节柴油机的油门，油门越大所带有功越多，油门越小所带有功越小。无功功率转移是调节励磁调节器中的整定电位器来调节发电机的励磁电流，励磁电流越大所带无功越大，励磁电流越小所带无功也越小。负载转移通常是分阶段进行的，即先转移一部分有功功率，再转移一部分无功功率，这样一步一步转移至平衡（即按额定功率比例均衡分配）。

⑬ 机组解列操作。当总负载下降，足可使一台机组解列时，可分别调节柴油机油门和励磁调节器的整定电位器，将有功功率和无功功率减少至零，然后将机组解列。

（2）控制屏（箱）的维护

① 控制屏（箱）在使用中必须注意保持干燥、清洁，通风良好，避免尘垢、水滴、金属或其他杂物侵入箱内。

② 要定期检查与维护，检查各部分接触是否良好，紧固螺钉有否松动，各电器触头是否完好，线圈的绝缘和发热是否正常，并根据存在问题及时修复。

③ 如有较长时间没有使用，在使用前应对相关电气元器件绝缘电阻进行测量，如发现受潮，需对受潮元器件进行烘干处理后才能使用。

④ 当发生故障跳闸后，要查明故障原因，并对控制屏（箱）内的相关电气元器件进行检查，排除故障后才能再合闸。

8.3.2 控制屏（箱）常见故障检修技能

8.3.2.1 控制屏故障检测

为了保证控制屏的安全、可靠运行，必须定期或不定期对发电机控制屏进行检测，及时发现问题和排除故障。低压发电机控制屏尽管各生产厂商生产的型号与规格不同，但它们的作用和组成都基本相同，因此其故障检测与处理方法也基本相同，下面以FKDF型控制屏（电路如图8-2所示）为例介绍控制屏的故障检测。

（1）相序检测 从控制屏的正面看，控制屏主回路母线相序排列和色标应符合表8-13规定，接入控制屏的电压相序应与上述规定相符。

表 8-13 控制屏主回路相序

相别	垂直方向	水平方向	前后排列	色标
L1(或 U)	上	左	远	黄
L2(或 V)	中	中	中	绿
L3(或 W)	下	右	近	红
中性线	最下	最右	最近	黑

相序可用相序仪检测。在现场也可用简易法检测。如图 8-22 所示，用 2 只 220V、50W 灯泡和一只 3μF、250V 电容器接成 Y 形接线，U′、V′、W′分别与待测互感器 U、V、W 相连接，若灯 LH1 比 LH2 更亮，则相序正确，否则相序错接，应更正。

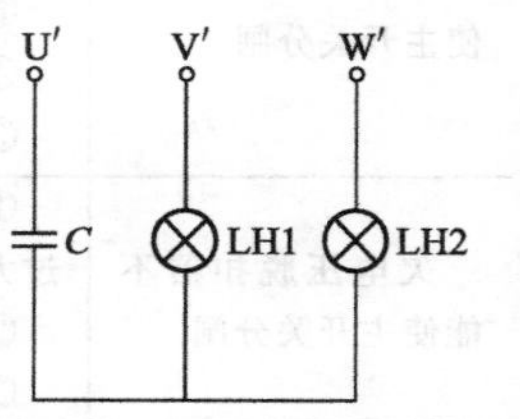

图 8-22 相序简易检测示意图

(2) 电流互感器、电压互感器极性和连接组检测 在控制屏中，电压互感器、电流互感器都有固定极性和连接组，它们与测量仪表、同期装置连接时，只有极性和连接组正确（与图示一致），仪表指示才正确，同期装置才能正常工作，否则将使仪表读数错误和并网操作失误，甚至有可能造成柴油发电机组损坏。因此，在控制屏投入运行前或电流互感器、电压互感器修理和更换后，应对它们进行检测。

连接组检测时，先检测互感器各绕组极性是否正确，再检查接线，若极性正确且按电路图接线，则连接组必然正确。

(3) 绝缘电阻检测 控制屏安装后使用前以及长期不使用，都必须检查绝缘电阻。可用 500V 兆欧表检测，一般在温度＋20℃左右及相对湿度 50%～70%的环境下，各回路绝缘电阻应不小于 2MΩ，环境条件比较恶劣的应不小于 0.4MΩ，否则要查明原因并处理。

(4) 主开关检测 控制屏主开关是指一次回路的自动空气开关，它起着一次回路的通、断作用，确保发电机向外安全供电。除定期检修外，如发现异常现象（如发热、火花、烧焦等）要及时检查、处理。主开关主要故障现象、原因分析及处理方法见表 8-14。

表 8-14 主开关（主回路自动空气开关）主要故障及处理方法

故障现象	原因分析	处理方法
手动操作，主开关合不上	①欠电压脱扣器线圈无电压，或线圈接头接触不良或断线、烧毁 ②欠电压脱扣器衔铁与铁芯间间隙太大，通电后不吸合 ③操作机构不到位，机构中各轴不灵活或杠杆顶端有毛刺，增加了与半轴的摩擦力 ④欠压脱扣器拉杆调节过高，使半轴上螺杆上移。分励脱扣器衔铁（动铁芯）卡住不复位或脱扣轴上推杆调节过高	①接通电源，修理或更换线圈 ②重新调整，使间隙≤1mm ③调整底、面板间同轴度，并加润滑油。研磨杠杆顶端，去掉毛刺，加润滑油 ④重新调节，使杠杆与半轴咬合量≥1.2mm
（采用电磁式控制）电动操作，主开关合不上	(1)按合闸按钮，继电器不动作的原因 ①按钮接触不良 ②继电器线圈断线 ③继电器辅助触点常闭接成常开 ④二极管 VD1（或 VD2）、电容器 C_1（或 C_2）断线或烧毁 (2)继电器动作，主开关不能合闸的原因 ①桥式整流二极管烧毁 ②电磁铁线圈断线 (3)按按钮，继电器吸合，但主开关触头不能闭合的原因 ①电磁铁拉杆行程不够 ②电磁铁拉杆螺栓松动，碰面板	(1) ①更换或修理按钮 ②连接断线处或更换线圈 ③改正继电器触点接线 ④更换损坏的二极管和电容器 (2) ①更换损坏的二极管 ②连接断线处或更换线圈 (3) ①电磁铁动铁芯与支架间调整为≤0.5mm ②拧紧螺栓

续表

故障现象	原因分析	处理方法
主开关合闸不到位	①灭弧装置安装不正，有卡碰 ②转轴上凸轮调节过高，碰侧板 ③反作用弹簧张力太大 ④机构滑块卡滞	①重新安装 ②重新调整 ③调整或更换弹簧 ④加润滑剂
分励脱扣器不能使主开关分闸	①线圈短路或断路 ②电源电压过低 ③杠杆与半轴咬合量太大 ④脱扣器动铁芯上的螺钉松动 ⑤分励脱扣器衔铁卡死	①修复或更换线圈 ②提高控制电源电压 ③重新调整 ④调整好位置，拧紧螺钉 ⑤重新调整
欠电压脱扣器不能使主开关分闸	①欠电压脱扣器拉杆与半轴上的螺杆间距过大 ②反力弹簧张力变小 ③衔铁卡住，动作不灵活	①重新调节 ②调整或更换弹簧 ③处理，使其灵活
过电流时，主开关不跳闸	①过电流脱扣器长延时整定值偏大 ②热元件、半导体元件损坏或动作机构卡死 ③分励脱扣器（热式）、欠压脱扣器（电子式）损坏	①重新整定 ②更换元件或修复 ③修复或更换
欠电压脱扣器响声大	①铁芯工作极面有油污 ②短路环断裂 ③反力弹簧张力太大	①清除极面油污 ②更换衔铁或短路环 ③调整或更换弹簧
主开关触头温升过高，严重时引起误跳闸	①触头压力太小 ②触头磨损或接触不良 ③导体连接处螺钉松动	①重新调整触头压力，或更换弹簧 ②修理接触面或更换触头 ③涂导电膏，并拧紧螺钉
辅助触头不通电	①辅助触头的动触桥卡死或脱落，推杆断裂、弯曲 ②辅助触头行程不够 ③主开关合闸操作不到位	①重新装好或更换 ②更换、调整凸轮高度 ③调整主轴上凸轮，不能过高
主开关合闸工作一段时间后又跳闸	①过流脱扣器长延时整定值偏小 ②热元件或半导体元件性能变差 ③强电磁场引起误动作	①重新调整（逆时针转动） ②更换 ③进行屏蔽

(5) 控制回路检测　控制屏控制回路主要包括主开关（或其他开关、接触器）的合闸回路、分闸回路、保护回路和信号回路等，其接线正确与否及元件的质量好坏直接关系到控制屏能否正常、安全、可靠运行。因此在安装完成或检修完毕，或在运行中出现故障后，都必须进行检测，以发现问题并排除故障。

控制回路的检测可用万用表法、对线灯法和联动试验法，为确保安全，一般先用万用表法、对线灯法，判断基本无大问题后，再通电进行联动试验。

① 万用表法　先拔去熔断 4FU～6FU，取出电源指示灯 1LH 的灯泡（使控制回路处于开路状态），然后按自上而下的顺序检查各回路接线是否正确，是否有短路、断路现象。检测时先找出各回路的主要降压元器件（如图 8-2 中的 DQ、QF、KS1、KT1、KS2、KT2、K1 等电压线圈、信号灯及电铃等），然后将万用表置 $R\times1$（或 $R\times10$）挡，两测笔分别接至 U1 点和主要降压元器件的左边接线端（或将两测笔分别接至 W1 或 N 点及主要降压元器件的右边接线端），检测各回路。

例如，检测 QF 分闸回路，可将测笔一根接 U1，另一根接主开关分闸线圈 QF 的左边接线端，此时万用表指示应为∞，然后按按钮 SB2，若此时万用表指示为 0，则说明合闸回路左边接线正确，SB2 接触良好。然后分别短接 K1、JR 常开触点，若万用表指示也为 0，说明继电保护回路左边接线也正确，触点接触良好。若按 SB2（或短接 K1 或 JR）万用表指示为∞，则说明按钮 SB2 接错或接触不良（或 K1、JR 接错或不良）。此时可将接在 QF 左边的测笔左移到 SB2（或 K1、JR）的右边接点，若万用表指示为 0，则说明 SB2（或 K1、JR）触点接触良好；若万用表指示为∞，则说明 SB2（或 K1、JR）接触不良。而后检测分闸线圈 QF 的右边接线和线圈本身有无问题，检测时测笔一根接 V1，另一根接线圈 QF 右边接线端，且将常开触点 QF 短路（相当主 QF 合闸），若万用表指示为 0，再将测笔从线圈右端移至左端，此时若万用表指示的阻值与线圈阻值相同，则说明线圈接线正确，万用表指示为 0 说明线圈短路，万用表指示为∞说明线圈断路。其他回路检测方法与此类似。

② 对线灯法　在现场若没有万用表，也可用两节电池和一个小电珠用导线连起来做成对线灯来检测控制回路。其检测方法和万用表法一样，但只能用灯的“亮”和“不亮”来判断接线的“通”和“断”。

③ 联动试验法　首先插上熔断器 4FU～6FU 和电源指示灯灯泡，并在控制回路接通电源。然后按操作步骤进行操作，看有关回路能否动作，信号回路能否发出信号。例如，按合闸按钮 SB1，主开关 QF 应合闸，合闸指示灯 2LH 亮。按分闸按钮 SB2，主开关 QF 分闸，分闸指示灯 3LH 亮。当短接电压继电器 KV 常开触点（或短接电流继电器常开触点）模拟电压继电器（或电流继电器）动作时，时间继电器 KT2（或 KT1）动作，接着出口继电器 K1 动作，主开关 QF 分闸，电铃 HA 响，信号继电器 KS2（或 KS1）动作（掉牌），光字牌（故障指示灯）2GP（或 1GP）亮。否则有回路不工作，应查出哪一条回路故障，并排除。

（6）保护系统检测　发电机控制屏除主开关本身具有过载、欠电压和短路保护外，还装设了电压继电器（KV）、电流继电器（KA_U、KA_V、KA_W）、时间继电器（KT1、KT2）、信号继电器（KS1、KS2）和出口继电器（K1）组成的过电压、过电流保护系统。当发电机过电压（或过电流）达到整定值时，电压继电器（或电流继电器）动作，经时间继电器延时后，使出口继电器动作，QF 切断主开关和励磁回路开关，使发电机退出电网并灭磁（或强行减磁），再通过信号继电器发出掉牌信号和声光报警信号。

保护系统元器件的好坏、接线正确与否，直接关系到保护系统能否准确动作，以确保发电机安全、可靠运行。保护系统检测主要是检测电压继电器、电流继电器、时间继电器的整定值，并进行联动试验。

① 电压继电器 KV 整定（如图 8-23 所示）　断开电压继电器 KV 线圈的外接线，接入调压器 TY 的输出端并接入电压表。将调压器输出调至 0，并将其输入端接至交流 220V 电源。先将 KV 整定旋钮转到最大整定值位置，然后将调压器输出电压调到 KV 的整定值，再将 KV 整定旋钮往整定值小的方向慢慢旋转，使 KV 动作，常开触点闭合。接着把调压器回调使电压继电器常开触点断开，然后将调压器输出增至整定值，看 KV 是否动作，若不动作或动作过早应重新调整，直至 KV 动作值与整定值相符为止，然后将调压器输出电压调至 0。

② 过电压保护联动试验　接通控制回路电源，电源指示灯 1LH 亮。按按钮 SB1，主开关 QF 合闸，合闸指示灯 2LH 亮。将调压器输出电压调至电压继电器的整定值，此时 KV 应动作，主开关按上述程序跳闸，电铃响，光字牌灯亮，否则应查出不能动作故障加以排除。联动试验结束后，拆除调压器的接线，恢复 KV 原来接线，并关断控制回路电源。

③ 电流继电器 KA_U（或 KA_V、KA_W）整定（如图 8-24 所示）　断开 KA_U（或 KA_V、KA_W）线圈的外接线，将它与变阻器 RP、电流表 A 串联后，接入调压器 TY 的输出端。将调压器输出调至 0，变阻器 RP 调至最大阻值并在 TY 输入端接入交流 220V 电源。先将 KA_U（或 KA_V、KA_W）整定旋钮转至最大整定值位置，然后慢慢调节调压器的输出电压

（粗调）并减小变阻器 RP 阻值（细调），使通过 KA_U（或 KA_V、KA_W）线圈电流达到整定值，再将继电器整定旋钮往整定值小的方向慢慢旋转，使其动作，常开触点闭合。接着把调压器往回调，使继电器常开触点断开，然后将调压器输出增大，使电流达到整定值，看继电器是否动作，若不动作或动作过早则需重新调整，直到继电器动作值与整定值相符为止。最后将调压器输出电压调至 0，变阻器阻值调至最大。

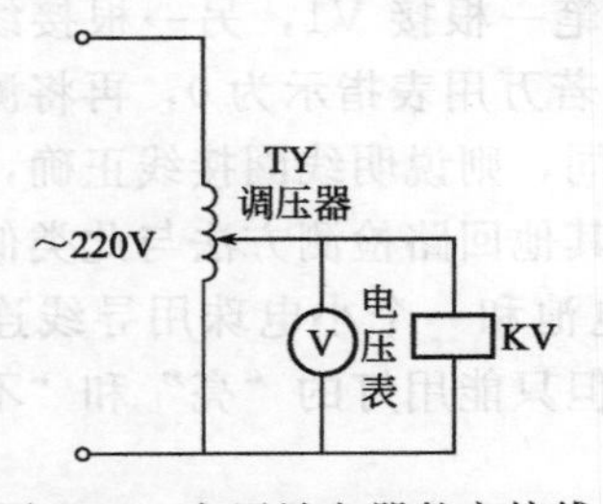

图 8-23 电压继电器整定接线

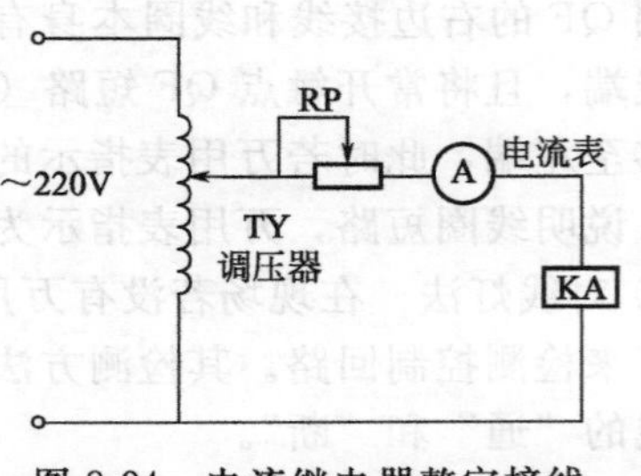

图 8-24 电流继电器整定接线

④ 过流保护联动实验 接通控制回路电源，电源指示灯 1LH 亮。按按钮 SB1，主开关 QF 合闸，合闸指示灯 2LH 亮。调节调压器 TY 和变阻器 RP，使通过电流继电器的电流达到整定值。此时继电器应动作，主开关按前述程序跳闸，电铃响，光字牌灯亮，否则应查出不能动作回路的故障，并加以排除。联动试验后拆除调压器的接线，恢复电流继电器的原接线和信号继电器掉牌信号，并关断控制回路电源。

⑤ 时间继电器 KT2（或 KT1）的整定 将 KT2（或 KT1）按整定要求初步整定到整定值，然后接通控制回路电源，并人为短接电压继电器（或电流继电器）常开触点，此时时间继电器开始动作，动触点开始移动，经过一段时间后使常开触点闭合。从时间继电器开始动作至常开触点闭合的一段时间，即为时间继电器的延时时间，应与设计的整定值相同，若不一致应重新调整，使其符合要求为止。整定结束，应断开控制回路电源。

保护系统常见故障现象、原因分析及处理方法见表 8-15。

表 8-15 保护系统常见故障及处理方法

故障现象	原因分析	处理方法
电压继电器过早动作，即使把整定值调到最大值也无效	电压继电器线圈接错，把两线圈串联接成并联	改正错误接线
电压继电器不动作或常开触点不能闭合	①电压继电器整定值太高 ②电压继电器线圈接触不良或断线 ③继电器转动部分卡死或转轴脱离	①重新整定 ②拧紧接线螺钉或修复、更换继电器 ③修复或更换继电器
电流继电器过早动作，即使把整定值调到最大值也无效	电流继电器线圈接错，把两线圈并联接成串联	改正错误接线
电流继电器不动作或常开触点不能闭合	①电流继电器整定值太大 ②电流继电器线圈接触不良或断线 ③继电器转动部分卡死或转轴脱离	①重新整定 ②拧紧接线螺钉或修复、更换继电器 ③修复或更换继电器
时间继电器不动作，或常开触点不能闭合	①控制回路断路，时间继电器线圈无电压 ②电压继电器（或电流继电器）常开触点闭合时，接触不良或压力不足 ③时间继电器转动部分卡死	①查出断路故障并加以排除 ②调整触点压力，清洁触点 ③修复或更换时间继电器

续表

故障现象	原因分析	处理方法
时间继电器延时太长或太短	延时时间整定值太大或太小	重新整定
信号继电器不动作	控制回路断线，触点压力不足或接触不良，继电器线圈断线	查断线并修复，调整、修复或更换信号继电器
故障排除后，信号继电器不复位	信号继电器电压线圈接触不良或断线	拧紧接线螺钉或修复、更换信号继电器
事故时，电铃不响	信号继电器常开触点闭合时接触不良或电铃断线	检查接触不良和断线情况并修复，或者更换电铃

（7）测量系统检测　测量系统由交流电压表、交流电流表、直流电流表、功率表、频率表、功率因数表、有功电度表、无功电度表、电压互感器、电流互感器、分流电阻、转换开关等组成，其接线正确与否，各仪表、设备的好坏，直接关系到测出的各参数正确性、计量准确性和能否正确监控机组的运行情况，以确保机组的安全运行。测量系统检测可分为两类：一类是对各种仪表进行定期检验，核查其准确度，这主要由计量部门进行；另一类是检测接线是否正确，仪表、设备是否有故障，并进行处理，这是普通用户要进行的检测。

① 检查各仪表的接线极性、相序（除交流电压表、电流表、频率表外）是否与电路图相符，不符合则应加以改进。

② 结合发电机运行情况，观察控制屏上各表指示是否异常，并加以简易检测，若有故障应及时排除。

③ 用秒表检验电度表计量的正确性。检验时应尽可能保持负载稳定，适当选择电度表转盘转数，使秒表不少于50s，然后开始计数。如果在某一负载下，测得转盘转动 n 转的时间为 t，电流互感器变比为 n_i，电压互感变比为 n_u，则此时的功率 P 为

$$P=\frac{nC}{t}n_i n_u\times10^{-3}(\text{kW})$$

式中，C 为表常数，即转盘转一圈所代表的瓦秒数。通常电度表铭牌上标有每千瓦小时转数 A，由此可计算出 $C=3600\times1000/A$。

若测出的功率值 P 与功率表指示相符，说明电度表接线正确，电度表完好，若测出的功率值 P 与功率表指示相差很大，可进一步用抽中相法检查。

④ 用抽中相法检测三相双元件电度表故障。在负荷不变的情况下，将电度表的中相（即两个电压线圈公共接线相）电压抽出（即拆开中相电压线头），然后通过抽去中相前、后转盘转向和转数的变化情况来判断接线是否有错。

测量系统常见故障现象、原因分析及处理方法见表8-16。

表 8-16　测量系统常见故障及处理方法

故障现象	原因分析	处理方法
交流电压表无电压	①电压转换 SA1 在“0”挡 ②电压表接触不良或断线、损坏	①将 SA1 转至 U_{AB}、U_{BC}或 U_{CA}位置 ②拧紧接线螺母或维修，或更换电压表
频率表计数不随发电机转速变化而变化，停留在某一个位置	①发电机转速太低，频率低于 45Hz ②频率表接触不良或损坏	①提高转速 ②拧紧接线螺母或维修、更换频率表
发电机带感性负载（或阻性负载）功率因数表超前	①功率因数表电流线圈接错 ②相序接错	①调换接线 ②检查相序，改正错误接线

续表

故障现象	原因分析	处理方法
双元件功率表读数不正常		
①功率表读数为负值	①功率表两个电流线圈极性都接错	①调换电流线圈接线
②功率表读数有时正有时负，且指示值 $P\leqslant UI$（U 为线电压，I 为线电流）	②功率表有一个电压线圈接触不良或断线	②拧紧接线螺母，或维修、更换功率表
③功率读数为 0	③功率表两个电压线圈（或公共中线）接触不良或断线	③拧紧接线螺母，或维修、更换功率表
三元件电度表读数不正常		
①电度表正转，但电度数减少 1/3（或 2/3）	①电度表有一相（或两相）熔断器烧断，或电度表电压线圈有 1 个（或 2 个）接触不良或断路	①查找熔断器熔断原因并修复。拧紧接线螺母，维修或更换电度表
②电度表反转	②电度表电流线圈极性接错	②改正接线
双元件无功电度表转动不正常		
①无功电度表反转	①无功电度表两个电流线圈极性接错	①调换接线
②无功电度表有时正转有时反转，且转速等于或少于原转速的 1/2	②无功电度表有一个电压线圈接触不良或断路	②拧紧接线，维修或更换无功电度表
③无功电度表不转	③无功电度表两电压线圈（或公共中线）接触不良或断线，或两相电流线圈对换	③拧紧接线螺母，维修或更换无功电度表，换回两相电流线圈
双元件三相电度表抽出中相前后故障现象		
①抽前正转，抽后反转且转数减半	①元件 1 电流线圈反接	①对调元件 1 电流线圈接线
②抽前反转，抽后正转且转数减半	②元件 2 电流线圈反接	②对调元件 2 电流线圈接线
③抽前不转，抽后反转	③两相电流线圈对调	③调换两相电流线圈接线
④抽前反转，抽后反转且转数下降至 1/4	④两相电流线圈对调，且元件 1 反接	④对换两相电流线圈接线，且对调元件 1 电流线圈的头尾
⑤抽前正转，抽后正转，且转数下降至 1/4	⑤两相电流线圈对调，且元件 2 反接	⑤对换两相电流线圈接线，且对调元件 2 电流线圈的头尾
⑥当 $\varphi=0$，转数下降 1/2，当 $\varphi\neq0$，转数下降，但不等于原来 1/2	⑥有一电流线圈短路，前者是元件 1 短路，后者是元件 2 短路	⑥维修或更换电度表
⑦抽中相后电度表不动	⑦有一电压线圈接触不良或断线	⑦拧紧接线，维修或更换电度表

（8）同期系统检测　控制屏的同期系统用于检测发电机并网条件，其接线正确与否和各开关、仪表（或同期指示灯）是否故障，直接关系到发电机并网操作的成败，以及电网安全、稳定运行，所以配电屏安装接线后或检修后必须进行检测。

低压发电机控制屏主要采用自动准同期系统，并辅之手动准同期系统。自动准同期系统常用 ZZβ 系列或 ZTQ 系列自动准同期装置。手动准同期系统使用灯光法同期回路，主要由同期指示灯 LH1～LH3、同期开关 SA1、转换开关 SA2、电压表 V 和频率表 Hz 组成，它们用于转换测量电网和本机的电压和频率，SA1、LH1～LH3 用于检测同期条件。

① 用万用表法或对线灯法检测。按图 8-2 检查同期回路的接线，并改正错误接线。

② 在发电机起励建立电压后、并网前，检测同期回路工作情况。先将发电机电压、频率调至额定值，然后合上同期开关 SA1，并调节发电机电压和频率，观察同期指示灯工作

是否正常，正常则可把自动准同期装置的电源开关合上（断开输出），同期装置开始检测，当同期指示灯 LH1～LH3 熄灭时，自动准同期装置上脉振灯（绿灯）熄灭，合闸指示灯（红灯）亮，说明工作正常，否则应及时分析原因并加以处理。

同期系统常见故障现象、原因分析及处理方法见表 8-17。

表 8-17　同期系统常见故障及处理方法

故障现象	原因分析	处理方法
同期指示灯不亮或个别不亮	①母线 L1、L2、L3(或 U、V、W)无电压或附加电阻断路 ②同期指示灯或附加电阻接触不良或损坏 ③同期开关 SA1 没合上，或接触不良	①接上电源，或更换附加电阻 ②拧紧接线，更换同期指示灯或附加电阻 ③合上 SA1，或重新接线
三个同期灯不能同时亮、暗，而是轮换亮、暗，产生旋转	①两侧母线相序不一致 ②同期指示灯两相对调	①检查相序并更换接线 ②改正接线
自动准同期装置接上电源后同期指示灯正常，但脉振绿灯不会闪亮，调节发电机转速无效	①自动准同期装置检测回路故障 ②自动准同期装置接线有误或断线	①检修或更换自动准同期装置 ②检查接线并处理
自动准同期装置接上电源后脉振绿灯会闪亮，但同期指示灯熄灭时合闸红灯不亮	①自动准同期装置内部故障 ②合闸灯损坏	①检修或更换自动准同期装置 ②更换合闸灯
自动准同期装置检测回路工作正常，当合上“输出”开关后不能并列运行	合闸继电器触点接触不良或断线	检修或更换合闸继电器

8.3.2.2　控制箱常见故障及排除

PF13-75 型控制箱常见故障现象、原因分析及处理方法见表 8-18。

表 8-18　PF13-75 型控制箱常见故障及处理方法

故障现象	原因分析	处理方法
发电机接近额定转速，但不发电	①整流桥交流侧熔断器熔断 ②励磁回路接线接触不良、断路或短路 ③硅元件损坏 ④励磁调节器故障 ⑤灭磁开关在“灭磁”位置	①查找原因，排除后更换熔断器 ②查出故障位置并排除 ③更换硅元件 ④修理或更换励磁调节器 ⑤将灭磁开关置于“断开”位置
绝缘监视灯会亮，电压表无指示	①熔断器熔断 ②电压转换开关置于“断开”位置 ③电压表损坏	①查找原因，排除后更换熔断器 ②将转换开关转向其他位置 ③修理或更换电压表
电压表指示正常，有的绝缘监视灯不亮	①控制箱线路或发电机定子绕组接地 ②绝缘监视灯接触不良或损坏	①查出接地原因并加以排除 ②使接触良好或更换灯泡
同步指示灯不旋转，同时发亮或熄灭	①同步指示灯接线错误 ②自动空气开关触头两端相序不一致	①改正接线 ②检查相序并改正
发电机输出电压正常，自动空气开关常跳闸	①热脱扣器整定值过低 ②自动空气开关触头接触不良，压力太小，发热厉害 ③开关接线接触不良，严重发热	①重新整定 ②用细锉刀或砂纸修平触头，调整压力 ③锁紧接线螺钉或在接触面涂导电膏
仪表指示不正常	①接线相序、极性错误 ②仪表内部故障 ③接线接触不良 ④电流互感器极性错误	①查明原因并改正 ②修理或更换仪表 ③清洁接头，锁紧接线螺钉 ④改正接线

8.3.3 控制屏（箱）主要设备（仪表）常见故障

8.3.3.1 自动空气开关误跳闸

（1）故障现象　当发电机按额定条件运行几分钟后，自动空气开关发生跳闸，重新合闸后，过几分钟又跳闸，并有焦味产生。

（2）原因分析　自动空气开关热脱扣器选用适当，是不应该发生跳闸的。上述跳闸原因主要有：自动空气开关主触头接触不良或弹簧压力不足，开关引出线接触不良。以上两原因使自动空气开关主回路接触电阻增大，严重发热，导致热脱扣器动作，引起误跳闸。

（3）处理方法

① 清洁自动空气开关主触头，并用细锉刀或细砂纸将触头修平。

② 调整触头弹簧压力，使之接触良好。

③ 清洁触头，必要时涂上导电膏，并锁紧接线螺钉。

8.3.3.2 交流发电机定子电流、电压和功率因数表读数正常，功率表读数不正常

（1）故障现象　机组控制箱配有交流电压表、交流电流表、频率表和三相功率表。当负荷主要为阻性负载时，在运行过程中，发现其他仪表读数均正常，而功率表的读数不符合 $P=\sqrt{3}U_{线}I_{线}\cos\varphi$ 的关系，出现了下列几种现象。

① 功率表的读数只有正常的一半。

② 其他仪表均有读数，而功率表的读数却为零。

③ 更换电流互感器后，发现功率表指针反转，读数为负值。

（2）原因分析

① 功率表 U_U 或 U_W 接线柱接触不良或外接线断线，或者是功率表 U 相或 W 相电压线圈断线。若引入功率表的三相电压经过熔断器，则可能是 U 相或 W 相熔断器熔断，使双元件三相功率表中的一个元件不起作用，所示读数减小一半。

② 功率表内的两个电压线圈的 B 相公共接线断路或接线柱 U_V 松动或接触不良，也可能是外部连接线断线，致使双元件三相功率表的两个元件都不起作用，所以功率表无读数。

③ 更换电流互感器时，电流互感器的二次接线极性接错，使通过功率表的电流线圈的电流方向相反，因此，功率表指针反向偏转。

（3）处理方法

① 查出功率表 U_U 或 U_W 接线柱接触不良的原因及内外部断线的位置，并加以排除（或者更换熔断器）。

② 查出功率表 U_V 接线柱接触不良的原因及内、外部断线的地方，并加以排除。

③ 改正电流互感器二次接线。

8.3.3.3 三相功率因数表“超前”、“滞后”指示相反

（1）故障现象　当三相功率因数表工作正常，发电机带感性负荷时，功率因数表指示应为“滞后”，带容性负荷时指示应为“超前”。但有些控制屏（箱）的功率因数表指示常常相反，即带感性负荷时指示为“超前”，带容性负荷时指示却为“滞后”。

（2）分析原因　三相功率因数表的接线图如图 8-25 所示，其电流线圈接 U 相电流矢量为 $\dot{I}_U$，电压线圈接线电压矢量为 $\dot{U}_{VW}$，其矢量图如图 8-26 所示。$\dot{U}_{VW}$ 与 $\dot{I}_U$ 的相位差角为 $\pi/2-\varphi$，功率因数表流过表头的电流设计成与 $\cos(\pi/2-\varphi)$ 成正比，并使 $\varphi=0$，即 $\cos(\pi/2-\varphi)=\cos\pi/2=0$ 时作为机械零点，使之处于仪表的中间位置（即作 $\cos\varphi=1.0$ 指示）。因此，当负荷为感性，$\varphi=\pi/2$（滞后），$\cos(\pi/2-\varphi)=\cos(\pi/2-\pi/2)=1.0$ 时，流过表头的电流最大，指针向右（滞后区）偏转，所示的功率因数为滞后时的最小值；而当负荷为容性，

$\varphi=90°$（超前），$\cos(\pi/2-\varphi)=\cos(\pi/2+\pi/2)=-1.0$ 时，流过表头电流也最大，但方向相反，所以指针向左（超前区）偏转，所示的功率因数为超前时的最小值。功率因数表能正确测量电源的功率因数，因此，产生功率因数表指示相反的原因可能有以下几方面。

① 接入仪表电流线圈的电流方向相反（将 U 错接到接线柱 6）。如图 8-26 所示的虚线 $\dot{I}'_U$ 所示，$\dot{I}'_U$ 与 $\dot{U}_{VW}$ 的相角差大于 $\pi/2$，使 $\cos(\pi/2-\varphi)$ 为负值，流过表头的电流方向相反，所以功率因数表指示相反，将"滞后"指示成"超前"。

② 接入功率因数表电压线圈的接线接错（将 V 相电压接入仪表的接线柱 3，而将 W 相电压接入接线柱 1），电压线圈的电压矢量如图 8-26 的虚线 $-\dot{U}'_{VW}$ 所示，此时 $\dot{I}_U$ 与 $-\dot{U}'_{VW}$ 的相位角也大于 $\pi/2$，所以功率因数表指示相反。

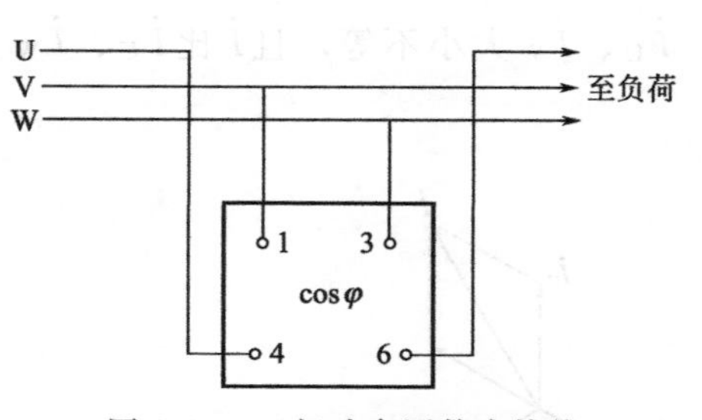

图 8-25 三相功率因数表接线

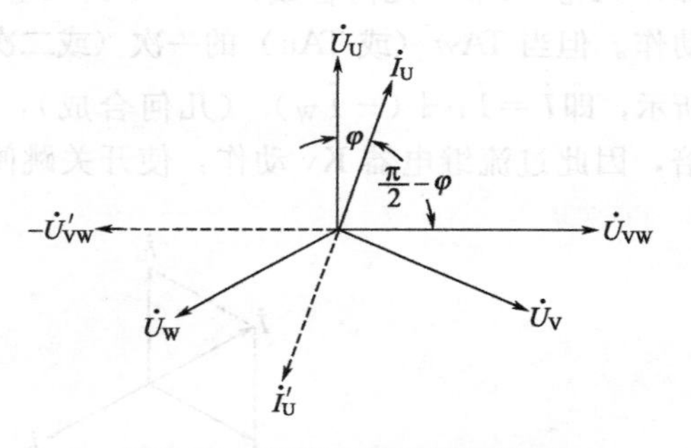

图 8-26 相序正确时的矢量图

③ 接入功率因数表的三相电源相序接错，如图 8-27 所示，同样使 $\dot{I}_U$ 与 $\dot{U}_{WV}$ 相角大于 $\pi/2$，所以也造成指示相反。

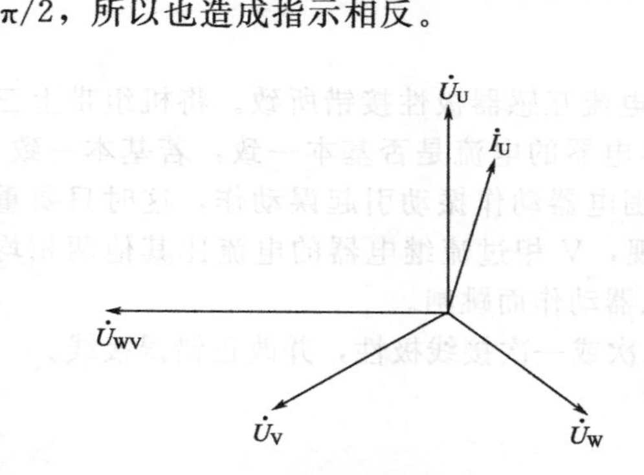

图 8-27 相序错误时的矢量图

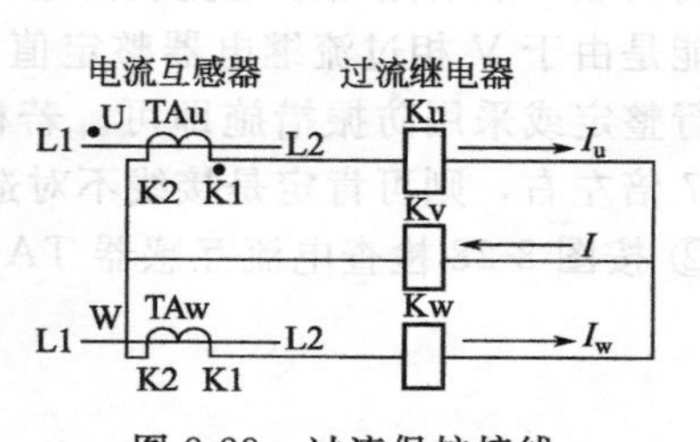

图 8-28 过流保护接线

(3) 处理方法

① 检查功率因数表电流线圈接线，若错将 U 接至接线柱 6 上，则应改正功率因数表电流线圈接线。

② 检查功率因数表电压线圈接线，若错将 V 接至接线柱 3，W 接至接线柱 1，则应改正功率因数表电压线圈接线。

③ 检查功率因数表接线相序，若其接线相序不符合要求，则应更正功率因数表电压线圈的相序。

8.3.3.4 由于电流互感器极性接错，造成过流保护动作

(1) 故障现象　为了节省柴油发电机组控制屏（箱）中的一只电流互感器，其过流保护采用如图 8-28 所示的接线。过流保护按 1.25 倍额定电流整定。但在运行中，发电机定子电

流还未达到额定值，V 相过流继电器便发生动作，使开关跳闸，造成停电。

（2）原因分析　造成 V 相过流继电器 Kv 误动作的原因是流经 Kv 的电流 I 超过 1.25 倍额定电流。造成电流 I 增大的原因有以下几方面。

① 电流互感器 TAw（或 TAu）的二次接线极性接错，接到 Kw 的不是 K1，而是 K2。

② 电流互感器 TAw（或 TAu）的一次接线极性接错。正确的接线方法是，L1 应与电源端接线，L2 应与负载端接线。若 L1、L2 接线相反，则造成的后果与二次极性接错一样。

③ 对于穿心式的电流互感器，若安装时两只互感器上下朝向不一致，则可能一只的 L1 朝向电源端，另一只的 L1 朝向负载端，造成流过穿心导线的电流极性不一致。

当电流互感器的接线极性正确时，流过 V 相过流继电器的电流矢量如图 8-29(a) 所示，即$\dot{I}=\dot{I}_U+\dot{I}_W$（几何合成）$=-\dot{I}_V$，$\dot{I}_U$、$\dot{I}_W$与$\dot{I}$大小相等，V 相过流继电器不会发生误动作。但当 TAw（或 TAu）的一次（或二次）的极性接错时，则流过继电器的电流如图 8-29(b) 所示，即$\dot{I}=\dot{I}_U+(-\dot{I}_W)$（几何合成），其中$\dot{I}$、$\dot{I}_U$、$\dot{I}_W$大小不等，且$\dot{I}$比$\dot{I}_U$、$\dot{I}_W$大$\sqrt{3}$倍，因此过流继电器 Kv 动作，使开关跳闸。

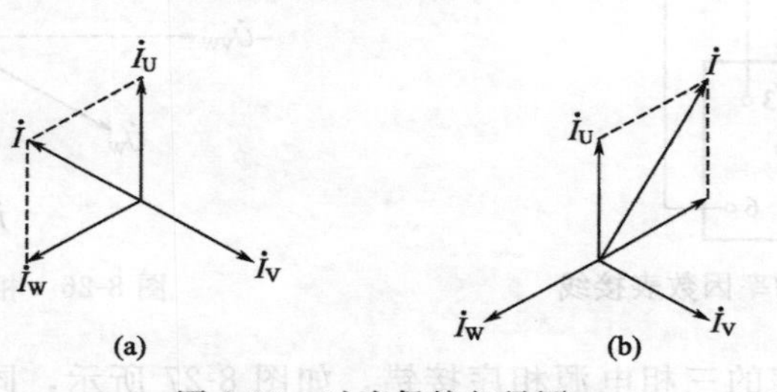

图 8-29　过流保护矢量图

（3）处理方法

① 首先应判断 V 相过流继电器误动作是否是电流互感器极性接错所致。将机组带上三相平衡负载，然后用钳形电流表测量流过各过流继电器的电流是否基本一致，若基本一致，则可能是由于 V 相过流继电器整定值太小，或周围电器动作振动引起误动作，这时只要重新进行整定或采用防振措施即可。若检测结果发现，V 相过流继电器的电流比其他两相均大 1.7 倍左右，则可肯定是接线不对造成过流继电器动作而跳闸。

② 按图 8-28 检查电流互感器 TAu 和 TAw 二次或一次接线极性，并改正错误接线。

第9章 柴油发电机组使用与维修

正确的安装调试与使用是确保柴油发电机组长期安全、可靠、稳定工作的基础。机组的安装调试与使用是否规范，对机组的运行情况、大修间隔期及使用寿命等都有很大影响。在设计和制造时赋予机组的优越特性、使用寿命和可靠性，在使用中能否发挥出来，在一定程度上取决于安装调试与使用的方法正确与否。

9.1 柴油发电机组的安装使用与调试

9.1.1 柴油发电机组的安装

9.1.1.1 机组安装前的准备工作

柴油发电机组是高速旋转设备，在使用运行之前，必须正确安装，才能保证机组安全可靠、经济合理地正常运行。因此，安装时应给予足够的重视，本节主要介绍柴油发电机组及其辅助设备的安装方法和注意事项。

（1）机组的搬运与存放　机组及其他电气设备一般都有包装箱，在搬运时应注意将起吊的钢索结扎在机器的适当部位，轻吊轻放。为了安装而吊起机组时，首先连接好底架上突出的升吊点，然后检查是否已牢牢挂住，焊接处有无裂缝，螺丝是否收紧等。另外，最好用横杆起吊，以防机器碰伤［如图 9-1(a) 所示］，吊装的点应在重力的中心（靠近发动机）而不是整机的中心，这样才可以垂直吊起。一旦机器离地，就要用导索来防止钢丝绳扭结或机器摇摆。机器放下时要放置在平坦及能承载发电机重量的地方。如果吊起发电机，应安装一个单点的悬吊装置，标准有天盖的机器已有单点悬吊装置。柴油机的吊装方法如图 9-1(b) 所示。

横杆

(a) 机组的吊装

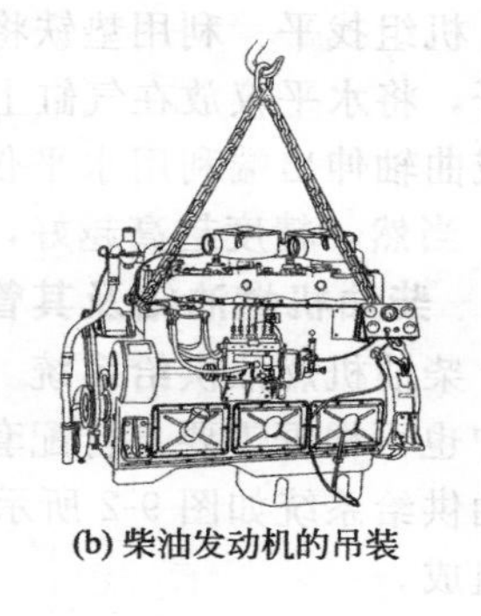

(b) 柴油发动机的吊装

图 9-1　机器的吊装

当机组运到目的地后，如需存放则应放在库房内。若无库房需放在露天存放时，则应将箱体垫高，防止雨水侵蚀，箱上应加盖防雨篷布，以防日晒雨淋损坏设备。

由于柴油发电机组的质量和体积较大，因此，安装前应事先考虑好搬运路线，在机房应预留适当的搬运孔口。如果门窗不够大时，可利用门窗位置留出较大的搬运孔，待机组搬入后，再补砌砖墙和安装门窗。

（2）开箱检查　开箱之前将箱上的灰尘泥土扫除干净，并查看箱体有无损伤，核实箱号及数量。开箱时要注意切勿碰伤机件。开箱的顺序一般从顶板开始，在顶板开启后，看清是否属于准备起出的机件。然后再拆其他箱板，如拆顶板有困难时，则可选择适当处拆除几块箱板，观察清楚后，再进行开箱。开箱后应做好以下几项工作。

① 根据机组清单及装箱单清点全部机组及附件。

② 查看机组及附件的主要尺寸是否与图纸相符。

③ 检查机组及附件有无损坏、锈蚀。

④ 机组在开箱后要注意保管，放置平整，法兰及各种接口必须封盖、包扎，防止雨水及灰沙侵入。

⑤ 如果机组经检查后，不能及时安装，应将拆卸过的机件精加工表面重新涂上防锈油，妥善保存。对机组的传动部分和滑动部分，在防锈油尚未清除之前不要转动或滑动。若因检查已除去防锈油，在检查完后应重新涂上防锈油。

(3) 划线定位　按照平面布置图所标注的各机组与墙或柱中心之间，机组与机组之间的关系尺寸，划定机组安装地点的纵、横基准线。机组中心与墙、柱的允许偏差为 20mm，机组与机组之间的允许偏差为 10mm。

(4) 了解设计内容，准备施工材料　检查设备，了解设计内容，明了施工图纸，参阅说明书。根据设计图上所需要的材料进行备料，然后根据施工组织计划的先后，将材料送到现场。

如果无设计图纸，应以设备说明书为依据，根据设备的用途及安装要求，同时考虑到水源、电源、维修和使用等情况确定土建平面的大小及位置，画出机组布置平面图。

(5) 准备起吊设备和安装工具

9.1.1.2　机组安装步骤

(1) 测量地基和机组的纵横中心线　在发电机组就位前，应依据事先设计好的图纸“放线”，找出地基和机组的纵、横中心线及减振器的定位线。

(2) 吊装机组　吊装时要使用有足够强度的钢丝绳索套在机组的起吊部位，不许套在发电机组的轴上或碰伤油管和仪表盘。按机组吊装和安装的技术规程将机组吊起，对准基础中心线和机组的减振器，将机组吊放到规定的位置并垫平。

(3) 机组找平　利用垫铁将机组调至水平。检查机组是否垫平的方法是：把发动机的气缸盖打开，将水平仪放在气缸上部端面（即加工基准面）上进行检查。也可以在柴油机飞轮基准面或曲轴伸出端利用水平仪进行检查。其安装精度是纵向和横向水平偏差每米不超过 0.1mm。当然，精度越高越好，垫铁和机座底之间不能有间隔，以使其受力均匀。

9.1.1.3　柴油机燃油箱及其管路的安装

(1) 柴油机燃油供给系统　柴油机在本机上都设有燃油箱，通常可供发动机工作 3～6h。用户也可根据需要自行配套。大中型柴油机还需设计专门的燃油供给系统。常见的柴油机燃油供给系统如图 9-2 所示，通常由日用油箱、大储油箱、辅助燃油泵、燃油滤清器及油管等组成。

(2) 日用油箱容量的确定　日用油箱应足够大，其大小则根据发动机额定负载和速度按每小时耗油的 8 倍确定，以避免柴油机在运行过程中加油。柴油机耗油量的经验法则是：用 kW 额定值乘以 0.27 得出耗油量（单位：L）。因此，日用油箱的容量可用下式计算：

$$W=0.27P_N(L)$$

式中 W——日用油箱容量，L；

P_N——发电机输出的额定功率，kW。

(3) 日用燃油箱及管道的安装　日用油箱应尽可能靠近发动机，使发动机燃油输送泵保

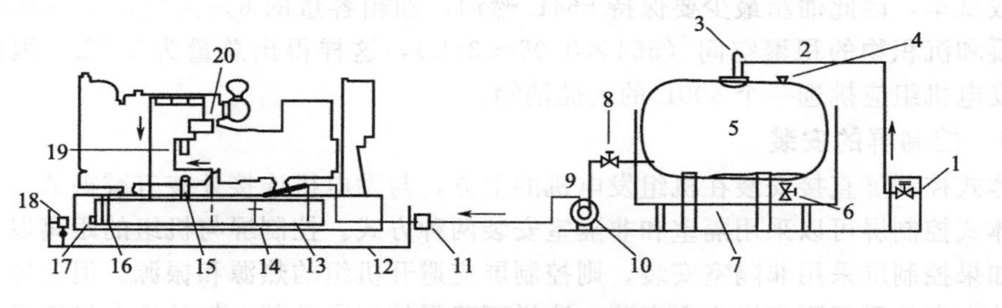

图 9-2 柴油机燃油供给系统

1—附有溢出报警及仪表的注油口；2—储油箱输油管；3—排气孔；4—容量表；5—大储油箱；6—排污阀；7—槽箱；8—输出阀；9—到日用油箱的输油管道；10—电力输油泵；11—电力关闭阀；12—附加外槽；13—装在底架上的日用油箱；14—油位开关；15—人手入油管及通气孔；16—水平表；17—排放孔；18—漏油报警装置；19—过滤器；20—高压油泵

持最小输入阻力，辅助燃油泵从大储油箱向日用油箱供油，发动机输油泵则从日常油箱把油输送到发动机喷油系统，并把多出的油回流到日用油箱内。

值得注意的是：抽入日用油箱的燃油要经过48h以上的沉淀，日用油箱的最低油位应不低于输油泵入口1m，向柴油机供油的管口距油箱底的距离至少应有100mm左右，以免沉淀污物和水分被吸入柴油机。

日用油箱的安装位置应避开柴油机的热源和振源（如排气管、电气设备等）。因为当柴油温度升至65℃时，会产生汽化而使柴油机无法正常工作；而振动会导致沉淀物泛起，引起柴油机油路堵塞和发动机的磨损。日用油箱还应安装手动油泵和油箱油量表，油箱油量表是用来测量燃油箱中储存的柴油量。

燃油箱用钢板冲压焊接而成，其内表面一般镀有一层防护层，燃油箱不允许使用镀锌钢板，以防油箱壁面腐蚀。输油管为黑铁钢管，禁止使用镀锌管，因为金属锌会与燃油中的硫化合成片状或粉状的硫化物，堵塞燃油滤清器或喷油嘴。

安装燃油系统时，关键是要保证柴油无渗漏（包括运转、停机状态）。因柴油渗漏会导致空气进入燃油系统，使柴油机运行不稳定，影响其输出功率。连接软管的安装要采用优质环箍，不要用铁丝捆扎，以免松脱或切破油管。

（4）大储油箱及其容量的确定　设计和安装大储油箱时应注意以下几点。

① 为了简化燃油供应系统，大储油箱位尽可能靠近发动机，如果建筑规则及防火规定允许的话，大储油箱可装在发电机旁边、发电机基座里或临近的房间里。

② 为了迅速启动发动机，大储油箱内最理想的燃油高度应保持和燃油输送泵入口等同的高度，但最高油面不能比机组底座高出2.5m。

③ 大储油箱送油管的直径为25～35mm。回油管尺寸与送油管相同，但其油路到油箱的高度必须保持在2.5m以下。

④ 油箱盖必须加装一个与大气相通的压力平衡孔，并在盖内侧加装空气滤清毡垫。在注油口内装有滤网。在油箱下部装有放污塞，以便排出沉淀脏物或水分。

大储油箱容量是根据预计额定油耗和运行时间来计算的。在设计油箱的容量时，以保证连续运行的最低燃油供应为标准。有时机组可能需运行数小时、数天、甚至数星期。

储油箱容量计算实例：假设一台100kW发电机每日大约运转8h，每隔一天输送燃油一次，耗油量的经验法则是：用kW额定值乘以0.27得出耗油量（单位：L），因此100kW的机组满负载运转将每小时耗油约30L，所以油箱的最低储油量应为480L（柴油机运转16h，2天），每星期定期检测或试车大约用12L燃油，计划每隔6～7周加油一次，则84L油被用来检测或试车，因此油箱最少要保持 564L 燃油，油箱容量的 6%为燃油受热膨胀的空间或作为冷凝和沉积物的积聚空间（564×0.06≈34L），这样得出总量为 598L，因此，100kW 的柴油发电机组应挑选一个 600L 的大储油箱。

9.1.1.4 控制屏的安装

一体式控制屏直接安装在机组发电机的上方，与发电机连接处装有减振器。

分体式控制屏可以采用隔室和非隔室安装两种方式。控制屏与机组的距离以不超过 10m 为宜。如果控制屏采用非隔室安装，则控制屏应避开机组的热源和振源。但分体式控制屏理想的安装方案是采用隔音操作室安装，这样可确保控制屏及其电气元件在机组运行时，免受机组振源和热源的影响；同时，可减小机组振动和噪声对操作者的影响。

采用隔音操作室安装时，操作室（常称为控制室）的地面应比机房安装地面高 0.7～0.8m，以便于监视机组全貌，如图 9-3 所示。控制室与机房之间通常安装隔声门和隔声观察窗，观察窗采用 5～8mm 的平板玻璃制成双层密封窗。两层玻璃间隔应不小于 80mm，面向机房的玻璃，其上端要向机房地面倾斜。这样，可以加强噪声反射和防止结露。

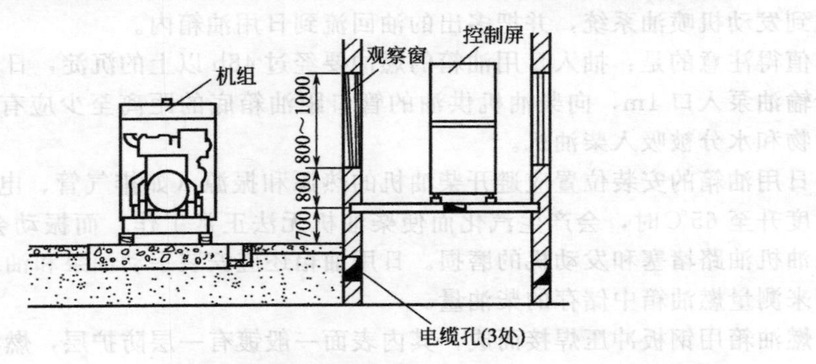

图 9-3 控制屏在隔音操作室的安装（单位：mm）

9.1.2 柴油发电机组的使用

机组安装完毕，投入运行之前，必须先经启封、磨合、试车检查和调试等程序，经过严格的技术检查与验收，直到各项技术性能合格后才能投入正常运行。在投入正常运行前还要正确的选用柴油和机油。

9.1.2.1 柴油和机油的选用

（1）柴油的性能与选用　柴油机的主要燃料是柴油。柴油是石油经过提炼加工而成，其主要特点是自燃点低、密度大、稳定性强、使用安全、成本较低，但其挥发性差，在环境温度较低时，柴油机启动困难。轻柴油用于高速柴油机，重柴油用于中、低速柴油机。柴油的性质对柴油机的功率、经济性和可靠性都有很大影响。

① 柴油的主要性能　柴油不经外界引火而自燃的最低温度称为柴油的自燃温度。柴油的自燃性能是以十六烷值来表示的。十六烷值越高，表示自燃温度越低，着火越容易。但十六烷值过高或过低都不好。十六烷值过高，虽然着火容易，工作柔和，但稳定性能差，燃油消耗率大；十六烷值过低，柴油机工作粗暴。一般柴油机使用的柴油十六烷值为 30～60。

柴油的黏度是影响柴油雾化性的主要指标。它表示柴油的稀稠程度和流动难易程度。黏度大，喷射时喷成的油滴大，喷射的距离长，但分散性差，与空气混合不均匀，柴油机工作时容易冒烟，耗油量增加。温度越低，黏度越大。反之则相反。

柴油的流动性能主要用凝固点来表示。所谓凝固点，是指柴油失去流动性时的温度。若柴油温度低于凝固点，柴油就不能流动，供油会中断，柴油机就不能工作。因此，凝固点的高低是选用柴油的主要依据之一。

② 柴油的规格　国产柴油分为轻柴油和重柴油两类。轻柴油的挥发性好，按质量分为优等品、一等品和合格品三个等级，每个等级按其凝点又分为六个牌号，分别为10号、0号、-10号、-20号、-35号和-50号，表示各自的凝固点温度；重柴油挥发性差，密度和黏度较大，杂质多。重柴油按黏度大小分为10号、20号、30号三个等级。号数越大，其黏度也就越大。

③ 柴油的选用　柴油机要根据转速、使用地区与季节来选用柴油。通常额定转速在1000r/min以上的柴油机要选用轻柴油，10号轻柴油适合于有预热设备的高速柴油机使用；0号轻柴油适合于最低气温在4℃以上的地区使用；-10号轻柴油适合于最低气温在-5℃以上的地区使用；-20号轻柴油适合于最低气温在-14℃以上的地区使用；-35号轻柴油适合于最低气温在-29℃以上的地区使用；-50号轻柴油适合于最低气温在-44℃以上的地区使用。对于重柴油，通常额定转速在500～1000r/min的柴油机选10号；额定转速在300～700r/min的柴油机选20号；额定转速在300r/min以下的柴油机选30号。

（2）机油性能与选用　内燃机上所用的润滑油（亦称机油）按用途可分为汽油机油、柴油机油等。我国传统的柴油机油分为HC-8、HC-11、HC-14等（其中，H—指润滑油，C—指柴油机），而严寒地区的车辆及增压柴油机则用14号稠化机油。国际上常用黏度分类法（SAE—美国机动车工程师学会）和质量分类法（API—美国石油学会）两种。机油按SAE黏度分类如下。

①6种冬季用油：0W、5W、10W、15W、20W和25W（W—winter）。W前的数字越小，则其黏度越小，低温流动性越好，适用的最低温度越低。

②4种夏季用油：20、30、40和50，数字越大，黏度越大，适用的气温越高。

③16种冬夏通用油：5W/20、5W/30、5W/40和5W/50；10W/20、10W/30、10W/40和10W/50；15W/20、15W/30、15W/40和15W/50；20W/20、20W/30、20W/40和20W/50。代表冬用部分的数字越小、代表夏用的数字越大，则黏度特性越好，适用的气温范围越大。

机油按API质量分类法可分为：CA、CB、CC和CD四类，CA、CB适用于非增压柴油机，而CC、CD适用于增压柴油机。

进口机油的牌号识别：SAE10WSD，表示黏度分类为SAE10W、API质量分类为SD的冬季用汽油机油；SAE30SD，表示黏度分类为SAE30、API质量分类为SD的夏季用汽油机油；SAE10W/30SD，表示黏度分类既满足SAE10W又满足SAE30的冬、夏季通用API质量分类为SD的通用汽油机油。

我国GB 5323—88规定的油品标准中，柴油机油分为CA、CB、CC、CD四种。柴油机油的互换关系见表9-1。柴油机油的主要指标及其在使用上的注意事项如下。

表9-1　柴油机油的互换关系

API	SAE	GB 5323—88 新标准	GB 5323—88 旧标准
CA	SAE20	CA20、CA30	HC-8
	SAE30	CA40	HC-8
	SAE40	CA50	HC-14、18
CB	SAE30	—	低增压11号
CC	SAE40	CC30、40、20/20W、5W/30、15W/40	低增压14号
CD	SAE30	CD30、CD40	中增压11号
	SAE40	10W、20/20W、5W/30、15W/40	中增压14号

① 黏度　液体受外力作用流动时，液体分子间产生一种内摩擦力的性质称作液体的黏性。流体黏性的大小用黏度表示。黏度是机油的一项最主要性能指标，是机油分类的根据，也是选用机油的主要依据，常用运动黏度来表示。国家标准规定在温度为 100℃时，将一定量的机油在规定压力下流过毛细管黏度计，用其流过的时间来测定运动黏度，单位为 m^2/s。

机油黏度与柴油机摩擦功率的大小、运动零件的磨损量、活塞环的密封程度、机油与燃料的消耗量、柴油机冷启动的难易性以及零件的工作温度等有密切的关系。黏度过大时，流动阻力大、摩擦功大，燃料消耗量增加，冷却洗涤作用差，柴油机低温启动困难，易出现短时的干摩擦和半干摩擦，这是柴油机零件磨损的重要原因；黏度过小时，油膜容易破坏，亦会增加机件磨损，且活塞环密封作用不好，柴油机功率降低，机油消耗量增加。

机油的黏度随温度而变化，温度降低，黏度增大。国产机油规定了在50℃与100℃时的运动黏度比的最大值。要求柴油机油在高温零件上工作时能保持一定黏度，形成一定厚度的油膜；低温时黏度不要变得太大，以免启动困难，增加磨损。

机油的选用原则是在机件的摩擦面上能够形成足够的油膜，在保证机件正常润滑的前提下，选用黏度尽可能低的润滑油。对于经常在重负荷下工作（如工程机械柴油机）、工作负荷经常变化、开停频繁或在周围环境污秽条件下工作的柴油机，则应选用高黏度的机油。在炎热地区或夏季气温较高时，宜用高黏度机油。

② 凝点　机油在给定条件下冷却，开始失去流动性时的最高温度称为凝点。凝点是在低温下保证机油流动性和过滤性的指标。柴油机油的凝点一般在－35～5℃之间。

③ 氧化安定性　机油在一定外界条件下抵抗氧化作用的能力称为氧化安定性。柴油机油在使用中不断被空气氧化而变质，生成酸性物质和沥青，最后析出胶状沉积物引起机油滤清器堵塞、活塞环黏结以及活塞、活塞环的过热等。因此要求机油有一定的抗氧化性。

④ 酸值　酸值表示机油中酸性物质的多少。机油在加工过程中会形成环烷酸，在使用和储存过程中亦会因氧化而生成酸性物质。酸值用中和每克机油中的酸所需要的碱（氢氧化钾）的毫克数来表示。根据酸值可以概略地判断机油对金属腐蚀的强烈程度，也可以判断使用中机油的变质程度，是机油更换的指标之一。

⑤ 腐蚀度　是机油对金属表面腐蚀作用强弱的一个指标。以铅片在140℃温度下受机油和空气间断作用 10h 所引起的质量损失（g/m^2）作为评价指标，其意义与酸值相仿，主要衡量机油对零件的腐蚀性大小，它是机油（特别是柴油机油）的一项重要指标。

⑥ 闪点　机油被加热时，其表面即形成油气，当加热到某一温度时，散布在油面上的油气与空气形成的混合物遇到外源明火时即会闪火，产生这种现象的最低温度称为机油的闪点。闪点低的机油易于蒸发。闪点温度是机油在储存运输和使用中的安全指标。柴油机油要求有较高的闪点。车用机油与柴油机油的闪点温度为 140～215℃。

⑦ 残炭　将机油放入残炭测定器中，在不通入空气的试验条件下，加热使其蒸发和分解，排出燃烧气体后所剩焦黑色的残留物即为残炭。用质量分数表示残炭值。形成残炭的主要物质是油品中的沥青质、胶质及多环芳香烃的叠加物等。由于残炭引起的积炭会使活塞环咬死、轴承擦伤和机油变质等故障，故要求机油中残炭越少越好。

⑧ 添加剂　为了提高机油某些方面的性能，各种机油都加有适量的添加剂。如增加机油黏度的增黏剂；降低机油凝点的降凝剂；抗氧化、抗腐蚀的抗腐添加剂；防止机油形成大块胶状沉淀的浮游添加剂以及改善机油多种性能的多效添加剂等。根据机油使用要求的不同，所加的添加剂种类也不同，故不同种类的机油不能混合使用。随着季节的变换，需更换不同牌号的机油时，应将润滑系统清洗干净后再加入新牌号的机油。

9.1.2.2 柴油机的启封

为了防止柴油机锈蚀，产品出厂时，其内外均已油封，因此，新机组安装完毕，符合安装技术要求后，必须先启封才能启动，否则容易使机组产生故障。

除去油封的方法步骤如下。

① 将柴油加热到50℃左右，用以洗擦除去发动机外部的防锈油。

② 打开机体及燃油泵上的门盖板，观看内部有无锈蚀或其他不正常的现象。

③ 用人工盘动曲轴慢慢旋转，观察曲轴连杆和燃油泵凸轮轴以及柱塞的运动，应无卡滞或不灵活的现象。并将操纵调速手柄由低速到高速位置来回移动数次，观察齿条与芯套的运动应无卡滞现象。

④ 将水加热到90℃以上，然后从水套出水口处不断地灌入，由气缸体侧面的放水开关（或水泵进水口）流出，连续进行2～3h，并间断地摇转曲轴，使活塞顶、气缸套表面及其他各处的防锈油熔化流出。

⑤ 清洁柴油清洗油底壳，并按要求换入规定牌号的新机油。燃油供给与调速系统、冷却与润滑系统和启动充电系统等均应按说明书求进行清洁检查，并加足规定牌号的柴油和清洁的冷却水，充足启动蓄电池，做好开机前的准备工作。

9.1.2.3 机组启动前的检查

（1）柴油机的检查

① 检查机组表面是否彻底清洗干净；地脚螺母、飞轮螺钉及其他运动机件螺母有无松动现象，发现问题及时紧固。

② 检查各部分间隙是否正确，尤其应仔细检查各进、排气门的间隙及减压机构间隙是否符合要求。

③ 将各气缸置于减压位置，转动曲轴听各缸机件运转的声音有无异常，曲轴转动是否自如，同时将机油泵入各摩擦面，然后，关上减压机构，摇动曲轴，检查气缸是否漏气。如果摇动曲轴时，感觉很费力，表示压缩正常。

④ 检查燃油供给系统的情况

a. 检查燃油箱盖上的通气孔是否畅通，若孔中有污物应清除干净。加入的柴油是否符合要求的牌号，油量是否充足，并打开油路开关。

b. 打开减压机构摇转曲轴，每个气缸内应有清脆的喷油声音，表示喷油良好。若听不到喷油声不来油，可能油路中有空气，此时可旋松柴油滤清器和喷油泵的放气螺钉，以排除油路中的空气。

c. 检查油管及接头处有无漏油现象，发现问题及时处理解决。

d. 向喷油泵、调速器内加注机油至规定油平面。

⑤ 检查冷却系统的情况

a. 检查水箱内的冷却水量是否充足，若水量不足，应加足清洁的软水。

b. 检查水管接头处有无漏水现象，发现问题及时处理解决。

c. 检查冷却水泵的叶轮转动是否灵活，传动带松紧是否适当。

⑥ 检查润滑系统的情况

a. 检查机油管及管接头处有无漏油现象，发现问题及时处理解决。

b. 对装有黄油嘴处应注入规定的润滑脂。

c. 检查油底壳的机油量，将曲轴箱旁的量油尺抽出，观察机油面的高度是否符合规定的要求，否则应随季节和地域的不同添加规定牌号的机油。在检查时，若发现油面高度在规定高度以上时，应认真分析机油增多的原因，通常有三方面的原因：

加机油时，加得过多；

柴油漏入曲轴箱，将机油冲稀；

冷却水漏入机油中。

⑦ 检查电启动系统情况

a. 先检查启动蓄电池电解液密度是否在 1.240～1.280kg/L 范围内，若密度小于 1.180kg/L 时，表明蓄电池电量不足；

b. 检查电路接线是否正确；

c. 检查蓄电池接线柱上有无积污或氧化现象，应将其打磨干净；

d. 检查启动电动机及电磁操纵机构等电气接触是否良好。

(2) 交流发电机的安装检查

① 交流发电机与柴油机的耦合，要求联轴器的平行度和同心度均应小于 0.05mm。实际使用时要求可略低些，约在 0.1mm 以内，过大会影响轴承的正常运转，导致损坏，耦合好后要用定位销固定。安装前要复测耦合情况。

② 滑动轴承的发电机在耦合时，发电机中心高度要调整得比柴油机中心略低些，这样柴油机上的飞轮的重量就不会转移到发电机轴承上，否则发电机轴承将额外承受柴油机飞轮的重量，不利于滑动轴承油膜的形成，导致滑动轴承发热，甚至烧毁轴承。这类发电机的联轴器上也不能带任何重物。

③ 安装发电机时，要保证冷却空气入口处畅通无阻，并要避免排出的热空气再进入发电机。如果通风盖上有百叶窗，则窗口应朝下，以满足保护等级的要求。

④ 单轴承发电机的机械耦合要特别注意定、转子之间的气隙要均匀。

⑤ 按原理图或接线图，选择合适的电力电缆，用铜接头来接线，铜接头与汇流排，汇流排与汇流排固紧后，其接头处局部间隙不得大于 0.05mm，导线间的距离要大于 10mm，还需加装必要的接地线。

⑥ 发电机出线盒内接线端头上打有 U、V、W、N 印记，它不表示实际的相序，实际的相序取决于旋转方向。合格证上印有 $\overrightarrow{UVW}$ 表示顺时针旋转时的实际相序，$\overleftarrow{VUW}$ 即表示逆时针旋转时的实际相序。

9.1.2.4 柴油机的启动过程

下面以 135 系列柴油机为例详细讲述柴油机的启动过程。

135 系列柴油机的启动性能与柴油机的缸数、压缩比、启动时的环境温度、选用油料的规格和是否有预热措施等有关。一般分为不带辅助措施的常规启动和采用带辅助措施的低温启动两种，现分述如下。

(1) 常规启动 4135G、4135AG、6135G、6135AG、6135G-1、6135AZG 和 6135JZ 型柴油机可以在不低于 0℃ 的环境温度下顺利启动；12V135、12V135AG、12V135AG-1 和 12V135JZ 型柴油机可以在不低于 5℃ 的环境温度下顺利启动。

① 脱开柴油机与负载联动装置。

② 将喷油泵调速器操纵手柄推到空载，转速为 700r/min 左右的位置。

③ 将电钥匙打开（4 缸柴油机无电钥匙，12 缸 V 型柴油机电钥匙转向“右”位），按下启动按钮，使柴油机启动。如果在 12s 内未能启动，应立即释放按钮，过 2min 后再作第二次启动。如连续三次不能启动时，应停止启动，找出原因并排除故障后再行启动。

④ 柴油机启动成功后，应立即释放按钮，将电钥匙拨回中间位置（12 缸 V 型柴油机应转向“左”位，接通充电回路），同时注意机油压力表的读数，必须在启动后 15s 内显示读数，其读数应大于 0.05MPa（0.5kgf/cm²），然后让柴油机空载运转 3～5min，并检查柴油

机各部分运转是否正常。例如可用手指感触配气机构运动件的工作情况，或掀开柴油机气缸盖罩壳，观察摇臂等润滑情况。然后才允许加速及带负荷运转。

柴油机启动后，空载运转时间不宜超过 5min，即可逐步增加转速至额定值，并进入部分负荷运转。待柴油机的出水温度高于 75℃、机油温度高于 50℃、机油压力高于 0.25MPa（2.5kgf/cm^2）时，才允许进入全负荷运转。

（2）低温启动　低温启动是指在低于各机型规定的最低环境温度下的启动。启动时，用户应根据实际使用的环境温度采用相应的低温启动辅助措施。然后按常规启动的步骤进行。一般采取的低温启动辅助措施有如下几种。

① 将柴油机的机油和冷却液预热至 60～80℃。

② 在进气管内安置预热进气装置或在进气管口采用简单的点火加热进气的方法（采用此法务必注意安全）。

③ 提高机房的环境温度。

④ 选用适应低温需要的柴油、机油和冷却液。

⑤ 对蓄电池采取保温措施或加大容量或采用特殊的低温蓄电池。

低温启动后，柴油机转速的增加应尽可能缓慢，以确保轴承得到足够的润滑，并使油压稳定，以延长发动机的使用寿命。

新装或大修后的柴油发电机组在投入正常运行前，由于发动机零件是新的或是经过修理加工继续使用的，零件表面不光滑。如果把这些零件装合后，立即在高温、高压、高速和满负荷条件下工作，则其动配合部分将迅速发生磨料磨损，从而使柴油机的使用寿命缩短。因此，新装或大修后的柴油发电机组装配后必须进行磨合与调试。

通过磨合，以消除零件机械加工时所形成的粗糙表面，降低磨损零件表面单位压力，使相配合的零件表面能更好地接触；同时，由于零件表面的局部磨损，也消除了零件在机械加工时所产生的几何偏差。因此，经过磨合，增强了发动机零件的耐磨性和抗腐蚀性。通过调试，可以检查发动机（修理后）的质量、工作状况和对某些零件进行必需的调整。因此，磨合与调试是发电机组安装和大修过程中不可缺少的步骤。而熟悉其使用操作方法是机组使用维修人员必须掌握的一项最基本技能。

9.1.2.5　机组的磨合

机组的磨合主要是指柴油机的磨合。柴油机的磨合分为冷磨合和热磨合两种。

所谓冷磨合，是指柴油机在试验台上由电动机或其他动力来带动曲轴进行运转，达到对曲轴连杆机构、配气机构和其他动配合零件磨合的目的。

所谓热磨合，是指将柴油机安装完毕，并且经过详细检查后，将机器发动起来，通过无负荷与有负荷试验，进一步检查与调整发动机，使其具有良好的动力性和经济性。

冷磨合一般由生产厂家或条件较好的机组大修单位进行，对于一般用户而言，主要掌握机组的热磨合试验即可。热磨合分为无负荷试验和有负荷试验两种。

（1）无负荷试验　无负荷试验的目的在于：检查柴油机工作时是否有故障。具体地讲，有以下几点。

① 检查机器零件的装配情况及配合件之间的间隙是否适当。

② 检查有无三漏现象（漏油、漏水和漏气）。

③ 发动机运转是否均匀。

④ 活塞、活塞销、曲轴主轴承和连杆轴承等有无特殊响声。

⑤ 排气声音与颜色是否正常。

⑥ 机油压力与冷却水温是否正常。

⑦ 气门间隙是否适当。

⑧ 喷油泵和喷油器工作是否正常。

热磨合前，应装复柴油机的全部总成、附件及仪表，加足燃油、机油和冷却水；调试一切必须调整的内容，如气门间隙、风扇皮带松紧度、机油压力、喷油压力、供油时间、供油量以及各缸供油不均度等，使发动机处于良好的工作状态。

以额定转速为1500r/min的柴油机为例，其无负荷试验规范见表9-2。其他额定转速的柴油机进行无负荷试验的阶段和时间是相同的，只是各阶段的转速不同而已。

表 9-2　柴油机无负荷试验规范

阶　段	时间/min	转速/(r/min)
1(低速)	30	800
2(中速)	30	1200
3(高速)	60	1500

（2）有负荷试验　有负荷试验的目的在于：测定新装发动机或发动机大修后的质量，检查是否达到规定的技术标准。

仍以额定转速为1500r/min的柴油机为例：其有负荷试验规范见表9-3。其他额定转速的柴油机进行有负荷试验的阶段、负荷和时间是相同的，只是转速不同而已。

表 9-3　柴油机有负荷试验规范

阶　段	负荷/%	时间/min	转速/(r/min)
1 2 3	25 50 75	30 40 60	空载：电压400V，频率51Hz 加载：电压380V，频率50Hz左右， 即转速应在1500r/min左右
4 5 6	100 110 100	90 5 10	空载：电压400V，频率51Hz 加载：电压380V，频率≥49Hz， 即转速应≥1470r/min
7 8	75 25	20 10	空载：电压400V，频率51Hz 加载：电压380V，频率50Hz左右， 即转速应在1500r/min左右
备注			其他额定转速的柴油机可参考本规范，要根据转速与频率的关系得出各阶段对转速的要求

注意：热磨合试验后必须重新调整气门间隙，重新紧固主轴承、连杆和气缸盖等处的螺栓、螺母，及时更换机油。

当柴油机进行磨合试验时，如果为了排除故障而更换了活塞、活塞销、活塞环、气缸套和连杆轴承等，均应重新进行磨合试验。

对于新装的柴油发电机组，或机组大修后受设备条件的限制，可不进行冷磨合而直接进行热磨合。柴油发电机组磨合后，还应进行机组功率与燃油消耗率等项目的测试，以便准确鉴定机组的（修理）质量。

9.1.2.6　机组在各种条件下的使用

（1）机组的正常使用　机组投入正常使用后，应经常注视所有仪表的指示值和观察整机运行动态；要经常检查冷却系统和各部分润滑油的液面，如发现有不符规定要求或出现渗漏时，应即给予补充或检查原因予以排除。在运行过程中，特别是当突减负荷时，应注意防止因调速器失灵使柴油机转速突然升高超过规定值（俗称“飞车”），一旦出现此类情况，应先迅速采取紧急停车的措施，然后查清原因，予以修理。

（2）柴油机与工作机械功率的匹配　用户选用柴油机时不仅应考虑与之配套的工作机械所需功率的大小，还必须考虑工作机械的负荷率，比如是间歇使用，还是连续使用。同时要考虑工作机械的运行经济性，即负载的工作特性和柴油机的特性必须合理匹配。因此柴油机功率的正确标定和柴油机与工作机械特性的合理匹配乃是保证柴油机可靠、长寿命以及经济运行的前提，否则将可能使柴油机超负荷运行和产生不必要的故障；或负载功率过小，柴油机功率不能得到充分的运用，这样既不经济并且易产生窜机油等弊病。

（3）柴油机在高原地区的使用　柴油机在高原地区使用与在平原地区的情况不同，给柴油机在性能和使用方面带来一些变化，在高原地区使用柴油机应注意以下几点。

① 由于高原地区气压低，空气稀薄，含氧量少，特别对自然吸气的柴油机，因进气量不足而燃烧条件变差，使柴油机不能发出其标定功率。即使柴油机基本结构相同，但各型柴油机标定功率不同，因此它们在高原工作的能力是不一样的。例如，6135Q-1型柴油机，标定功率为161.8kW/2200r/min，由于标定功率大，性能余量很小，则在高原使用时每升高1000m，功率约降低12%左右，因此在高原长期使用时应根据当地的海拔高度，适当减小其供油量。而6135K-11型柴油机，虽然燃烧过程相同，但因标定功率仅为117.7kW/2200r/min，因此性能上具有足够的余量，这样柴油机本身就有一定的高原工作能力。

考虑到在高原条件下着火延迟的倾向，为了提高柴油机的运行经济性，一般推荐自然吸气柴油机供油提前角应适当提前。

由于海拔升高，动力性下降，排气温度上升，因此用户在选用柴油机时也应考虑柴油机的高原工作能力，严格避免超负荷运行。

根据近年来的试验证明，对高原地区使用的柴油机，可采用废气涡轮增压的方法作为高原的功率补偿。通过废气涡轮增压不但可弥补高原功率的不足，还可改善烟色、恢复动力性能和降低燃油消耗率。

② 随着海拔升高，环境温度亦比平原地区要低，一般每升高1000m，环境温度约要下降0.6℃左右，外加因高原空气稀薄，因此，柴油机的启动性能要比平原地区差。在使用过程中，应采取与低温启动相应的辅助启动措施。

③ 因海拔升高，水的沸点降低，同时冷空气的风压和冷却空气质量减少，以及每千瓦在单位时间内散热量的增加，因此冷却系统的散热条件要比平原差。一般在高海拔地区不宜采用开式冷却循环，可采用加压的闭式冷却系统，以提高高原使用时冷却液的沸点。

（4）增压柴油机的使用特点

① 在某些增压机型上，为了进一步改善其低温启动性能，在柴油机的进气管上还设有进气预热装置，低温启动时，应正确使用。

② 柴油机启动后，必须待机油压力升高后才可加速，否则易引起增压器轴承烧坏；特别是当柴油机更换润滑油、清洗增压器、滤清器或更换滤芯元件和停车一星期以上者，启动后在惰转状态下，将增压器上的进油接头拧松一些，待有润滑油溢出后拧紧，再惰转几分钟后方可加负荷。

③ 柴油机应避免长时间怠速运转，否则容易引起增压器内的机油漏入压气机而导致排气管喷机油的现象。

④ 对新的柴油机或调换增压器后，必须卸下增压器上的进油管接头，加注50～60mL的机油，防止启动时因缺机油而烧坏增压器轴承。

⑤ 柴油机停车前，需怠速运转2～3min，在非特殊情况下，不允许突然停车，以防因

增压器过热而造成增压器轴承咬死。

⑥ 要经常利用柴油机停车后的瞬间监听增压器叶轮与壳体之间是否有碰擦声，如有碰擦声，应立即拆开增压器，检查轴承间隙是否正常。

⑦ 必须保持增压柴油机进、排气管路的密封性，否则将影响柴油机的性能。应经常检查固紧螺母或螺栓是否松动，胶管夹箍是否夹紧，必要时应更换密封垫片。

（5）柴油机的停车

① 正常停车

a. 停车前，先卸去负荷，然后调节调速器操纵手柄，逐步降低转速至750r/min左右，运转3～5min后再拨动停车手柄停车；尽可能不要在全负荷状态下很快将柴油机停下，以防出现发动机过热等事故。

b. 对12缸V型柴油机，停车后应将电钥匙由“左”转向“中间”位置，以防止蓄电池电流倒流。在寒冷地区运行而需停车时，应在停车后待机温冷却至常温（25℃）左右时，打开机体侧面、淡水泵、机油冷却器（或冷却水管）及散热器等处的放水阀，放尽冷却水以防止冻裂。若用防冻冷却液时则不需打开放水阀。

c. 对需要存放较长时间的柴油机，在最后一次停车时，应将原用的机油放掉，换用封存油，再运转2min左右进行封存。如使用的是防冻冷却液，亦应放出。

② 紧急停车　在紧急或特殊情况下，为避免柴油机发生严重事故可采取紧急停车。此时应按图9-4所示的方向拨动紧急停车手柄，即可达到目的。在上述操作无效的情况下，应立即用手或其他器具完全堵住空气滤清器进口，达到立即停车的目的。

9.1.3　柴油发电机组的调试

9.1.3.1　柴油机的调试

柴油机平时的调试内容主要包括喷油提前角的检查与调整、气门间隙的调整与配气相位的检查、机油压力的调整以及橡胶V带张力的调整等。这里以国产135系列柴油发电机组为例，讲述相关内容的调试方法。

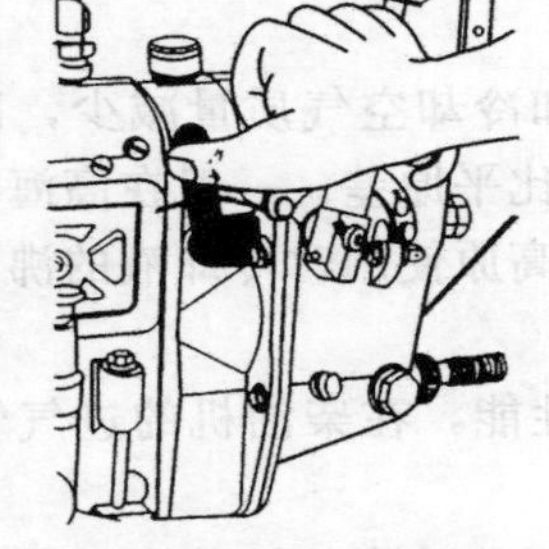
图9-4　B型喷油泵紧急停车

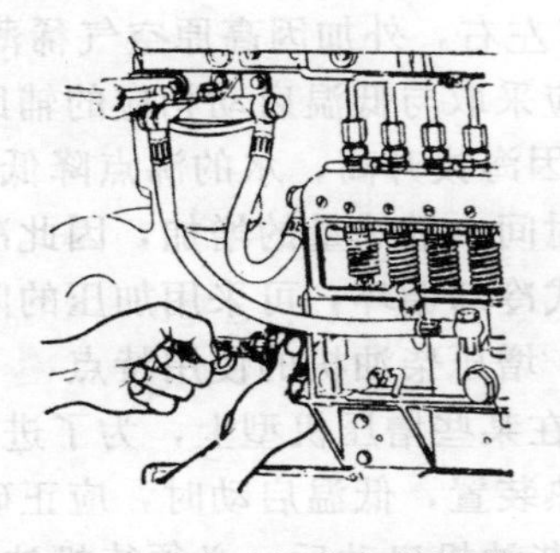
图9-5　喷油提前角的调整

（1）喷油提前角的检查与调整　为了使柴油机获得良好的燃烧和正常地工作，并取得最经济的燃油耗率，每当柴油机工作500h或每次拆装后，都必须进行喷油提前角的检查与调整。135基本型柴油机的喷油提前角规定如表9-4所示。

表9-4　135基本型柴油机的喷油提前角

名　称	4135G	6135G-1	12V135AG-1	6135JZ、6135AZG	12V135JZ	6135G、4135AG、6135AG、12V135、12V135AG
喷油提前角（上止点前以曲轴转角计）	24°～27°	23°～25°	26°～28°	20°～22°	24°～26°	26°～29°

喷油提前角的调整有两种方法。

第一种方法：拆下第1缸的高压油管，转动曲轴使第1缸活塞处于膨胀冲程始点，此时飞轮壳上的指针对准飞轮上的“0”度线。然后反转柴油机曲轴，使检视窗上的指针对准飞轮上相当于喷油提前角规定的角度，然后松开喷油泵传动轴节和盘上的两个紧固螺钉，按喷油泵的转动方向，缓慢而均匀地转动喷油泵凸轮轴至第1缸出油口油面刚刚发生波动的瞬时为止（如图9-5所示）并拧紧结合盘上的两个螺钉。

第二种方法：拆下第1缸高压油管，转动曲轴使第1缸活塞处于压缩终点位置前40°左右，然后按柴油机旋转方向缓慢而均匀地转动曲轴，同时密切注意喷油泵第1缸出油口的油面情况。当油面刚刚发生波动的瞬时，即表示第1缸喷油开始，此时检视窗上指针所对准的飞轮上刻度值就是喷油提前角度数。如这个角度与规定范围不符，可松开接合盘上的两个固定螺钉，将喷油泵凸轮轴转过所需调整的角度（传动轴接盘上的刻度，每个相当于曲轴转角3°），提前角过小，凸轮轴按运转方向转动；提前角太大，则按运转的反方向转动，然后拧紧接合盘上的两个螺钉，再重复核对一次，直至符合规定范围为止。

有时，检查喷油提前角与规定值相差甚微，可不必松开接合盘转动喷油泵凸轮轴，而只要将喷油泵的四只安装螺钉稍微放松，使喷油泵体作微小的转动来调整，它的转动方向应与第二种方法相反，调整好后将螺钉拧紧。

一般，第1缸喷油提前角调整正确后，其他各缸的喷油提前角取决于油泵凸轮轴各凸轮的相位角，如有必要可在喷油泵试验台上进行检查与调整。

（2）气门间隙的调整与配气相位的检查　配气相位是指控制柴油机进排气过程的气门开闭的时间，必须正确无误，否则对柴油机的性能影响很大，甚至可造成气门与活塞的撞击、挺杆弯曲和摇臂断裂等事故。因此，每当重装气缸盖或紧过气缸盖螺母后，都必须对气门间隙重新进行调整。对经过大修或整机解体后重新组装过的柴油机，还需对配气相位进行检查。

① 气门间隙的调整

a. 135系列柴油机冷车时的气门间隙见表9-5。

表9-5　135系列柴油机冷车时的气门间隙

名称	进气门间隙/mm	排气门间隙/mm
非增压柴油机	0.25～0.30	0.30～0.35
增压柴油机	0.30～0.35	0.35～0.40

b. 135直列型柴油机的缸序，第1缸从柴油机前端（自由端）算起。12缸V型柴油机的缸序如图9-6所示。135系列柴油机的发火次序如表9-6所示。

表9-6　135系列柴油机的发火次序

名　称	发火次序
4缸直列型柴油机	1—3—4—2
6缸直列型柴油机	1—5—3—6—2—4
12缸V型左转柴油机	1—12—5—8—3—10—6—7—2—11—4—9
12缸V型右转柴油机	1—8—5—10—3—7—6—11—2—9—4—12

注：135系列柴油机，除作为船用主机的12缸V型右转柴油机（如12V135C、12V135AC及12V135JZC等）外，均为左转机，其转向如图9-6所示，即面对飞轮端视为逆时针方向，右转机的转向与之相反，其发火次序亦不同。

c. 气门间隙调整前，先卸下气缸盖罩壳，然后转动曲轴使飞轮壳检视窗口的指针对准飞轮上的定时“0”刻度线，如图9-7所示。操作时，应防止指针变形，并保持指针位于飞轮壳上的两条限位线之间。此时，4 缸柴油机的第 1、4 缸；6 缸和 12 缸 V 型柴油机的第 1、6 缸均处于上止点。

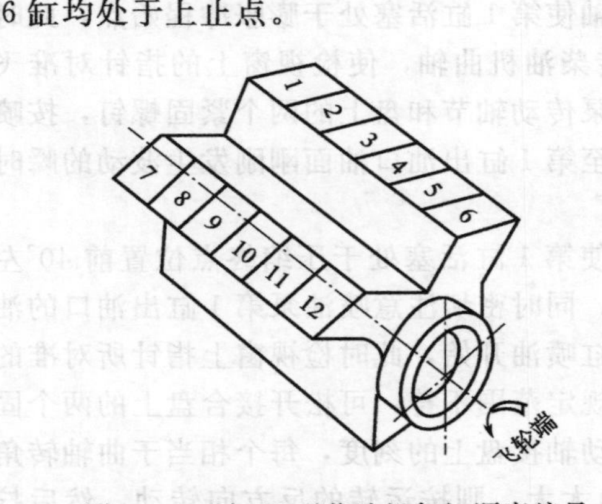

图 9-6　12 缸 V 型柴油机气缸顺序编号

图 9-7　飞轮上刻度线和指针

然后确定在上止点的气缸中哪一缸处在膨胀冲程的始点。可拆下喷油泵的侧盖板，观察喷油泵柱塞弹簧是否处于压缩状态（喷油泵安装正确时），或者微微转动曲轴，观察进、排气门是否均处于静止状态来确定。当喷油泵柱塞弹簧处于压缩状态，并且曲轴转动时，进、排气门均不动的那一缸就是处于膨胀冲程始点的位置。

d. 135 系列柴油机，在确定膨胀冲程始点后，即可按表 9-7 用“两次调整法”进行气门间隙的调整。当然，也可用“逐缸调整法”，只是麻烦一些而已。

表 9-7　气门间隙调整

名　称		第 1 缸活塞在膨胀冲程始点可调整气门的气缸序号	4 缸机的第 4 缸、6 缸机和 12 缸机的第 6 缸活塞在膨胀冲程始点可调整气门的气缸序号
4 缸机	进气门	1—2	3—4
	排气门	1—3	2—4
6 缸机	进气门	1—2—4	3—5—6
	排气门	1—3—5	2—4—6
12 缸左转机	进气门	1—2—4—9—11—12	3—5—6—7—8—10
	排气门	1—3—5—8—9—12	2—4—6—7—10—11
12 缸右转机	进气门	1—2—4—8—9—12	3—5—6—7—10—11
	排气门	1—3—5—8—10—12	2—4—6—7—9—11

e. 调整气门间隙时，先用扳手和旋具，松开摇臂上的锁紧螺母和调节螺钉，按规定间隙值选用厚薄规（又名千分片）插入摇臂与气门之间，然后拧动调节螺钉进行调整（如图 9-8 所示）。当摇臂和气门与厚薄规接触，拉动厚薄规时有一定阻力但尚能移动时为止，并拧紧螺母，最后重复移动厚薄规检查一次。

② 配气相位的检查　135 基本型柴油机的凸轮外形结构尺寸虽然相同，但是其配气相位有两种，如图 9-9 所示，图（a）为 1500r/min 自然吸气和改进型增压柴油机用；图（b）为 1800r/min 6135G-1 型柴油机用，两种凸轮轴不能通用。柴油机在出厂前配气相位已经过检查，其误差均在公差范围内，不必再作检查。但当定时齿轮因齿面严重磨损而更换或因其他原因而重装后，应重新检查发动机的配气相位。

a. 配气相位的检查，应在气门间隙调整后进行。检查时，先在曲轴前端装上有 360°刻线的分度盘，在前盖板上安置一根可调节的指针，然后转动曲轴，使飞轮壳检视窗上的指针

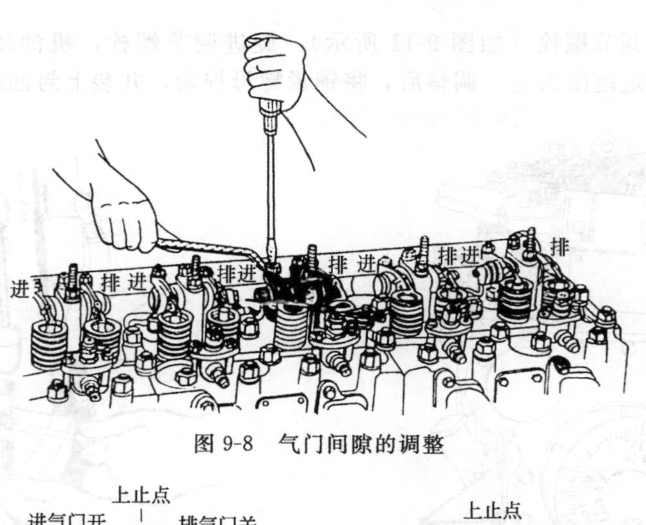

图 9-8　气门间隙的调整

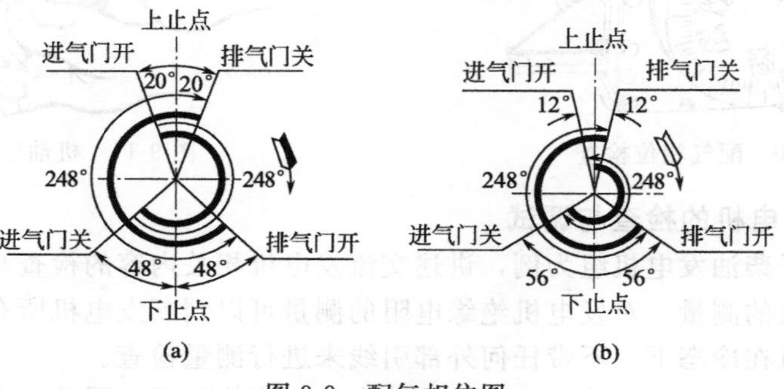

图 9-9　配气相位图

对准飞轮上的“0”刻度线，此时调整前盖板上的指针，使其对准分度盘上的“0”刻度线，并将它固定，同时在气缸盖上安放一只千分表，使它度的感应头与欲检查的进气门或排气门的弹簧上座接触，再按分度盘上的转向箭头和发火次序转动曲轴逐缸检查，如图 9-10 所示。图中分度盘仅适用于 6 缸和 12 缸 V 型左转柴油机，上面的 1，6；5，2；3，4 等数字分别表示各缸的膨胀冲程始点位置，4 缸和 12 缸 V 型右转机应根据其转向、发火次序和发火间隔角采用同样的方法另行确定。

b. 对直列型柴油机只需检查第 1 缸；对 12 缸 V 型柴油机需检查第 1、7 两缸。其余各缸均由凸轮轴保证。检查时，当千分表指针开始摆动之瞬时（由手能转动推杆变为不能转动的瞬时），即表示气门开始开启，这时分度盘上指针所指的角度即为气门开启始角；然后继续转动曲轴，千分表指针从零摆至某一最大值（此即为气门升程）后开始返回，当千分表指针回到零之瞬时（由手不能转动推杆变为能转动之瞬时），表示气门关闭，这时分度盘上指针所指的角度即为气门关闭角。从气门开始开启至气门关闭，曲轴所转过的角度称为气门开启持续角。配气相位检查结果应符合图 9-9 规定的数值。其允差为±6°。

c. 如果发现配气相位与规定不符时，首先应确定定时齿轮的安装位置的正确性，因为凸轮轴和曲轴之间的相对位置是由定时齿轮保证的；其次是检查齿面的啮合间隙是否符合规定的要求，齿面和凸轮轴的凸轮表面是否有严重磨损现象。如不符合规定，必须重新调整或换用新零件后，再重新检查配气相位。

(3) 机油压力的调整　135 基本型柴油机，在标定转速时，其正常机油压力应为 0.25～0.35MPa(2.5～3.5kgf/cm^2)，其中 6135G-1 型机为 0.30～0.40MPa(3～4kgf/cm^2)，在 500～600r/min 时的机油压力应不小于 0.05MPa(0.5kgf/cm^2)。柴油机运行时，如与上述规定的压力范围不符时，应及时进行调整。调整时，先拧下调压阀上的封油螺母，松开锁紧螺母，再用旋具转动调节螺栓（如图 9-11 所示）。旋进调节螺栓，机油压力升高，旋出则降低，直至调整到规定范围为止。调整后，将锁紧螺母拧紧，并装上封油螺母。

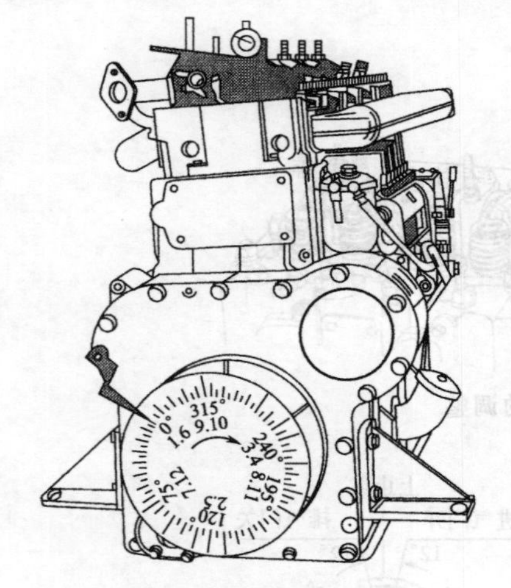

图 9-10　配气相位检查

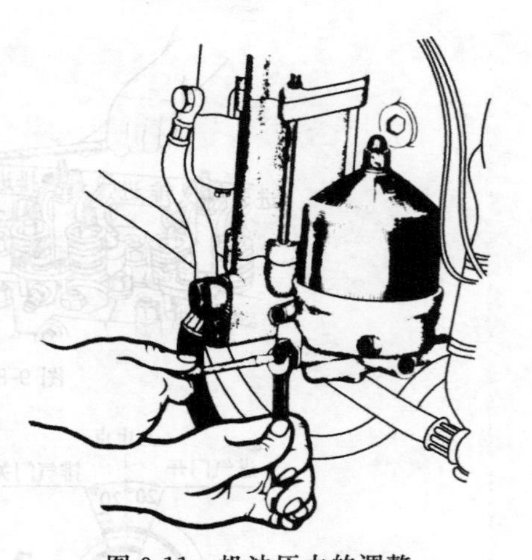

图 9-11　机油压力的调整

9.1.3.2　交流发电机的检查与调试

这里以西门子柴油发电机组为例，讲述交流发电机相关内容的检查与调试。

（1）绝缘电阻的测量　对发电机绝缘电阻的测量可以判断发电机所有带电部分对机壳的绝缘状态。发电机在冷态下，不带任何外部引线来进行测量检查。

对于定子绕组，由于三相绕组的中性点连在一起不能分开，因此，它们对机壳的绝缘电阻只需测一次。其他的测量还包括转子绕组、励磁机定子绕组、加热器及传感器等对机壳的绝缘电阻。测量时将兆欧表一端接机壳，另一端接绕组，摇动兆欧表手柄，由慢到快稳定转动手柄到 120r/min 左右，待指针稳定后读取的数据，即为该绕组的绝缘电阻。要求冷态时（约 25℃）发电机绕组及温度传感器对机壳的绝缘电阻应不低于 30MΩ。

（2）绕组电阻的测量　发电机绕组的电阻不仅与发电机的损耗有关，而且对发电机的励磁电压、短路电流等特性参数有影响。绕组直流电阻的大小与导线规格及绕组形式有关。

测量导线直流电阻的方法很多，通常采用电桥测量法，既准确又较简便。对于西门子 1FC5 系列无刷发电机，其定子三相绕组及转子绕组电阻都在几欧姆以下，采用双臂电桥测量较合适。发电机的励磁机的定子绕组在 10Ω 左右，采用单臂电桥测量。

（3）发电机发热试验检查　自励发电机是靠剩磁起励建压的，无刷励磁发电机的剩磁电压较高。当其励磁回路短路时，仍有一定的输出电压。刚装配好的新发电机没有剩磁，所以开机前应对励磁机的定子绕组通直流电进行充磁。长期搁置的发电机重新使用前也需事先充磁后才能自励发电。

发电机发热试验检查的方法是：机组开机后，保持输出电压、功率不变，电流恒定，机组稳定运行，每半小时记录环境温度和轴承温度，并测试电枢电流、电枢电压、励磁机励磁电流、励磁电压、频率及各点温度。试验检查进行 1h，若励磁电压、温度等不超出规定值，即认为合格。

（4）励磁装置的调整　调整时先将励磁装置中的电压调节器（AVR）断开，然后启动机组，交流发电机在额定转速下空载运行，此时发电机自励发出电压。在空载下调整柴油机转速，使发电机的频率 f 为额定频率 f_N 的 1.05 倍（即 52.5Hz），称为空载频率。

调整空载电压时，在可能的范围内采用改变电抗器气隙的办法来实现。改变电抗器气隙的大小，即可得到不同的空载电压。气隙增大，其空载电压也增大。但应注意的是每次改变气隙后，电抗器的磁轭必须重新固紧。由于西门子1FC5发电机的励磁装置是采用带有晶闸管分流的调节器，因此，初次调整时，其空载电压只要在110%～115%额定电压范围内就可以了。如果调节电抗器气隙不能使空载电压达到上述范围，可调整T6变压器上电抗器绕组接头的位置，选择较多的圈数时空载电压上升，反之下降。

当调节励磁装置使空载电压达到上述范围之后，机组在额定转速下，发电机加上额定负载，其电压有所下降。为了使发电机并联运行时，在欠励范围内不出现功率倒灌，并保持AVR起作用情况下，发电机从空载到负载，其电压不允许升高。调试时空载电压控制在(108%～114%)U_N 的范围内，额定负载电压应在（106%～110%)U_N 范围内。

（5）调差装置的调整　调差装置是使发电机在互相并联运行时，能保持所需要的无功功率的分配并能稳定地运行。在单机运行时，发电机电压相应地随与被调节的无功电流有关的调差率而下降。

调差装置调整前，先在空载频率下调整电位器，使空载电压到额定值，然后加上额定负载，在额定转速下保持额定电流 I_N，额定功率因数 $\cos\varphi_N$ 不变，旋动同轴电位器，使发电机输出电压下降至额定电压 U_N 的3.6%。调整时，调差电阻的阻值增大，发电机电压则降低，反之则升高，调好后将同轴电位器固定。

最后调节AVR内的U_{SO11}电位器，在额定负载下使电压回升到额定电压的98.2%，将电位器固定，并检查空载电压，应为额定电压的101.8%。

（6）空气过滤器的检查

① 发电机冷却空气过滤器　如果机房环境的冷却空气含有粉尘、油雾等较严重，通常发电机装有粗粒尘平板式过滤器。当柴油发电机组安装完毕之后，应对空气过滤器进行检查。如果有脏物阻塞冷却空气必要通道，应立即清洗。拆下已脏污的过滤器，并插上备用的过滤器，用2‰～4‰的苏打水或类似的清洁剂轻轻地晃动进行清洗，将过滤器浸在湿润剂中，然后，在室温下经12～24h，使湿润剂滴干，以备下次使用。

装有空气过滤器的发电机，其定子端部一般装有温度传感器。当过滤器阻塞发电机定子温度升高到145℃时，温度报警装置就会发出声光报警信号。如果在运行中出现过载也同样会造成定子温度升高，发出声光报警，因此，要对这种报警信号进行分析判断。

② 温度传感器　1FC5系列无刷交流同步发电机热保护装置用的温度传感器（PTC）是一种突变型热敏电阻，当温度升高到一定值时，它的电阻值会突然增大，此温度称为额定脱扣温度，其公差为±5℃。额定脱扣温度有多种，通常选用145℃为报警温度，155℃为脱扣温度。采用进口Q63100-P416-M135(145℃）和Q63100-P426-M135(155℃）温度传感器。可根据需要在发电机里装一套PTC报警或两套PTC报警或一套报警一套脱扣装置。

由于发电机在定子绕组靠出风口端部温度最高，因此，温度传感器通常安装在这个部位上，以便监测发电机定子最高的实际温度。

③ 温度报警（脱扣）装置　1FC5系列发电机采用西门子公司生产的3UN8型和3UN9型报警（脱扣）装置。该装置由一个电源系统和一个带有输出继电器的双稳态晶体管放大器组成。放大器工作状态由温度传感器的电阻来控制。

正常工作时，继电器处于通电吸合状态，其常闭触头21-22断开，而常开触头13-14闭合。当空气过滤器阻塞或发电机过载运行，使发电机定子绕组温度升高，只要有一个传感器达到脱扣温度，放大器截止，继电器C就释放，其常闭触头21-22闭合，常开触头13-14打开，接通报警电路，发出声光报警信号。当传感器冷却后，若温度低于脱扣温度5℃，继电器又动作，恢复原来工作状态。

（7）防冷凝加热器的检查　西门子自动化柴油发电机组，为了防止潮气冷凝，在发电机内部装有防冷凝加热器，将发电机内的空气加热到比环境温度略高一些，这样即可将机内潮气驱出机外，以保证机内绕组及其他电气元件处于干燥状态。

防冷凝加热器由两根加热管串联，加热管嵌装在定子机座内肋条的一个槽内，加热电源电压为220V。加热器的电源连接线必须与发电机的主断路器相互联锁。即发电机运行时，加热器断开，而发电机停机时，加热器接通电源，由市电供电，加热器加热驱赶机内潮气，因此，维修发电机内部零件时，必须切断加热器电源，以防出现意外。

9.2 柴油发电机组的拆卸

拆卸是机组修理工作的第一步，拆卸工作做得好就能为以后的工作创造良好的条件。发电机组的拆卸看起来似乎很简单，但是，如果思想上不重视，粗枝大叶，不注意零件的拆卸方法，不留心各零件间的连接关系，将会造成机件的损伤或其他事故，影响修理工作的正常进行。因此，在拆卸发电机组时，必须按照正常的拆卸步骤进行。

9.2.1 拆卸前的准备工作

为了保证拆卸修理工作的正常进行，在拆卸前，应做好以下准备工作。

（1）拆卸前的检查

① 拆卸前检查的目的　拆卸前检查的目的在于：了解发电机组的结构特点、磨损零件及故障部位，初步确定发电机组是否需要修理及修理范围，做到心中有数，克服修理工作的盲目性，增加修理人员的主动性。以便事前安排备料，做出修理计划，使机器在修理过程中不因等待材料和配件而造成停工，以致影响修理工作的正常进行。

② 检查的内容　机组拆卸前检查的主要内容包括：a. 零件是否齐全；b. 结构特点；c. 故障情况，是转速不稳，冒黑烟，功率不足，还是敲缸等都得观察清楚；d. 使用多长时间，使用时间短，则磨损部件少，相反使用时间长，则磨损部件多，就应全面检查；e. 开机试验，检查机器有什么故障，以便对症下药。

（2）准备好各种工具　常用的修理工具有：开口扳手、梅花扳手、活动扳手、套筒及扭力扳手、平口旋具、十字旋具、手钳、手锤和专用拉钳等。

（3）布置好工作场所及工作台，以便放置工具和拆卸零件

（4）准备好清洗设备、器具及清洗剂　通常准备的清洗设备是油盆和刷子，清洗剂通常是汽油或柴油，但使用得更多的通常是柴油，因为使用汽油稍不注意就容易引起火灾。

（5）准备好维修配件及各种垫片

9.2.2 拆卸的一般原则与注意事项

（1）拆卸的一般原则　首先，要放净燃油（柴油或汽油）、机油及冷却水；其次，要坚持先外部后内部，先附件后主体，先拆连接部位后拆零件，先拆总成后拆组合件、合件及零件的原则。

（2）拆卸柴油机注意事项

① 必须在机器完全冷却的情况下进行。否则由于热应力的影响，会使气缸体、气缸盖等机件产生永久性变形，致使影响内燃机的各种性能。

② 在拆卸气缸盖、连杆轴承盖、主轴承盖等零部件时，其螺栓或螺母的松开，必须按一定次序对称均匀地分2～3次拆卸。绝不允许松完一边再松另一边的螺母或螺栓，否则，由于零件受力不均匀而使零件产生变形，有的甚至产生裂纹而损坏。

③ 认真做好核对记号工作。对正时齿轮、活塞、连杆、轴瓦、气门以及有关调整垫片

等零件，有记号的记下来，没有记号的应做上记号。记号应打在易于看到的非工作面上，不要损伤装配基准面，以便尽量保持机器原有的装配关系。有些零件，如内燃机与发电机上各导线的接头等，可用油漆、刻痕和挂牌子等方法进行标号。

④ 拆卸时不能猛敲猛打，正确使用各种工具，特别是专用工具。比如，拆卸活塞环时应尽量使用活塞环装卸钳，拆卸火花塞应用火花塞套筒，且用力不能过猛。否则容易使自己的手受伤，并且容易损坏火花塞。

在拆卸螺纹连接件时，必须正确使用各种扳手和旋具，往往由于扳手和旋具使用不正确将螺母和螺栓损坏。例如扳手开口宽度较螺母大时，易使螺母的棱角搓圆；旋具头的厚薄和螺钉头的凹槽不符，易使凹槽边弄坏；使用扳手和旋具时未将工具妥善放在螺母或凹槽中就开始旋转，也会产生上述毛病。由于螺钉锈死或拧得太紧不易拆卸时，采用了过长的加力杆会造成螺钉折断，由于对螺钉或螺母的正反扣不了解或拆卸时不熟练，方向拧反了也会造成螺钉或螺母的折断。

（3）拆装交流同步发电机注意事项　同步发电机拆卸前应先初步对绕组的状态、绝缘电阻、轴承的状态、换向器和滑环、电刷和刷握及转子和定子的配合等情况进行检查和记录，以便对被检修电机的原有故障有所了解，确定检修方案及备料，保证检修工作正常进行。

① 拆开各连线接头时，应注意线头标号，如标号遗失或模糊不清，应重新做好标号。当重新装配时按线路图原位重接，不可接错。

② 卸下的零部件应妥善保藏，不可随意乱放，以免丢失，零部件应小心轻放，避免因撞击造成变形或损坏。

③ 在更换旋转整流器元件时，注意整流元件的导通方向应与原元件方向一致。用万用电表测量其正向及反向电阻，可判断硅整流元件是否损坏。整流元件的正向（导通方向）电阻应该很小，用万用表测量应当小于数千欧，而反方向电阻应该很大，一般大于10kΩ。

④ 如更换发电机的励磁绕组，接头时应注意磁极的极性。磁极线圈应一正一反依次序串联，励磁机定子上的永久磁铁，面对转子的一端极性为N，磁铁两旁的磁极为S，主发电机励磁绕组的端部仍应打上钢丝箍。钢丝的直径及匝数应与原来相同。绝缘处理后，发电机转子应在动平衡机上校正动平衡。校正动平衡的方法是：在发电机的风扇上以及非拖动端的平衡环上加重。

⑤ 拆卸轴承盖及轴承时，注意将拆下的零件用干净的纸张妥善遮盖，避免尘土飞入，如有尘土侵入轴承脂，应将轴承脂全部更换。

⑥ 重新装配端盖及轴承盖时，为使再次拆卸方便，应在端盖止口上及紧固螺栓上加少许机油。端盖或轴承螺栓应逐个交叉旋入，不能先紧一个再紧其余的。

⑦ 发电机装配完毕后，用手或其他工具慢慢转动转子应转动灵活，无擦碰现象。

9.2.3　4135柴油发电机组的拆卸步骤

目前，各单位根据其用电量的不同及各种具体条件的限制，使用柴油发电机组的型号会有所不同，尽管各型号柴油发电机组在构造上有其特殊性，但其拆卸方法基本相似。本节以4135柴油发电机组为例，介绍其拆卸方法与步骤。

（1）拆卸外部大型附件

① 放出燃油、机油及冷却水。

a. 放出油箱内的柴油。

b. 放出油底壳和机油冷却器内的机油。

c. 打开机体、水箱和机油冷却器的放水开关，将发电机组机体内的水放干净。

d. 在放出燃油、机油及冷却水时，要保持维修场地的清洁。

② 分别拆下配电盘与发电机和柴油机的各连线，并做好相应的记号，从柴油机上拆下油温、水温及机油压力传感器。

③ 拆下配电盘固定螺钉，把配电盘从机架上抬下。

④ 拆下空气滤清器、消声器、进气管和排气管。

⑤ 拆下同步发电机与柴油机的连接固定螺钉，采用起吊装置，将两者脱开。

在脱开时要注意发电机底座下面的垫片不能丢失，也不能随意调换，否则，发电机组装配完毕后，发电机与柴油机的中心线将不在一条直线上，将造成发电机组的振动，甚至造成严重事故。与此同时，在起吊过程中要注意人身安全。

（2）拆卸供油系统

① 关上油开关，拆卸各种油管，抬走油箱。

② 拆下高压油管、高压油泵（喷油泵）及喷油嘴（喷油器）。

拆卸喷油嘴时要注意把各种垫片保存好，不得丢失和损坏，否则气缸会从喷油嘴周围漏气，使柴油机不能正常工作。

③ 旋下柴油滤清器的固定螺钉，取下滤清器。

（3）拆卸冷却、润滑、启动和充电系统

① 旋下上水管夹紧螺钉，拔下胶皮水管，再松开水箱与水泵连接水管的夹紧螺钉，最后松开水箱的固定螺钉，将水箱抬下。

② 旋松皮带调整螺钉，将充电机向机器方向推，使皮带离开带轮，旋下充电机固定螺钉，取下充电机，再松开风扇及水泵固定螺钉，取下风扇与水泵以及风扇皮带。

注意：在拆卸充电机时，应将各导线做上记号，以免安装时装错。

③ 拆下机油滤清器、机油冷却器、机油泵和启动机。

拆卸启动机时也要注意其连线方法。

（4）配气机构、飞轮及齿轮箱盖板的拆卸

① 打开气门室罩，把机油管和气缸盖上的回油螺塞拆下，取下摇臂组、推杆及顶杆。

② 拆卸飞轮。拆卸时要注意飞轮壳上的减振装置不能丢失，并正确使用拉钳。

③ 取下齿轮盖板（注意检查各啮合齿轮记号）。

④ 取出凸轮轴。

（5）气缸盖的拆卸　松开缸盖螺母，拿下气缸盖，取出气缸垫。在拆卸气缸盖螺母时，要注意先外后内，按对角分 2～3 次用扭力扳手对称均匀地进行。在放置气缸盖时，要将其侧放，不要将其工作表面与桌面（或地面）接触。

（6）拆卸活塞连杆组及曲轴

① 清除气缸套上部的积炭。

② 拆下曲轴箱侧盖板。

③ 转动曲轴，将要拆的活塞连杆组的连杆大头置于机体侧盖板处，拆下连杆螺栓的锁紧铁丝，然后用套筒加扭力扳手分 2～3 次对称均匀地取下连杆螺栓。用手扳动（或用小锤轻轻敲击）连杆大头盖，将其取下。

如果两个连杆螺栓都取下后，连杆大头盖不易取下，则可将套筒扳手的长接杆插入连杆大头的螺栓孔中，然后上下摇动接杆。如果还不能取下，则可用手锤轻轻敲击接杆，一般即可取下。在取下过程中，要用手托住连杆大头盖，以免掉入机油壳内和碰伤轴瓦。

取下连杆大头盖后，慢慢转动曲轴，使活塞位于上止点处。然后用手推开连杆大头，使其与曲轴的轴颈脱开，再慢慢转动曲轴。当曲轴与连杆大头隔开 10cm 左右的间隙时，插入木棒，最后以轴颈为支点，撬动木棒，将活塞连杆组从气缸套中顶出。在取出过程中，防止连杆大头碰伤气缸内壁。

活塞连杆组取出后，将拆下的轴瓦、垫片、轴瓦盖以及螺栓等，按原来位置（记号）装好，以免丢失或弄错缸序。

④ 将活塞与连杆分开，首先将活塞销卡簧取下，然后用活塞销铳子将活塞销打出来。如果是铝制活塞，需加温后再冲出。

⑤ 取下曲轴。

取曲轴时，可在曲轴一端垫上铜块或用木块，用手锤打出即可。

（7）拆卸气缸套　在有条件的情况下拆卸气缸套，要尽量使用专用工具。在迫不得已的情况下，才把机油壳拆下，再从下面用木棒将气缸套打出。

（8）拆卸交流同步发电机

① 卸下励磁机后罩，拆开整流器直流输出线的接头，用螺丝刀将轴上的弹簧圈取下，顺轴向可看到励磁机转子轴套上有个螺孔，准备几根双头螺杆用图 9-12 的方法将励磁机转子拉出。对于励磁机转子安装在两轴承之间的，一般不需拆下。

② 卸下后轴承外盖，拆开励磁机定子与主发电机接线板之间的连线，再卸下电机后端盖上的 4 颗螺栓，将后端盖连同励磁机定子一起卸下来。

③ 卸下前轴承外盖，再卸下前端盖的 4 颗螺栓，用撬杠或榔头敲打端盖四角，使端盖退出止口，卸下前端盖。

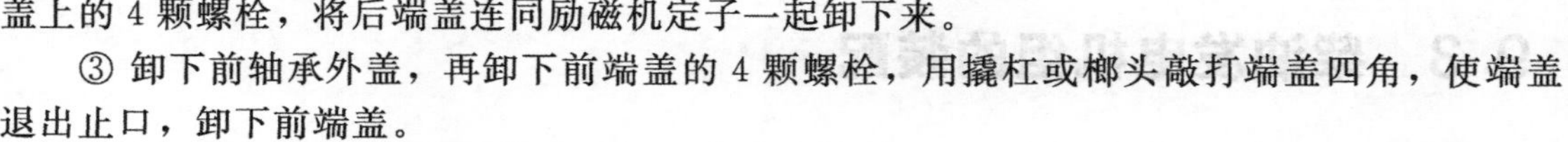

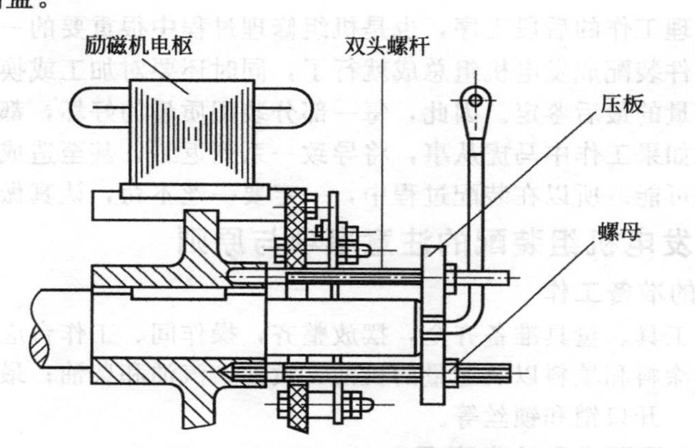

图 9-12　拆卸励磁机电枢示意图

④ 小型电机的转子可用手取出，值得注意的是不要擦伤铁芯和绕组。转子风扇若大于定子内孔时，应从右侧取出。有滑环或换向器的电机，应从有滑环或换向器一侧取出。对于较大型电机，取出转子要使用吊车，转轴一端套入适当内径的钢管。按照图 9-13 的方法吊起转子，将其慢慢移出定子。

⑤ 下轴承弹簧圈按照图 9-14 所示的方法，用拉爪将两轴承拉下。

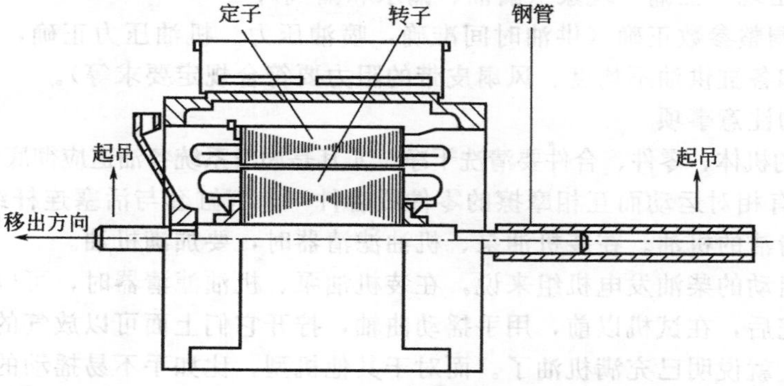

图 9-13　抽出转子示意图

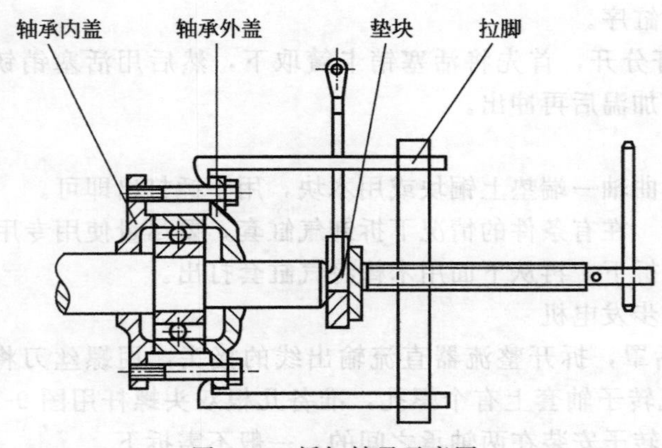

图 9-14 拆卸轴承示意图

9.3 柴油发电机组的装配

总装是机组修理工作的后段工序，也是机组修理过程中很重要的一环。因为机组的装配不仅仅是将各个零件装配成发电机组总成就行了，同时还要对加工或换新的零件，原零件做一次是否能保证质量的最后鉴定。因此，每一部分装配质量的好坏，都直接影响着整个机组修理质量的优劣。如果工作中马虎从事，将导致一系列返工，甚至造成事故，确有“一着不慎，满盘皆输”的可能。所以在装配过程中，一定要一丝不苟，认真做好每一步。

9.3.1 柴油发电机组装配的注意事项与原则

9.3.1.1 装配前的准备工作

首先，把安装工具、量具准备齐全，摆放整齐，操作间、工作台应打扫干净；其次，准备好适量的垫料、涂料和填料以及适量的机油、黄油、汽油和柴油；最后，按规定配齐全部衬垫、螺丝、螺母、开口销和锁丝等。

9.3.1.2 装配的主要要求和注意事项

(1) 装配的主要要求

① 保证各配合件的松紧度、接触面积及配合间隙；

② 保证各装配记号或配合关系不混乱；

③ 保证零件的紧固要求；

④ 保证不损伤零件；

⑤ 保证不出现“三漏”现象（漏油、漏水和漏气）；

⑥ 保证各调整参数正确（供油时间准确，喷油压力、机油压力正确，气门和减压间隙适当，供油量和各缸供油不均度、风扇皮带的阻力要符合规定要求等）。

(2) 装配的注意事项

① 待装配的机体、零件、合件要清洗干净，尤其是润滑系统各油道应彻底清洗干净与吹通。

② 在装配有相对运动而互相摩擦的零件或合件（如气缸套与活塞连杆组、轴与轴承等）之前，应涂以清洁的机油。在装机油泵、机油滤清器时，要加满机油。

对于手摇启动的柴油发电机组来说，在装机油泵、机油滤清器时，可以不先加满机油而可以等整机装完后，在试机以前，用手摇动曲轴，拧开它们上面可以放气的地方，一会儿就有机油冒出来，就说明已充满机油了。而对于其他机型，比如手不易摇动的，机油泵在油底壳里面不外露的等，就应事先加满机油。

③ 要正确选用工具，不允许用钢质手锤乱敲零件表面，如必须敲击时，应该垫以软金属或使用木质、橡胶质手锤敲击，以免损坏零件表面。

④ 凡有一定方向和记号的机件应按要求装配。比如，活塞、连杆、有倒角的活塞环、主轴瓦、连杆瓦和气门等。

⑤ 各种垫片要完好，并涂以一定量的黄油。

⑥ 主轴瓦、连杆瓦、气缸盖和飞轮等螺栓，分2～3次对称均匀地拧紧，并具有规定的力矩，有保险装置的应装上。

比如说，旋紧缸盖螺母时，应与拆下时相反，由中间到两端对角交叉上紧。一般是分三次上到规定扭力数（一是上紧，二是上到规定扭力的一半，三是全部上到规定扭力）。

⑦ 活动部件装好后应试运转，以便观察其运转和松紧情况。全部装完后，应转动曲轴检查各活动、转动机件有无卡滞现象，并检查有无漏气、漏油和漏水之处，若有应排除。

9.3.1.3　装配原则

在前面学习过拆卸柴油发电机组的原则是：由外到内、先附件后主体、先拆连接部位后拆零件。柴油发电机组的装配原则刚好与拆卸原则相反。即：由内到外、先主体后附件、先装零件后装连接部位、边装配边检查调整。

9.3.2　4135柴油发电机组的装配步骤

发电机组由于各机种、机型不同，装配步骤略有差异，但总的来说是相似的，只要熟悉了发电机组的构造及工作原理，装配也不是一件很难的事情。下面以4135为例介绍柴油发电机组的装配步骤。

（1）安装曲轴

① 将曲轴滚珠轴承外圈装到轴承孔内，并装好轴承两端的锁簧。注意：安装曲轴滚珠轴承外圈时，应先用软金属棒垫好，再用铁锤敲打，而且四周用力要均衡。

② 将已安装好的曲轴总成，从机体后端孔装进。注意：安装曲轴时应使曲轴保持水平（或竖直），并对准轴承孔，然后逐渐推进，防止连杆轴颈与主轴承外圈碰撞。

（2）安装传动机构盖板

① 安装前端与后端推力轴承。

② 安装盖板上部的机油喷油嘴和左上方的内六角螺塞。

③ 安装两只惰齿轮并固定好螺母，锁好保险片。

④ 将装配好零件的盖板总成装入座内，并旋紧其四周的螺钉。

⑤ 安装前轴推力板，放好曲轴齿轮键，装进曲轴齿轮和甩油圈，拧紧固定螺母，锁好保险片。

⑥ 检查曲轴轴向间隙，同时用手转动曲轴，应灵活无阻滞现象。

（3）装配喷油泵（高压油泵）传动轴

① 将两只滚动轴承安装在传动轴上。

② 将传动轴装在轴承座内，并装好锁环。

③ 安装好护油盖垫片、护油盖（含油封）及传动轴接盘等。

④ 将传动轴承座及传动轴一起装入机体传动轴座孔内（注意：轴承座上的两个油孔必须朝上，以便接受飞溅的机油润滑滚动轴承），并用螺钉紧固。

⑤ 将半圆键装在传动轴承上面，再将喷油泵传动齿轮装上（有记号的一面朝外），放好保险片后拧紧螺母。

(4) 安装凸轮轴

① 将凸轮轴衬套压入机体孔内（油孔必须对准机体上的油孔），将凸轮轴装进座孔内。

② 放好隔圈、推力轴承（轴承油孔必须对准机体油孔，两只圆柱形销钉应插进隔圈孔内），拧紧推力轴承的固定螺钉。

③ 检查推力面轴向间隙是否保持在0.195～0.545mm内。

④ 用手转动凸轮轴，应转动灵活。

⑤ 安装所有传动齿轮。4135柴油机齿轮传动机构的装配如图9-15所示。它们间的相互装配记号是：定时惰齿轮上有三处记号，其“0 0”对准曲轴齿轮上的“0”，“1”对准凸轮上的齿轮的“1 1”，“2”对准高压油泵传动齿轮上的“2 2”，然后拧紧各传动齿轮固定螺钉。并检查各齿轮之间齿隙是否符合要求。

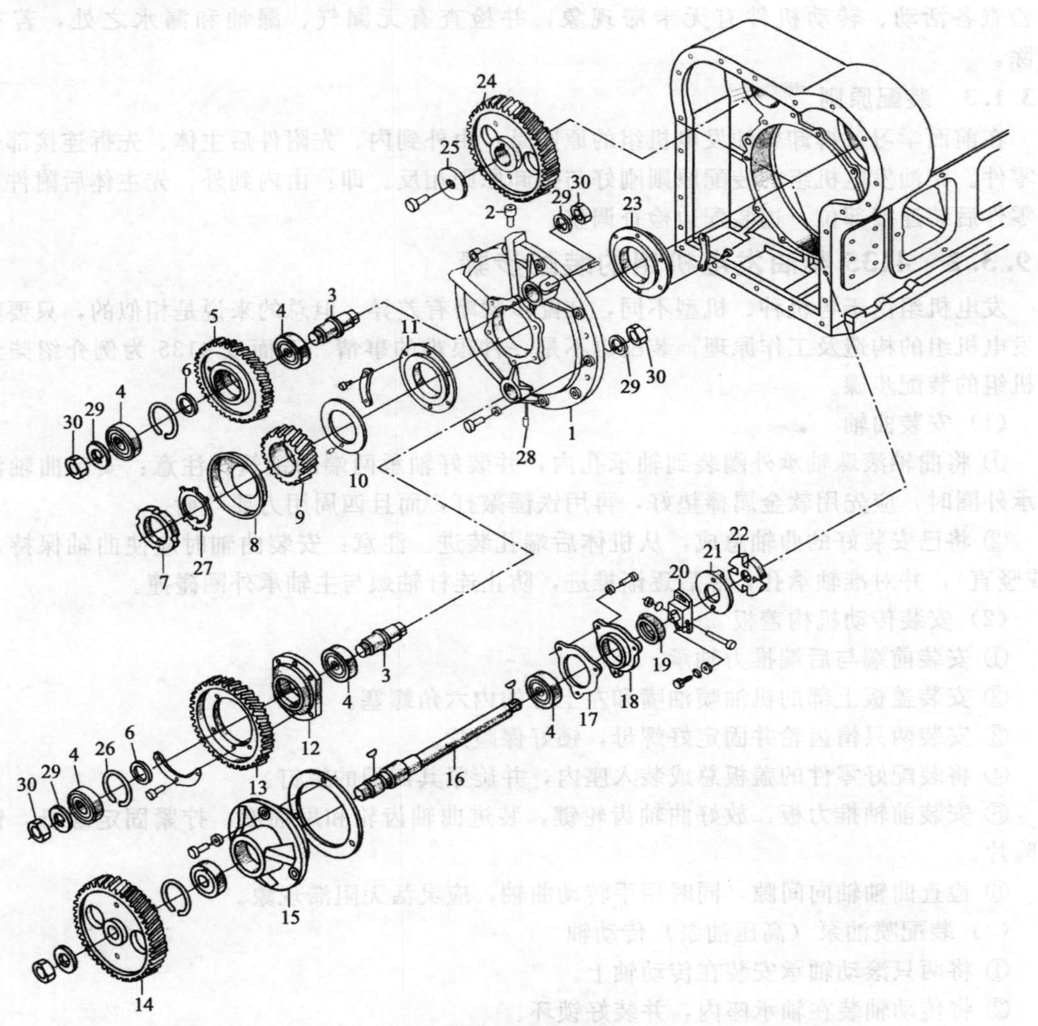

图9-15　135系列4、6缸直列型柴油发电机组齿轮传动机构结构

1—传动机构盖板；2—喷油塞；3—惰性齿轮；4—206单列向心球轴承；5—定时惰齿轮；6—隔圈；7—圆螺母；8—甩油圈；9—主动齿轮；10—推力板；11—前推力轴承；12—惰齿轮轴承座；13—传动惰齿轮；14—喷油泵传动齿轮；15—喷油泵传动轴承座；16—喷油泵传动轴；17—护油盖垫片；18—护油盖；19—骨架式橡胶油封；20—接合器接盘；21—传动轴接头；22—连接片；23—后推力轴承；24—凸轮轴传动齿轮；25—压板；26—孔用弹性挡圈；27—圆螺母用止推垫圈；28—圆柱销；29—止推垫圈；30—锁紧螺母

(5) 安装飞轮壳及飞轮

① 将飞轮壳垫片用油脂粘贴于机体后端面上，然后安装飞轮壳。

② 用厚薄规检查飞轮壳孔与曲轴法兰的径向间隙，一般应为0.4～0.6mm，四周间隙要力求均匀，最小处不应小于0.2mm。

③ 吊起飞轮，将飞轮上的定位销孔与曲轴上的定位销孔对准，用两根长螺栓对称穿过飞轮固定螺栓孔与曲轴法兰连接后，放下飞轮，用手将飞轮推靠向法兰。

④ 拆下两根长螺栓，放上保险片，然后拧上飞轮固定螺栓，并按要求拧紧。拧紧螺栓时用力要均匀对称，分2～3次上紧，力矩为18～22kgf·m。

⑤ 用百分表检查飞轮端面跳动量，要求最大不超过0.10mm，检验合格后锁好保险片。

(6) 安装气缸套

① 将气缸套清洗干净后，把紫铜垫圈用油脂粘贴于缸套凸缘的支承面上。

② 装气缸套外面的两只橡胶水封圈时，要放置均匀，不能扭转（为了便于安装，可将橡胶水封圈预先泡在热水里）。水封圈装好后，还要检查水封圈凸出缸套配合带外圈表面的高度，一般应为0.30～0.70mm。

③ 缸套装入机体前，在缸体与气缸套水封接触的地方，涂以黄油（肥皂水、滑石粉），然后将气缸套压入气缸套座孔内。安装气缸套时，尽量使用专用工具，两手要端平，一边旋转一边用力向下压。防止水封圈和紫铜垫片卷边。气缸套压入缸体后，要用量缸表检查气缸套水封圈处的圆度是否超差。

④ 按上述方法，装好其余各个气缸套。

⑤ 为了检查装配质量，应对水封圈是否漏水进行水压试验。

(7) 安装机体前盖板及油底壳

① 装好机油泵惰齿轮和机油泵总成（注意装机油泵时，泵内应注满机油，固定座上有垫片不要丢失），拧紧固定螺钉，锁好保险片，并在传动齿轮处注一些机油。

② 将曲轴前油封装在前盖板孔内。

③ 将前盖板衬垫涂以黄油放正，装上前盖板，并均匀地拧紧盖板所有的螺钉。

④ 装好曲轴皮带盘及启动爪。

⑤ 将油底壳衬垫涂以黄油，并在油底壳上放正，装上油底壳，拧紧所有的固定螺钉。

(8) 安装活塞连杆组

1) 活塞连杆组总成的装配

① 将活塞连杆组总成的各零件用柴油或汽油清洗干净并吹干。

② 将清洗好的活塞放在机油中加热至100℃左右后取出活塞，及时地把活塞销放入活塞销座孔和连杆小头孔中。在装配过程中应特别注意：活塞顶凹陷处与连杆大头切口的相对位置，如果忘记其相对位置，可查看其他柴油机或查找其他相关资料。

③ 装配好活塞与连杆后，不要忘记装活塞销卡簧。

④ 活塞冷却后，再用活塞环钳把活塞环依次装好。注意：若原机的第一道活塞环是镀铬环，安装时也应按要求安装镀铬环。

⑤ 将连杆轴瓦装入连杆大头孔内。注意：新的连杆轴瓦可以互换，使用过的连杆轴瓦各缸不能互换。

2) 活塞连杆组的安装

① 将活塞连杆组总成清洗后吹干，在连杆大头盖和下瓦上涂上机油，然后使相邻的两道活塞环开口相互错开120°～180°，各环的开口位置与活塞销成45°以上的夹角。

② 在气缸套和活塞连杆组上涂少许机油，用安装活塞的专用工具谨慎地将活塞装入气

缸内（为便于安装连杆盖，该缸连杆轴颈，最好处于上止点后90°左右的位置）。

③ 按配对记号装好连杆轴承盖，分2～3次对称均匀地拧紧连杆螺栓，其力矩为26～28kgf·m，装配好后转动曲轴应无阻滞现象，连杆大头与曲轴连杆轴颈之间的配合间隙为0.195～0.495mm。若其间隙过小或无间隙，则可能是装配不当造成的，应查明原因。最后锁好连杆螺栓保险铁丝（如果原机有的话）。

④ 按上述要求装好其余各缸活塞连杆组。

⑤ 检查、清洁曲轴箱内部，装上曲轴箱侧盖板。

(9) 安装气缸盖

1）气缸盖组件的装配

① 将要装配的零件用柴油或汽油清洗干净并吹干。

② 将气缸盖侧立，在气门杆上擦少量机油后将气门装入各自的气门导管内，是第几缸的就装入第几缸，绝不能将缸序颠倒。在拆卸的时候就应做上记号，以免装配时弄错。

③ 将气缸盖平放在木板或专用工作台上，把气门锁簧安装好，再把气门弹簧依次放好，用专用工具按压弹簧上座，装上气门锁夹后拆下专用工具并仔细检查锁夹是否装好。

④ 安装喷油器。首先在喷油器垫片上涂少量机油或黄油，然后把垫片慢慢放入喷油孔内。注意：在紧固喷油器固定螺母时要交错均匀地用力，螺母不要拧得过紧，一般所用力矩为2.5kgf·m左右。喷油器装好后，用直钢尺量一下喷油嘴喷孔中心至气缸盖底平面的距离，普通柴油机为1.5～2.0mm，增压机为2.5～3.0mm。

2）气缸盖总成的安装

① 放好气缸垫（反边的一面朝上）。

② 把气缸盖放在气缸垫上，放好各缸螺母垫圈和前后两块支架。值得注意的是：气缸盖与支架之间，两个气缸盖之间的垫圈均是球面阴阳垫片，凹凸面应对在一起，凹陷的垫片应放在下面。

③ 用扭力扳手，按由里向外、对角交叉的顺序分2～3次拧紧气缸盖的紧固螺母，其扭矩为25～27kgf·m。注意：两个气缸盖之间的螺母和气缸盖与支撑板的螺母，应在两缸其余螺母旋紧后再按对角拧紧到规定力矩。

(10) 安装配气机构控制机件

① 将各缸气门挺杆套筒装进套筒孔内，并装好侧盖板。

② 安装气门推杆，推杆脚一定要放入套筒底孔内。

③ 安装摇臂座和摇臂，拧紧固定螺钉。

④ 装上U形机油管（注意防止油管扭断）。

⑤ 调整好气门间隙。

⑥ 装好气缸盖罩。

(11) 安装外部附件

① 安装出水管（水管衬垫应与水管口同样大，衬垫应涂黄油）。

② 安装进、排气管垫片和进、排气歧管，空气滤清器。

③ 安装水泵总成、皮带盘及风扇、充电发电机，并套上风扇皮带，调整好皮带的紧度（用3～5kgf的力，压下风扇与充电机之间的皮带，当压下10～20mm时即为合适）。

④ 安装水箱、水温调节器及上、下水管，拧紧水管夹箍。

⑤ 装好机油散热器及其油管、水管。

⑥ 安装好启动机。

⑦ 装上机油滤清器垫及座，在滤清器内注满机油后，拧紧滤清器盖螺钉。

⑧ 校正供油时间，安装好调速器总成。

⑨ 装好各缸高压油管、回油管。

⑩ 装上柴油输油泵，并装好油路各连接处的输油管及接头。

(12) 安装交流发电机与配电箱

装配时，首先要检查定子内有无杂物，将各部件上的配合面彻底擦拭干净，同步发电机的装配过程与其拆卸过程大致相反，特别注意：将转子装入定子时不可碰到定子线圈，以免损坏其绝缘。

① 装好减振座、安装交流发电机，拧紧固定螺钉。

② 安装配电箱、固定好支架地脚螺栓。

③ 按原记号（或照接线图）连接所有导线。

④ 装好机油压力表管接头及水温表、油温表感温器（注意防止仪表细铜管折断）

⑤ 装好直流发电机及其调节器（硅整流发电机及其调节器）、蓄电池，并连接其导线。

9.3.3 柴油机与发电机中心线的校正

安装发电机组时，发电机与内燃机之间的连接并不是简单的连接，而是有严格技术要求的，最突出的表现是在中心线的对正上。也就是说，内燃机的曲轴和发电机轴必须保持在同一中心线上。

如果两轴中心线不对正，工作时，则会引起机体剧烈振动，仪表、油管和水箱容易振坏；橡胶铰链迅速磨损；同时，曲轴轴承和发电机轴承磨损加剧，甚至会发生折断事故。因此，发电机组装完后，必须对其中心线进行检查校正。

9.3.3.1 中心线不正的表现形式及其原因

(1) 中心线不正的表现形式　中心线不正，主要表现在两个方面——偏移和交错。所谓偏移，是指两轴中心线互相平行，但在上下或左右方向上有一定的距离［如图 9-16(a) 所示］。所谓交错，是指两轴中心线互不平行，而形成一定角度［如图 9-16(b) 所示］。

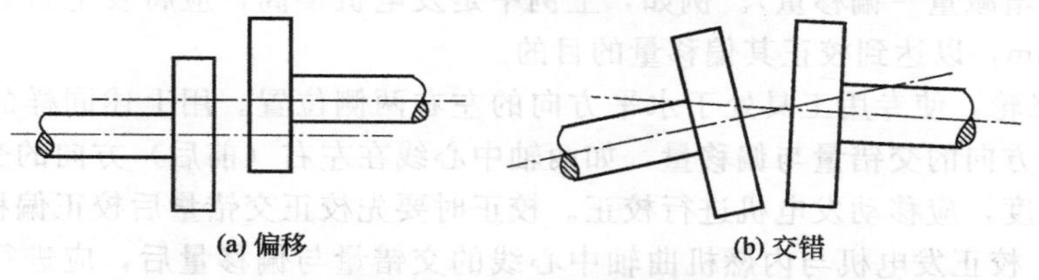

图 9-16　内燃机曲轴同发电机轴中心线偏移和交错示意图

(2) 中心线不正的原因　造成中心线不正的主要原因有：发电机的底座螺母没有拧紧，工作时产生偏移；拆卸维修发电机时未将其装正，或更换橡胶铰链后未仔细进行中心线的校正等。

9.3.3.2 中心线的检查与校正

以 4135 柴油发电机组为例，讲述内燃机与发电机中心线的检查与校正方法。

① 装上专用工具。将专用工具（包括支臂、圆铁和调整螺钉）固定在铰链盘和飞轮的垂直面上，并转到垂直向上的位置。如图 9-17 所示。

② 调整平行螺钉和垂直螺钉，使它们与圆铁之间保持 0.50mm 的基准间隙，然后固定紧螺钉。再将飞轮旋转 180°，分别测量平行螺钉和垂直螺钉与圆铁之间的间隙并作记录，即可算出两轴在上下方向每米长度内的交错量和两轴在上下方向的偏移量。

$$交错量=[大间隙-小间隙(平行螺钉与圆铁间的间隙)]/2R$$

其中，R 表示圆铁中心至曲轴中心线间的距离，m，4135 柴油机的 $2R$ 为 0.532m，交

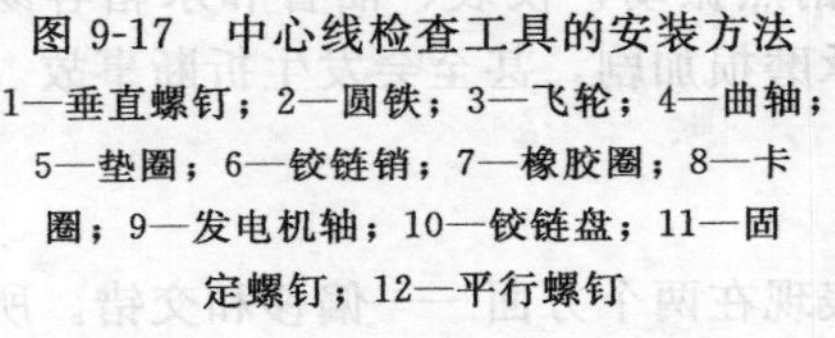

图 9-17　中心线检查工具的安装方法

1—垂直螺钉；2—圆铁；3—飞轮；4—曲轴；5—垫圈；6—铰链销；7—橡胶圈；8—卡圈；9—发电机轴；10—铰链盘；11—固定螺钉；12—平行螺钉

错量≤0.25mm/m。

偏移量=[大间隙－小间隙(垂直螺钉与圆铁间的间隙)]/2，偏移量≤0.1mm。

下面举例说明：假设测得平行螺钉、垂直螺钉与圆铁之间的间隙分别为0.65mm和0.20mm，则交错量=(0.65－0.50)/0.532=0.28mm/m——发电机尾部偏高，偏移量=(0.50－0.20)/2=0.15mm——发电机偏高。

③ 调整。

a. 交错量。其校正方法是：拧松发电机的四只底座螺钉，将发电机的底座略顶起，适当减少底座垫片［增减量（mm）＝发电机前后底座间的距离（m）×交错量（mm/m）］，然后将发电机放平（此时发电机可能移动少许，应使其恢复原位），拧紧四只底座螺钉。最后应进行复查，如不符合要求再进行校正。调整交错量的基本规律是：上大下小垫尾部，上小下大去尾部。即测量时平行螺钉在上面（如图9-17所示）距圆铁的距离大于平行螺钉在下面（如图9-17，再将飞轮旋转180°）距圆铁的距离时，则用垫片垫发电机尾部来调整交错量。同样的道理，测量时平行螺钉在上面距圆铁的距离小于平行螺钉在下面距圆铁的距离时，则要适当去掉发电机尾部的垫片来调整其交错量。

b. 偏移量。偏移量的校正方法是：拧松发电机底座的四只螺钉，适当调整其底座前后垫片的厚度（增减量＝偏移量）。例如，上例中是发电机偏高，应将发电机底座各垫片的厚度减小0.15mm，以达到校正其偏移量的目的。

④ 转动飞轮，使专用工具处于水平方向的左右两侧位置。用上述同样的方法，检查其左右（前后）方向的交错量与偏移量，如两轴中心线在左右（前后）方向的交错量和偏移量超过了允许限度，应移动发电机进行校正。校正时要先校正交错量后校正偏移量。

⑤ 复查。校正发电机与内燃机曲轴中心线的交错量与偏移量后，应进行复查，直至内燃机与发电机中心线的偏移量与交错量符合要求为止。表9-8是校正用的记录表。

表 9-8　检查与校正中心线记录表　　单位：mm

位置	两轴状况	螺钉位置	间隙数据	间隙差	偏移/交错量	复查		
						间隙数据	间隙差	偏移/交错量
上下	交错	平行螺钉(上)	0.50	0.15	0.28	0.50		
		平行螺钉(下)	0.65					
	偏移	垂直螺钉(上)	0.50	0.30	0.15	0.50		
		垂直螺钉(下)	0.20					
左右	交错	平行螺钉(左)	0.50			0.50		
		平行螺钉(右)						
	偏移	垂直螺钉(左)	0.50			0.50		
		垂直螺钉(右)						

9.4 柴油发电机组的维护保养

随着科学技术的不断进步，为各单位备用配套的国产和进口柴油发电机组的应用越来越多。但是，机组的使用寿命和工作可靠与否，不仅取决于其本身的结构完善程度、产品质量的好坏以及正确的使用方法，而且与能否认真维护保养密切相关。下面以国产135系列柴油发电机组为例，讲述其维护保养方法。

9.4.1 柴油机的维护保养

柴油机的正确保养，特别是预防性的保养是最经济的保养，是延长柴油机使用寿命和降低使用成本的关键。首先必须做好柴油机使用过程中的日报工作，根据所反映的情况，及时做好必要的调整和修理。据此并参照柴油机使用维护说明书的内容、特殊工作情况及使用经验，制定出不同的保养日程表。

日报表的内容一般有如下几个方面：每班工作的日期和起止时间；常规记录所有仪表的读数；功率的使用情况；燃油、机油与冷却液是否渗漏或超耗；排气烟色和声音是否异常以及发生故障的前后情况及处理意见等。

柴油机的维护保养分级如下：

日常维护（每班工作）；

一级技术保养（累计工作100h或每隔一个月）；

二级技术保养（累计工作500h或每隔六个月）；

三级技术保养（累计工作1000～1500h或每隔一年）。

无论进行何种保养，都应有计划、有步骤地进行拆检和安装，并合理地使用工具，用力要适当，解体后的各零部件表面应保持清洁，并涂上防锈油或油脂以防止生锈；注意可拆零件的相对位置，不可拆零件的结构特点以及相关零部件的装配间隙和调整方法。同时应保持柴油机及附件的清洁完整。

（1）柴油机的日常维护　日常维护项目以及维护程序可按表9-9所示进行。

表9-9　柴油机的日常维护

序号	保养项目	进行程序
1	检查燃油箱燃油量	观察燃油箱存油量，根据需要添足
2	检查油底壳中机油平面	油面应达到机油标尺上的刻线标记，不足时，应加到规定量
3	检查喷油泵调速器机油平面	油面应达到机油标尺上的刻线标记，不足时应添足
4	检查三漏（水、油、气）情况	消除油、水管路接头等密封面的漏油、漏水现象；消除进排气管、气缸盖垫片处及涡轮增压器的漏气现象
5	检查柴油机各附件的安装情况	包括各附件的安装的稳固程度，地脚螺栓及与工作机械相连接的牢靠性
6	检查各仪表	观察读数是否正常，否则应及时修理或更换
7	检查喷油泵传动连接盘	连接螺钉是否松动，否则应重新校喷油提前角并拧紧连接螺钉
8	清洁柴油机及附属设备外表	用干布或浸柴油的干抹布揩去机身、涡轮增压器、气缸盖罩壳、空气滤清器等表面上的油渍、水和尘埃；擦净或用压缩空气吹净充电发电机、散热器、风扇等表面上的尘埃

（2）柴油机的一级技术保养　除日常维护项目外，尚需增添的工作如表9-10所示。

（3）柴油机的二级技术保养　除进行一级保养的项目外，尚需增添的工作如表9-11所示。

表 9-10 柴油机的一级技术保养

序号	保养项目	进行程序
1	检查蓄电池电压和电解液密度	用密度计测量电解液密度，此值应为 1.28～1.30(环境温度为 20℃时)，一般不应低于 1.27。同时液面应高于极板 10～15mm，不足时应加注蒸馏水
2	检查橡胶 V 带的张紧程度	按皮带张紧调整方法，检查和调整皮带松紧程度
3	清洗机油泵吸油粗滤网	拆开机体大窗口盖板，扳开粗滤网弹簧锁片，拆下滤网放在柴油中清洗，然后吹净
4	清洗空气滤清器	惯性油浴式空气滤清器应清洗钢丝绒滤芯，更换机油；盆(旋风)式滤清器，应清除集尘盘灰尘，对纸质滤芯应进行保养
5	清洗通气管内的滤芯	将机体门盖板加油管中的滤芯取出，放在柴油或汽油中清洗吹净，浸上机油后装上
6	清洗燃油滤清器	每隔 200h 左右，拆下滤芯和壳体，在柴油或煤油中清洗或换芯子，同时应排除水分和沉积物
7	清洗机油滤清器	一般每隔 200h 左右进行： ①清洗绕线式粗滤器滤芯； ②对刮片式滤清器，转动手柄清除滤芯表面油污，或放在柴油中刷洗； ③将离心式精滤器转子放在柴油或煤油中清洗
8	清洗涡轮增压器的机油滤清器及进油管	将滤芯及管子放在柴油或煤油中清洗，然后吹干，以防止被灰尘和杂物玷污
9	更换油底壳中的机油	根据机油使用状况(油的脏污和黏度降低程度)每隔 200～300h 更换一次
10	加注润滑油或润滑脂	对所有注油嘴及机械式转速表接头等处，加注符合规定的润滑脂或机油
11	清洗冷却水散热器	用清洁的水通入散热器中，清除其沉淀物质至干净为止

表 9-11 柴油机的二级技术保养

序号	保养项目	进行程序
1	检查喷油器	检查喷油压力，观察喷雾情况，进行必要的清洗和调整
2	检查喷油泵	必要时进行调整
3	检查气门间隙、喷油提前角	必要时进行调整
4	检查进、排气门的密封情况	拆下气缸盖，观察配合锥面的密封、磨损情况，必要时研磨修理
5	检查水泵漏水否	如溢水口滴水成流时，应调换封水圈
6	检查气缸套封水圈的封水情况	拆下机体大窗口盖板，从气缸套下端检查是否有漏水现象，否则应拆出气缸套，调换新的橡胶封水圈
7	检查传动机构盖板上的喷油塞	拆下前盖板，检查喷油塞喷孔是否畅通，如堵塞，应清理
8	检查冷却水散热器、机油散热器和机油冷却器	如有漏水、漏油，应进行必要的修补
9	检查主要零部件的紧固情况	对连杆螺钉、曲轴螺母、气缸盖螺母等进行检查，必要时要拆下检查并重新拧紧至规定扭矩
10	检查电气设备	各电线接头是否接牢，有烧损的应更换
11	清洗机油、燃油系统管路	包括清洗油底壳、机油管道、机油冷却器、燃油箱及其管路，清除污物并应吹干净
12	清洗冷却系统水管道	除常用的清洗液外，也可用每升水加 150g 苛性钠(NaOH)的溶液灌满柴油机冷却系统，停留 8～12h 后开动柴油机，使出水温度达到 75℃以上，放掉清洗液，再用干净水清洗冷却系统
13	清洗涡轮增压器的气、油道	包括清洗导风轮、压气机叶轮、压气机壳内表面、涡轮及涡轮壳等零件的油污和积炭

（4）柴油机的三级技术保养　除二级技术保养项目外，尚需增添工作项目如表9-12所示。

表9-12　柴油机的三级技术保养项目

序号	保养项目	进行程序
1	检查气缸盖组件	检查气门、气门座、气门导管、气门弹簧、推杆和摇臂配合面的磨损情况，必要时进行修磨或更换
2	检查活塞连杆组件	检查活塞环、气缸套、连杆小头衬套及连杆轴瓦的磨损情况，必要时更换
3	检查曲轴组件	检查推力轴承、推力板的磨损情况，滚动主轴承内外圈是否有周向游动现象，必要时更换
4	检查传动机构和配气相位	检查配气相位，观察传动齿轮啮合面磨损情况，并进行啮合间隙的测量，必要时进行修理或更换
5	检查喷油器	检查喷油器喷雾情况，必要时将喷嘴偶件进行研磨或更新
6	检查喷油泵	检查柱塞偶件的密封性和飞铁销的磨损情况，必要时更换
7	检查涡轮增压器	检查叶轮与壳体的间隙，浮动轴承、涡轮转子轴以及气封、油封等零件的磨损情况，必要时进行修理或更换
8	检查机油泵、淡水泵	对易损零件进行拆检和测量，并进行调整
9	检查气缸盖和进、排气管垫片	已损坏或失去密封作用的应更换
10	检查充电发电机和启动电机	清洗各机件、轴承，吹干后加注新的润滑脂，检查启动电机齿轮磨损情况及传动装置是否灵活

9.4.2　发电机的日常维护与保养

机组上用到的各类电机，如同步发电机、充电发电机、串励电动机（启动马达）和励磁机等，它们维护与保养工作的要求基本是一样的，内容大同小异，而且都侧重电气部分。发电机的日常维护，在每班工作中或工作后进行。其主要内容如下。

① 保持电机外表面及周围环境的清洁，在电机机壳或内部都不允许放任何物件，要擦净泥沙、油污和尘土，以免阻碍散热，使电机过热。

② 严防各种油类、水和其他液体滴漏或溅进电机内部，更不能使金属物（如铁钉、螺丝刀和硬币等）或金属碎屑掉进电机内部，如有发现必须设法取出，否则不能开机。

③ 每班开机时，在发动机怠速预热期间，应当监听电机转子的运转声音，不许有不正常的杂声，否则应停机检查。监听方法：用螺丝刀刀口一端顶放在电机的轴承等重要运动机件附近的外壳上，耳朵贴在螺丝刀的绝缘手柄上，以运行经验来判断。正常情况下，电机的声音是平稳、均匀有轻微的风声，如发现有敲打、碰擦之类的声音，说明电机有故障存在，应停机进行认真分析检查。

④ 机组启动前，应查看底脚螺钉的紧固情况，当转速达到额定值运转时，如机组振动剧烈，应停机查明原因加以排除。

⑤ 正常工作中的电机，应密切注视控制屏上的电流表、电压表、频率表、功率因数表和功率表等的指示情况，从而了解电机工作是否正常。若发现仪表指示不在正常范围时，应及时加以调整，必要时要停机检查，排除故障。

⑥ 注意查看电机各处的电路连接情况，确保正确与牢靠。经常用手触摸电机外壳和轴承盖等处，了解电机各部位的温度变化情况，正常时应不太烫手（一般不大于65℃）。

⑦ 查看发电机的接地是否可靠。

⑧ 查看集电环等导电接触部位的运转情况，正常时应无火花或有少量极暗的火花，电刷应无明显的跳动且不能有破裂现象。

⑨ 注意观察绕组的端部，在运行中有无闪光、火花、焦臭味和烟雾发生，如果发现，说明有绝缘破损和击穿故障，应停机检查。

⑩ 一般不允许突加或突减大负载，并且严禁长期超载或三相负载严重不对称运行。

⑪ 注意通风与冷却，防止受潮或曝晒。

⑫ 注意电机上各连接处的配合完好情况以及螺钉等的紧固情况，运行中禁止把电机端盖进出风口的防护罩弃之不用或损坏，更不能被杂物堵塞住。

9.4.3 发电机绕组的维护保养

9.4.3.1 电枢绕组的基本作用与要求

在电机使用过程中，由于线圈要受到各种机械和电磁力的作用，工作条件比较恶劣，加上绝缘材料本身存在各种缺点，因此电枢绕组也是电机中容易产生故障的地方。电枢绕组的导线，在中小型电机中，一般采用各种漆包线，电流较大者要用矩形截面的绝缘导线或裸铜线。各种电机所选用的导线的规格、匝数和连接规律，都是经过电磁设计确定的，修理时必须按原来的要求进行，不能擅自更换线号。

电枢绕组绝缘是为了避免绕组内部各线匝之间，槽内上、下层线圈之间，线圈与铁芯之间，相与相之间（对交流电机而言）发生短接或漏电以及制造工艺要求等而设置的。在使用和维护保养过程中，如发现绝缘损坏，应及时修补并认真分析损坏原因，加以防止。保证绝缘状况良好是电机可靠运行的必要条件。

绝缘材料，按其温升限制和耐压强度大小分为几个等级。在较小容量的电机中，普遍采用E级绝缘材料，较大容量和重要的电机或部件，需要采用B级、F级、H级或更好的绝缘材料。电机绕组绝缘性能的好坏主要取决于材质、制造工艺和质量以及日常维护。当电机使用得当，维护得好就可以大大提高电机绝缘的使用寿命。一般的绝缘材料有共同的缺点：机械强度较差，怕潮湿，耐热性能有一定限度。使用者应正确使用，着重防止电机过载和短路电流冲击，禁止乱拆、乱砸和乱碰，不能让化学药剂、油类和水溅泼到电机内部去，经常保持清洁和干燥，保证通风和冷却状态良好。

电枢绕组的固牢程度，直接影响到电机的安全运行。大家知道，带电导体在磁场中会受到电磁力的作用，带电导体之间也有作用力存在，而且这些作用力的大小和方向与导体中的电流和磁场的大小以及方向有关。电枢绕组中的电势和电流是交变的，因此线圈受到复杂的电磁作用，表现为各种电动力，使它在运行中可能发生窜动、振动或挫动等现象；旋转电枢绕组还将受到离心力和风的摩擦力的作用。此外，还有机械加工应力和热应力等。因此，线圈在槽内必须很好地固定，通常是用绝缘槽楔从端部打入槽口，把线圈压紧没有松动现象。使用过程中若发现槽楔松动或脱落，应及时填补；线圈的端接部分的固定更应牢固可靠，尤其是对于旋转电枢，例如直流励磁机电枢绕组的端部，通常采用铜丝捆扎，使用中若发现松绑现象，必须重新捆紧，并查明原因。

9.4.3.2 发电机绕组的维护保养

正常工作的电机，绕组的维护和保养工作主要是经常性的清洁、防潮、防机械损伤、防过载和过热以及保证机械和电气连接正确、牢靠等内容。必要时测量电机的绝缘电阻值以检查和判断绕组的断路、短路和接地（搭铁）情况。为准确找出故障点提供可靠的依据。

(1) 绝缘电阻的测量　新安装或长期存放未用过的机组，使用前必须测量发电机的绝缘电阻值。在环境温度为15～35℃、空气相对湿度45%～75%的气候条件下，机组各独立电气回路对地及回路间冷态绝缘电阻应不低于2MΩ，热态绝缘电阻应不低于0.5MΩ。

注：各独立电气回路指机组的一次回路和二次回路，一次回路包括发电机的电枢绕组和

控制屏的一次回路；二次回路包括发电机的励磁回路和控制屏的二次回路。

电机的绝缘电阻一般用兆欧表来测量，额定电压低于100V者用250V的兆欧表测量，其他电机则用500V兆欧表进行测量。测量时，各开关处于接通位置，半导体器件、电容器等均应拆除或短接。

测量时注意：必须先停机切断电源线，并使被测设备进行充分放电，然后再接线。连线不能错，如测电机绕组绝缘对地电阻，机壳应与兆欧表的“地”端（即“E”）连接，绕组引线接兆欧表的“线”（即“L”）端；接好线后，用左手按住表身，右手快速摇转手柄，必须在快速转动时读取指针稳定的指示数值，即为所测得的绝缘电阻值。

电机的绝缘电阻低于允许值时，就表示电机受潮或绝缘有破损漏电的地方，这时摇转兆欧表手柄，指针就摇摆不定或指示数值很小。

(2) 电机的烘干处理　电机受潮以后，必须及时进行烘干处理，视电机的容量大小和受潮程度，电机的烘干方法常用的有以下两种。

① 烘箱（炉）烘烤法　在有条件的地方，将电机整体（最好把定子和转子拆开）放到烘箱（炉）中逐渐升温烘烤。烘箱（炉）应能通风，以便带走电机内的潮气，并且最好是夹层的，里层放电机，在外层加热。里层的温度保持在90～100℃，而且不能有明火、烟尘以及其他可燃性和腐蚀性气体存在。一般要求连续烘烤8～12h，中间可测量几次电机的绝缘电阻值，直至达到规定值并且稳定为止。

② 稳态短路电流法　交流发电机受潮后，在出线盒内将三相短接，然后使发电机转速上升到额定转速，保持不变，再调节励磁电流，先使定子短路电流达到额定电流的50%～70%，保持4～5h，然后再增加励磁电流，使短路电流达到额定值的80%～100%，使线圈的温度保持在85℃以下，每隔30min测量一次线圈的绝缘电阻和温度，直到绝缘电阻达到规定值并稳定为止。注意：稳态短路电流法不适用于发电机端电压无法调至零值的自动调压发电机。

交流线圈在热态下的绝缘电阻应不低于下式计算值：

$$R \geqslant \frac{\text{额定电压}U_N(\text{V})}{1000+\dfrac{\text{额定容量}(\text{kV}\cdot\text{A})}{100}} \approx \frac{U_N}{1000}(\text{M}\Omega)$$

同时，直流磁场线圈的绝缘电阻用500V兆欧表测定，应不小于1MΩ。

对于直流电机，可把它接成他励式发电机，在励磁绕组上加直流电压2～4V，使其产生很小的励磁电流，而电枢绕组可经过电流表自动短路并通过一定的电流（不超过电流额定值）对电机进行烘烤。注意电机各处温度不能大于85℃，并经常测量绝缘电阻值。

9.4.4 蓄电池的维护保养

启动用普通铅酸蓄电池主要用于内燃机发电机组、汽车、坦克、装甲车或列车等发动机的启动和点火电源。启动用铅蓄电池通常在工厂就已生产成为6V或12V的蓄电池组。由于其工作环境差和经常大电流放电，与其他种类电池相比，其使用寿命较短。

9.4.4.1 充电方法

(1) 初充电　初充电是对新的普通铅蓄电池进行的活化充电。其目的是使极板上的活性物质全部转化成海绵状铅和二氧化铅，让蓄电池的放电容量能达到额定容量。

初充电对蓄电池放电容量和使用寿命有着直接的影响，如果初充电不彻底，会使极板上部分活性物质不能还原，以致造成电池永久性的充电不足，所以必须严格按照蓄电池使用说明书进行初充电。一般按如下步骤进行。

① 充电前的检查　检查电池外壳有无损伤、防酸隔爆帽通气是否良好和螺口有无松动，并将电池外壳擦拭干净，然后在正负极接线柱上涂上黄油或凡士林油，以减轻酸雾对接线柱的腐蚀。

② 计算硫酸与水的用量　计算依据是：a. 稀释前硫酸的质量 W_1 与水的质量 W_2 之和等于所配电解液的质量 W_3（即稀释前后溶液质量相等）；b. 稀释前浓硫酸中硫酸的质量等于稀释后所得电解液中硫酸的质量（即稀释前后溶质质量相等）。设硫酸、水和电解液的质量百分比浓度分别为 P_1、P_2（水的质量百分比浓度为 0%）和 P_3，它们的密度分别为 d_1、d_2（水的密度为 1）和 d_3，体积分别为 V_1、V_2 和 V_3，则上述关系可用以下式子表达：

$$W_1P_1+W_2P_2=W_3P_3$$

$$W_1+W_2=W_3$$

也可以写成

$$V_1d_1P_1=V_3d_3P_3$$

$$V_1d_1+V_2=V_3d_3$$

③ 配制电解液　准备好配电解液用的器具，包括耐酸和耐热的容器（如陶瓷缸、塑料盆和胶木盆等）、搅拌用的玻璃棒或用塑料管封好的金属棒、防护眼镜、口罩、耐酸橡胶手套和围裙、5%苏打水等。具体的配制方法如下。

先量取所需的纯水倒入洗净的容器内，然后将所需要量的纯浓硫酸小心地徐徐注入纯水中，并用搅棒不断地搅拌使之均匀。刚配好的电解液温度可达 80℃左右，必须让其冷却到 35℃以下才能灌入电池内。

配制硫酸电解液时，应注意以下几点：a. 禁止将纯水注入浓硫酸中，否则会造成酸液飞溅；b. 倒入硫酸的速度不宜太快，否则因局部温升过快导致酸液沸腾溅射；c. 配制时不要迎风站立，应戴上防护眼镜、耐酸橡胶手套和围裙，以免硫酸溅入眼睛、皮肤和衣服上。若皮肤溅上酸液时，可先用 5%的苏打水冲洗，然后用自来水清洗。

电解液密度应以 15℃时的值为准，否则应用下式进行换算：

$$d_T=d_{15}-\alpha(T-15)$$

式中，d_T 为 T℃时的密度；d_{15} 为 15℃时的密度；T 为电解液的实际温度，℃；α 为温度系数，表示硫酸溶液从 15℃时变化，每增加或降低 1℃时，密度变化的数值（启动用电池的电解液取 $\alpha=0.00074$，固定用电池的电解液取 $\alpha=0.00068$）。

④ 电解液的灌注　将配制好的电解液徐徐注入蓄电池内，液面应高出极板上沿 10～20mm。在灌注时，应注意电池间的距离不得小于 25mm，以便散热；灌注时间不宜太长，应在尽可能短的时间内完成灌注工作，最长不得超过 2h。

⑤ 静置浸泡　灌好电解液以后，应静置浸泡 5～8h，使电解液充分渗透到极板内部。在此期间，电解液和极板发生剧烈的化学反应，使极板上的活性物质转变成硫酸铅，因而出现电解液密度逐渐下降，温度逐渐上升并产生气体的现象，液面也略有下降。有关的化学反应为：

$$Pb+H_2SO_4 = PbSO_4+H_2\uparrow$$

$$PbO+H_2SO_4 = PbSO_4+H_2O$$

$$PbO_2+H_2SO_4 = PbSO_4+H_2O+1/2O_2\uparrow$$

若液面下降到规定高度以下，应补加电解液至规定液面。当化学反应充分完成以后，气泡逐渐减少，电解液密度不再下降，温度也逐渐下降，此时测得单体电池两端的开路电压约为 2V 左右。若开路电压很低，应立即检查，看正负极板是否倒置，或者电池是否短路。当电解液温度下降至 35℃以下时，即可进行初充电。

电解液灌注之后，静置时间不宜过长，否则会引起硫化，使初充电时间延长。若达到静置时间后，电解液温度仍然很高，可采取降温措施，同时用小电流进行充电，待温度下降之后，再按规定的初充电电流进行充电。

⑥ 开始充电　初充电采用的是两阶段恒流充电法，充电电流和充电时间与电池的型号、

静置浸泡时的化学反应是否充分以及储存期的长短等都有关系，最好按厂家的说明书进行。若无厂家说明书，可按下述一般步骤进行。

第一阶段：用10h率充电约25h，当单体电池的端电压升高到2.5V以上，极板上析出大量气体，电解液密度已经不再上升且大小在1.210kg/L附近时，可用纯水对密度过高的电池进行密度调整，对密度偏低的电池则暂不作调整。

第二阶段：用20h率充电约20h，此时各单体电池电压升高到2.7V左右，电池两极激烈冒气，电解液密度不再上升，若连续测得上述三个标志保持3h不变，则意味着初充电过程结束。两个阶段充电时间共需约45h，充入电量约为额定容量的3.5倍。

在充电过程中，可在电池组中选定一只电池作为标示电池，然后每隔1h测定一次标示电池的端电压、密度和液温，以代表全组的情况。在第一阶段充电时，每隔4h将全组电池普测一次，在第二阶段充电时，则每隔2h普测一次，在接近充电终止时，应每隔1h普测一次，以便准确掌握充电结束的时机。

在初充电过程中还应注意以下几点。

a. 当电解液温度快达到40℃时，应适当减小充电电流，使电解液的温度不超过40℃，待降温之后再用规定电流充电，并相应延长充电时间。

b. 不能随意停止充电，否则会引起电池硫化，使充电时间延长。

c. 当发现充电过程中液面下降并低于规定高度时，应立即补加纯水，不能加电解液。

⑦ 调整密度　初充电结束后，各单体电池的电解液密度可能不一致，或者其密度达不到要求，在这种情况下，则应在充电停止并静置1h后进行密度调整，使每只电池的密度达到规定值。密度偏高者，用纯水调整；密度偏低者，用密度为1.40kg/L的硫酸溶液去调整。调整方法是：将电池的电解液吸出一部分，再加入等量的纯水或密度为1.40kg/L的稀硫酸，然后用20h率电流充电半小时，利用充电时产生气泡的搅拌作用，使电解液浓度均匀一致。若测得电解液密度仍不符合要求，可继续用上法调整，直至合格为止。

⑧ 检查容量　调整好电解液密度后，必须用10h率电流放电进行容量检查，最好在静置1～2h使电解液扩散均匀后进行。放电方法如下。

将人工负载（可变电阻或水阻）连接在电池组上，调整电阻的大小使放电电流为电池10h率电流值。放电过程中，一开始测量标示电池的端电压、密度和温度一次，以后每隔1h测量一次。在接近放电终止时，要对电池组进行普测，间隔时间也要根据实际情况缩短，以防过量放电。电池每一次放电容量不得超过额定容量的75%。当出现下列现象之一时，则认为是电池放电终止，应立即停止放电。

a. 放电容量已达到额定容量的75%；

b. 个别蓄电池的端电压已降到1.80V；

c. 电解液的密度已降到1.170kg/L（15℃）。

放电完毕后，应立即给蓄电池进行正常充电，第2～5次充入容量为额定容量的3～1.5倍（逐次下降）。约经过8～10次充放电循环之后，容量可达到额定容量。

⑨ 整理资料　初充电过程及容量检查时的所有关于端电压、密度和温度变化的数据，应绘制成曲线作为原始资料保存，以供今后维护时参考。

（2）正常充电　蓄电池活化启用后，在以下情形下进行的充电，称为正常充电。

① 当电池已放完电（应在24h之内进行）。

② 部分放电或小电流间隙式放电，虽然放电容量未达到额定容量的一半，但放电后搁置时间超过一周。

③ 一个月内蓄电池未放电。

正常充电的目的是为了及时恢复铅蓄电池的容量，以免使电池因长时间处于放电状态而损坏。正常充电可以用两阶段恒流充电法、先恒流后恒压充电法（或限流恒压充电法）以及快速充电法等。采用两阶段恒流充电法时，第一阶段用10h率电流充电，直到单格电池电压达2.4V，这一阶段一般延续5～6h。第二阶段用20h率电流充电，直到充电终了，这一阶段一般延续8～10h左右。

充电终了的标志为以下几方面。

① 正负极板剧烈冒泡。

② 电解液密度达到规定值：固定型蓄电池上升至1.200～1.220kg/L，移动型蓄电池上升至1.280～1.300kg/L，且不再上升。

③ 蓄电池的单格电压达到2.7～2.8V，不再上升。

④ 涂膏式极板的正极板变为棕红色，负极板变为深灰色。

在充电过程中，要注意以下几个方面。

① 正常充电前先检查液面，若发现液面低于规定高度的下限，则补加纯水至规定高度。

② 应将同型号、放电程度一致和新旧程度一致的电池串联起来充电。

③ 充电过程中要定时测量标示电池的端电压、电流、电解液密度和温度，并观察各电池的冒气情况。

④ 在各阶段结束前和充电终止前，应对全组电池进行普测，以便及时发现问题电池和避免电池过量充电。

（3）均衡充电　当铅蓄电池的电压和密度出现不均衡，或者全组电池的电压和密度均偏低时，应对全组电池进行均衡充电。

浮充运行的铅蓄电池，通常按规定应每3个月进行一次均衡充电。实际上，如果电池的电压和密度未出现不均衡现象，则没必要进行均衡充电，否则电池会因过充电而发生板栅腐蚀等不良后果。铅蓄电池不均衡的标准，是指个别电池的电压或密度与电池组的平均电压或平均密度之差超过了规定的范围。其范围如下：

个别电池的端电压与电池组的平均电压之差为

$$-0.05<\Delta U=U-U_{平}<+0.10$$

个别电池的密度与电池组的平均密度之差为

$$-0.025<\Delta d=d-d_{平}<+0.025$$

除定期对电池组进行均衡充电外，有下列情况之一，也应及时进行均衡充电：

① 过量放电使电池电压低于规定的终止电压；

② 放完电后未及时（24h之内）进行充电的电池；

③ 长期充电不足的电池；

④ 用小电流长时间深放电或间隙式放电的电池；

⑤ 长期搁置不用的电池，在储存前、每隔三个月和重新启用时；

⑥ 极板有轻微硫化现象的电池；

⑦ 经过大修（更换过有杂质的电解液或将极板取出检修过）的电池；

⑧ 对电池进行容量检测之前；

⑨ 浮充运行的电池在市电中断后，放出近一半容量或超过规定使用时间。

均衡充电实际上就是对电池进行过量的充电，可根据实际情况和电池的运行方式选择以下方法中的一种。

① 过量充电法　此处过量充电的含义就是在正常充电后继续用小电流进行一段时间的充电。这种方法主要适用于充放电运行方式的铅蓄电池，具体方法有以下两种。

第一种方法：在正常充电完成后，继续用20h率进行一段时间的充电，直至电压和密度达到最大值，且连续3h无变化（每半小时测一次）时为止。

第二种方法：在正常充电之后→停充1h，用20h率电流充电至激烈冒气→停充半小时，20h率充电1h→…→停充半小时，20h率充电1h，如此循环数次，直到电压和密度均无变化，且一接上充电电源后，电池立即产生激烈的气泡为止。

② 恒流和浮充交替法　这种方法适合于浮充运行方式的铅蓄电池组，具体方法如下。先用10h率电流充电，当单体电池电压达2.30～2.35V/只时，改为浮充运行1h，然后又用10h率充电1h，再转入浮充1h，如此反复进行多次，直到电压和密度均正常，且恒流充电10min内，极板即产生剧烈气泡为止。

（4）补充充电　补充充电是指对个别落后电池单独进行的较长时间的过量充电。当均衡充电之后个别电池的电压和密度仍然远低于其他电池，则为了避免其他多数电池被长期过充电，必须单独对个别落后电池进行补充充电。

落后电池通常是硫化电池，补充充电的目的就是消除其硫化故障，硫化较轻的可用过量充电法，硫化严重的则用反复充放电法。

值得注意的是，当发现个别电池密度偏低时，千万不能盲目用密度为1.400kg/L的硫酸溶液去调整，因为这样会使电池的硫化现象加重，使落后电池发展为不可恢复的报废电池。

9.4.4.2　运行方式

安装在发动机上的启动用铅蓄电池，在启动放电时，放电电流可达200～600A，有的柴油机启动电流可达1000A以上，且有的持续时间长达数分钟。当发动机启动后，便立即与直流发电机相接，转入恒压浮充。6V的铅蓄电池用7.1～7.2V的电压浮充，12V的铅蓄电池用14.2～14.4V的电压浮充，单只电池的电压为2.37～2.4V。

显然，启动用铅蓄电池的运行方式类似于固定用铅蓄电池的半浮充运行方式。由于电池启动时放出的容量必须在短时间内予以恢复，同时还要补偿自放电损失的容量，所以浮充电压比较高，这也是启动用铅蓄电池寿命较短的原因之一。

9.4.4.3　使用维护方法

① 铅蓄电池在使用过程中，由于电解液中水分的蒸发和充电过程中水的分解，会引起液面下降和密度升高，因此应定期检查电解液液面。液面应高出防护板10～20mm，低于10mm时应补加纯水（或蒸馏水），切勿加河水、井水和电解液。若因不小心将电解液泼出而降低液面，则必须添加与电池中同样浓度的电解液。

② 电池表面应保持干净，蓄电池在使用过程中要经常用干燥的布擦净外表和盖上的灰尘污泥，在充电完毕或加灌电解液后，需用清洁的抹布蘸以5%的碳酸钠（Na_2CO_3）或氢氧化铵（NH_4OH）的水溶液擦除电池外壳上的酸液以免增加蓄电池的自放电。应该注意的是，上述工作进行时，必须先把注液盖旋上，以防碱液或其他污物落入电池内部。

③ 金属材料做成的螺栓、接头等零件在使用过程中很容易产生硫酸盐，特别在蓄电池的正极柱上更为显著，因此在表面应涂一薄层凡士林，以防腐蚀。各连接线必须保证接触牢固，每隔一定时间对连接线和紧固件等进行一次清洗保养，用清水洗净擦干，然后在其表面涂上凡士林油膏。在使用中必须随时拧紧，如发现故障应及时排除。

④ 电池注液气塞的气孔应保持畅通，充电时均应拧开，否则可能因电池内部的气压增高致使胶壳破裂，或胶盖上升。充电完毕后应拧上，以免电液泼出。

⑤ 选用电池容量的大小，应根据不同的负荷情况，必须采用原电气设计规格容量的蓄电池，不可随意使用大容量的电池。因为发电机组的充电发电机功率是固定的，输出电流不能随意增大，这不仅使电池所需的充电电流不能满足而导致电池充电不足和极板硫化，还会

导致电池的放电容量减小和使用寿命缩短。与此同时，也不可随意使用小容量的电池。这样会导致电池用过大电流放电与充电，而过度放电与充电会使蓄电池受到损害，影响其使用寿命。电池容量过小，还会导致发电机组不能启动。

⑥ 用蓄电池启动发电机组时，每次接通启动机的时间不得超过 5s，若一次启动不成功，不能连续启动，二次启动的相隔时间至少在 15s 以上，否则会使蓄电池温升过高而损坏。除此以外，由于冬天电池容量降低，因此启动发动机时，应进行预热。

⑦ 蓄电池在寒冷地区使用时，不能使电池完全放电，以免电解液冻结，损坏电池；蓄电池添加纯水时只能在电池充电前进行，这样可使水较快地与电解液混合，以防电解液冻结。在寒冷地区使用的蓄电池电解液浓度可增加 20%～30%。在炎热地区使用的蓄电池电解液浓度则可降低 20%～30%。

⑧ 为了避免蓄电池发生短路，在使用维护过程中，金属工具以及其他易导电的物件切不可放置在电池盖上。装置或移动蓄电池时不可将电池倾斜，也不要在地面上拖移，以免损伤电池零件或将电解液溅出损坏衣物。

⑨ 为避免损坏电池的极柱和导线，不得拉紧电池的连接导线，暂不使用的机组，必须把蓄电池电量充足，电解液液面达正常高度，并拆去一根电线，以防漏电。为防止电池极板硫化，每月应进行一次正常充电，每三个月进行一次 10h 率的全放全充工作。

⑩ 不能任意调整调节器的工作电压，调节器电压调得过低，会使电池长期处于充电不足状态；调节器电压调得过高，会造成电池过充，使用寿命势必缩短。

9.4.4.4 储存方法

(1) 新电池的储存　新电池在不准备使用前，切勿将工作栓打开或把封闭物击破，以防空气进入蓄电池内部而导致极板变质。储存蓄电池的温度以室温 5～30℃为宜。储存室的空气应干燥、通风；应不受阳光暴晒，离热源（暖气设备）的距离不得少于 2m。不能与碱性蓄电池或其他化学药品同放于一起。不要将铅蓄电池倒置及卧放，不得受任何机械冲击和重压。对于新的铅蓄电池的储存时间，不要超过产品使用说明书的规定。新蓄电池自出厂之日起，至使用时的最长存放期限一般不要超过一年。

(2) 启用后电池的储存

① 湿法储存　湿法储存主要用于储存时间较短的铅蓄电池，一般储存期不超过六个月。已用过的铅蓄电池，如果一个月左右的时间不用，可用正常充电的方法将电充足后，使电解液的浓度和液面高度调整到规定标准。将注液盖拧紧，用布擦净电池外壳和盖子上的灰尘及酸液，存放在通风干燥的室内，室温在 5～30℃为宜。

要储存的蓄电池，必须清除其接线端上的附着物，并严防易导电物件及其他金属器材放在电池盖上而引起短路。如果存放期超过三个月以上时，为了减小自放电，最好将硫酸电解液密度调低至 1.100kg/L，至使用时再调高至 1.280～1.300kg/L。在储存期间，最好每季度进行一次 10h 率全充电和全放电。所谓全充电，就是用 10h 率充电电流值充电，至充足电，全放电就是用 10h 率放电至终止电压。如果储存期在三个月以内，最好每半月检查一次电池的电压和电解液浓度，若发现有异常时，应进行检查。除此以外，每一个月应对蓄电池进行一次正常充电，这样可避免极板的不可逆硫酸盐化。

② 干法储存　如果启动用铅蓄电池要储存较长时间，可采用干法储存。

干法储存时，首先将电池用过量充电的方法使电池充足电，再用 10h 率进行放电，放至单格电压至 1.75V 为止。倾出电解液，灌入蒸馏水，浸泡 3h 后把蒸馏水倒出，然后再重新灌入蒸馏水，这样反复冲洗多次，一直到电池内的蒸馏水不含酸液为止，倒尽水分，旋紧加液盖，封闭逸气孔。重新启用时，必须灌入新电解液，经初充电后方可使用。

9.5 柴油发电机组常见故障检修

9.5.1 柴油机常见故障检修

所谓柴油机的故障，是指柴油机各部分的技术状态，在工作一定时间后，超出了允许的技术范围。柴油机的常见故障有不能启动或启动困难、排烟不正常、运转无力、转速不均匀和不充电等。下面结合国产105系列和135系列柴油机分别加以讲述。

9.5.1.1 柴油机不能启动或启动困难

（1）故障现象

① 气缸内无爆发声，排气管冒白烟或无烟；

② 排气管冒黑烟。

实践证明，要保证柴油机能顺利启动，必须满足以下四个必备条件：a. 具有一定的转速；b. 油路、气路畅通；c. 气缸压缩良好；d. 供油正时。从以上柴油机启动的先决条件，就可推断柴油机不能启动或不易启动的原因。

（2）故障原因

① 柴油机转速过低：a. 启动转速过低；b. 减压装置未放入正确位置或调整不当；c. 气门间隙调整不当。

② 油、气路不畅通：a. 燃油箱无油或油开关没有打开；b. 柴油机启动时，环境温度过低；c. 油路中有水分或空气；d. 喷油嘴喷油雾化不良或不喷油；e. 油管或柴油滤清器有堵塞之处；f. 空气滤清器过脏或堵塞。

③ 气缸压缩不好：a. 活塞与气缸壁配合间隙过大；b. 活塞环折断或弹力过小；c. 进排气门关闭不严。

④ 供油不正时：a. 喷油时间过早（容易把喷油泵顶死）或过晚；b. 配气不准时。

（3）检查方法　在检查之前，应仔细观察故障现象，通过现象看本质，逐步压缩，即可达到排除故障之目的。对柴油机不能启动或启动困难这一故障而言，通常根据以下几种不同的故障现象进行判断和检查。

① 柴油机转速过低。使用电启动的柴油机，如启动转速极其缓慢，此现象大多系启动电机工作无力，并不说明柴油机本身有故障。应该在电启动线路方面详细检查，判断蓄电池电量是否充足，各导线连接是否紧固良好及启动电机工作是否正常等，此外还应检查空气滤清器是否堵塞。

对手摇启动的柴油机来说，如果减压机构未放入正确位置或调整不对、气门间隙调整不好使气门顶住了活塞，往往会感到摇机很费力，其特点是曲轴转到某一部位时就转不动，但能退回来。此时除了检查减压阀和气门间隙外，还应检查正时齿轮的啮合关系是否正确。

② 启动转速正常，但不着火，气缸无爆发声或偶尔有爆发声，排气冒白烟。通过这一现象，就说明柴油在机体内没有燃烧而变成蒸气排出或柴油中水分过多。

首先检查柴油机启动时环境温度是否过低，然后检查油路中是否有空气或水分。柴油机供给系统的管路接头固定不紧，喷油嘴针阀卡住，停机前油箱内的柴油已用完等都可能使空气进入柴油机供给系统。这样，当喷油泵柱塞压油时，进入油路的空气被压缩，油压不能升高。当喷油泵的柱塞进油时，空气体积膨胀，影响吸油，结果供油量忽多忽少。出现此类故障的检查方法是，将柴油滤清器上的放气螺钉、喷油泵上的放气螺钉或喷油泵上的高压油管拧松，转动柴油机，如有气泡冒出，即表明柴油供给系统内有空气存在。处理的方法是将油路各处接头拧紧，然后将喷油泵上的放气螺钉拧松，转动曲轴，直到出油没有气泡为止，再拧紧放气螺钉后开机。如发现柴油中有水分，也可用相同的方法检查，并查明柴油中含有水分的原因，按要求更换燃油箱中的柴油。

如果没有空气或水分混杂在柴油中，应该继续检查喷油器的性能是否良好和供油配气时间是否得当。对单缸柴油机来说，应先判断喷油器的工作性能情况。

③ 启动转速正常，气缸压缩良好，但不着火且无烟，这主要是由低压油路不供油引起的。这时主要顺着油箱、输油管、柴油滤清器、输油泵和喷油泵等进行检查，一般就能找出产生故障的部位。

柴油过滤不好或者滤清器没有定时清洗是造成低压油路和滤清器堵塞的主要原因。判断油路或滤清器是否堵塞，可将滤清器通喷油泵的油管拆下，如油箱内存油很多，而从滤清器流出的油很少或者没有油流出，即说明滤清器已堵塞。如果低压油路供油良好，则造成柴油机高压无油的原因多在于喷油泵中柱塞偶件磨损或装配不正确。

④ 启动转速正常且能听到喷油声，但不能启动，这主要是由气缸压缩不良引起的。

装有减压机构的 2105 型等柴油机，如将减压机构处于不减压的位置，仍能用手摇把轻快地转动柴油机，且感觉阻力不很大，则可断定气缸漏气。

进气门或排气门漏气后，气缸内的压缩温度和压力都不高，柴油就不易着火燃烧，这类漏气发生的主要原因，一方面是气门间隙太小，使气门关闭不严。另一方面是气门密封锥面上或是气门座上有积炭等杂物，也使气门关闭不严。检查时可以摇转曲轴，如听到空气滤清器和排气管内有“吱、吱”的声音，则说明进、排气门有漏气现象。

转动曲轴时，如发现在气缸盖与机体的接合面处有漏气的声音，则说明在气缸垫的部位有漏气处。可能是气缸盖螺母没有拧紧或有松动，也可能是气缸垫损坏。

转动曲轴时，机体内部或加机油口处发现有漏气的声音，原因多数出在活塞环上。为了查明气缸内压缩力不足是否因活塞环不良而造成的，可向气缸中加入适量的干净润滑油，如果加入机油后气缸内压缩力显然增加，就表明活塞环磨损过甚，使气缸与活塞环之间的配合间隙过大，空气在活塞环与气缸套之间漏入曲轴箱。

如果加入机油后，压缩力变化不大，表明气缸内压缩力不足与活塞环无关，而可能是空气经过进气门或排气门漏走。

9.5.1.2 柴油机排烟不正常

（1）故障现象　燃烧良好的柴油机，排气管排出的烟是无色或呈浅灰色，如排气管排出的烟是黑色、白色和蓝色的，即为柴油机排烟不正常。

（2）故障原因

① 排气冒黑烟的主要原因包括以下几个方面：a. 柴油机负载过大，转速低，油多空气少，燃烧不完全；b. 气门间隙过大，或正时齿轮安装不正确，造成进气不足排气不净或喷油晚；c. 气缸压力低，使压缩后的温度低，燃烧不良；d. 空气滤清器堵塞；e. 个别气缸不工作或工作不良；f. 柴油机的温度低，使燃烧不良；g. 喷油时间过早；h. 柴油机各缸的供油量不均匀或油路中有空气；i. 喷油嘴喷油雾化不良或滴油。

② 排气冒白烟的主要原因包括以下几个方面：a. 柴油机温度过低；b. 喷油时间过晚；c. 燃油中有水或有水漏入气缸，水受热后变成蒸汽；d. 柴油机油路中有空气，影响了供油和喷油；e. 气缸压缩力严重不足。

③ 排气冒蓝烟的主要原因包括以下几个方面：a. 机油盆内机油过多油面过高，过多的机油被激溅到气缸壁窜入燃烧室燃烧；b. 空气滤清器油池内或滤芯上的机油过多被带入气缸内燃烧；c. 气缸封闭不严，机油窜入燃烧室燃烧，其原因是活塞环卡死在环槽中，活塞

环弹力不足或开口重叠，活塞与气缸配合间隙过大或将倒角环装错等；d. 气门与气门导管间隙过大，机油窜入燃烧室燃烧。

（3）检查方法

① 排气管冒黑烟的主要原因是气缸内的空气少，燃油多，燃油燃烧不完全或燃烧不及时所造成的，因此，在检查和分析故障时，要紧紧围绕这一点去查找具体原因。检查时可用断油的方法逐缸进行检查，先区别是个别气缸工作不良还是所有气缸都工作不良。

如当停止某缸工作时，冒黑烟现象消失，则是个别气缸工作不良引起冒黑烟，可从个别气缸工作不良上去找原因。这些原因主要有以下几方面。

a. 喷油嘴工作不良。喷油嘴喷射压力过低、喷油嘴滴油、喷雾质量不好和油滴力度太大等均会使柴油燃烧不完全，因此，在发现柴油机有断续的敲缸声，排气声音不均匀，即说明喷油有问题，应该立即检查和调整喷油嘴。

b. 喷油泵调节齿杆或调节拉杆行程过大，以致供油量过多。

c. 气门间隙不符合要求，以致进气量不足。

d. 喷油泵柱塞套的端面与出油阀座接触面不密封，或喷油泵调节齿圈锁紧螺钉或柱塞调节拐臂松动等，引起供油量失调，导致间歇性的排黑烟。

如果在分别停止了所有气缸工作后，冒黑烟的现象都不能消除，就要从总的方面去找原因。

a. 柴油机负荷过重。柴油机超负荷运转，供油量增多，燃料不能完全燃烧，其排气就会冒黑烟。因此，如果发现排气管带黑烟，柴油机转速不能提高，排气声音特别大，即说明柴油机在超负荷运转，一般只要减轻负荷就可好转。

b. 供油时间过早。在气缸中的压力、温度较低的情况下，供油时间过早的柴油机会导致部分柴油燃烧不完全，形成炭粒，从排气管喷出，颜色是灰黑色。应重新调整供油时间。

c. 空气滤清器堵塞，进气不充分时柴油机也会冒黑烟。如果柴油机高速、低速都冒烟，可取下空气滤清器试验。如果冒烟立即消失，说明空气滤清器堵塞，必须立即清洗。

d. 柴油质量不合要求，影响雾化和燃烧。

② 排气管冒白烟，说明进入气缸的燃油未燃烧，而是在一定温度的影响下，变成了雾气和蒸气。排气管冒白烟最多的原因是温度低，油路中有空气或柴油中有水。如果是温度低所致，待温度升高后冒白烟会自行消除。从严格意义上讲，它不算故障，不必处理。如果油路中有空气或柴油内含有水分，其特点是排气除了带白色的烟雾外，柴油机的转速还会忽高忽低，工作不稳定。如果是个别缸冒白烟，则可能是气缸盖底板或气缸套发生裂纹，或气缸垫密封不良向气缸内漏水所致。

③ 排气管冒蓝烟，主要是机油进入燃烧室燃烧。检查时应从易到难，首先检查机油盆的机油是否过多，然后检查空气滤清器油池和滤芯上的机油是否过多。其他几条原因检查则比较困难，除用逐缸停止工作的方法，确定是个别气缸还是全部气缸工作不良引起冒蓝烟以外，要进一步检查都要拆下气缸盖，取出活塞和气门。通常使用间接的方法加以判断，即根据柴油机的使用期限，如果柴油机接近大修出现冒蓝烟，则一般都是由于活塞、气缸、活塞环、气门和气门导管有问题，应通过维修来消除。

9.5.1.3 柴油机工作无力

柴油机在正常工作时，柴油机运转的速度应是正常的，声音清晰、无杂音，操作机构正常灵敏，排气几乎无烟。

柴油机工作无力就意味着不能承担较大的负载，即在负载加大时有熄火现象，工作中排气冒白烟或黑烟，高速运转不良，声音发闷，且有严重的敲击声等。

柴油机工作无力的原因很多，也是比较复杂的，但是在一般情况下，可以从以下几个方面进行分析判断。

(1) 机器工作无力，转速上不去且冒烟　这是柴油机喷油量少的表现，常见的原因有以下几方面。

① 喷油泵的供油量没有调整好，或者油门拉杆拉不到头，喷油泵不能供给最大的供油量。对于2105型柴油机和使用Ⅰ号喷油泵的柴油机来说，如果限制最大供油量的螺钉拧进去太多，就会感到爆发无力，有时爆发几次还会停下来。

② 调速器的高速限制调整螺钉调整不当，高速弹簧的弹力过弱。

③ 喷油泵柱塞偶件磨损严重。由于柱塞偶件的磨损，导致供油量减少，可适当增加供油量。但磨损严重时，调大供油量也是无效的，应更换新件或修复。

④ 使用手压式输油泵的Ⅰ号或Ⅱ号喷油泵，如果输油泵工作不正常，或柴油滤清器局部堵塞，导致低压油路供油不足，都会使喷油泵供油量减少。

(2) 柴油机工作无力，且各种转速下均冒浓烟　这多半是喷油雾化不良和供油时间不对造成的。

① 喷油嘴或出油阀严重磨损，滴油、雾化不良，燃烧不完全。

② 喷油嘴在气缸盖上的安装位置不正确，用了过厚或过薄的铜垫或铝垫，使喷油嘴喷油射程不当，燃烧不完全。

③ 喷油泵传动系统零件有磨损，造成供油过迟。

④ 供油时间没有调整好。

(3) 转速不稳的情况下，柴油机无力且冒烟

① 各缸供油量不一致。喷油泵和喷油嘴磨损或调整不当容易造成各缸供油不均。判断供油量不一致的方法，可让柴油机空车运转，用停缸法，轮流停止一缸的供油，用转速表测量其转速。当各缸供油量一致断缸时，转速变化应当一样或非常接近，如果发现转速变化相差较大，就要进行喷油泵供油量的调整。

② 柴油供给系统油路中含有水分或窜入空气，也会导致喷油泵供油量不足。

(4) 柴油机低速无力，易冒烟，但高速基本正常　这是气缸漏气的一种表现，高速情况下漏气量小，故能基本正常工作。漏气造成压缩终了的温度低，不易着火。如果在柴油机运转时从加机油口处大量排出烟气，或曲轴运转部位有“吱、吱”的漏气声，且低速时更明显，则可判定是气缸与活塞之间漏气。另外两种可能漏气的部位是气门和气缸垫处。

(5) 柴油机表现功率不足，但空转时和供油量较少时排气无烟，供油量大时则易冒黑烟

① 空气滤清器滤芯堵塞，使柴油机的进气不足，而发不出足够的功率。

② 气门间隙过大，使气门开度不够，进气量不足。

③ 排气管内积炭过多，排气阻力过大。

9.5.1.4 转速不均匀

柴油机转速不均匀有两种表现：一种是大幅度摆动，声音清晰可辨，一般称之为“喘气”或“游车”；另一种是转速在小幅度范围内波动，声音不易辨别，且在低转速下易出现，并会导致柴油机熄火。

影响柴油机转速不均匀的原因，多半是由于喷油泵和调速器的运动部分零件受到不正常的阻力，调速器反应迟钝。具体的因素很多，一般可能有以下几点。

① 供油量不均匀。柴油机运转时，供油多的缸，工作强，有敲击声，冒黑烟。供油少的缸，工作弱，甚至不工作。最终造成柴油机的转速不均匀。

② 个别气缸不工作。多缸柴油机如果有一个气缸不工作，其运转就不平稳，爆发声不均匀。可用停缸法，查出哪一个气缸不着火。

③ 柴油供给系统含有空气和水分以及输油泵工作不正常。

④ 供油时间过早，易产生高速“游车”，低速时反而稳定的现象。

⑤ 喷油泵油量调节齿杆或拨叉拉杆发涩，导致调速器灵敏度降低。

⑥ 调速不及时，引起柴油机转速不稳。当调速器内的各连接处磨损间隙增大、钢球或飞锤等运动件有卡阻以及调速弹簧失效等，则调速器要克服阻力或先消除间隙，才能移动调节齿杆或拨叉拉杆增减供油量。由于调速不及时，转速就忽高忽低。对于使用组合式喷油泵的 135 或 105 等机型，打开喷油泵边盖，可以看到调节拉杆有规律地反复移动。如柴油机游车轻微，则此时可看到拉杆会发生抖动。

⑦ 喷油嘴烧死或滴油。

⑧ 气门间隙不对。

9.5.1.5 不充电

柴油机在中、高速运行时，电流表指针指向放电，或在“0”的位置上不动，说明充电电路有故障。

遇到不能充电首先检查充电发电机的皮带是否过松或打滑，再查看导线连接各处有无松动和接触不良的现象，再按下列步骤判断。

使用直流充电发电机的柴油机，可用螺丝刀在充电发电机电枢接线柱与机壳之间“试火”。如有火花，说明充电发电机本身及磁场接线柱、调节器中的调压器、限流器及充电发电机电枢接线柱等整个励磁电路是良好的。故障应在调节器的电枢接线柱、截流器至电流表一段。如无火或火花微弱，说明充电发电机或它的磁场接线柱、调节器中调压器、限流器至充电发电机电枢接线柱即整个励磁电路有故障。

此时，可用导线连接电压调节器上的电枢和电池接线柱，观察电流表的指示。可能有两种现象：一种是有充电电流，这说明电压调节器中的截流器触点烧蚀或并联线圈短路，致使触点不能闭合；另一种是无充电电流，这说明电压调节器电池接线柱至电流表连接线断路或接触不良。排除这两个可能的故障之后仍不充电，则将临时导线改接充电发电机电枢和磁场接线柱。这时也有两种可能的情况出现：一种是能充电，这表明充电发电机良好，故障在于电压调压器的励磁电路断路，如由于触点烧蚀或弹簧拉力过弱，致使触点接触不良，两触点间连线断路或电阻烧坏等；另一种是不充电，则可拆下充电发电机连接调节器的导线，将发电机的电枢和磁场接线柱用导线连在一起，并和机壳试火。这也有两种可能：有火花则表明发电机是良好的，不充电的原因可能是调节器的励磁电路搭铁；无火花则表明发电机本身有故障，可能是电刷或整流子接触不良、电枢或磁场线圈断路或搭铁短路等。若以上几种方法都无效，所检查的机件工作都正常，则此时可判定是电流表本身有故障。

使用硅整流发电机的柴油机，运行时电流表无充电指示，其判断检查方法以 4105 型柴油机为例说明。

首先检查蓄电池的搭铁极性是否正确以及硅整流发电机的传动带是否过松或打滑。如果导线接线方法正确，可用螺丝刀与硅整流发电机的后端盖轴承盖相接触，试试是否有吸力。在正常的情况下，应该有较大的吸力。否则说明硅整流发电机励磁电路部分可能有开路。要确定开路部位，应拆下发电机的磁场接线柱线头，与机壳划擦，可能出现三种情况：第一种是无火花，说明调节器至发电机磁场接线柱的连线有断路；第二种是可能出现蓝白色小火花，说明调节器触点氧化；第三种情况是出现强白色火花，并发出“啪”的响声，说明磁场连线完好，而硅整流发电机内励磁电路开路，多是因接地电刷搭铁不良或电刷从电刷架中脱出等原因引起的。

如确认硅整流发电机励磁电路连接良好，则打开调节器盖，用螺丝刀搭在固定触点支架和活动触点之间，使磁场电流不受调节器的控制而经螺丝刀构成通路。将柴油机稳定在中、高速以上，观察电流表，会出现两种情况：一种是电流表立即有充电电流出现，这说明硅整流发电机良好，而调节器弹簧弹力过松；另一种是仍无充电电流，此时应进一步再试，可拆下硅整流发电机的电枢接线柱上的导线与机壳划擦，如有火花说明与电枢连接的线路完好，而故障发生在硅整流发电机内。如无火花，说明与电枢有关的接线断路。

9.5.2 同步发电机常见故障检修

现代同步发电机的自动化程度高，控制电路也比较复杂，运行时难免会出现这样或那样的故障，直接影响机组的正常供电运行，因此，在机组运行过程中，除了依靠监测系统的各种仪表反映的数据来进行分析外，值机人员还需通过一看（即观察各仪表反映发电机各参数的指示值是否在正常范围内）；二摸（即值机时经常巡视，用手触摸设备运转部位的温度是否适当）；三听（倾听设备运转时的声音是否正常）。发现问题进行综合分析，及时采取相应措施，进行处理。下面主要介绍无刷同步发电机常见故障的分析与处理。

9.5.2.1 发电机不能发电

（1）故障现象　机组运转后，发电机转速达到额定转速时，将交流励磁机定子励磁回路开关闭合，调压电位器调至升高方向到最大值时，发电机无输出电压或输出电压很低。

（2）故障原因

① 发电机铁芯剩磁消失或太弱　新装机组受长途运输颠振或发电机放置太久，发电机铁芯剩磁消失或剩磁感弱，造成发电机剩磁电压消失或小于正常的剩磁电压值，即剩磁线电压小于10V，剩磁相电压小于6V。由于同步发电机定、转子及交流励磁机的定、转子铁芯通常采用1～1.5mm厚的硅钢片冲制叠成，励磁后受到振动，剩磁就容易消失或减弱。

② 励磁回路接线错误　检修发电机时，工作不慎把励磁绕组的极性接反，通电后使励磁绕组电流产生的磁场与剩磁方向相反而抵消，造成剩磁消失。此外，在检修时，测量励磁绕组的直流电阻或试验自动电压调节器AVR对励磁绕组通直流电流时，没有注意其极性，也会造成铁芯剩磁消失。

③ 励磁回路电路不通　发电机励磁回路中电气接触不良或各电气元件接线头松脱，引线断线，造成电路中断，发电机励磁绕组无励磁电流。

④ 旋转整流器直流侧的电路中断　由于旋转整流器直流侧的电路中断，因此，交流励磁机经旋转整流器整流后，给励磁绕组提供的励磁电流不能送入励磁绕组，造成交流同步发电机不能发电。

⑤ 交流励磁机故障无输出电压　交流励磁机故障发不出电压，使交流同步发电机的励磁绕组无励磁电流。

⑥ 发电机励磁绕组断线或接地　造成发电机无励磁电流或励磁电流极小。

（3）处理方法

① 发电机铁芯剩磁消失时，应进行充磁处理。其充磁方法为：对于自励式发电机，通常用外加蓄电池或干电池，利用其正负极线往励磁绕组的引出端短时间接通通电即可，但一定要认清直流电源与励磁绕组的极性，即将直流电源的正极接励磁绕组的正极，直流电源的负极接励磁绕组的负极。如果柴油发电机组控制面板上备有充磁电路时，应将钮子开关扳向"充磁"位置，即可向交流励磁机充磁。对于三次谐波励磁的发电机，当空载起励电压建立不起来时，也可用直流电源进行充磁。

② 励磁回路接线错误，查找后予以纠正。

③ 用万用表欧姆挡查找励磁回路断线处，并予以接通；按触不良的故障处，用细砂布打磨表面氧化层，松脱的接线螺栓螺母应将其紧固。

④ 励磁绕组的接地与断线故障，可用500V兆欧表（摇表）检查绕组的对地绝缘，找出接地点，用万用表找出断线处，并予以修复。

9.5.2.2 发电机输出电压太低

（1）故障现象　在额定转速下，磁场变阻器已调向“电压上升”的最大位置，机组空载时，电压整定不到1.05倍额定电压，表明发电机输出电压太低，并联、并网或功率转移时会遇到困难。

（2）故障原因

① 原动机（柴油机）的转速太低，使发电机定子绕组感应的电势太低。

② 定子绕组接线错误，感应电势低，甚至三相不平衡。

③ 励磁绕组接线错误，至少有个别相邻磁极极性未接成N、S，严重削弱电机励磁磁场，使发电机感应电压低。

④ 励磁绕组匝间短路，使电机励磁磁势削弱，发电机感应电压低。

⑤ 励磁机发出的电压太低。

（3）处理方法

① 迅速调整同步发电机的原动机转速，使其达到额定值。

② 按图纸规定更正定子接线。

③ 对于励磁绕组接线错，可用自测法或用南北磁针来鉴别错误极性并更正接线。

④ 对于励磁绕组匝间短路，首先测量单个绕组的交流阻抗，若相差一倍以上，则应怀疑阻抗小的绕组有短路，应进一步对单个绕组进行短路试验。

⑤ 对于励磁机电压太低，按上述各条进行检查和处理。

9.5.2.3 发电机输出电压太高

（1）故障现象　在额定转速下，磁场变阻器已调向“电压降低”的最小位置，机组空载时，电压整定仍超过1.05倍额定电压，表明发电机输出电压太高。

（2）故障原因

① 发电机转速高而使其端电压过高。

② 分流电抗器的气隙过大。

③ 励磁机的磁场变阻器短路，致使变阻器调压失灵。

④ 机组出现“飞车”事故。

（3）处理办法

① 当发电机转速过高时，应降低其原动机的转速。

② 改变分流电抗器的垫片厚度，以调整其气隙至规定值。

③ 当励磁机的磁场变阻器调压失灵时，应仔细找出短路故障点并予以消除。

④ 当机组出现“飞车”事故时，应立即设法停机，然后按柴油机“飞车”故障处理。

9.5.2.4 发电机输出电压不稳

（1）故障现象　机组启动运行后，发电机空载或负载运行时电压（电流和频率）忽大忽小。

（2）故障原因

① 柴油机调速装置有故障，使柴油机供油量忽大忽小，造成机组转速不稳定，使发电机输出电压和频率引起波动。

② 励磁电路中，电压调节整定电位器接触不良或接线松动，旋转整流器接线松动，使励磁电流忽大忽小，引起发电机输出电压不稳定。

③ 励磁绕组对地绝缘受损，电机运行时绕组时而发生接地现象使电压波动。

④ 自动电压调节器（AVR）励磁系统电路有故障，使AVR对励磁电流控制不稳定。

（3）处理方法

① 机组转速不稳定，应检查柴油机的调速器调速主、副弹簧是否变形；飞锤滚轮销孔和座架是否磨损松动；油泵齿轮和齿杆配合是否得当；飞锤张开和收拢的距离是否一致；调速器外壳孔与油泵后盖板是否松动；凸轮轴游动间隙是否过大。通过检查找出故障原因，磨损部件予以更换，间隙不当的机件予以调整，使调速器恢复正常。

② 如果励磁电流不稳定，引起发电机电压、电流不稳，应停机检查发电机励磁回路调节电位器和旋转整流器接线是否良好，确定后予以检修。

③ 用500V兆欧表查找交流同步发电机或交流励磁机励磁绕组对地绝缘受损情况以及其接地是否良好，并予以修复。

④ 对励磁回路AVR电路故障，查明电路故障点，更换损坏的元器件。

9.5.2.5 发电机三相电压不平衡

（1）故障现象　同步发电机输出的三相电压大小不相等。

（2）故障原因

① 定子的三相绕组或控制屏主开关中某一相或两相接线头（触头）接触不良。

② 定子的三相绕组某一相或两相断路或短路。

③ 外电路三相负载不平衡。

（3）处理方法

① 将松动的接线头拧紧，检查控制屏主开关三相触头接触情况，并用00号砂布擦净接触面，若损坏应予以更换。

② 查明断路或短路处，予以消除。

③ 调整三相负载，使之基本达到平衡。

9.5.2.6 发电机运行时的温度或温升过高

（1）故障现象　机组启动运行后，满载运行约4～6h，发电机的温度和温升超过规定值。不同绝缘等级的发电机其各部分最高允许温度和温升有所不同，见表9-13和表9-14所示。

表9-13　同步发电机最高允许温度（环境温度为40℃）

绝缘等级 / 测量方法 / 电机部分	A级绝缘		E级绝缘		B级绝缘		F级绝缘		H级绝缘	
	温度计法	电阻法	温度计法	电阻法	温度计法	电阻法	温度计法	电阻法	温度计法	电阻法
定子绕组	95	100	105	115	110	120	125	140	145	165
转子绕组	95	100	105	115	110	120	125	140	145	165
电机铁芯	100	—	115	—	120	—	140	—	165	—
滑动轴承	80	—	80	—	80	—	80	—	80	—
滚动轴承	95	—	95	—	95	—	95	—	95	—

表9-14　同步发电机最高允许温升（环境温度为40℃）

绝缘等级 / 测量方法 / 电机部分	A级绝缘		E级绝缘		B级绝缘		F级绝缘		H级绝缘	
	温度计法	电阻法	温度计法	电阻法	温度计法	电阻法	温度计法	电阻法	温度计法	电阻法
定子绕组	55	60	65	75	70	80	85	100	105	125
转子绕组	55	60	65	75	70	80	85	100	105	125
电机铁芯	60	—	75	—	80	—	100	—	125	—
滑动轴承	40	—	40	—	40	—	40	—	40	—
滚动轴承	55	—	55	—	55	—	55	—	55	—

（2）故障原因　同步发电机的输出功率主要取决于发电机各主要部件，即绕组、铁芯和轴承等的最高允许温度和温升。在满载情况下，同步发电机连续运行4～6h后，若其温度或温升超过规定值，就必须进行检查，否则将使发电机绝缘加速老化，缩短其使用寿命，甚至损坏同步发电机。在运行过程中，同步发电机温度或温升过高的原因包括以下两个方面。

① 电气方面的原因

a. 交流同步发电机输出电压在高于额定值情况下运行。当发电机在输出电压高于额定值下运行时，在额定功率因数的情况下输出额定功率，其励磁电流必然会超过额定值，造成较大的励磁电流流过励磁绕组而过热。

b. 机组在低于额定转速下运行。当柴油发电机组在较低转速运转时，将造成发电机转速也低，其通风散热条件较差，如果发电机输出额定电压，必然导致发电机励磁电流超过额定值，因此，造成励磁绕组过热。

c. 发电机负载的功率因数较低。如果发电机负载的功率因数较低，并要求发电机输出额定功率和额定电压，就必然会使励磁电流超过额定值，使励磁绕组发热。

d. 柴油发电机组过载运行。当柴油发电机组过载运行时，交流同步发电机的绕组电流必然会超过额定值，造成发电机过热。

e. 励磁绕组匝间短路或接地。机组运行时，如果发电机励磁电流表超过额定值，并调整无效，应停机检查励磁绕组是否有短路和接地。

f. 转子绕组浸漆不透或绝缘漆过稀未能排除或填满绕组内部的空气隙。

② 机械方面的原因　机组在运行过程中，如果发现发电机轴承外圈温度超过95℃、润滑脂有流出现象或轴承噪声增大等就说明发电机过热，必须停机检查。

a. 轴承装配不良。

b. 轴承润滑脂牌号不对。

c. 轴承与转轴配合太松，运行时摩擦发热。

d. 轴承室润滑脂装得太满。

e. 柴油机通过皮带拖动交流同步发电机时，传动皮带张力过大，使轴承内外环单边受力过大，使滚珠（柱）轴承运转不轻快而发热，同时也造成滚珠磨损，使轴承间隙加大，引起电机振动和轴承噪声加大，导致轴承更热。

（3）处理方法

① 如果发电机在输出电压较高情况下运行，应减小输出功率，尤其是无功功率，以保持励磁电流不超过额定值。

② 提高柴油机转速，确保发电机在额定转速下运行。

③ 如负载功率因数低于0.8（滞后），应设法予以补偿，使励磁电流不超过额定值。调整三相负载不平衡情况，防止三相电流不平衡度超过允许值。

④ 检查并排除励磁绕组匝间短路或接地。

⑤ 把转子绕组重新浸漆烘干，直至漆浸透并填满绕组缝隙为止。

⑥ 按照规定程序和注意事项装配机组轴承，检查轴承盖止口轴向长度尺寸，若没有超出偏差，则需进一步检查转轴两轴承档间的轴向距离及公差是否符合要求，若超过偏差，也会造成外轴承盖顶住轴承外环端面，此时，以加工外轴承盖止口长度较方便，使它装配后与轴承外环的配合间隙符合要求。

⑦ 按照发电机规定的润滑脂牌号装用相应牌号的润滑脂。润滑脂的装入容量为轴承室容积的1/2～2/3。

⑧ 更换较小的转轴，若轴承内圈已磨损，应更换同型号的轴承。

⑨ 调整传动带张力，使其张力符合规定要求。

⑩ 检查机房通风情况，设法将柴油发电机组散发的热量排放出去。检查发电机冷却风道有无堵塞现象，并予以清除。

9.5.2.7 发电机绝缘电阻降低

(1) 故障现象 发电机在热稳定状态下绝缘电阻低于0.5MΩ，冷态下低于2MΩ。

(2) 故障原因

① 机组长期存放在潮湿的环境内或者在运输中电机绕组受潮。

② 进行维护清洁卫生时电机绕组绝缘碰伤或电机大修嵌线过程中绝缘受损。

③ 周围空气中的导电尘埃（例如冶金工业或煤炭工业区）或酸性蒸气和碱性蒸气（比如化学工业区）侵入电机中，腐蚀电机绝缘。

④ 发电机绕组绝缘自然老化。

(3) 处理方法

① 受潮的交流同步发电机必须进行干燥处理，否则使用时发电机会因绝缘损坏而烧毁，同时必须改善发电机存放环境的通风条件，要备有良好的通风设备。在寒冷季节，仓库内必须备有取暖设备，以保证仓库内温度不低于5℃，严禁附近的水滴入发电机内部。对于半导体励磁方式的发电机，测量励磁回路的绝缘电阻时，应将励磁装置脱开，或将每一个硅整流元件用导线加以短接，以防测量时被击穿。

干燥处理的具体做法为：将发电机定子绕组三相出线头直接短接，连接牢靠。将励磁回路中调压变阻器调至最大电阻位置，若阻值不够大，应再另串接一只电阻，以增加阻值，然后将发电机启动，注意慢慢加速到额定转速，再缓慢调节励磁电流。根据发电机受潮情况来决定励磁电流大小，但是，定子绕组短路电流不得超过额定电流。利用此短路电流对发电机进行干燥。短路干燥的时间，视所通短路电流的大小和发电机受潮情况而定。

② 更换绝缘受损的绕组或槽绝缘。

③ 应改善交流同步发电机的周围环境或转移发电机的安装场所，使周围环境中不得有导电尘埃或酸、碱性蒸气。

④ 如果交流同步发电机的绕组绝缘自然老化，则必须更换新的发电机或对发电机进行大修，更换绕组和绝缘材料。

9.5.2.8 旋转整流器故障

(1) 故障现象 旋转整流器通常是硅整流元件构成整流电路，若电路中一个或几个旋转硅元件损坏，损坏后的硅元件将失去单向导电性（正反向都导通），造成电路处于短路状态。一旦旋转硅元件短路，当机组运行时，发电机无输出电压。若不及时发现和排除故障，就会导致交流励磁机电枢绕组烧毁，发电机被迫停机。

(2) 故障原因

① 旋转整流器硅整流二极管，因过压或过流而损坏。

② 旋转整流器的硅整流元件安装时扭力矩过大，导致管壳变形，内部硅片损伤。

③ 负载功率因数过低，使励磁电流长期超过硅整流元件额定电流而使其损坏。

(3) 处理方法

① 应按图纸规定的电流等级配用旋转硅元件。如果手边无图纸资料，可按主发电机励磁电流值上靠到标准规格的硅元件。目前，国内生产的旋转整流器常见规格有16A、25A、40A、70A和200A等几种。

② 合理选择旋转硅元件的电压等级，旋转硅元件的反向峰值电压U_{RN}应为10～15倍励磁电压U_{fN}。

③ 紧固旋转硅元件螺母，其扭力矩应适当，用恒力矩扳手旋紧螺母。紧固旋转硅元件螺母的扭力矩数值按表 9-15 所示的规定。

表 9-15 紧固旋转硅元件螺母的扭力矩

旋转硅元件型号	ZX16	ZX25	ZX40	ZX70	ZX200
额定电流/A	16	25	40	70	200
紧固力矩/kgf · cm	20	20	36	36	110

④ 采取过电压保护措施。过电压保护通常在旋转整流器的直流侧装设压敏电阻或阻容吸收回路。

a. 交流同步电机用的压敏电阻一般为 MY31 型氧化锌压敏电阻器，其使用规格的选取主要以标称电压（U_{1mA}）值来选定。

标称电压的下限一般按下列式计算：

直流电路：$U_{1mA} \geqslant (1.8 \sim 2)U_{DC}$

交流电路；$U_{1mA} \geqslant (2 \sim 2.5)U_{AC}$

式中 U_{DC}——线路的直流电压，V；

U_{AC}——线路的交流电压有效值，V。

标称电压的上限由被保护设备的耐压来决定，应使压敏电阻器在吸收过电压时将残压抑制在设备的耐压以下。

b. 阻容吸收回路的 C、R 值按下式计算：

$$C = K_{Cd}\left(\frac{I_{02}}{U_{02}}\right)(\mu F)$$

$$R = K_{Rd}\left(\frac{U_{02}}{I_{02}}\right)(\Omega)$$

式中 I_{02}——交流励磁机电枢相电流，A。

U_{02}——交流励磁机电枢线电压，V。

K_{Cd}，K_{Rd}——抑制电路计算系数，如表 9-16 所示。

表 9-16 抑制电路计算系数 K_{Cd}、K_{Rd} 的数值

整流电路连接形式	K_{Cd}	K_{Rd}
单相桥式	120000	0.25
三相桥式	$70000\sqrt{3}$	$0.1\sqrt{3}$
三相半波	$70000\sqrt{3}$	$0.1\sqrt{3}$

9.5.2.9 发电机励磁绕组接地

（1）故障现象 发电机输出端电压低，调节磁场变阻器后无效，而且机组振动剧烈。

（2）故障原因 发电机转子励磁绕组接地是较为常见的故障之一。当转子励磁绕组一点接地时，由于励磁绕组与地之间尚未构成电气回路，因此，在故障点无电流通过，励磁回路仍保持正常，发电机仍可继续运行。如果转子励磁绕组发生两点接地故障后，此时部分励磁绕组被短路，励磁电流必然增大。若绕组被短路的匝数较多，就会使发电机主磁场的磁通大为减弱，造成发电机输出的无功功率显著下降。此外，由于转子励磁绕组被短路，发电机磁路的对称性被破坏，因此，发电机运行时产生剧烈振动，对于凸极式转子发电机尤为显著。

(3) 处理方法　当柴油发电机组停机后，将旋转硅整流器与转子励磁绕组断开，用500V兆欧表（俗称摇表）测量励磁绕组对地的绝缘电阻进行检查，找出接地点，在励磁绕组线包与磁极间垫以新的绝缘材料，以加强相互间的绝缘。

9.5.2.10　发电机空载正常，接负载后立即跳闸

(1) 故障现象　机组启动后，发电机端电压正常，但接通外电路后，负载自动空气开关立即跳闸。

(2) 故障原因

① 外电路发生短路。

② 负载太重。

(3) 处理方法

① 查明外电路的短路点，加以修复。

② 减轻负载，以减小发电机输出的负载电流。

9.5.2.11　发电机振动大

(1) 故障现象　机组启动后，交流同步发电机在空载状态下，其轴向、横向振动值超过表9-17规定的数值时，说明发电机运行时振动大。

表9-17　发电机运行时轴向、横向振动限值

转速/(r/min)	中心高H(mm)的振动速度最大有效值			
	自由悬置状态下测量			刚性安装
	$56 \leqslant H < 132$	$132 \leqslant H < 225$	$H \geqslant 225$	$H > 400$
$600 \leqslant n \leqslant 1800$	1.8	1.8	2.8	2.8
$1800 < n \leqslant 3600$	1.8	2.8	4.5	2.8

(2) 故障原因

① 转子机械不平衡。主要由于未校动平衡或校动平衡精度不符合要求。

② 发电机转子轴承磨损，使其定子、转子之间的气隙不均匀度超过10%，单边磁拉力大而引起同步发电机振动。

③ 轴承精度不良是高速发电机较强的振动源之一。主要表现为轴承内圈或外圈径向偏摆，套圈椭圆度、保持架孔中的间隙过大及滚道表面波纹度或局部表面缺陷。

④ 轴承与转轴或端盖的装配质量不良。

a. 轴承与转轴或端盖配合过紧。

b. 采用敲击法安装轴承，工艺不正确。

c. 轴承使用的润滑脂牌号不对。过稠的润滑脂对滚动体振动的阻尼作用差，而过稀的润滑脂又会造成干摩擦等弊端。

(3) 处理方法

① 每台发电机的转子均需校正动平衡，要达到图纸规定的动平衡精度。

② 按图纸规定的牌号选用精度合格的轴承。检查定、转子空气隙的不均匀度，调整装配至不均匀度符合要求为止。

③ 按规定的配合精度安装轴承与转轴及端盖。

④ 轴承安装严禁采用敲击法，最好采用烘箱加热轴承的热套法。

⑤ 必须按图纸规定的牌号选用润滑脂。

以上详细分析了无刷交流同步发电机的常见故障现象、故障原因、检查及处理方法。为

了便于柴油发电机组使用维修人员方便快捷地查找故障点，下面以表格的形式列出无刷交流同步发电机的常见故障现象、故障原因、检查及处理方法，如表 9-18 所示。供柴油发电机组使用维修人员在平时的工作过程中参考使用。

表 9-18 无刷交流同步发电机常见故障及其处理方法

故障现象	故障原因	检查及处理方法
1. 电压表无指示	(1)电机不发电	按项目 2 处理
	(2)电压表电路不通	检查接线与保险丝，必要时换新品
	(3)电压表损坏	换新品
2. 不能发电	(1)接线错误	按线路图检查、纠正
	(2)主发电机或励磁机的励磁绕组接错，造成极性不对。励磁机励磁电流极性与永久磁铁的极性不匹配	往往发生在更换励磁绕组后因接线错误造成，应检查并纠正
	(3)硅整流元件击穿短路，正反向均导通	用万用电表检查整流元件正反向电阻，替换损坏的元件
	(4)主发电机励磁绕组断线	用万用电表测主发电机励磁绕组，电阻为无限大，应接通励磁线路
	(5)主发电机或励磁机各绕组有严重短路	电枢绕组短路，一般有明显过热。励磁绕组短路，可用其直流电阻值来判定，更换损坏的绕组
	(6)永久磁铁失磁，不能建压	一般发生在发电机或励磁机故障短路后，应将永久磁铁重新充磁。或用 6V 电瓶充磁建压
3. 空载电压太低（例如，线电压仅 100V 左右）	(1)励磁机励磁绕组断线	检查励磁机励磁绕组电阻应为无限大，更换断线线圈或接通线圈回路
	(2)主发电机励磁绕组短路	励磁机励磁绕组电流很大。主发电机励磁绕组有严重发热，振动增大，励磁绕组直流电阻比正常值小许多，更换短路线圈
	(3)自动电压调节器故障	在额定转速下，测量自动电压调节器输出直流电流的数值，检查该值是否与电机的出厂空载特性相等，检修自动电压调节器
4. 空载电压太高	(1)自动电压调节器失控	励磁机励磁电流太大，检修自动电压调节器
	(2)整定电压太高	重新整定电压
5. 励磁机励磁电流太大	(1)整流元件中有一个或两个元件断路正反向都不通	用万用电表检查，替换损坏的元件
	(2)主发电机或励磁机励磁绕组部分短路	测量每极线圈的直流电阻值，更换有短路故障的线圈
6. 稳态电压调整率差	(1)自动电压调节器有故障	检查并排除故障
	(2)柴油机及调速器有故障	检查并排除故障
7. 振动大	(1)与原动机对接不好	检查并校正对接，各螺栓紧固后保证发电机与原动机轴线对直并同心
	(2)转子动平衡不好	发生在转子重绕后，应找正动平衡。
	(3)主发电机励磁绕组短路	测每极直流电阻，找出短路，更换线圈。
	(4)轴承损坏	一般有轴承盖过热现象，更换轴承。
	(5)原动机有故障	检查原动机

续表

故障现象	故　障　原　因	检查及处理方法
8. 转子过热	(1)发电机过载	使负载电流、电压不超过额定值
	(2)负载功率因数太低	调整负载,使励磁电流不超过额定值
	(3)转速太低	调转速至额定值
	(4)发电机某绕组有部分短路	找出短路,纠正或更换线圈
	(5)通风道阻塞	排除阻碍物,拆开电机,彻底吹清各风道
9. 轴承过热	(1)长时间使用轴承磨损过度	更换轴承
	(2)润滑油脂质量不好,不同牌号的油脂混杂使用。润滑脂内有杂质。润滑脂装得太多	除去旧油脂,清洗后换新油脂
	(3)与原动机对接不好	严格地对直,找正同心

9.5.3 励磁调节器常见故障检修

不同结构形式的励磁调节器，其常见故障现象是基本相同的，不同的是常见故障原因及其处理方法。本节以 KLT-5 自动励磁调节器为例，讲述励磁调节器常见故障的检修方法，供读者参考使用。

KLT-5 励磁调节器是福州发电设备厂生产的 24GF 柴油发电机组上的配套产品，该发电机组由 4105 型柴油机、无刷励磁三相工频交流同步发电机以及 KLT-5 励磁调节器三大部分组成。KLT-5 励磁调节器的电路原理图如图 9-18 所示。

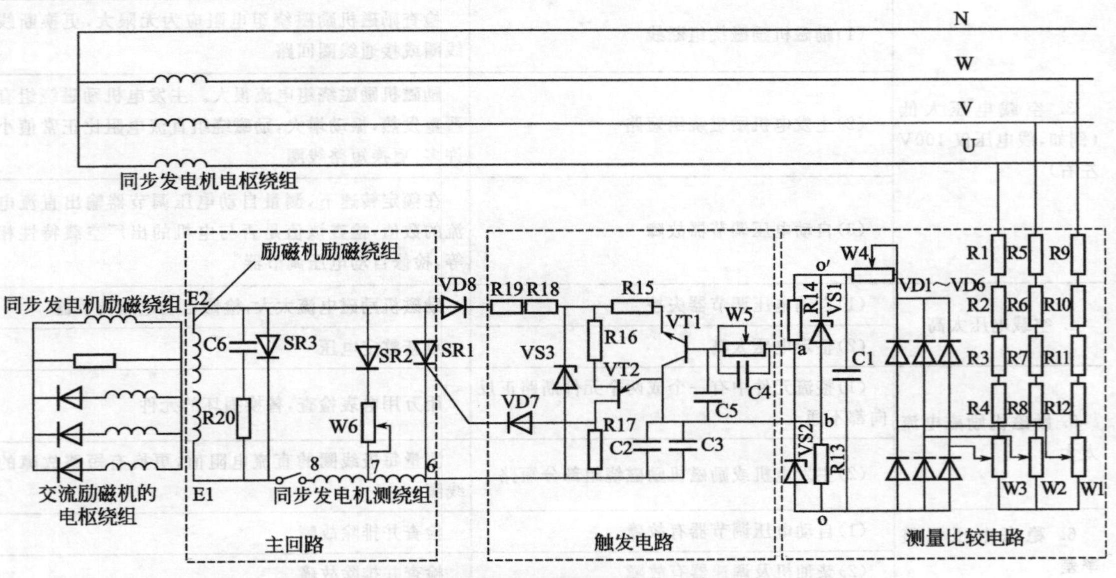

图 9-18　KLT-5 励磁调节器电路图

9.5.3.1　KLT-5 励磁调节器工作原理

KLT-5 励磁调节器主要由测量比较电路、触发电路和主回路三部分组成。

(1) 测量比较电路

① 作用　通过一个测量输出电压，产生一个相应的测量电压。

② 电路组成　主要由电阻 R1～R12、R13、R14，电位器 W1、W2、W3、W4，二极管 VD1～VD6，稳压管 VS1、VS2 以及电容器 C1 等组成。如图 9-19 所示。

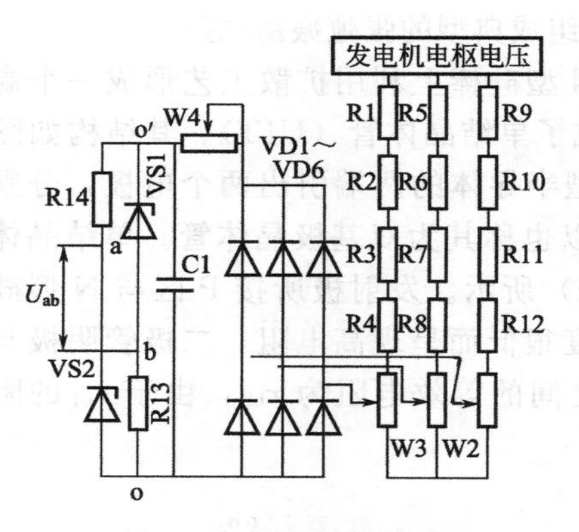

图 9-19　测量比较单元

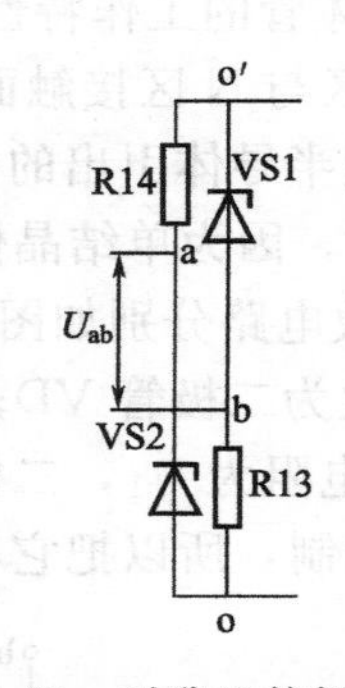

图 9-20　对称比较桥电路

③ 工作原理　交流同步发电机输出的线电压经电阻 R1～R12 和电位器 W1、W2、W3 降压，二极管 VD1～VD6 组成的三相桥式整流器整流，然后经电位器 W4 和电容器 C1 滤波后作为 o′o 对称比较桥电路的输入电压。

对称比较桥电路由稳压管 VS1、VS2 以及电阻 R13、R14 组成，如图 9-20 所示。其输入端为 o′o，输出端为 ab。其输入输出特性可用图 9-21 来分析，它可视为二单臂组成，其中 o′ao 特性为：当 $U_{o'o}<U_g$ 时，（U_g 一般设定为稳压管的稳压值），U_{ao} 随外电压变化；当 $U_{o'o}\geqslant U_g$ 时，$U_{ao}=U_g$。而其 o′bo 特性为：当 $U_{o'o}<U_g$ 时，$U_{bo}=0$；当 $U_{o'o}\geqslant U_g$ 时，U_{bo} 随外电压变化。由此可得 $U_{ab}=U_{ao}-U_{bo}$ 的输出特性，即 012 三角形输出特性。若稳压管 VS1、VS2 的稳压值相同，电阻 R13、R14 的阻值相等，在 $U_{o'o}<U_g$ 时，U_{ab} 为一上升直线，当 $2U_g>U_{o'o}>U_g$ 时，U_{ab} 为一下降直线。当 $U_{o'o}=2U_g$ 时，$U_{ab}=0$。0～1 段直线作为同步发电机的起励段，其输入电压升高，输出电压 U_{ab} 也升高，这有助于发电机建压；1～2 段直线作为同步发电机的运行段，其输入电压升高时，输出电压 U_{ab} 反而降低，这有助于同步发电机的端电压维持恒定。

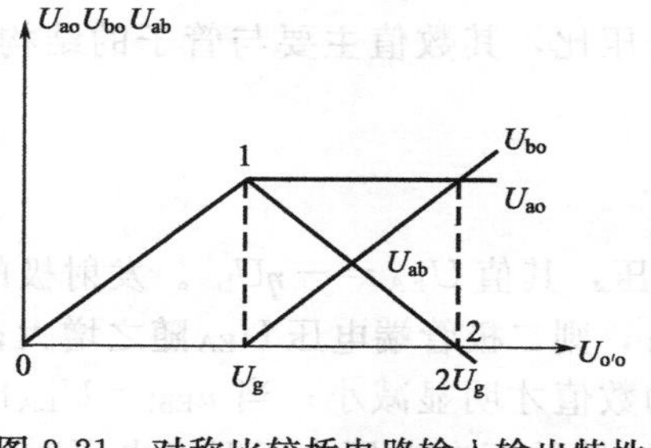

图 9-21　对称比较桥电路输入输出特性

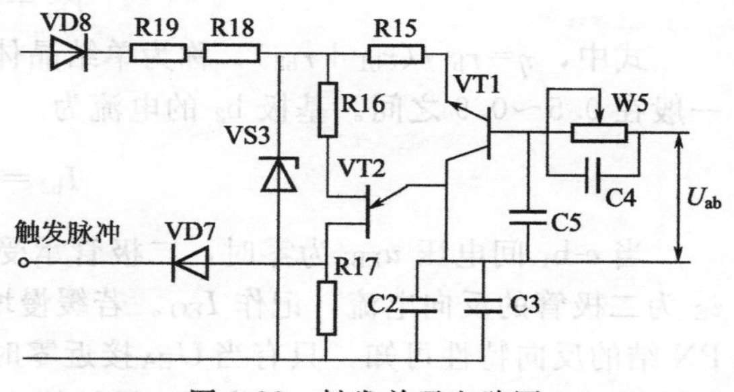

图 9-22　触发单元电路图

（2）触发电路

① 作用　通过调节晶闸管 SR1 导通角的大小来调节励磁电流，从而达到自动调节同步发电机输出电压的目的。

② 电路组成　触发电路主要由电阻 R15、R16、R17、R18 和 R19，电位器 W5，电容器 C2、C3、C4 和 C5，三极管 VT1，单结晶体管 VT2，稳压管 VS3 以及二极管 VD7、VD8 等组成。如图 9-22 所示。电位器 W5 和电容器 C4 组成积分环节，以减缓测量桥输出电压 U_{ab} 的振荡，作为三极管 VT1 的控制电压，VT1 在这里作为可以控制的变阻。当输入电压 U_{ab} 改变时，就可以改变 VT1 集电极与发射集充电电流的大小。U_{ab} 越大，流经 VT1 集电极与发射集的充电电流越大。反之，U_{ab} 越小，流经 VT1 集电极与发射极的充电电流越小。电阻 R15、R16、

R17，电容 C2、C3，三极管 VT1，单结晶体管 VT2 组成典型的张弛振荡电路。

③ 单结晶体管的工作特性　在一个低掺杂的 N 型硅棒上利用扩散工艺形成一个高掺杂的 P 区，在 P 区与 N 区接触面形成 PN 结，就构成了单结晶体管（UJT）。其结构如图 9-23(a) 所示，P 型半导体引出的电极为发射极 e；N 型半导体的两端引出两个电极，分别为基极 b_1 和基极 b_2。因为单结晶体管有两个基极，所以也称其为双基极晶体管。单结晶体管的电路符号和等效电路分别如图 9-23(b) 和图 9-23(c) 所示。发射极所接 P 区与 N 型硅棒形成的 PN 结等效为二极管 VD；N 型硅棒因掺杂浓度很低而呈现高电阻，二极管阴极与基极 b_1 之间的等效电阻为 r_{b1}，二极管阴极与基极 b_2 之间的等效电阻为 r_{b2}，由于 r_{b1} 的阻值受 e-b_1 间电压的控制，所以把它等效为可变电阻。

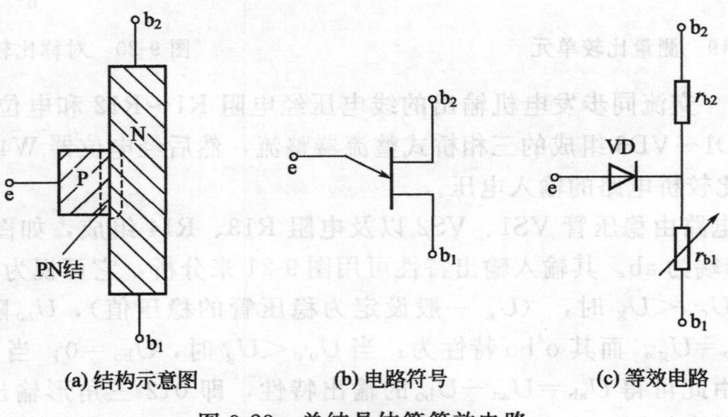

图 9-23　单结晶体管等效电路

单结晶体管的发射极电流 i_E 与 e-b_1 间电压 u_{EB1} 的关系曲线称为单结晶体管的特性曲线。特性曲线的测试电路如图 9-24(a) 所示，虚线框内为单结晶体管的等效电路。当 b_2-b_1 间加电源 U_{BB}，且发射极开路时，A 点的电位为

$$V_A=\frac{r_{b1}}{r_{b1}+r_{b2}}U_{BB}=\eta U_{BB}$$

式中，$\eta=r_{b1}/(r_{b1}+r_{b2})$，称为单结晶体管的分压比，其数值主要与管子的结构有关，一般在 0.5～0.9 之间。基极 b_2 的电流为

$$I_{b2}=\frac{U_{BB}}{r_{b1}+r_{b2}}$$

当 e-b_1 间电压 u_{EB1} 为零时，二极管承受反向电压，其值 $U_{EA}=-\eta U_{BB}$。发射极的电流 i_E 为二极管的反向电流，记作 I_{EO}。若缓慢增大 u_{EB1}，则二极管端电压 U_{EA} 随之增大；根据 PN 结的反向特性可知，只有当 U_{EA} 接近零时，i_E 的数值才明显减小；当 $u_{EB1}=U_{EA}$ 时，二极管的端电压为零，$i_E=0$。若 u_{EB1} 继续增大，使 PN 结的正向电压大于开启电压时，则 i_E 变为正向电流，从发射极 e 流向基极 b_1。此时，空穴浓度很高的 P 区向电子浓度很低的硅棒的 A-b_1 区注入非平衡少子；由于半导体材料的电阻与其载流子的浓度紧密相关，注入的载流子使 r_{b1} 减小，进而使其两端的压降减小，导致 PN 结正向电压增大，i_E 必然随之增大，注入的载流子将更多，于是 r_{b1} 将进一步减小；当 i_E 增大到一定程度时，二极管的导通电压降变化不大，此时 u_{EB1} 将因 r_{b1} 的减小而减小，表现出负阻特性。

所谓负阻特性，是指输入电压（即 u_{EB1}）增大到某一数值后，输入电流（发射极电流 i_E）愈大，输入端的等效电阻愈小的特性。

一旦单结晶体管进入负阻特性工作区域，输入电流 i_E 的增加只受输入回路外部电阻的限制，除非将输入回路开路或将 i_E 减小到很小的数值，否则管子始终保持导通状态。

单结晶体管的特性曲线如图 9-24(b) 所示，当 $u_{EB1}=0$ 时，$i_E=I_{EO}$；当 u_{EB1} 增大至 U_P（峰值电压）时，PN 结开始正向导通，$U_P=U_A+U_{on}$（U_{on}为 PN 结的开启电压），此时$i_E=I_P$（峰点电流）；若 u_{EB1} 再继续增大，管子就进入负阻区，随着 i_E 的增大，r_{b1} 和 u_{EB1} 减小，直至 $u_{EB1}=U_V$（谷点电压），$i_E=I_V$（谷点电流），U_V 取决于 PN 结的导通电压和 r_{b1} 的饱和电阻 r_s；当 i_E 再增大，管子就进入饱和区。

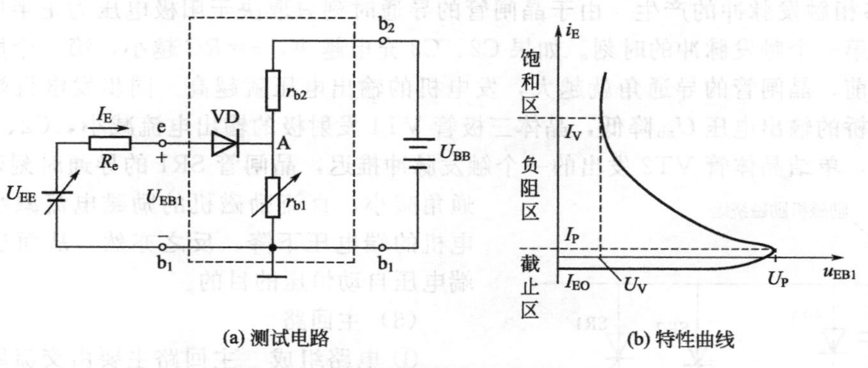

(a) 测试电路　　(b) 特性曲线

图 9-24　单结晶体管特性曲线的测试

④ 振荡电路　单结晶体管的负阻特性广泛应用于振荡电路和定时电路中。如图 9-25 所示为利用单结晶体管的负阻特性和 RC 电路的充放电特性组成的频率可变的非正弦波振荡电路。

电源 U 通过电阻 R_{b1}、R_{b2} 加于单结晶体管 b_1、b_2 上，同时 U_E 向电容 C2 和 C3 充电（设电容上的起始电压为 0），电容两端电压按时间常数 $\tau=RC$ 的指数曲线逐渐增加，当 $U_E<U_V$（峰点电压）时，单结晶体管处于截止状态，R_{b1} 两端无脉冲输出。当电容 C2 和 C3 两端的电压 $U_E=U_C=U_P$ 时，e-b_1 间由截止变为导通状态，电容经过 e-b_1 间的 PN 结向电阻 R_{b1} 放电，由于 R_{b1}、R_{b2} 都很小，电容 C2、C3 放电时间常数很小，放电速度很快，于是在 R_{b1} 上输出一个尖脉冲电压，如图 9-26 所示。在放电过程中，U_E 急剧下降。当 $U_E<U_V$时，单结晶体管便跳变到截止区，输出电压为 0，即完成一次振荡。

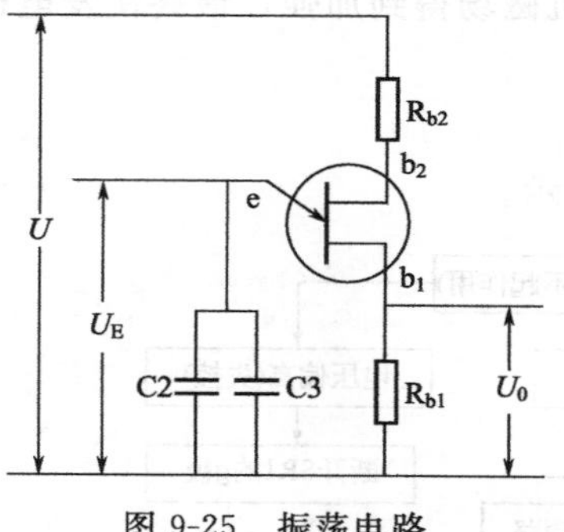

图 9-25　振荡电路

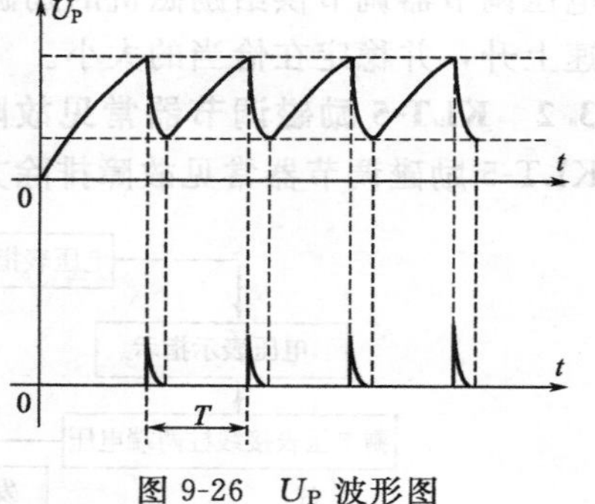

图 9-26　U_P 波形图

当然，在晶闸管整流电路中，晶闸管不能直接使用上述振荡电路作为触发电路。因为整流装置主回路中的晶闸管，在每次承受正向电压的半周内，接受第一个触发脉冲的时刻应该相同，否则，如果在电源电压每个半周的控制电压不同，其输出电压的波形面积就会忽大忽小，这样就得不到稳定的直流输出电压，所以要求发出的触发脉冲的时间应与电源电压互相配合。即触发脉冲与主电源同步。

⑤ 同步的实现　在电源电压过零，使单结晶体管振荡电路中的电容 C2、C3 把电荷放完，直到下一个半周电容从 0 开始充电，这样可以使每个半周发出的第一个触发脉冲的时间相同。

同步电压由发电机负绕组提供，经二极管 VD8 整流，R18、R19 分压限流，再经过稳压管 VS3 削波限幅，在稳压管 VS3 两端获得一个梯形波电压。此电压作为单结晶体管的供电电压。因此，当交流电压过 0 时，b_1、b_2 之间的电压 U_{BB} 也过零，此时，e-b_1 间的特性和二极管一样，电容 C2、C3 通过 e-b_1 及 R17 很快放电到接近 0。因而每半周开始时，C2、C3 总是从 0 开始充电，从而起到和主电路同步的作用。

⑥ 移相触发脉冲的产生　由于晶闸管的导通时刻只取决于阳极电压为正半周时加入到控制极的第一个触发脉冲的时刻。如果 C2、C3 充电越快，$\tau=RC$ 越小，第一个脉冲输出的时间越提前，晶闸管的导通角就越大，发电机的输出电压就越高。同步发电机端电压升高时，测量桥的输出电压 U_{ab} 降低，晶体三极管 VT1 发射极的输出电流减小，C2、C3 的充电速度减慢，单结晶体管 VT2 发出的一个触发脉冲推迟，晶闸管 SR1 的导通时刻延后，其导通角减小，直流励磁机的励磁电流减小，同步发电机的端电压下降。反之亦然，从而达到发电机端电压自动恒压的目的。

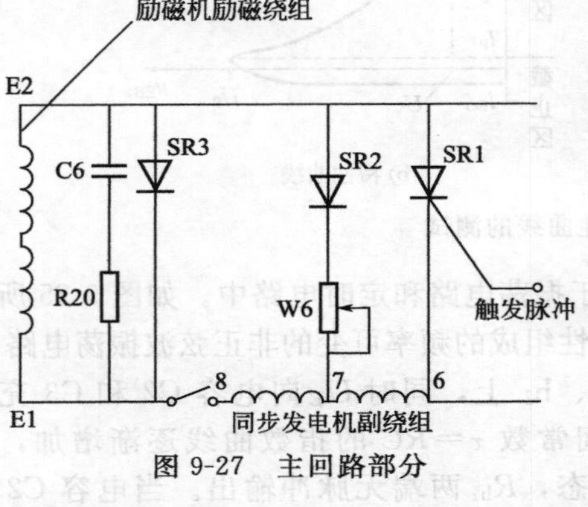

图 9-27　主回路部分

（3）主回路

① 电路组成　主回路主要由交流励磁机励磁绕组、交流励磁机电枢绕组、同步发电机励磁绕组、同步发电机副绕组以及二极管 SR2、SR3 等组成。如图 9-27 所示。

② 作用　起励建压。

③ 工作过程　发电机旋转工作时，同步发电机转子绕组上安装的永久磁钢产生初步磁场，这个磁场由于电磁感应的作用，在同步发电机副绕组上产生感应电压，并加到励磁机的励磁绕组上，励磁机产生的磁场在励磁机电枢绕组中产生电流，经整流器整流，输送到发电机励磁绕组，与原来的剩磁磁场相叠加，从而建立发电机的空载磁场。发电机空载磁场随转子旋转，即可在发电机电枢主绕组和电枢副绕组分别感应产生交流电压。发电机副绕组产生的电压经电压调节器调节供给励磁机的励磁电流，使励磁机磁场得到加强，最终使发电机输出电压迅速上升，并稳定在恰当的大小。

9.5.3.2　KLT-5 励磁调节器常见故障分析

KLT-5 励磁调节器常见故障排除方法如图 9-28 所示。

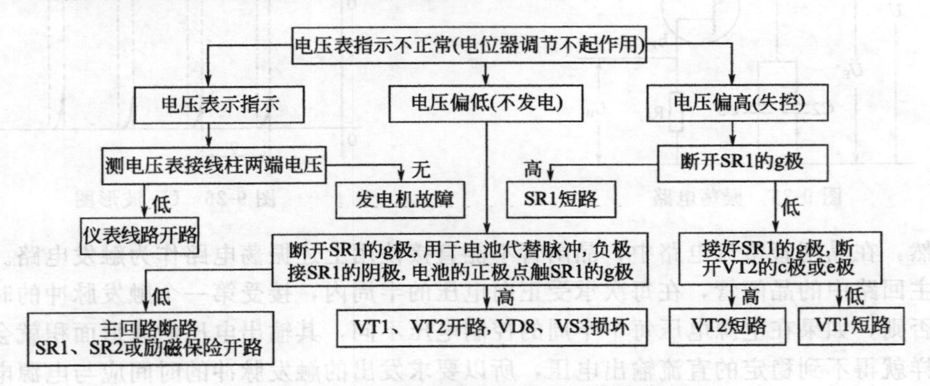

图 9-28　KLT-5 励磁调节器常见故障排除方法

附　录

附录 1　喷油泵试验台的使用与维护

柴油发动机工作性能的好坏，在很大程度上与其喷油泵的供油量和供油均匀性、调速器的工作性能有着密切的关系。由于喷油泵的柱塞偶件属于高精密零件，喷油泵工作性能好坏仅凭个人经验和人工调整是难以满足发动机正常工作要求的。通常在检修柴油发动机时，用喷油泵试验台对喷油泵进行测试和调整。喷油泵主要测试和调整的内容如下。

① 喷油泵各缸供油量和供油均匀性调整。

② 喷油泵供油起始时刻及供油间隔角度调整。

③ 喷油泵密封性检查。

④ 调速器工作性能检查与调整。

⑤ 输油泵试验。

一、喷油泵试验台的结构

柴油发动机喷油泵试验台的结构如附图 1-1 所示。主要由液压无级变速器、变速箱、燃

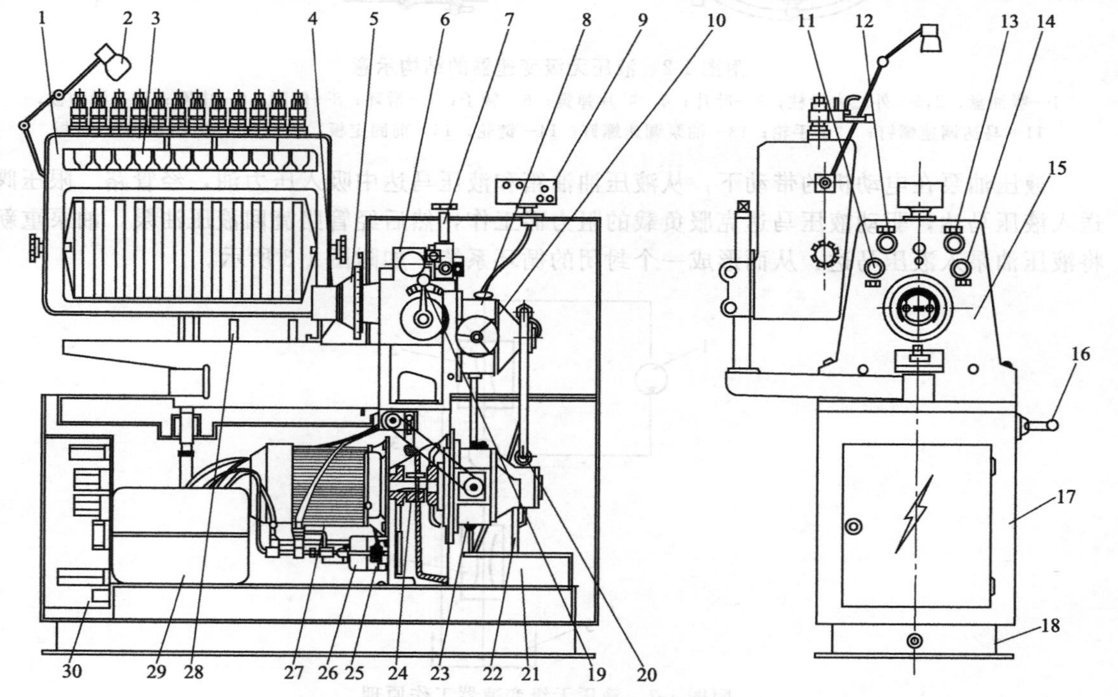

附图 1-1　柴油发动机高压油泵试验台的结构示意图

1—集油箱；2—照明灯；3—标准喷油泵；4—万向节；5—刻度盘；6—变速箱；7—调压阀；8—液压马达；9—转速计数器；10—增速手轮；11—传动油油温表；12—高压压力表；13—低压压力表；14—燃油油温表；15—试验台上壳体；16—调速手柄；17—试验台下壳体；18—试验台底座；19—换挡手柄；20—传动油管；21—传动油箱；22—吸油阀；23—液压无级变速器油泵；24—联轴器；25—加温阀；26—燃油泵；27—电动机；28—垫块；29—燃油箱；30—电气箱

烧系统、量油机构及动力传动系统等组成。

1. 液压无级变速器

液压无级变速器的结构如附图 1-2 所示，主要由油泵、液压马达、油管、吸油阀、偏心调节螺杆等部分组成。油泵和液压马达的结构相同，都为变量叶片泵。

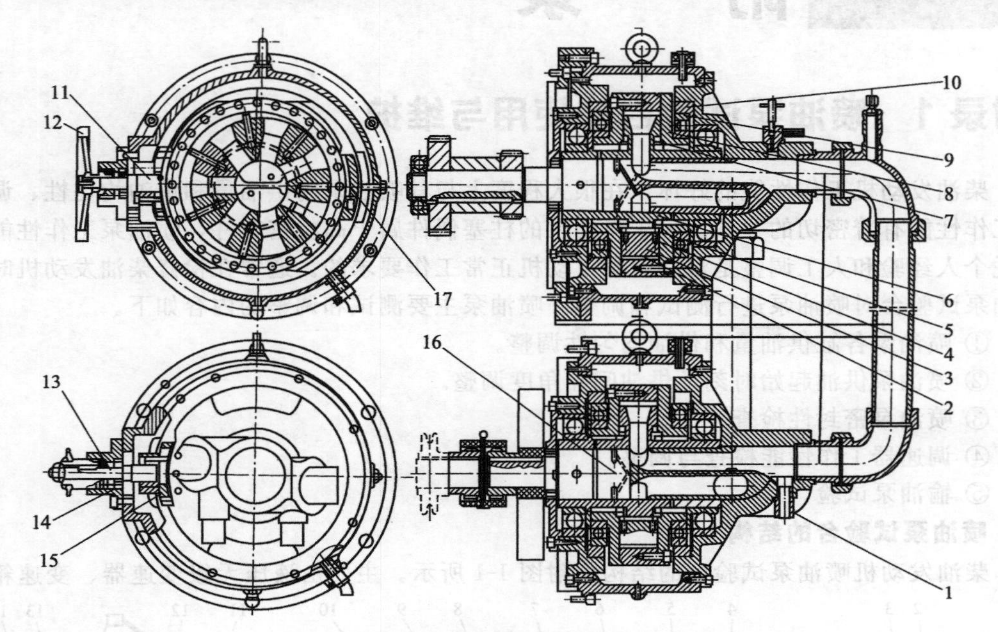

附图 1-2 液压无级变速器的结构示意

1—吸油盘；2,5—外、内滑柱；3—叶片；4—叶片弹簧；6—转子；7—滑环；8—侧圈；9—中圈；10—滑动板；11—马达调速螺钉；12—手轮；13—油泵调速螺钉；14—链轮；15—前固定板；16—分配轴；17—后固定板

液压油泵在电动机的带动下，从液压油油箱和液压马达中吸入压力油，经管路、限压阀送入液压马达，驱动液压马达克服负载的阻力而工作，然后经管路流回液压油泵，油泵重新将液压油泵入液压马达，从而形成一个封闭的循环系统，如附图 1-3 所示。

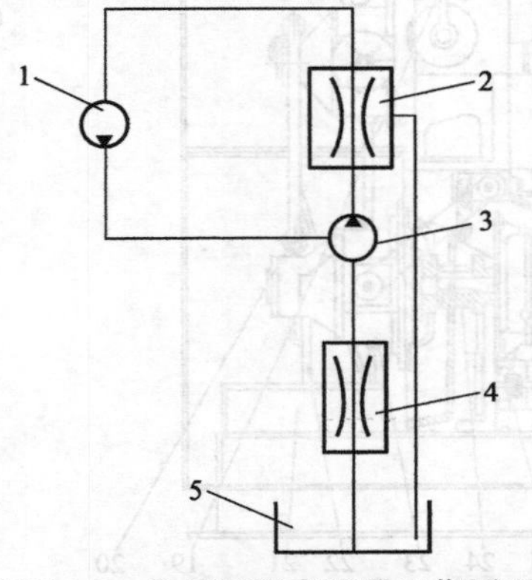

附图 1-3 液压无级变速器工作原理

1—液压马达；2—限压阀；3—油泵；4—吸油阀；5—液压油油箱

在这一封闭循环系统中工作时，只有少量的液压油从油泵和液压马达的间隙处泄漏回油箱。泄漏的液压油由油泵从油箱中经吸油管、吸油阀吸入来补偿。输油管路上的限压阀起安全阀的作用，以防止系统因油压过高而遭到损坏。

2. 变速箱

变速箱与液压无级变速器的液压马达相连接，其输入轴即是液压马达的输出轴，输出轴为试验台的输出轴，其结构如附图 1-4 所示。

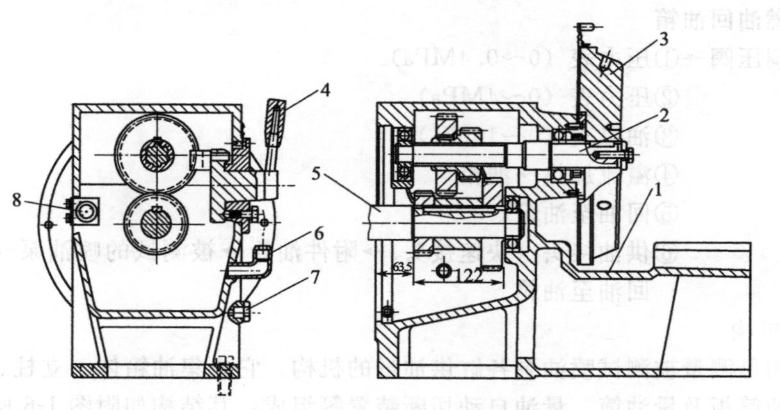

附图 1-4 变速箱结构示意图

1—变速箱工作台；2—试验台输出轴；3—刻度盘；4—换挡手柄；5—马达输出轴；6—注油弯头；7—放油螺塞；8—传感器

该变速箱有低速和高速两个挡位。低速挡使输出轴转速下降而输出扭矩增大，高速挡则相反。因此实际操作时，应根据所调试喷油泵的类型来选择变速挡位。一般低速挡用于调试低速大功率发动机的喷油泵，而高速挡用于调试高速小功率发动机的喷油泵。

试验台输出轴上装有一刻度盘，用以确定和调整喷油泵喷油起始时刻和各缸喷油间隔角度，同时，利用其惯性以稳定输出轴转速。刻度盘上装有无间隙弹片联轴器，用它来连接并驱动被测试的喷油泵。

3. 燃油系统

燃油系统的作用是提供一定压力和温度的燃油。其燃油流程如附图 1-5 所示。

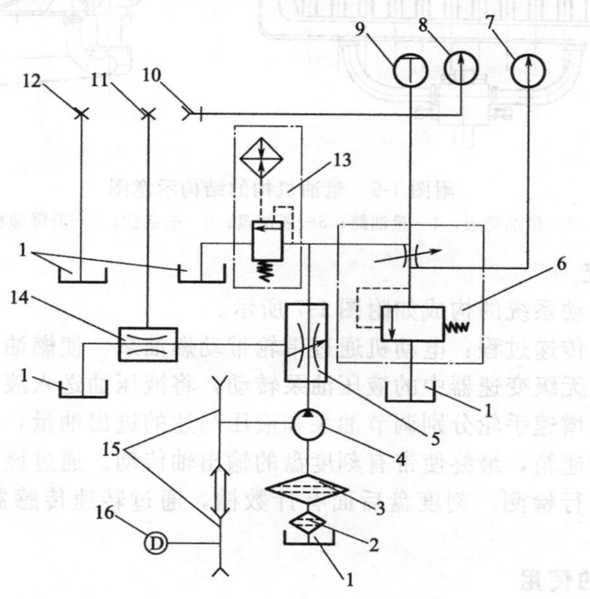

附图 1-5 燃油系统流程图

1—油箱；2—粗滤清器；3—精滤清器；4—油泵；5—调压阀；6—溢流阀；7—0～0.4MPa 压力表；8—0～4MPa 压力表；9—油温表；10—供油接头；11—真空接头；12—吸油接头；13—燃油加热器；14—真空阀；15—带轮；16—电动机

燃油的工作循环如下：燃油油箱→粗滤清器→精滤清器→油泵

→（1）吸油接头→燃油箱

（2）真空接头

（3）燃油回油箱

（4）调压阀→①压力表（0～0.4MPa）

②压力表（0～4MPa）

③油温表（0～100℃）

④溢流加热→油箱

⑤回油至油箱

⑥供油接头（快速接头）→附件油管→被测试的喷油泵→标准喷油器→回油至油箱

4．量油机构

量油机构是测量被测试喷油泵各缸供油量的机构。它由集油箱体、立柱、旋转臂、标准喷油器、量油筒板及量油筒、量油自动切断装置等组成，其结构如附图 1-6 所示。

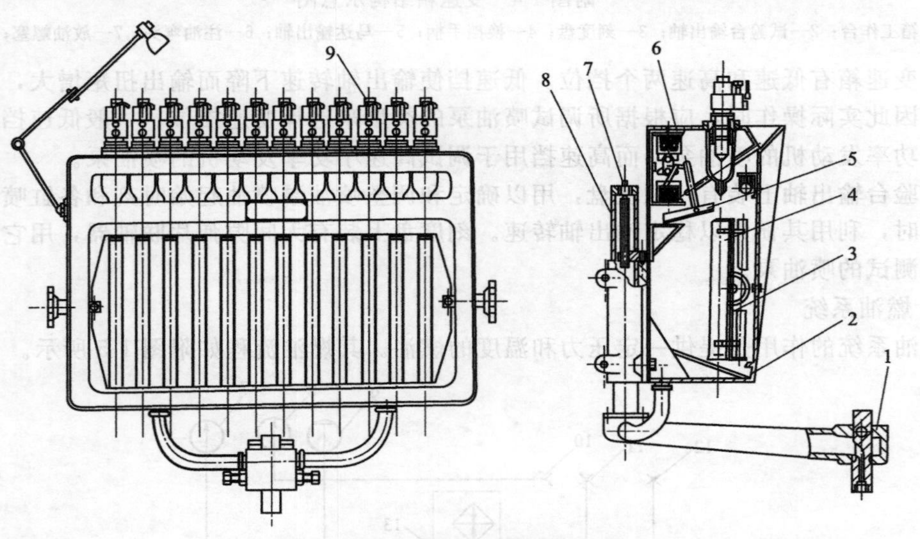

附图 1-6　量油机构的结构示意图

1—旋转臂；2—集油箱体；3—量油筒板；4—量油筒；5—断油盘；6—电磁铁；7—升降螺杆；8—立柱；9—标准喷油器

5．动力传动系统

试验台的动力传动系统的构成如附图 1-7 所示。

动力传动系统的传递过程：电动机通过带轮带动燃油泵，使燃油系统工作。同时电动机经过联轴器带动液压无级变速器中的液压油泵转动，将液压油送入液压马达，从而使液压马达旋转。调速手柄和增速手轮分别调节油泵和液压马达的进出油量，以改变各自的转速。液压马达输出轴带动变速箱，最终使带有刻度盘的输出轴传动。通过该轴来带动被测试的喷油泵，从而对喷油泵进行检测。刻度盘后面有计数槽，通过转速传感器将转速信号送入计数器，并显示出转速。

二、喷油泵试验台的使用

1．喷油泵供油时间的检测与调整

① 将喷油泵安装到试验台上，封住回油口，连接进油管，将供油齿杆固定在供油位置上，拧松油泵上的放气螺钉，启动试验台，排尽空气，拧紧放气螺钉。

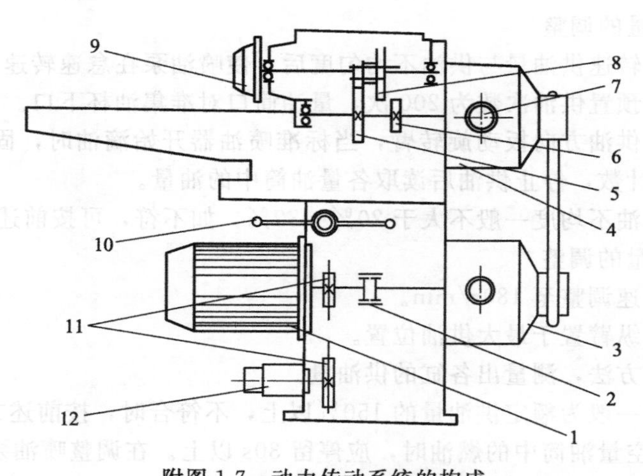

附图 1-7　动力传动系统的构成

1—电动机；2—联轴器；3—液压无级变速器油泵；4—液压马达；5—高速挡主动齿轮；6—低速挡主动齿轮；7—增速手轮；8—双联齿轮；9—刻度盘；10—调速手柄；11—带轮；12—燃油泵

② 将试验台供油压力调至 2.5MPa。

③ 调整量油筒高度，连接标准喷油器的高压油管。

④ 将调速器上的操纵臂置于停油位置，拧松标准喷油器上的放气螺钉，启动试验台，此时标准喷油器的回油管应有大量的回油。

⑤ 将调速器上操纵臂置于全负荷位置，同时使第一缸柱塞处于下止点位置，用专用扳手按油泵工作旋转方向缓慢、均匀地转动刻度盘，并注意从标准喷油器回油管接口中流出的燃油流动情况。当回油管口的油刚停止流出时（此时柱塞刚好封闭进油孔），即为第一缸的供油始点，由刻度盘上可读取供油提前角。如不符合要求，可通过旋转挺杆上的调节螺钉或增减垫片厚度的方法进行调整。

⑥ 以第一缸供油始点为基准，根据发动机的气缸数和喷油泵的工作顺序，按照上述方法检查和调整各缸供油间隔角度。其要求是相邻两缸供油间隔角度偏差不大于±0.5°。

2. 喷油泵各缸供油量检测与调整

喷油泵各缸的调整项目：额定转速供油量、怠速供油量、启动供油量。由于喷油泵各缸供油量的均匀程度与柴油机的工作平稳性有着密切关系，因此喷油泵试验时，要对各缸供油量的均匀度进行测算，其计算公式如下：

各缸供油不均匀度=[(最大供油量−最小供油量)/平均供油量]×100%

平均供油量=[(最大供油量+最小供油量)/2]×100%

各缸平均供油量误差不得大于 5%。调整供油量前，要求调节齿杆与齿圈、齿圈与控制套筒（或调节拉杆与拨叉）的安装位置，保证其正确无误。

（1）额定转速供油量的调整

① 将喷油泵转速提高到额定转速，使油门操纵臂处于最大供油位置。

② 在转速表上预置供油次数为 200 次，量油筒口对准集油杯下口。

③ 按下转速表上计数按钮，开始供油并计数，供油停止后读取各量油筒中的油量。

④ 各缸供油不均匀度应小于 3%，不符合规定时应进行调整。具体方法是：松开齿圈（或拨叉）紧固螺钉，将柱塞控制套筒相对于齿圈转动一个角度，以改变柱塞与柱塞套筒之间的相互位置，从而实现供油量的调整。对于采用拉杆拨叉式的，则是通过改变拨叉与拉杆的距离来进行调整。

(2) 怠速供油量的调整

① 调整好额定转速供油量与供油不均匀度后，使喷油泵在怠速转速下运转。

② 在转速表上预置供油次数为 200 次，量油筒口对准集油杯下口。

③ 缓慢向增加供油方向扳动旋转臂，当标准喷油器开始滴油时，固定旋转臂，按下计数钮，供油开始并计数，停止供油后读取各量油筒中的油量。

④ 各缸怠速供油不均度一般不大于 20%～30%，如不符，可按前述方法进行调整。

(3) 启动供油量的调整

① 将试验台转速调整至 180r/min。

② 将喷油泵操纵臂置于最大供油位置。

③ 按照上述的方法，测量出各缸的供油量。

④ 启动供油量一般为额定供油量的 150%以上，不符合时，按前述方法调整。

注意：每次倒空量油筒中的燃油时，应停留 30s 以上。在调整喷油泵供油量时，应以保证额定转速供油量均匀度为主。

3. 调速器的调整

调速器的作用是控制柴油发动机因喷油泵的速度特性而产生的工作不稳或“飞车”等现象。其工作性能不良时，会导致柴油发动机熄火或工作不稳，严重时会产生“飞车”，从而发生严重的机械故障。因此在调试喷油泵时，对调速器也要进行调整。柴油发动机调速器调整的具体内容如下。

(1) 高速启动作用点的调试　启动试验台，使喷油泵转速由低到高逐渐接近额定转速，并将喷油泵操纵臂推至最大供油位置（推到底），然后缓慢增加喷油泵转速，同时注意观察供油调节齿杆位置的变化情况。在供油调节齿杆开始向减小供油量方向移动时的转速，即为调速器高速启动作用点的转速。为保证获得规定的额定转速，而又不致过多地超过规定值，一般是将高速启动作用点的转速调至较额定转速高出 10r/min 为好（指凸轮轴的转速）。调整方法是改变调速弹簧预紧力。

(2) 低速启动作用点的调试　启动试验台，使喷油泵在低于怠速转速下运转，然后缓慢转动操纵臂，当喷油泵刚刚开始供油时，固定操纵臂，并逐渐提高喷油泵转速，同时注意观察供油调节齿杆位置变化情况。当供油调节齿杆开始向减少供油方向移动时的转速，即为低速启动作用点的转速，其值不得高于怠速转速规定值。

(3) 全负荷限位螺钉的调整　旋松全负荷限位螺钉，并使喷油泵以额定转速运转，然后将操纵臂缓慢向增加供油量的方向移动，当供油调节齿杆达到最大行程时，停止移动操纵臂，这时拧入全负荷限位螺钉，使其与操纵臂上的扇形挡块相接触即可。

(4) 怠速稳定弹簧的调整　由于柴油发动机怠速运转时，调速器的飞块离心力很小，不能立刻将供油调节齿杆推向增加供油量方向。而怠速稳定弹簧的作用就是协助调整怠速的灵敏度。通常在稳定怠速工况时，怠速稳定弹簧应能够将供油调节齿杆向增加供油方向推进 0.5mm。不符时，可通过调节怠速稳定弹簧的预紧力调整螺钉来达到。

(5) 停止供油限位螺钉的调整　在怠速稳定弹簧调好后，停止喷油泵的运转，这时供油调节齿杆将向增加供油方向移动一个距离，然后转动操纵臂，使供油调节齿杆处于完全停止供油的位置，此时旋入停止供油限位螺钉，使其与操纵臂轴上的扇形挡块相接触，最后将停止供油限位螺钉的锁紧螺母拧紧。

三、喷油泵试验台的维护

1. 试验台的安装和试车

① 试验台应安装在干燥、不与腐蚀气体接触、不易受到风沙尘土侵蚀的房间里。工作

台面应保证水平安置，环境温度要求在−5～40℃之间。

② 试验台所用电源为三相380V、50Hz的工频交流电。为了保证电动机转速稳定，输入电压不得低于350V，且需保持电压恒定。同时电源的连接应保证喷油泵按规定的转动方向旋转，否则，喷油泵会损坏。

③ 进行试验前，要仔细清除喷油泵试验台上的防锈油，并在一切需要注油的地方注入规定的油料。

a. 燃油箱中应注满经48h以上沉淀的轻质0号柴油。

b. 在试验台传动油箱和液压无级变速器中加入经过一定时间沉淀过滤的30号或46号汽轮机油。液压无级变速器从传动油管上的油温表接头或放气螺钉处加油。加油时，变速箱挂上挡位，一边用专用扳手正、反方向来回转动刻度盘，一边注油，直到注满为止。最后将油温表接头或放气螺钉拧紧。不可将油直接加入无级变速器内，否则会使试验台损坏。喷油泵试验台若间隔较长时间再使用时，应先按照上述方法加注液压油。传动油箱内的油面应高于吸油阀体为佳。

c. 变速箱内应加注40号或50号机械油，油面不低于油弯管。

d. 为了冷却燃油，试验台必须检查各连接部位的紧固可靠性，尤其是万向节螺钉需紧固可靠，罩好防护罩。试验台高速空转时，应拆下万向节，以防出现事故。

e. 喷油泵的进油、回油口要用油管与试验台的供油、回油口连接可靠，以防漏油。

f. 喷油泵的联轴器应用万向节的2只拨块夹紧。夹紧螺栓的扭力为110N·m。

g. 启动试验台时，应先将调速手柄转到一定位置，使其零位压板触及行程开关，从而使常开触点闭合，方可按下启动按钮，使电动机运转。

h. 电动机启动后，转动调速手柄，使试验台输出轴转速由低逐渐升高，并检查各部位工作情况。液压无级变速器不得有异响，各管路接头不得有渗漏现象。

i. 停车时，应将调速手柄调回到原位，在输出轴停止转动后，方可按下停止按钮。

附图1-8所示为试验台操纵手柄及各按钮开关位置示意图。

2. 试验台的维护

(1) 标准喷油器的检查与调整　为了保证喷油泵试验台的测试精度，应经常检查标准喷油器的开启压力。其开启压力应为17.5～17.7MPa。同时检查各标准喷油器出油量的均匀性。其检查方法是：先调整开启压力，然后在试验台上用标准喷油泵的某一只柱塞副在同一计数次数、同一转速、相同齿条位置的条件下，逐个检查其流量是否均匀。若有差异，可通过调整开启压力来校正，如果无法校正，则更换标准喷油器。

(2) 液压无级变速器的维护

① 液压无级变速器内的液压油量要经常检查，其要求和加注方法见前面所述。第一次换油在其工作200h后，以后每工作1200h更换一次。油箱要密封良好，以防其他油、水和污物渗入到液压无级变速器内。

② 液压油泵和液压马达的限位螺钉不可随意转动，否则液压油泵和液压马达会损坏。

③ 启动电动机前，最好先用专用扳手旋转刻度盘，直到电动机、燃油泵同时转动时，再启动电动机运转。

(3) 燃油系统的维护

① 试验用燃油每工作400h或调试500只喷油泵后应更换新油，在更换的同时用煤油清洗油箱和滤清器。

② 调压阀和真空阀手轮不论正转、反转，拧到底后不可再用力拧，以防损坏机件。

③ 燃油泵传动带松紧度的调整。松开燃油泵安装板上的2颗螺钉，移动安装板，即可

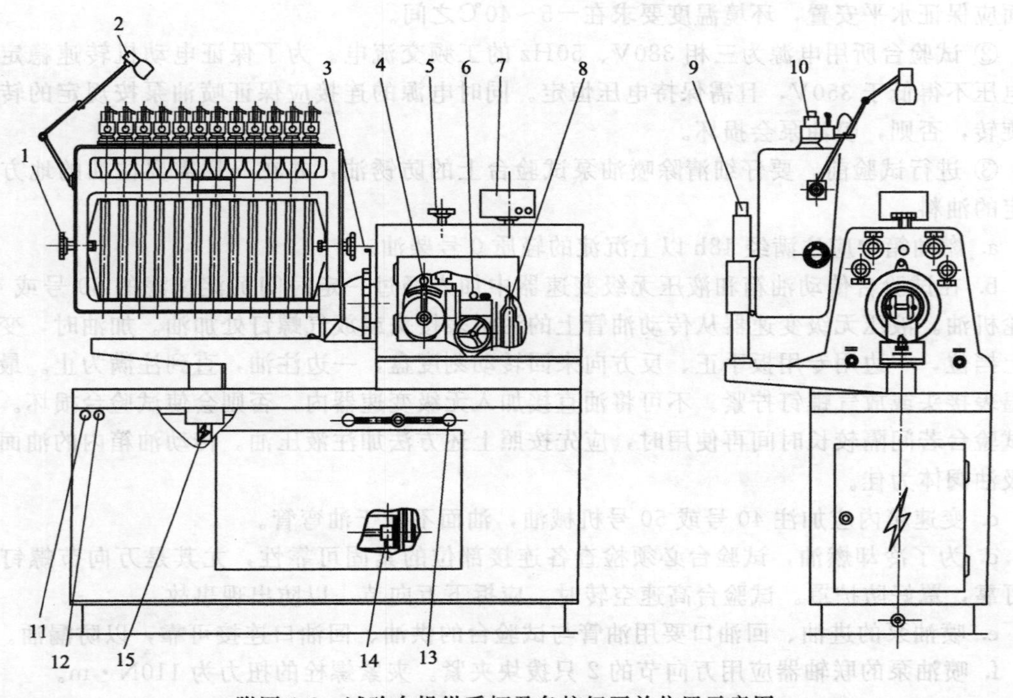

附图 1-8 试验台操纵手柄及各按钮开关位置示意图

1—手轮；2—照明灯；3—刻度盘；4—换挡手柄；5—调压阀；6—增速手轮；7—转速计数器；8—放气螺塞；9—升降螺杆；10—标准喷油器；11—启动按钮；12—停止按钮；13—调速手柄；14—节流阀手轮；15—回油管

调整传动带的松紧度（皮带规格：B-1000）。

④ 燃油泵带轮的轴承每隔一年左右加注一次二硫化钼润滑脂。

(4) 变速箱的维护　变速箱内的润滑油大约工作 400h 或半年左右更换一次。试验台在运转过程中严禁更换挡位，以防损坏无级变速器和变速箱齿轮。

(5) 集油盘的维护　集油盘要经常放油清理。

附录 2　喷油器测试仪的使用与维护

喷油器测试仪可用来测定和调整柴油发动机喷油器的起始喷油压力，同时还可以检查喷油器的喷雾状况是否良好及喷油器是否有滴漏现象。

一、喷油器测试仪的结构

柴油发动机喷油器测试仪有车间内使用的固定式和直接就机使用的便携式两种。

1. 固定式喷油器测试仪

固定式喷油器测试仪如附图 2-1 所示。它由压力表、操纵杆、测试仪壳体、活塞、进油管、滤网、出油管、接头和油箱等组成。这种喷油器测试仪通过螺柱固定在作业台上，摇动操纵杆使燃油产生高压，进入喷油器，从而对喷油器进行检查。

2. 便携式喷油器测试仪

便携式喷油器测试仪如附图 2-2 所示。它主要由压力表、测试仪壳体、接管和接头等组成。检测时，将其直接安装在喷油泵高压出油管接头上，然后利用旋具使喷油泵的柱塞副工作以产生高压油，从而对喷油器进行检查。便携式喷油器测试仪的特点是：机构简单，携带使用方便，但受喷油泵性能影响较大，精确度较差，因此在实际检测中较少使用。

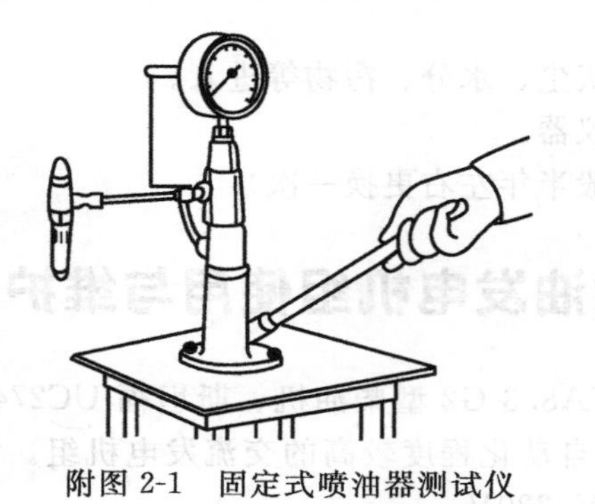

附图 2-1　固定式喷油器测试仪

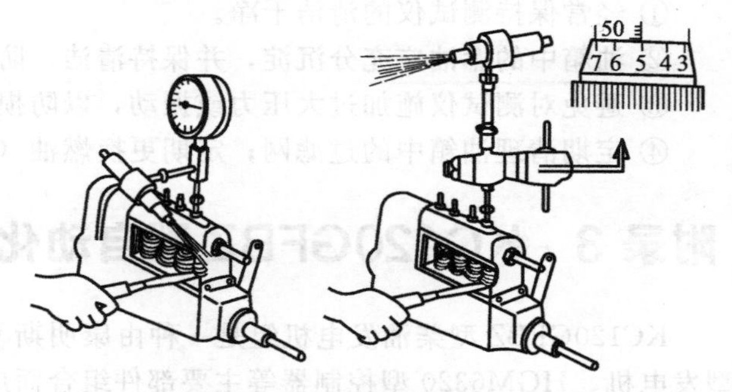

附图 2-2　便携式喷油器测试仪

二、喷油器测试仪的使用（固定式）

1. 喷油器起始喷油压力的测定和调整

（1）安装　如附图 2-1 所示，将喷油器安装到测试仪上（垂直向下），接上回油管，摇动操纵杆数次，将管路内的空气排干净。

（2）测定　摇动操纵杆，待油压开始上升时，慢慢压下操纵杆，同时观察压力表和喷油器的工作状态，记下喷油器刚开始喷油瞬间的压力表数值，此压力值即为喷油器起始喷油压力。将其与原厂的标准值进行比较，如不符合要求，则应进行调整。

（3）起始喷油压力的调整　从喷油器测试仪上卸下喷油器，将其固定在台虎钳上，松开喷油器上的盖形螺母和锁止螺母，然后将喷油器装回测试仪上，通过旋转调整螺钉，将起始喷油压力调至正确值。调整完毕后，稍许拧紧锁止螺母，待喷油器从测试仪上卸下后，夹在台虎钳上再拧紧。

2. 喷雾质量的检查

将喷油器安装到测试仪上，以每分钟 60～70 次摇动操纵杆，根据喷油器的喷射状态来判断喷雾质量的好坏，如附图 2-3 所示。

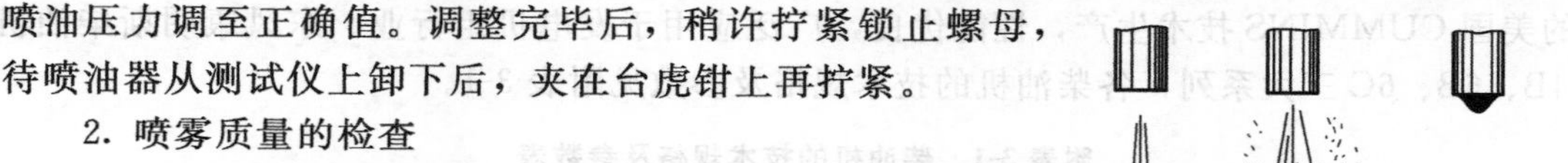

附图 2-3　喷油器喷雾质量的检查

喷油器喷雾的具体要求如下。

① 喷出的燃油应呈雾状，分布细微且均匀，不应有明显的飞溅油滴和连续的油珠，不应有局部浓稀不均匀等现象。

② 喷油开始和结束应明显，且应伴有清脆的声音；喷射前后不得有滴油现象；多次喷射后，喷油口附近应保持干燥或稍有湿润。

③ 喷雾锥角：正常情况是以喷口的中心线为中心，约成 4°的圆锥喷射状。

检查方法：在距喷油器的正下方 100～200mm 处，放置一张白纸，摇动操纵杆使喷油器进行一次喷射，测出白纸上油迹的直径 D 及距喷油器口的距离 H，则喷雾锥角：

$$\alpha = 2\arctan(D/2H)$$

若不符合要求，则应清洗喷油器；若清洗后仍达不到要求，则应更换喷油器。

3. 喷油器密封性试验

摇动操纵杆，当测试仪上的压力表的压力值比喷油器起始喷油压力低 2MPa 时，慢慢摇动操纵杆，使油压缓慢而均匀地继续上升，同时仔细观察喷油器喷口周围的表面被燃油附着的情况。喷油器密封良好时，允许有轻微湿润的燃油，但不得有油液积聚的现象，否则要清洗、研磨喷油器的出油阀，如仍不能解决，则更换喷油器。

三、喷油器测试仪的维护

① 经常保持测试仪的清洁干净。

② 油箱中的燃油应充分沉淀，并保持清洁，防止灰尘、水分、污物等进入。

③ 避免对测试仪施加过大压力或振动，以防损坏仪器。

④ 定期清理油箱中的过滤网；定期更换燃油（一般半年左右更换一次）。

附录 3　KC120GFBZ 型自动化柴油发电机组使用与维护

KC120GFBZ 型柴油发电机组是一种由康明斯 6CTA8. 3-G2 型柴油机、斯坦福 UC274F 型发电机、HGM6320 型控制器等主要部件组合而成的自动化程度较高的交流发电机组。该机组额定功率 120kW，额定电流 216A，额定电压 400V/230V。

KC120GFBZ 型柴油发电机组特别适用在一机组一市电的使用场合。机组具有手动和自动两种操作模式。在手动模式下，可实现市电/发电机组的手动切换，在自动模式下，可实现对市电电量监测和市电/发电机组的自动切换。

机组具有多种自动预警、自动保护功能，并具有市电自动对蓄电池充电、自动对冷却液和机油进行预热功能。机组备有 RS-485 通信接口，可实现遥测、遥信、遥控。发电机组的控制器采用大屏幕液晶（LCD）显示，中英文可选界面操作，操作简单，运行可靠。

一、基本组成

1. 东风康明斯柴油机

机组的原动机为东风康明斯 6CTA8. 3-G2 型柴油机，该柴油机采用中美合资公司所引进的美国 CUMMINS 技术生产，性能优良，广泛应用于发电机组行业。东风康明斯柴油机有 4B、6B、6C 三大系列，各柴油机的技术规格及参数见附表 3-1。

附表 3-1　柴油机的技术规格及参数表

型号 / 参数	4BTA3. 9-G2	6BTA5. 9-G2	6BTAA5. 9-G2	6CTA8. 3-G2	6CTAA8. 3-G2
缸数	4	6	6	6	6
吸气方式	增压	增压	增压空空中冷	增压	增压空空中冷
冷却方式	强制水冷	强制水冷	强制水冷	强制水冷	强制水冷
压缩比	16.5∶1	17.5∶1	17.5∶1	17.3∶1	18∶1
排量	3.9L	5.9L	5.9L	8.3L	8.3L
额定转速	1500r/min	1500r/min	1500r/min	1500r/min	1500r/min
额定功率	50kW	110kW	120kW	163kW	183kW
备用功率	55kW	120kW	132kW	180kW	204kW
高压燃油泵	A 泵	A 泵	PN 泵	PB 泵	P7100 泵
稳态调整率	≤1%	≤1%	≤1%	≤1%	≤1%
润滑油容量	11L	12.1L	16L	16.4L	16L
冷却系统容量	8L(发动机)	11L(发动机)	10.4L(发动机)	13L(发动机)	12.3L(发动机)
外形尺寸	765×582×908	1035×711×992	1035×711×992	1140×698×1059	1149×770×1055
干重	320kg	443kg	407kg	702kg	702kg
湿重	340kg	471kg	431kg	731kg	731kg

2. 斯坦福发电机

机组的发电机选用无锡新时代电机有限公司引进英国斯坦福电机技术生产的 UC274F 型发电机。该型发电机为带永磁发电机（PMG）励磁-AVR 控制的发电机。其额定功率 128kW，备用功率 140kW。

（1）发电机的特征

① 可选的辅助绕组励磁系统能提供承受短路电流的能力。

② 先进的自动调压系统能够保证在恶劣条件下能进行可靠的运行作业。

③ 很容易与电网或其他发电机并联。标准的 2/3 节距绕组抑制了过多的中线电流。

④ 经动平衡的转子，具有密封的滚珠轴承，具有单支点和双支点结构。

⑤ 安装简单，维护保养方便，具有极易操作的接线柱、旋转二极管和联轴器螺栓。

⑥ 符合所有主导的陆用标准。

（2）励磁系统结构

斯坦福无刷三相交流同步发电机的励磁系统有以下两种结构形式。

① 自励 AVR 控制的发电机　主机定子通过 SX460（SX440 或 SX421）AVR 为励磁机磁场提供电力，AVR 是调节励磁机励磁电流的控制装置。AVR 向来自主机定子绕组的电压感应信号作出反馈，通过控制低功率的励磁机磁场调节励磁机电枢的整流输出功率，从而达到控制主机磁场电流的要求。

SX460 或 SX440 AVR 通过感应两相平均电压，确保了电压调整率。此外，它还监测发电机的转速，如低于预选转速设定，则相应降低输出电压，以防止发电机低速时的过励，缓解加载时的冲击，以减轻发电机的负担。

SX421 除了 SX440 的特点外，还有三相方均根感应的特点，在与外部断路器（装在开关板上）一起使用时它还提供过电压保护。

② 永磁发电机（PMG）励磁-AVR 控制的发电机　永磁发电机通过 AVR（MX341 或 MX321）为励磁机提供励磁电力，AVR 是调节励磁机励磁电流的控制装置。如果是 MX321 AVR，则通过一个变压器向来自主机定子绕组的电压感应信号作出反馈，通过控制低功率的励磁机磁场，调节励磁机电枢的整流输出功率，从而达到控制主机磁场电流的要求。

PMG 系统提供一个与定子负载无关的恒定的励磁电力源，提供较高的电动机启动承受能力，并对由非线性负载（例如，晶闸管直流发电机）产生的主机定子输出电压的波形畸变具有抗干扰性。

MX341 AVR 通过检测二相平均电压来确保电压调整率。另外，它还具有监测发动机的转速，如低于预选转速设定，则相应降低输出电压，以防止发电机低速时的过励，缓减加载时的冲击，以减轻发动机的负担。与此同时，它还提供延时的过励保护，在励磁机磁场电压过高的情况下对发电机减励。

MX321 除提供 MX341 具有的保护发动机的减荷特性外，它还具有三相方均根检测和过电压保护功能。

3. HGM6320 控制器

控制器是机组的大脑，对机组的工作进行调控与保护。下面就对 HGM6320 型控制器的技术规格、面板操作、保护及报警功能作比较详细的介绍。

（1）控制器技术规格（见附表 3-2）

（2）控制器操作面板说明（如附图 3-1 所示）

（3）LCD 显示（见附表 3-3）

附表 3-2　控制器技术规格

项目	规格
工作电压	DC8.0～35.0V 连续供电
整机功耗	＜3W(待机方式：≤2W)
交流发电机电压输入： 三相四线 三相三线 单相二线 二相三线	 15～360VAC(ph-N) 30～600VAC(ph-ph) 15～360VAC(ph-N) 15～360VAC(ph-N)
交流发电机频率	50/60Hz
转速传感器电压	1.0～70V(峰峰值)
转速传感器频率	最大 10000Hz
启动继电器输出	16Amp DC28V 直流供电输出
燃油继电器输出	16Amp DC28V 直流供电输出
可编程继电器输出口 1	16Amp DC28V 直流供电输出
可编程继电器输出口 2	16Amp DC28V 直流供电输出
可编程继电器输出口 3	16Amp DC28V 直流供电输出
可编程继电器输出口 4	16Amp 250VAC 无源输出
发电合闸继电器 可编程继电器输出口 5	16Amp 250VAC 无源输出
市电合闸继电器 可编程继电器输出口 6	16Amp 250VAC 无源输出
外形尺寸	240mm×172mm×57mm
开孔尺寸	220mm×160mm
电流互感器次级电流	额定 5A
工作条件	温度：－20～50℃　湿度：20%～90%
储藏条件	温度：－30～＋70℃
绝缘强度	对象：在输入/输出电源之间 引用标准：IEC 688—1992 试验方法：AC1.5kV/1min　漏电流 2mA
质量	0.90kg

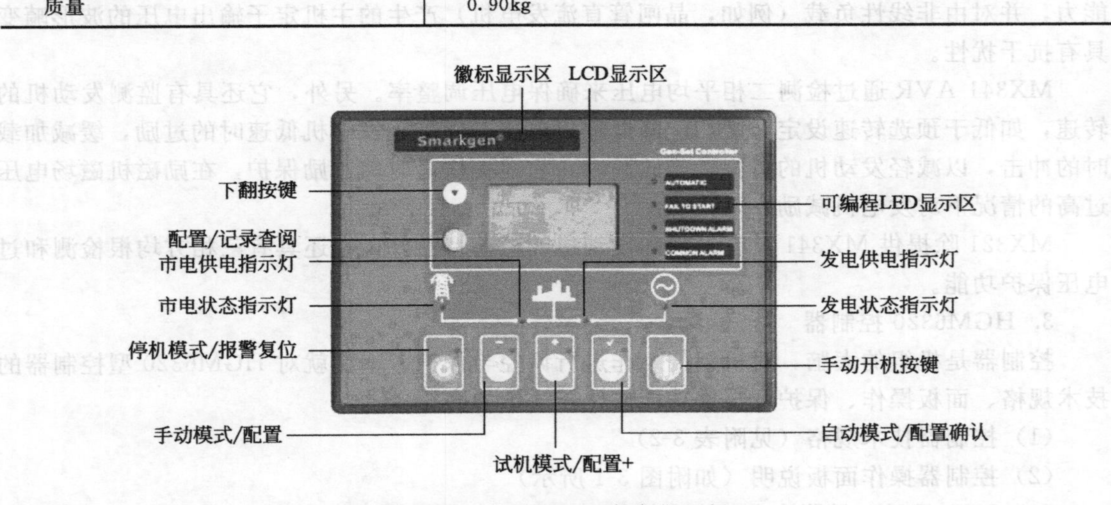

附图 3-1　HGM6320 控制器面板

附表 3-3 LED 显示

系统在停机模式 市电正常 发电机组待机 负载在市电侧	此屏幕显示：发电工作于运行状态、市电状态、开关状态、发电机组报警信息等 当前屏幕显示发电机组在停机待机模式，市电正常，市电带载
市电 U_{L-L} 381 381 381V U_{L-N} 220 220 220V f=50Hz	按▼键(注：按▼键可循环翻动屏幕) 此屏幕显示市电的线电压(L1-L2、L2-L3、L3-L1)、相电压(L1、L2、L3)、频率。HGM6310 此屏不显示
发电 U_{L-L} 381 381 381V U_{L-N} 220 220 220V f=50Hz 1500r/min	按▼键 此屏幕显示发电机组的线电压(L1-L2、L2-L3、L3-L1)、相电压(L1、L2、L3)、频率、转速
燃油位 80% 水/缸温度 80℃(176 ℉) 机油压力 110kPa	按▼键 此屏幕显示发电机组的燃油位、水/缸温度、机油压力输入量。 显示 XXXX：表示为未使用；显示 HHHH、LLLL：表示数字量输入；显示＋＋＋＋：表示传感器开路
电池电压 24.1V 充电机电压 18.1V 发动机转速 1500r/min 13-01-18(5)18:18:18	按▼键 此屏幕显示发电机组的电池电压、充电机电压、发动机转速、控制器当前的时间(其中括号内为星期)
发电机 累计开机 168 次 累计运行 001818:18:18 累计电能 0001818.8kW·h	按▼键 此屏幕显示发电机组的累计开机次数、累计的运行时间(时:分:秒)、累计输出的发电电能
负载 电流 0000 0000 0118A 功率 120kW 120kV·A $\cos\varphi$=1.00	按▼键 此屏幕显示发电负载的电流、有功总功率、视在总功率及功率因数

(4) 按键功能描述（见附表 3-4）

附表 3-4 按键功能描述

图标	按键	功能描述
(O)	停机/复位键	在发电机组运行状态下，按(O)键可以使运转中的发电机组停止，在发电机组报警状态下，按(O)键可以使报警复位，在停机模式下按(O)键 3s 以上，可以测试面板指示灯是否正常(试灯)
(I)	开机键	在手动模式或手动试机模式下，按(I)键可以使静止的发电机组开始启动
(手)	手动键/配置一	按(手)键，可以将发电机组置为手动开机模式。在参数配置模式下按此键可将参数数值递减
(试)	试机键/配置＋	按(试)键，可以将发电机组置为手动试机模式。在参数配置模式下按此键可将参数值递增
(AUTO)	自动键/配置确认	按(AUTO)键，可以将发电机组置为自动模式。在参数配置模式下按此键可将参数值位右移或确认(第四位)
(i)	记录查询键	按(i)键，可显示发电机组的异常停机记录，再按(i)键，则退出
(▼)	翻屏键	在参数显示与记录查询显示屏下，按(▼)键，可进行翻屏操作

（5）自动开机/停机操作　按（AUTO）键，该键旁指示灯亮起，表示发电机组处于自动开机模式。

自动开机顺序如下。

① HGM6320：当市电异常（过压、欠压、过频、欠频）时，进入“市电异常延时”，LCD屏幕显示倒计时，市电异常延时结束后，进入“开机延时”。

② LCD屏幕显示“开机延时”倒计时。

③ 开机延时结束后，预热继电器输出（如果被配置），LCD屏幕显示“开机预热延时XX s”。

④ 预热延时结束后，燃油继电器输出1s，然后启动继电器输出；如果在“启动时间”内发电机组没有启动成功，燃油继电器和启动继电器停止输出，进入“启动间隔时间”，等待下一次启动。

⑤ 在设定启动次数内，如果发电机组没有启动成功，LCD显示窗第一屏第一行闪烁，同时LCD显示窗第一屏第一行显示启动失败报警。

⑥ 在任意一次启动时，若启动成功，则进入“安全运行时间”，在此时间内油压低、水温高、欠速、充电失败以及辅助输入（已配置）报警量等均无效，安全运行延时结束后则进入“开机怠速延时”（如果开机怠速延时被配置）。

⑦ 在开机怠速延时过程中，欠速、欠频、欠压报警均无效，开机怠速延时过完，进入“高速暖机时间延时”（如果告诉暖机延时被配置）。

⑧ 当高速暖机延时结束时，若发电正常则发电状态指示灯亮，如发电机电压、频率达到带载要求，则发电合闸继电器输出，发电机组带载，发电供电指示灯亮，发电机组进入正常运行状态；如果发电机组电压或频率不正常，则控制器报警停机（LCD屏幕显示发电报警量）；

自动停机顺序如下。

① HGM6320：发电机组正常运行中或市电恢复正常，则进入“市电电压正常延时”，确认市电正常后，市电状态指示灯亮起，“停机延时”开始。

② 停机延时结束后，开始“高速散热延时”，且发电合闸继电器断开，经过“开关转换延时”后，市电合闸继电器输出，市电带载，发电供电指示灯熄火，市电供电指示灯点亮。

③ 当进入“停机怠速延时”（如果被配置）时，怠速继电器加电输出。

④ 当进入“得电停机延时”时，得电停机继电器加电输出，燃油继电器输出断开。

⑤ 当进入“发电机组停稳时间”时，自动判断是否停稳。

⑥ 当机组停稳后，进入发电待机状态；若机组不能停机则控制器报警（LCD屏幕显示停机失败警告）。

（6）手动开机/停机操作

① HGM6320：按（手动）键，控制器进入“手动模式”，手动模式指示灯亮。按（试机）键，控制器进入“手动试机模式”，手动试机模式指示灯亮。在这两种模式下，按（I）键，则启动发电机组，自动判断启动成功，自动升速至高速运行。机组运行过程中出现水温高、油压低、超速、电压异常等情况时，能够有效快速保护停机。在“手动模式（手动）”下，发电机组带载是以市电是否正常来判断，市电正常，负载开关不转换，市电异常，负载开关转换到发电侧。在“手动试机模式（试机）”下，发电机组高速运行正常后，不管市电是否正常，负载开关都转换到发电侧。

② 手动停机：按 ◎ 键，可以使正在运行的发电机组停机。

（7）控制器开关切换及运行时序图（如附图 3-2～附图 3-4 所示）

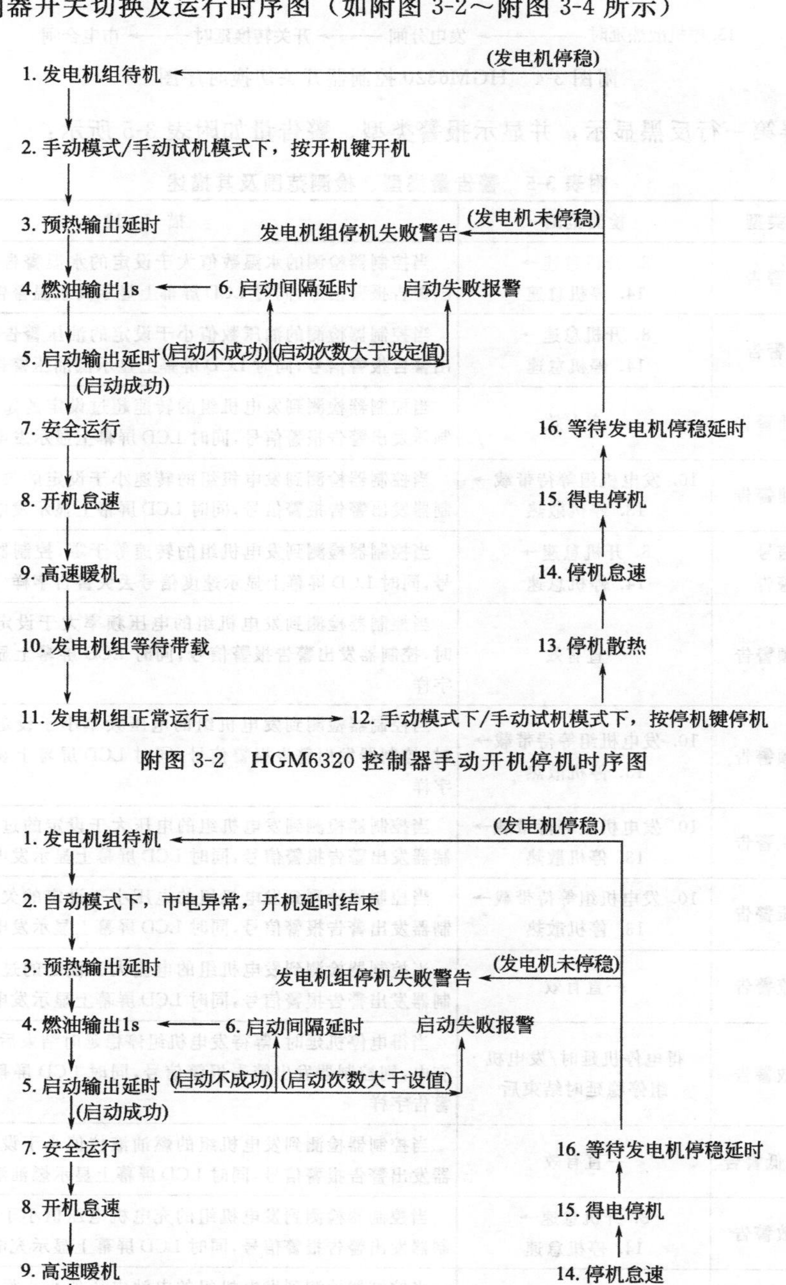

附图 3-2　HGM6320 控制器手动开机停机时序图

附图 3-3　HGM6320 控制器自动开机停机时序图

（8）控制器保护功能

① 警告/预警　当控制器检测到警告/预警信号时，控制器仅仅警告并不停机，且 LCD

11. 发电机组正常运行 ——→ 市电分闸 ——→ 开关转换延时 ——→ 发电合闸

13. 停机散热延时 ——→ 发电分闸 ——→ 开关转换延时 ——→ 市电合闸

附图 3-4　HGM6320 控制器开关切换时序图

显示窗第一屏第一行反黑显示，并显示报警类型。警告量如附表 3-5 所示：

附表 3-5　警告量类型、检测范围及其描述

序号	警告量类型	检测范围	描　述
1	高水温警告	8. 开机怠速→ 14. 停机怠速	当控制器检测的水温数值大于设定的水温警告数值时，控制器发出警告报警信号，同时 LCD 屏幕上显示高水温警告字样
2	低油压警告	8. 开机怠速→ 14. 停机怠速	当控制器检测的油压数值小于设定的油压警告数值时，控制器发出警告报警信号，同时 LCD 屏幕上显示低油压警告字样
3	发电超速警告	一直有效	当控制器检测到发电机组的转速超过设定的超速警告阈值时，控制器发出警告报警信号，同时 LCD 屏幕上显示发电超速警告字样
4	发电欠速警告	10. 发电机组等待带载→ 13. 停机散热	当控制器检测到发电机组的转速小于设定的欠速警告阀值时，控制器发出警告报警信号，同时 LCD 屏幕上显示发电欠速警告字样
5	速度信号 丢失警告	8. 开机怠速→ 14. 停机怠速	当控制器检测到发电机组的转速等于零，控制器发出警告报警信号，同时 LCD 屏幕上显示速度信号丢失警告字样
6	发电过频警告	一直有效	当控制器检测到发电机组的电压频率大于设定的过频警告阈值时，控制器发出警告报警信号，同时 LCD 屏幕上显示发电过频警告字样
7	发电欠频警告	10. 发电机组等待带载→ 13. 停机散热	当控制器检测到发电机组的电压频率小于设定的欠频警告阈值时，控制器发出警告报警信号，同时 LCD 屏幕上显示发电欠频警告字样
8	发电过压警告	10. 发电机组等待带载→ 13. 停机散热	当控制器检测到发电机组的电压大于设定的过压警告阈值时，控制器发出警告报警信号，同时 LCD 屏幕上显示发电过压警告字样
9	发电欠压警告	10. 发电机组等待带载→ 13. 停机散热	当控制器检测到发电机组的电压小于设定的欠压警告阈值时，控制器发出警告报警信号，同时 LCD 屏幕上显示发电欠压警告字样
10	发电过流警告	一直有效	当控制器检测到发电机组的电流大于设定的过流警告阈值时，控制器发出警告报警信号，同时 LCD 屏幕上显示发电过流警告字样
11	停机失败警告	得电停机延时/发电机组停稳延时结束后	当得电停机延时/等待发电机组停稳延时结束后，若发电机组输出有电，则控制器发出警告报警信号，同时 LCD 屏幕上显示停机失败警告字样
12	燃油液位低警告	一直有效	当控制器检测到发电机组的燃油液位值小于设定的阈值时，控制器发出警告报警信号，同时 LCD 屏幕上显示燃油液位低警告字样
13	充电失败警告	8. 开机怠速→ 14. 停机怠速	当控制器检测到发电机组的充电机电压值小于设定的阈值时，控制器发出警告报警信号，同时 LCD 屏幕上显示充电失败警告字样
14	电池欠压警告	一直有效	当控制器检测到发电机组的电池电压值小于设定的阈值时，控制器发出警告报警信号，同时 LCD 屏幕上显示电池欠压警告字样
15	电池过压警告	一直有效	当控制器检测到发电机组的电池电压值大于设定的阈值时，控制器发出警告报警信号，同时 LCD 屏幕上显示电池过压警告字样
16	辅助输入口 1～6 警告	用户设定的 有效范围	当控制器检测到辅助输入口 1～6 警告输入时，控制器发出警告报警信号，同时 LCD 屏幕上显示辅助输入口 1～6 警告字样

② **停机报警**　当控制器检测到停机报警信号时，控制器立即停机并断开发电合闸继电

器信号，使负载脱离，并且 LCD 显示窗第一屏第一行闪烁（闪烁频率 1Hz），并显示报警类型。

停机报警量如附表 3-6 所示。

附表 3-6　停机报警量类型、检测范围及其描述

序号	警告量类型	检测范围	描　述
1	紧急停机报警	一直有效	当控制器检测到紧急停机报警信号时，控制器发出停机报警信号，同时 LCD 屏幕上显示紧急停机报警字样，并闪烁
2	高水/缸温报警停机	8. 开机怠速→14. 停机怠速	当控制器检测的水/缸温数值大于设定的水/缸温停机数值时，控制器发出停机报警信号，同时 LCD 屏幕上显示高水/缸温报警停机字样，并闪烁
3	低油压报警停机	8. 开机怠速→14. 停机怠速	当控制器检测的油压数值小于设定的油压警告数值时，控制器发出警告报警信号，同时 LCD 屏幕上显示低油压警告字样
4	发电超速报警停机	一直有效	当控制器检测到发电机组的转速超过设定的超速停机阈值时，控制器发出停机报警信号，同时 LCD 屏幕上显示发电超速报警停机字样，并闪烁
5	发电欠速报警停机	10. 发电机组等待带载→13. 停机散热	当控制器检测到发电机组的转速小于设定的停机阈值时，控制器发出停机报警信号，同时 LCD 屏幕上显示发电欠速报警停机字样，并闪烁
6	速度信号丢失报警	8. 开机怠速→14. 停机怠速	当控制器检测到发电机组的转速等于零，控制器发出停机报警信号，同时 LCD 屏幕上显示速度信号丢失报警字样，并闪烁
7	发电过频报警停机	一直有效	当控制器检测到发电机组的电压频率大于设定的过频停机阈值时，控制器发出停机报警信号，同时 LCD 屏幕上显示发电过频报警停机字样，并闪烁
8	发电欠频报警停机	10. 发电机组等待带载→13. 停机散热	当控制器检测到发电机组的电压频率小于设定的欠频停机阈值时，控制器发出停机报警信号，同时 LCD 屏幕上显示发电欠频报警停机字样，并闪烁
9	发电过压报警停机	10. 发电机组等待带载→13. 停机散热	当控制器检测到发电机组的电压大于设定的过压停机阈值时，控制器发出停机报警信号，同时 LCD 屏幕上显示发电过压报警停机字样，并闪烁
10	发电欠压报警停机	10. 发电机组等待带载→13. 停机散热	当控制器检测到发电机组的电压小于设定的欠压停机阈值时，控制器发出停机报警信号，同时 LCD 屏幕上显示发电欠压报警停机字样，并闪烁
11	发电过流报警停机	一直有效	当控制器检测到发电机组的电流大于设定的过流停机阈值时，控制器发出停机报警信号，同时 LCD 屏幕上显示发电过流报警停机字样
12	启动失败报警停机	在设定的启动次数内启动完毕后	在设定的启动次数内，如果发电机组没有启动成功，控制器发出停机报警信号，同时 LCD 屏幕上显示启动失败报警停机字样，并闪烁
13	油压传感器开路报警	一直有效	当控制器检测到油压传感器开路时，控制器发出停机报警信号，同时 LCD 屏幕上显示油压传感器开路报警字样，并闪烁
14	输入口 1～6 报警停机	用户设定的范围	当控制器检测到辅助输入口 1～6 报警停机输入时，控制器发出停机报警信号，同时 LCD 屏幕上显示辅助输入口 1～6 报警停机字样，并闪烁

③ 跳闸停机报警　当控制器检测到电气跳闸信号时，控制器立即断开合闸继电器信号，使负载脱离，发电机经过高速、散热后再停机，LCD 显示窗第一屏第一行闪烁（闪烁频率 1Hz），并显示报警类型。跳闸停机报警的类型、检测范围及其描述如附表 3-7 所示。

附表 3-7 跳闸停机报警的类型、检测范围及其描述

序号	警告量类型	检测范围	描 述
1	发电过流跳闸报警	一直有效	当控制器检测到发电机组的电流大于设定的过流电气跳闸阈值时，控制器发出跳闸报警信号，同时 LCD 屏幕上显示发电过流跳闸报警字样，并闪烁
2	输入口 1～6 跳闸报警	用户设定的范围	当控制器检测到辅助输入口 1～6 报警跳闸输入时，控制器发出停机跳闸报警信号，同时 LCD 屏幕上显示辅助输入口 1～6 跳闸报警字样，并闪烁

注：跳闸报警量类型必须被用户配置，才能有效。

二、主要技术指标

1. 主要技术规格

机组类型：自动化机组

电源种类：交流

相数：三相四线

额定电压：线电压 400V，相电压 230V

功率因数：0.8（滞后）

额定功率：120kW

额定电流：216A

额定转速：1500r/min

额定频率：50Hz

励磁方式：无刷励磁

冷却方式：强制水冷，闭式循环

启动方式：电启动

2. 主要电气性能指标

空载电压整定范围：95%～105%额定电压

稳态电压调整率：≤±1%

瞬态电压调整率：－15%～＋20%

电压稳定时间：1.0s

电压波动率：±0.5%

稳态频率调整率：±5%

瞬态频率调整率：－7%，＋10%

频率稳定时间：≤7s

频率波动率：≤0.5%

冷热态电压变化：±1%

空载线电压波形正弦性畸变率：≤5%

3. 主要经济性能指标

燃油消耗率：240g/kW·h

机油消耗率：4g/kW·h

三、操作使用

1. 使用前的准备工作

柴油发电机组使用前应做好下列工作。

① 在使用前，操作人员必须详细阅读机组、柴油机、发电机、控制器的说明书。

② 正确安装接地线。接地线截面积不得小于电机输出线的截面积，接地电阻不得大于50Ω。

③ 检查启动系统是否正常（包括蓄电池的容量是否能满足机组的正常启动）。

④ 检查水箱冷却水的液量，添加剂的牌号及添加量是否正确。

⑤ 检查柴油机底壳内的机油量及机油牌号和燃油箱内的燃油量及燃油牌号。

⑥ 检查机组各部分的机械连接是否牢靠。

⑦ 若机组长期停放未用并严重受潮，需检查发电机和其连接的电气回路绝缘电阻，用500V兆欧表时，绝缘电阻不低于0.5MΩ，否则应采取烘干措施。

⑧ 定时定期按规定检查、清洗或更换润滑油、燃油及空气滤清器。

⑨ 检查电器仪表是否完好，指针是否指在正确位置。

⑩ 检查电路接线是否正确，是否连接可靠，并将所有开关处于断路状态。

⑪ 检查各运动件是否灵活，有无相擦卡死等现象。

⑫ 接好柴油机进油管和回油管，并用手动输油泵排除燃油系统内的空气。

⑬ 机组表面各处保持清洁。

2. 操作注意事项

① 发动机每次启动时间不要超过30s，如果一次启动不成功，需要2min后再进行下一次启动。不允许在启动机尚未停转时再次启动。如果3次启动不成功，应查明原因并排除后再启动。在冬季启动机组时，连续启动的时间不要过长，以免损坏蓄电池和启动机。

② 正常情况下，机组启动后不要立即加载，应先让其空载运行5～10min，等机组热平衡建立后（冷却水温达到82～85℃左右）再加载，这样有利于延长机组使用寿命。另外，分段加载比一次加满载对机组更为有利。不允许机组在输出备用功率的情况下长时间运行，否则，机组会很快出现故障并大大降低机组的使用寿命。

③ 机组进入正常工作状态后，各指示仪表应工作正常、指示正确。运行过程中应注意机组运行情况，如发现异常，应立即停机检查，查明原因并排除故障后再启动运行。

④ 机组完成任务后应先卸掉负载，让机组在空载、怠速下运行约5min，然后再停机，这有利机组的正常冷却及延长机组使用寿命。

⑤ 紧急情况下，可不必卸掉负载，利用手动停机开关，立即停机即可。

3. 仪表控制箱面板功能简介

发电机组仪表控制箱面板示意图如附图3-5所示。仪表控制箱面板上各仪表、开关和旋（按）钮的功能如下。

① 交流电压表——发电机输出电压指示。

② 交流频率表——发电机输出频率指示。

③ 交流电流表——发电机输出负载电流指示。

④ 水温表——发电机组水温指示。

⑤ 油压表——发动机机油压力指示。

⑥ 计时器——发电机组工作计时（小时）指示。

⑦ DC电压表——发电机组蓄电池组/电压指示。

⑧ 发电指示灯——发电机运行电压指示，灯亮表示发电运行正常。

⑨ 同步灯——（两只同步灯）并车时用。

⑩ 绝缘灯——发电机漏电时灯亮告警。

⑪ 高水温报警灯——灯亮，机组冷却液温度过高报警。

⑫ 低油压报警灯——发动机机油压力低于规定值时灯亮报警。

⑬ 市电指示——市电指示灯亮，表示有市电输入。

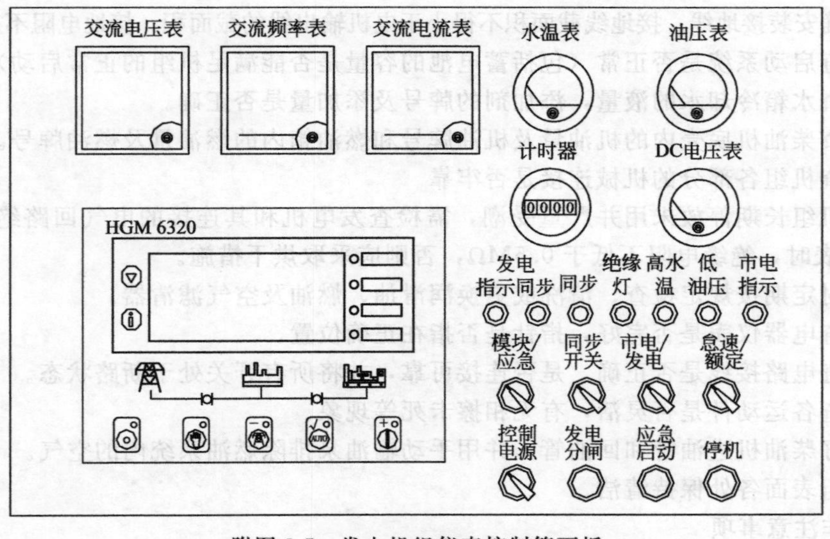

附图 3-5 发电机组仪表控制箱面板

⑭ 模块/应急（模式旋钮开关）——旋至［模块］位置表示机组进入正常模块控制模式；旋至［应急］位置表示其进入应急控制模式。这种模式在模块控制失灵的紧急情况下使用。

⑮ 同步开关——并车时用。

⑯ 市电/发电（送电旋钮开关）——在应急模式下，开关旋至市电位置，ATS双电源开关自动切换到市电向负载送电；在应急模式下，旋至发电位置，ATS双电源开关自动切换到发电机组向负载送电。

⑰ 怠速/额定（旋钮开关）——在应急模式下：怠速/额定开关旋至怠速位置，发动机启动后怠速运行，暖机1～3min后，将怠速/额定开关旋至额定位置，发电机组以额定转速运行。发电机组带载运行后需要停机，先卸负载，关掉负载开关，将怠速/额定旋钮开关从额定位置旋至怠速位置，运行3～5min，按停机按钮，发电机组停机。平时停机后，将怠速/额定开关旋至怠速位置。

⑱ 控制电源（旋钮开关）——旋至接通位置，电池开始对机组供电。旋至断开位置，切断电池对机组供电。

⑲ 发电分闸（按钮开关）——按一下发电分闸按钮开关，负载自动开关（空气开关）分闸，发电机组输出电源切断，停止对外供电。如需对外供电，必须先将负载开关（空气开关）合上复位，再进行送电操作。

⑳ 应急启动（按钮开关）——在应急模式下启动机组用。

㉑ 停机按钮——按下停机按钮，机组立即停机。

4. 机组的使用操作

（1）试运行 在发电机组正式运行之前，建议做下列检查。

① 检查所有接线均正确无误，并且线径合适。

② 控制器直流工作电源装有保险，连接到启动电池的正负极没有接错。

③ 紧急停机输入通过急停按钮的常闭点及保险连接到启动电池的正极。

④ 采取适当的措施防止发动机启动成功（如拆除燃油阀的接线），检查确认无误，连接启动电池电源，选择手动模式，控制器将执行程序。

⑤ 按下启动按钮，机组将开始启动，在设定的启动次数后，控制器发出启动失败信号；按复位键使控制器复位。

⑥ 恢复阻止发动机启动成功的措施（恢复燃油阀接线），再次按下启动按钮，发电机组将会开始启动，如果一切正常，发电机组将会经过怠速运转（如果设定有怠速）至正常运行。在此期间，观察发动机运转情况及交流发电机电压及频率。如果有异常，停止发电机组运转，检查各部分接线。

⑦ 从前面板上选择自动状态，然后接通市电信号，控制器经过市电正常延时后切换 ATS（如果有）至市电带载，经冷却时间，然后关机进入待命状态直到市电再次发生异常时。

⑧ 市电再次异常后，发电机组将自动启动进入正常运转状态，然后发出发电合闸指令，控制 ATS 切换到机组带载。如果不是这样，检查 ATS 控制部分接线。

⑨ 如有其他问题，需及时联系技术人员处理。

（2）在控制器控制模式下——手动开机/停机操作

① 手动开机操作　按下模块操作面板上的手动键，控制器将进入“手动模式”，手动模式指示灯亮。按下试机键，控制器进入“手动试机模式”，手动试机模式指示灯亮。在这两种模式下，按开机键，发动机开始启动，自动判断启动成功，自动升速到额定转速运行。柴油发电机组运行过程中出现水温高、油压低、超速、电压异常情况时，能够有效快速地保护停机。

在“手动模式”下，发电机组带载是以市电是否正常来判断，市电正常，负载开关不转换，市电异常，负载开关转换到发电侧。

在“手动试机模式”下，发电机组高速运行正常后，不管市电是否正常，负载开关都转换到发电侧。

② 手动停机操作　按停机键，机组进入正常停机模式。如遇到紧急情况，按停机键两下，机组可立即停机。也可按下电控箱操作面板上的停机按钮，使机组立即停机。

（3）在控制器模式下——自动开机/停机操作　按下模块操作面板上的自动键，控制器进入“自动模式”，自动模式指示灯亮，表示发电机组处于自动模式。

① 自动开机程序

• 当市电异常（过压、欠压、过频、欠频）时，进入“市电异常延时”，LCD 屏幕显示倒计时，市电异常延时结束后，进入开机延时。

• LCD 屏幕显示“开机延时”倒计时。

• 开机延时结束后，燃油继电器输出 1s，然后启动继电器输出，如果在“启动时间”内，发电机组没有启动成功，燃油继电器和启动继电器停止输出，进入“启动间隔时间”，等待下一次启动。

• 在设定的启动次数之内，如果发电机组没有启动成功，LCD 显示窗第一屏第一行反黑，同时 LCD 显示窗第一屏第一行显示启动失败报警。

• 在任意一次启动时，若启动成功，则进入“安全运行延时”，在此时间内，油压低、水温高、欠速、充电失败以及辅助输入（若已配置）报警量均无效，安全运行延时结束后则进入“开机怠速延时”。

• 在开机怠速延时过程中，欠速、欠频、欠压报警均无效，开机怠速延时结束，进入“高速暖机时间延时”。

• 当高速暖机延时结束时，若发电正常则发电状态指示灯亮，如发动机电压、频率达到带载要求，则发电合闸继电器输出，发电机组带载，发电供电指示灯亮，发电机组进入正常运行状态。如果发电机组电压、频率不正常，则控制器控制机组报警停机（LCD 屏幕显示发电报警量）。

② 自动停机程序

• 机组正常运行中市电恢复正常，则进入“市电电压正常延时”，确认市电正常后，市电状态指示灯亮起，“停机延时”开始。

• 停机延时结束后，开始“高速散热延时”，且发电合闸继电器断开，经过“开关转换延时”后，市电合闸继电器输出，市电带载，发电供电指示灯熄灭，市电供电指示灯亮。

• 当进入“停机怠速延时”怠速继电器加电输出。

• 当进入“得电停机延时”时，得电停机继电器加电输出，燃油继电器输出断开。

• 当进入“发电机组停稳时间”时，自动判断是否停稳。

• 当机组停稳后，进入发电待机状态，若机组不能停机则控制器报警（LCD屏幕显示停机失败警告）。

（4）应急模式下——开机/停机操作程序

① 开机操作　HGM6320自动化控制器显示发电机组当前工作状态，在控制器损坏或控制失灵的紧急情况下，将电控箱操作面板上模块/应急控制旋钮开关旋至“应急”位置，此时，切换继电器K2、K3吸合，切断输入HGM6320控制器市电/发电交流电源，并切断输入HGM6320控制器24V直流电源，HGM6320控制器停机工作。

将电控箱操作面板上模块/应急控制旋钮开关旋至“应急”位置后，电控箱各个仪表显示静态发电机组当前状况。将怠速/额定旋转开关旋至怠速位置，按下应急启动按钮开关（每次启动时间不要超过30s），发动机启动继电器线包JK2得电，启动马达带动柴油机启动。

当柴油机启动成功后，发动机以怠速运行，暖机5～10min后，将怠速/额定旋转开关旋至额定位置，发电机组以1500r/min额定转速运行。此时，应观察发电机组工作是否正常，控制箱操作面板上各个仪表显示是否正常。

机组工作正常后，合上机组负载电源开关，将市电/发电开关旋至发电位置，ATS双电源开关自动切换到发电机向负载送电。

如需要市电向负载送电，关掉机组负载电源开关，或按下发电分闸按钮开关，机组负载电源开关断开，再将市电/发电开关旋至市电位置，ATS双电源开关自动从发电切换到市电向负载送电。

② 正常停机操作　先使机组卸掉负载，将怠速/额定开关旋至怠速位置，运行3～5min，按停机按钮。机组停机后，切断总电源开关，电控箱操作面板上控制电源旋钮开关旋至“关闭”位置，直流供电断开。

③ 紧急停机操作　遇到紧急情况，按下电控箱操作面板上的停机按钮，停机电路立即切断柴油机油路，机组迅速停车。

（5）机组运行监视及运行情况检查

① 从电控箱面板上的HGM6320控制器以及仪表监视发电机电压、频率、电流、功率等电力参数，注意三线电压、三相电流是否平衡。

② 观察转速、油压、水温、油温等柴油机的运行参数。

③ 机组运行期间注意听：有无金属敲击声或异常摩擦声及其他不正常的声音。

④ 注意闻：有无异常的烧焦的气味。

⑤ 注意观察：有无“三漏”情况（漏油、漏水、漏气）。

⑥ 机组已设定各项保护值，当运行参数越限时，系统按规定的程序进行处理，进行自动保护停机或不停机报警，应密切观察报警情况。

（6）紧急处理　发动机启动后有以下异常情况时的紧急处理：

① 听到尖啸声或敲击声；

② 飞车；

③ 发现发动机排气口冒浓黑烟或浓青烟；

④ 机油压力过低或水温过高；

⑤ 漏水漏油。

当出现上述①、②情况时，应立即按下红色停机按钮，并采取一切可能的停机措施。当出现上述③、④、⑤情况时，应先卸载后转怠速、关机。

（7）机组在低温环境下的使用

① 机组在低温环境下使用应根据当时的环境条件，按照发动机的使用保养手册要求，选用适当的防冻液和防冻机油。

② 采用比常温电瓶容量大一倍的低温电瓶，并检查电瓶电量是否充足。

③ 可选用柴油机进气预热器以提高低温启动性能。

④ 也可选用低温启动液帮助启动，但进气预热器不能和低温启动液同时使用。

⑤ 在极低温条件下使用预热器启动发动机时，通常不要额定转速启动，以防止转速迅速升高造成油路系统供油跟不上而停车。

四、维护保养

为了确保发电机组工作的可靠性，延长机组的使用寿命，必须定期对发电机组进行维护和保养。柴油机、发电机、控制屏是机组维护保养的主要对象。

1. 柴油机的保养

柴油机是发电机组的动力源，是机组的心脏，因此必须严格定期进行维护和保养。柴油机的正确保养，特别是预防性的保养，是最容易、最经济的保养，是延长机组使用寿命和降低使用成本的关键。

柴油机的维护与保养应按其使用维护说明书的规定进行。当柴油机使用维护说明书无规定时按附表 3-8 规定的周期进行。如机组的工作条件较恶劣，还应适当缩短保养周期。

附表 3-8 发动机维护保养周期表

A级保养	B级保养	C级保养	D级保养	E级保养
每日或加油后检查	每 250h	每 500h	每 1000h	每 2000h
润滑机油液面	更换发动机机油	更换燃油滤清器	检查、调整气门间隙	更换防冻液
冷却液液面	更换机油滤清器	检查防冻液浓度	检查驱动皮带张力	更换冷却液
燃油、机油、冷却液是否渗漏	检查进气系统管系有无裂纹、漏气	检查冷却液、添加剂浓度	检查张紧轮轴承	更换冷却液、滤清器
皮带松弛和磨损	检查清理水箱散热片	更换冷却液滤清器	检查风扇轴壳及轴承	清洗冷却系统
风扇有无损坏	检查空滤器阻力，不得大于 635mmH_2O	高压供油管通气	清洗冷却系统	检查减振器
声音有无异常		低压供油管通气		
烟色有无异常		燃油系统放气		

燃油：使用 0＃轻柴油；机油：使用 15W40/CD 或 CF4。

注：1mmH_2O=9.80665Pa。

另外，每日的 A 级保养还应做到以下几点：

- 经常检查蓄电池电压和电解液密度；
- 经常检查有无漏气情况；
- 经常检查各附件的安装情况，清洁柴油机及附属设备外表等；
- 经常检查各接头的连接是否牢靠以及紧固件的紧固情况。

注：C级保养，必须同时完成B级保养项目，以此类推D、E级保养。

（1）柴油机日常保养　柴油机日常保养项目按要求进行，并且应该做到：常规记录所有仪表的读数，功率使用情况；发生故障的前后情况及处理意见。检查机油油面，检查冷却液面，油水分离器放水；检查排烟起色是否正常；检查发动机工作时是否有异常声音。

① 每日检查机油液位必须在上、下标线之间。

② 每日检查冷却液面，不足时添加。注意不要在水温高时打开水箱盖，以免烫伤。如果首次加冷却液，添加时不要太急，以便排出水套内的空气。加完后运转发动机再检查一次液面，对水冷式增压中冷发动机需打开中冷器放气阀。

③ 每日给油水分离器放水。

（2）柴油机的定期维护与保养　发动机的定期维护保养是保证发动机优良的性能和延长使用寿命的关键，用户必须按照下列程序进行保养，切不可延长保养周期及减少保养项目，那样会因小失大。在使用条件比价恶劣的地区还应适当缩短保养期。

（3）润滑系统的维护保养　润滑油的稀释能引起发动机损坏，检查使用过的润滑油是否存在下述情况：燃油＋润滑油；水＋润滑油。如果润滑油被稀释了，应彻底查明原因，否则会引起发动机严重损坏。

① 更换机油

- 更换机油前要预热发动机。
- 拧下放油塞，将废油放入大于20L的容器内。废油要集中处理，以免污染。
- 观察机油有无稀释和乳化，容器底部有无金属物。
- 拧紧放油螺塞［螺塞力矩（75±7）N·m］。
- 加入清洁的符合规定的机油。机油容量16.4L。
- 运转发动机几分钟，停机5min后用机油标尺检查油面。

② 更换机油滤清器

- 用专用拆卸滤清器扳手拆下滤清器。
- 清洁滤清器座的结合面。
- 检查要更换的滤清器滤芯是否完好，如有破损则不许用。
- 加满清洁的机油。要特别注意加入机油的清洁，因为部分机油要不通过滤芯直接进入主油道，不清洁的机油对发动机危害极大。
- 六缸机与四缸机的滤清器不同，四缸机的短一点，不要装错。
- 润滑密封胶圈表面。
- 用手旋安装滤清器，当密封圈接触后再旋3/4圈（注意不要用扳手拧得过紧，过紧会损坏密封圈）。
- 运转发动机，检查是否漏油。

（4）燃油系统的维护保养

① 更换燃油滤清器

- 更换程序与更换机油滤清器相同。更换滤清器时要特别注意不要忘记安装中间的密封橡胶垫，否则会使燃油不经滤清直通油道，危险很大。
- 更换后给低压油路放气。

② 燃油系统放气　在下列情况需要人工放气：

- 在安装前，燃油滤清器未注油；
- 更换燃油喷射泵；
- 高压供油管接口松动或更换供油管；

• 初次启动发动机或发动机长期停止作业后的启动；

• 油箱已用空。

方法：在喷射泵上通过回油歧管提供有控制的通气。如果按照规定更换燃油滤清器，在更换燃油滤清器或燃油喷射泵供油管时进入的少量空气将会自动排出。

③ 高压供油管和燃油滤清器

• 使用工具：10mm 扳手。

• 方法：打开放气螺塞，运行输油泵活塞直至从装置流出的燃油不含空气为止。旋紧放气螺塞。

• 扭力值：9N・m

④ 高压供油管通气　旋松喷射器的接头，转动发动机让管线中留存的空气排除。旋紧接头。

启动发动机和一次通气一条管线直至发动机平稳运行为止。

注意：当使用启动器给系统通气时，每次接合启动器的时间切勿超过 30s，每次间隔 2min。

警告：

• 在管线中的燃油压力足以刺破皮肤和造成严重的人身伤害；

• 把发动机置于"运行"（RUN）的位置是必要的，因为发动机可能启动，应确实遵守全部安全操作规定，使用常规的发动机启动程序。

（5）冷却系统的维护保养　柴油机冷却系统的水散热器需要经常维护保养，以保证冷却液和空气的热交换。一般情况下，柴油机每工作 250h 左右，应对散热器的外表进行清理。每工作 1000h 左右，应对散热器的内部进行清理。对其内部水垢及沉淀杂质的清理，可先将散热器内的水放尽，然后用一定压力的清水（如自来水）通入散热器芯子，直至流出的水清洁为止。如散热器水垢过多，则要用清洗液清洗散热系统。

（6）空气滤清器的维护保养　清洁或更换空气滤清器滤芯。

① 拆除端盖，清除盘内灰尘。

② 去掉外滤芯，检查是否有破损，橡胶密封垫黏结是否牢固，金属端盖与纸芯黏结是否牢固，金属端盖是否有裂纹。

③ 检查滤清器壳体底部密封圈是否完好。

④ 在平板上轻轻拍打滤芯端面后，用不超过 689kPa 的压缩空气从内向外吹。

⑤ 将清洁过的外滤芯或新滤芯重新装好。

⑥ 固定滤芯的螺母，拧紧要适度，不要过紧，以免端盖变形脱胶。

⑦ 装配时不要忘记安装旋片罩。

⑧ 清除滤芯的灰尘，切不可用水或油刷洗。

⑨ 内滤芯一般不必清洁，直至更换。

（7）驱动带的维护保养　当发动机工作时，传动带应保持一定的张紧程度。正常情况下，在橡胶传动带中段加 29～49N 压力，胶带应能按下 10～20mm 的距离。若传动带过紧，将引起充电发电机、风扇和水泵上的轴承磨损加剧；若传动带太松，则会使所驱动附件达不到需要的转速，导致充电发电机电压下降，风扇风量和水泵流量降低，从而影响柴油机的正常运转，所以应定期对传动带张紧力进行检查和调整。调整发动机橡胶带的张紧力，可借改变充电发电机的支架位置进行调整。当橡胶带松紧程度合适后，将支架撑条固定。正确使用张紧橡胶带，可延长使用寿命。当橡胶带出现剥离分层和因伸长量过大无法达到规定的张紧程度时应立即更换。新带的型号和长度与原用的橡胶带一样。

（8）调整气门间隙

① 拆下气阀罩盖。

② 一边按住发动机上的正时销（正时销在齿轮室后面靠近高压油泵处），一边使用盘车齿轮和1/2in（1in=25.4mm）棘轮缓缓转动发动机，当正时销落入凸轮轴齿轮上销孔内的瞬间，第一缸即处于压缩上止点。

③ 调整以下气门间隙，由前端开始，依次序为：

四缸机：1—2—3—6

六缸机：1—2—3—6—7—10

由前向后排列，单数为进气阀，双数为排气阀。

④ 进气阀间隙为0.25mm，排气阀间隙为0.51mm。

⑤ 将合适的厚薄规插入阀杆和摇臂之间，手感有阻力的滑动即为合适。

⑥ 检查、调整气阀间隙要在冷机状态下进行（发动机温度低于40℃）。

⑦ 锁紧螺母力矩（24±3）N·m。

⑧ 锁紧螺母锁紧后再复查一次。

⑨ 转动发动机360°按以上方法调整其余气门间隙。

2. 发电机的保养

发电机的维护与保养必须由经过培训的专业人员按发电机使用说明书的规定进行。并应做到以下几点。

① 发电机切忌受潮，工作或存放场所必须干燥、通风。

② 应避免尘垢、水滴、金属铁屑等杂物的侵入。

③ 电压调节器应保持清洁，注意晶闸管的发热情况。

④ 经常检查硅元件上是否有尘埃，并拧紧螺栓等紧固件。

⑤ 经常检查励磁装置的各元件有无脱焊、断头、松动现象。

⑥ 经常检查输出线有无破损情况。

⑦ 经常检查发电机的接地是否可靠。

⑧ 经常用手触摸电机外壳和轴承盖等处，了解各部位温度变化情况，正常不应烫手。

⑨ 在运行时注意绕组的端部有无闪光和火花以及焦臭味或烟雾发生，如果发现，说明有绝缘破损和击穿故障，应停机检查。

⑩ 电机轴承每工作3000～4000h（或每年），应用煤油清洗轴承，重新更换新油脂。油脂应清洁，不同类型的润滑油脂切勿掺和使用。

⑪ 必须经常对发电机进行检查、维护保养，主要内容是：清理灰尘，检查导线，检查绝缘电阻不低于0.5MΩ，检查各电气部分接触是否良好。

3. 控制屏的保养

控制屏的维护与保养应由经过专业培训的电气技术人员进行。保养的主要项目如下。

① 经常清除灰尘。

② 经常检查导线有无破损情况。

③ 经常检查插接件有无松脱。

④ 经常检查各导线紧固件是否紧固牢靠。

⑤ 经常检查各指示器及仪表是否正常。

⑥ 长期闲置不用的机组应定期给控制屏通电，每次0.5h。

参 考 文 献

[1] 杨贵恒，贺明智，金钊．发电机组维修技术．北京：化学工业出版社，2007.

[2] 杨贵恒，贺明智，袁春，陈于平．柴油发电机组技术手册．北京：化学工业出版社，2009.

[3] 强生泽，杨贵恒，李龙，钱希森．现代通信电源系统原理与设计，中国电力出版社，2009.

[4] 周荣建，杨贵恒，杨玉祥．内燃机检测与维修．北京：解放军出版社，1998.

[5] 袁春，张寿珍．柴油发电机组．北京：人民邮电出版社，2003.

[6] 赖广显．新型柴油发电机组．北京：人民邮电出版社，1999.

[7] 苏石川，刘炳霞．现代柴油发电机组的应用与管理．第2版．北京：化学工业出版社，2010.

[8] 蔡进民，贺正岷，戚毅男．柴油电站设计手册．北京：中国电力出版社，1997.

[9] 李飞鹏．内燃机构造与原理．第2版．北京：中国铁道出版社，2002.

[10] 陆耀祖．内燃机构造与原理．北京：中国建材工业出版社，2004.

[11] 谭正三．内燃机构造．第2版．北京：机械工业出版社，1990.

[12] 赵新房．教你检修柴油发电机组．北京：电子工业出版社，2007.

[13] 赵文钦，黄启松，林辉．新编柴油汽油发电机组实用维修技术．福州：福建科学技术出版社，2007.

[14] 何友观．现代中小型同步发电机励磁系统的分析与设计．北京：机械工业出版社，1988.

[15] 樊俊，陈忠，涂光瑜．同步发电机半导体励磁原理及应用．北京：水利电力出版社，1991.

[16] 黄耀群，李兴源．同步电机现代励磁系统及其控制．成都：成都科技大学出版社，1993.

[17] 周双喜，李丹．同步发电机数字式励磁调节器．北京：中国电力出版社，1998.

[18] 李基成．现代同步发电机励磁系统设计及应用．北京：中国电力出版社，2002.

[19] 金续曾．中小型同步发电机使用与维修．北京：中国电力出版社，2003.

[20] 上海柴油机股份有限责任公司．135系列柴油机使用保养说明书．北京：经济管理出版社，1995.

[21] 许乃强，陶东明．威尔信柴油发电机组．北京：机械工业出版社，2006.

[22] 马鹏飞．钳工与装配技术．北京：化学工业出版社，2005.

[23] 王勇，杨延俊．柴油发动机维修技术与设备．北京：高等教育出版社，2005.

[24] 苗泽青，刘振楼．汽车维修行业技术工人岗位培训教材．北京：人民交通出版社，2002.

[25] 孔传甫．汽车检测设备使用入门．杭州：浙江科学技术出版社，2005.

[26] 华道生．柴油机维修方法与故障排除实例．北京：中国电力出版社，2006.

[27] 谢应璞．电机学（上、下册）．成都：四川大学出版社，1994.

[28] 许实章．电机学．第3版．北京：机械工业出版社，1996.

[29] 王正茂，阎治安，崔新艺．电机学．西安：西安交通大学出版社，2000.

[30] 马大猷．噪声与振动控制手册．北京：机械工业出版社，2002.

[31] 吴炎庭，袁卫平．内燃机噪声振动与控制．北京：机械工业出版社，2005.

[32] 陈永校，诸自强，应善成．电机噪声的分析和控制．杭州：浙江大学出版社，1987.

[33] 赵玫，周海亭，陈光治，朱蓓丽．机械振动与噪声学．北京：科学出版社，2004.

[34] 沈保罗．柴油发电机组和冷却塔噪声治理技术．汕头：汕头大学出版社，1996.

[35] 王益全，张柄义．电机测试技术．北京：科学出版社，2004.

[36] 才家刚．电机修理试验及性能分析．北京：机械工业出版社，2010.

续表

书号	书　　名	开本	装订	定价/元
09150	电力系统继电保护整定计算原理与算例	B5	平装	29
09682	发电厂及变电站的二次回路与故障分析	B5	平装	29
05400	电力系统运动原理及应用	B5	平装	29
04516	电气作业安全操作指导	大 32	平装	24
06194	电气设备的选择与设计	16	平装	29
08596	实用小型发电设备的使用与维修	大 32	平装	29
10785	怎样查找和处理电气故障	大 32	平装	28
11454	蓄电池的使用与维护(第二版)	大 32	平装	28
11271	住宅装修电气安装要诀	大 32	平装	29
11575	智能建筑综合布线设计及应用	16	平装	39
11934	全程图解电工操作技能	16	平装	39
12034	实用电工电子控制电路图集	16	精装	148
12759	电力电缆头制作与故障测寻(第二版)	大 32	平装	29.8
13862	电力电缆选型与敷设(第二版)	大 32	平装	29
12759	电机绕组接线图册(第二版)	横 16	平装	68
14184	手把手教你修电焊机	16	平装	39.8
09381	电焊机维修技术	16	平装	38
13555	电机检修速查手册(第二版)	B5	平装	88
13183	电工口诀——详解版	16	平装	48
12880	电工口诀——插图版	大 32	平装	18
12313	电厂实用技术读本系列——汽轮机运行及事故处理	16	平装	58
13552	电厂实用和技术读本系列——电气运行及事故处理	16	平装	58
13781	电厂实用技术读本系列——化学运行及事故处理	16	平装	58
	电厂实用和技术读本系列——热工仪表与及自动控制系统	16	平装	48

以上图书由**化学工业出版社　电气出版分社**出版。如要以上图书的内容简介和详细目录，或者更多的专业图书信息，请登录 www.cip.com.cn。
地址：北京市东城区青年湖南街 13 号（100011）
购书咨询：010-64518888
如要出版新著，请与编辑联系。
编辑电话：010-64519265
投稿邮箱：gmr9825@163.com